中国轻工业"十三五"规划教材

食品机械与设备

李　良　主编

中国轻工业出版社

图书在版编目（CIP）数据

食品机械与设备/李良主编 . —北京：中国轻工业出版社，2025.1
中国轻工业"十三五"规划教材
ISBN 978-7-5184-2486-3

Ⅰ.①食…　Ⅱ.①李…　Ⅲ.①食品加工设备—高等学校—教材
Ⅳ.①TS203

中国版本图书馆 CIP 数据核字（2019）第 098300 号

责任编辑：伊双双　　钟　雨　　责任终审：张乃东　　整体设计：锋尚设计
策划编辑：伊双双　　　　　　　责任校对：吴大鹏　　责任监印：张京华

出版发行：中国轻工业出版社（北京鲁谷东街 5 号，邮编：100040）
印　　刷：三河市国英印务有限公司
经　　销：各地新华书店
版　　次：2025 年 1 月第 1 版第 5 次印刷
开　　本：787×1092　1/16　印张：27.5
字　　数：630 千字
书　　号：ISBN 978-7-5184-2486-3　　定价：62.00 元
邮购电话：010-85119873
发行电话：010-85119832　　010-85119912
网　　址：http://www.chlip.com.cn
Email：club@ chlip.com.cn

编委会

前言 | Preface

　　"食品机械与设备"是食品科学与工程专业的主干课程之一，是食品加工类专业必修课。本书主要介绍了食品工业生产中常用的机械与设备，并尽可能地加入近年来食品加工装备行业中涌现出的新产品、新技术，以及国内广泛应用的先进设备和生产线。本书主要针对食品输送、清理和分选、粉碎、分离、混合、发酵与成型、挤压与熟制、浓缩、干燥、热交换、包装等单元操作的机械与设备进行详尽介绍。

　　本书第一章由东北农业大学洪瑞、李良编写；第二章及第十二章由沈阳农业大学马凤鸣编写；第三章由东北农业大学李良编写；第四章由东北农业大学刘天一编写；第五章由福建农林大学邓凯波编写；第六章由塔里木大学黄英编写；第七章由哈尔滨商业大学刘晓飞编写；第八章由塔里木大学奚倩编写；第九章由湖南农业大学郭红英编写；第十章由南京农业大学王晓晴编写；第十一章及第十三章由东北农业大学刘滨城编写。全书由东北农业大学李良、刘滨城、洪瑞统稿。

　　本书在编写过程中得到多位专家和学者的支持和帮助，在此表示衷心感谢。

　　本书在编写过程中引用了大量的相关教材和参考书，在此向这些参考文献的所有编者表示感谢，也请读者提出宝贵的建议和意见。

编者

2019.2

| 目录 | Contents

第一章　绪论 ………………………………………………………………………… 1

第二章　食品输送机械与设备 ……………………………………………………… 6
　第一节　固体物料输送机械 ……………………………………………………… 6
　第二节　液体物料输送机械 ……………………………………………………… 20

第三章　食品清理和分选机械与设备 ……………………………………………… 26
　第一节　食品原料的清理机械设备 ……………………………………………… 26
　第二节　分选分级机械与设备 …………………………………………………… 37
　第三节　其他分选分级机械与设备 ……………………………………………… 46

第四章　食品粉碎机械与设备 ……………………………………………………… 56
　第一节　食品粉碎原理 …………………………………………………………… 56
　第二节　干法粉碎机械与设备 …………………………………………………… 62
　第三节　湿法粉碎机械与设备 …………………………………………………… 73
　第四节　食品切分机械与设备 …………………………………………………… 75
　第五节　剥壳与破碎机械与设备 ………………………………………………… 88
　第六节　去皮与去核机械与设备 ………………………………………………… 94

第五章　食品分离机械与设备 ……………………………………………………… 103
　第一节　过滤机械与设备 ………………………………………………………… 103
　第二节　离心分离机械与设备 …………………………………………………… 110
　第三节　膜分离机械与设备 ……………………………………………………… 116
　第四节　萃取机械与设备 ………………………………………………………… 129
　第五节　蒸馏机械与设备 ………………………………………………………… 137
　第六节　其他分离机械与设备 …………………………………………………… 142

第六章　食品混合机械与设备 ……………………………………………………… 147
　第一节　搅拌机械与设备 ………………………………………………………… 149
　第二节　混合机械与设备 ………………………………………………………… 169
　第三节　均质机械与设备 ………………………………………………………… 181
　第四节　其他混合技术与装备 …………………………………………………… 193

第七章　食品发酵与成型机械与设备 ……………………………………………… 196
　　第一节　食品发酵机械与设备 ………………………………………………… 196
　　第二节　食品成型机械与设备 ………………………………………………… 214

第八章　食品挤压与熟制机械与设备 ………………………………………………… 239
　　第一节　食品挤压加工机械与设备 …………………………………………… 239
　　第二节　食品熟制机械与设备 ………………………………………………… 245

第九章　食品浓缩机械与设备 ………………………………………………………… 257
　　第一节　浓缩基本原理与设备分类 …………………………………………… 257
　　第二节　蒸发浓缩机械与设备 ………………………………………………… 259
　　第三节　冷冻与膜分离浓缩机械与设备 ……………………………………… 277

第十章　食品干燥机械与设备 ………………………………………………………… 284
　　第一节　食品干燥原理与设备选型 …………………………………………… 284
　　第二节　喷雾干燥机械与设备 ………………………………………………… 287
　　第三节　传导型干燥机械与设备 ……………………………………………… 300
　　第四节　流化床干燥设备 ……………………………………………………… 306
　　第五节　其他干燥机械与设备 ………………………………………………… 312

第十一章　食品热交换机械与设备 …………………………………………………… 319
　　第一节　板式热交换机械与设备 ……………………………………………… 320
　　第二节　管式热交换机械与设备 ……………………………………………… 331
　　第三节　直接式热交换机械与设备 …………………………………………… 337
　　第四节　釜式热交换机械与设备 ……………………………………………… 340
　　第五节　其他热交换机械与设备 ……………………………………………… 347
　　第六节　CIP 清洗系统 ………………………………………………………… 353

第十二章　食品包装机械与设备 ……………………………………………………… 364
　　第一节　概述 …………………………………………………………………… 364
　　第二节　固体物料充填机械与设备 …………………………………………… 365
　　第三节　流体物料灌装机械与设备 …………………………………………… 370
　　第四节　袋、盒装食品包装机械与设备 ……………………………………… 385
　　第五节　裹包、热成型包装机械与设备 ……………………………………… 397

第十三章　典型食品生产线实例 ……………………………………………………… 409
　　第一节　肉制品加工生产线 …………………………………………………… 409
　　第二节　乳制品加工生产线 …………………………………………………… 413
　　第三节　果蔬类食品加工生产线 ……………………………………………… 421
　　第四节　谷物类食品加工生产线 ……………………………………………… 425

参考文献 ……………………………………………………………………………… 428

绪 论

一、 食品机械与设备的历史

食品机械是食品工业的重要组成部分，与食品工业一样，在国民经济中占有重要地位。食品机械的发展历程与食品工业的发展过程密不可分。食品工业的发展需求推动和促进了食品机械的发展，而发展起来的食品机械又保障和促进了食品工业的发展。食品机械与食品工业的这种相互依赖关系贯穿于食品机械和食品工业的全部发展过程。正是由于对食品加工生产能力要求的不断提高，才促进了大型、高效的食品机械的发展；正是由于传统、特色食品工业化生产的要求，才促进了新型食品机械的发展。我国食品工业及食品机械的发展历程经历了三个阶段。

第一阶段，20 世纪 50 年代以前，几乎没有食品机械工业。食品的生产加工主要以手工操作为主，基本属于传统作坊式的生产方式。仅在沿海一些大城市有少量工业化生产方式的食品加工厂，所用的设备多是国外设备。在 20 世纪 50 年代以前，全国几乎没有一家专门的生产食品机械工厂。

第二阶段，20 世纪 50—70 年代，食品加工业及食品机械工业得到了一定的发展，全国各地新建了一大批食品加工厂，基本实现了初步的机械化工业生产方式。但同期的食品加工厂尚处于半机械半手工的生产方式，机械加工仅存在于一些主要的工序中，而其他生产工序仍沿用传统的手工操作方式。这时，与食品工业发展相适应，食品机械工业也得到了快速发展，即我国食品机械起步于 20 世纪 70 年代。全国新建了一大批食品机械制造厂，这使得国产的食品机械基本能满足我国食品工业发展的需求，并为实现食品工业化生产做出了重大贡献。食品机械工业已初步形成了一个独立的机械工业体系。

第三阶段，从 20 世纪 80 年代起，食品工业发展迅猛，这得益于改革开放的政策。随着外资的引入，出现了很多独资、合资等形式的外商食品加工企业。这些企业在将先进的食品生产技术引入国内的同时，也将大量先进的食品机械带入国内。社会对食品加工质量、品种、数量要求的不断提高，极大地推进了我国食品工业以及食品机械制造业的发展。通过消化吸收国外先进的食品机械技术，我国的食品机械工业的发展水平得到了很大的提高。当时，我国食品机械（包括粮油机械）工厂约有一千家，生产总值达九亿元。1982 年中国包装和食品机械公司成立，负责包装和食品机械的行业工作。1985 年中国农业机械化科学研究院成立了食品机械研究所，许多省市的农机研究所也挂出了食品机械研究所的牌子或是成立了专门的食品机械研究室。国内许多大学相继建立了食品机械系或专业。各省市、自治区建立了各种各样的食品工业基地。20世纪80年代中期，我国食品工业实施了第一轮大规模的技术改造工程。经过这一轮的技术改造工程，食品工业全面实现机械化和自动化。进入20世纪90年代以后，食品机械产业又进行了新一轮的技术改造工程。在这一轮的技术改造工程中，许多粮食加工厂和食品加工厂对设备进行了更新换代，或直接引进全套的国外先进设备，或采用国内厂家生产的新型机械与设备。两轮的技术改造工程极大地推进了我国食品机械工业的发展，食品机械工业已完全形成了一个独立的机械工业体系，现已经形成门类齐全、品种配套的产业，已成为机械工业中的十大产业之一。

二、 食品机械与设备的现状

我国食品机械工业的发展始于20世纪70年代，形成于80年代，80年代末和90年代初进入高速发展阶段，初步形成门类较全，品种基本配套的独立工业体系。"十二五"期间，我国食品和包装机械行业经济运行态势仍然保持了高速增长。全国食品和包装机械行业年均增长率为14.5%。近年来，食品和包装机械行业的经济增速放缓。预计"十三五"期间，我国食品和包装机械工业年均增长率在12%~13%。

我国的食品机械工业虽取得了一定的成绩，但相对于食品工业的发展和需求来讲仍显不足，自给率仍然较低，每年仍要进口相当数量的食品和包装机械。大型食品厂特别是中外合资企业仍然使用从国外进口的整条生产线。另外，我国食品机械行业还存在着产品品种少、成套性不强、科技开发能力薄弱、性能不稳定等问题，与国外食品机械行业的差距较大。因而，国内大部分的食品生产企业更倾向于引进国外全新的或使用过的食品机械产品。

三、 食品机械与设备的分类和选型

（一） 分类

《中国大百科全书》中对食品机械与设备进行了描述，食品生产中使用的工艺装备根据作用于被加工产品的功能性质可分为机械和设备两大类。机械类的特征是存在运动的工作构件，这些构件机械地作用在被加工的食品上。设备类的特征是存在有一定的反应空间，食品在此空间会经过物理-化学过程、生物化学过程、热过程、电的和其他一些过程，这些过程将引起被加工食品的物理或化学性质的变化。在大多数情况下，食品生产装备是由机械和设备组合而成的。

食品机械与设备一般按照食品加工单元分为食品输送、清理和分选、粉碎、分离、混合、浓缩、干燥、热交换、包装等单元操作的机械与设备。另外，《食品机械型号编制方法》（SB/T 10084—2009）将食品机械按其工作对象分为饮食加工机械、小食品加工机械、糕点加工机械、乳制品加工机械、糖果加工机械、豆制品加工机械、冷冻饮品加工机械、屠宰加工机械、酿造加工机械和其他食品加工机械。食品机械分类与类别代码见表1-1。

表 1-1　　　　　　　　　　　食品机械分类与类别代码

序号	类别名称	类别代码	内容
1	饮食加工机械	YS	米、面（面包）、副食（肉、鱼、禽、蛋、菜）制品加工、烘烤、清洗机械、炊事机械及热饮（开水）加工机械
2	小食品加工机械	XS	干、鲜果品加工机械及膨化和以米、面为原料的糖、油制品加工和包装机械
3	糕点加工机械	GD	糕点（饼干）成型加工机械及包馅、油炸、热制等加工机械和包装机械
4	乳制品加工机械	RZ	乳品、乳制品加工机械
5	糖果加工机械	TG	糖果制品成型加工机械和设备及熬糖、包糖等机械
6	豆制品加工机械	DZ	豆类、淀粉类加工机械及其除杂、清洗、破碎等机械
7	冷冻饮品加工机械	LY	小型汽水饮料加工设备及冷冻食品等加工机械
8	屠宰加工机械	TZ	畜禽屠宰及分割、副产品的处理，综合利用肉类制品等加工和包装机械
9	酿造加工机械	NZ	酱加工、醋加工、灌装、灭菌等设备及酱菜、腐乳、调味品加工机械等
10	其他食品加工机械	QS	

资料来源：摘自参考文献［3］。

（二）　食品机械与设备选型

1. 设备选型基本原则

（1）技术先进　设备性能先进。有较高的技术含量，有利于促进技术进步和提高竞争力，具有产业化基础，能形成新的经济增长点，符合可持续发展的思想。

（2）适用性强　适应市场变化。适应当地自然、经济、社会条件的变化，同一生产线希望能进行多层次深加工，有能力进行生产调节。

（3）可靠性高　设备成熟度高。采用已充分验证并经过使用的设备，未经生产实践或有遗留技术难题的新设备不能盲目采用；生产稳定性高，不得对人员造成危险，不应向工作场所和大气排放超过国家标准规定的有害物质，不应产生超过国家标准规定的噪声、振动、辐射和其他污染。

2. 食品设备选型的具体性原则

（1）与生产能力相匹配的原则　在确定加工设备型号之前，首先要确定食品企业的生产环境，进而确定出产量，从而为设备的加工能力、规格等参数的选择提供确切的依据，同时为了达到设备选型的科学化，也需要考虑到加工设备的动力消耗参数、维修性能、稳定性能等相关因素，设备选型应具有一定的储备系数。

（2）保证产品生产线上加工设备的相互配套　在设备选型过程中，不仅要考虑到单机生产作业，同时要以整个产品生产线作为主要的参考，要充分地考虑到各工艺流程设备的配套关系，保证各设备生产能力之间的平衡关系，进而能够保证产品加工生产环节的稳定协调，注重加工设备的先进性、经济性。

（3）设备的先进性、经济性原则　设备选型时，应综合考虑其性能价格比，才能获得较理想的成套设备。并且在符合投资条件的前提下，尽可能选择精度高、性能优良的现代化技术装备。

（4）工作可靠性原则　生产过程中，任何一台设备的故障将或多或少地影响整个企业生产，降低生产效率，影响生产秩序和产品质量，因此，选择设备时应尽量选择系列化、标准化的成熟设备，并考虑到其性能的稳定性和维修的简便性。

（5）利于产品改型及扩大生产规模的原则　注意选用通用性好、一机多用的设备，便于在人们消费、饮食习惯发生变化时对产品进行改型。

四、　食品机械与设备的发展趋势与策略

中国食品和包装机械工业协会和中国食品科学技术学会食品机械分会制定的中国食品和包装机械工业"十三五"发展规划中指出：按照行业"十三五"规划的发展战略和目标，坚持稳定规模、调整结构、提升水平、保障食品安全的发展思路，把技术创新、智能化、信息化、绿色安全、高效节能及重要成套装备作为"十三五"食品和包装机械行业的发展重点。"十三五"期间，我国食品和包装机械行业将以"中国制造 2025"发展纲要为指导，全面推进智能制造、绿色制造和优质制造，努力实现"中国制造向中国创造转变、中国速度向中国质量转变、中国产品向中国品牌转变"。

1. 加强食品机械行业整体协调和统一管理

加强食品机械行业整体协调和统一管理是当务之急。强化政府部门、行业协会、食品机械企业之间统筹、协调和政策扶持作用，改变各个部门齐抓共管的多头管理方式，组织制定行业发展整体战略规划，明确行业发展的指导思想和相应措施。

2. 加大科技投入增强自主创新能力

食品机械行业应致力于提高自主创新能力，着力建设创新体制机制，整合科技资源，加大科技投入，努力提升科技实力和水平。重点开发、设计、制造数字化加工工艺，利用先进的科技检测手段从源头上提高食品机械的质量，让我国食品机械的设计制造技术上升到一个新的台阶。

3. 继续提升食品机械标准化水平

在新的历史条件下，食品机械标准化工作肩负着规范食品机械设计、制造、使用、管理等艰巨任务，为食品工业、食品机械制造业提供技术支撑。食品机械标准化水平，已成为我国食品机械行业核心竞争力的基本要素。"十二五"期间，已经制定了一批市场急需、关键领域标准缺失以及推进产业结构调整和优化升级的食品机械产品标准，填补了食品机械重要领域产品标准的空白，为成套、成体系制定食品机械行业标准提供了指导，不过食品机械标准化现状不容乐观，还存在标准化工作总体上还不够深入、标准化程度低、标准技术水平低、标准类型不配套等问题，困扰着食品机械标准化的发展。

4. 食品机械智能化、自动化

全新的具有智能化、自动化功能的食品机械机型将逐步替代传统自动化机械成为未来的主流。这是食品机械企业获得可持续发展的有效途径，也是其进行技术改革的终极目标。为确保高水平的生产力，自动检验系统和高效率的自动化系统是必不可少的。今后工业机器、智能控制，图像传感技术和新材料等在食品和包装机械中将会得到越来越广泛的应用，食品机械行业

竞争日趋激烈，食品机械正朝着高速、多功能化及控制智能化的方向发展。面对严峻的形势，我国食品机械行业必须提高产品的技术含量，走专业化发展的道路。面对未来的发展，智能化自动化是食品机械行业发展的必然趋势。

5. 食品机械新技术的应用

近年来新技术在食品机械行业起着越来越重要的作用，不仅可以弥补生产线上的缺陷，同时新技术的运用也符合我国当前绿色生产的社会标准，提升了经济效益。新技术在食品机械行业的广泛应用引发了食品机械技术的又一次革命，带动了食品机械行业的发展。当前食品机械中推广应用的新技术主要有纳米技术、智能技术、膜分离技术、冷杀菌技术、挤压膨化技术等，其中纳米技术与智能技术在烘焙食品机械方面具有比较大的优势。纳米陶瓷有很好的耐磨性及韧性，能够用在制造刀具以及包装食品机械的轴承及密封环上，提高其耐蚀性和耐磨性；冷杀菌技术，即物理杀菌技术，是当前一种新型技术。此种杀菌技术采用短时高电压脉冲杀灭黏性和液体食品中的微生物，在可泵送或液态食品杀菌中应用较为频繁。此种技术几乎不受外界环境影响，杀菌条件易于掌控。因在冷杀菌过程中食品的温度升高幅度不会很大，故此有助于保持食品功能成分的生理活性，即食品的色香味以及营养成分。我国的食品机械技术发展还要向原料高利用率化、机械与设备节能化、食品安全化、高新技术实用化、机械与设备通用化等趋势发展。

五、　食品机械与设备的学习任务

食品机械工程是一门实践性、应用性强的专业基础课，按照食品输送、清理和分选、粉碎、分离、混合、浓缩、干燥、热交换、包装等单元操作的机械与设备进行详尽介绍。主要讲授相应机械与设备工作原理、构造、性能特点、安装与维护以及应用范围。另外，在现代化食品加工生产中，常常是许多不同的机械与设备连接成食品加工生产线，来完成食品加工过程的。因此，增加了相关知识的介绍。通过实验加深对课程的理解。

通过本课程的理论课讲授，使学生能充分了解和掌握各类食品机械与设备的结构、原理、功能、特点和应用；通过与相应章节对应的实践、实验课，培养学生良好的实践能力。希望能通过这门课程的学习，使学生具有一定的食品类机械与设备知识，以及相应食品生产线的选配能力；一定的针对机械与设备的安装、使用、维护能力；一定的食品机械与设备的改造、研发、设计能力，为学生以后相关知识和课程进一步的学习奠定基础。

🔍 思考题

1. 简述我国食品机械的发展历程？
2. 简述食品机械与设备的分类？
3. 简述食品机械与设备选型的原则？
4. 论述食品机械与设备的发展趋势与策略？

第二章

食品输送机械与设备

食品工厂中，为了对物料进行加工操作，需要将物料从一个工作地点输送到另一个工作地点，如食品原料、辅料从原料库到车间的输送，成品或半成品从车间到成品库的输送等；在单机设备中，利用输送过程实现对物料的工艺操作，如连续干燥设备和连续杀菌设备等；为了实现自动化流水线生产，按生产工艺的要求单机间的有机衔接等。因此，食品输送机械与设备是食品生产中必不可少的一类设备。

根据物料状态可分为固体物料输送机械和液体食品输送机械；根据传送连续性可分为连续式和间歇式；根据传送运动方式可分为直线式和回转式等。

第一节　固体物料输送机械

目前，食品生产中应用最广泛的固体物料输送机械有带式输送机、斗式提升机、螺旋输送机、刮板输送机、气力输送装置、流送槽等。

一、带式输送机

（一）工作原理及主要结构

带式输送机是食品工厂中使用最广泛的一种固体物料连续输送机械。它的工作原理是：一条闭合环形的挠性输送带作牵引及承载构件，将其绕过并张紧于前、后两个滚筒上，依靠输送带与驱动滚筒间的摩擦力使输送带产生连续运动，在输送带与物料间的摩擦力作用下，物料随输送带一起运行，从一端被输送到另一端，从而达到输送物料的目的。

带式输送机的结构如图2-1所示，主要由环形输送带、驱动滚筒、张紧滚筒、张紧装置、托辊、机架等组成。

1. 输送带

输送带既是牵引构件，又是承载构件。它是带式输送机中成本最高（约占输送机成本的40%）、最易磨损的部件。要求强度高、延伸率小、挠性好、重量轻、吸水性小、耐磨、耐腐

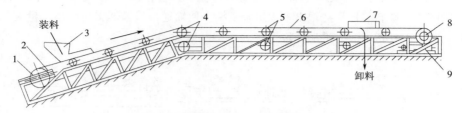

图 2-1　带式输送机结构图

1—张紧滚筒　2—张紧装置　3—装料斗　4—改向滚筒　5—托辊
6—环形输送带　7—卸料装置　8—驱动滚筒　9—驱动装置

资料来源：摘自参考文献〔16〕。

蚀，必要时还必须满足食品卫生要求。常用的输送带有橡胶带、纤维编织带、钢带、钢丝网带、链板带和塑料带等。

（1）橡胶带　橡胶带是由若干层棉织品、麻织品或人造纤维的衬布材料为带芯的，层与层之间用橡胶加胶合成，在其外表面覆盖橡胶保护层。橡胶带中间的衬布为受力层，可使输送带具有一定的机械强度，用于传递动力。橡胶保护层保护衬布及其胶合处的橡胶层不受损伤，并能防止潮湿及外部介质的侵蚀。工作面的橡胶保护层厚度为 3～6mm，非工作面厚度为 1～3mm。

食品工业中，橡胶带用于散装原辅料和包装物的装卸和输送，也可用作拣选台、预处理台的输送带。

（2）纤维编织带　常用的是帆布带。帆布带抗拉强度大，主要特点是柔性好，能经受多次反复折叠而不疲劳。在焙烤食品生产中，主要用于食品成型前的面片和坯料的输送。

（3）塑料带　食品工业中，常采用的塑料材料主要有聚丙烯、聚乙烯和乙缩醛等。塑料带分为多层式和整芯式两种，多层式塑料带和普通橡胶带形似，整芯式塑料带制造工艺简单，生产效率高，成本低，强度高，但挠性较差。塑料带具有耐磨、耐腐蚀、耐酸碱、耐油和适用温度范围大等优点，已被广泛应用。

（4）钢带　钢带机械强度大，不易伸长，不易损伤，耐高温，常用于烘烤设备中，最典型的应用是连续式烤炉中的输送装置。另外，食品生坯可直接放置在钢带上，可节省烤盘，简化操作。因钢带较薄，在炉内吸热量较小，可节约能源、便于清洗。

（5）钢丝网带　钢丝网带强度高，耐高温。因具有网孔，且网孔大小可根据需要选择，常用于边输送边固液分离的场合。如，油炸食品炉中的物料输送、果蔬清洗设备、烘烤设备等。

（6）链板带　又称链板式输送带。牵引件为板式关节链，承载件为托板下固定的导板，链板在导板上滑行运动。板式带结构紧凑，承载能力大，效率高，能在高温、潮湿等条件差的场合下工作。但是，链板自重较大，制造成本较高，对安装精度要求较高，链板之间的铰链关节需仔细保养并及时调整、润滑。常用于装料前后包装容器的输送，如玻璃瓶、金属罐等。

2. 托辊

托辊在带式输送机中对输送带及其上面的物料起承托和引导作用，保证输送带平稳运行。托辊分为上托辊（承载段托辊）和下托辊（空载段托辊）。上托辊有平形和槽形两种，如图

2-2所示。平形托辊支撑的输送带表面平直，物料输送量少，适用于输送成件物品，并且便于在输送带中间位置卸料。槽形托辊由多辊组合支撑，使输送带呈槽形，物料输送量大，适用于输送散状物料。下托辊一般为平形托辊。

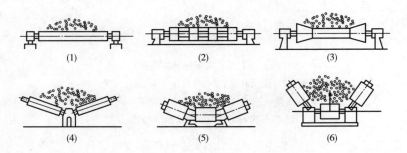

图 2-2   上托辊形式

（1）平直单辊式   （2）平直多节单辊式   （3）单辊槽式
（4）双辊"V"式   （5）三辊槽式   （6）三辊"V"式

资料来源：摘自参考文献［77］。

3. 驱动装置

驱动装置一般由一个或若干个驱动滚筒、减速器、联轴器组成。驱动滚筒是传递动力的主要部件，输送带与驱动滚筒紧密接触，在摩擦力作用下，带动输送带运动。驱动滚筒分为主动滚筒和从动滚筒，卸料端通常为主动滚筒，该滚筒的作用是为输送带运动提供动力；另一端为从动滚筒，它的作用是拉紧和转向输送带。对于橡胶带、纤维编织带、塑料带和钢带，驱动滚筒一般为直径较大、表面平滑的空心滚筒，长度略大于输送带宽度，外形呈鼓形结构，用于自动纠正输送带的跑偏；为了增加滚筒与输送带间的摩擦力，可在滚筒表面包上橡胶、木材或皮革。对于板式带和钢丝网带，驱动滚筒为一对表面有齿的链轮。

4. 张紧装置

由于输送带具有一定的延伸率，在拉力作用下，输送带长度会增大，这导致输送带与驱动滚筒间不能紧密接触而打滑，使输送带无法正常运转。张紧装置的作用就是保证输送带具有足够的张力，使输送带与驱动滚筒紧密接触以保证带式输送机的正常运行。常用的张紧装置有重锤式、螺旋式和压力弹簧式，如图 2-3 所示。

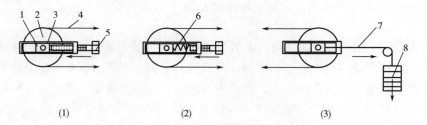

图 2-3   张紧装置示意图

（1）螺杆式   （2）弹簧压紧式   （3）重锤式

1—滑块   2—张紧辊筒   3—滑道   4—传递带   5—螺栓   6—压力弹簧   7—牵引绳   8—配重压砣

资料来源：摘自参考文献［77］。

5. 机架

机架常用槽钢、角钢和钢板焊接而成，可移式带式输送机的机架上安装有滚轮以便其移动。

6. 装料和卸料装置

装料装置又称喂料器，它的作用是保证均匀地供给输送机一定量的物料，使物料在输送带上均匀分布。对于散状物料，常用的装料装置有漏斗式加料器和螺旋式加料器。漏斗式加料器结构简单，漏斗后壁为一倾斜面，方便物料落至输送带上，漏斗出口不超过输送带宽的70%；螺旋式加料器加料准确均匀，但结构较复杂。

卸料分为尾部卸料和中间卸料两种方式，如图2-4所示。尾部卸料是物料在输送带末端由于重力作用而自动卸料的，不需要卸料装置；中间卸料是将一挡板置于输送带需要卸料的位置，移动的物料在挡板作用下，向输送带一侧或两侧卸料的。挡板与输送带纵向中心线的倾斜角度为30°～40°。

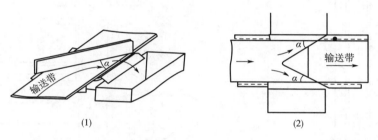

图2-4　卸料方式

（1）单侧卸料　　（2）双侧卸料

资料来源：摘自参考文献［16］。

（二）　主要特点

优点：工作速度范围广（0.02～4m/s），输送距离长，输送量大，不损伤被输送物料，能耗低；适应性强，能输送多种物料，可在任何位置装料、卸料；结构简单，操作容易，安全可靠，维修方便，无噪声。

缺点：不能实现密闭输送，输送轻质粉状物料易飞扬，输送倾斜角度不能太大，改变输送方向需多台输送机联合使用。

（三）　应用

带式输送机是食品工厂中使用最广泛的一种固体物料连续输送机械。适用于块状、粉状、颗粒状物料以及成件物品的水平方向或倾斜角度不大（<25°）场合的输送；也可用于选择检查、清洗或预处理、装填、成品包装入库等工段的操作台；还可用于其他加工机械与设备及料仓的加料、卸料设备。

二、　斗式提升机

（一）　工作原理及主要结构

斗式提升机工作原理是：在带或链等挠性牵引构件上，均匀地安装着若干料斗，牵引件环绕并张紧于头轮和底轮之间，传动机构将动力传递给牵引构件，使料斗运动。物料由提升机底部进入料斗，并被料斗提升向上移动，在提升机顶部被卸出机外，从而达到将低处物料输送至高处的目的。

斗式提升机的结构如图2-5所示，主要由料斗、牵引构件、加料及卸料装置、张紧装置、驱动装置等组成。整个装置封闭在金属外壳内，一般传动滚筒和驱动装置设置在提升机的顶部。

1. 料斗

料斗是斗式提升机的盛料构件，根据输送物料的性质和斗式提升机的结构特点，料斗可分为圆柱形底的深斗、浅斗和尖角形斗三种形式，如图2-6所示。

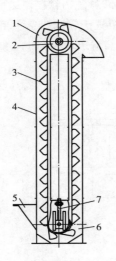

图2-5 斗式提升机结构图
1—机头 2—头轮 3—料斗 4—机筒
5—进料斗 6—底座 7—张紧螺杆
资料来源：摘自参考文献［16］。

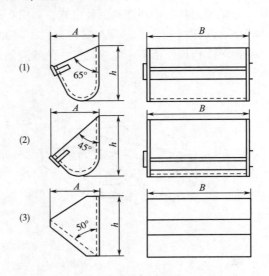

图2-6 料斗形式
（1）深斗 （2）浅斗 （3）尖角形斗
资料来源：摘自参考文献［77］。

深斗斗口呈65°倾斜角，深度较大，装料多，但不利于排料。适用于干燥、流动性好、容易散落的粒状物料的输送；浅斗斗口呈45°倾斜角，深度小，斗口宽，利于排料。适用于潮湿、流动性差的粉末或粒状物料的输送；尖角形斗与上述两种斗不同之处在于斗的侧壁延伸到底板外，成为挡边。卸料时，物料可沿一个斗的挡边和底板所形成的槽卸料。适用于黏稠性大和沉重的块状物料物料的输送。

如图2-7所示，深斗和浅斗在牵引构件上按一定间距排列，斗距一般为斗深的2~3倍；尖角形斗间一般没有间隔。

2. 牵引构件

斗式提升机牵引构件有传动带和链条两种。传动带与带式输送机的相同，常用的有纱带和帆布橡胶传动带，主要用于中小生产能力的工厂及中等提升高度，适用于体积和相对密度小

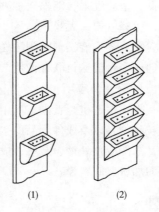

图2-7 料斗布置形式
（1）间隔排列 （2）紧密排列
资料来源：摘自参考文献［77］。

的粉状、小颗粒等物料的输送。链条常用套筒链或套筒滚子链，料斗宽度较小（160～250mm）时，用一根链条固接在料斗后壁上；料斗宽度较大时，用两根链条固接在料斗两边的侧板上。适用于生产率高、提升高度大和较重物料的输送。

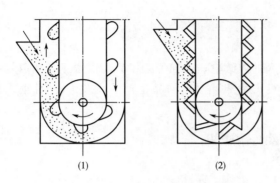

图2-8　斗式提升机装料方法

（1）挖取式　（2）撒入式

资料来源：摘自参考文献［24］。

（二）　斗式提升机装卸料方法

1. 装料方法

斗式提升机装料方法分为挖取式（淘取式）和撒入式（喂入式）两种，如图2-8所示。

挖取式装料是物料首先从提升机下部的加料口处加进底部机壳里，料斗被牵引构件带到经过底部物料堆时，将物料直接挖取提升。这种装料方法适用于输送磨损性小的粉状、粒状、小块状等松散物料，输送速度较高，可达2m/s，料斗间隔排列。撒入式装料是指物料直接加入到运动着的料斗中。这种装料方法适用于大块和磨损性大的物料，输送速度低（<1m/s），料斗呈紧密排列。

2. 卸料方法

斗式提升机卸料方法分为离心式、重力式、离心重力式三种，如图2-9所示。

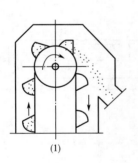  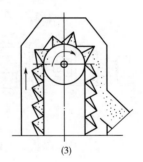

（1）　（2）　（3）

图2-9　斗式提升机卸料方法

（1）离心式　（2）重力式　（3）离心重力式

资料来源：摘自参考文献［24］。

离心式卸料的原理是当料斗上升至提升机顶部时，由直线运动变为旋转运动，料斗内的物料因受到离心力作用而被甩出，从而达到卸料目的的。这种卸料方法适宜于要求提升速度较快的场合，速度一般为1～2m/s，适用于粒度小、磨损小的干燥松散物料，料斗之间要保持一定距离。

重力式卸料利用物料自身的重力下落从而实现卸料。这种卸料方法适合于要求提升速度低的场合，速度一般为0.5～0.8m/s，适用于大块状、磨损性大和易碎的物料，料斗呈紧密排列。

离心重力式卸料利用离心力和重力的双重作用实现卸料。这种卸料方法适合于要求提升速度较低的场合，速度一般为 0.6~0.8m/s，适用于流动性不太好的散状、纤维状或潮湿物料。

（三）　特点

优点：结构简单，占地面积小，可将物料提升到较高位置（30~60m），输送量范围较大（3~160m³/h），密封性好，不易产生粉尘等。

缺点：过载敏感，必须连续、均匀地供料，料斗易磨损等。

（四）　应用

斗式提升机主要用于垂直或倾斜方向较大的连续输送，如酿造食品厂输送豆粕和散装粉料，罐头食品厂将蘑菇从料槽升送到预煮机，番茄、柑橙制品生产线上也常采用斗式提升机。

三、　螺旋输送机

（一）　工作原理及主要结构

螺旋输送机（俗称绞龙）是一种没有挠性牵引构件的连续输送机械，它的工作原理是：带螺旋叶片的轴在封闭的料槽内旋转，料槽内的物料被螺旋叶片推移而实现物料的输送的。物料由于自重及其与料槽摩擦力的作用，不随螺旋一起旋转，而是以滑动形式沿料槽移动的，其情况与不旋转的螺母沿着旋转的螺杆作平移运动类似。根据输送形式，螺旋输送机分为水平螺旋输送机、倾斜螺旋输送机和垂直螺旋输送机三种。

螺旋输送机的结构如图 2-10 所示，主要由料槽、转轴、螺旋叶片、轴承及传动装置等组成。

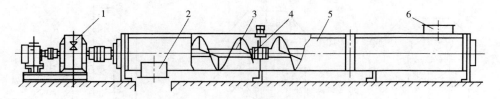

图 2-10　螺旋输送机结构图

1—驱动装置　2—出料口　3—螺旋轴　4—中间吊轴承　5—壳体　6—进料口

资料来源：摘自参考文献［87］。

1. 螺旋叶片

螺旋叶片形状可以分为实体、桨叶、带状和齿形等四种，如图 2-11 所示。实体螺旋叶片主要用于输送干燥、黏度小的小颗粒或粉状物料，其螺距为螺旋直径的 0.8 倍；带状螺旋叶片主要用于输送块状或黏度中等的物料，其螺距约等于螺旋直径；桨叶和齿形螺旋叶片主要用于输送韧性和可压缩性物料，其螺距为螺旋直径的 1.2 倍，在输送物料过程中还可对物料进行搅拌、揉捏和混合等工艺操作。

2. 转轴

转轴有空心和实心两种，为减轻轴的重量，常采用空心轴。转轴一般是由 2~4m 长的空心轴通过轴节段装配而成，连接时将轴节段插入空心轴的衬套内，用螺钉固定连接，如图 2-12 所示。对于大型螺旋输送机，使用比较多的是采用法兰连接，如图 2-13 所示。

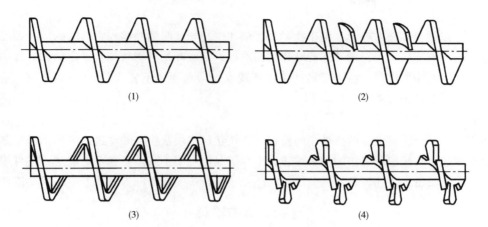

图 2-11 螺旋叶片形状

(1) 实体 (2) 桨叶 (3) 带状 (4) 齿形

资料来源：摘自参考文献 [74]。

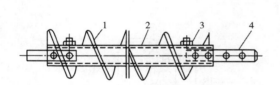

图 2-12 转轴的节段连接示意图

1—螺旋叶片 2—间旋轴 3—螺钉 4—转轴节段

资料来源：摘自参考文献 [72]。

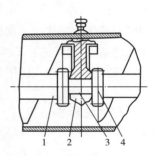

图 2-13 转轴的法兰连接示意图

1—转轴 2—对开式滑动轴承 3—连接短轴 4—法兰盘

资料来源：摘自参考文献 [72]。

3. 轴承

轴承分为头部轴承和中间轴承。头部轴承为安装在转轴头部的止推轴承，除支承转轴旋转外，还可承受由于运送物料阻力所产生的轴向力。当转轴较长时，需在每一中间节段内装一吊轴承（中间轴承），用于支承转轴，吊轴承一般采用对开式滑动轴承，如图 2-13 所示。

4. 料槽

料槽分为槽型和圆筒型两种，槽型料槽是由 3~8mm 厚的不锈钢或薄钢板制成的 U 形长槽，覆盖可拆卸的盖板，主要用于水平方向的物料输送；圆筒型料槽可用于不同方向的物料输送。料槽内径要稍大于螺旋叶片直径，二者之间的间隙一般为 6~10mm。

（二） 特点

优点：结构简单、紧凑、横断面尺寸小；操作安全可靠，易于维修，成本低廉，价格仅为斗式提升机的一半；能实现密闭输送，减少物料堆对环境的污染，对输送粉尘大的物料尤为适用；可多点进料和卸料，使用灵活；物料输送方向可逆，可同时向两个方向输送物料，即同时向螺旋输送机中心输送或背离中心输送；在物料输送过程中，还可进行混合、搅拌、松散、加热和冷却等操作。

缺点：在物料输送过程中，由于物料与料槽和螺旋叶片间的摩擦和物料间的搅拌翻动等原因，单位动力消耗较大，料槽和螺旋叶片磨损严重；螺旋叶片对物料具有一定的破碎作用；对过载敏感，需要均匀进料，否则容易产生堵塞现象；输送距离不宜太长，一般<30m；不适用于输送含长纤维及杂质多的物料。

（三）应用

适用于各种干燥松散、摩擦性小的粉状、颗粒状及小块状物料的输送，主要用于距离不太长的水平输送，或倾斜角度小的倾斜输送，少数情况也可用于高倾角和垂直输送；还可用作喂料设备、计量设备、搅拌设备、烘干设备、仁壳分离设备、卸料设备以及连续加压设备等。

四、气力输送

气力输送是指运用风机（或其他气源）使管道内形成一定速度的气流，在气流的动压或静压作用下，将物料沿一定的管路从一处输送到另一处的输送方式。

根据物料的流动状态，气力输送可分为悬浮输送和推动输送两种。悬浮输送利用气流的动压进行物料输送，输送过程中物料在气流中呈悬浮状态；推动输送利用气流的静压进行物料输送，输送过程中物料呈栓塞状态。食品工厂生产中多采用悬浮输送。

（一）悬浮输送装置的基本类型

悬浮输送装置主要有吸送式、压送式和混合式三种。

1. 吸送式气力输送装置

吸送式气力输送又称真空输送，借助压力低于 0.1MPa 的空气流进行输送工作。吸送式气力输送装置如图 2-14 所示，风机安装在整个系统的末端，当风机启动后，系统被抽至一定的真空度，在压力差作用下，大气中的空气流和物料被吸入输料管，并沿输料管移动至物料分离器中。在物料分离器中，空气流与物料被分离，物料从分离器底部的卸料器卸出，而含尘空气流会继续移动进入除尘器净化，灰尘由除尘器底部卸出，净化后的空气经风机和消声器排入大气。

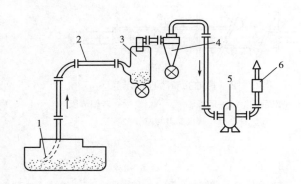

图 2-14　吸送式气力输送装置示意图
1—吸嘴　2—输料管　3—分离器
4—除尘器　5—风机　6—消声器
资料来源：摘自参考文献 [77]。

吸送式气力输送装置的优点是供料简单方便，可从几堆或一堆物料的数处同时吸取物料。但是，由于受系统真空度的限制，物料输送距离短（100~200m），生产率有限；对装置密封性要求很高；此外，为了保证风机可靠工作及减少零件磨损，进入风机的空气必须预先除尘。

2. 压送式气力输送装置

压送式气力输送是借助压力高于 0.1MPa 的空气流进行输送工作的。压送式气力输送装置如图 2-15 所示，风机安装在整个系统的前端，当风机启动后，把具有一定压力的空气压入输料管，被输送的物料由供料器进入输料管，空气流和物料在输料管中混合后，沿着输料管移动

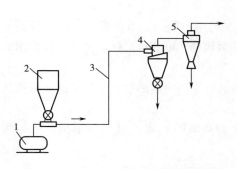

图 2-15 压送式气力输送装置示意图

1—风机 2—供料器 3—输料管

4—分离器 5—除尘器

资料来源：摘自参考文献［77］。

至分离器，在物料分离器中，空气流与物料被分离，物料由分离器底部的卸料器卸出，而含尘空气流由除尘器净化后排出。

压送式气力输送装置的特点与吸送式相反，可同时将物料输送至几处，输送距离较长，生产率较高；此外，容易发现漏气位置，对空气除尘要求不高。该装置的主要缺点是必须从低压环境往高压输料管供料，故供料装置较复杂；不能或难于从几处同时吸取物料。

3. 混合式气力输送装置

压送式气力输送装置如图 2-16 所示，它由吸送式和压送式两部分组合而成。风机安装在整个系统的中间位置，风机前为吸送部分，后为压送部分。在吸送部分，通过吸嘴将物料由料堆吸入输料管，并输送至分离器中，被分离出的物料经过分离器底部的卸料器被送入压送部分的输料管中继续输送。

混合式气力输送装置综合了吸送式和压送式的优点，既可以同时从几处吸取物料，又可以将物料同时输送至几处，且可输送距离较长。其主要缺点是含粉尘的空气通过风机，使工作条件变差，整个装置结构也较复杂。

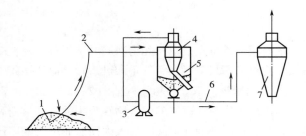

图 2-16 混合式气力输送装置示意图

1—吸嘴 2、6—输料管 3—风机 4—除尘器 5、7—分离器

资料来源：摘自参考文献［77］。

（二） 特点

优点：①输送过程密封，物料损失少，不被污染，并且减少了输送场所的粉尘，改善了劳动条件；②结构简单，装卸、管理方便，容易实现自动化操作；③在输送过程中可与生产工艺相结合，进行干燥、冷却、分选和混合等操作；④输送路线容易选择，布置灵活，可合理地利用空间位置，减少占地面积。

缺点：①动力消耗较大，噪声大；②管道构件和物料磨损较大。

（三） 应用

气力输送装置主要应用于干燥散装物料的输送，如面粉、大米、糖、麦芽等；特别适用于大型粮库的补仓、出仓、翻仓、倒垛，粮食加工和啤酒、酿造等行业在生产工艺中的散装、散运等机械化作业。不适用于易于成块黏结和易破碎的物料。

（四） 气力输送装置的主要部件

气力输送装置的主要部件有供料器、输料管、分离器、卸料器、除尘器和风机等。

1. 供料器

供料器的作用是在对系统内压力影响最小的前提下，使物料进入气力输送装置的输料管中，并形成合适的物料和空气的混合比，使输送顺利进行。供料器可分为吸送式供料器和压送式供料器两类。

（1）吸送式供料器 吸送式供料器的工作原理是利用输料内的真空度，通过供料器将物料连同空气一起吸进输料管，具有补充风量装置及调节机构，可获得最佳混合比。最常用的吸送式供料器有吸嘴和喉管。

①吸嘴。吸嘴主要用于车船、仓库及场地装卸粉粒状及小块状的物料。吸嘴的结构型式有单筒吸嘴和双筒吸嘴两类。

a. 单筒吸嘴。主要有直口吸嘴、喇叭口吸嘴、斜口吸嘴和扁口吸嘴等形态，结构如图2-17所示。

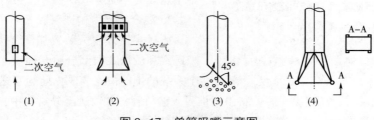

图2-17 单筒吸嘴示意图

（1）直口吸嘴 （2）喇叭口吸嘴 （3）斜口吸嘴 （4）扁口吸嘴

资料来源：摘自参考文献［77］。

单筒吸嘴的特点是空气和物料同时从管口吸入，结构简单，应用较多；缺点是当管口外侧被大量物料堆积封堵时，空气不能进入管道而使操作中断。

b. 双筒吸嘴。双筒吸嘴结构如图2-18所示，主要由与输料管连通的内筒和可以上下移动的外筒构成，物料和空气的混合物在吸嘴的底部沿内筒进入输料管，而补充空气由外筒顶部经两筒环腔，从底部的环形间隙导入内筒。通过改变环形间隙可调节补充风量的大小，获得较高的效率。适用于输送流动性好的物料，如小麦、豆类、玉米。

②喉管。喉管又称固定式受料器，主要用于车间固定地点的取料，如物料直接从料斗或容器下落到输料管的情况。结构如图2-19所示。

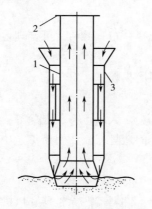

图2-18 双筒吸嘴示意图

1—内筒 2—内筒法兰 3—外筒

资料来源：摘自参考文献［87］。

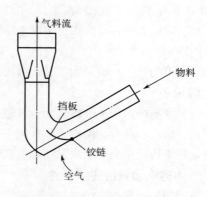

图2-19 喉管示意图

资料来源：摘自参考文献［87］。

（2）压送式供料器　在压送式气力输送装置中，供料器是在大气压条件下向高于其压力的输料管路供料的，不仅保证输送效率，并且不应使管路中空气漏出。因此，压送式供料器密封性要求较高，结构也较复杂。根据工作原理可分为旋转式、喷射式和螺旋式等。

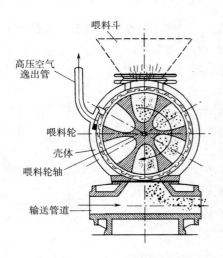

图 2-20　旋转式供料器示意图
资料来源：摘自参考文献［84］。

①旋转式供料器。旋转式供料器又称星形供料器，最普遍使用的是绕水平轴旋转的圆柱形叶轮供料器，结构如图 2-20 所示，壳体上部与加料斗相连，下部与输料管相通。物料由加料斗自流落入叶轮上部的叶片槽内，当叶片槽转到下部位置时，物料在自重作用下进入输料管中。装置中设有与大气相通的均压管，在叶片槽到达装料口前，将槽与大气相通，使槽内压力与大气相同，便于装料。

旋转式供料器气密性好，不损伤物料，可定量供料，供料量通过叶轮转速调节。通常用于粉状、小块状物料的中、低压输送。

②喷射式供料器。喷射式供料器结构如图2-21所示，压缩空气从供料器一端高速喷入，在供料口处管道喷嘴收缩使气流速度增大，部分静压转变为动压，导致供料处的静压等于或低于大气压力，使供料斗中物料落入供料器喷嘴处；在供料口后有一段渐扩管使气流速度降低，静压逐渐增高，达到物料正常输送状态。为保证喷射式供料器能正常供料和输送，喷射式供料器渐缩管倾角为 20°左右，渐扩管倾角为 8°左右。

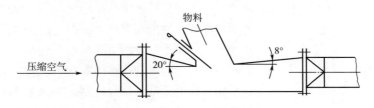

图 2-21　喷射式供料器示意图
资料来源：摘自参考文献［87］。

旋转式供料器结构简单，尺寸小，不需任何传动机构；但达到的混合比小，压缩空气消耗量较大，效率较低。主要用于低压、短距离的压力式输送场合。

③螺旋式供料器。螺旋式供料器是利用螺旋的推动作用进行供料，结构如图 2-22 所示。当螺旋在壳体内快速旋转时，物料从加料斗通过闸门经螺旋而被压入混合室，由于螺旋的螺距从左至右逐渐减小，使螺旋内的物料被越压越紧，可防止混合室内的压缩空气通过螺旋漏出。在混合室下部设置有压缩空气喷嘴，当物料进入混合室内时，压缩空气便将其吹散并开始加速气流，使压缩空气

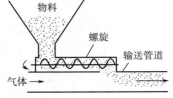

图 2-22　螺旋式供料器示意图
资料来源：摘自参考文献［84］。

和物料混合，然后使物料均匀地进入输料管中。

螺旋式供料器能够连续供料，但动力消耗较大，螺旋叶片等工作部件磨损较快。一般用于工作压力≤0.25MPa，粉状物料的输送。

2. 输料管

输料管系统由直管、弯管、软管、伸缩管、回转接头、增压器和管道连接部件等根据工艺要求配置组成。在设计输料管及其部件时，须满足以下条件：接头和焊缝密封性好；运动阻力小；装卸方便，具有一定的灵活性；尽量缩短管道的总长度。

3. 分离器

分离器的作用是利用重力、惯性力和离心力的作用原理使悬浮在气体中的物料沉降分离出来。常用的分离器有容积式分离器和离心式分离器两种。

（1）容积式分离器　容积式分离器结构如图2-23所示，其工作原理是：空气和物料的混合物由输料管进入容积式分离器，由于管道直径突然增大，气流的速度大大降低，远小于悬浮速度，这使得气流失去了对物料的携带能力，物料在重力作用下沉降在分离器底部，并由分离器底部的卸料口排出。容积式分离器结构简单，容易制造，工作可靠，但尺寸较大。

图2-23　容积式分离器示意图

资料来源：摘自参考文献［77］。

（2）离心式分离器　离心式分离器又称旋风分离器，结构如图2-24所示，由切向进风口、内筒、外筒和锥筒等几部分组成。空气和物料的混合物由切向进风口进入筒体上部，一边作螺旋形旋转运动，一边沿外筒和锥筒下降；由于锥筒体旋转半径减小，旋转速度会逐渐增加，气流中的物料受到离心力的作用，被甩到筒壁上，由于筒壁摩擦力的作用而失去速度，在重力的作用下物料沿筒壁落到分离器底部，从卸料口排出。气流到达锥体底部后折转向上，在锥体中心部作螺旋上升运动，从分离器顶部的内筒排出。

离心式分离器结构简单，制作方便，没有运动部件，而且压力损失小，经久耐用，除了磨琢性物料对壁面产生磨损和黏附性的细粉会黏附外，几乎没有其他缺点，所以被广泛应用。

4. 卸料器

卸料器的作用是将物料从分离器中连续或间歇卸出的装置。对于连续卸料器，因其具有防止外部空气进入气力输送系统的功能，又称为关风器。目前，应用最广泛的是旋转式卸料器，有时也采用阀门式卸料器。

（1）旋转式卸料器　旋转式卸料器的结构与旋转式供料器完全相同，只是安装位置不同，装置中的均压管与分离器相通，在叶片槽内与分离器压力相同，便于物料进入叶片槽内，方便卸料。

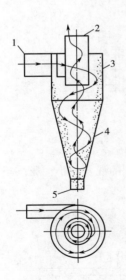

图2-24　离心式分离器示意图

1—进风口　2—内筒　3—外筒
4—锥筒　5—卸料口

资料来源：摘自参考文献［82］。

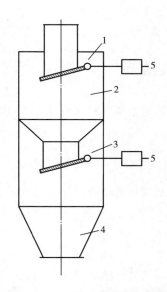

图 2-25　阀门式卸料器示意图

1—上阀门　2—上箱　3—下阀门
4—下箱　5—平衡锤

资料来源：摘自参考文献 [74]。

（2）阀门式卸料器　阀门式卸料器结构如图 2-25 所示，由上下箱两部分组成。工作时，上阀门常开，下阀门关闭，使物料落入卸料器上的箱中；出料时关闭上阀门，打开下阀门，使物料落入卸料器下的箱中，从而达到不停车出料的目的。阀门式卸料器气密性好，结构较简单，但高度尺寸较大。

5. 除尘器

从分离器排出的气流中含有很多微细的物料颗粒和灰尘。为提高风机的使用寿命和减少对空气的污染，在引入风机前必须进行除尘净化处理。常用的除尘器有离心式和袋式两种。

（1）离心式除尘器　离心式除尘器与离心式分离器工作原理相同，不同的是离心式除尘器的筒径较小，锥体部分较长。为了提高除尘效果，可将两个或多个除尘器串联使用。

（2）袋式除尘器　袋式除尘器是一种利用多孔的有机纤维或无机纤维过滤布将气体中的粉尘过滤出来的除尘设备，因过滤布多做成袋形，故将其称为袋式过滤器。结构如图 2-26 所示，含有粉尘的空气沿进气口进入除尘器，在锥形下箱体中，颗粒较大的粉尘被沉降分离出来，而含有细小粉尘的空气则旋向上方进入过滤布袋中，粉尘被阻挡和吸附在过滤布袋的内表面上，从过滤布袋逸出的除尘空气则经排气口排出。工作一段时间后，必须及时清除过滤布袋上的积灰（一般采用机械振打、气流反向吹洗等方法），否则将增大压力损失并降低除尘效率。

袋式除尘器的最大优点是除尘效率高，但不适用于过滤含有油雾、凝结水及黏性的粉尘。此外，设备体积较大，投资、维修费用较高，控制系统较复杂。一般用于除尘要求较高的场合。

6. 风机

风机的作用是产生一定压差的气流，为气力输送提供动力。对风机的要求是：效率高；风量、风压满足输送物料要求且风量随风压的变化要小；有一些灰尘通过也不会发生故障；经久耐用便于维修；用于压送式气力输送装置，风机排出的气中尽可能不含油分和水分。气力输送系统中常用的有罗茨风机和离心式风机。

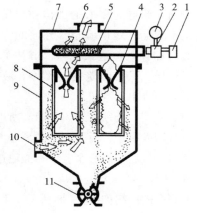

图 2-26　袋式除尘器示意图

1—控制阀　2—脉冲阀　3—气包　4—文氏管
5—喷吹管　6—排气口　7—上箱体　8—过滤布袋
9—下箱体　10—进气口　11—叶轮式卸料器

资料来源：摘自参考文献 [82]。

第二节　液体物料输送机械

液体物料输送在食品加工生产过程中起着重要作用，用于输送液体物料的机械主要有泵和真空吸料装置等。

一、泵

泵是液体物料最主要的输送机械设备，几乎所有的液体物料输送都是通过泵来完成的。泵的种类多种多样，根据输送物料不同可分为清水泵、污水泵、耐腐蚀浓浆泵、油泵和乳泵等；根据结构特征和工作原理不同可分为离心式泵和容积式泵。

（一）离心泵

离心泵又称饮料泵、乳泵、卫生泵等，是适用范围最为广泛的液体输送机械设备之一，具有结构简单、性能稳定及维护方便等优点。

1. 工作原理

离心泵的工作原理如图2-27所示，泵轴上装有叶轮，叶轮上有若干弯曲的叶片。泵启动后，泵轴带动叶轮旋转，叶片之间的液体随叶轮一起旋转，在离心力的作用下，液体沿着叶片间的通道从叶轮中心进口处被甩向叶轮外围，液体流到蜗形通道后，由于截面逐渐扩大，大部分动能转变为静压能。于是液体以较高的压力，从排出口进入排出管，输送到所需的场所。当叶轮中心的液体被甩出后，泵壳的吸入口就形成了一定的真空，外面的大气压力迫使液体经底阀和吸入口进入泵内，填补了液体排出后的空间。这样，只要叶轮旋转不停，液体就源源不断地被吸入与排出。

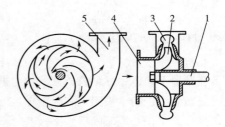

图2-27　离心泵工作原理图

1—泵轴　2—叶轮　3—泵壳

4—吸入口　5—排出口

资料来源：摘自参考文献［82］。

启动离心泵前，必须在泵内先灌满所输送的液体。若在启动前未充满液体，则泵壳内存在空气，因空气密度很小，所以产生的离心力也很小。此时，在吸入口处所形成的真空不足以将液体吸入泵内，虽启动离心泵，但不能输送液体。此现象称为"气缚"。

2. 基本构成

典型离心泵的结构如图2-28所示，主要由叶轮、泵壳、轴封装置和电机等4部分组成。

（1）叶轮　叶轮是将电机的机械能传给液体，提高液体静压能和动能的部件。结构如图2-29所示，离心泵叶轮上常装有6~12片叶片。叶轮通常有三种类型。

①闭式叶轮。如图2-29（1）所示，叶片两侧带有前、后盖板。液体从叶轮中央的入口进入后，经两盖板与叶片之间的流道流向叶轮外缘。闭式叶轮效率较高，应用最广，但只适用于输送清洁液体。闭式叶轮分为单吸式和双吸式两种，双吸叶轮实际上是由两个背靠背的闭式叶轮组合而成的，相当于两个相同直径的闭式叶轮同时工作，在同样的叶轮外径下流量可增大一

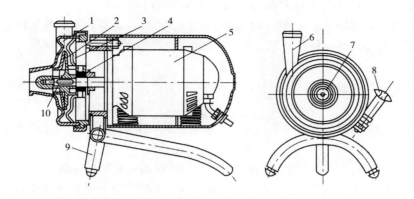

图 2-28　离心泵结构图

1—活动泵壳　2—叶轮　3—固定泵壳　4—轴封装置　5—电机
6—出口　7—进口　8—快拆箍　9—支架　10—泵轴
资料来源：摘自参考文献 [58]。

倍左右。双吸叶轮适用于大流量泵，其抗汽蚀性能好。

②半闭式叶轮和开式叶轮。如图 2-29（2）、（3）所示，半闭式叶轮吸入口侧无盖板，开式叶轮两侧无盖板，以上两种叶轮适用于输送浆料或含有固体悬浮物的液体。但是，因叶轮不装盖板，液体在叶片间运动时易产生倒流，故效率较低。

（2）泵壳　泵壳多为蜗壳形，其中有一个截面逐渐扩大的蜗牛壳形通道，如图 2-30（1）所示。叶轮在泵壳内沿蜗形通道逐渐扩大的方向旋转，由于通道逐渐扩大，以高速从叶轮四周抛出的液体便逐渐降低流速，减少了能量损失，并使部分动能有效地转化为静压能。因此，泵壳既是一个汇集由叶轮抛出的液体的部分，又是一个能量转换装置。

有的离心泵为了减少液体进入蜗壳时的碰撞，在叶轮和泵壳之间安装了固定的导轮，如图 2-30（2）所示。由于导轮具有很多转向的扩散流道，使高速流过的液体均匀而缓和地将动能转换为静压能，从而减少能量损失。

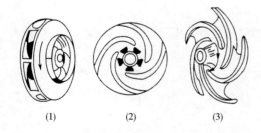

图 2-29　离心泵叶轮示意图
（1）闭式叶轮　（2）半闭式叶轮　（3）开式叶轮
资料来源：摘自参考文献 [84]。

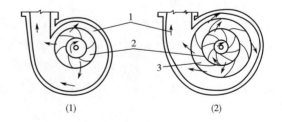

图 2-30　泵壳与导轮示意图
1—泵壳　2—叶轮　3—导轮
资料来源：摘自参考文献 [82]。

3. 特点

优点：结构简单，流量大，性能平稳；液体输出量可通过出口端阀门任意调节；出口阀门全闭，不会引起压力迅速上升的危险；操作检修、清洗容易。

缺点：必须保证泵体内及吸液管内充满液体才能正常运行，要求泵安装位置低于液体储槽出口或预先灌满被输送的物料；操作或设计不合理时，易引起出现泡沫等现象。

4. 应用

既可以输送低、中黏度的液体物料，也可以输送含有悬浮物或有腐蚀性的溶液。

（二） 螺杆泵

螺杆泵是一种旋转式容积泵，它是利用一根或数根螺杆与螺腔相互啮合的空间容积变化来输送液体的。

图2-31所示为单螺杆泵结构图，主要构件是呈圆形断面的螺杆（转子）和具有双头螺纹的橡胶制螺腔（定子），螺杆偏心安装在橡胶螺腔内，螺杆螺距为螺腔内螺纹的一半，二者相互啮合可形成数个互不相通的密闭啮合空间。

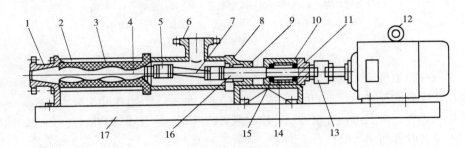

图2-31　单螺杆泵结构图

1—出料口　2—拉杆　3—螺腔　4—螺杆　5—万向节总成　6—进料口　7—连节轴　8、9填料压盖
10—轴承座　11—轴承盖　12—电动机　13—联轴器　14—轴套　15—轴承　16—传动轴　17—底座
资料来源：摘自参考文献［56］。

工作时，电动机可通过连节轴带动螺杆旋转作行星运动，封闭的啮合空间沿轴向由进料口向出料口方向运动，在出料口封闭空间自行消失，料液便由出料口挤压排出；同时，在进料口又形成新的封闭空间，形成一定的真空，将料液吸入并向前推进，从而起到连续抽送料液的作用，完成料液的输送。

根据螺杆数量，螺杆泵有单螺杆、双螺杆和多螺杆等几种；根据螺杆轴安装位置，可分为卧式和立式两种。食品工厂中多采用单螺杆卧式泵。

螺杆泵具有结构简单，输送液体连续均匀，无脉动，运动平稳，无振动和噪声，排出压力高，自吸性能和排出性能好等优点。但是，衬套由橡胶制成，不能断液空转，否则易发热损坏。

螺杆泵主要用于高黏度黏稠液体及带有固体物料的浆料的输送，如番茄酱和果汁榨汁生产线等。

（三） 齿轮泵

齿轮泵是一种旋转式容积泵，利用一对齿轮相互啮合的空间容积变化来输送液体。

齿轮泵结构如图2-32所示，主要由主动齿轮、从动齿轮、泵体等组成。主动齿轮和从动齿轮均由两端轴承支撑，泵体、泵盖和齿轮的各个齿槽间形成封闭的工作空间，通过齿轮两端

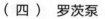

图 2-32 齿轮泵结构图

1—吸入腔 2—主动齿轮 3—排出腔
4—从动齿轮 5—泵体

资料来源：摘自参考文献［74］。

面与泵体和泵盖以及齿顶圆与泵体内圆表面的配合间隙实现密封。

工作时，电机带动主动齿轮旋转，从动齿轮与主动齿轮相啮合而向相对方向转动。在吸入腔，随两齿轮的啮合齿逐渐分开，工作空间的容积逐渐增大，形成一定的真空，被输送物料在大气压差作用下进入吸入腔；进入泵腔的料液在齿槽间随齿轮旋转被推向排出腔，再排出腔，随两齿轮的啮合齿逐渐啮合，工作空间的容积逐渐消失，料液被挤压排出。当主、从动齿轮不断旋转时，齿轮泵便不断吸入和排出料液。

根据齿轮的啮合方式可分为外啮合式和内啮合式；根据齿轮形状可分为正齿轮泵、斜齿轮泵和人字齿轮泵等。一般在食品工厂中多采用外啮合齿轮泵。

齿轮泵结构简单，工作可靠，应用范围较广，流量较小、扬程较高、效率低、振动和噪声大。所输送料液必须具有润滑性，否则齿面极易被磨损，甚至发生咬合现象。

齿轮泵主要用于输送黏稠的液体，如油类、糖浆等。也可用于提高流体压力或作计量泵使用。

（四） 罗茨泵

罗茨泵又称转子泵，其工作原理与齿轮泵相似，依靠两啮合转动的转子来输送液体。

罗茨泵结构如图 2-33 所示，转子形状简单（一般为 2 叶、3 叶或 5 叶），易于拆卸清洗，对料液的搅动作用小，适用于黏稠料液（尤其是含有颗粒的）的输送。由于对转子的制造精度要求较高，罗茨泵价格较高。

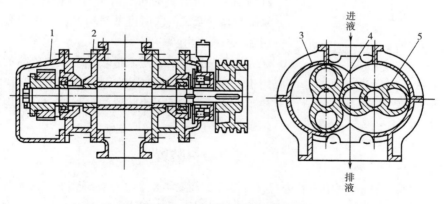

图 2-33 罗茨泵工作原理图

1—后盖 2—端面 3—泵体 4—从动转子 5—主动转子

资料来源：摘自参考文献［82］。

（五） 滑片泵

滑片泵又称叶片泵，结构如图 2-34 所示，主要工作部件是一个带有径向槽而偏心安装在泵壳中的转子，在转子的径向槽中装有沿槽自由滑动的滑片，滑片依靠离心力的作用紧压在泵壳的内壁上，两相邻滑片与泵壳内壁可形成封闭的工作空间。当转子转动时，在前半周工作空间逐渐增大，形成一定的真空，被输送的液体在大气压差作用下进入泵腔；在转子的后半周，工作空间逐渐减小，液体被挤压排出。

滑片泵适用于浓稠物料的输送，如肉制品生产中肉糜的输送。

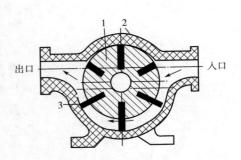

图 2-34　滑片泵结构图
1—转子　2—泵壳　3—滑片
资料来源：摘自参考文献［87］。

（六）　柱塞泵

柱塞泵是一种往复式容积泵，依靠活塞或柱塞（泵腔较小时）在泵缸内做往复运动，从而将液体定量吸入和排出。

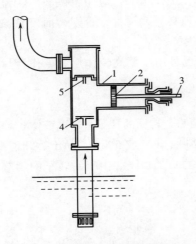

图 2-35　柱塞泵工作原理图
1—泵缸　2—活塞　3—活塞杆
4—吸入阀　5—排出阀
资料来源：摘自参考文献［103］。

柱塞泵工作原理如图 2-35 所示，泵缸内活塞与阀门间的空间作为工作空间，当传动机构带动活塞由左向右移动时，工作空间容积增大，形成一定的真空，排出阀关闭，吸入阀开启，将被输送料液吸入缸内，活塞移至最右端时，吸入行程结束；此时，活塞开始从右向左移动，泵缸内压力增大，使排出阀开启，吸入阀关闭，将料液挤压排出，活塞移至最左端时，排液结束，完成一个工作循环。活塞如此连续往复运动，将料液交替吸入、排出缸体，从而实现输送料液的目的。

单缸柱塞泵瞬时流量不均匀，脉动较大，可采用多缸结构，瞬时流量为所有缸瞬时流量之和，脉动减小，泵缸越多，合成的瞬时流量越均匀。常用的有单缸单作用和三缸单作用泵。

柱塞泵适用于输送流量较小，压力较高的情况，可用于高黏度液体的输送；在食品生产中也常作为高压泵使用，如压力喷雾干燥装置的供液泵、高压均质机的加压泵等。

二、真空吸料装置

真空吸料装置是一种利用压差进行料液输送的简易方法，工作原理如图 2-36 所示，用真空泵将密闭贮料罐抽成真空，造成一定的真空度，由于贮料罐与输出槽之间存在压力差，因此输出槽中的物料由管道被吸入贮料罐内，从而完成料液的输送。在贮料罐顶部设置有调节阀，用于调节贮料罐内的真空度，从而调节贮料罐内液位的高度。在真空泵与贮料罐之间设置有分离器，用于分离真空泵所抽空气中携带的料液，防止料液腐蚀真空泵；若选用湿式真空泵可省去分离器，湿式真空泵一般采用水环式真空泵。

将料液从贮料罐排出的方法有间歇式和连续式两种。间歇式是当贮料罐内液位高度达到要

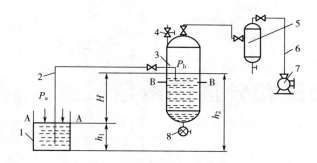

图2-36　真空吸料装置工作原理图

1—输出槽　2、6—管道　3—贮料罐　4—调节阀　5—分离器　7—真空泵　8—出料阀门

资料来源：摘自参考文献 [87]。

求后，破坏贮料罐的真空度，便可通过贮料罐底部的出料阀门排出料液；连续式出料阀门采用旋转阀，要求旋转阀出料量与吸入贮料罐的料液量相等。

真空吸料装置结构简单，由于物料处于真空贮料罐内，比较卫生，物料组织内部的部分空气被排除，减少了成品的含气量。但是，输送距离和高度都不大，效率较低，功率消耗比较大；由于管道密闭，清洗困难。

真空吸料装置适用于各种料液的输送，对酱类或带有固体块状料液的输送特别适用。另外，也可用于一些流动性良好的粉状物料的输送。

此外，如果输出设备是密闭的，也可采用压缩空气注入输出罐的方式，利用压缩空气的压力将料液输送至另一设备，其原理与真空吸料装置类似。

思考题

1. 固体物料输送机械的种类？
2. 带式输送机械的特点及其适用范围？
3. 带式输送机械的输送带类型及其适用范围？
4. 斗式提升机的特点及其适用范围？
5. 螺旋输送机的特点及其适用范围？
6. 泵的分类？
7. 离心泵的工作原理及其特点？
8. 螺杆泵的特点及其适用范围？
9. 齿轮泵的分类及其适用范围？
10. 真空吸料装置的工作原理及其适用范围？

第三章

食品清理和分选机械与设备

第一节　食品原料的清理机械设备

一、　食品原料的清理

许多食品原料在收集、运输和贮藏过程中混入了泥砂石草等杂物，食品厂在进行产品加工之前，必须对这些杂物进行清理，否则将会影响成品质量，损害人体健康，并且对后序加工设备造成不利影响。食品原料的清理机械是根据原料中杂物的不同而设计的。食品原料中的杂物多种多样，例如，各种谷物、大米、豆类、咖啡等粉粒中可能含有泥土、砂石、金属等杂物；甜菜糖厂的加工原料甜菜中不仅含有泥土、砂石、金属等，还有杂草、茎叶、麦秆等杂物，乳品厂的原料牛乳中可能含有毛、毛屑等。根据食品原料中杂物性质的不同，清理的方式也不同。下面以谷物为例，阐述食品原料的清理方法和原料。

谷物与其含有的各种杂质总有某一种甚至某几种特性上的明显差异。有差异才有区别，有区别才能区分，才能分离清理。显然，利用它们的物理特性上的差异要比利用它们的化学特性上的差异，更容易清理，更为经济适用。谷物清理的基本方法及其基本原理主要有以下几种。

1. 风选法

风选法清理的基本原理是利用谷物与杂质在空气动力学特性上的差异，通过一定形式的气流，使谷物和杂质以不同方向运动或飞向不同区域，使之分离，从而达到清理的目的。它们之间的空气动力学特性差异主要体现在悬浮速度和飞行系数的不同。风选法所用设备主要有吸式风选器、循环风选器和垂直吸风道等。用于清除谷物中的轻杂质，包括不完善粒和未成熟粒。

2. 筛选法

筛选法清理的基本原理是利用谷物与杂质在粒度和粒形上的差异，通过运动适宜、筛孔形状和大小都合理的筛面，使谷物和杂质分别成为筛上物和筛下物，使之分离，从而达到清理的目的。筛选法所用设备主要有初清筛、振动筛、高速振动筛、平面回转筛、圆筛、小方筛、组合筛等。其主要用于清除大杂、中杂和小杂，也用于谷物和制品的分级。

3. 密度分选法

密度分选法有干法和湿法之分。湿法即水洗密度分选法，因其存在耗水量大、污水难处理等问题，现已极少采用。干法密度分选法清理的原理是利用谷物和杂质在密度和空气动力学特性上的差异，通过筛面或其他形式的袋孔、凸台或凸孔（鱼鳞孔）工作面，并辅之以气流，首先促使谷物和杂质在运动中分层，再迫使它们往不同方向运动，使之分离，从而达到清理的目的。干法密度分选法所用设备主要有吸式去石机、吹式去石机和分级去石机等。其主要用于清除谷物中的并肩砂石等重杂质，也用于谷物和制品的分级。

4. 精选法

精选法清理的原理是利用谷物和杂质在粒形和粒度上的差异，通过开有袋孔的、旋转的圆盘（碟片）或圆筒，由袋孔带走球状或短圆小粒杂质，使之分离，从而达到清理的目的。精选法所用设备主要有碟片精选机、滚筒精选机、组合精选机等。其主要用于小麦中荞子的清除，也用于大米加工中的碎米精选。

5. 磁选法

磁选法清理的原理是利用谷物和杂质在导磁性上的差异，通过永久磁铁或电磁铁构成的磁场构件吸住磁性杂质，而谷物自由通过，从而分离，达到清理目的。磁选法所用设备主要有永磁溜管、磁筒、永磁筒、电磁辊筒等。

6. 表面清理法

表面清理的原理是利用谷物与其表面（包括沟纹）黏附杂质在结构强度上的差异，通过旋转的机械构件施加一定的机械作用力，破坏杂质结构强度以及杂质与谷物的结合结构强度，迫使谷物表面杂质脱离，达到清理的目的的。表面清理法所用设备主要有打击设备、擦离设备、撞击设备等。其主要用于清除小麦表面和沟纹中的杂质与虫卵等污物，清理病虫害粒和各种损伤粒等。

7. 其他方法

例如，光电比色分选法，主要用于大米加工中成品整理时分选异色粒。

二、 清理机械与设备

（一） 清理机械的分类

清理机械可进行以下的分类。

1. 除石机

除石机用于除去原料中的砂石。常用的方法有筛选法或密度法。筛选法除石机是利用砂石的形状和体积大小与加工原料的不同，利用筛孔形状和大小的不同除去砂石的。密度除石机是利用砂石与食品原料密度的不同，在不断振动或外力（如风力、水力、离心力等）作用下，出现自动分层现象而除去砂石的。

2. 除草机

除草机用于除去原料中的杂草、茎叶等。常用的方法是风选法和浮选法。风选法是利用杂物与食品原料在空气中的悬浮速度不同，通过风力进行除杂的方法。浮选法是利用杂草、茎叶在水中与食品原料所受的浮力不同，把漂浮在水中的轻浮杂物除去。

3. 除铁机

除铁机用于除去原料中的铁质磁性杂物，如铁片、铁钉、螺钉等。常用的方法是磁选法。利用磁力作用除去夹杂在食品原料中的铁质杂物。磁力除铁机有电磁式和永磁式两种形式。

4. 过滤器

过滤器用于除去液体食品原料中的杂物，如原料乳中的牛毛、毛屑等。常用方法是过滤法，可在容器的入口或出口装上滤网或滤布过滤，也可安装过滤器过滤。

（二） 振动筛

振动筛广泛应用于食品加工企业中，多用于清理含有大、小及轻杂质的颗粒状食品原料。图 3-1 为一种小麦清杂机，是一种典型的振动筛清理机。其主要装置有进料装置、筛体、吸风除尘装置、振动装置和机架等。被清理物料由进料斗进入，通过控料闸依次到达振动筛的三层筛面上。三层筛面倾斜安装在一个整体筛架上，由振动机构带动作往复振动。当物料到达第一层筛面时，由于筛孔较大，物料及粗杂质通过筛孔落到第二层筛面上，第一层筛面筛上物为颗粒较大的杂质；物料到达第一层筛面并通过筛孔，把粗杂质清理出来；物料到达第三层筛面，由于第三层筛孔小，细小杂质可通过筛孔被分离出来。可见三层筛的筛孔依次减小，在前后两个吸风道的作用下，物料中轻杂质与灰尘也能被清理出来。振动筛的清理原理如图 3-2 所示。

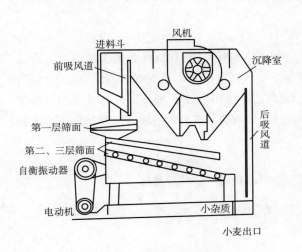

图 3-1　振动筛结构图　　　　　　图 3-2　振动筛工作原理图

资料来源：摘自参考文献 ［84］。

（三） 磁选

为了保护加工机械和人身安全，保证消费者身体健康，食品原料在加工前必须经过严格的磁选，除去夹在原料中的磁性杂质，食品原料中的磁性金属杂质，因其危害较大，所以必须用除铁机去除。除铁机又称磁力除铁机，它的主要工作部件是磁体。每个磁体都有两个磁极，其周围存在磁场，磁体分为电磁式和永磁式两种形式。电磁式除铁机磁力稳定，性能可靠，但必须保证一定的电流强度。永磁式除铁机结构简单，使用维护方便，不耗电能，但使用方法不当或时间过长会使磁性退化。食品厂常用的磁选设备有永磁溜管、永磁筒与永磁滚筒，在采矿等其他行业中常用的还有电磁除铁器等。

1. 永磁溜管

如图 3-3 所示，永磁溜管主要是利用溜管盖板上所装磁铁的吸附作用来分离物料中磁性杂质。在需要进行磁选的溜管上设置 2~3 个盖板，每个盖板上装有两组前后错开的磁铁。工作时，食品原料从溜管上端流下，磁性金属杂质被磁铁吸住，而没有磁性的食品原料则可顺利通过。工作一段时间后需要对磁铁上的杂质进行清理，清理时可依次取下盖板，除去磁性杂质。永磁溜管具有结构简单、节省空间、磁选效果好、可连续工作等优点。为了提高分离效率，应使流过溜管的物料层薄而均匀，永磁溜管中物料的运行速度一般为 0.15~0.25m/s。

2. 永磁筒

永磁筒磁选器的结构如图 3-4 所示，它主要由壳体、转动门、磁芯三部分组成。磁芯安装在转动门的底托上，能随转动门的开关而出入壳体。物料经上法兰口流入，经分流伞形帽均匀分散落下，当磁性金属杂质随物料流下时，会迅速被磁芯吸住，与食品原料分离。为了保证除杂效果，应定期打开转动门，对吸附在磁芯上的磁性金属杂质进行清理。

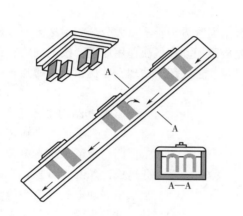

图 3-3 永磁溜管结构示意图

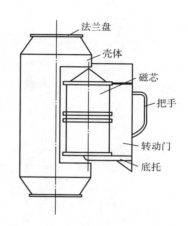

图 3-4 永磁筒结构示意图

资料来源：摘自参考文献 [84]。

3. 永磁滚筒

如图 3-5 所示，CXY 型永磁滚筒除铁机主要由进料装置、滚筒、磁心、机壳和传动装置等部分组成。磁心由锶钙铁氧体永久磁铁和铁隔板按一定顺序排列成 170° 的圆弧形，安装在固定的轴上，形成多极头开放磁路。磁心圆弧表面与滚筒内表面间隙小而均匀（一般小于 2mm），滚筒由非磁性材料制成，外表面敷无毒而耐磨的聚氨酯涂料作保护层，以延长使用寿命。滚筒通过涡轮蜗杆机构由电动机带动旋转。磁心固定不动。滚筒重量轻，转动惯量小。永磁滚筒能自动地排除磁性杂质，除杂效率高（98%以上），特别适合除去粒状物料中的磁性杂质。CXY-25 型永磁滚筒除铁机的主要技术特性参数，如表 3-1 所示。

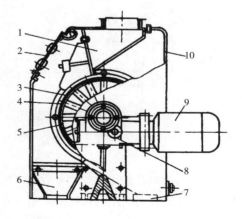

图 3-5 CXY 型永磁滚筒的结构
1—进料斗 2—观察窗 3—滚筒 4—磁心
5—隔板 6—小麦出口 7—铁杂质收集箱
8—变速机构 9—电动机 10—机壳
资料来源：摘自参考文献 [7]。

表 3-1　　　　　　　　CXY-25 型永磁滚筒除铁机的主要技术特性参数

名称	技术特性	名称	技术特性
产量/（t/h）	4~4.5	动力/kW	0.55
滚筒直径/mm	300	磁铁规格/mm×mm×mm	68×38×20
滚筒长度/mm	250	外形尺寸（长×宽×高）/mm×mm×mm	730×650×650
滚筒转速/（r/min）	38		
单位电耗/（kW/t）	0.045	重量/kg	130

资料来源：摘自参考文献［7］。

（四）　密度去石机

　　密度去石机是重力分选法的一种。重力分选通常分为干法重力分选和湿法重力分选两种形式，密度去石属于干法重力分选。密度去石是应用振动和气流作用原理，按不同物料密度差别进行分选的方法。密度去石往往在筛选之后进行，主要用于清理密度比粮粒大的并肩石（石子大小类似粮粒）等杂质。

1. 基本结构

　　密度去石机由进料装置、去石工作面、吸风系统、振动机构等部分组成，如图 3-6 所示。振动机构常采用振动电机或偏心传动机构两种。进料装置包括进料斗、缓冲槽、压力门等。去石工作面通过撑杆支承在机架上。去石工作面一般用薄钢板冲压成双面突起鱼鳞形筛孔，有时也用编织筛面。去石工作面向后逐渐变窄，前部称为分离区，后部称作聚石区与精选区。去石工作面与其上部的圆弧罩构成精选室，通过改变圆弧罩内弧形调节板的位置，改变反向气流方向把石子中粮粒吹回到工作区，以控制石子出口含粮粒数。鱼鳞形冲孔去石

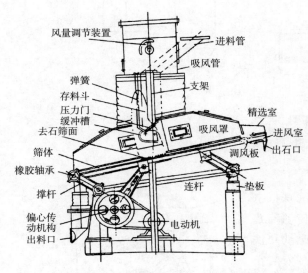

图 3-6　吸式比重去石机的结构示意图

资料来源：摘自参考文献［84］。

筛面的孔眼均指向石子运动方向（后上方），对气流进行导向和阻止石子下滑，它并不起筛选作用。为了保证去石工作面有气流通过，必须在设备外设置吸风系统，吸风系统由风机与除尘器组成。如果是吹式去石机，设备自带风机，不需外加吸风系统。

2. 工作原理

　　密度去石机工作时，物料不断地进入去石工作面的中部，由于物料各成分的密度及空气动力学特性不同，在适当的振动和气流作用下会自动分级，密度较小的谷粒浮在上层，密度较大的石子会沉到底层与筛面接触。自下而上穿过物料的气流，使物料之间孔隙度增大，降低了料

层间的正压力和摩擦力，物料处于流化状态，这也促进了物料自动分级。因为去石筛面前方略微向上倾斜，上层物料在重力、惯性力和连续进料的推力作用下向下运动，最终从下端的出料口排出。与此同时，石子等杂物逐渐从粮粒中分出进入下层。下层石子及未悬浮的少量粮粒在振动及气流作用下沿筛面向上运动，上层物料也越来越薄，压力减小，下层粮粒又不断进入上层。在达到筛面末端时，下层物料中粮粒已经很少了，在反吹气流的作用下，重粮粒又被吹回，石子等重物则从上端的排石口排出。

3. 粒状原料密度除石机

如图3-7所示为豆制品厂常用的QSC型密度除石机，是用来清除密度比原料大的并肩石等重杂质的一种装备。该机主要由进料、筛体排石装置、吹风装置，偏心振动机构等部分组成。

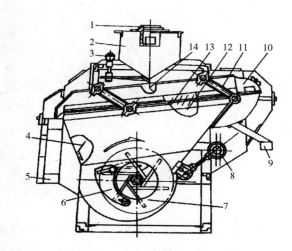

筛体通过吊杆支撑在机架上，除石筛面一般用薄钢板冲压成双面凸起的鱼鳞形筛孔，具体形状如图3-8所示。密度除石机中的筛孔并不通过物料，只有通风作用，所以筛孔大小、凸起高度不同，出风的角度会不同，从而会影响物料的悬浮状态和除石效率，筛面向后逐渐变窄，后部称作聚石区，筛面与其上部的圆弧罩可构成精选室（图3-9）改变圆弧罩内弧形调节板的位置，可改变反向气流方向，从而控制石子出口区含粮粒数。鱼鳞形冲孔除石筛面的孔眼均指向石子运动方向（后上方），对气流能进行导向和阻止石子下滑的作用，它并不起筛选作用。

图3-7 QSC型密度除石机

1、5—进料口 2—进料斗 3—进风调节手轮 4—导风板
6—进风调节装置 7—风机 8—偏心传动 9—出石口
10—精选室 11—吊杆 12—匀风板
13—除石筛面 14—缓冲匀流板
资料来源：摘自参考文献［7］。

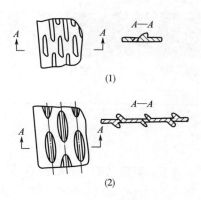

(1)

(2)

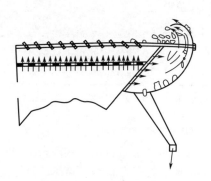

图3-8 鱼鳞筛孔的形状
(1) 单面凸起 (2) 双面凸起

图3-9 密度除石的精选装置

资料来源：摘自参考文献［7］。

4. 块根类原料除石机

块根类原料除石机是用来除去块根类食品加工原料中的石块泥沙。如图 3-10 所示为某甜菜糖厂用来除去夹杂在甜菜中砂石的转筒式除石机。其工作原理是砂石与甜菜的密度差较大，从而利用它们在水中不同的沉降速度进行分离。

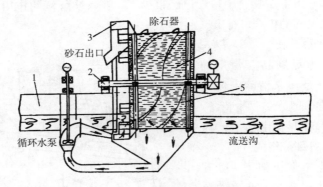

图 3-10　转筒式除石机

1—流送槽　2—主轴　3—扬送轮　4—转鼓　5—螺旋带

资料来源：摘自参考文献［7］。

该除石机由两段组成，前段为扬送轮 3，后段为转鼓 4。扬送轮外安装有小斗，作除砂用。扬送轮内有大斗，作去石用。转鼓上有筛孔，转鼓的内外壁上都有螺旋带，分别用来输送石块和泥砂。当甜菜水混合物由流送槽 1 进入转鼓 4 后，甜菜继续向前流送，而夹杂在甜菜中的砂石因密度较大而沉降到转鼓内的螺旋带上，随着螺旋带旋转向甜菜水混合物相反的方向移动，落入扬送轮的大斗内，被提升后由砂石出口排出。通过筛孔的泥砂由转鼓外壁的螺旋带推至前段，经扬送轮外小斗撮起，在转动中滑入轮内大斗与石块一起排除。为了防止甜菜下沉到转鼓壁上，该机还安装有水泵，使流送水循环，加大水流速度。转筒式除石机的型号与主要技术参数如表 3-2 所示。

表 3-2　　　　　　　　　　　　转筒式除石机的型号与主要技术参数

型号	筒体直径/mm	最大生产能力/（t/d）	型号	筒体直径/mm	最大生产能力/（t/d）
RT1920	1920	850	SZ2000	2000	1000~2000
SZ1600	1600	750	SZ2200	2200	3000

资料来源：摘自参考文献［7］。

5. QSX 型吸式密度去石机

QSX 型吸式密度去石机是在吹式密度去石机的基础上研制成功的，其结构如图 3-11 所示。主要由进料吸风装置、存料斗、筛体、筛体支承装置、偏心连杆机构、机架等部分组成。

进料吸风装置主要包括进料管、存料斗、流量调节机构、导料淌板和出料口阻风门等部件。整个装置设在筛体的中部，以利于物料和气流的分布。工作时物料由进料管进入存料斗，流量的大小由弹簧压力门控制，压力的调节借助拉紧或放松螺旋拉簧来调整。实际操作中存料

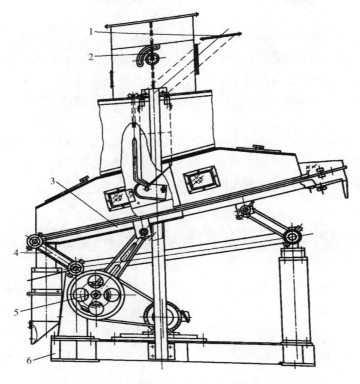

图 3-11 QSX 型吸式密度去石机总体结构示意图

1—存料斗 2—吸风装置 3—筛体 4—筛体支承装置 5—偏心连杆机构 6—机架

资料来源：摘自参考文献［60］。

斗中应有一定的存料，以保证喂料连续，避免漏风。对于筛面宽度超过 850mm 的去石机，为保证整个筛面上进料均匀，采用双管进料，在主料管上设置拨斗用来分配双进料管的物料量。在落料口处装有一个与筛体一起振动的缓冲槽以减少落料的冲力，降低落料对自动分级的影响。吸风罩及吸风口的截面尺寸较大，且吸风罩距离去石筛板有一定的高度（250mm 左右），使得去石筛板上的负压值相对接近，穿过去石筛板的气流均匀。在吸风罩顶盖的前后，设有观察操作门，便于观察落料情况，清理筛板。进料吸风装置有支架支承，吸风罩与筛体采用气密性良好的柔性连接，使得筛体振动时进料吸风装置不受影响。

筛体由鱼鳞孔形去石筛板和精选排石装置组成。QSX 型吸式密度去石机的去石筛板由1.2~1.5mm 的薄钢板冲制成单面向上凸起的鱼鳞孔形，筛面设有分离区、聚石区和精选区，当筛面的宽度大于 850mm 时，采用双聚石区使聚石区的收缩角较小，有利于石子的集中。精选排石装置是利用反向气流来控制石中含粮量的装置，由单面向下凸起的鱼鳞孔筛板、有机玻璃罩、调风板等组成。筛孔的规格与去石筛板相同，孔口朝向与出石方向相反，当气流穿过筛面时为逆向气流选室的风量，可以将浮于石子上层的粮粒吹回聚石区，调风板用以调节精选室的风量。

筛体由摇杆机构支承，摇杆机构由三根摇杆组成，分别布置在筛体的去石端中部和出料端的两侧。摇杆的铰支点采用橡胶轴承，其结构简单，减振性好，耐磨损。筛体倾角的调节可以利用增减去石端撑杆下垫块的厚度来实现，垫块每增减 8.8mm，筛体的倾角增减 0.5°。筛体倾角的变化范围为 10°~14°。前撑杆中轴与后撑杆之间用连杆连接，目的是在调节筛面倾角时使前后撑杆保持平行。

QSX 型吸式密度去石机采用偏心连杆传动机构，对于筛面宽度小于 850mm 的去石机，采用一个偏心连杆传动机构，并安装于筛体左右对称的中心线上，以保证筛体的平衡和运动轨迹的稳定。筛面宽度大于 850mm 的去石机，采用双偏心连杆传动机构。用偏心套结构简化了加工程序。机架采用底座上伸脚的方式，结构简单，制造方便。底座框架和脚可用型钢焊接也可用铸铁铸造。

QSX 型吸式密度去石机的特点是本身不带风机，体积较小；允许产量有一定的波动，机内处于负压状态，无灰尘外逸，且操作维修方便，但需单独配备风网。QSC 和 QSX 型密度去石机的系列标准如表3-3所示，技术规格如表3-4所示。

表 3-3　　　　　　　　　　QSC 型和 QSX 型密度去石机的系列标准

去石筛面的宽度/mm		360	450	560	710	850	1000
单位流量/	QSX	35	45	50	55	60	60
[kg/(cm·h)]	QSC	28	36	44	52	54	55
产量/(t/h)	QSX	1.3	2.1	2.3	3.9	5.1	6.0
	QSC	1.0	1.6	2.5	3.7	4.6	5.5
功率/kW	QSX	—	—	—	0.8	0.8	0.8
	QSC	0.8	1.1	1.5	2.2	3	4

注：360~710 为 R20/2，710~1000 为 R40/3。

资料来源：摘自参考文献［60］。

表 3-4　　　　　　　　　　QSC 型和 QSX 型密度去石机的技术规格

型号 项目	QSC·56	QSC·100	QSX·56	QSX·85	QSX·100
产量/(t/h)	2.5~2.8	5.5~6.8	3~3.5	5.5~6.3	6.5~7.5
筛面有效尺寸（长×宽）/mm	520×825	950×1175	510×970	800×1175	950×1175
筛面倾角	10°	10°	10°~14°可调（小麦为12°）		
筛孔形状	12.5×0.9×0.8 双面凸起鱼鳞孔		20×3×1.4 单面向上凸起鱼鳞孔		
精选室筛孔形状	Φ1.5 薄板冲孔		20×3×1.4 单面向上凸起鱼鳞孔		
撑（吊）杆与水平夹角/(°)	30	30	35	35	35
偏心距/mm	4.5	4.5	5	5	5
转速（r/min）	410	410	450~460	450~460	450~460
吸风量（小麦）/(m³/h)	—	—	2100~2300	3200~3400	3800~4100
机内全压/Pa	—	—	120~250	400~500	400~500
电机功率/kW	1.5	1.5	0.6	0.8	0.8
风机转速/(r/min)	1200	1250			

资料来源：摘自参考文献［60］。

6. TQSX 型密度去石机的结构

TQSX 型密度去石机的去石筛板为弯曲钢丝编织筛网，它的供气方式为吸式。其工作原理与 QSX 型密度去石机相似。TQSX 型密度去石机主要由进料装置、吸风装置、筛体、筛体支承装置、传动装置等部件组成，如图 3-12 所示。

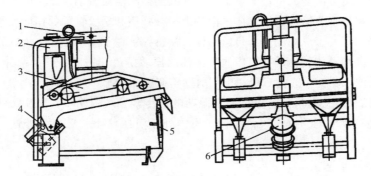

图 3-12　TQSX 型密度去石机总体结构示意图

1—吸风口　2—进料箱　3—筛体　4—筛体支承装置　5—筛面角度调节装置　6—传动装置

资料来源：摘自参考文献［60］。

进料装置由进料管、进料箱和淌料板等部件组成，进料管与进料箱之间采用挠性件连接，整个进料装置与筛体一起振动，这种结构优于静止进料结构，可以促使物料均匀分布，物料由进料管进入进料箱，箱内有淌料板起缓冲作用，并设有进料压力门，调整进料箱外拉簧的拉力可以控制料门的开启程度。操作中应保证进料箱中有一定的存料以保持连续供料和避免漏风。进料箱的下方设有淌料斗，可以改变淌料斗的角度来达到均匀分流的目的。

吸风装置包括吸风管、挠性连接件、吸风罩和反吹风调节装置等部件。吸风管和吸风罩之间用挠性软管连接。吸风管上设有风门调节机构，外部设有刻度盘，用以操作时参考，在机架上装有 U 形管，可直接观察到机内的负压大小，一般空车时的机内负压值为 750~800Pa，正常工作时的机内负压值为 1200Pa，吸风罩为玻璃钢材质，采用大截面变异形状，以保证筛面上各处的风量均匀，吸风罩上设有大观察窗、操作门，内设照明灯，便于操作和观察筛面上物料的运行情况。反吹风调节装置主要是控制石子中的粮食含量，反吹风的风门为有机玻璃板，有平面和曲面两种结构形式，在实际应用中曲面更能使得精选区域内的风力均匀。一般在开机前将反吹风的风门调节到距离筛面 25mm 的高度，来料后，要及时调整反吹风门，使得其风门前的料层厚度维持在 5mm 左右，并保证有 50~100mm 的积石区。在风网设计时为了避免吸风网络中的相互干扰，要求配有单独的吸风系统。

筛体由去石筛板、匀风格、匀风板和筛格压紧装置组成，去石筛板由不锈钢弯曲钢丝编织而成，具有耐磨、穿风均匀的特点，去石筛板的下部设 50mm×50mm 的匀风格和孔距为 12mm、孔径为 8mm 的匀风板，以增加匀风效果，这三者连成一体，组成筛格。筛面堵塞后，千万不要敲打，以防筛面变形。松开压紧螺栓和托板，筛格即可抽出。

筛体采用弹性支承。在出料端用两组螺旋弹簧支承，每组为两根，呈八字形。在出石端采用左右螺纹、长度可调的撑杆支撑，撑杆铰接处采用中空橡胶弹簧，用以吸振并实现撑杆的摆动，在撑杆上设有刻度尺，可以在调节筛体倾角时做参考用。一般筛面倾角的调节范围为 5°~9°，处理小麦时为 7°。

TQSX 型吸式密度去石机采用振动电机传动，振动电机固定在上下摆杆上，摆杆的另一端利用橡胶轴承与传动架的短轴固定，传动架用两个骑马螺栓固定在筛体的主轴上。振动电机轴的两端对称位置上装有重量相等、方位可调的偏重块，偏重块由两块或两块以上的偶数块薄片组成，调整块数，可以改变偏重块的重量，从而改变振动电机振动时产生的激振力的大小。由于采用的是单电机传动，激振力沿筛体横向的分量被弹簧和橡胶轴承的横向变形所吸收，使筛体受到的横向分力很小，纵向的分力传给筛体，使得筛体在垂直于筛体主轴的方向上做往复直线运动。松开骑马螺栓旋转传动架可以改变筛体的振动抛角（振动方向与筛体的夹角），抛角的调节范围为 30°~40°，一般去石机在出厂前抛角调整为 35°。

TQSX 型吸式密度去石机的特点是采用振动电机传动，结构简单，采用编织筛网，成本低且不易堵孔，去石效率高，操作维修方便，机内处于负压状态，无灰尘外逸，但需单独配备风网。

（五） 螺旋精选机

螺旋精选机结构如图 3-13 所示。螺旋精选机多用于从长颗粒中分离出球形颗粒，如从小麦中分离出荞子、野豌豆等。螺旋精选器由进料斗、放料闸门及 4~5 层围绕在同一垂直轴上的斜螺旋面所组成。靠近轴线较窄的并列的几层螺旋面称为内抛道，较宽的一层斜面称为外抛道。外抛道的外缘装有挡板，以防止球状颗粒滚出。内、外抛道下边均设有出口，小麦由进料斗出口均匀地分配到几层内抛道上，内抛道螺旋斜面倾角要适当，使小麦在沿螺旋面下滑的过程中速度近似不变，其与垂直轴线的距离也近似不变，因此不会离开内抛道，最终从内抛道出口（小麦出口）排出。而荞子、野豌豆等球形颗料在沿螺旋斜面向下滚动时越滚越快，因离心力的作用而被抛至外抛道，最后从外抛道的出口（圆形杂质出口）排出，实现与小麦的分离。

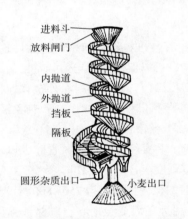

图 3-13 螺旋精选机结构示意图

资料来源：摘自参考文献 ［84］。

（六） 除草机

除草机是用来除去食品加工原料中的杂草、茎叶、麦秆等杂物的专用设备。除草机的形式多种多样，如图 3-14 所示为块根类食品原料在清洗过程中除去杂草的典型设备：胶带式除草机。

块根类食品原料在流送槽 11 中由左向右运动时，夹杂在食品原料中的杂草、茎叶、麦秆等杂物向上浮起，漂浮在流送槽的上部。除草机安装在位于流送槽上的机架上。耙齿 3 的托架 14 是用胶带制成的，耙齿托架 14 用螺栓固定在胶带 5 上。胶带由主动滚筒 6 驱动，经改向滚筒 12、从动滚筒 1 将迎着水流方向运动的耙齿带动至高处，耙齿上挂有轻浮杂物。当耙齿运动到胶辊 7 处，翻落碰撞胶辊，轻浮杂物被震落经溜槽 8 除去。除草机下的流送槽宜宽一些，以降低水的流速，有利于杂草浮起。耙齿进入深度应不小于 200mm，齿排间距 300~400mm，以有效除去轻浮水物。

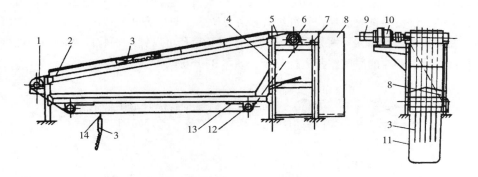

图 3-14 胶带式除草机

1—从动滚筒 2—挡板 3—耙齿 4—机架 5—胶带 6—主动滚筒 7—胶辊 8—杂草溜槽
9—电动机 10—减速器 11—流送槽 12—改向滚筒 13—张紧装置 14—耙齿托架

资料来源：摘自参考文献［7］。

第二节　分选分级机械与设备

一、 基本知识

食品原料多为农副产品，除带有各种异杂物外，还存在多方面的差异。为了提高食品的商品价值、加工利用率、产品质量和生产效率，在加工或进入市场前，多数食品原料需要进行分级。加工半成品和成品可能因多种原因不合格，这些不合格的半成品或成品在进入下道工序或出厂以前应尽量从合格品中剔除。

1. 分选分级的概念

为了使作为食品加工主要原料的农产品的规格和品质指标达到标准，需要对物料进行分选和分级。分选是指清除物料中的异物及杂质；分级是指对分选后的物料按其尺寸、形状、密度、颜色或品质等特性分成等级，分级可以更加有效地保证成品的品质。固体物料的分选机械种类繁多，分类依据多种多样。最常见的分类依据是分选原理、分选目的和分选对象。分选机械按对象识别原理分为筛分、力学、光学、电磁学等大类，各大类又可按照识别参数分为若干类。

2. 分级的常见方式

许多食品的原料、半成品和成品都是粉粒料，如各种谷物、大米、面粉、豆类、麸皮、淀粉、咖啡、可可、糖、盐等。在食品粉粒料中还可能含有各种杂质，所以粉粒料的分选除了本身有按粒度的分级要求外，还有去除杂质的要求。粉粒料中的颗粒常有不同的粒度、粒形、表面粗糙度、密度、颜色、磁性、介电性等各种不同的物理性质。因此，为了满足产品质量和工艺上的要求，可以根据不同的物理性质进行分级。最常用的分选方法是筛选和风选。在食品工业中最典型的分级是小麦加工成面粉，小麦原料中的杂质需要分级除去；小麦本身要按照不同的粒度进行分级，然后进入磨粉机；磨粉机出来的物料要分级再磨；面粉和麸皮也要进行分选。所有这些分选可以采用筛选、风选或是筛选和风选结合的办法。有些还要采用密度分选、水选和磁选的办法去除杂质。粉粒料分级有多种方法，常见的方式有以下几种。

（1）按颗粒的宽度分级　一般的筛分，通常圆形筛孔可以针对颗粒的宽度差别进行分级，长形筛孔可以针对颗粒的厚度差别进行分级，如图 3-15 所示。

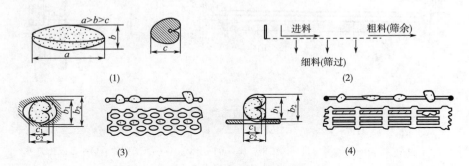

图 3-15　按颗粒宽度分级

资料来源：摘自参考文献［52］。

（2）按颗粒的长度分级　利用旋转工作面上的袋孔（又称窝眼）对物料进行分级，长颗粒的重心不能进入袋孔而跌出，短颗粒则被袋孔带上去另行倒出，如图 3-16 所示。

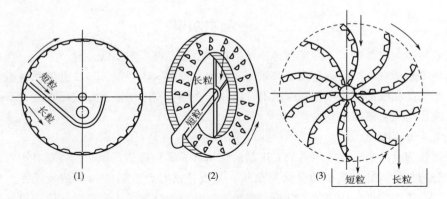

图 3-16　按颗粒长度分级

资料来源：摘自参考文献［52］。

（3）按密度分级　对于粒度相仿而密度不同的颗粒，利用粒群的相对运动过程产生离析现象（或称自动分级）而进行分级。粒群的相对运动可以由工作面的摇动或气流造成。

（4）气流分级　利用颗粒的空气动力学性质的差异，在垂直、水平、倾斜或者旋转的气流中进行分级，实际上是综合了颗粒的粒度、粒形、表面状态以及密度等各种因素进行的分级。

（5）水流分级　和气流分级类似，但介质不同，主要用于不溶性物料，如淀粉制造，小麦去石等。

（6）磁性分选　用于从食品物料中除去铁杂质。

（7）色光分选　利用光电比色的原理，分出颗粒物料中的异色粒，例如，从去皮花生米中除去变质变色粒。

3. 分选分级机械设备类型

固体物料的分选分级机械种类繁多，分类依据多种多样。最常见的分类依据是分选分级原理、分选分级目的和分选分级对象。分选分级机械按对象识别原理分为筛分、力学、光学、电磁学等大类，各类又可按照识别参数分为若干类。表3-5中，按对象识别原理列出了一些识别参数和分选机械例子。

表3-5　　　　　　　　不同对象识别原理及对应的识别参数和分选机械举例

识别原理	识别参数	分选机械举例
筛分	大小，形状	筛分分级机、异筛分选机
力学	质量	重量分级机
	密度	风选去杂机
光学	大小	光电分级机
	颜色	各种色选机
	表面	图像识别分级系统
	内在成分	光谱识别分级机
	密度	X光异物选别机
电磁学	导电性	金属探测器

资料来源：摘自参考文献［77］。

4. 分级分选机械的作用

分级分选机械的主要作用如下所述。

（1）保证产品的规格和质量指标提高劳动生产率，改善工作环境。

（2）降低加工过程中原料的损耗率，提高原料利用率，降低产品的成本。

（3）提高劳动生产率，改善工作环境。

（4）有利于生产的连续化和自动化。

二、　风选机械设备

风选机械设备，除按气流形式分类外，还可按含尘空气（含轻杂空气）的处理方式分为外吸式和循环式。外吸式的气流由外部风网提供，含尘空气的除尘净化由外部风网处理；循环式的气流由自带风机提供，含尘空气在设备内净化并被循环使用。风选设备按气体压力可分为吹式和吸式两种。吹式设备内部的气压处于正压状态。吸式设备内部的气压处于负压状态。目前，谷物清理的风选设备以使用垂直气流的吸式风选设备（如垂直吸风道）为主，也有使用垂直气流循环式风选设备（如循环风选器）的，其他风选设备较少采用。

（一）　一般结构

风选设备一般结构组成包括进料、喂料、风选区、风道、出口、机架及其他等组成部分。

1. 进料机构

进料机构的作用主要是存料、缓冲和流量调节。存料的目的是保证设备中的物料流量相对稳定，其结构为矩形截面的锥形仓斗即料斗。料斗中的存料对来料起缓冲作用，以防止物料直接冲击设备构件，造成机械损伤。进机流量的大小和稳定性直接影响到风选效果，因此应配有流量调节装置。风选设备的流量调节装置通常采用常见的料门（闸板）或重铊式压力门或弹簧压力门。风选设备经常与筛选设备等组合使用，则物料从筛选等设备的出料端进入。

2. 喂料机构

喂料机构的作用是确保物料以良好的状态进入风选区，有利于保证良好的风选效果。风选区指的是物料进入后与气流接触时风道的截面区域。实践经验表明：进入风选区的流料速度不宜过快，最好垂直于气流方向进入，料层应当适中且相对稳定。喂料机构位于进料机构与风选区之间，通常采用振动导板，振源采用振动电机。多数情况下，谷物清理所用风选设备与筛选设备等组合在一起使用，筛选设备的振动筛板即充当喂料机构。相对简化的风选设备，进料机构中的料门或压力门兼起喂料作用，不再单独设置喂料装置。

3. 风选区与风道

风选区即物料进入后与气流直接接触并被风选的工作区域。风选区是由风道构成的矩形截面。风道由金属板材围成，其中可设置截面面积调节装置或阀门，以便更好地操作和控制，取得最佳的风选效果。一定处理量的风选，必需配以合理的风量大小和适宜的风选区面积以及合适的风道尺寸，才能达到良好的工艺效果。

4. 出口

风选设备的主流物料（谷物）出口，位于设备下部。其作用除排料之外，有的风选设备出料口还必须具备良好的关风作用，以防漏风，进而影响风选效果和造成浪费。常见的关风装置有自然料封、压力门和关风器等。轻杂和灰尘出口位于设备上部，随气流进入外部风网处理或进入沉降装置。

5. 其他

某些风选设备带有沉降装置，在机内将轻杂和颗粒较重的灰尘沉降，并加以收集，再排出机外。沉降装置通常采用矩形锥状壳体或圆筒形壳体。循环风选设备还带有离心风机和电机，以提供风源。

（二）　典型风选设备介绍

1. 垂直吸风风选器（垂直吸风道）

（1）主体结构及工作过程　垂直吸风风选器主体结构示意图如图 3-17 所示。

该设备进料机构由料斗和弹簧压力门构成。料斗中存料可稳定流量并起到料封关风作用。弹簧压力门可通过蝶形螺母调节初拉力大小，以调节流量并确保料斗中存料量适中。

喂料机构由振动电机和振动喂料淌板构成。喂料淌板分别与支承装置上的橡胶块和弹簧及振动电机相连。在振动电机驱动下振动，料斗中的物料沿宽度方向分布均匀并呈薄层料流抛入风道中，与气流接触并被其风选。振动淌板的振幅可通过改变振动电机内偏重块的相对位置而改变，以适应不同的物料和流量需求。

图 3-17 中风道 21 即是典型的垂直风道，配有隔板和蝶阀并分别通过转动手轮（16，17，24，26）调节，从而调整风道截面和气流状态，获得最佳的风选效果。风道开设观察窗，并辅以日光灯光源，便于清晰直观地观察物料运行和分选状况，为调节控制提供分析、判断的依据。

垂直吸风风选器的工作过程是：物料经外部溜管进入料斗，经振动淌板喂料进入风道，与

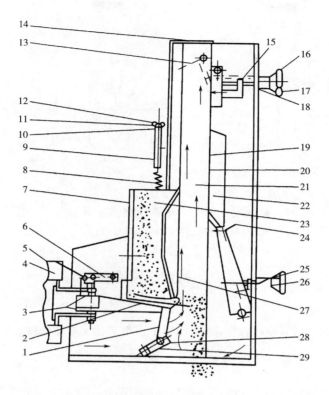

图 3-17　垂直吸风风选机

1—限位杆　2—橡胶衬板　3—丝杆　4—振动电机　5—橡胶块　6—支承装置　7—检查窗

8—弹簧　9—螺杆　10、20—胶垫　11—螺母　12—蝶形螺母　13—蝶阀　14—吸风口　15、18、25—小轴

16、17、24、26—手轮　19—观察窗　21—风道　22—隔板　23—进料箱　27—喂料槽　28—辊轮　29—限位器

资料来源：摘自参考文献［49］。

气流接触，并在气流作用下，谷物与轻杂分离，轻杂随气流向上，而谷物下行至出口，从而完成清理任务。气流由底部侧板进入，进入风选区，穿过谷物流层，并带走轻杂通过风道至上部出口，进入外部风网。垂直吸风道常与其他清理设备（多为筛选设备）组合使用，即其进料为其他设备的主流出口物料，省去了进料和喂料机构，因而主体结构相对要简单一些。

（2）主要规格和技术参数　垂直吸风风选器的型号由设备编号和设备规格组成。设备编号由 3～4 位设备名称和类别的汉语拼音首位字母或英文名称的首位字母编成；规格代号标识其风道宽度，单位为 cm，设备编号各生产厂家不尽相同；规格主要有 50cm、60cm、75cm、100cm 和 150cm。处理量、配用的吸风量主要与规格相关。

2. 水平气流分选机

水平气流分选机结构如图 3-18（2）所示。这种机器的工作气流沿水平方向流动，颗粒在气流和自身重力的共同作用下因着陆位置的不同而完成分选。当物料在水平气流作用下降落时，大的颗粒获得气流方向加速度的能力小，会落在近处，小的颗粒被吹到远处，而更为细小的颗粒则随气流进入后续分离器（如布袋除尘器、旋风分离器）被分离收集。

水平气流重力型分级机适合较粗（≥200μm）颗粒的分级，不适于具有凝聚性的微粒的分级。

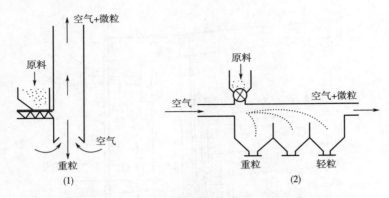

图 3-18   垂直、 水平气流分选机示意图

资料来源：摘自参考文献 [77]。

三、 筛选机械设备

（一） 基本概念

筛分是将粉粒料通过一层或数层带孔的筛面，使物料按宽度或厚度分成若干个粒度级别的过程。

1. 筛分效率

每一层筛面都可以将物料分成筛过物和筛余物两部分。事实上筛分过程不可能十分严格。由于种种原因，筛下级别不可能全部穿过筛孔而进入筛过物，总有一部分留在筛余物中。筛分效率是从数量上来评定筛分过程的指标，筛分效率如式 3-1 所示。

$$\eta = \frac{G'}{Gx} \tag{3-1}$$

式中 G——筛分物料总量；

   G'——筛过物料总量；

   x——可筛过物的质量百分率。

2. 筛面组合

目的：得到不同粒级的物料、提高筛分效率。

（1） 筛余物（筛上物）法   前道筛面的筛余物（筛上物）送到后道筛面再筛。

特点：先提细，后提粗。

优点：粗粒料的筛分路线长，筛面的检查、清理、维护方便。

缺点：全部大颗粒物料要从每层筛面流过，多数粗物料阻碍细物料接触筛孔，降低筛分效率，筛面易磨损。

筛余物法筛面组合通常用于可筛过物颗粒含量高而大颗粒含量少、下脚整理及筛分结合冷却的场合。

（2） 筛过物（筛下物）法   前道筛面的筛过物（筛下物）送到下道筛面再筛。

特点：先提粗，后提细。

优点：首先提出大粒物料，筛面负荷较小，提高筛分效率，同时小颗粒物料筛程长；能得到充分筛理，筛面配置空间紧凑。

筛过物法筛面组合通常用于粗粒多、细粒少的情况。

（3）混合法　综合了前两种方法的优点，因此流程灵活多变，容易满足各种筛选设备的需要。

（二）　筛式分级机

通常按原料单体大小进行的分级处理，多采用筛选法。大小不一的原料经过一个振动筛或滚筒筛时，小于筛孔的物料全部通过，大于筛孔的被留在筛内，如此可以将物料首先分成两部分。通过第一道筛的原料，可以再次进行筛分，又可得到两部分的物料。因此，只要控制筛孔，就可以将物料按大小分为需要的级分。这就是按大小分级的基本原理。许多水果和某些蔬菜可用振动筛进行分级，振动筛可用铜、不锈钢或其他材料制成，但要求这些材料不对被分级产品有化学作用。为了最大限度地防止对原料的损伤，必须严格控制振动。对于谷类、豆类、核果类，筛分机多半是用作净化处理的，以去除砂粒、杂物等。

1. 筛式分级机的分类

由于不同的原料产品在状态、抗机械损伤、大小、处理量以及与其他加工操作单元联结方面的差异，出现了许多形式的筛式分级机，有的分级机通用性较强。大体上，筛式分级装置总体上可以分为两大类，即可调整筛径的和筛径固定的筛式分级装置。在以上两大类中，也可以有不同的结构形式，如滚筒式、圆盘式等。固定筛径类选别机多以固定筛径的金属网板作为假底，供特定粒径的物料师选用。筛分时筛具可按回转、旋转或振动方式运动，以促使食品通过筛面，常用形式可分为平筛和圆筒筛两种。可调筛径类分级机的筛径是可以调节的。一类是可作连续式调节，如辊筒式、缆索式、圆盘式及平带式分级机，分级时，食品连续不断前进，在筛径大于粒径时，原在筛上的物料会落入各自盛器中；另一类是可作分段调节，如分段辊筒式或螺旋式等。

2. 平筛

平筛可以分为单层和双层。单层的平筛，只由框与筛网组成，结构相当简单，常用于马铃薯、胡萝卜、萝卜等的分级。

多层式平筛常用于谷类、核果类，面粉、砂糖、盐及香料等的分级与净化，如图 3-19 所示。这种平筛由两层以上的筛组成，筛层与悬杆联系，悬在空中，并可以沿水平方向和小范围垂直方向运动。这两个方向的运动迫使谷物向筛下运动，同时，抛动谷物会使整个床层处于受搅动的状态。筛子的抛动作用是可调节的，这样可以控制谷物的向下运动。筛子筛孔的形状有圆形的、三角形的或长方形的。长方形筛孔的筛具可以是冲孔的薄钢板，也可以是织物。

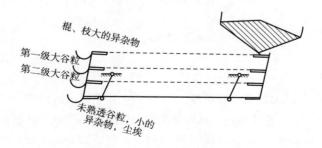

图 3-19　用于谷物的平筛的基本排列

资料来源：摘自参考文献［86］。

操作的性能主要取决于筛孔大小的选择，但抛掷过程的控制也很重要。一般来说，较为陡直的抛掷过程有利于筛分的进行。另一方面，物料也不能流得过快，这样会造成存的谷粒物得不到足够时间进行大小识别。

由于分级和净化对于不同的物料是不一样的，筛孔大小的选择和调整必须小心，这样才能保证精确完全分离操作的实现。有时这方面的考虑需要经验，但在筛具选择和操作方面还是有某些原则可循的。

如果待筛分的物料基本上是球形的，那么可以选择圆形孔。例如，青豆、小麦和高粱一类的物料宜用圆孔筛。如果物料与球形有差异，并且均称性较小，那么可以考虑选用椭圆形的筛孔。例如，燕麦、亚麻、玉米和西瓜籽就属于这一类物料。

3. 圆筒筛分机

圆筒筛由附有筛孔且可回转的圆筒所构成，圆筒的边缘分别带有各种孔径的筛孔，供筛分物料用。依照不同孔径圆筒的排列，有并列式、顺列式及同轴式 3 种组合（图 3-20）。其中并列式组合按大、中、小依次对原料作分级处理。每段的长度较大，不同粒径的原料有充分的时间对筛孔进行选择。将 3 段圆筒作垂直方向的空间排列，可节省占地面积。顺列式组合是将圆筒分成多段，筛径由小而大，但是各段长度不能太长。因此，各粒径的原料有时得不到充分及时的选除，使作业效率受到限制。同轴式组合也具有顺列式组合的特性，但只有原料中杂存大粒不多时，才能发挥有效的分级功能。

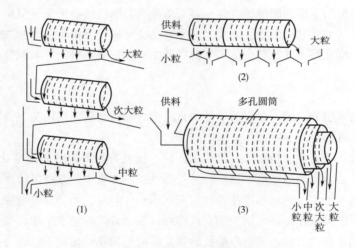

图 3-20　圆筒筛式分级机示意图

（1）并列式　（2）顺列式　（3）同轴式

资料来源：摘自参考文献 [86]。

4. 平带式分级机

图 3-21 所示为平带式分级机工作原理。其本体由 V 字形木槽构成，沿槽边有紧贴的平带通过。由于左右平带的行进速度不同，由狭口端送入的果实，可成旋转状向渐宽端进行，不同大小的果实，在小于两平带夹成的开口最小宽度时，便落下以分离。另一种设计为宽口端的木槽厚度较薄，平带可向下垂落，使得果实落下时，不易受到碰撞。因此，较脆弱易碰伤的水果应当用这种形式选果机处理。

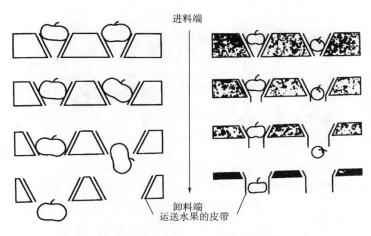

图 3-21　平带式分级机的工作原理

资料来源：摘自参考文献 [86]。

5. 滚筒式分级机

滚筒式分级机的工作原理：物料通过料斗流入到滚筒，在其间发生滚转和移动，并在此过程中通过相应的筛孔流出，以达到分级目的。这种分级机的分级效率较高，目前广泛用于蘑菇和青豆等的分级工序中。

滚筒式分级机的特点：结构简单，分级效率高，工作平稳，不存在动力不平衡现象；但机器的占地面积大，开孔率低；筛筒调整困难，对原料的适应性不强。

滚筒是一变孔径的筒状筛，沿轴向从进口到最后出口依孔径从小到大分为几组，组数为需分级数减 1，每段之下有一收集料斗。原料由进口端进入，随滚筒的转动而前进，沿各段相应的孔中落下到收集料斗中卸出，最后一级物料直接从滚筒的末端排出。滚筒通常用厚度为 1.5~2.0mm 的不锈钢板冲孔后卷成圆筒状。考虑到制造工艺方面的要求，一般把滚筒先分几段制造，然后用焊角钢连接以增强筒体的刚度。物料通过料斗流入到滚筒时，在其间滚动和移动，并在此过程中通过相应的筛孔流出，以达到分级的目的。

滚筒可用不同方式绕其轴转动。但目前多采用摩擦轮方式驱动。为了制造方便，整体滚筒可分成几节筒筛，筒筛之间用角钢连接作为加强圈，如用摩擦轮传动，又作为传动的滚圈。滚筒由摩擦托轮支承在机架上。集料斗设在滚筒下面，其数目与分级的数目相同。

滚筒式分级机主要由分级滚筒、支承装置、传动装置、收集料斗、清筛装置五部分组成，主要应用于粒状和小块状硬物料的分级，如图 3-22 所示。

分级滚筒是滚筒式分级机的主要构件，用 1.5~2.0mm 的钢板冲孔后卷焊成圆柱形筒状筛，筛筒按分级需要设计成几节，各节筛孔孔径不同，而同一节中孔径一样。整个转筒上进料口端孔径小，出料口端孔径大。各节用连接滚圈连接起加强作用。每节转筒下装有一个收集料斗，料斗数目与分级数目相同，但不一定与转筒节数相同。

支承装置由滚圈 3、摩擦轮 4、机架 7 和轴承组成。滚圈 3 固定在滚筒 2 上，滚圈的作用：一是连接各节筛筒；二是与托轮和摩擦轮接触，起支撑滚筒和使滚筒转动的作用，并将筒体自重传递给摩擦轮 4 使滚筒转动。整个设备由角钢焊成的机架 7 支撑。

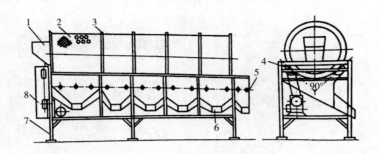

图 3-22   滚筒式分级机

1—进料斗   2—滚筒   3—滚圈   4—摩擦轮   5—铰链   6—收集料斗   7—机架   8—传动系统

资料来源：摘自参考文献［74］。

目前广泛采用的传动装置是摩擦轮。在分级滚筒的后侧，固定有摩擦轮 4 的主动轴用轴承支撑在机架 7 上。在滚筒前侧对称地安装有支撑轴及支撑滚轮，两轴线与滚筒轴线平行，将滚筒托起在机架上，其夹角为 90°。传动系统 8 带动主动轴和摩擦轮 4 旋转时，摩擦轮 4 和滚圈 3 间依靠摩擦力驱动滚筒旋转。

工作时，原料应通过滚筒相应孔径的筛孔流出，才能达到分级的目的，但筛孔往往被物料堵塞而影响分级效果。因此，要根据所分级物料的实际情况，安装清筛装置，将堵在筛孔中的物料挤回到滚筒内。通常在滚筒外壁平行于其轴线安装一个木制滚轴，在弹簧作用下压紧在滚筒外壁以达到清筛目的。

分级时，在传动系统作用下，通过摩擦轮和滚圈使滚筒回转，当物料从进料斗 1 加入后即随滚筒一起回转，小于第一级筛孔的物料落入第一级收集料斗中，以此类推。大于最后一级筛孔的物料从滚筒排出进入最后一级料斗。

物料在筒内向出口运动的形式有两种。

①物料是圆形或接近圆形时，一般是让滚筒有一定倾角来达到。

②物料滚动性差时，可在滚筒内安装螺旋卷带使物料向出口运动。

第三节   其他分选分级机械与设备

一、   光电分选设备应用

食品工业中应用光学原理对物料进行分选分级的机械系统有两类。一类是基于光电测距原理，另一类根据比色原理进行分选。光电测距原理适用于个体较大且大小差异明显物料（如水果、蔬菜等）的分级；比色原理常用于个体较小、粒度均匀、但外表颜色差异可测物料（如花生、葡萄等）的选别。虽然在识别原理上这两类分选分级系统有很大差异，但系统构成有相似性，基本上由供料、检测传感、信号处理与控制电路，以及剔除动作执行系统等四部分构成。

（一） 光特性技术的特点

食品物料在种植、加工、贮藏、流通等过程中难免会出现缺陷，例如，含有异种异色颗粒、变霉变质粒、机械损伤等，因而在工业生产中有必要对产品进行检测和分选。然而，常规手段无法对颜色变化进行有效分选。大多依靠眼手配合的手工分选，其主要特点：生产率低、劳动力费用高、容易受主观因素的干扰、精确度低。

光电检测和分选技术克服了手工分选的缺点，具有以下明显的优越性。

（1）既能检测表面品质，又能检测内部品质，而且检测和分选均为非接触性的，因而是非破坏性的，经过检测和分选的产品可以直接出售或进行后续工序的处理。

（2）排除了主观因素的影响，对产品进行100%检测，保证了分选的精确性和可靠性。

（3）劳动强度低，自动化程度高，生产费用降低。

（4）机械的适应能力强，通过调节背景光或比色板，即可处理不同的物料，生产能力大，适应日益发展的商品市场的需要和工厂化加工的要求。

（二） 光电分选设备应用

1. 光电色选机

光电色选机是利用光电原理，从大量散装产品中将颜色不正常或感染病虫害的个体（球状、块状或颗粒状）以及外来杂质检测并分离的设备。

光电色选机的工作原理：贮料斗中的物料由振动喂料器送入一系列通道成单行排列，依次落入光电检测室，在电子视镜与比色板之间通过。被选颗粒对光的反射及比色板的反射在电子视镜中相比较，颜色的差异使电子视镜内部的电压改变，并经放大。如果信号差别超过自动控制水平的预置值，即被存贮延时，随即驱动气阀，高速喷射气流将物料吹送入旁路通道。而合格品流经光电检测室时，检测信号与标准信号差别微小，信号经处理判断为正常，气流喷嘴不动作，物料进入合格品通道。图3-23所示为光电色选机的工作原理图。

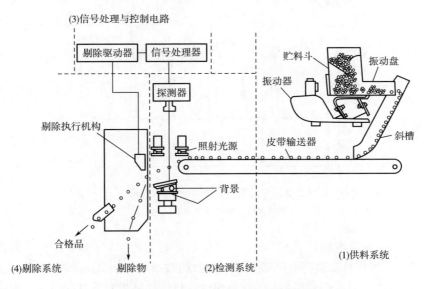

图3-23 光电色选机系统示意图

资料来源：摘自参考文献［93］。

（1）光电色选机系统的组成　光电色选机主要由供料系统、检测系统、信号处理控制电路和剔除系统四部分组成。

①供料系统。供料系统由贮料斗、电磁振动喂料器、斜式溜槽（立式）或皮带输送器（卧式）组成其作用是使被分选的物料按所需速率均匀地排成单列，穿过检测位置并保证能被传感器有效检测。色选机系多管并列设置，生产能力与通道数成正比，一般有20、30、40、48、90系列。

供料的具体要求如下所述。

a. 计量。对某一种物料，保证每个通道中单位时间内进入检测区的物料量均匀一致。

b. 排队。保证物料沿一定轨道一个个按顺序单行排列进入检测位置和分选位置。

c. 匀速。为了保证疵料确实被剔除，物料从检测位置到达分选位置的时间必须为常数，且须与从获得检测信号到发出分选动作的时间相匹配。送料速度可达4m/s，检测到分选动作的延时为0.5~100ms，视具体情况而定。

②检测系统。检测系统主要由光源、光学组件、比色板、光电探测器、除尘冷却部件和外壳等组成。检测系统的作用是对物料的光学性质（反射、吸收、透射等）进行检测，以获得后续信号处理所必需的受检产品的正确品质信息。光源可用红外光、可见光或紫外光，功率要求保持稳定。色选机用光可采用一种波长或两种波长。前者为单色型，只能分辨光的明暗强弱，后者为双色型，能分辨真正的颜色差别。检测区内有粉尘飞扬或积累，会影响检测效果，可以采用低压持续风幕或定时地高压喷吹相结合，以保持检测区内空气明净、环境清洁，并冷却光源产生的热量，同时还设置自动扫帚随时清扫防止粉尘积累。随着物料被供料系统向检测室输送，探测器获得的信号如图3-24所示。

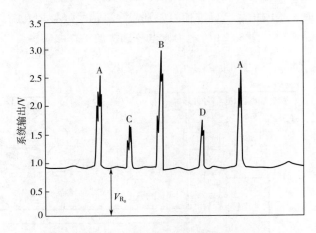

图3-24　不同品质花生仁的光反射输出信号波形（ $V=-700V$ ）

资料来源：摘自参考文献［93］。

在图3-24中，检测波长等于673nm，光电倍增管的负高压为-700V， V_{R_0} 是黑背景的基准输出电压，此时四种物料的输出电压都大于黑背景的输出电压，为正脉冲，A是正常花生仁，B是表皮受损花生仁，C是变质暗色仁，D是深红色仁。如果改变背景的亮度，即调节基准输出电压值 V_{R_0} 大小至合适值时，则图3-24的波形会改变形状。图3-25所示的是电压值 V_{R_0} 为2.0、不同品质花生仁的输出电压的波形图。

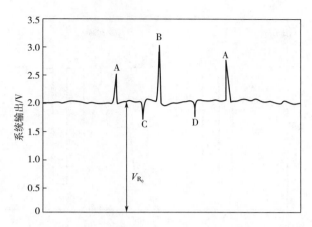

图 3-25 不同品质花生仁的光反射输出信号波形（ $V=-700V$ ）

资料来源：摘自参考文献［93］。

③信号处理控制电路。信号处理控制电路把检测到的电信号进行放大、整形、送到判断电路，判断电路中已经设置了参照样品的基准信号。根据比较结果把检测信号区分为合格品和不合格品信号，当发现不合格品时，输出一脉冲给分选装置。信号处理控制电路框图如图 3-26 所示。

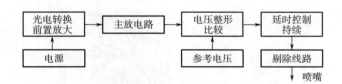

图 3-26 信号处理控制电路

资料来源：摘自参考文献［93］。

图 3-27 所示为典型的花生仁检测信号处理后的波形图。 AB 指经检测孔被遮挡时无任何光线进入探测器中时的暗电压， CD 表示仅有背景光进入探测器时的亮电压，此色选机中，背景板反射的光比任何花生仁的反射光强。电压 AB 和 CD 是稳定的，整个电子信号处理控制电路中的电压幅值总在 AB 和 CD 之间跳动。 GK 段表示不同品质花生仁进入检测区时的电压波形， HJ 脉冲是具有正常表面颜色的花生仁，变质变暗的花生仁信号负脉冲峰值 F，脱皮花生仁信号达到正脉冲峰值 I，一个由电路本身提供的用以参考的直流电压在 HJ 两侧连续可调，以确定区分不同品质花生仁的阈值。图中可设置电压 1 和电压 2 两个参考比较电压，设检测信号幅值为 M，则如下所述。

M>电压 1，表示破损仁（脱皮仁）被检测到，发出第一剔除信号。

M<电压 2，表示变质暗色仁被检测到，发出第二剔除信号。

④剔除系统。剔除系统接收来自信号处理控制电路的命令，执行分选动作。最常用的方法是高压脉冲气流喷吹。它由空压机、贮气罐、电磁喷射阀等组成。喷吹剔除的关键部件是喷删，应尽量减少吹掉一颗不合格品带走的合格品数量。为了提高色选机的生产能力，喷射阀的

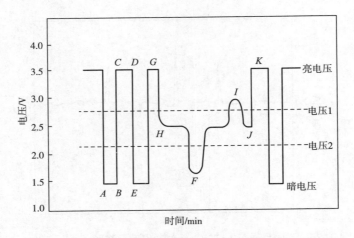

图 3-27 典型的花生仁的检测信号处理后的波形图

资料来源：摘自参考文献 [93]。

开启频率不能太低，因此，要求应用轻型的高速高开启频率的喷射阀。

（2）英国 Sortex 光电色选机 图 3-28 所示为英国 Sortex 公司生产的 9000 系列全自动色选机，用于不同尺寸和形状的大米、谷物和脱水蔬菜等物料的分选，其性能如表 3-6 所示。

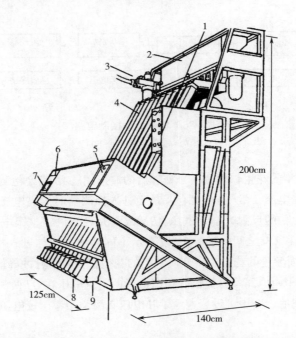

图 3-28 Sortex 公司 9000 系列全自动色选机外形图

1—控制箱 2—进料斗 3—气动控制器 4—送料滑道 5—内部控制器（面板下方）

6—指示灯 7—传感器（面板下方） 8—成品出口 9—杂物出口

资料来源：摘自参考文献 [93]。

表 3-6　　　　　　　　　　　　Sortex 9000 系列全自动色选机的性能参数表

型号	通道数目	滑到类型	工作压力/ 10^5Pa	空气消耗量/（L/s）	质量/kg	电源要求
9201	20	窄	7	12	380	220/240V AC
9202	5	宽	7	12	380	50/60Hz
9401	40	窄	7	25	430	单相
9402	10	宽	7	25	430	2.5kW 最高功率

资料来源：摘自参考文献［93］。

（3）光电色选机的改进技术　自从美国 ESM 公司及英国 Sortex 公司分别于 1930 年和 1940 年前后研制出光电色选机以来，随着现代机械学、电子学、制造技术进步，许多机器已经改进机器的可靠性、速度、精确度及缩小尺寸。目前，色选机具有了智能的机器视觉系统，成为了食品工业中质量控制和生产管理的强有力的工具。色选机任一组成部分的技术进步都会使整机性能有所发展。

2. 光电式果蔬分级机

光电式果蔬分级机是利用光电测距原理，对不同大小物料个体进行选别的设备。由于光线测量是非接触式的，所以减少了物料的机械损伤，有利于实现自动化。利用光电原理测量物体的大小有多种方式，常见方式有遮断式、脉冲式、水平屏障式和垂直屏障式等（图 3-29）。

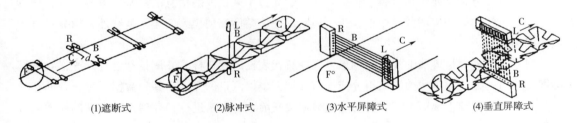

(1)遮断式　　　　(2)脉冲式　　　　(3)水平屏障式　　　　(4)垂直屏障式

图 3-29　光电式尺寸分级原理

L—发光器　R—接收器　B—光束　F—果实

资料来源：摘自参考文献［77］。

（1）光束遮断式果蔬分级机　光束遮断式分级机的原理如图 3-29（1）所示。有两对由 L 和 R 构成的光电单元，平等横装在输送带上方，两者相距 d（d 由分级尺寸决定）。随输送带经过分级区域的果实，若经过的果实尺寸大于 d，则会同时将两条光束遮挡。这时，光电元件可发信号给控制系统，使分级执行机构（如推板或喷嘴）工作，将果实从横向排出输送带，分级得到尺寸大于 d 的果实。

如果要将果实分成 n 级，则需要沿输送带前进方向设 n 组双光束检测单元。大尺寸的单元在前，小尺寸的单元在后，这种分级机适用于单方向尺寸分级。

（2）脉冲计数式果蔬分级机　脉冲计数式分选原理如图 3-29（2）所示。发光器 L 和接收器 R 分别置于果实输送托盘的上、下方，且对准托盘的中间开口处。托盘每移动一个 a 距离，发光器发出一个脉冲光束，果实在运行中遮挡脉冲光束次数为 n，则果实的直径 $D = na$。测得

的 D 值通过微处理机，与机器内的（一组预设的）D 值进行比较。然后由分级机的执行机构根据尺寸级别进行处理。

二、 内在品质分选设备

（一） 近红外分选设备

1. 近红外分析技术

波长为 $0.8 \sim 2.5\mu m$ 的红外线称为近红外线。近红外分析法，就是通过近红外光谱，利用化学计量学进行成分、理化特性分析的方法。目前这种方法应用最多最广，技术相对成熟。现代近红外光谱分析技术是 20 世纪 90 年代以来发展最快、最引人注目的光谱分析技术。近红外光谱是由于分子振动的非谐振动性产生的，主要是含氢基团（—OH、—SH、—CH、—NH 等）振动的倍频及合频吸收，因动植物性食品和饲料的成分大多由这些基团构成，基团的吸收频谱能够表征这些成分的化学结构，测量的近红外谱区信息量极为丰富，所以它适合果蔬的糖酸度以及内部病变的测量分析，例如，食品和农产品的常见成分水、糖、酸的光谱吸收反映出基团—CH 的特征波峰。经实验验证，用近红外线测得的糖度值与用光学方法测得的糖度值之间呈直线相关，在波长为 914、769、745、786nm 时测量精度最高，相关系数约为 0.989，标准偏差 $2.8°Bx$ 左右。

因有机物对近红外线吸收较弱，近红外线能深入果实内部，所以可以从透射光谱中获得果实深部信息，易实现无损检测。此外，近红外光子的能量比可见光还低，不会对人体造成伤害。但近红外分析是属于从复杂、重叠、变动的光谱中来提取弱信息的技术，需要用现代化学计量学的方法建立相应的数学模型，一个稳定性好、精度高的模型的建立是红外光谱分析技术应用的关键。

建立近红外分析方法的步骤有四点：选择有代表性的校正样本并测量其近红外光谱：采用标准或认可的方法测定所关心的组分或性质数据；根据测量的光谱和基础数据通过合理的化学计量学方法建立校正模型，在光谱与基础数据关联前，对光谱进行预处理；对未知的样本组成性质进行测定。

2. 近红外技术糖度和酸度分选装置

近红外线在果实检测方面，主要用于测量糖度和酸度。图 3-30 为柑橘糖酸度无损在线分选装置。该装置主要由光源、光检测器、数据处理三大部分组成。因反射光不能反映柑橘内部情况，所以光由果实一侧的中部照射，透射果实内部的光由在线检测器接收，获得果实的透射光谱，经光电变换进入计算部，糖、酸度的计算结果被送往各个装置。因为柑橘皮比较厚，为了使近红外光有足够的能量透射柑橘，加大了光源功率。分选速度为 $3 \sim 5$ 个/s，测量误差在 $1°Bx$ 以内，果径范围在 $45 \sim 120mm$，果高为 $31mm$ 以上，最小果实间隔 $10mm$，适合 16 种柑橘。利用该装置，在柑橘不受任何破坏的情况下，即可瞬时获得糖、酸度值。在显示器上不但分别显示了糖酸度值，而且还显示了糖酸比。酸度值虽然能进行测量，但因浓度太低，误差比糖度值大。

图 3-31 为一便携式糖酸度分选装置。与固定式相比，除可检测糖酸度，进行品质分级外，还可在果实成长过程中，随时监测其内部成分的变化，提供生长记录。测量数据存入 PC 卡中，以备分析时用。

 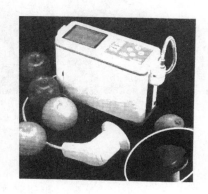

图 3-30 糖度、酸度在线分选装置　　　图 3-31 便携式酸度分选装置

资料来源：摘自参考文献［14］。

（二） 紫外线分选设备

1. 紫外线分析技术

紫外线波长在 100～380nm，尤其是被称为化学线的 320～380nm 的紫外线能够激发分子运动，使化学能转变成分子运动能。受损后柑橘果皮中的精油细胞遭到破坏会析出表面，在暗室中，当受到紫外光源照射时，分子由基态被激发为激发态，当分子从激发态回到基态时，损伤部位将通过发出荧光的形式放出辐射能，而荧光属可见光，便于检测。与之相反，正常部位理论上无可见光。这样，在正常部与损伤部之间就形成了大的明暗反差。损伤果正是利用了柑橘正常部和损伤部在紫外光源照射下的反射差异，通过摄像、计算机图像处理后进行检测的。

2. 紫外分选装置

图 3-32 为一在线柑橘损伤果紫外光分选装置示意图，它由摄像机、紫外灯、输送带、光源罩等组成。暗室由光源罩和橡胶帘构成，它的作用是切断可见光源，减少影响因素。光源多采用灯管型日光灯，为了更有效地增强光源强度，可将光源罩制成半圆筒形，内表面涂成白色，增加反射效果，其圆心为柑橘的摄像位置。在光源罩上开一圆孔，作为摄像通路。当柑橘进入暗室，到达摄像机下时，摄像机开始摄像，然后由计算机进行图像处理和判断。

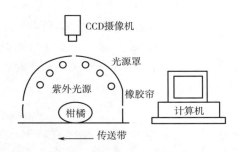

图 3-32 紫外线分选装置

资料来源：摘自参考文献［14］。

图 3-33 为同一柑橘损伤分选时的一组照片，从图 3-33（1）的常规照片中很难看出有受损现象，但在紫外线光源的照射下，柑橘的上部发出荧光 ［图 3-33（2）］，而柑橘的正常部位几乎无可见光出现，图 3-33（3）为计算机图像处理后的画面，白色面积代表了受损面积。计算白色面积的大小，即可算出损伤面积的大小并作出判断。

柑橘表面损伤检测精度受紫外光源强度、紫外光源峰值波长、光源距离、柑橘损伤程度、柑橘的温度、柑橘种类等因素影响。紫外光源的峰值波长影响荧光的强度大小，选择峰值波长为 352nm、经特殊加工（可见光少）的光源效果较佳。因紫外光源过强，其效果增加不明显，

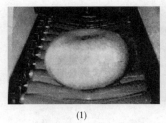 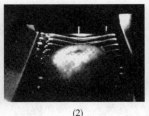 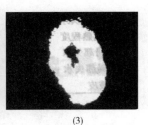

(1)   (2)   (3)

图 3-33　紫外光分选柑橘损伤

资料来源：摘自参考文献 [14]。

所以一般以 60W 为宜。为减少干扰，常在摄像机前加滤光片。有无荧光现象，关键是看果皮中是否存在发荧光的物质，有些品种的柑橘受损后，在紫外光源的照射下，荧光效果比较明显，而有的柑橘类果实则无荧光现象，如柠檬。值得注意的是，有些附着在柑橘表面上的农药等物质也会发出荧光，图像处理后呈现白色，这些白色除发光点多、分布分散、形状与损伤部略显不同外，还无其他更好的方法将它们区别开来，有出现错误判断的可能。另外，棚紫外光翻技术还可检测蔬菜的新鲜程度。

（三）　X 射线分选设备

1. X 射线分析技术

X 射线具有很强的穿透能力，它受物质密度的影响，密度大，穿透能力小；密度小，穿透能力大。所谓软 X 射线是指长波长区域的 X 射线，比一般的 X 射线能量低、物质穿透能力差。在果蔬检测方面，果蔬的密度较小，所需 X 射线强度很弱，软 X 射线可满足实际检测需要。应用软 X 射线可以检测如土豆、西瓜内部的空洞，柑橘的皱皮等内部缺损现象。柑橘在生长过程中，由于环境条件的影响，常出现皱皮现象（果皮大，果肉小）。皱皮果的水分少，味道差，属等外品，在进行分级时必须将其分选出来。在利用 X 射线检测果蔬时，人们常常存有各种顾虑，担心残留问题。首先，X 射线不是放射能，不存在残留问题；检测用的 X 射线能量低，果蔬不会被放射化，不会损伤果蔬营养，不会改变果蔬风味。X 射线在果蔬检测方面的应用如表 3-7 所示。

表 3-7　X 射线在果蔬方面的应用

果蔬	内部品质	适应性	果蔬	内部品质	适应性
葱头	发芽异常	+++	温州蜜橘	糖度、酸度	-
葱头	烂心	++	苹果	心腐病、橡皮病	+++
圆白菜	结球状态、是否抽薹	+++	苹果	成熟度、糖、酸	-
白萝卜	局部失水	+++	柿	有无核的存在	+++
网纹瓜（甜瓜）	成熟程度	+	柿	成熟度	-
葡萄柚	局部失水	+++	西瓜	空洞	+++
柑	局部失水	+++	香蕉	成熟度	++
温州蜜橘	皱皮	++	香蕉	糖度	-

注：+++表示优；++表示良；+表示可；-表示不可。

资料来源：摘自参考文献 [14]。

2. X 射线分选设备

图 3-34 为一西瓜空洞分选装置示意图。以被测西瓜为中心，软 X 射线发生器和 X 射线照相机分别布置在西瓜的上下两方，图示软 X 射线发生器设在上方，向下发射 X 射线，下方为 X 射线照相机。X 射线照相机的检测直径范围最大为 150mm，对于尺寸大的西瓜而言，虽然只能检测 150mm 范围内的中心部，不能观察全貌，但是空洞现象常发生在西瓜的中心部位。

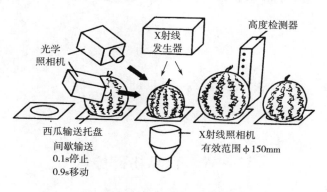

图 3-34　西瓜空洞分选装置示意图

资料来源：摘自参考文献［14］。

🔍 思考题

1. 简述谷物清理的基本方法及其原理。
2. 简述清理机械的分类。
3. 论述密度去石机的工作原理。
4. 论述一种常用的磁选设备的结构及工作原理。
5. 简述风选设备的一般结构。
6. 简述筛面组合的分类。
7. 论述滚筒式分级机的原理及特点。
8. 论述光电色选机的工作原理。
9. 如何利用光电测距原理进行果蔬分级？

食品粉碎机械与设备

第一节　食品粉碎原理

食品粉碎是食品加工中的基本操作之一，其目的是将大块物料处理成尺寸较小的物料，将大颗粒物料粉碎成小颗粒。物料颗粒的大小称为粒度，它是粉碎程度的代表性尺寸。对于球形颗粒来说，其粒度即为直径。对于非球形颗粒，一般可用面积、体积等为基准的名义粒度来表示。

一、食品粉碎定义与目的

（一）食品粉碎定义

粉碎是通过研磨、挤压或冲击等方法减小固体食品的平均个体体积的单元操作。这一过程称为破碎或粉磨。根据原料粉碎后粒度大小，可以将粉碎分成粗破碎、中破碎、细破碎、粗粉碎、细粉碎微粉碎和超微粉碎等。粗破碎——物料被破碎到 200~100mm 范围内；中破碎——物料被破碎到 70~20mm 范围内；细破碎——物料被破碎到 10~5mm 范围内；粗粉碎——将物料粉碎到 5~0.7mm 范围内；细粉碎——将物料90%以上粉碎到能通过 200 目标准筛网；微粉碎——将物料90%以上粉碎到能通过 325 目标准筛网；超微粉碎——将全部物料粉碎到微米级的粒度，其粒度可达到 1~10μm。粉碎按着被处理物料的干湿状况，还可分为湿粉碎和干粉碎。

（二）食品粉碎目的

（1）减小粒度，便于调制时加快溶解速度或提高混合均匀度，或是重新赋形以改进食品的口感，如盐、糖。

（2）控制多种物料相近的粒度，防止各种粉料混合后再产生离析现象（自动分级），如调味粉、代乳粉、饮料粉、饲料等。

（3）进行选择性粉碎，以便对原料颗粒内的成分进行分离，例如，玉米脱坯、小麦提粉、碾米等。

（4）减小体积，便于加快干燥脱水速度。

（5）保证粉料和粒料的容积重量。容重影响包装容积、速溶性和调理性等。

二、 食品粉碎方式与工艺

（一） 食品粉碎方式

物料粉碎的基本方式包括压碎、劈碎、折断、磨碎和冲击破碎等形式，如图 4-1 所示。

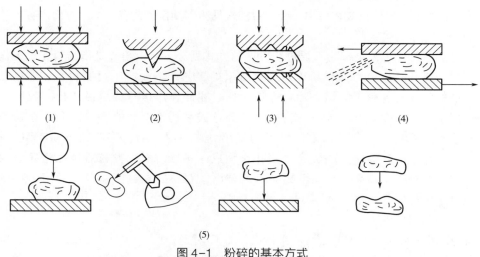

图 4-1　粉碎的基本方式

（1）压碎　（2）劈碎　（3）折断　（4）磨碎　（5）冲击破碎

1. 压碎

物料置于两个粉碎面之间，施加压力后物料因压应力达到其抗压强度而被粉碎，主要适用大块物料、干脆性物料。韧性和塑性物料则可能产生片状物料，如麦片、米片、油料轧片。对于大块的脆性物料，第一步粉碎常采用此法处理。若被处理的物料是具有韧性和塑性的，经过挤压则会得到片状产品，如轧制麦片、米片等。

2. 劈碎

用一个平面和一个带尖棱的工作表面挤压物料时，物料沿压力作用线的方向劈裂，这是因劈裂平面上的拉应力达到或超过物料抗拉强度了，此法多用于脆性物料的破碎。

3. 折断

被粉碎的物料相当于承受集中载荷的两支点或多支点梁，当物料内的弯曲应力达到物料的抗弯强度时被折断。适用于大块的长或薄的脆性物料，如榨油残渣（饼箔）、玉米穗等，粉碎度较低。

4. 磨碎

物料与运动表面之间受一定的压力和剪切力作用，当切应力达到物料的抗剪强度时，物料就被粉碎了。对某一物料：压力≥某一极值或间隙>某一极值时，根据压力的大小或间隙的大小不同，其粉碎方式分为一般性粉碎或选择性粉碎。磨碎工作表面的差异，可以产生形形色色的工艺效果。

5. 冲击破碎

物料在瞬间受到外来的冲击力时，受到时间极短的变载荷，物料被击碎，也有利用物料自身高速相对运动而碰撞粉碎的，如超音速喷射粉碎机，可以应用于多种食品物料，从较大块原料的破碎到细微粉碎均可使用。

实际上，粉碎是一个复杂的过程，各种粉碎机械往往是采用两种或两种以上的方法对物料进行粉碎。

（二）　食品粉碎工艺

粉碎操作工艺需要依据具体应用场合而定。常见粉碎操作工艺有以下几方面内容。

1. 自由与滞塞粉碎工艺

自由与滞塞粉碎工艺是按物料通过粉碎区的方式划分。自由粉碎是指物料在重力作用下自由落入粉碎室，经短暂而简单粉碎后直接排出的工艺。不会产生过度粉碎，能耗低，但因一些未被粉碎或较少粉碎的粗大颗粒也迅速通过粉碎作用区作为成品排出，粒度分布带很宽，适用于成品粒度要求不高或在粉碎机外分选成品的情况。滞塞粉碎是指在粉碎室的出口处设置有筛网等拦截物，以限制物料的卸出。物料喂入后，将滞留于粉碎室内粉碎，只有粒径小于筛孔的碎颗粒才能够穿过筛孔作为成品排出，而大颗粒滞留在粉碎室内继续粉碎。因部分粒径小于筛孔的颗粒不能够迅速排出，而易出现过度粉碎，常用于粒度要求不高的粗、中度粉碎。

2. 开路与闭路粉碎工艺

开路与闭路粉碎工艺是按整个粉碎操作流程的工序配置划分。对于一些成品粒度或能耗指标必须考虑的情况，需要将粉碎机作为粉碎流程的作业设备之一。开路粉碎工艺是指整个粉碎及成品粒度控制均由粉碎机完成，不配置专门控制成品粒度的设备，当物料进入到粉碎机后，粉碎后的物料不经粒度分选即全部作为产品卸出，粗粒不再重新送回破碎。其设备配置简单，不配置分选装置，但因物料在粉碎区停留及受到粉碎作用的时间及强度不同，产品的粒度分布很宽。闭路粉碎工艺是指在整个操作流程中，设置分选装置用以控制成品粒度，用粉碎机粉碎后的物料需首先经粒度分选装置分选，将符合粒度要求的部分作为成品卸出，而粗粒则被重新送回粉碎室进行粉碎。这种粉碎方法是粉碎度（产品粒径/原料粒径）较大的粉碎过程，能够有效利用能量，适用于粒度要求均匀或能耗高的微粉碎及超微粉碎。其中的粒度分选方法视成品粒度而定，较大颗粒可筛分，而较小的则多用气流分选。

3. 干法与湿法粉碎工艺

干法与湿法粉碎工艺是根据物料在被粉碎的过程中的状态进行划分的。干法粉碎是指物料在整个粉碎过程中始终呈干燥松散状态，所得成品为干燥粉体的工艺。其工艺简单，但易产生过热、粉尘。湿法粉碎指将原料悬浮于液态载体（常见为水）中进行粉碎，成品分选可采用沉降方法实现。这种湿法粉碎可克服粉尘问题，同时，不易产生过热现象，尤其适用于超微粉碎或粉碎后需要用溶剂浸出及直接制浆的情况。

三、　食品粉碎原理

在所有类型的粉碎中都有三种力作用于食品而将其粉碎：①压榨力；②冲击力；③剪（或研磨）力。在大多数的粉碎设备中，三种力都会出现，但其中一种往往比另两种更重要。当对食品施加应力，产生的内部张力先被吸收，然后引起组织的变形。在张力不超过一个称为弹性应力极限（elastic stress limit，E）的临界水平时，如果撤除压力，则组织又恢复到其原来的形状，储存的能量被以热能的形式释放出来［如图4-2中的弹性区域（0~E）］。

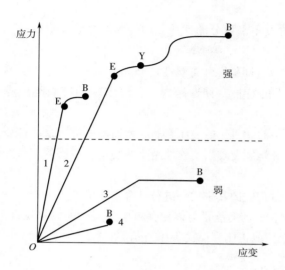

图 4-2　各种食品的应力-应变图

E—弹性应力极限　Y—屈服点　B—断点　0~E—弹性区
E~Y—非弹性变形　Y~B—延展区
1—坚固、脆硬的材料　2—坚硬、延性的材料
3—柔弱、延性的材料　4—柔弱、易脆的材料
资料来源：摘自参考文献［2］。

但是，如果局部表面的张力超过了弹性应力极限，食品会永久性地变形。如果继续施压，张力会达到一个屈服点（yield point，Y）。张力大于屈服点时，食品开始流动［如图 4-2 中称为"延展区"（Y~B）的部分］。在断点 B 上突破了破坏应力（breaking stress，B），食品沿一条薄弱的线破裂。接着部分储存的能量以声能和热能的形式释放。施加能量中仅有 1%被实际用于粉碎。食品尺寸变小后，薄弱的线会变少，进一步粉碎所要超越的破坏应力增加。当食品颗粒中再无薄弱线存在时，必须制造出新的裂缝以进一步地粉碎颗粒，这就需要另外增加能量投入，因此在粉碎食品颗粒时能量需求会大幅增加，如图4-2所示。所以，详细指明食品的尺寸范围，以避免将时间和能量耗费在生产某种粒度小于实际应用规格的食品颗粒上是很重要的。

使食品破裂所需的能量取决于食品的硬度和其破裂的趋向［脆性（friability）］，这二者又取决于食品的结构。食品中存在的薄弱线越少，破裂食品所需的能量投入越大。较硬的食品吸收更多的能量，使其破裂需要投入更多的能量。

压榨力用于粉碎易脆和晶状的食品；冲击力和剪力的结合对于纤维质食品的粉碎是必要的，而剪力用于较软的食品的精细碾磨。一般认为如果施力时间较长，则可以在较低的压力水平上粉碎产品。因此，粉碎的程度、所需的能量和食品产生的热量多少不仅取决于施力的大小而且取决于食品受力时间的长短。

影响能量投入大小的其他因素是食品的含水量和对热的敏感性。一些食品的含水量不仅大大地影响粉碎的程度，而且也会对破碎的物理过程产生重大影响。例如，为了获得完全分解的淀粉物质，小麦在碾磨前会被调节到理想含水量，而玉米粒则在浸泡后湿磨。但是"干性"食品过多的水分可以导致颗粒结块，从而堵塞磨粉机，而非常干的食品粉碎时会产生过多的粉尘，危害人体健康且极为易燃和易爆。

在颗粒度相同情况下，因物料的力学性质不同，所需的临界变形能也不相同。一般物料受应力作用时，在弹性极限应力以下，物料经受了弹性变形；当作用的应力在弹性极限应力以上时，物料受到永久变形，直至应力达到屈服应力；在屈服应力以上，物料开始流动，经历塑变区域，直至达到破坏应力而断裂。根据物料应变与应力的关系以及极限应力的不同，通常将物料的力学性质分成以下 4 种。

（1）硬度　根据物料的弹性模数的大小来划分的性质，即硬和软之分。硬度越高表明物料抵抗弹性变形的能力越大。物料的硬度是确定粉碎作业程度、选择设备类型和尺寸的主要依据。

（2）**强度** 根据物料的弹性极限应力的大小来划分的性质，即强与弱之分。物料弹性应力越强的材料抵抗塑性变形的能力就大。

（3）**脆性** 根据物料塑变区域长短来划分，即脆性和可塑性之分。

（4）**韧性** 一种抵抗物料裂缝扩展能力的特性，韧性越大，裂缝末端的应力集中越易解除。

因此，对一种具体物料来说，有比较复杂的性质，如硬而脆的、软而脆的等，这些性质对粉碎时所需的变形能均有影响。总的来说，凡是硬度越高、脆性越小的物料，所需的变形能就越多。

粉碎固态食品所需的能量可用下列三个方程式的其中之一进行计算。

（1）奇克（Kick）法则认为粉碎某种颗粒所需的能量与该种颗粒典型尺寸（如单粒直径）的初始值（粉碎前）和最终值（粉碎后）之比成正比，如式4-1所示。

$$E = K_K \ln \left(\frac{d_1}{d_2} \right) \tag{4-1}$$

式中 E （J）——每单位质量的进料所需的能量；

$\qquad K_K$——Kick 常数；

$\quad d_1$ （m）——颗粒个体的平均初始尺寸；

$\quad d_2$ （m）——粉碎后颗粒的平均尺寸；

$\qquad d_1/d_2$——破碎比（size reduction ratio，RR），用于评价不同类型粉碎设备的相对性能。粗糙碾磨的 RR 值低于 8∶1，而精细碾磨的 RR 值可超过 100∶1。

（2）瑞廷格（Rittinger）法则认为粉碎所需的能量与食品个体的表面积变化成正比（而不是奇克法则中的与尺寸变化成正比），如式4-2所示。

$$E = K_R \ln \left(\frac{1}{d_2} - \frac{1}{d_1} \right) \tag{4-2}$$

式中 $\quad K_R$——Rittinger 常数。

（3）庞德（Bond）法则用式4-3表示，用于计算粉碎所需的能量。

$$\frac{E}{W} = \sqrt{\left(\frac{100}{d_2} \right)} - \sqrt{\left(\frac{100}{d_1} \right)} \tag{4-3}$$

式中 W （J/kg）——庞德工作指数（对于糖或谷类之类的硬质食品为 40000~80000J/kg）；

$\quad d_1$ （m）——允许80%的进料通过的筛孔直径；

$\quad d_2$ （m）——允许80%的磨碎食品通过的筛孔直径。

实际上，对于粗碾磨而言，因粉碎前后每单位质量的表面积增加很有限，所以用奇克法则计算的结果较为合理。瑞廷格法则的计算则适用于精细碾磨，因为在此过程中有着巨大的表面积增加值。庞德法则介于二者之间。但是，瑞廷格（Rittinger）法则方程和庞德（Bond）法则方程是从硬物质（煤和石灰石）的研究中得出的，因而实际应用在许多食品中时往往与预测结果有误差。

四、 粉碎对食品的影响

粉碎在加工过程中用于控制食品的结构特性和流变学性质，并用以提高混合和传热效率。

许多食品的质地（如面包、汉堡包和果汁）由各种成分在粉碎过程中采用的加工条件控制。粉碎还会对部分食品的香气和味道产生间接影响。粉碎过程中细胞结构的瓦解和由此引起的表面积增加促进了氧化变质，加速了微生物和酶的活动。因此粉碎没有或仅有极小的防腐作用。干性食品（如谷类或坚果）的 A_w 足够低，因而在碾磨后仍能储藏数日，而营养价值或食用特性不会有根本变化。但是，如果不采取其他防腐措施（如冷藏、冷冻及热加工），湿性的食品在粉碎后会迅速变质。

干性食品在粉碎过程中其色泽、味道和香气变化不大，但大部分都未见报道。胡萝卜素的氧化使粉末变白并降低了营养价值，一些香料和坚果粉碎时会有挥发性成分的丧失，当碾磨温度升高时会加速这种损失。湿性食品细胞的破裂使酶和基质能够充分混合，从而加速味道、香气和色泽的劣变。释放出来的细胞原生质为微生物提供了适宜的生长基质，可引起变味或产生香味。粉碎不仅通过组织的物理性粉碎，而且通过水解酶类的释放，从根本上改变了食品的结构质地。粉碎的类型、持续时间和在后续加工过程进行前放置的时间都受到严密的控制以获得要求的食品质地。

由于脂肪酸和胡萝卜素的氧化，粉碎过程中表面积的增加会引起营养价值的下降。在砍剁和切片后，水果和蔬菜中维生素 C 和维生素 B_1 的损失量很大（如在黄瓜切片后维生素 C 损失量为 78%）。储藏期间的营养损失取决于食品的温度、含水量和储藏空气中氧气的浓度。在干性食品中，粉碎后营养价值的损失主要是由于产品各组分的分离造成的。

五、 选择粉碎机要求

一般是根据被粉碎物料的硬度、大小、物料的性质及其操作方法来选择合适的粉碎机械。

（1）经粉碎后的物料，颗粒大小要均匀。

（2）已被粉碎的物料，要能立即从轧压部位排出。

（3）尽可能实现操作自动化，例如能不断地自动卸料等。

（4）可以调节和控制粉碎度。

（5）维修方便，易损件更换简单。

（6）设有安全装置，发生故障时能自动停车。

（7）节能，即每单位产量所消耗的能源要尽最小。

食品加工各行业的粉碎操作，由于原料物性、被粉碎物料的大小和粉碎比的不同，使用的粉碎机械也各有不同，如表 4-1 所示。

表 4-1　　　　　　　　　　　　　　粉碎机的选择

粉碎力	粉碎机	特点	用途
冲击 剪切	锤式粉碎机	适用于硬或纤维质物料的中、细碎，要发生粉碎热	玉米、大豆、谷物、甘薯、甘薯瓜干、油料榨饼、砂糖、干蔬菜、香辛料、可可、干酵母
	盘击式粉碎机	适用于中硬或软质物料的中、细碎	
	胶体磨（湿法）	软质物料的超微粉碎	乳制品、奶油、巧克力、油脂制品

续表

粉碎力	粉碎机	特点	用途
挤压 剪切	辊磨机（光辊或齿辊）	由齿形的不同适于各种不同用途	小麦、玉米、大豆、油饼、咖啡豆、花生、水果
	盘磨	可以在粉碎的同时进行混合，制品粒度分布宽	食盐、调味料、含脂食品
剪切	盘式粉碎机	干法、湿法都可用	谷类、豆类
	滚筒压碎机	适于软质物料的中碎	马铃薯、葡萄糖、干酪
	斩肉机、切割机	软质粉碎	肉类、水果
摩擦 搓撕	砻谷机、剥壳机、碾米机	选择性破碎碾削	砻谷、剥壳、碾米

此外，在实际操作过程中产生的热可能会使食品升温变质腐败，或者使食品溶解附着于机器内壁而降低粉碎效率。因此，在选择粉碎机时，有时还需考虑配置冷却系统，以降低粉碎操作时的温度升高，防止发热升温现象的产生，保证产品质量。例如，选择这类机械加工水果，可以有效地提高维生素 C 的含量。

第二节　干法粉碎机械与设备

一、锤式粉碎技术与设备

锤式粉碎机在超细粉碎领域应用与研究由来已久，它是粉碎领域中应用最广的机型之一。

（一）锤式粉碎机的结构及原理

普通的锤式粉碎机一般由高速旋转的锤头及齿板组成，物料从入口进入锤间粉碎区，在高速旋转的锤头冲击作用下，受碰撞粉碎，之后粉碎后的物料随转动的锤一起运动。

锤片粉碎系统一般由供料装置、机体、转子、齿板、筛片（板）、排料装置以及控制系统等部分组成，如图4-3所示，由锤架板和锤片组构成的转子由轴承支撑在机体内，上机体内安有齿板，下机体内安有筛片包围整个转子，构成粉碎室。锤片用销子销连在锤架板的四周，锤片之间安有隔套（或垫片），使锤片彼此错开，按一定规律均匀地沿轴向分布。

工作时，原料从喂料斗进入粉碎室，受到高速回转锤片的打击而破裂，以较高的速度飞向齿板，与齿板撞击进一步破碎，如此反复打击撞击，使物料粉碎成小碎粒。在打击、撞击的同时还受到锤片端部与筛面的摩擦、搓擦作用而进一步粉碎。在此期间，较细颗粒由筛片的筛孔漏出，留在筛面上的较大颗粒，再次受到粉碎，直到从筛片的筛孔漏出。从筛孔漏出的物料细粒由风机吸出并送入集料筒。带物料细粒的气流在集料筒内高速旋转，物料细粒受离心力的作用被抛向筒的四周，速度降低而逐渐积到筒底，通过排料口流入袋内；气流则从顶部的排风管

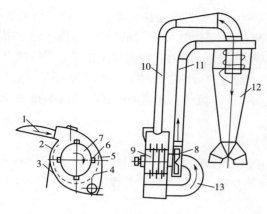

图4-3　锤片粉碎系统

1—喂料斗　2—上机体　3—下机体　4—筛片
5—齿板　6—锤片　7—转子　8—风机　9—锤架板
10—回料管　11—出料管　12—集料筒　13—吸料管
资料来源：摘自参考文献［92］。

排出，并通过回料管使气流中极小的物料粉尘回流到粉碎室中，也可以在排风管上接集尘布袋，收集物料粉尘。

（二）　影响锤式粉碎机的粉碎效果的因素

1. 构件几何结构的影响

锤式粉碎机用于物料的粉碎时，各部件结构设计对物料的粉碎效果影响较大，其中锤的几何尺寸、间距、衬板等对粉碎的作用尤其明显。

（1）锤间间距大小　影响颗粒与锤面的相互碰撞粉碎是锤式粉碎机的主要粉碎方式。因此，在物料的粉碎过程中，希望尽可能增大颗粒与锤面的碰撞机会。由于锤间存在与锤一起作高速旋转的颗粒，当物料进入锤间时，首先与锤间的颗粒相互碰撞，这种碰撞作用，使得物料颗粒与锤面的碰撞机会减少。只有较大限度地增大颗粒与锤面的碰撞机会，才能提高颗粒的粉碎效果。因此，锤间间距过大，对粉碎效果不利。

（2）锤的径向厚度　影响锤式粉碎机对颗粒的粉碎主要有两种方式：一种为颗粒与锤面的冲击粉碎；另一种为颗粒对于衬板的碰撞粉碎。对于后者，研究认为颗粒由锤间飞出时，颗粒向衬板运动的速度大小对撞击粉碎影响较大，应尽可能提高颗粒冲击衬板的速度，提高粉碎机转子的速度无疑可以做到这一点。在转速一定的情况下，合理地增长锤的径向尺寸也能提高此时颗粒飞向衬板的冲击速度。

颗粒在锤间受到瞬时粉碎时，若认为颗粒的径向运动速度为0，且认为颗粒此时与锤面保持相对静止，实际上，从这一时刻起，颗粒将处于被锤面携带加速的过程。

若颗粒在该区域被加速时间越长，飞出时的速度将越大，有利于颗粒与衬板间的碰撞粉碎。在一定范围内增长锤的径向长度，不仅使物料有效粉碎面积增大，而且可使粉碎后的颗粒有较长的加速距离而获得更大的冲击速度，从而在外衬板上获得强烈的冲击粉碎效果。

2. 粉碎机转子转速

锤式粉碎机转子转速增大，粉碎时获得的产品粒度减小。根据锤式粉碎机粉碎原理的分析可知，冲击速度的提高有利于物料的超细粉碎。但从粉碎机能量利用率的角度出发，对特定的物料及某一特定粒级，应有一个最佳的冲击粉碎速度。一般而言，在一定的范围内提高转速，可降低产品粒度，但同时要考虑粉碎机的能量利用效率。

3. 进料速度

进料速度对粉碎机最终产品的影响主要来自两方面：一方面，若物料进料速度快，粉碎腔内颗粒浓度增大，颗粒间的碰撞作用增多，影响颗粒与锤面的冲击碰撞粉碎，可使得锤面对颗粒的有效粉碎作用减弱；另一方面，物料进料速度快，物料在粉碎腔内滞留时间短，可导致粉碎产品粒度增大。

4. 粉碎环境

在高速旋转的锤式粉碎机里，对物料粉碎有影响作用的因素除了旋转的锤、物料及相关的操作因素要考虑外，在粉碎腔内的流体（通常是空气）对物料的粉碎也有影响。国内外的研究者对此做过理论及实验方面的研究。当锤式粉碎腔内有流体存在时，粉碎颗粒与锤面的作用实际变得较为复杂，不仅存在粒子与锤面的冲击碰撞作用，还存在锤与流体及粒子与流体的作用。如果粉碎腔是真空状态，锤对物料施加的冲击作用主要考虑锤与粒子间的相对运动。锤的高速旋转可引起流体介质运动形成特定的流场或湍流，而粒子与流体间的黏滞等因素将无需考虑。

（三） 锤式粉碎机的分类

按粉碎机的进料方向，可分为切向喂料式、轴向喂料式和径向喂料式三种，如图4-4所示。按某些部件的变异分类又可分为两种形式：水滴形粉碎室粉碎机和无筛粉碎机。

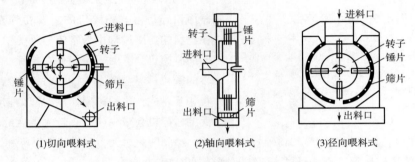

(1)切向喂料式   (2)轴向喂料式   (3)径向喂料式

图4-4   锤片粉碎机类型

资料来源：摘自参考文献［84］。

1. 切向喂料式粉碎机

图4-4（1）所示为切向喂料式粉碎机由切线方向喂入物料，在上机体上安有齿板，故筛片包角一般为180°，它可以粉碎谷粒、油饼粕等各种物料，它是一种通用型粉碎机，常附有卸料用的集料筒和风机，广泛用于小型加工企业。

2. 轴向喂料式粉碎机

图4-4（2）所示为轴向喂料式粉碎机多为自吸喂料式，靠转子内安装的4个叶片起风机作用，转子周围有包角为360°的筛片（环筛或水滴形筛）。这类粉碎机若在进料斗与机壳衔接处装有动刀和定刀，物料进入粉碎室时先被切成碎段，以利加工细长形物料。

3. 径向顶部喂料式粉碎机

图4-4（3）所示为径向顶部喂料式粉碎机，该机型的特点是整个机体左右对称，转子可正反转工作。当锤片一侧磨损后，可改变进料口的进料导向机构以改变物料喂料方向，同时改变转子旋转方向，不需停车来倒换锤片；筛片包角较大（约300°），有利于出料；进出料口可与外界隔绝，便于自动控制生产过程，多用于大、中型工厂。缺点是只能用于粒料的粉碎。

4. 水滴形粉碎室粉碎机

图4-5所示为水滴形粉碎室粉碎机，可以破坏影响筛理能力的环流层，从而提高粉碎效率，减低了能耗。按结构不

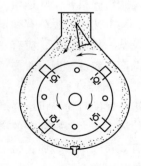

图4-5   水滴形粉碎室粉碎机

资料来源：摘自参考文献［92］。

同又有全筛式和部分齿板式，部分齿板式只包270°角的筛片，其余的上部直线部分为齿板。

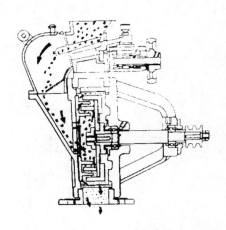

图 4-6 日本 DMTON 公司的 DS 型
旋转式锤式粉碎机

资料来源：摘自参考文献［92］。

5. 无筛粉碎机

无筛粉碎机由机体、转子、控制室和风机等组成。作业时，物料靠自重及负压从喂入口进入粉碎室，受到高速回转的转子的锤块和粉碎室上的齿板的作用，而被击碎、剪切碎和磨碎，粉粒在风机的负压作用下沿轴被吸出，当经过控制轮时被补充粉碎。成品的粒度通过调节控制轮与衬套的间隙控制，主要用于经过预粉碎的较硬固体物料的粉碎。用该机粉碎可减少锤片的磨损，并可提高产量，减少电耗。

（四） 国外锤式粉碎机介绍

1. 日本 DS 型旋转式锤式粉碎机

图 4-6 所示为日本 DMTON 公司的 DS 型旋转式锤式粉碎机，该机是由粉碎磨腔及二次分级系统组成的，锤头装在固定环及转子上。该机粉碎范围广，产品粒度分布窄，可对硬度大的物料进行处理。该机通风状况好，粉碎室发热小，因此较适合熔点低、热敏物料的粉碎。

2. 瑞士 DFZH 型立式粉碎机

图 4-7 和图 4-8 所示为瑞士布勒公司的 DFZH 型立式粉碎机，这种锤式粉碎机主要用于混合饲料的粉碎生产，也可应用于食品、石油、化工等行业。它能粉碎的物料特性如下：长度可超过 60mm，堆积重量为 $0.2 \sim 0.8 kg/dm^3$，筛孔直径为 $3 \sim 10mm$ 时所处理物料的含水量可达 15%，筛孔直径为 $2 \sim 2.5mm$ 时所处理物料的含水量可达 14%。

图 4-7 DFZH 型立式粉碎机外形图

资料来源：摘自参考文献［92］。

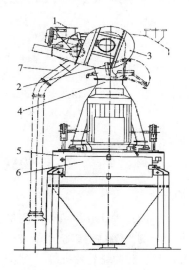

图 4-8 DFZH 型立式粉碎机组成图

1—DFAT 进料器 2—磁力装置 3—风机 4—入口
5—立式粉碎机 6—门 7—金属颗粒排出管

资料来源：摘自参考文献［92］。

DFZH 型立式粉碎机的转子、锤片结构如图4-9、图4-10所示，筛片结构如图4-11所示。转子的旋转方向可以改变，从而可使锤片和筛片磨损均匀，延长锤片和筛片的使用寿命，而且也使得粗粒物料的粉碎粒度和出料更均匀。

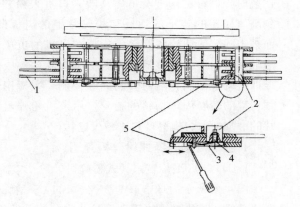

图 4-9　转子结构图

1—锤片　2—柱销　3—滑片　4—螺钉　5—耐磨棒

资料来源：摘自参考文献 [92]。

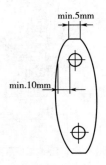

图 4-10　锤片

资料来源：摘自参考文献 [92]。

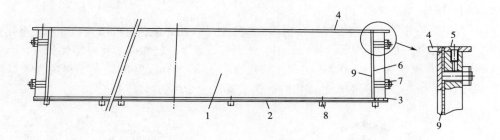

图 4-11　筛片结构图

1—筛蓝　2—筛片底部　3—底部圆环　4—上部圆环　5—上部螺钉

6—侧面晒网　7—侧面螺栓　8—底六角凹头螺钉　9—耐磨板

资料来源：摘自参考文献 [92]。

二、　辊式粉碎机械及设备

1. 工作原理

磨辊是磨粉机的主要工作零件。一对磨辊由于速比和辊面状态不同，粉碎物料的形式也不同。等速反向旋转的光磨辊是以挤压的方式粉碎物料或使物料变形的；典型设备是轧片机，如轧麦片机、轧米片机和油料轧片机等。差速反向旋转的光磨辊是以挤压和研磨两种方式粉碎物料的；典型设备是面粉厂光棍磨粉机和辊式巧克力精磨机等。差速反向旋转的齿辊磨是以剪切、挤压和研磨3种方式粉碎物料的，其典型设备是面粉厂的皮磨磨粉机和啤酒厂的麦芽粉碎机等。

2. 辊式粉碎机械的分类

辊式粉碎机械的种类和型号很多，主要有辊式磨粉机、辊式破碎机、齿辊破碎机、轧坯机、胶辊砻谷机、碾米机等。

3. 辊式磨粉机

MY 型磨粉机为磨辊倾斜排列的油压式自动磨粉机，其结构如图 4-12 和图 4-13 所示，由机身、磨辊及其附属的喂料机构、轧距调节机构、液压自动控制机构、传动机构及清理装置 7 个主要部分组成。

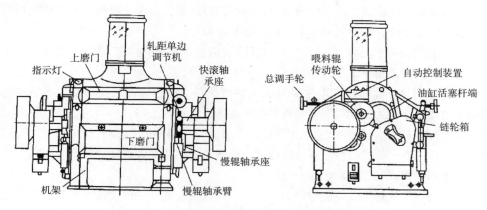

图 4-12 MY 型辊式磨粉机外形示意图

资料来源：摘自参考文献［84］。

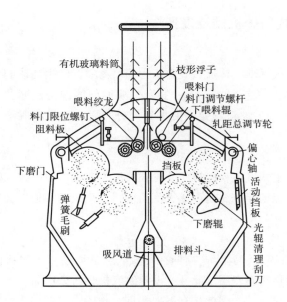

图 4-13 MY 型辊式磨粉机剖视图

资料来源：摘自参考文献［84］。

该磨粉机有两对磨辊，每对磨辊的轴心线与水平线夹角呈 45°，中间有将整个磨身一分为二的隔板。一对磨辊中，上面一根是快辊，快辊位置固定，下面一根是慢辊，慢辊轴承壳是可移动的，其外侧伸出如臂，并和轧距调节机构相联，通过轧距调节机构将慢辊放低或抬高，即可调整一对磨辊的间距。轧距调节机构可调节两磨辊整个长度间的轧距，也可调节两磨辊任一端的轧距。两对磨辊是分别传动的，工作时，可以停止其中的一对磨辊，而不影响另一对磨辊的运动。它的传动方法是先用带传动快辊，然后通过链轮传动慢辊，以保持快辊与慢辊的速度比。

喂料机构包括一对喂料辊、可调节闸门等。研磨散落性差的物料时，如图 4-13 中左半边所示，从料筒下落的物料经喂料绞龙送下，由喂料辊经闸门定量后喂入磨辊，研磨散落性好的物料时，如图 4-13 中右半边所示，物料落向喂料辊，沿辊长分布，经喂料门定量，由喂料辊连续而均匀地喂入磨辊。

MY 型磨粉机自动控制磨辊的松合闸、喂料辊的运转、喂料门的启闭等。磨辊工作时，表面会黏有粉料，磨辊为齿辊，用刷子清理磨辊表面，光辊则用刮刀清理。磨粉机的吸风系统使机内始终处于负压。空气由磨门的缝隙进入，穿越磨辊后由吸风道吸出机外。

4. 辊式磨粉机的特点

（1）适合热敏性物料的粉碎　辊式磨粉机与辊的轴线相互平行，同时磨辊的线速度较高，两辊间所形成的粉碎区很短，因此物料通过粉碎区的时间短，避免了粉碎过程中因物料温升过高而导致蛋白质热变性，故特别适合于热敏性物料的粉碎。

（2）可控制物料粉碎的粒度　辊式磨粉机能够通过调整轧距来控制物料粒度，避免过度粉碎，节省能源，保证粉碎质量。

（3）能够进行选择性粉碎　通过快慢辊速差的选择、磨辊表面几何形状、参数的选择和一次粉碎比的选择，辊式磨粉机能够实现对物料的选择性粉碎。

（4）粉碎过程稳定，便于控制　由于对辊表面上每一点的几何参数和运动参数均同，整个粉碎区的工作条件一致，故而粉碎过程稳定，也便于控制并实现自动化生产。

5. 辊式粉碎机械的应用

辊式粉碎机械是食品工业中使用最为广泛的粉碎设备，它能适应食品加工和其他工业物料粉碎操作的不同要求。辊式磨粉机广泛用于小麦制粉工业，也用于酿酒厂的原料破碎等工序。精磨机用于巧克力的研磨。多辊式粉碎机用于啤酒厂各种麦芽的粉碎工作，油料的轧坯、糖粉的加工、麦片和米片的加工等也采用辊式粉碎机械。

三、 气流式粉碎机械及设备

1. 气流粉碎的原理

气流粉碎的基本原理是利用空气、蒸汽或其他气体通过一定压力的喷嘴喷射产生高速的湍流和能量转换流，物料颗粒在这高能气流作用下被悬浮输送，相互发生剧烈的冲击碰撞和摩擦，加上高速喷射气流对颗粒的剪切冲击作用，物料颗粒间能得到充分的研磨而粉碎成细小粒子。

2. 气流粉碎机的分类

气流粉碎机的种类较多，有立式环型喷射式气流粉碎机、叶轮式气流粉碎机、扁平式气流粉碎机、对冲式气流粉碎机、对冲式超细气流粉碎机、超声速气流粉碎机、靶式超声速 I 型气流粉碎机、流化床逆向喷射气流粉碎机等。

3. 气流粉碎机的特点

前面所介绍的锤式粉碎机等用于超细粉碎时，其生产周期往往较长，从而使生产效率降低；物料粉碎时会产生大量的热，致使热敏性物料变质。此外，设备的磨损会污染产品。气流粉碎机由于在粉碎方式、原理上与一般粉碎机不同，因此具有下列特点。

（1）粉碎后的物料平均粒度细　一般小于 $5\mu m$。

（2）产品细度均匀　因为对于扁平型、循环型及对撞型气流粉碎机，在粉碎过程中由于气流旋转离心力的作用，能使粗细颗粒自动分级；对于其他类型的气流粉碎机也可与分级机配合使用，因此能获得粒度均匀的产品。

（3）产品受污染少　因为气流粉碎机是根据物料的自磨原理对物料进行粉碎，粉碎腔体对产品污染较少，因此特别适于药品等不允许被金属和其他杂质沾污的物料粉碎。

（4）可粉碎低融点和热敏性材料及生物活性制品　因为气流粉碎机以压缩空气为动力，压缩气体在喷嘴处的绝热膨胀会使系统温度降低，所以工作过程中不会产生大量的热。因此，对热敏性物料及生物活性制品的超细化十分有利。

（5）实现联合操作　因为当用过热高压饱和蒸汽进行粉碎时，可同时进行物料的粉碎和干燥。

4. 气流粉碎设备

（1）立式环型喷射式气流粉碎机　立式环形喷射式气流粉碎机的结构和工作原理如图4-14所示。物料从喂料口进入环形粉碎室底部喷嘴处，压缩空气从管道下方的一系列喷嘴中喷出，高速喷射气流（射流）带着物料颗粒运动。在管道内的射流大致可分为外层、中层和内层3层，各层射流的运动速度不相等，这使得物料颗粒相互冲击、碰撞、摩擦以及受射流的剪切作用而被粉碎。物料自右下方进入管道，沿管道运动，自右上方排出。由于外层射流的运动路程最长，该层的颗粒群受到的碰撞和研磨作用最强。经喷嘴射入的流体，也首先作用于外层的颗粒群。中层射流的颗粒群在旋转过程中产生一定的分级作用，较粗颗粒在离心力作用下进入外层

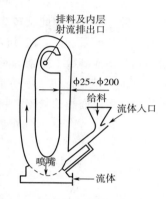

图4-14　立式环形喷射式气流粉碎机
工作原理结构示意图
资料来源：摘自参考文献［77］。

射流与新输入的物料一起重新粉碎，而细颗粒在射流的径向速度作用下向内层射流聚集并经排料口排出。

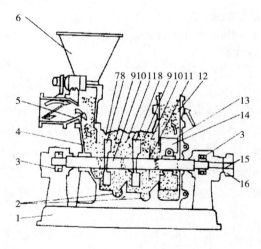

图4-15　叶轮式气流粉碎机示意图

1—机座　2—排渣装置　3—轴承座　4—加料装置
5—加料器　6—加料斗　7—衬套　8—叶轮
9—撞击销　10—内分级叶轮　11—隔环　12—碟阀
13—机架　14—风机叶轮　15—主轴　16—带轮
资料来源：摘自参考文献［77］。

（2）叶轮式气流粉碎机　叶轮式气流粉碎机是由两级粉碎、内分级、鼓风和排渣等机构组成的一个小型机组。

粉碎机的结构和工作原理如图4-15所示。粒度小于10mm的物料，经加料机构定量连续地输入到第一粉碎室，第一段粉碎叶轮的5个叶片具有30°扭转角，它有助于形成旋转风压，在粉碎室内引起气流循环，随气流旋转的物料颗粒之间发生相互冲击、碰撞、摩擦和剪切，以及受离心力的作用冲向内壁受到撞击、摩擦、剪切等作用而被粉碎成细粉。第二段分级叶轮的5个叶片不具有扭转角，形成气流阻力。该叶轮具有分级作用，细粉在分级叶轮端部斜面和衬套锥面之间的间隙中也进行了有效的粉碎。因为叶轮高速旋转时物料被急剧搅拌，颗粒间相互冲击、摩擦和剪切而被粉碎，所以发生在第一、二段叶轮之间的滞流区的粉碎是最有效的。由

于上述作用，颗粒被粉碎至数十微米到数百微米，粗颗粒在离心力的作用下沿第一粉碎室内壁旋转与新加入的物料一同继续被粉碎；而细颗粒则随气流趋向中心部分，随鼓风机产生的气流被带入第二粉碎室内。分级是由第二段分级叶轮所产生的离心力和隔环内径之间所产生的气流吸力来决定的，若颗粒受的离心力作用大于气流吸力，则被滞留下来继续被粉碎，若颗粒所受的离心力作用小于气流吸力，则被吸向中心随气流进入第二粉碎室。

进入第二粉碎室的细颗粒进行同样的粉碎和分级。由于第二粉碎室的粉碎叶轮和分级叶轮直径比第一粉碎室的大，因此旋转速度更高；又因第三段叶轮的叶片有 40°扭转角，所以造成的风压更大，粉碎效果增强，通过该室内的风速因粉碎室直径增大而减缓，分级精度提高，细颗粒被粉碎到几微米到数十微米的超细粒子，并被气流吸出机外。

（3）扁平室气流粉碎机　扁平室气流粉碎机的结构如图 4-16 所示。粉碎室呈扁平圆形，喷嘴均匀分布，形成周边的粉碎区和中间的分级区。物料进入粉碎室受到气流的作用，颗粒间相互产生冲击、碰撞、摩擦，同时也受气流的剪切作用，从而被超细粉碎。

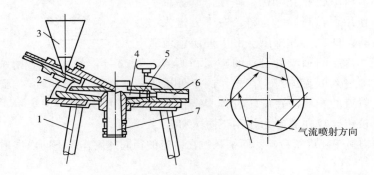

图 4-16　扁平室气流粉碎机

1—支脚　2—粉碎室　3—料斗　4—喷嘴　5—喷嘴环轮　6—气体入口　7—出料口

资料来源：摘自参考文献 [77]。

（4）超声速气流粉碎机　超声速气流粉碎机的结构及工作原理如图 4-17 所示。

粉碎室周壁上安装若干超声速喷嘴，可以喷射气固混合流。输入的物料与压缩空气或高压蒸汽混合，形成气固混合流，然后以超声速从各个喷嘴喷入粉碎室，物料颗粒经过强烈的冲击、碰撞、摩擦、剪切而被粉碎。粒度不同的颗粒，在旋转气流作用下有不同的离心速度，细颗粒由分级室分出，经旋风分离器出口管排出，较粗颗粒重新进入粉碎室与新加入的超声速气固混合再进行粉碎。当气流与物料混合时，物料颗粒因受到气流湍动作用而部分粉碎，有助于整个粉碎过程。

（5）对冲式气流粉碎机　对冲式气流粉碎机的结构及工作原理如图 4-18 所示。经加料斗 2 送入的物料被喷嘴 1 喷入的气流吹入喷管，与对面喷嘴 8 喷入的气流相互冲击、碰撞、摩擦、剪切，物料得以粉碎。

5. 气流式粉碎机的应用

气流式粉碎机在精细化工行业应用较广，适用于药物和保健品的超微粉碎。它用于低熔点和热敏性物料的粉碎工序，也用于粉碎和干燥，粉碎和混合等联合操作中。

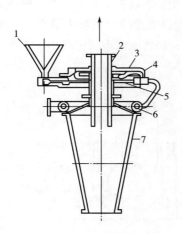

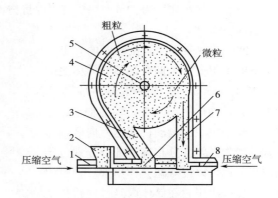

图 4-17　超声速气流粉碎机

1—加料斗　2—出口管　3—分级室　4—循环管
5—粉碎室　6—原料喷出粉碎管　7—旋风分离器

资料来源：摘自参考文献［77］。

图 4-18　对冲式气流粉碎机

1、8—喷嘴　2—加料斗　3—上导管　4—分级室
5—出料口　6—冲击室　7—下导管

资料来源：摘自参考文献［77］。

四、 振动式粉碎机械及设备

1. 工作原理

振动式粉碎的原理是利用球形或棒形研磨介质做高频振动时产生的冲击、摩擦和剪切等作用力，来实现对物料颗粒的超微粉碎的，并同时起到混合分散作用。采用球形研磨介质的振动磨又称球磨机，采用棒形研磨介质的振动磨又称棒磨机。振动磨是进行高频振动式超微粉碎的专门设备，它在干法或湿法状态下均可工作。

2. 振动磨的分类

振动磨的分类，按振动特点分为偏心振动的偏旋振动磨和惯性振动磨；按工作方式有间歇式和连续式之分；按筒体数目分有单筒式和多桶式之分。

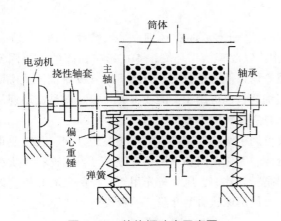

图 4-19　偏旋振动磨示意图

资料来源：摘自参考文献［84］。

3. 偏旋振动磨

偏旋振动磨的工作原理和结构如图 4-19 所示，槽形或管形筒体支撑于弹簧上，筒体中部有主轴，轴的两端有偏心重锤，主轴的轴承装在筒体上通过挠性轴套与电动机连接。主轴快速旋转时，偏心重锤的离心力会使筒体产生一个近似于椭圆轨迹的快速振动。筒体内装有钢球或钢棒等研磨介质及待磨物料，筒体的振动使得磨介质及物料呈悬浮状态，利用研磨介质的抛射与研磨等作用力而将物料粉碎。

在振动磨中，研磨介质的运动是实现

超微粉碎的关键。振动磨内研磨介质对物料产生的粉碎作用力来自三个方面：高频振动、循环运动（公转）和自转运动。这些运动使得研磨介质之间和研磨介质与筒体内壁之间产生剧烈的冲击、摩擦和剪切等作用力，从而在短时间内将物料颗粒研磨成细小的超微粒子。

4. 连续式振动磨

图 4-20 所示一种连续式振动磨的外形结构。振动磨有上下安置的两个筒体，筒体之间由 2~4 个横构件连接，横构件由橡胶弹簧支撑于机架上，在横构件中部装有主轴的轴承，主轴上固定有偏心重块，电动机通过万向联轴器驱动主轴。通常进料部分和排料部分分别位于筒体两端，但也可以设置在筒体中部。物料的磨碎时间主要取决于它在筒体内经过的路程长短，这与筒体的连接系统有关。

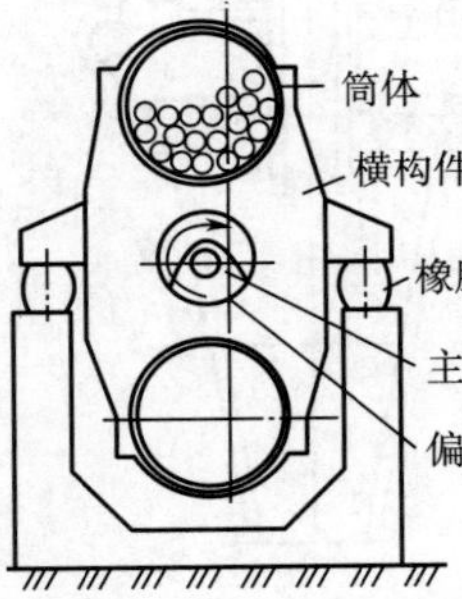

图 4-20　连续式振动磨的外形结构示意图

资料来源：摘自参考文献［84］。

5. 惯性振动磨

惯性振动磨的结构如图 4-21 所示，它由研磨体、筒体、振动器、弹簧、支架、电动机及联轴器等组成。振动器由两个彼此压紧的管子组成。

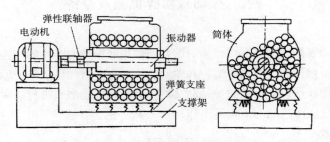

图 4-21　惯性振动磨的结构示意图

资料来源：摘自参考文献［84］。

6. 振动磨的特点和应用

振动磨具有几方面的特点：①研磨效率高；②研磨成品粒径细，平均粒径可达 2~3μm；③可实现连续化生产并可以采用完全封闭操作，以改善操作环境；④在影响粉碎的主要因素中，如排出口径、排出面积、振动幅度、介质等均可任意地改变，因此不用分级器也可获得期望的粒度；⑤适应性强，可用于任何物料的超细磨，也可用于干磨或湿磨。但缺点是振动磨旋转时噪声大，需使用隔音或消音等辅助设施，且进料粒度不能过大。

振动磨主要用于微粉碎和超微粉碎，它既可用于干法处理，也可用于湿法处理。其工业化应用一般都是连续式的。研磨介质有钢球、钢棒、氧化铝球和不锈钢珠等，可根据物料性质和成品粒度要求选择研磨介质材料与形状。为提高粉碎效率，应尽量先用大直径的研磨介质。如较粗粉碎时可采用棒状研磨介质，而超微粉碎时使用球状研磨介质。一般说来，研磨介质尺寸越小，粉碎成品的粒度也越小。

第三节　湿法粉碎机械与设备

在食品加工过程中，常用的干法粉碎机械包括搅拌磨、行星磨、双锥磨、胶体磨、均质机等。干法粉碎中的球磨机、振动磨也可用于湿法。其中胶体磨和均质机不仅具有对物料进行粉碎的功能，还具有混合、分散、均匀品质的功能，这两类食品机械将在食品混合机械章节中详尽介绍。

一、搅　拌　磨

搅拌磨是在球磨机的基础上发展起来的。在球磨机内，一定范围内研磨介质尺寸越小则成品粒度也越细，但研磨介质尺寸减小到一定程度时，它与液体浆料的黏着力增大，会使研磨介质与浆料的翻动停止。为解决这个问题，可增添搅拌机构以产生翻动力，于是搅拌磨问世了。与球磨不同的是搅拌磨的筒体（容器）不转动，虽然也适用于干法处理，但大多用在湿法超微粉碎中。

1. 搅拌磨工作原理

搅拌磨的超微粉碎原理是在分散器高速旋转产生的离心力作用下，研磨介质和液体浆料颗粒冲向容器内壁，产生强烈的剪切、摩擦、冲击和挤压等作用力（主要是剪切力）使浆料颗粒得到粉碎。

搅拌磨所用的研磨介质有玻璃珠、钢珠、氧化铝珠和氧化锆珠，常用的还有天然石英砂，故又称为砂磨。研磨介质粒度分布越均匀越好，这不但可以获得均匀强度的剪切力、冲撞力、摩擦力，使研磨的成品粒径均匀，可提高研磨效率和成品的产量与质量，而且研磨介质也不易破损。

2. 基本组成

搅拌磨的基本组成包括研磨容器、分散器、搅拌轴、分离器和输料架等。研磨容器多采用不锈钢制成，带有冷却夹套以带走由分散器高速旋转和研磨冲击作用所产生的热量。分散器也多用不锈钢制成或用树脂橡胶和硬质合金材料等制成。常用的分散器有圆盘形、异型、环形和螺旋沟槽形等，如图 4-22 所示。搅拌轴是连接并带动分散器转动的轴，直接与电动机相连。分离器的作用是将研磨容器内的研磨介质与被研磨浆料分离开，研磨介质留在容器内继续

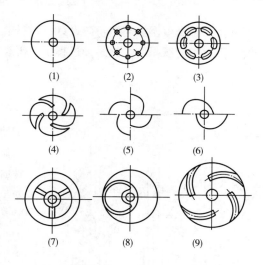

图 4-22　搅拌磨中常见的分散器类型
（1）平面圆盘型　（2）开圆孔圆盘型　（3）开弯豆孔圆盘型
（4）渐开线槽形异型　（5）风车形异型　（6）扁形凸异型
（7）同心圆环型　（8）偏心圆环型　（9）螺旋沟槽型
资料来源：摘自参考文献［77］。

研磨新的浆料，被研磨的浆料成品在输料泵推动下通过分离器排出。分离器的种类很多，通常分为筛网型和无网型两类，最常用的有圆筒型筛网、伸入式圆筒型筛网、旋转圆筒筛网和振动缝隙分离器等。输送泵的选择需考虑液体物料的性质（如黏度和固形物含量），可选用齿轮泵、内齿轮输送泵、隔膜泵和螺杆泵等。

搅拌磨分敞开型和密闭型两种，每种又有立式与卧式、单轴与双轴、间歇式与连续式之分，有的还配备有双冷型式。敞开式单轴立式是搅拌磨设备中最简单的一种，其研磨介质充填率为50%~60%，研磨效率较低且不适宜处理高黏度物料，因此常使用的是密闭型。如图4-23所示为密闭型立式单轴搅拌磨的结构示意图。

搅拌磨能满足成品粒子的超微化、均匀化的要求，成品的平均粒度最小可达到数微米，已在食品工业众多领域中得到广泛的应用。

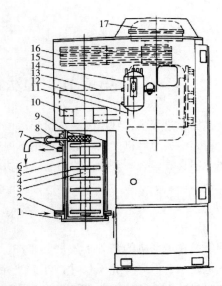

图4-23　密闭型立式单轴搅拌磨的结构示意图

1—盖　2—物料入口管　3—搅拌轴　4—分散圆盘
5—研磨容器　6—夹套　7—冷却水进出口管
8—物料出口管　9—伸入式圆筒筛　10—机械密封
11—电动机　12—密封液进口管　13—密封液出口管
14—压力罐　15—机座　16—V带轮　17—液力偶合器
资料来源：摘自参考文献［77］。

二、行　星　磨

行星磨是一种高效湿法超微粉碎设备。行星磨由2~4个研磨罐组成，研磨罐自转并且围绕主轴公转，因此称为行星磨。料浆经过行星磨研磨粉碎，成品料浆中的颗粒粒度可以达到2μm以下。

1. 行星磨工作原理

行星磨研磨筒为倾斜设置，研磨筒自转且围绕主轴公转。在每次产生最大离心力的最外点旋转时，筒内研磨介质上下翻动。研磨筒旋转时，离心力大部分产生在水平面上，水平截面呈椭圆形。研磨筒围绕主轴旋转时，研磨介质和物料的椭圆形不断变化。因此，筒的离心力与做上下运动的力作用在研磨介质上，使其产生强有力的剪切力、摩擦力和冲击力等，将物料颗粒研磨成细小的粒子。

2. 行星磨结构

行星磨的结构如图4-24所示。

3. 行星磨特点

行星磨不仅可用于物料的湿法粉碎，也可

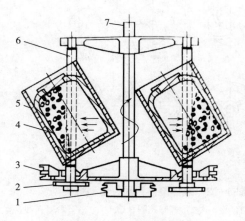

图4-24　行星磨结构

1—主动链轮　2—从动链轮　3—皮带轮
4—研磨筒　5—外筒　6—从动轴　7—主轴

用于干法粉碎。具有结构简单、运转平稳、操作方便的特点；粉碎粒度均匀，成品颗粒粒度可达到 1μm 以下；行星磨的研磨介质填充率一般在 30% 左右，粉碎效率高。

三、　双锥磨

双锥磨是一种自带冷却功能、高能量密度的密闭式超微粉碎设备。具有内、外椎体，因此称为双锥磨。

1. 双锥磨工作原理

双锥磨内外两个锥形容器的环隙构成一个研磨区，内锥体为转子，外锥体为定子。在转子和定子之间的环隙研磨区充填有研磨介质，液体物料通过研磨区可以达到渐进式的研磨粉碎效果。随着被研磨物料粒度减小，细度增加，必须使其获得更高的能量才能进一步细化和碎化，因此，研磨时供给的能量从进料口至出料口逐渐递增。研磨介质粒径一般为 0.5～3.0mm，材质通常采用玻璃珠、陶瓷珠、钢珠等。转子与定子的研磨间距一般为 6～8mm。

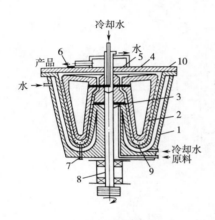

图 4-25　双锥磨结构

1—定子　2—转子　3—粗磨盘　4—分离室
5—出料环缝　6—研磨介质入口　7—研磨介质排出口
8—主轴　9—研磨介质　10—磨盖

2. 双锥磨结构

双锥磨的结构如图 4-25 所示。

双锥磨的转子自带冷却夹层，转子与定子形成的间隙为物料的研磨粉碎区，研磨粉碎区内装有研磨介质。研磨介质与液体物料的分离器采用由转子环与定子环构成的动态缝隙分离器。

3. 双锥磨特点

双锥磨结构紧凑，密闭环境下工作，适合研磨粉碎含有机溶剂的物料；外界空气也不能进入研磨容器内，料液不易起泡；双锥磨具有冷却夹套，能够吸收物料研磨粉碎时产生的热量，对物料具有冷却降温的功能，适合研磨粉碎热敏性物料以及在低沸点下溶解的物料；双锥磨具有较高的能量密度和较小的研磨容器容积，与搅拌磨相比，在相同生产负荷和粒度情况下，双锥磨容积为搅拌磨容积的 1/5～1/3，研磨介质充填率为搅拌磨的 1/5～1/3；双锥磨研磨介质耗量小，物料残留少，容易清理。

第四节　食品切分机械与设备

切分是指通过机械的方法克服物料的内聚力，将物料切割成块、片、条、粒及糜状。切分在食品加工中的应用十分广泛。

一、 刀片结构形式

常见的刀片结构形式如图4-26所示。切分坚硬和脆性物料时，常采用带锯齿的圆盘刀[图4-26（1）]，其两侧都有磨刃斜面；切分塑性和非纤维性的物料时，一般采用光滑刃口的圆盘刀[图4-26（2）]；锥形切刀[图4-26（3）]的刚度好，切分面积大，常用来切分脆性物料，梳齿刀[图4-26（6）]刃口呈梳形，两个缺口间有一定的距离，切下的产品呈长条状，常将前后两个刀片的缺口交错配置，可得到方断面长条产品；波浪形鱼鳞刀[图4-26（7）]切下的产品断面为半圆形，切割过程无撕碎现象。带状锯齿刀常用来切割塑性和韧性较强的物料，如枕形面包的切片，但产生碎屑。

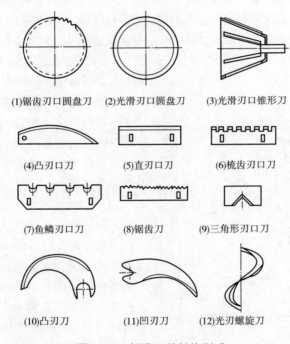

(1)锯齿刃口圆盘刀　(2)光滑刃口圆盘刀　(3)光滑刃口锥形刀

(4)凸刃口刀　　　(5)直刃口刀　　　(6)梳齿刃口刀

(7)鱼鳞刃口刀　　(8)锯齿刀　　　(9)三角形刃口刀

(10)凸刃刀　　　(11)凹刃刀　　　(12)光刃螺旋刀

图4-26　切分刀片结构形式

资料来源：摘自参考文献[13]。

二、 刀具运动原理

刀具的刃形和运动方式是影响切削阻力的两个重要因素。刃形可以分为直线刃形和曲线刃形，运动方式可以分为直线往复运动、摆动和旋转运动。

（一） 直线刃形往复运动

图4-27中两个刀刃均做往复直线运动，其中（1）为直角切削，（2）为斜角切削。斜角切削除了上述分析的两大特点外，因是逐渐切入物料，故切削力变化比较平缓。而直角切削中，刀刃全长同时切入物料，故切削力变化很大。

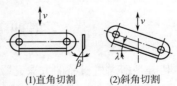

(1)直角切割　　(2)斜角切割

图4-27　直线刃形往复运动

资料来源：摘自参考文献[82]。

（二）　直线刃形摆动运动方式

直线刃形摆动运动方式如图4-28所示，刀具做水平摆动或振动，物料做垂直运动，刀具的水平运动速度相当于割速度，物料的垂直运动速度相当于切速度。这种割运动和切运动分别由刀具和物料产生切削方式，在食品切割机械中被广泛采用。这种切削方式可以实现大的割切比。

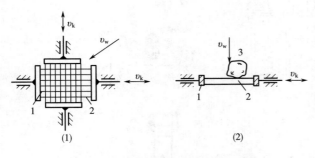

图4-28　直线刃形刀具的运动合成

1—刀座　2—刀片　3—待切物料

资料来源：摘自参考文献［82］。

（三）　直线刃形旋转运动

直线刃形旋转运动如图4-29所示，图（1）中刀刃通过旋转中心，刀刃上各点的切削速度方向均与刀刃垂直，故为直角切削。图（2）中刀刃不通过旋转中心，刀刃上各店的切削速度方向与切削刀刃均不垂直，并且各点的割切比均不相同，从刀刃根部至尖部割切比 K 逐渐减小，切割阻力逐渐增大。因此刀刃各点的磨损将会不均匀，降低了刀具的耐用度。

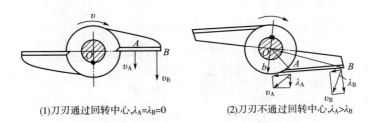

(1)刀刃通过回转中心，$\lambda_A=\lambda_B=0$　　(2)刀刃不通过回转中心，$\lambda_A>\lambda_B$

图4-29　直线刃形旋转运动

资料来源：摘自参考文献［82］。

（四）　曲线刃形旋转运动

由上述刀刃线不通过旋转中心的斜角切削分析知，从刀刃根部至尖部割切比 K 逐渐减小，切割阻力逐渐增大。最理想的切割方式应是刀刃上各点的割切比相同，切割阻力相等。通过理论分析可知，若刀刃刃形按对数螺旋线制作，可使刃形曲线上各点的割切比均相等，从而各点的切割阻力也相等。

三、　典型切分机械

（一）　切段机械

切段机械要求能够稳定地喂入，并保持在切割过程中能够稳定地压紧物料，使得碎段长度均匀一致，而且产品断口整齐。如图4-30所示，是一种高效多功能切菜机，此种典型通用定长切割机械，系统完整，主切割器为一由切片（段）刀片、切丝刀片和切条刀片构成的复合型盘刀式切割器，可以完成各种细长形和块状蔬菜的切片、切条和切丝作业。副切割器为双圆盘刀组，用于完成肉块等柔软物料的切片。

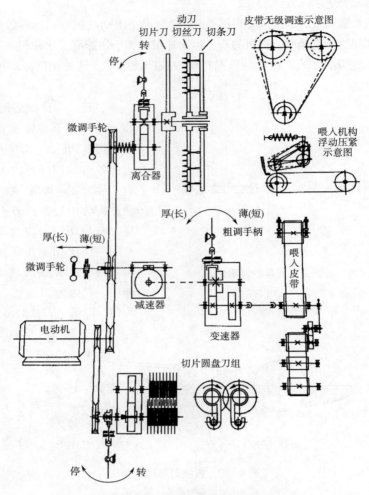

图 4-30 高效多动能切菜机构与传动系统示意图

资料来源：摘自参考文献 [13]。

　　在主切割器系统，主切割器主轴上配置有三种切割刀片，随着主轴的旋转，在喂入口处对物料进行切割。切片（段）刀片为简单的直刃口盘刀；切丝刀与切片刀联合使用进行切丝，在前一刀片切割的同时，通过附在切片刀处的切丝刀对物料沿垂直切片方向划切，当后一刀片切割时，物料呈丝状被切下。避免因切片-切丝工艺引起切丝形状不稳定，切丝成品率低的问题。三种刀片由快速连接机构套装在主轴上，根据切割产品的需要，可通过快速连接机构将不同的刀片伸直最前方而由其完成切割。

　　喂入机构由喂入皮带和浮动皮带压紧机构构成，两者同步运动，物料被夹持于两者之间被喂入到切割器处进行切割。浮动的压紧机构通过拉力弹簧进行控制，能够保持过程中物料有效的压紧，不会因料层厚度变化而影响进给和切割。电动机的动力经皮带调速机构分流，一路通过蜗轮蜗杆减速器、齿轮减速器和双方向节轴传至喂入皮带后，再通过同步性能较好的链传动传至浮动皮带压紧结构。另一路通过离合器传至主切割器的主轴。通过微调手轮调整可以调节传往喂入机构的皮带轮及传往主轴的皮带轮的直径，可以改变喂入机构与切割器主轴间的速度关系，从而无级调整切割产品的厚度或长度，即微调；通过调节喂入机构前方的齿轮调速器可有级（两级）调节碎段长度，即粗调。主切割器前方的离合器用于临时切断主轴动力。副切割器系统独立于主切割器之外，通过皮带传动、牙嵌式离合器将电机动力传递到圆盘刀组，两组圆盘刀等速相向转动，切制出的刀片由挡梳强制卸出。

（二） 切片机械

切片机械是指那些通过对物料的切割获得厚度均匀一致的片状产品的机械。为了获得预定的厚度，切片机械需要通过喂入机构沿切片的厚度方向进行稳定的定量进给，然后由切割器完成定位切割。在切片作业中，有些不需要按物料的特定方向进行切片，有些则需要按指定的方向进行切片。

1. 离心式切片机

常见离心机切片机有立式和卧式两种结构型式。通用型离心式切片机（图4-31）主要由圆锥形机壳6、回转叶轮1和安装在机壳内壁的定刀片3组成，其机壳及回转叶轮的轴线与水平面垂直，属于立式结构。原料经圆锥形喂料斗进入切片室内，受到高速旋转的回转叶轮的驱动而绕机壳内壁转动，在离心力和叶片驱赶的作用下压紧于机壳内壁，遇到伸入到内侧的定刀片后，即被切成与刀片结构形状及刀片间隙相应的片状，通过缝隙排出。

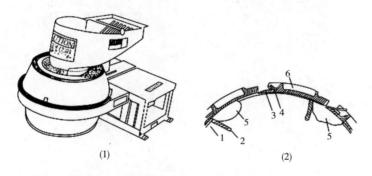

(1)　　　　　　　　(2)

图4-31 离心式切片机

1—回转叶轮　2—叶片　3—定刀片　4—刀座　5—物料　6—机壳

资料来源：摘自参考文献［14］。

回转叶轮的叶片一般呈后倾结构，使得物料在离心力和叶片压力共同作用下贴紧在机壳内壁上，避免仅依赖离心力而要求叶轮外缘线速度过高引起的产品折断。刃口沿机壳母线平行方向或相交布置，固定于筒壁上，并伸入到机壳内壁内侧，属于滚刀式切割器。刀片间隙即为刃口与机壳内壁在半径方向上的距离，确定着切片的厚度，该间隙可通过调节刀片刃口的伸入量进行调整。刃口形状规格因切片形状需要而异，一般可切出平片、波纹片、V形丝等。

这种切片机的结构简单，生产能力较大，具有良好的通用性，适用于将各种瓜果、蔬菜、块根类蔬菜以及某些叶菜切成片状。切割时的滑切作用不明显，切割阻力大，物料受到较大的挤压作用，故适用于有一定刚度、能够保持稳定形状的块状物料，并且无法实现定向切片，而适合如苹果、土豆、萝卜等球形果蔬。

2. 蘑菇定向切片机

蘑菇呈伞状结构，由菇盖和菇柄组成，属于非球形原料，在生产片装蘑菇罐头时，蘑菇的切片通常用圆刀切片机，如图4-32所示。该机是在一个轴上装有几十片圆刀，轴的转动带动圆刀旋转，将从料斗送来的蘑菇进行切片。为适应切割不同厚度蘑菇片的需要，另外淋水管在切割处的淋水用于降低切割过程中的摩擦阻力。与圆刀相对应的有一组挡梳板，它安装于两片圆刀之间，挡梳板固定不动，刀则嵌入垫辊之间，当圆刀和垫辊转动时即对蘑菇进行切片，切下的蘑菇片由挡梳板挡出，落入下料斗中。蘑菇被提升机送入料斗，在料斗下方的免压板控制蘑菇定量地进入滑槽，形成单层单列队式，因曲柄连杆机构的作用，滑槽作轻微振动。供水管连续向滑槽供水。由于蘑菇的重心靠近菇盖一端，在滑槽振动、滑槽形状和水流等的共同作用下，使得蘑菇呈菇盖朝下的稳定状态向下滑动，从而定向进入圆盘刀组被定向切割成数片，最后由卸料装置从刀片间取出，并将正片和边片分开后，从出料斗排出。

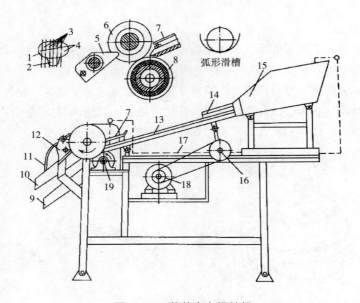

图 4-32　蘑菇定向切片机

1—菇盖　2—菇柄　3—正片　4—边片　5—挡梳　6—圆盘刀　7—下压板　8—垫辊　9—边片出料斗
10—正片出料斗　11—护罩　12—挡梳轴承座　13—弧形定向滑板　14—上压板　15—进料斗
16—偏心回转轴　17—供水管　18—电动机　19—垫辊轴承

资料来源：摘自参考文献［92］。

这种切片机圆盘的刃口锋利，滑切作用强，切割时的正压力小，物料不易破碎；切片厚度均匀，断面质量好；钳住性能差。对于刚度较大的物料，使用这种数片同时切割的刀组，刀片对于片料的正压力较大，切割的摩擦阻力大，强制卸出的片料易破碎。

3. 菠萝切片机

菠萝切片机对已去皮、通心或未通心、切端的菠萝果筒或其他类似的柔软物料切片。具有切片外形规则、厚薄均匀、切面组织光滑及结构简单、调整方便、易于清洗和生产率高的特点。

该机包括进料输送带 3、刀头箱 1、电气控制 2 及传动系统等，如图 4-33 所示。进料输送带用普通的橡胶带，其传动系统是由电动机通过蜗轮减速器和链传动驱动输送带。带的线速度应比刀头箱中送料螺旋推动菠萝果筒的速度快 10%左右，以保证直链连续的送料和使果筒与送料螺旋之间保持一定的正推力，使果筒顺利地从输送带过渡到送料螺旋中去。若切片厚度需要改变时，输送带的速度也应改变，此时，可调换链轮 Z 来达到。

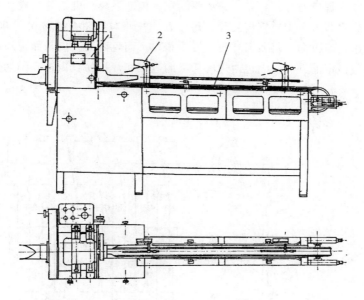

图 4-33 菠萝切片机

1—刀头箱 2—电气控制 3—进料输送带

资料来源：摘自参考文献 [92]。

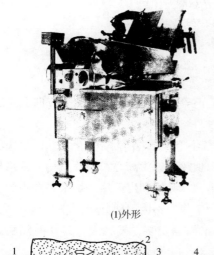

(1)外形

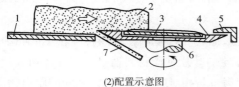

(2)配置示意图

图 4-34 圆盘式肉用切片机

1—固定托板 2—物料 3—导向圆盘

4—圆盘刀片 5—安全罩 6—电机轴 7—切片

资料来源：摘自参考文献 [14]。

4. 圆盘式肉用切片机

圆盘式肉用切片机主要是由圆盘刀、支撑托板、夹持装置、非对称往复机构构成。如图 4-34 所示，圆盘刀片 4 呈碟形结构，直接由电动机驱动高速转动，中心圆低于刃口平面。刀片上方通过机架固定有导向圆盘 3，用于防止物料的切割断面与刀盘间的摩擦。在新型盘刀式肉用切片机上，采用滑切性能优良的螺线形盘刀进行切割，采用步进电机驱动进行步进给料，由计算机控制，对于 -4℃以上的非冻肉料或火腿等熟肉制品进行切片，其厚度在 0~30mm 连续可调，切片能力为 150 片/min。对于西式火腿、灌肠等熟肉制品的切片则要求更高，需要切制出薄而厚度均匀、断面整齐的感官质量高的片料，必要时切割后直接按要求规格进行分份、码放。

5. 面包切片机

面包的结构松软、刚度差、强度低，切片时阻力小，但易出现破碎现象。为获得厚度均匀、断面整齐的面包切片，要求在切片过程中无明显挤压。图4-35为一常见的面包切片机，主要由进料斗、锯齿刀片、导轮、刀片驱动辊、传动系统、机架等组成。在上下两个刀片驱动辊上交叉缠绕着若干条带形锯齿刀片。每个刀片被两对导轮夹持着扭转90°，使得所有刀片的刃口均朝向进料口方向，每条刀片具有两个刃口，而且两处刃口与面包片间的摩擦方向相反，不会影响面包稳定前进。当面包由进料斗横向进入切片机易获得整齐的切片，但出现较多的碎渣。

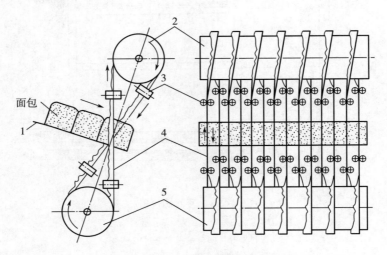

图 4-35   面包切片机示意图
1—进料斗 2、5—刀片驱动器 3—导轮 4—刀片
资料来源：摘自参考文献［14］。

（三） 切丁机械

丁状物料一般指被切成正立方体几何形状的果蔬、肉等，其切割必须在五个方向上完成。

1. 果蔬切丁机

果蔬切丁机主要用于各种瓜果、蔬菜（如蜜瓜、萝卜和马铃薯等）切成立方体、块状或条状。切丁机由切片、切条和切丁三个装置共同构成。切片装置为离心式切片机构，其结构与前述的离心式切片机相仿，工作原理相同。主要部件为回转叶轮和定刀片。切条装置中的横切刀驱动装置内置有平行四杆机构，用来控制切刀在整个工作中不因刀架旋转而改变其方向，从而保证两断面间垂直。切丁圆盘刀组：圆盘刀片按一定间隔安装在转轴上，刀片间隔决定着"丁"的长度。

其工作过程如图4-36所示。物料经喂料斗进入离心切片室内，在回转叶轮1的驱动下，由于离心力作用，物料靠紧机壳的内表面，回转叶轮的叶片带动物料通过定刀片3切成片料。片料经机壳顶部出口通过定刀刃口向外移动。定刀刃口与相对应的机壳内壁之间的距离决定了片料的厚度，通过调整定刀伸入切片室的深度，可调整定刀刃口与相对应机壳内壁之间的距离，从而实现对于片料厚度的调整。片料在排出切片室机壳外后，横向切刀切成条料，并被横向切刀推向纵切圆盘刀，切成立方体或长方体，即料丁或料块，由梳状卸料板卸出。这种切丁机一般只适宜于果蔬。

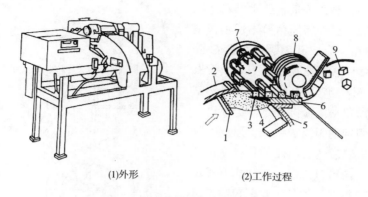

(1)外形　　　　　　　　　　　(2)工作过程

图 4-36　果蔬切丁机

1—回转叶轮　2—外机壳　3—定刀片　4—原料　5—内机壳　6—刀座　7—横向切刀　8—纵向圆盘刀　9—切丁块

资料来源：摘自参考文献［14］。

2. 肉用切丁机

非冻结肉块属于质地柔软，刚度差、韧性强的物料，高效切制几何形状整齐规范肉丁需要采用专门的切丁机。图 4-37 所示的肉用切丁机可一次完成肉块的切丁。进料口为方形，设置有分别作往复运动的纵向和横向刀栅。工作时，原料肉块由活塞以稳定的速度强制压向进料口，顺序受到纵、横刀栅的切割而成条状，再由切断刀片切制出肉丁。

(1)外形　　　　　　　　　　　(2)装置示意图

图 4-37　肉用切丁机

资料来源：摘自参考文献［14］。

（四）　切碎机械

切碎机械通过切割获得规定尺寸规格范围的碎块状产品，碎块的基本组织结构未被破坏，没有严格的几何形状要求。

1. 水果破碎机

在果蔬产品加工中，果蔬榨汁前的物料破碎可采用水果破碎机来完成，以获取不规则的适当粒度范围的果蔬碎块，常用的水果破碎机有鱼鳞孔刀式、齿刀式和齿辊式等结构形式。

鱼鳞孔刀式水果破碎机又称立式水果破碎机，整体呈立式桶形结构，其结构如图 4-38 所示。主要由进料斗、破碎刀筒、驱动圆盘、机罩和排料口等组成。破碎刀筒由薄不锈钢板制成，内壁有鱼鳞孔，形成孔刀，筒内为破碎室；驱动圆盘连接主轴，驱动圆盘上表面设有辐射状凸起。物料由上部喂入口进入破碎室后，在驱动圆盘的驱动下做圆周运动，因离心力作用而压紧于固定的刀筒内壁上，形成切割并折断而破碎。破碎后达到粒度的物料穿过鱼鳞刀处的孔眼，由排料口排出。鱼鳞孔刀式水果破碎机成品碎块粒度较均匀，效率较高；筒壁较薄，易变形，不耐冲击，寿命短；排料有死角；生产能力低，较适于小型厂使用；可用于苹果、梨的破碎，不适于过硬物料（如红薯、土豆）。

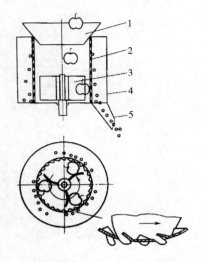

图 4-38　鱼鳞孔刀式破碎机

1—进料斗　2—破碎刀筒　3—驱动圆盘
4—机罩　5—排料口
资料来源：摘自参考文献［5］。

　　齿刀式破碎机常见为卧式结构。其结构如图 4-39 所示。主要由筛圈、进料斗、喂料螺旋、打板、破碎室活门等构成。筛圈由不锈钢制成位于机壳内部，筛圈壁下 270°开有轴向排料长孔和固定刀片的长槽，筛圈内为破碎室。齿形刀片由厚不锈钢板制成，呈矩形结构，其两侧长边顺序开有三角形刀齿，刀齿规格依碎块粒度要求选用，刀片插入筛圈壁的长槽内固定，由长槽限制刀片的周向移动，端面限制刀片的轴向移动；刀片为对称结构，磨损后可翻转使用（计 4 次），提高了刀片的材料利用率。喂料螺旋与打板安装于同一转轴上，前端位于进料口，后端伸入到破碎室。打板固定于螺旋轴的末端，强制驱动物料沿筛圈内壁表面周向移动。破碎室活门用于打开破碎室，进行检修、更换刀片。

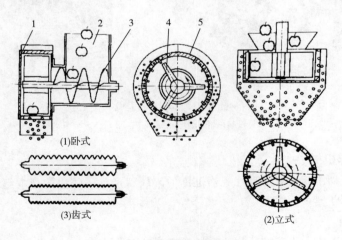

图 4-39　齿刀式破碎机

1—破碎室活门　2—进料斗　3—喂料螺旋　4—打板　5—筛圈
资料来源：摘自参考文献［13］。

　　卧式齿刀式破碎机工作过程：物料由料斗进入喂入口后，在物料螺旋的强制推动下进入破碎室，在螺旋及打板的驱动下压紧在筛圈内壁上做圆周运动，因受到其内壁上固定的齿条刀的刮剥、折断作用而形成碎块，所得到的碎块随后由筛圈上的长孔排出破碎室外，经机壳收集到下方的料斗内。

　　卧式齿刀式破碎机的特点是齿条刀片齿形一致，所得碎块均匀；齿条刀片刚度好，耐冲击，寿命长；采用强制喂入，破碎、排料能力强，生产效率高；适用于大、中型加工工厂的果蔬破碎使用。

　　2. 绞肉机

　　绞肉机可将肉料切制成保持原有组织结构的细小肉粒，在肉制品生产中常用于制作肉馅的生产。

图 4-40　工业绞肉机外形

资料来源：摘自参考文献 [13]。

　　工业绞肉机结构如图 4-40 所示。主要由进料斗、喂料螺杆、螺套、十字绞刀及孔板的切碎刀具构成。进料斗断面一般为梯形或 U 形结构，为防止起拱架空现象，有些机械设置有破拱的搅拌装置。喂料螺杆为变螺距结构，用来将肉料逐渐压实并压入刀孔，有些机型在前段外缘增设抓取带以增强其抓取能力。螺套内加工有防止肉类随螺杆同速转动的螺旋型膛线，为便于制造和清洗，有些机型的膛线为可拆卸的分体结构。

　　孔板 [图 4-41 (1)] 也称为筛板。孔板具有一定直径的轴向圆孔，也有的采用圆锥孔，孔板在切割过程中固定不动，起定刀作用。在大中型绞肉机一般安装有一把绞刀和两个孔板，其中一个孔板为预切孔板，另一个为细切孔板，刀片两端分别于与两孔板结合部进行切割。细切孔板决定肉粒的大小，其规格可根据产品要求进行更换，孔径为 $\varphi8\sim10mm$ 的孔板通常作为脂肪的最终绞碎或瘦肉的粗绞碎工序用，孔径为 $\varphi3\sim5mm$ 的孔板用于细绞碎工序。孔板的孔型一般为简单而易于制造的轴向圆柱孔，也有的采用圆锥孔，进口端孔径较小，具有较好的通过性能。

　　绞刀主体呈十字结构 [图 4-41 (2)]，也可采用刚度和强度较高的辐轮结构，随螺杆一同转动，起动刀作用，刃角较大，属于钝型刀，其刃口为光刃，用工具钢制造；为保证切割过程的钳住性能，大中型绞肉机上的绞刀呈前倾直刃口或凹刃口。

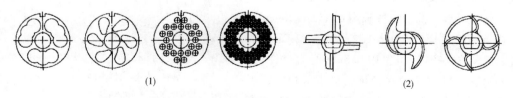

(1)　　　　　　　　　　　　　　　　　　　　(2)

图 4-41　绞肉机绞刀及孔板常见结构形式

资料来源：摘自参考文献 [14]。

3. 斩拌机

斩拌机是午餐肉等肉糜制品生产过程中常用设备之一，能够将去皮、去骨后的肉块斩成肉糜，斩拌的同时还可加入调料、冰屑等进行搅合。斩拌机根据工作状态分为非真空斩拌机、真空斩拌机两类，常用的是真空斩拌机，真空斩拌机结构如图4-42所示。

该机由三台电机分别驱动转盘、刀轴和出料转盘。转盘是盛装物料的容器，在电机驱动下单向回转。刀轴用不锈钢材料制成，由电机通过三角皮带、超越离合器驱动，作高速旋转。斩刀安装在六角形的刀轴上，刀片之间用垫圈隔开，每两片刀片之间垫圈的数量不相同。刀厚约为3mm，安装后的6把刀呈圆形（图4-43），转动直径约为500mm，刀口离转盘的距离可在一定范围内调节。最小距离通常约为5mm，刀与刀之间错开成一定角度。刀口要保持锋利，以保证斩拌肉质量。刀片是高速运转的部件，安装要牢固，每片刀与转盘的距离都应一致。出料电机通过两对斜齿轮驱动出料转盘，出料转盘可上下左右摆动。斩拌时，转盘向上抬起，出料时，出料转盘放下摆进盛肉转盘，将物料旋向其他容器中。机器底脚固定在地面上，斩拌机有一个盖子，斩拌时可盖住转盘抽出气体。盖子上有视孔，便于观察转盘内物料被斩碎程度。

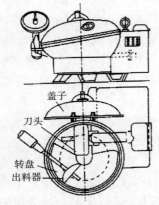

图4-42　真空斩拌机结构示意图

资料来源：摘自参考文献［84］。

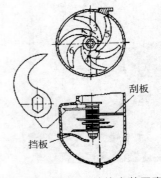

图4-43　斩拌机刀片的安装示意图

资料来源：摘自参考文献［84］。

（五）打浆机械

1. 果蔬打浆机

果蔬打浆机用于将质地松弛的多汁果蔬原料破碎成浆状产品，其构造如图4-44所示，主要由进料斗1、破碎浆叶2、筛筒3、打板4、机壳等构成。破碎浆叶安装在物料的进口处，与打板同轴，用于预破碎。筛筒一般采用0.35~1.20mm厚的不锈钢板制成，其上面冲制有φ0.6~1.2mm的圆孔，具有较好的剪切作用和良好的通过性能，易于制造，一般有几种孔径规格可供选择。打板通过辐板固定在主轴上，有些在打板上衬有无毒橡胶刮板，它在主轴上呈螺旋线安装，即与轴线

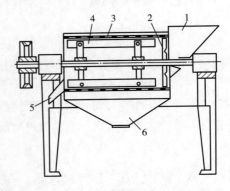

图4-44　果蔬打浆机

1—进料斗　2—破碎浆叶　3—筛筒
4—打板　5—排渣口　6—集浆斗

资料来源：摘自参考文献［14］。

有一夹角，称为导程角其值<3°，使用者可根据使用情况进行调整，一般使用 1.5°~2°，打板与筒壁之间的间隙一般为 1~4mm。

工作时，果蔬由喂入口进入后，首先在破碎浆叶的作用下被初步破碎，然后在打板的打击作用下进一步破碎并沿轴向移动，在筛筒内壁表面附近，由打板直接推动一边在沿筛筒内壁表面移动的过程中被孔刃破碎，一边沿筛筒轴线方向前移，其中合格的物料将通过筛孔，而最终残留的果渣从筛筒尾端的出口排出。

在使用时，孔径的调整需要通过更换筛筒来实现；主轴一般配无级调速，浆料粒度要求越细，所需要的转速越高，选用转速一般在 600r/min 左右；打板导程角的调整需要考虑到原料状况和最终残渣的质量，含汁率高的原料因不易压入筛孔反而滑过筛孔，故宜采用较小值。板筒间隙在含汁率高时宜小些，一般不大于 3mm。调节得是否得当，需查看废渣状况，废渣中的汁液含量应少。

当生产能力要求较高或粒度要求过细时，可采用多台打浆机联合使用，或直接选用配置多个筛筒组合式打浆机（图 4-45）。筛筒间的组合方式包括串联和并联。串联即多台打浆机筛筒的孔径逐渐由大变小（如 $\varphi1.1mm\rightarrow\varphi0.8mm\rightarrow\varphi0.6mm$），前一级的浆料即为后一级的原料，各级的流量基本相同，打浆效率高，比单机效率高 2.5~3 倍，但整体布置较为困难，适用于浆料粒度要求过细的打浆作业。并联即各级筛筒的孔径相

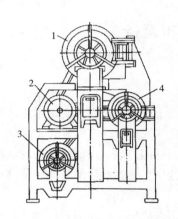

图 4-45 组合式果蔬打浆机
1—第一级打浆筒 2—电动机
3—第三级打浆筒 4—第二级打浆筒
资料来源：摘自参考文献 [14]。

同，前一级果渣为下一级的原料，流量逐渐由大变小，故可采用由大变小生产能力的打浆机组合，结构布置方便，整体紧凑，但效率较低，适于浆料粒度要求不高的打浆作业。

2. 刨丝机

刨丝机又称锉磨机，如图 4-46 所示。用于淀粉生产中鲜薯的破碎。利用高速旋转的齿刃对鲜薯进行刨削而达到破碎的目的。转鼓 5 表面安装有许多齿条 6，齿条厚 0.8mm，锯齿高 2mm，齿条宽 25mm，锯齿密度 8 齿/cm。这些齿条被分割楔块固定在转鼓 5 上，锯齿离出楔块 1.5~2mm。转鼓直径 $\varphi654mm$，转速 1450r/min，外圆线速度 50m/s。机壳 1 侧面安装有压紧齿刀，通过螺栓调节与转鼓间的距离，可调整破碎程度。在机壳下方设有长孔不锈钢筛片，在保

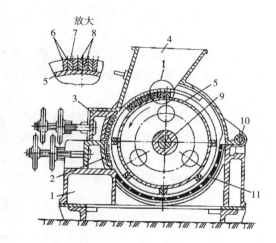

图 4-46 刨丝机
1—机壳 2、3—压紧装置 4—进料斗 5—转鼓 6—齿条
7—楔块 8—楔 9—主轴 10—铰接轴 11—筛片
资料来源：摘自参考文献 [14]。

证物料的破碎度的同时具有良好的通过性。工作时，电机带动镶有齿条的转鼓。鲜薯从进料斗4进入机内，首先在齿刀与转鼓的锉擦作用下进行预破碎，然后由高速旋转的转鼓进行刨削，使鲜薯块破碎成糊浆，通过筛孔排出机外。留在筛片内侧的较大碎块被继续破碎直至穿过筛孔。这种机型可避免对物料中淀粉和纤维的过度破坏，淀粉游离率高，可达95%左右。

第五节　剥壳与破碎机械与设备

一、剥壳原理

剥壳是带壳的物料如坚果、油料、谷物在加工之前的一道重要工序。壳主要由木素、纤维素和半纤维素组成。大多数坚果、油料、谷物的壳重量占的比例较大，其营养素含量较低，加工可取的成分很少，壳的存在严重地阻碍了加工过程中有效组分的提取。比如用带壳的油籽压榨或浸出取油，则会降低出油率，壳中的色素和胶质转移到油中，会影响油的品质，造成精炼的困难。

剥壳的要求是剥壳率要高，籽仁的破碎率要低，碎壳的形态应便于后续的壳仁分离，机器的生产率要高而造价要低。考虑到剥壳对象的颗粒大小不同，欲保证剥壳效果，在剥壳之前必须按大小进行分级，采用分级剥壳或回收重剥工艺。在压榨法取油工艺中，对诸如花生、棉籽、葵花籽等高油分油料进行压榨时，物料中含有一定量的皮、壳，有利于疏通油路。

坚果、油料、谷物等根据其壳的组织结构及力学特性、颗粒形状、大小以及壳仁之间附着状况的不同，采用不同的剥壳方法。在这些物料中，壳的刚度普遍较大，其机械强度呈各向异性，壳仁间存在较大的力学特性差异。目前常用的剥壳方法有碾搓法、摩擦法、撞击法、剪切法、挤压法。

1. 碾搓法

碾搓法即借助粗糙面的碾搓作用使皮壳疲劳破坏而破碎。除下的皮壳较为整齐，碎块较大。这种方法适用于皮壳较脆的物料，如用圆盘式剥壳机剥去棉籽外壳、用搓板式去皮机去掉大豆皮。

2. 摩擦法

摩擦法是利用摩擦形成的剪切力使皮壳沿其危险断面产生撕裂破坏，除下的皮壳整齐，便于选除，适用于韧性皮壳，如用胶辊砻谷机除掉稻壳等。

3. 撞击法

撞击法借助打板或壁面的高速撞击作用使皮壳变形直至破裂，适用于壳脆而仁韧的物料，如用离心式剥壳机剥葵花籽壳等。

4. 剪切法

剪切法借助锐利面的剪切作用使壳破碎，如核桃剥壳机、刀板式棉籽剥壳机等。

5. 挤压法

挤压法借助轧辊的挤压作用使壳破碎，如用轧辊式剥壳机剥蓖麻籽壳等。

6. 气爆法

气爆法是利用果壳内外形成的压差使果壳爆裂而脱除。将物料置于密闭的容器内，然后逐渐提高容器内的压力，当达到额定值后稳定一段时间以使物料内部达到足够高的压力后，突然释放容器内压力，使得外壳在内外压差的作用下爆裂。这种方法不便于连续生产，可操作性差，且易造成果仁破碎，可用于预破壳工序。

实际上，任何剥壳机的作用往往是一种剥壳方法为主、几种剥壳方法综合作用的结果。

二、 典型剥壳机械

（一） 离心式剥壳机

离心式剥壳机（图4-47）由转盘、打板、挡板、圆锥形可调节料门、料斗、卸料斗及传动机构等组成。水平转盘上装有数块打板，挡板固定在圆盘周围的机壳上，通过调节手轮可使料门上下移动，以控制进料量。

离心式剥壳机的工作部件是转盘（甩盘）和挡板。转盘具有多种形式。按打板的结构形式可分为直叶片式、弯曲叶片式、扇形甩块式和刮板式（图4-48），其主要作用是形成籽粒通道并打击（或甩出）籽粒使之剥壳。打板的数量由实验确定，通常4~36块。对于葵花子剥壳，常采用10~16块打板。挡板的型式有圆柱形和圆锥形两种。圆锥形挡板（图4-49）因工作面与子粒的运动方向成一定的角度，能避免子粒重复撞击转盘，从而减少仁的破碎度。而圆柱形挡板的撞击力大，有利于外壳的破碎，适用于具有坚硬外壳的坚果及油料剥壳，如核桃、棕榈籽、油桐籽等。挡板应采用耐磨材料制作。

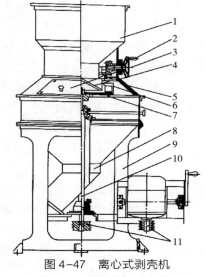

图4-47　离心式剥壳机

1—料斗　2—调节手轮　3—检修门
4—可调节料门　5—挡板　6—打板
7—转盘　8—卸料斗　9—机架
10—转动轴　11—传动带轮
资料来源：摘自参考文献［14］。

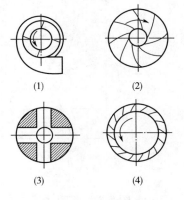

图4-48　转盘形式

（1）直叶片式　（2）弯曲叶片式
（3）扇形甩块式　（4）刮板式
资料来源：摘自参考文献［14］。

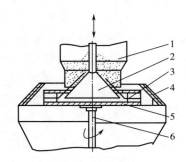

图4-49　转盘形式

1—料斗　2—可调料门　3—打板
4—挡板　5—转盘　6—转动轴
资料来源：摘自参考文献［14］。

籽粒一般以 0.037m/s 的速度通过可调料门落下。从转盘中心进入后，经高速转盘的挡块或叶片的导向及加速作用，高速脱离转盘。当籽粒以较大的离心力撞击壁面时，壁面对籽粒产生一个同样大小的反作用力，使籽粒外壳产生变形和裂纹。外壳弹性变形的恢复使籽粒离开壁面，而籽仁因惯性作用继续向前运动，并在紧靠外壳变形处产生了弹性变形。当籽粒离开壁面时，由于外壳与籽仁具有不同的弹性，其运动速度也不同，籽仁将阻止外壳迅速向回移动致使外壳在裂纹处被拉开破裂，完成外壳的剥离。

影响离心式剥壳机剥壳效果的因素有物料水分、撞击速度、物料撞击点、挡板角度等。根据试验，转盘外缘的适宜圆周速度为：葵花籽 30~38m/s，棕榈籽约 31m/s，油茶籽约 11m/s。关于撞击点，必须考虑被撞击物的结构，如葵花籽为长条形，籽粒长轴两端的壳、仁之间都有间隙，中间部位没有间隙，因此葵花籽经转盘甩出与挡板的撞击点最好在其长轴的两端部位，这样，不但易于剥壳，籽仁也不易破碎。基于该原理设计的 V 形槽甩块式转盘，在甩块的工作面开设有沿葵花籽滑动方向的纵向 V 形槽。葵花籽由高速旋转的转盘中部进入 V 形槽甩块后，在被甩块加速的同时，经 V 形槽导向，使葵花籽沿长轴方向飞向挡板，从而达到良好的撞击剥壳效果。离心式剥壳机的生产率一般可通过料门处流量初步计算，再经实验校正确定。

（二） 胶辊砻谷机

稻谷的颖壳含有大量的粗纤维，必须剥除。在稻谷加工的过程中，剥除颖壳的过程称为砻谷。对砻谷的要求是尽量保持米粒的完整，减少米粒的破碎和爆腰。

目前我国使用的砻谷机械主要是胶辊砻谷机，这种砻谷机的主要工作部件是一对富有弹性的橡胶辊筒，它具有产量大、脱壳率高及产生碎米少等优点，应用很广。

1. 胶辊砻谷机的构造

胶辊砻谷机由喂料机构、胶辊、轧距调节机构、谷壳分离机构及传动机构等部分组成（图 4-50）。工作时，稻谷由喂料机构导入，在两胶辊之间的工作区内脱壳，然后分离机构将谷壳分离。

（1）喂料机构 喂料机构用于控制流量，并使谷粒按自身长轴方向均匀、快速、准确地进入胶辊间的工作区内，以便脱壳。喂料机构采用两块淌板 3 和 4，按折叠方式装置在流量控制闸门与胶辊之间。两淌板距离为 3~40mm。淌板倾斜布置，工作表面开有沟槽，其主要作用是整流、加速和导向，使稻粒沿胶辊轴向均匀排列，呈单层顺序沿自身纵轴方向下滑，准确地使谷粒进入两胶辊的工作接触线处。第一块淌板 3 的倾角小，长度短；第二块淌板 4 的倾角较大（60°~70°）且倾角可调。淌板的末端始终对准两胶辊的接触线，从而保证了淌板的准确导向作用。

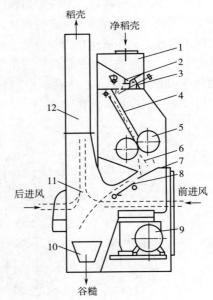

图 4-50 压砣紧辊砻谷机

1—料斗 2—闸门 3—短淌板 4—长淌板
5—胶辊 6—运料斗 7—匀料板 8—鱼鳞淌板
9—电机 10—出料斗 11—稻壳分离式 12—风道
资料来源：摘自参考文献 [14]。

（2）胶辊 是在铸铁辊筒上覆一定厚度的橡胶制成。胶辊按使用的橡胶材料不同可分成黑色、白色和棕色胶辊。用合成橡胶和炭黑的化工原料制成的胶辊称为黑色胶辊，白色和棕色胶辊则是用合成橡胶和白炭黑等化工原料制造的。胶辊按铸铁心结构又可分成三种形式：普通式、套筒式、辐板式（图4-51）。普通式和套筒式多用于辊长3600mm的胶辊，大多采用双支撑轴承座，我国使用该形式较多；辐板式常用于辊长250mm以下的胶辊，一般采用悬臂式支撑，国外普遍采用该形式。普通式胶辊安装时要拆卸轴承，轴和胶辊同心度不易保证，平衡调整费时；套筒式胶辊安装时不需要拆卸轴承，可通过锥形圈和锥形压盖保证同心度；辐板式胶辊的制造加工精度和平衡程度容易保证，安装时定位准确，操作方便，运转振动小。

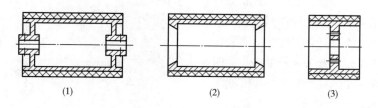

图4-51 胶辊结构形式
（1）普通式 （2）套筒式 （3）辐板式
资料来源：摘自参考文献［14］。

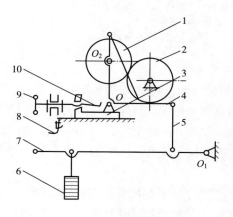

图4-52 机械压砣调节机构
1—活动辊 2—固定辊 3—滑块
4—活动辊轴承臂 5—连杆 6—压砣
7—杠杆 8—挂钩 9—手轮 10—调节螺杆
资料来源：摘自参考文献［14］。

（3）轧距调节机构（又称松紧辊机构） 轧距是指在两胶辊的轴心连线上胶辊表面间的距离，它表明脱壳压力的大小和脱壳工作区的长度，是砻谷机的重要结构参数。轧距调节机构的作用是保持胶辊对稻谷施加稳定的压力，以满足脱壳的需要。常见的轧距调节机构形式有手轮调节机构、机械压砣调节机构和液（气）压自动调节机构三类。图4-52为机械压砣调节机构的结构示意图。砻谷机工作时，脱开挂钩8，放下杠杆7，由于压砣6的重力作用，杠杆便绕O_1向下摆动，与其铰接的连杆5便带动活动辊轴承臂绕O点转动，使活动辊1以一定的压力向固定辊2靠拢，与此同时，稻谷便经淌板进入两辊之间进行脱壳。辊间压力的大小，由压砣重量决定，而压砣的重量，又应根据胶辊的脱壳性能及胶辊磨损情况进行适当调整，停机时，在关闭流量调节闸门的同时，抬起杠杆，并将其挂在挂钩上，两辊即分开。该机结构简单、操作方便，但当砻谷机突然断料时，为防止空车运转磨损胶辊，需迅速将杠杆抬起，使两辊立即分开。为此，目前定型的压砣轧距调节的砻谷机都增设了胶辊自动离合装置。

图4-53为砻谷机的胶辊自动离合机构，它由微型电机14、电器元件、摇臂8、同步轴和

链条 17 等组成。进料时，两胶辊自动合拢，断料时两胶辊将自动分离。砻谷机进料时，物料冲击进料短淌板，短淌板转动触到行程开关 3，此时，电路接通，微型电机即顺向转动，装在电机上的螺母 16 上升，而将链条 17 放松，横杆 11 在压砣 12 的作用下下压使活动辊 4 绕销轴中心转动，向固定辊 20 合拢，实现自动紧辊动作。在螺母 16 上升过程中，碰到行程开关 15 的滚轮，电路中断，微型电机停止转动。在正常工作时，胶辊由压砣 12 控制处于自动紧辊状态。当进料中断时，短淌板借助平衡砣 1 的作用转动复位，离开行程开关 3 的触头，此时电路接通，微型电机逆向转动，电机轴上的螺母下降，通过链条等将横杆上拉，从而使活动辊离开固定辊，达到自动松辊的目的。螺母下降过程中，碰到行程开关 15 的下触点时，电路断开，微型电机停止转动。

为了防止电机过载发热，在电路设计中设有热继电器；若胶辊自动松辊机构失灵，可通过手动操作杆进行人工操作。

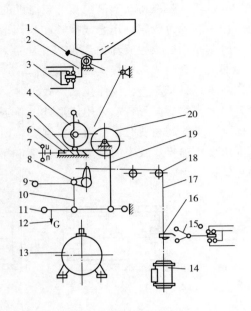

图 4-53　胶辊自动离合机构

1—平衡砣　2—感应板　3、15—行程开关
4—活动辊　5—滑块　6—调节螺杆　7—手轮
8—摇臂　9—操作杆　10—连杆　11—横杆
12—压砣　13—电机　14—微型电机　16—滚子链螺母
17—链条　18—滑块　19—长连杆　20—固定辊
资料来源：摘自参考文献［14］。

2. 工作原理

（1）稻粒进入胶辊的条件　两直径相等的胶辊相向旋转、转速相同的条件下，稻粒进入两辊之间被夹住时受到正压力及摩擦力的作用，接触点称为起轧点，其与辊中心的连线构成的夹角称为起轧角。欲使稻粒能被夹入工作区，并不被胶辊抛出，起轧角不得超过稻谷与胶辊的摩擦角。同时，稻谷入辊的方向必须对准两辊轧距中心并位于两辊中心连接的垂直线上，只有这样稻谷才能迅速被胶辊轧住。

（2）脱壳过程受力分析　在满足稻粒进入胶辊的前提下，若相向转动两胶辊的转速相等，将两胶辊分别对稻粒的合力和 R_2［图 4-54（1）］沿 X、Y 轴分解，得到 $R_{1X} = R_{2X}$，作用方向相反，并在同一直线上，仅使稻粒受到挤压，而没有脱壳作用。而 $R_{1Y} = R_{2Y}$，二力方向相同，却只能使稻粒进入胶辊轧区，无助于脱壳。

若两胶辊转速不等［图 4-54（2）］，因稻粒在胶辊工作区内不可能沿 X 轴方向移动，则 $R_{1X} = R_{2X}$，并作用在同一直线上。而 R_{1Y} 及 R_{2Y} 为大小不等、方向相反、作用在不同直线上的两变力，其值可按式（4-4）、式（4-5）计算

$$R_{1Y} = R_{1X}\text{tg}\,(\varphi - \alpha_i) \tag{4-4}$$

$$R_{2X} = R_{2X}\text{tg}\,(\varphi - \alpha_i) \tag{4-5}$$

式中　α_i——轧角；
　　　φ——胶辊与稻粒间的摩擦角。

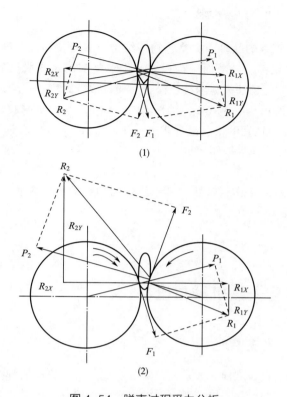

图 4-54　脱壳过程受力分析

（1）两辊转速相等　　（2）两辊转速不等

资料来源：摘自参考文献［14］。

因此，当稻粒通过工作区上段时，$\alpha_i>0$，则 $R_{1Y}<R_{2Y}$；当稻粒通过工作区中点时，$\alpha_i=0$，则 $R_{1Y}=R_{2Y}$；当稻粒通过工作区下段时，$\alpha_i<0$，则 $R_{1Y}>R_{2Y}$。

（3）稻粒脱壳过程　假设稻粒是呈单层而无重叠地落入两胶辊之间工作区内，其在起轧的一瞬间，由于处于加速阶段，速度小于两胶辊的线速度，快、慢辊相对稻粒都有滑动。当稻粒被轧住后，它在快、慢辊的摩擦力作用下，速度很快加速到慢辊的线速度，但小于快辊的线速度，此时稻粒相对于慢辊静止，而相对于快辊滑动，快辊对稻粒的摩擦力促使稻粒继续加速，而慢辊对稻粒的摩擦力显然阻止稻粒的加速。由于 $R_{1Y}<R_{2Y}$，随着稻粒继续前进，轧角越来越小，稻粒受到的挤压力 R_{1X}、R_{2X} 和形成剪切力的摩擦力 R_{1Y}、R_{2Y} 不断增大，当其增大到大于稻壳与糙米间的结合力时，稻壳即被撕开，在接触快辊一侧的稻壳首先脱壳，如图 4-55（1）所示。

随着稻粒继续前进，接触快辊一侧的稻壳将随着快辊一道向下运动，与糙米逐渐脱离，快辊开始与糙米接触。因糙米与胶辊的摩擦因数大于糙米与稻壳的，而小于稻壳与胶辊的，稻壳相对于慢辊静止。当通过轧距中点时，糙米的速度介于快、慢辊之间，与快、慢辊都呈相对运动，快、慢辊使稻粒两侧的稻壳同时相对于糙米运动，达到最大的脱壳效果，如图 4-55（2）所示。

稻粒通过工作区下段时，快辊继续加速糙米，直至与快辊一道运动，使糙米离开接触慢辊一侧的稻壳，完成整个脱壳过程［图 4-55（3）］。

综上所述，稻粒脱壳主要是由 R_{1Y} 及 R_{2Y} 组成的一对摩擦力引起的，它们的产生首先决定于两胶辊的线速度差，因此，要使稻粒脱壳，两胶辊必须保持一定的线速度差。

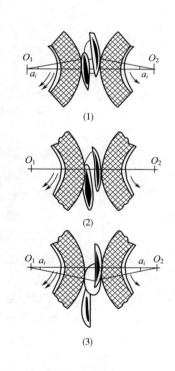

图 4-55　脱壳过程

（1）$\alpha_i>0$　　（2）$\alpha_i=0$　　（3）$\alpha_i<0$

资料来源：摘自参考文献［14］。

3. 影响稻谷脱壳质量的因素

影响稻谷脱壳质量的因素很多，主要有稻谷的品种、类型、物理结构、水分、籽粒粒度、均匀度及饱满程度等因素。大而均匀、表面粗糙、壳薄而结构松弛、米粒坚实的水稻脱壳容易，碎米少。稻谷水分要适当，水分太高则颖壳籽性大，米粒疏松，易碎，脱壳困难；水分过低也易产生碎米。适宜的稻谷脱壳水分为：粳稻 14%~16%，籼稻 13%~15%。其次是两胶辊的线速度和线速度差。快辊一般为 15~18m/s，适宜的快、慢辊线速度差为 2.5m/s 左右。影响脱壳质量的因素还有轧距、压砣重量、稻谷喂入量、胶辊表面硬度等，这些因素可通过查阅有关资料选取。

砻谷机的生产率一般按稻谷单层、顺序进入工作区计算，其中流速为两辊的平均线速度，流动连续性系数取 0.5，胶辊长度利用系数取 0.8~0.9。

第六节　去皮与去核机械与设备

一、 去皮原理

水果及块根、块茎类蔬菜的外皮在加工成食品之前，大多需要除去表皮。由于原料的种类不同，皮层与果肉结合的牢固程度不同，生产的产品不同，对原料的去皮要求也各异。果蔬去皮的基本要求是去皮完全、彻底，原料损耗少，制造果蔬罐头时常常对果蔬表面及形状有一定的要求。目前，果蔬加工中常用的去皮方法有机械去皮和化学去皮。

（一） 机械去皮

机械去皮应用较广，既有简易的手工去皮又有特种去皮机去皮。按去皮原理不同可分为机械切削去皮、机械磨削去皮和机械摩擦去皮

1. 机械切削去皮

机械切削去皮是采用锋利的刀片削除表面皮层。去皮速度较快，但不完全，且果肉损失较多，一般需用手工加以修整，难以实现完全机械作业，适用于果大、皮薄、肉质较硬的果蔬。目前苹果、梨、柿等常常使用机械切削去皮，常用的形式为旋皮机。旋皮机是将待去皮的水果插在能旋转的插轴上，靠近水果一侧安装（或手持）一把刀口弯曲的刀，使刀口贴在果面上。插轴旋转时，刀就从旋转的水果表面将皮车去。旋皮机插轴的转动有手摇、脚踏和电动几种动力形式。在旋车去皮之前应有选果工序，以保证水果大小基本一致。

2. 机械磨削去皮

机械磨削去皮是利用覆有磨料的工作面除去表面皮层。可高速作业，易于实现完全机械操作，所得碎皮细小，便于用水或气流清除，但去皮后表面较粗糙，适用于质地坚硬、皮薄、外形整齐的果蔬。胡萝卜、番茄等块根类蔬菜原料去皮大多采用机械磨削去皮机。

3. 机械摩擦去皮

机械摩擦去皮是利用摩擦因数大、接触面积大的工作构件而产生的摩擦作用使表皮发生撕裂破坏而被去除。所得产品表面质量好，碎皮尺寸大，去皮死角少，但作用强度差，适用于果大、皮薄、皮下组织松散的果蔬，一般需要首先对果蔬进行必要的预处理来软化皮下组织。常

见的机械摩擦去皮机有如采用橡胶板作为工作构件的干法去皮机。

（二） 化学去皮

化学去皮又称碱液去皮，即将果蔬在一定温度的碱液中处理适当的时间，果皮即被腐蚀，取出后，立即用清水冲洗或搓擦，外皮即脱落，并洗去碱液。此法适用于桃、李、杏、梨、苹果等的去皮及橘瓣脱囊衣。桃、李、苹果等的果皮由角质、半纤维素等组成，果肉由薄壁细胞组成，果皮与果肉之间为中胶层，富含原果胶及果胶，将果皮与果肉连接。当果蔬与碱液接触时，果皮的角质、半纤维素被碱腐蚀而变薄乃至溶解，果胶被碱水解而失去胶凝性，果肉薄壁细胞膜较能抗碱。因此，用碱液处理后的果实，不仅果皮容易去除，而且果肉的损伤较少，可以提高原料的利用率。但是，化学去皮用水量较大，去皮过程产生的废水多，尤其是产生了大量含有碱液的废水。

二、 典型的去皮设备

（一） 连续式番茄擦皮机

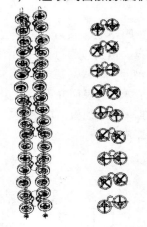

大规模番茄制品生产一般需要采用连续式擦皮机。该机的主要工作部件为倾斜布置的长轴上串连安装一系列的偏心轮，总体呈螺杆结构，每两根"螺杆"构成一个 U 形通道。偏心轮外缘涂覆有金刚砂，具有良好的摩擦性能。通道上方配置有喷淋水管。经高温蒸汽预处理后，因皮下组织熟化，表皮易于除掉的番茄从 V 形槽高端进入后随着长轴的转动，在 V 形通道上以横向滚动为主，辅以左右摆动（图 4-56），接受轮缘金刚砂的摩擦边向出口处移动，摩擦作用使得表皮产生撕裂破坏，进行机械摩擦去皮。撕下的碎皮随时被喷淋下的水流冲洗排除。这种连续式擦皮机生产能力较强。

图 4-56 连续式番茄擦皮机工作原理图
资料来源：摘自参考文献 [8]。

（二） 离心擦皮机

离心擦皮机是一种小型间歇式去皮机械。依靠旋转的工作构件驱动原料旋转，使得物料在离心力的作用下，在机器内上下翻滚并与机器构件产生摩擦，从而使物料的皮层被擦离。用擦皮机去皮对物料的组织有较大的损伤，而且其表面粗糙不光滑，一般不适宜整只果蔬罐头的生产，只用于加工生产切片或制酱的原料。常用擦皮机处理胡萝卜、番茄等块根类蔬菜原料。离心擦皮机（图 4-57）由工作圆筒、旋转圆盘、加料斗、卸料口、排污口及传动装置等部分组成。工作圆筒内表面是粗糙的，圆盘表面呈波纹状，波纹角 $\alpha = 20° \sim 30°$，二者大多采用金刚砂黏结表面，均为擦皮工作面。圆盘波状表面除兼有擦皮功能外，主要用来抛起物料，当物料从加料斗落到旋转圆盘波纹状表面时，会因离心力作用被抛至圆筒壁，与筒壁粗糙表面摩擦而达到去皮的目的。擦皮工作时，水通过喷嘴送入圆筒内部，卸料口的闸门由把手锁紧，擦下的皮经水从排污口排去，已去皮的番茄靠离心力的作用从打开闸门的卸料口自动排出。

为了保证正常的工作效果，这种擦皮机在工作时，不仅要求物料能够被完全抛起，在擦皮室内呈翻滚状态，不断改变与工作构件间的位置关系和方向关系，便于各块物料的不同部位的表面被均匀擦皮，并且要保证物料能被抛至筒壁。因此，必须保持足够高的圆盘转速，同时，擦皮室内物料不得填充过多，一般选用物料充满系数为0.50~0.65，依此进行生产率的计算。

（三）　干法去皮机

干法去皮机用于经碱液或其他方法处理后表面松软的果蔬去皮。所谓干法，并非作业过程中不使用水而是只使用少量的水，产生一种以果皮为主的半固体废料，稍经脱水后即可直接作为燃料，避免污染。

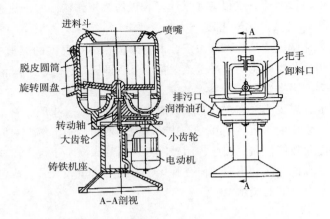

图4-57　离心式擦皮机示意图

资料来源：摘自参考文献［84］。

图4-58所示为干法去皮机。去皮装置用铰链和支柱安装在底座上，倾角可调。去皮装置包括一对侧板，它支承与滑轮键合的轴，轴上安装许多去皮圆盘，电动机通过带使轴按图示方向旋转。压轮保证带与摩擦轮紧贴。相邻两轴上的橡胶圆盘要错开，以提高搓擦效果。橡胶圆盘要容易弯曲，不宜过厚，一般为0.8mm。橡胶要求柔软富有弹性，表面光滑，避免损伤果肉。装在两侧板上面的是一组桥式构件，每一构件上自由悬挂一挠性挡板，用橡皮或织物制成。挡板对物料有阻滞作用，强迫物料在圆盘间通过，以提高擦皮效果。

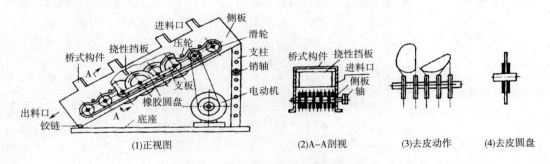

(1)正视图　　　　(2)A-A剖视　　　(3)去皮动作　　(4)去皮圆盘

图4-58　干法去皮机

资料来源：摘自参考文献［84］。

干法去皮机工作过程为，碱液处理后的果蔬从进料口进入，物料因自重而向下移动，在移动过程中由于旋转圆盘的搓擦作用而将皮去掉。物料将圆盘胶皮压弯，形成接触面，因圆盘转速比物料下移速度快，它们之间产生相对运动和搓擦作用，结果在不损伤果肉的情况下将皮去除。

（四）　碱液去皮机

碱液去皮机广泛应用于桃子、巴梨等水果的去皮，其结构如图4-59所示，它由回转式链带输送装置及淋碱、淋水装置等构成。碱液去皮机总体分为进料段、淋碱段、腐蚀段和冲洗段，可调速传动装置安装在机架上带动链带回转。这种淋碱机的特点是排除碱液蒸汽和隔离碱液的效果较好、去皮效率高、机构紧凑、调速方便，但需用人工放置切半的桃子，碱液浓度及温度因未实现自动控制而不稳定。

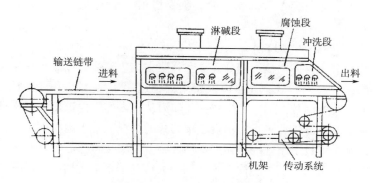

图4-59 碱液去皮机

资料来源：摘自参考文献［84］。

桃子切半去核后，将切面朝下，由输送装置送它们通过各工作段，首先喷淋热稀碱液5～10 min，再经过15～20s让其腐蚀，最后用冷水喷射冷却及去皮。经碱液处理的果品必须立即投入冷水中浸洗，反复搓擦、淘洗、换水，除去果皮及黏附的碱液。调整输送链带的速度，可适应不同淋碱时间的需要。碱液应进行加热及循环使用。进行碱液去皮时，碱液的浓度、温度和处理时间随果蔬种类、品种和成熟度的不同而异，必须注意控制，要求只去掉果皮而不伤及果肉。

三、 水果去核原理

桃、杏、李、山楂、枣等核果类水果产量较大，这类水果进行加工时，去核是一项十分重要的预处理工序。水果去核机具有加工效率高、劳动强度小、生产卫生安全、产品质量稳定等优点，采用去核机实现去核机械化是水果加工的发展趋势。

去核工作中要求去核后果肉损失率低，如果果肉与果核分离不彻底、果肉去净率不理想必然造成果肉损失率高，同时，要求去核后果肉完整性好。如果去核后果肉成碎块状，只能用于果汁饮料的加工，不能满足罐头、果脯的生产要求。由于果品形状、成熟度不一、果核形状不一，因此去核机应该具有较广的适应性和工作稳定性。通过更换主要工作部件即能适应不同果品去核作业需要，提高去核机的通用性。此外，去核机应自动化程度高，提高去核作业的精确度及工作速度，保证产品质量。

机械去核方法可按切刀运动形式划分，也可按刀片数量划分，同时还可按去核工艺划分。

1. 按切刀运动形式 ［图4-60（1）］

机械去核方法可分为冲切法和旋切法。冲切法中切刀做简单的往复运动切除果核，机械结构简单，但作业阻力较大，切口不够整齐，适用于冲切尺寸较小的果品。旋切法中切刀在切除果核时除做往复运动以外，还伴随有自身旋转运动，机械结构复杂，作业阻力小，切口整齐，不会造成果品整体结构的破坏，适用于切尺寸较大的果品。

2. 按刀片数量 ［图4-60（2）］

机械去核方法分为单刀式和双刀式。单刀式即只在一个方向设置刀片，去核时直接从一个方向一次完成，所使用的机械结构简单，但出口端切口不整齐，而且作业阻力大，因此一般只适于采用旋切法。双力式即在两个方向各设置一个刀片，去核作业分两步完成，首先从一个方向切入一定深度，然后再从另一方向切入并将果核捅出一次完成，机械结构复杂，但切口整齐，而且作业阻力小。

3. 按去核工艺［图4-60（3）］

机械去核方法可分为整体去核、剖分去核和打浆去核。整体去核是指在保持果实整体不被破坏的情况下切除果核，生产效率高，但浪费果肉，适用于尺寸较小的水果，如山楂、大枣等。整体去核工艺又分为两种。上进上出式——切刀从切入的方向退出并带出核心，退出后再排出存于刀内的核心。整体去核只可能出现于单刀式的情况下，果肉损失小，作业在一个工位完成，切刀结构复杂。上进下出式——切刀从切入的方向直接将核心推出，果肉损失较大，作业一般需要在两个工位完成，切刀结构简单。剖分去核是指将果实切开之后再分别切除果核的工艺，其机械结构简单、工作可靠，不浪费果肉，适用于需切开加工的尺寸较大的水果，如苹果、梨等，但生产效率较低。打浆去核是将整个果蔬破碎后将果核分离出来的工艺，其机械结构简单，果肉损失少，仅适用于果核坚硬而不易击碎的水果，用来生产带肉果汁饮料、果酱、果浆等。

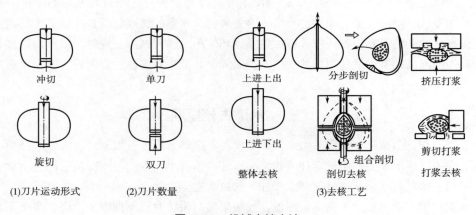

图4-60　机械去核方法

资料来源：摘自参考文献［8］。

四、典型的去核机

目前，水果去核机种类较多，按其结构特点和工作部件的不同大体分成切半式去核机、捅杆式去核机、对辊式打浆去核机、刮板式打浆去核机等。

（一）水果去核机

水果去核机主要是由进料斗1、带凹槽的链板式输送机3、理料旋转刷2、去核刀架4、排核螺旋输送机6等组成，典型的结构形式如图4-61所示。原料进入进料斗直接落在带凹槽的输送板上，输送板由星形轮向前传动，输送板上方有一旋转的理料刷将带上重叠的水果送回进料斗，去核刀架上设有棒形去核刀，去核刀架由曲柄连杆结构带动做垂直运动，黏附在输送带上已去核的水果经推杆由出料口排出，果核与果汁一起由设置在板式输送机下方的不锈钢螺旋输送机排出。去核机出料口还可以设置振动筛，对产品进一步整理，尤其对成熟度高、软的樱桃可以提高工作效率。

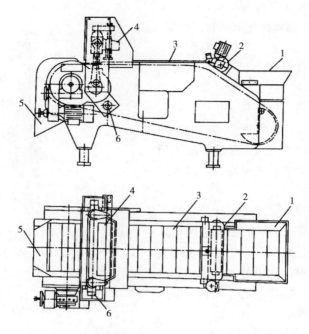

图 4-61　水果去核机

1—进料斗　2—理料旋转刷　3—链板式输送机　4—去核刀架　5—出料口　6—排核螺旋输送机

资料来源：摘自参考文献［8］。

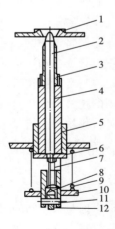

图 4-62　下工作头结构

1—夹持块　2—下定位针　3—下切刀
4—上切刀空心接管　5—导向套　6—定位限止板
7—下定位针弹簧　8—弹簧调节螺钉　9—复位弹簧
10—复位弹簧压盘　11—滚轮轴　12—滚轮

资料来源：摘自参考文献［8］。

该机主要用于罐头加工厂及果蔬速冻加工厂，进行樱桃、李、杏、枣等水果的去核作业。

（二）　山楂去核机

该机由旋转工作台、上下工作头、传动机构等组成。工作台的上部装有拨料辊，其作用是拨动成品山楂脱离工作台进入成品收集器。工作台的下部装有下脚料的收集装置。上下工作头结构分别如图 4-62、图 4-63 所示。工作头由夹持器、定位针、切刀及工作构件的复位机构组成。上工作头完成山楂的二次辅助定位、夹持、上切刀的切削与去核等，下工作头完成山楂的初始定位与切削。上、下工作头以山楂上下凹点连线作为定位基准，即采用上下定位针分别对准上下凹点中心的定位方式，夹持器使用仿生形结构将山楂夹紧，保证山楂去核时的定位精度，上下切刀相互配合进行切削与去核，完成去核后复位并清刀。上切刀为内收刀刃，下切刀为外收刀刃，确保去核的效率和山楂的完整性。

山楂去核机的去核工艺过程为：进入、定位、夹持、切削、去核、成品与下脚料的收集。山楂进入工作台定位后，上工作头下行配合下工作头对山楂进行夹持定位，下切刀上切与上切刀一起完成切削去核，最后复位并清刀。工作台上的转辊拨动成品山楂脱离工作台，进入成品收集器。该机采用了以山楂果实的上下凹点为定位基准的中心定位方式，保证了加工精度，加工过程中山楂的破碎率和残核率大大降低，工作效率大大提高。

捅杆式去核机是通过工作转盘固定水果，捅杆向下运动将果核推出，从而完成果肉与果核的分离。该机适用于果核大小一致、规则且核较易脱离的水果去核，如山楂、红枣、龙眼等。去核后果肉完整性较好、呈灯笼状，但加工效率低、果肉损失率高。

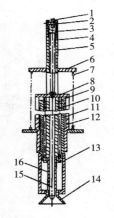

图4-63　上工作头结构

1—滚轮　2—滚轮轴　3—弹簧调节螺钉
4—定位针弹簧　5—上切刀空心接管
6—复位弹簧压盘　7—复位弹簧　8—定位限止板
9—夹持弹簧螺母　10—加持弹簧　11—定位套
12—导向套　13—夹持头接管　14—上夹持块
15—上定位针　16—上切刀

资料来源：摘自参考文献［8］。

（三）　桃子切半去核机

该机与前面所述水果去核机基本相似，主要由机架、进料斗、板式碗形输送器、框架式切半挖核器、振荡出料、传动机构等部分组成。其传动机构为由电动机通过V带，经齿轮及十字槽形间隙机构传动板式碗形输送链，另经链轮、槽凸轮、偏心轮、连杆等传动并控制各机构部分。

原料由进料斗分六路进入间歇移动输送辊，经旋转的尼龙毛刷将重叠的桃子排除后，随即桃子落入板式碗形输送链继续间歇前进，同时由两边人工拨正位置，在输送链通过有六头做上下往复运动的框架式切半挖核器时，先由模套压住，紧接着切刀与月形挖核刀也同时插入桃肉内，这时的上下月形挖核刀在齿条齿轮的作用下各做旋转半圈的挖核动作，完成后，框架式切半挖核器上升复位，仍由板式碗形输送链送入振荡出料斗内进行桃核分离后输出。

该机产量较高。桃子横径相差15mm以上时，应该先分级方可使用。成熟度在九成以上、肉厚核小而圆的品种使用效果较好。

（四）　打浆去核机

打浆去核机在去核过程中，破坏果实的组织结构后，根据果肉与果核间的尺寸差异将果核剔除。这种方法适用于果酱的生产，故通常称为打浆机。常见打浆去核机有对辊式和刮板式。

对辊式打浆去核机主要工作部件为两个辊子，其中一个为开有沟槽的金属齿辊，另一个为柔软的橡胶辊。去核时，两个辊子对物料进行挤压，果肉被挤入齿辊的齿间，而果核则被挤压陷入橡胶辊的橡胶层内，当橡胶辊转过一定角度后，橡胶的弹性使果核脱离橡胶辊进入果核收集斗，而嵌在齿辊齿间的果肉由挡梳梳出落入果肉收集斗中。此法保证果肉去净率，增加清核装置，将果核上残留的果肉进一步分离出来。该机适用于芒果等果核坚硬而不易击碎、果肉柔软、核易分离的水果去核。

（五） 菠萝去皮捅心机

如图4-64所示，菠萝去皮捅心机系菠萝加工多工序全自动设备，可完成去皮、切端、捅心及从切下的果皮上挖出果肉等四道工序，得到中空圆柱形菠萝果肉。该机由倾斜式提升装置、切端机构、挖肉器、传动装置、机座和控制装置等部分构成。工作时，菠萝经倾斜式提升机1升到预定位置，由安装在链条上的推手，经过弯轨架及定心装置，推入高速旋转的去皮刀筒2中，切下的果皮由挖肉器3经两次挖肉后，皮和果肉分别从出料槽6和7溜出，圆柱形果肉则通过导引套进入间歇六孔转盘4内，由间歇转盘送至工作位置切除头尾两端、捅心，最后推杆将果筒推出转盘外，经滑槽8溜到果筒输送带上。端料和心料从滑槽5送出。该设备生产能力强，机构安全可靠，劳动强度低。

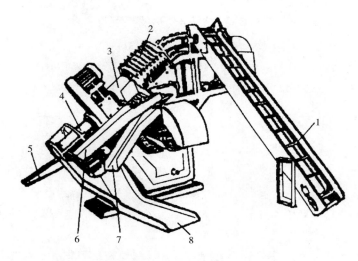

图4-64 菠萝去皮捅心机

1—倾斜式提升机 2—去皮刀筒 3—挖肉器 4 六孔转盘 5、8—滑槽 6、7—出料槽

资料来源：摘自参考文献 [77]。

（六） 葡萄破碎除梗机

葡萄破碎除梗机属于一种打浆剥离除杂设备，主要用去葡萄的果梗。作为酿制葡萄酒的原料，葡萄在采摘下来时往往带有果梗，果梗中含有苹果酸、柠檬酸和苦涩味的树腊等可溶性物质，如不去除，将影响葡萄酒的品质和风味。采用机械方法可以将果梗从葡萄中分离出来，通常采用葡萄破碎除梗机来进行破碎和果梗分离作业。

葡萄破碎除梗机结构如图4-65所示，它由进料斗1、两个齿形磨辊2、圆筒筛3、叶片式破碎器4、螺旋输送器5、果梗出料口6和果汁果肉出料口7等组成。带有果梗的葡萄果实从料斗落到两个齿辊之间稍加挤压破碎，然磨进入圆筒筛内，主轴上呈螺旋线配置着打击输送叶片，在推动破碎葡萄前移的同时进行进一步破碎，破碎后的果汁、果肉穿过筛孔后由下方的螺旋输送器从果汁果肉排料口排出，而棒状及枝状果梗作为筛上物被破碎叶片输送到末端经果梗排料口排出，从而实现了果、梗的分离。使用时，需要根据葡萄颗粒的大小、成熟度和带梗情况调整齿辊轧距、破碎叶片安装倾角、主轴转速、筛孔大小，避免过度破碎。

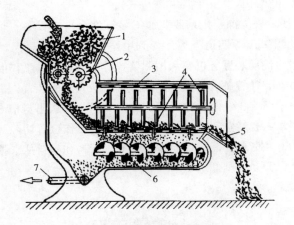

图 4-65 葡萄破碎除梗机

1—进料斗 2—齿形磨辊 3—圆筒筛 4—叶片破碎器 5—螺旋输送器 6—果梗出料口 7—果汁果肉出料口
资料来源：摘自参考文献 [13]。

🔍 思考题

1. 什么是粉碎？粉碎的方法有哪些？食品工业中，粉碎的目的是什么？

2. 锤式粉碎机的结构及工作过程有哪些？

3. 辊式粉碎机的应用范围有哪些？

4. 简述常用的干法和湿法粉碎设备种类，并说明超微粉碎的典型机械设备选型的一般遵循的原则。

5. 简述食品加工中切分设备的类别，每种设备的原理及应用场合。

6. 简述水果去核的原理，并举例说明其典型设备的结构组成、工作原理及特点。

7. 请说明剥壳设备及去皮设备在食品加工中的应用。

第五章

食品分离机械与设备

物质一般分为固、液、气三相，以及由这三相组成的各种混合体系，而在自然界中的物质往往是以非均相混合物的形式存在的，分散溶质的部分为连续相，分散在其中的溶质为分散相。连续相可为液体或气体，连续相可为固、液、气的一种或几种。

在食品生产中，并不是把所有的原料均加工成终产品，而必须去掉不适合加工的部分，或对物料进行浓缩精炼等。一般来说，分离过程的投资要占到生产过程总投资的50%~90%，用于产品分离的费用往往要占到生产总成本的70%甚至更高。因此，分离过程在食品加工中占有非常重要的位置，有必要对分离机械的相关知识加以掌握。

第一节 过滤机械与设备

一、概述

过滤是一种利用多孔介质使悬浮液中的固体微粒截留而液体部分流出，从而实现固液分离目的的操作。食品工业生产中，经常采用过滤操作进行果汁、饮料、酒类等产品中的固形物分离，提高产品的澄清度，防止在保存时间发生沉淀等不良现象。

（一）过滤原理

在过滤的操作过程中，一般讲过滤处理的悬浮液称为滤浆，滤浆中被截留下来的固体微粒称为滤渣，而积聚在过滤介质上的滤渣层则被称为滤饼，透过滤饼和过滤介质的液体称为滤液。过滤是从恒速过滤到减速过滤的过程，其推动力来自于过滤介质两侧的压力差。在过滤的起始阶段，过滤阻力只来自于过滤介质和支承物，随着过滤的进行，滤渣被截留在过滤介质一侧形成滤渣层，过滤阻力则由过滤介质阻力和滤渣层阻力共同组成。过滤的过程实际上是过滤的推动力克服过滤阻力的过程。图5-1为过滤操作示意图。

过滤介质是过滤机的重要组成部分。工业上常用的过滤介质有三类：粒状介质，如细砂、石砾、炭等；织物介质，如金属或非金属丝编织的网、布或无纺织类的纤维纸；多孔性固体介

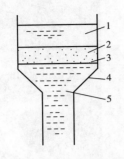

图 5-1　过滤操作示意图
1—滤浆　2—滤饼　3—滤布
4—支撑物　5—滤液

质，如多孔陶、多孔塑料等。

（二）　过滤分离的操作过程

过滤操作的过程一般可以包括过滤、洗涤、干燥、卸料等四个阶段。

1. 过滤

悬浮液在推动力作用下，克服过滤介质的阻力进行固液分离，固体颗粒被截留，逐渐形成滤饼，且不断增厚，因而过滤阻力也随之不断增加，致使过滤速度逐渐降低。当过滤速度降低到一定程度时，应停止过滤转下道工序，以提高过滤效率。在一般情况下，过滤的初期采用恒速过滤，当压力升至一定值后，则采用恒压过滤。

2. 洗涤

停止过滤后，滤渣层的毛细孔中仍含有许多滤液，需用清水或其他液体洗涤，以得到纯净的固体颗粒产品，或尽量多的滤液。洗涤所得到的溶液，称为洗出液。洗涤时，将清水或其他洗液同样在推动力作用下流过毛细孔道，其过程主要分为两个阶段：开始是置换洗涤，滤饼中的残留也被洗液所取代；然后是扩散洗涤，黏附在微粒表面上的薄层滤液通过扩散作用转入洗液而被夹带出。一般遵循提高洗出液浓度，滤饼大致洗净的原则，可采用多次逆流法洗涤。

3. 干燥

用机械挤压、真空抽吸、压缩空气吹排或通入热空气等方式，将滤渣层毛细孔中存留的洗涤液分离出来，得到含水量较低的纯净滤饼。

4. 卸料

把滤渣层从过滤介质上卸下，并将过滤介质洗净，以备重新进行过滤操作，可采用倒吹压缩空气、刮刀或其他方法。

（三）　过滤机械分类

过滤机按过滤推动力可分为重力过滤机、加压过滤机和真空过滤机；按过滤介质的性质可分为粒装介质过滤机、滤布介质过滤机、多孔陶瓷介质过滤机和半透膜介质过滤机；按操作方法可分为间歇式过滤机和连续式过滤机。

二、　加压式过滤机

加压式过滤机的特点主要有过滤效率较高；结构紧凑，造价较低；操作性能可靠，适用范围广；但为间歇式操作，有些型式加压过滤机的劳动强度较大。

（一）　板框式压滤机

1. 结构

板框式压滤机是间歇式过滤机中应用最广泛的一种。利用滤板来支承过滤介质，滤浆在受压而强制进入滤板之间的空间内，并形成滤饼，如图 5-2 所示，其结构包括机架和板框两部分。机架主要由固定端板、螺旋（或液压）压紧装置及板框导轨组成。板框交替排列，用过滤布隔开并在角部留下交流的孔道。滤板和滤框均通过支耳架在已对横梁上，利用活动端板压紧或拉开。滤板和滤框的数目视过滤机的生产能力及滤浆性质而定，一般在 10~60 个。

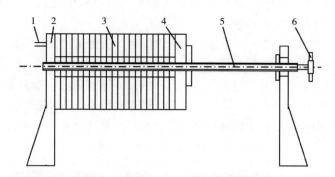

图5-2　板框式压滤机结构简图

1—滤浆进口　2—固定端板　3—板框　4—活动端板　5—板框导轨　6—螺旋压紧装置

资料来源：摘自参考文献［55］。

　　滤框和滤板的结构如图5-3所示。外框一般为正方形或长方形，上方两角开小孔，一边作为滤液流动的通道，另一边作为洗涤水或滤浆流动的通道。滤板的作用是支撑滤布，其表面加工成沟槽纹路以便于滤液从该纹路凹槽中流过，成为滤液通道，并在滤板左下方设置滤液或洗液出口，液体最后从出口处排出。滤板分为洗涤板和非洗涤板两种，其区别在于洗涤板上角小孔有流入洗液的孔道，而非洗涤板则没有。板框压滤机可通过手动、电动或液压机构等方式将板框结构压紧，使滤布紧贴于滤板上，而相邻两块滤布之间的框内则形成了供滤浆进入的空间。

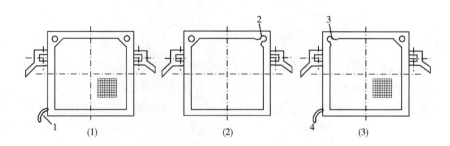

图5-3　滤板和滤框结构图

（1）非洗涤板　（2）滤框　（3）洗涤板

1—滤液或洗涤水出口　2—滤浆进口　3—洗液进口　4—滤液出口

资料来源：摘自参考文献［13］。

2. 原理

板框式压滤机的操作可分为过滤和洗涤两个流程，如图5-4所示。

　　（1）过滤过程　［图5-4（1）］　滤浆从板框式压滤机的滤框上方通孔进入滤框空间，在内外压力差的作用下，滤浆中的固体颗粒被滤框两侧的滤布截留在框内，并逐渐形成滤饼；滤液则穿过滤饼和滤布进入滤板一侧，然后在压力差和重力双重作用下，顺着滤板上的滤液通道向下流动，从下方的滤液出口排出。滤液出口可分为明流式和暗流式两种。明流式滤液出口的特点是每个滤板下方都设置一个独立出口，一般为旋塞式，可作为检查口，如果某板上的滤布破裂，则该处排出的滤液必然混浊。暗流式滤液出口的特点是板框通孔组成的滤液通道集中流出，这有助于减少滤液与空气的接触。

（2）洗涤过程［图5-4（2）］ 在滤框中充满滤饼时，由于过滤阻力增大造成过滤效率大大降低，在维持恒压过滤的过程中，压力增大至超过工作压力阈值时，就应该停止过滤操作，进入洗涤工序。滤液停止供送，洗涤板下方的出口关闭，洗液由洗涤板上角通孔的孔道流入洗涤板，在压力差的作用下，洗液穿过滤布和滤饼，向非洗涤板方向流动。进入滤框空间，中对滤饼进行洗涤，将其中一定浓度的滤液稀释带出，最后由非洗涤板下方出口流出。

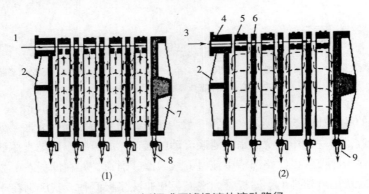

图5-4 板框式压滤机液体流动路径

（1）过滤过程 （2）洗涤过程

1—滤浆进口 2—固定端板 3—洗液进口 4—非洗涤板 5—滤框
6—洗涤板 7—活动端板 8—滤液出口 9—洗液出口

资料来源：摘自参考文献［74］。

3. 性能特点

板框式压滤机的操作压力一般为 0.1～1MPa。该机结构简单、制造方便、造价低、过滤面积大、辅助设备少、动力消耗低、助推动力大（最大可达 1MPa 以上，一般在 0.3～0.5MPa），管理方便，使用可靠，便于检查操作情况，适应各种复杂物料的过滤，特别是黏度大、颗粒粒度较细、可压缩、腐蚀性的各种物料。缺点是劳动强度大、滤布消耗量大、生产效率较低。

4. 适用范围

板框式压滤机可适应于各种复杂物料的过滤分离，尤其适应于粒度较小、可压缩性较强及黏度较大的物料，是目前食品工业中使用最广泛的分离机械之一，主要用于液体澄清、难过滤的低浓度悬浮液或交替悬浮液的分离、液相黏度大或接近饱和状态的悬浮液的分离。

（二） 叶滤机

1. 结构

叶滤机是由一组并联滤叶装在密闭耐压机壳内组成的间歇式加压过滤机，其结构如图5-5所示。滤叶一般由支撑网、边框和外层的细金属丝网或编织滤布组成，分为固定型和转动型两种。根据罐体的放置方向可分为立式叶滤机和卧式叶滤机（如图5-5和图5-6所示），滤叶也有水平和竖直两种方向，食品工业上也通常以滤叶安置型式对叶滤机进行划分。运行时，水平滤叶在上表面形成滤饼，过滤面积为滤叶面积，滤饼沉积在滤叶上，不易脱落。而垂直型滤叶的两面均可以形成滤饼，过滤面积为滤叶面积的 2 倍，但在运行过程中滤饼较易脱落。

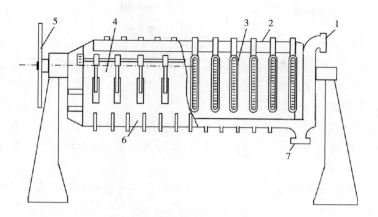

图5-5 卧式叶滤机结构

1—滤浆进口 2—管道 3—滤叶 4—上半机壳 5—手轮 6—下半机壳 7—出料口

资料来源：摘自参考文献［55］。

2. 原理

叶滤机的操作可分为过滤和洗涤两步进行。

（1）过滤过程滤浆原液进入罐体后，处于滤叶外层空间，在滤叶外围施加压力或内部抽真空操作后，在滤叶内外形成压力差，以此为推动力带动滤浆中的滤液过滤进入滤叶内部，然后汇集由滤液出口排出，而固体颗粒积聚在滤叶表面上成为滤饼，厚度通常为5~35mm。

（2）洗涤过程在洗涤前，首先将滤饼清除，可通过振动、转动或喷射高压水流等方式，也可以打开罐体，抽出滤叶组件，人工清除。洗涤时，以洗液代替滤浆，通过与滤浆相同的路径进行洗涤。在压差设置方面需要考虑洗液与滤浆之间的黏度差异，若黏度大致相等，则压差不变，洗涤速率与过滤终了速率相等。

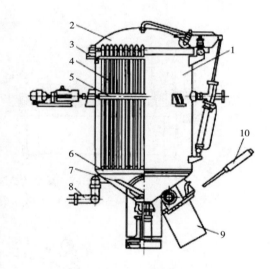

图5-6 立式叶滤机结构

1—滤筒 2—滤头（封头） 3—喷水装置
4—滤叶 5—滤浆加入管 6—锥底 7—滤渣清扫器
8—滤液排出管 9—排渣口 10—插板阀气缸

3. 性能特点

叶滤机单位体积的过滤面积较大，生产能力较强；洗涤速率较一般压滤机更快，洗涤效果更好；但构造较复杂，制造成本高，且因滤饼并不是在两侧滤布挤压下形成，所以滤饼不均匀，且干燥效果不如压滤机；使用的压差通常不超过400kPa。

4. 适用范围

在食品工业中，常用的叶滤机有硅藻土过滤机、加压滤叶型过滤机等，适用于过滤周期长、滤浆特性恒定的过滤操作。

三、真空过滤机

真空过滤机是以抽真空为推动力，过滤介质两边的压差限制在 1 个工程大气压之下，所以是一种连续性生产和机械化程度较高的过滤设备。

（一）真空转鼓过滤机

真空转鼓过滤机的过滤介质围绕在一个空心转鼓侧面，转鼓内一部分为真空，另一部分为压缩空气，由转鼓内压力与介质外大气压之间的压力差形成推动力而进行固液分离。

1. 结构

真空转鼓过滤机的结构如图 5-7 所示，主要构件分为滤浆槽和低速旋转的转鼓两部分。转鼓是绕轴转动的水平圆筒，直径为 0.3~4.5m，长 3~6m。转鼓外表面由多孔板或特殊的排水构件组成，滤布覆盖其上。圆筒内部被分割成若干个扇形格室（图 5-8），每个格室有吸管与空心轴内的孔道相同，而孔道则沿轴向通往位于轴端的旋转控制阀。转动盘与固定盘紧密配合，构成一个特殊的旋转阀，称为分配头（图 5-9）。转鼓空腔借分配头分别与减压管、洗液贮槽及压缩空气管路相通。

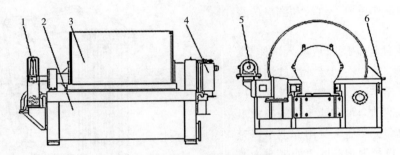

图 5-7 真空转鼓过滤机结构图

1—驱动机构 2—滤浆槽 3—转鼓 4—分配头 5—搅拌机构 6—刮刀

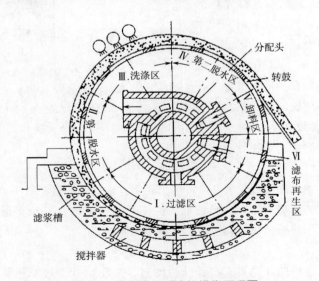

图 5-8 真空转鼓过滤机操作原理图

资料来源：摘自参考文献 [74]。

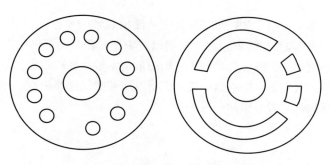

图5-9　真空转鼓过滤机的分配头

资料来源：摘自参考文献［74］。

2. 原理

真空转鼓过滤机是一种连续式过滤设备，当转鼓旋转时，借分配头的作用，扇形格内分别获得真空和高压环境，以此控制过滤机进行过滤、洗涤、滤布干燥和再生等操作步骤在转鼓转动一周的过程中循序进行。

根据图5-8所示的真空转鼓过滤机结构，可将其沿顺时针方向为过滤区、第一脱水区、洗涤区、第二脱水区、卸料区和滤布再生区。以下是各个区域的压力状态和相应操作要点。

区域Ⅰ-过滤区扇形格室负压状态。浸没于滤浆槽中，以真空形成的压力差为推动力使滤浆吸附在滤布外表面，形成具有一定厚度的湿润滤饼，滤液经过滤布进入格室内，经分配头的固定盘弧形槽和相连接管排入滤液槽，湿润滤饼随转鼓的旋转被带出滤浆槽。

区域Ⅱ-吸干区扇形格室负压状态。扇形格室及滤布表面的湿润滤饼离开滤浆槽液面，滤饼中的剩余滤液被负压吸入格室内，通过分配头和接管与过滤区滤液一并排入滤液槽。

区域Ⅲ-洗涤区扇形格室负压状态。格室外设置洗涤水喷头，洗涤水喷洒于干燥滤饼上，使滤饼中残余滤液溶解稀释，通过负压推动力将含有滤液成分的洗出液吸入格室内，然后经固定盘的弧形槽通向洗液槽。

区域Ⅳ-洗后吸干区扇形格室负压状态。操作过程与吸干区相似，洗后滤饼经负压动力将残留洗液吸干，并与洗涤区的洗出液一并通向洗液槽。

区域Ⅴ-吹松卸料区扇形格室正压状态。通过格室内向外输送的压缩空气将附于滤布外表面的干燥滤饼吹松，同时被伸向滤布表面的刮刀所剥落。

区域Ⅵ-滤布再生区扇形格室正压状态。在此区域内以压缩空气吹走残留的滤饼，使其达到可进行下一过滤循环的要求。

3. 性能特点

真空转鼓顾虑及适宜过滤悬浮液中颗粒中等、黏度不大的物料。操作过程中，可以通过调节转鼓转速来控制滤饼厚度和洗涤效果。滤布损耗较少，但过滤推动力小，设备费用较高。

4. 适用范围

通常，对于悬浮液中颗粒粒度中等、黏度不太大的物料，真空转鼓过滤机均适用。

（二）　真空转盘过滤机

真空转盘过滤机是在真空转鼓过滤机的基础上发展起来的，同样属于连续式过滤设备，具有更为快速高效的过滤能力。

1. 结构和原理

真空转盘过滤机是由一组安装在水平转轴上并随轴旋转的滤盘（或转盘）所构成（图5-10），其结构和操作原理与真空转鼓过滤机相类似。转盘的各个扇形格室有管道与空心轴的孔道相通，当各转盘连接在一起时，转盘同相位的扇形格室形成连通孔道，并与轴端的旋转控制阀相连。内腔借控制阀分别于真空管道、洗液贮槽及压缩空气管路相通。每一个转盘相当于一个转鼓，各有其滤饼卸料装置，但卸料较困难。

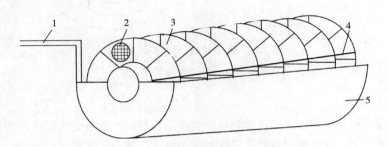

图5-10　真空转盘过滤机结构简图

1—进料管　2—金属丝网　3—转盘　4—刮刀　5—滤浆槽

资料来源：摘自参考文献［57］。

2. 性能特点

真空转盘过滤机过滤面积大，单位过滤面积占地小，滤布更换方便、消耗少，但滤饼洗涤不彻底，洗涤水与滤浆易在滤槽中相混。

3. 适用范围

与真空转鼓过滤机的适用范围类似，适应于滤浆中颗粒粒度中等、黏度不太大的物料，且更适合大规模工业化生产。

第二节　离心分离机械与设备

一、概述

离心分离设备是一种非常重要的食品分离机械类型，可用于不同状态的分散体系的分离。离心分离机械种类较多，在食品工业中有着广泛的应用，如原料乳净化、奶油分离、淀粉脱水、食用油净化、豆制品浆渣分离、葡萄糖脱水等，可适用于不同物料体系和满足不同分立需要。

（一）　离心分离原理

离心是在离心力场的作用下，利用分离筒的高速旋转，使物料中具有不同密度的分散介质、分散相或其他杂质具有不同的离心力而分散，达到固-液、液-液或液-液-固相离心分离目的的操作。衡量离心分离性能的主要指标为分离因数，其定义是物料所受的离心力与重力的比值，即离心加速度与重力加速度的比值。如式5-1所示。

$$Fr = R\omega^2/g \tag{5-1}$$

式中 Fr——分离因数；

  R——转鼓半径，cm；

  ω——转鼓回转角速度，rad/s；

  g——重力加速度，cm/s²。

由上式可以看出，分离因数与转鼓半径和回转角速度有关，增大转鼓半径，或加快离心速率都可以提高物料的离心分离效率，尤其是回转角速度对分离结果影响更大。离心分离可以达到重力沉降的几百到几万倍，对于在重力场中极为稳定的食品悬浮液和乳浊液的分离尤其适用。但从设备强度因素方面考虑，两者的增加都有限度。所以，要根据分离物料性质和分离要求来选取不同分离因数范围的离心机械。

（二） 离心分离机械分类

离心机可以有不同的分类方式，常见的分类因素有操作原理、分离因数、操作方式、卸料方式、转鼓主轴方向、转鼓内流体和沉渣的运动方向以及分类工艺操作条件等。其中主要分类如下所述。

1. 按分离因数分类

（1） 常速离心机 分离因数 Fr 范围 0~3000，主要分离颗粒不大的悬浮液和物料脱水。

（2） 高速离心机 分离因数 Fr 范围 3000~50000，主要分离乳状和细粒悬浮液。

（3） 超高速离心机 分离因数 Fr 范围 50000 以上，主要分离不易分离的超微细粒悬浮液系统和高胶体悬浮液。

2. 按操作原理分类

离心分离机按操作原理可分为过滤式离心机、沉降式离心机和分离式离心机三类。

3. 按操作方式分类

分离式离心机分为间歇式离心机和连续式离心机两类。

4. 按卸料方式分类

分离式离心机分为人工卸料离心机、重力卸料离心机、刮刀卸料离心机、活塞卸料离心机、螺旋卸料离心机、离心卸料离心机、振动卸料离心机、进动卸料离心机等。

5. 按装主轴方向分类

分离式离心机分为卧式离心机和立式离心机两类。

6. 按转鼓内流体和沉渣的运动方向分类

分离式离心机分为逆流式和并流式两类。

7. 按分离工艺操作条件分类

分离式离心机分为常用型、密闭防爆型。

二、 三足式离心机

（一） 结构

三足式离心机属于间歇式离心机，需要进行人工卸料，卸料方式有吊带上卸料和刮刀下卸料等。三足式离心机的结构如图 5-11 所示，主要构件有底盘 1、主轴 10、支柱 2、转鼓 5、外壳 11、电动机 12 等。离心机转鼓由不锈钢制成，鼓壁开有滤孔。转鼓和外壳通过主轴相连，并通过 V 带轮传动装置被电动机驱动。外壳和传动机构等几乎所有机头都通过减振弹簧组件悬在三个支柱上，以此减弱转鼓高速旋转时产生的振动，提高设备运行稳定性和使用寿命。

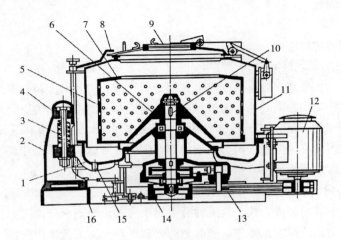

图 5-11 三足式离心机结构

1—底盘 2—支柱 3—缓冲弹簧 4—吊杆 5—转鼓 6—转鼓底 7—拦液板 8—制动器把手
9—机盖 10—主轴 11—外壳 12—电动机 13—传动皮带 14—制动轮 15—滤液出口 16—机座

资料来源：摘自参考文献［84］。

（二） 原理

三足式离心机通过转鼓结构的变化，可实现过滤分离和沉降分离两个功能。

1. 过滤分离

转鼓壁开有滤孔，并覆盖滤布，滤浆从上部进料口进入转鼓后，在转鼓的高速旋转产生的离心力作用下，滤液经由滤布、滤孔被甩到外壳，流入底盘，由外壳底部的出液管排出，滤渣沉积在转筒内壁上形成滤饼。由于重力的叠加作用，滤饼形状通常为下宽上窄的楔形结构。离心完成后，需停机方式卸料除去滤渣。

2. 沉降分离

转鼓壁不开孔，形成封闭空间，滤浆进入转鼓后，不同密度颗粒产生不同大小的离心力，其中滤浆中密度较大的固体颗粒因离心力较大被甩到转鼓内壁上，沉降成楔形滤饼。当沉降分离完成后，停机分别取出滤液和滤渣。

（三） 性能特点

三足式离心机是最早出现的离心机，属于间歇式离心设备，设备较简单，制造容易，造价低廉，可以按照生产需求安排工作周期，灵活性较强，能按照需要随时调整过滤、洗涤的操作条件，且对固体颗粒大小限制小，晶体不受损坏。但其生产能力低，劳动强度高，生产辅助时间长，限速因素主要体现在卸料费时费力。为此，在卸料方面发展出很多改进，如下卸料和机械刮刀卸料等方式，提高了三足式离心机的工作效率，降低了劳动强度。

（四） 适用范围

三足式离心机适用于处理量不大，但需要充分洗涤的物料，特别适宜热敏感性较强、需保持晶体完整的物料分离，如单晶糖分蜜、肉块去血水、味精结晶与母液的分离等。操作时，要遵循低速加料、高速过滤和沉降、降速或停机卸料的原则，以避免载荷偏心。

三、 管式离心机

（一） 结构

管式离心机的结构如图 5-12 所示，与三足式离心机相比，管式离心机的转鼓更长，但半径更小，一般为 70~160mm，最宽不超过 200mm，长径比可达到 6~8 : 1，形成一个无滤孔的狭长管状结构。转鼓外置固定的机壳，并通过机壳上端固定的传动机构高速旋转，下端与机壳底部的导向轴衬相连。转鼓里装有三片互成 120° 角的桨叶，通过其上面的弹簧片紧压在转鼓内壁上。

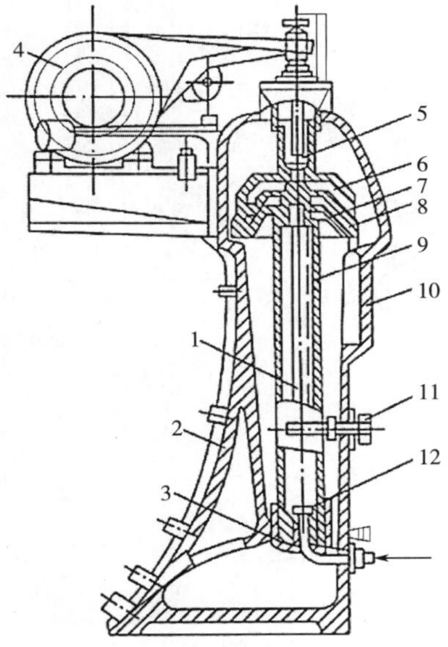

（二） 原理

管式离心机通过转鼓下端进料，上端出料。按照出料端出口形式，可分为澄清型管式离心机和分离型管式离心机。

1. 澄清型料液出口

如图 5-13 （1）所示，为一个接有轴向出料管的空心圆盘结构，与转鼓上端密封连接。料液由转鼓底端进料口连续进入转鼓后，受到下部进料挤压不断向上推动，并在桨叶带动下随转鼓一起高速旋转。悬浮液中固体颗粒受到较大的离心力作用沉降在转鼓内壁上，澄清滤液经过一段时间的离心运行后，由上端的料液出口挤出。经一段时间的运行后，沉渣需停机清理，属于间歇式操作。

2. 分离型料液出口

如图 5-13 （2）所示，由分别与转鼓密封连接的同心圆环构成，每个圆环均接有一个轴向出料管。

图 5-12　管式离心机结构
1—桨叶　2—机座　3—底盘　4—传动机构
5—锁紧螺母　6—轻液出口　7—上盖
8—重液出口　9—转鼓　10—外壳
11—制动器　12—进料分布盘
资料来源：摘自参考文献 ［84］。

混合料液（悬浮液或乳浊液）进入转鼓后，轻重液因受到的离心管型式的大小不同而分层，重液贴近转鼓的内壁，轻液紧挨着重液，形成内外两个同心圆液层。由于下部进料的挤压不断向上流动，到转鼓顶端时，重液由远离中轴线的重液出口流出，轻液由靠近中轴线的轻液出口流出。少量沉渣沉积在转鼓内壁上，需停机清除。对于不含有或极少量固相的料液来说，分离型管式离心机可在一段时间内实现连续式操作。

（三） 性能特点

管式离心机的优点：分离强度大，离心力为普通离心机的 8~24 倍；具有沉降和分离两种功能；对于轻重液的分离操作来说，可实现连续操作；结构紧凑，密封性能好。

缺点：容量小，生产能力较低；对于悬浮液的澄清操作来说，需停机清除沉降物，属于间歇式操作，效率较低。

（四） 适用范围

管式离心机适用于固液密度相差较小、较难以分离悬浮液的澄清和乳浊液及液-液-固三相混合物。因管式离心机容量较小，所以悬浮液的固相浓度应≤1%，粒度为 0.1~100μm。

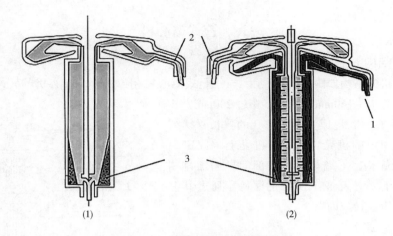

图 5-13　管式离心机料液出口

（1）澄清型（GQ 型）　　（2）分离型（GF 型）
1—重液出口　2—轻液出口　3—沉渣

四、　室式离心机

（一）　结构

图 5-14　室式离心机转鼓结构

1—进液口　2—出液口

室式离心机主要由机壳和转鼓构成，转鼓安装在与传动机构相连的中轴上，随中轴高速旋转，如图 5-14 所示。转鼓由管式离心机转鼓发展而来，可以看作是若干个管式离心机的转鼓套叠而成。实际上是在室式离心机的转鼓内装有多个与中轴线同心的圆形隔板，将转鼓内空间分割成若干个环装小室，这些圆形隔板从内到外依次安装在转筒的下底板和上盖板上，形成一个曲折向外延伸的串联式料液流动通道。这种结构可大大增加固相颗粒的沉积面积，延长物料在转鼓内的停留时间和运行路径。

（二）　原理

料液由顶部中轴线上的空心进料口进入转鼓后，在离心惯性力的作用下向转鼓外周流动，依次经过各环装小室，颗粒较大的固相物沉积在较内层的隔板内壁上，颗粒较小的固相物沉积在较外层的隔板内壁上，到达最外层后，粒度最小的部分颗粒将沉积在转鼓内壁上。经过层层沉降，澄清液经由最外层环装小室上行，由进料口外周的环装出料口流出。固体沉渣需定期停机清除。

（三）　性能特点

室式离心机具有较大的沉降面积，澄清效果好。与管式离心机相比，转鼓直径更大，所以转速较低，对设备稳定性要求较低，制造成本较低，生产能力更高。

（四）　适用范围

室式离心机主要适用于悬浮液澄清，如酒类。果汁经过该机澄清，可得到澄清度很高的产品。

五、 碟片式离心机

（一） 结构

碟片式离心机是由室式离心机发展而来的，其主要结构如图 5-15 所示，主要包括机壳、转鼓、驱动机构、进出料管等构成。碟片式离心机虽然具有不同型式，但整机的结构和布置相近。转鼓是碟片式离心机的主要工作部件，直径一般为 150 ~ 300mm，由下部驱动。其最重要的特点是转鼓内部装有一叠互相保持一定间距的倒锥形碟片，通过碟片夹持器固定，锥顶角为 60° ~ 100°，每片厚度 0.3 ~ 0.4mm，数量几十片到上百片不等。根据物料颗粒粒度和分离要求的不同，碟片间距在 0.3~1.0mm 不等。碟片锥面上也有不开孔和开孔两种类型，可分别用于碟片式离心机的澄清和分离两种操作。

图 5-15　碟片式离心机外形图

碟片式离心机进料管在转鼓的上、下部均可，但出料管一般设置在上部。出料管管口根据功能不同，结构有所差异。类似于管式离心机的出料口结构，用于乳浊液两相分离的有轻液、重液两个出口，用于澄清的只有一个出口。用于乳浊液澄清的碟片式离心机，在出口处还装了乳化器，以使在离心澄清过程中分离了的两相再次得以混合乳化后再排出。

（二） 原理

碟片式离心机的工作原理如图 5-16 所示，根据碟片锥面是否开孔以及出料管的个数，分为澄清型碟片式离心机和分离型碟片式离心机两种类型。

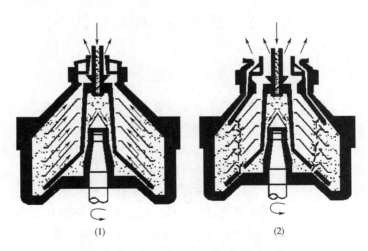

(1)　　　　　　　　　　　(2)

图 5-16　碟片式离心机运行原理

（1）澄清型　（2）分离型

资料来源：摘自参考文献［84］。

1. 澄清型碟片式离心机

该类型离心机碟片不开孔，在转鼓顶部只设有一个出口管。悬浮液自进料管进入中心套管后，在转鼓下部因离心力作用进入碟片空间，密度较大的固相颗粒沿碟片的下表面沉积到转鼓内部，澄清液则沿碟片的上表面向轴心流动，由转鼓上部的出液管流出，固相颗粒定期停机清除。

2. 分离型碟片式离心机

该类型离心机的每只碟片在离开中轴一定距离的中性圆周上开有几个对称分布的圆孔，当若干只碟片叠置后，对应的圆孔可组成上下通透的垂直孔道。待分离的乳浊液沿进料管进入中心套管后，可通过碟片锥面上的圆形孔道进入碟片间隙，因混合液的轻重两组分的密度不同，所受离心力大小也不同，所以就在转鼓高速回转时从孔道处开始分离，轻液沿上碟片的下表面缓缓向轴心流动，汇集后由轻液口排出；重液则沿着下碟片的上表面缓缓流向转鼓外层，汇集后由重液口排出。若乳浊液含有少量固相颗粒，则会沉积在转鼓内壁，必要时定期停机清除。

（三） 性能特点

对于澄清型来说，碟片式离心机属于间歇式设备，而对于分离型来说属于连续式设备。目前，排渣方式也有喷嘴排渣和环阀排渣等自动排渣型式。生产能力大，自动连续操作，并可制成密闭、防爆型式，因此应用较为广泛。

（四） 适用范围

碟片式离心机适用于连续分离两种密度不同且互不相容的混合液体。在食品工业中，广泛应用在牛乳、啤酒、酵母、淀粉、油脂、饮料等产品的分离操作中。

第三节　膜分离机械与设备

一、　概述

膜分离是一种用天然的或人工合成的高分子薄膜或其他具有类似功能的材料，以膜两侧压力差或电位差为动力，对双组分或多组分的溶质和溶剂进行分离、分级、提纯和腹肌的方法。膜分离通常在常温下进行，因此特别适用于热敏性物料的分离。膜分离的对象，可以是液体也可以是气体，食品工业中应用较多的是液体物料的分离。

膜分离机械的核心结构是膜，它可以有条件选择性地让某些溶质组分通过，因而溶液中不同溶质组分得到分离。因而其选择性至关重要。根据膜分离技术的方法可分为渗透、反渗透、超滤、透析、电渗析、微孔过滤、液膜技术、气体渗透和渗透蒸发等，其中较常见的有超滤（Ultrafiltration，UF）法、反渗透（Reverse-osmosis，RO）法、电渗析（Electrodialysis，ED）法和微孔过滤（Microfiltration，MF）法。如表5-1所示。

膜分离设备主要由膜及其组件、料液传输系统、压力和流量控制系统等构成，膜组件有很多种型式，如平板膜、管式膜、螺旋卷式膜、中空纤维膜、毛细管膜、槽条式膜等。

表 5-1　　　　　　　　　　　　　　　膜分离主要方法

膜分离技术	推动力	分离相态	透过物
渗透（Osmosis）	浓度差	液-液	溶剂
反渗透（Reverse-smosis，RO）	压力差	液-液	溶剂
超滤（Ultrafiltration，UF）	压力差	液-液	溶剂
透析（Dialysis）	浓度差	液-液	溶质
电渗析（Electrodialysis，ED）	电场	液-液	溶质/离子
微孔过滤（Microfiltration，MF）	压力差	液-液	溶剂
液膜技术（Liquid membrane technology）	浓度差/化学反应	液-液	溶质/离子
气体渗透（Gas permeation）	压力差	气-气	气体分子
渗透蒸发（Pervaporation）	浓度差	液-气	液体组分

资料来源：摘自参考文献［13］。

二、膜 组 件

（一）平板式膜组件

1. 结构

平板式膜组件的结构如图 5-17 所示，一般由膜和隔板构成。其中，隔板分为两种，一种具有隔离相邻两层平板膜的作用，另一种具有支撑和导液作用（如多孔隔板、波形隔板等形式）。平板膜的层数需要根据处理量来确定，当处理量大时，可以增加膜的层数。各膜组件之间可以是串联形式的，也可以构成并联形式。图 5-18 为 DDS 平板式膜组件的结构示意图，这是一种在乳品工业得到较多应用的膜组，膜片为圆形，均安装在中轴上，原料液在数片膜间由下到上串联流过，浓缩液由上出口流出，透过液穿过膜后汇集，由另一出口流出。

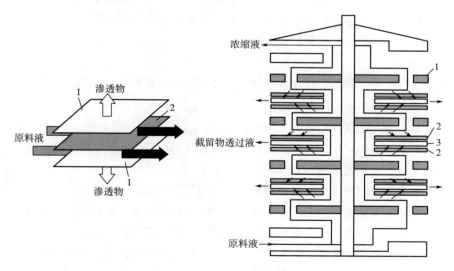

图 5-17　平板式膜组件结构

1—隔板　2—膜　3—支撑板

资料来源：摘自参考文献［55］。

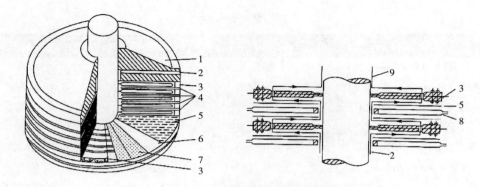

图5-18　丹麦DDS公司的平板式膜组件结构

1—盖板　2—料液　3—隔板　4—滤过液　5—膜　6—滤纸　7—膜支撑板　8—膜支撑板+滤过液出口　9—浓缩液

资料来源：摘自参考文献 [77]。

2. 原理

平板式膜组件在运行时，原料液流入两层膜之间，由于存在压力差，小分子透过两边的膜形成渗透物，渗透物流动方向与原料液垂直，随后与膜外侧的溶液汇集；大分子作为截留物仍然存在于两膜之间，沿原料液原有的方向继续向前流出。由于平板式膜间存在隔板，原料液的流通截面积较大，使用时不易堵塞，因此可适用于一些预处理程度较低或颗粒较大的原料液；各种凹凸波纹的导液隔板使原料液在膜间形成湍流，适当降低了原料液的流速，减少浓差极化现象，提高了分离效果。

3. 性能特点

平板式膜组件的优点：安装简单、膜的更换和维护容易，在同一设备中可根据处理量要求改变膜数量。

缺点：设备运行时产生湍流振动，要求设备机械强度较高；设备内液流的流动状态较差，易形成浓差极化现象；对密封性和支撑材料的要求较高，故设备成本较高；通常单程回收率较低，需要多次循环，所以能耗较高。

4. 适用范围

平板式膜组件适用于颗粒粒度较大、预处理程度较低的原料液的浓缩，在乳品工业中应用广泛。

（二）　螺旋卷式膜组件

1. 结构

螺旋卷式膜组件所用的膜为平面膜，可以看作若干个平板膜卷叠而成。其结构如图5-19所示。通常，平面膜为四边形，两层膜构成一个三边封闭的膜袋，开放的一边与中心轴的集水管相连通，使膜袋内液体可通过中心集水管流出。膜袋内装有聚丙烯酸类树脂或三聚氰胺树脂等化学性和耐压性均较稳定的支撑材料，主要作用是固定支撑，提供透过液流动通道，厚度约0.3mm；膜袋外装有聚丙烯隔网，主要作用是提供原料液流动的通道，提高湍流速度，厚度在0.7~1.0mm。膜袋数目称为叶数，叶数越多，密封的要求越高。将若干叶膜袋组成的膜组件装入一个圆筒形的耐压容器中形成卷式膜组件；若将个卷式膜组件串联装于一个中心集水管相连通的壳体中，便组成螺旋卷式反渗透器（如图5-20所示）。由于受到生产场地空间限制，壳体长度一般不超过 10m，可通过中心管 180°拐角形成多壳体串联或多进出管并联形成大型的螺旋卷式反渗透器，以适应大规模分离处理的需要。

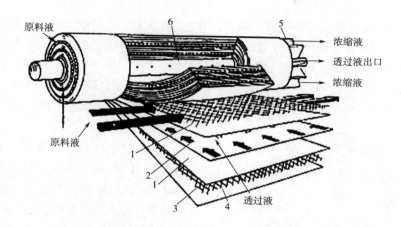

图 5-19　螺旋卷式膜组件结构
1—膜　2—透过液收集器材　3—料液流道隔离件　4—外套　5—防护套筒伸缩装置　6—透过液收集孔
资料来源：摘自参考文献 [77]。

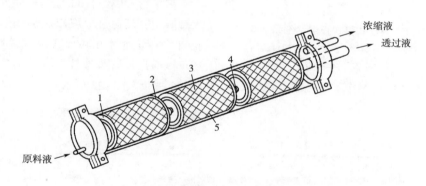

图 5-20　螺旋卷式反渗透器
1—端盖　2—密封圈　3—卷式膜组件　4—联结器　5—耐压容器
资料来源：摘自参考文献 [77]。

2. 原理

螺旋卷式膜组件对原料液的浓缩分离过程如图 5-19 所示。原料液由膜组件圆柱体侧面进入组件内部的膜袋间隙中，在外压推动力的作用下，原料液在隔网中湍流流动，其中透过液部分渗透进入膜袋内部，在支撑材料构成的通道中逐渐向轴心流动，由中心集水管汇集，通过透过液出口排出。无法穿膜而过的部分成为浓缩液，继续沿原料液的流动方向向膜组件的另一端流动，并由圆柱体另一侧的浓缩液出口汇集排出。

3. 性能特点

螺旋卷式膜组件的优点：单位体积的膜面积大，处理量较大，结构紧凑；流面狭窄，采用高压方式即可冲洗干净。

缺点：压力损失较大，因此大型螺旋卷式反渗透器所需初始压力较高，或需要在中间增设增压泵，对设备耐压性能要求较高；膜面流速较小，一般约为 0.1m/s，已发生浓差极化现象；料液流动通道狭窄，易堵塞。

4. 适用范围

螺旋卷式反渗透器适用于黏度小、固体颗粒少且粒度较小的料液，一般均采用经过预处理后的原料液进行进一步杂质分离，广泛应用于水处理工艺操作中。近年来，随着食品加工产业升级，螺旋卷式膜组件向着超大型化发展，组件尺寸达到直径 0.3m，长 0.9m，有效膜面积达 51m²，每组膜处理量可达到 34m³/d，醋酸纤维素膜也逐渐向复合膜的方向发展。

（三） 管式膜组件

1. 结构

管式膜组件的外形类似于管式换热器，如图 5-21 所示，以尼龙、滤纸等材料作为支撑材料，膜附在其上形成复合体。复合体依附在多孔可透水的支撑管的内壁上或者外壁上。若附于支撑管内壁，则为内压式管式膜，若附于外壁上，则为外压式管式膜（如图 5-22 所示）。

多根管式膜组件可通过多种方式组合成大型膜组，可通过单根串联形式形成单管式膜组，也可通过并联形式组成并联式膜组，还可以通过长管膜缠绕的方式形成螺旋管式组件等（如图 5-23 所示）。

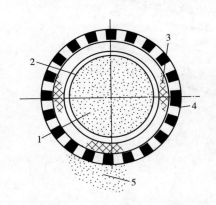

图 5-21　内压式管式膜组件剖面结构

1—原料液　2—膜管　3—多层合成纤维布
4—多孔管　5—透过液

资料来源：摘自参考文献 ［14］。

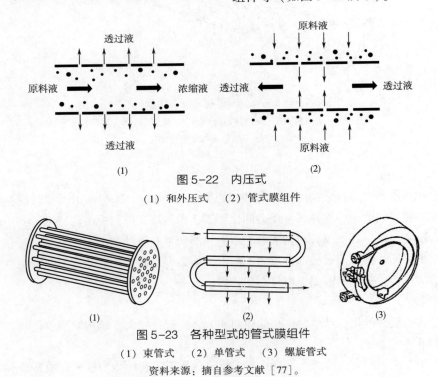

图 5-22　内压式
（1）和外压式　（2）管式膜组件

图 5-23　各种型式的管式膜组件
（1）束管式　（2）单管式　（3）螺旋管式
资料来源：摘自参考文献 ［77］。

2. 原理

（1）内压式　内压式管式膜组件的膜附在有孔支撑管的内壁，管内部的压力要大于外部。原料液进入管内部后，利用管内外的压力差形成的推动力，使料液中的透过液分别穿过膜、支撑材料以及支撑管孔道，到达管外部的透过液收集通道，汇集流出；剩余部分形成浓缩液，继续在管内沿原料液方向流动至另一端，最后经由浓缩液收集通道收集。

（2）外压式　外压式管式膜组件的膜附在有孔支撑管的外壁，推动力由管外作用于管内部。在外压式管外应有一个具原料液进口和浓缩液出口的耐压容器。原料液进入耐压容器后，遍布于外压式管外周，借助由外向内的外压推动力，其中透过液分别经由膜、支撑材料和支撑管孔道，进入管内流动至透过液收集口；未透过部分则在管外形成浓缩液，在耐压容器的浓缩液出口流出。

3. 性能特点

管式膜组件的优点：结构简单，制造容易，流道较宽，不易堵塞。

缺点：单位体积的膜面积较小，设备体积较大，处理量较小，流道内液体冲击压力较小，不易清洗，如需更新个别膜组，需要停机替换。

4. 适用范围

管式膜组件的特点是管径较大，因此可适用于不经过特别预处理的原料液的浓缩。内压式膜组件的膜面流速快，有错流效果，浊质不易附着到膜表面，因此适用于高浓度液体的浓缩精制。外压式膜组件的原料液通过膜面积大，可减轻单位膜面积的负荷，还可以进行空气擦洗等物理清洗，适合于大处理量的除杂操作。

（四）　中空纤维膜组件

1. 结构

中空纤维膜组件主要由壳体、中空纤维膜、环氧树脂管板、高压室和渗透室等组成，结构如图5-24所示。中空纤维膜的外径在 $50 \sim 100 \mu m$，内径在 $15 \sim 45 \mu m$，内外径之比以及纤维管材质决定了膜管的强度。该类型膜管没有支撑材料，完全依赖中空纤维管自身的强度来承受工作压力。安装时，将几万根中空纤维管用环氧树脂黏接，装填在管状壳体中。膜管的主体位于高压室（或渗透室）中，而开口与壳体的渗透室（或高压室）相通，高压室与渗透室完全隔离。

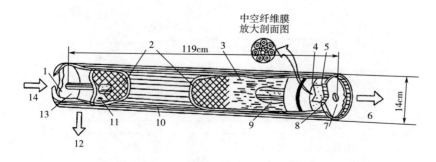

图 5-24　中空纤维管式膜组件

1，8—O 形密封环　2—流动网络　3，11—中空纤维膜　4—环氧树脂管板　5—支撑管　6—渗透液出口

7—端面　9—原料液分布管　10—壳体　12—浓缩液出口　13—端板　14 原料液进口

资料来源：摘自参考文献［77］。

2. 原理

与管式膜组件相似，中空纤维膜组件的压力推动方向也可以分为两种，内压式和外压式。两种压力方向类型的膜组件的区别在于，内压式的中空纤维管开口端与高压室相通，而外压式的中空纤维管开口端与渗透室相通。其原料液的浓缩过程与管式膜组件的原理基本相同。对于内压式来说，原料液从管端部高压室的分配器均匀流入所有中空纤维管中并向渗透室方向流动，渗透液在压力推动作用下透过膜进入渗透室，汇集流出，浓缩液由膜管另一端流出。对于外压式来说，原料液经进口管进入膜管主体外层的高压室后，渗透液在压力作用下透膜进入纤维管内部，并继续向渗透室流动，由渗透液出口流出，而浓缩液被截留在高压室，经由浓缩液出口汇集流出。

3. 性能特点

中空纤维管膜组件的优点：不用支撑材料，结构紧凑，膜装填密度一般为 $1.6 \times 10^4 \sim 3 \times 10^4 \, \mathrm{m^2/m^3}$，设备体积小。

缺点：因内径非常小，所以对原料液的预处理要求非常严格，而且只能采用化学清洗方法；长径比极大造成流动阻力较大。

4. 适用范围

中空纤维管膜组件适用于黏度小、固体颗粒极少且已经过严格预处理的原料液的浓缩处理，特别是水处理系统。

（五） 其他形式的膜组件

1. 毛细管膜组件

毛细管膜组件的结构与中空纤维管式膜组件相似，都没有其他支撑材料，膜组本身即是一种支撑膜，具有在较高压力下不变形的强度；两者的区别仅在于膜的规格不同。毛细管膜组件的膜直径在 $0.5 \sim 1.5 \, \mathrm{mm}$。

2. 槽条式膜组件

槽条式膜组件是一种最新发展起来的技术，结构如图 5-25 所示。由聚丙烯或其他材质挤压而成的槽条直径为 3mm 左右，上有 3~4 条槽沟。槽条表面为一层不透水膜层，上百条槽条组装成束后，将一端密封，装入一耐压管中，形成一个完整的槽条式膜组件。槽条式膜组件的单位体积膜面积较大，设备费用低，易装配，易换膜，放大容易。但目前对这种膜组件的运行经验较少。

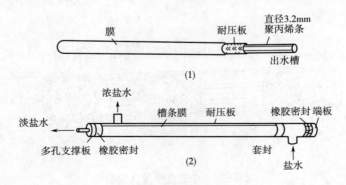

图 5-25 槽条式膜组件

（1）膜支撑结构 （2）膜组件

资料来源：摘自参考文献 [14]。

（六） 超滤和反渗透膜分离装置

以上各类膜组件可根据原料液性质、分离质量要求、废液处理排放标准、浓缩液有无回收价值等综合考虑膜组件的配置，并通过不同的组装方式构成超滤系统、反渗透系统等膜分离装置。膜分离装置流程有一级和多级两大类，在实际生产中，应根据生产需要进行选择。

1. 一级流程

一级流程指原料液只经一次加压进行超滤或反渗透分离操作的流程。按照同一级中是否具有不同排列方式的组件，又可分为一级一段连续式、一级一段循环式和一级多段循环式等。

（1）一级一段连续式如图5-26所示 原料液流经膜组件后，浓缩液和透过液分别连续引出系统后被收集，不再引入膜组件中进行二次处理。此流程设备简单，能耗较少，但一次分离造成浓缩分离效果并不十分理想，如水的回收率不高，或者浓缩液浓度较低。

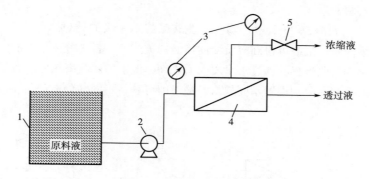

图5-26 一级一段连续式流程

1—原料液贮槽 2—泵 3—压力表 4—膜组件 5—阀门

（2）一级一段循环式如图5-27所示 流出膜组件的浓缩液一部分返回料槽，与原料液混合后再次通过组件进行分离。此流程可提高水的回收率，但透过水的水质会有所下降。

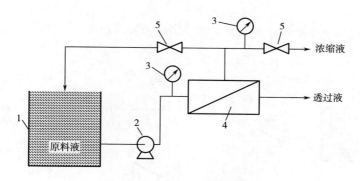

图5-27 一级一段循环式流程

1—原料液贮槽 2—泵 3—压力表 4—膜组件 5—阀门

（3）一级多段循环式如图5-28所示 由多段膜组件串联构成，前一段的浓缩液作为下一段的进料液，而各段的透过水各自连续排出。此流程可提高透过水的回收率，也能使最终浓缩液的浓度较高。

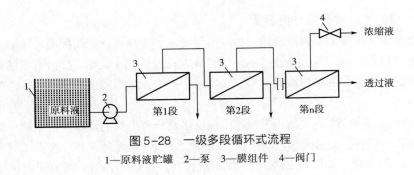

图 5-28　一级多段循环式流程

1—原料液贮罐　2—泵　3—膜组件　4—阀门

2. 多级流程

多级流程指原料液经过多次加压超滤或反渗透分离操作的流程。多级流程可安排成多级直流式和多级循环式两种形式。

（1）多级直流式如图 5-29 所示　多级直流式是将上一级的透过水作为下一级的进料液，各级浓缩液可连续回收。最终可得到溶质浓度极低的透过液，各级分离出来的浓缩液量越来越小，溶质量越来越少。此流程的透过水水质大大提高，但水的回收率较低。各级膜组件也可根据所需分离成分的不同而分别设置不同规格，最终即可获得不同的分离产品。

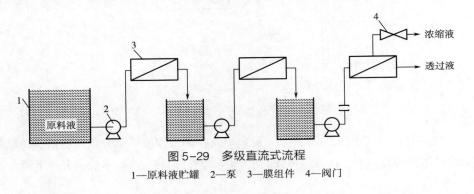

图 5-29　多级直流式流程

1—原料液贮罐　2—泵　3—膜组件　4—阀门

（2）多级多段循环式如图 5-30 所示　多级多段循环式是将上一级的透过水作为下一级的

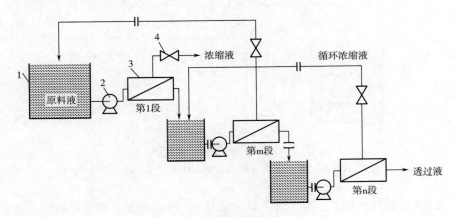

图 5-30　多级多段循环式流程

1—原料液贮罐　2—泵　3—膜组件　4—阀门

进料液直至最后一级，而浓缩液则从后一级向前一级合并，与前级的进料液混合后，再次进行分离。此流程既可以提高透过液的回收率，又可提高透过液的质量，但能耗较高。

三、 电渗析器

电渗析（Electrodialysis，ED）是指具有选择透过性能的离子交换膜，在直流电场作用下，溶液中的离子有选择地透过离子交换膜所进行的定向迁移过程。电渗析器（Electrodialyser）是指利用离子交换膜和直流电场，使水中电解质的离子产生选择性迁移，从而达到使水淡化的装置。

（一）　结构

电渗析器主要由离子交换膜、隔板、电极、紧固装置、进出液装置和电源等构成，组装方式如图5-31所示。整体结构域板式热交换器相类似。装置两端为较厚的端框，便于加压加紧。电极板紧挨端框安装，与交换膜贴紧时即形成电极冲洗室。中间部分为阳、阴离子交换膜与隔板相隔排列组成的膜组。离子交换膜安装在四周有加厚密封圈的隔板两侧，以保证相邻的两层膜之间有一定距离，以形成一定容积的溶液隔室。每框固定有电极和用以引入或排出浓液、淡液、电极冲洗液的孔道。将相应位置对准装配后即可形成不同溶液的供料孔道，每一隔板设有溶液沟道用以连接供液孔道与溶液隔室。

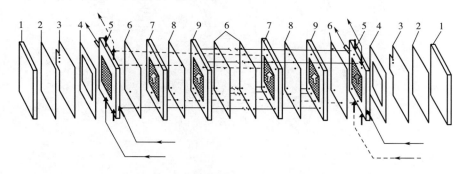

图5-31　电渗析器构造示意图

1—压紧板　2—垫板　3—电极　4—垫圈　5—导水板　6—阳膜　7—淡水隔板框　8—阴膜　9—浓水隔板框

资料来源：摘自参考文献［14］。

1. 离子交换膜

离子交换膜是电渗析器的核心部件。离子交换膜是一种由具有离子交换性能的高分子材料制成的薄膜，它对阳、阴离子具有选择透过性。电渗析器的离子交换膜分为阳离子交换膜和阴离子交换膜两种，在设备中间隔安装。阳离子交换膜简称阳膜，其特点为只允许阳离子通过，不允许阴离子通过；阴离子交换膜简称阴膜，其特点与阳膜相反，只允许阴离子通过，不允许阳离子通过。在使用时，离子交换膜需要事先浸泡软化后，剪成板框尺寸并打孔后安装，电渗析器停止运行时，也要保证离子交换膜始终保持润湿状态以防止干裂变形，失去离子透过性能。

2. 电极电渗析器

电极电渗析器的电极利用直流电源工作，是提供脱盐淡化的推动力部件。其材料的选用原则为导电性能好、机械强度高、化学稳定性强，一般采用不锈钢（只能用作阴极，若进行氯含量较低的水处理，也可用作阳极）、石墨（需经石蜡浸渍或糠醛树脂浸泡，可作阴极或阳极）、钛、钽、铌、铂、氯化银等材料制成。

3. 隔板

隔板是电渗析器的主要支撑结构并形成导液通道。材料选用原则为机械强度高、化学稳定性强，价格低廉，一般宜采用硬聚氯乙烯或聚丙烯塑料板。隔板在电渗析器中安装在阴、阳膜之间，隔板表面设计为各种凹凸花纹的流槽，以使隔室内的水流动时形成良好的湍流，即具有较大的雷诺数，并尽量延长流经途径，可以提高分离质量，提高电渗析效率。隔板两侧因离子交换膜的作用不同而分别为浓水室和淡水室，因此隔板也具有分开浓度不同的两种液体的作用。浓水室只与浓水管相通，淡水室只与淡水管相通。根据需要，两室水流方向可采用并流、逆流或错流等形式，如图5-32所示。

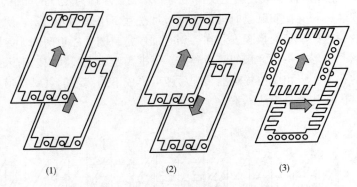

图5-32　液体孔道位置及流动方向
（1）并流方式　　（2）逆流方式　　（3）错流方式
资料来源：摘自参考文献［14］。

4. 其他辅助设备

目前，我国通用电源为交流电，故需要整流器将其整流为直流电。另外还包括水泵、流量计、过滤器、水箱、紧固装置和其他仪器仪表等辅助设备与电渗析器相配合使用。

（二）　原理

电渗析过程如图5-33所示。在电渗析操作单元中，在阳电极和阴电极之间，阳膜和阴膜交替排列，在相邻的阳膜和阴膜之间形成隔室。接通直流电之后，溶液中离子定向迁移：阴离子可以在小隔室穿过阴膜，向阳极移动；阳离子穿过阳膜，向阴极移动。这样在相邻的两个隔室内分别进行浓缩和稀释。阴极发生还原作用，不断排出氢气；阳极发生氧化作用，不断排出氧气和氯气。分别冲洗电极可避免气体产生。

（三）　电渗析器系统

可以将多组电极对通过一定方式组合起来，形成一套大型的电渗析系统（图5-34），这可以大大提高处理量和分离效率。不同的组装方式将影响出水的水质和产量。

首先了解一下电渗析器系统的几个基本概念。一对阴、阳膜之间的模块称为一个膜对；相对阴阳电极之间的若干个膜对组成一个膜堆。一电极对之间的膜堆为一级；一台电渗析器内的电极对数称为级数。在一台电渗析器中，浓、淡水流方向一致的膜堆称为一段，水流方向每改

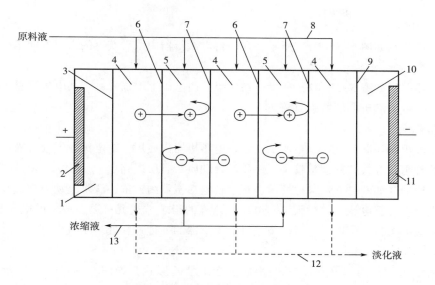

图 5-33　电渗析技术原理图

1—阳极室　2—阳极电极　3—阳极膜　4—淡化室　5—浓缩室　6—阳膜　7—阴膜　8—原料进液管
9—阴极膜　10—阴极室　11—阴极电极　12—淡化液出液管　13—浓缩液出液管

图 5-34　大型电渗析系统示意图

变一次则段数就增加 1。

在一台电渗析器中，可根据处理量和处理质量的需要，对一个膜堆进行多段处理，即多次改变水流方向；或者也可以将多个膜堆全部进行并联组合，所有处理液流向相同为一段。一般来讲，段和级的设置与处理量和处理质量之间的关系为，段数增加可以提高水质，级数增加可以提高水量。对电渗析系统内部的设置安排可以分为并联组装、串联组装、并联/串联混合组装等几种形式。

1. 并联组装

一级一段并联如图5-35（1）所示，在一台电渗析器内浓、淡室的水流方向不变，产水量较大，但水质不变。

二级一段并联如图5-35（2）所示，在一级一段基础上增加了一个共电极。总运行电压可降低，提高一台电渗析器的装膜对数。

2. 串联组装

一级二段串联如图5-35（3）所示，一台电渗析器内使用一对电极，但处理液的流向改变了一次，这种组装方式的处理量较小，但相对处理质量有所提高。

二级二段串联如图5-35（4）所示，在一台电渗析器内，浓、淡水流动方向改变一次，且具有两对电极。运行电压为单段膜堆的电压，这样的组装方式就可以在较低的电压下操作了，适当提高每级的运行极限电流，可提高整台电渗析器的处理量和处理质量。

3. 并联/串联混合组装

在一台电渗析器内也可实现并联/串联混合组装的形式，如图5-35（5）所示的四级二段并联/串联混合组装。这种形式是在一台电渗析器中安装四个电极对，其中第一、二膜堆为并联形式，处理液流向相同，第三、四膜堆并联，处理液流向相同；前两膜堆与后两膜堆的流向相反，形成两段串联。这种组装方式的运行电压较低，处理量为两段膜堆的处理量之和，水质则取决于两段的流程长度。因此，该组装方式所需电压适宜，具有合适的处理量，且水质较好，一般适用于中小产水量的电渗析站。根据经验，每级不宜设置多段，一段效果更好。

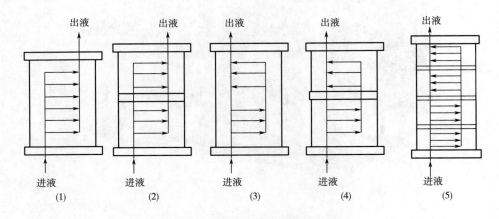

图5-35 电渗析系统内部组装形式

（1）一级一段并联　（2）二级一段并联　（3）一级二段串联

（4）二级二段串联　（5）四级二段并联/串联混合组装

资料来源：摘自参考文献［77］。

（四）适用范围

目前，电渗析器可广泛应用于以下场合中：海水淡化和浓缩，食品加工厂废水脱盐，低盐液体食品的制造，加工副产物的回收，有机酸的精制和浓缩，果汁中有机酸的去除等。

第四节　萃取机械与设备

一、概述

萃取（Extraction）是一种重要的从混合物中分离一种或多种组分的单元操作，这种操作方法属于化学分离手段，对萃取设备机械、耐压强度等要求较低，但要求材质化学稳定性较好，萃取过程通常较为复杂，故设备费和操作费较高，但在某些情况下，萃取方法更为经济、合理。萃取过程可分为混合、萃取、分离、回收等四个步骤。

萃取机械可有多种分类方式。按照操作方式不同，可分为间歇式萃取设备和连续式萃取设备。按照分离物相的不同，可分为液–液萃取设备、固–液萃取设备和超临界萃取设备。按照料液和溶剂的接触和流动方向，还可分为单级萃取设备和多级萃取设备，后者又可分为错流接触和逆流接触萃取设备两种。

二、液–液萃取设备

液–液萃取设备是一类分离均相液体混合物中某一种或几种组分的单元操作设备。根据接触方法，液–液萃取设备可分为逐级接触式和微分接触式两类。常用的液–液萃取装置如图5–36所示。

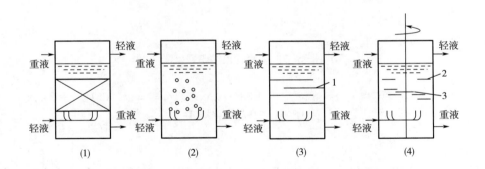

图5–36　液–液萃取装置的几种型式

（1）填充塔　（2）喷雾塔　（3）折流板塔　（4）旋转圆盘塔

1—折流板　2—导叶　3—转盘

资料来源：摘自参考文献［57］。

（一）逐级接触式萃取设备

逐级接触式萃取是在单级萃取的基础上发展而来的，主要特点是将萃取过程分为若干个区间，轻液和重液自两侧逆流混合，在每个区间内两相都将达到平衡状态，并具有一定的沉降分离时间，且溶质浓度逐级递增（递减）。这种萃取方式的优点是各级混合液不易相混，溶剂用量小，传质率较高，为连续式萃取设备。

1. 混合-澄清萃取槽

混合-澄清萃取槽是一类典型的逐级接触式萃取设备。根据萃取槽的个数，可分为单级混合-澄清萃取槽和多级混合-澄清萃取槽，如图5-37所示。单级混合-澄清萃取槽是一种结构最为简单且应用广泛的连续式萃取设备，主要由混合槽和澄清槽两部分构成。轻、重液在混合槽中搅拌器的作用下产生湍流，充分混合传质，混合液通过狭小缝隙进入澄清槽后逐渐停止湍流，通过液滴沉降及液滴凝集而分层，分别由轻相、重相通道流出。

若干个单级设备串联安装就构成了多级混合-澄清萃取槽，可构成一个连续式操作设备。各级之间水平方向串联，轻液和重液分别从两端进入，在各级搅拌器和外加输送动力的推动下而逆向流动，根据混合效率，轻液和重液在每一级均可达到一个相对稳定的溶质浓度和混合均匀度，每一级的溶质浓度与相邻两级均不相同，逐级递增（递减）。

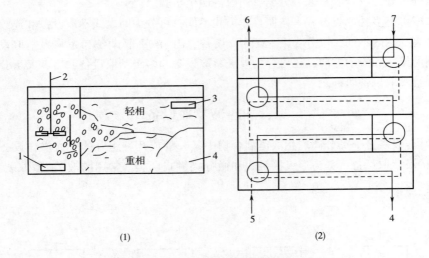

(1)　　　　　　　　　　　　(2)

图 5-37　混合-澄清萃取槽

（1）单级　　（2）多级

1—重相通道　2—搅拌器　3—轻相通道　4—重相出口　5—轻相入口　6—轻相出口　7—重相入口

资料来源：摘自参考文献［14］。

2. 筛板塔

筛板塔属于一种逐级接触式的塔式萃取设备，结构如图5-38所示。塔身呈垂直结构，内部装有间距在150~600mm 的筛板，筛板上的筛孔直径一般为 3~9mm，开孔率为 20%~40%，筛板一角设置升（降）液管，且在各层的位置交错排列，垂直方向上并不对应，以延长分散相和连续相在筛板上传质时间。塔式萃取设备在工作时，轻液均从塔底进入，重液则都由塔顶进入。

若轻液为分散相，重液为连续相，则筛板应设置降液管，其作用是为连续相提供自上而下流动的通道。轻液进入塔内后，首先与第一层筛板接触，由于密度差的原因，在筛孔处慢慢形成细小液滴穿过，此时重液在每层筛板上横向流动至降液管处时，由于重力作用落到下层筛板，与上升的滴状分散相相遇，两相充分接触传质。分散相逐渐穿过连续相后在上层筛板的下表面又凝结成轻液层。此时，该轻液层再次经上层筛板而分散上浮，与上层连续相接触传质。

如此反复，经过多层筛板的作用，实现逐级接触传质，达到分离目的。

若重液为分散相，轻液为连续相，则降液管应改为升液管，以便于连续相自下而上的流动，其萃取过程与上面的原理类似。

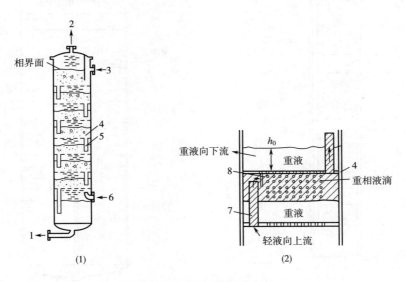

图 5-38　筛板塔

（1）塔结构（轻相为分散相）　（2）筛板结构（重相为分散相）

1—重液出口　2—轻液出口　3—重液入口　4—筛板　5—降液管　6—轻液入口　7—升液管　8—挡板

资料来源：摘自参考文献［14］。

（二）微分接触式萃取设备

微分接触式萃取是指萃取空间并没有严格的区间划分，溶质浓度在萃取过程中呈微分形式逐渐升高（降低），流过设备时，并没有沉降分离时间，因而最终传质并未达到平衡状态。这种形式的萃取设备结构简单，操作容易，易检修，一般为连续式设备。

1. 多层填料塔

多层填料塔是一种典型的微分接触式萃取设备，结构如图 5-39 所示。填料宜选择不易被分散相润湿的材料，以使分散相能够更好地分散成液滴，有利于和连续相接触传质。通常，陶瓷木材易为水溶液润湿，塑料填料易被大部分有机液体润湿，而金属材料无论被水或是被有机溶剂均能润湿。若以轻液为分散相由塔底进入，常用喷洒器使轻液分散。搅拌器的作用是使轻液、重液两相在每层丝网之间得到更好地均匀再分散。

2. 转盘塔

转盘塔的结构更为简单，操作弹性大，传质效率高，在食品工业中应用较为广泛，结构如图 5-40 所示。在塔内壁按一定间距安装若干个圆环挡板，称为固定圆环，形成若干开放区间，使分散相和连续相在轴向流动时，增加液料湍流、抑制返混的作用。另外，在塔内的轴心周围按相同间距装若干个转盘，每个转盘的高度处于区间正中间。转盘的外径要小于固定圆环的内径，间距为塔径的 1/2~1/8。转盘的高速旋转对液体产生强烈的径向搅拌作用，促进分散相在连续相中的充分分散，通常转盘转速为 80~150r/min。

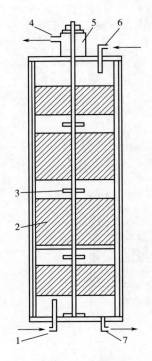

图 5-39 多层填料塔

1—轻液入口 2—填料层 3—搅拌器 4—轻液出口
5—电机 6—重液入口 7—重液出口
资料来源：摘自参考文献〔57〕。

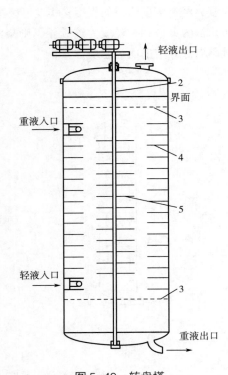

图 5-40 转盘塔

1—电机 2—转盘轴 3—栅板 4—固定圆环 5—转盘
资料来源：摘自参考文献〔57〕。

（三） 适用范围

通常，液-液萃取对温度要求不高，可在低温状态下完成，所以特别适用于一些热敏性物料的提取和分离，如色素、维生素的提取，油脂精炼等。

三、 固-液萃取设备

固-液萃取也可称为浸提，是指从不溶性固体中将溶质部分溶解在溶剂中，并将残渣和浸取液分离的过程。按照操作方式，可分为间歇式、多级逆流式和连续式。按照溶剂和固体原料接触的方式，可分为多级接触式和微分接触式，还可分为单级萃取设备和多级萃取设备。按照原料处理方式，可分为固定床式和移动床式。

（一） 固定床浸提器

通常为间歇式萃取设备，结构如图 5-41 所示。在一个中部内径较大的立式保温容器中，物料通过上部开口填入浸提罐中，溶剂从上面均匀喷淋于物料上，缓慢通过物料层渗滤而下，从底部的物料承托滤板穿过流出。当固体物料中的溶质低于经济极限后，停机将残渣从底部出口排出。这种单级浸提罐也可通过将上一级浸提液出口与下一级溶剂入口的前后串联而形成多级固定床浸提罐，最终浸提液的浓度逐罐提高，如图 5-42 所示。一般来讲，第一级浸提罐的溶质残存最先达到经济极限，然后依次向下延续。这种型式的浸提系统可用于咖啡、茶精、油脂和甜菜汁的浸提操作。

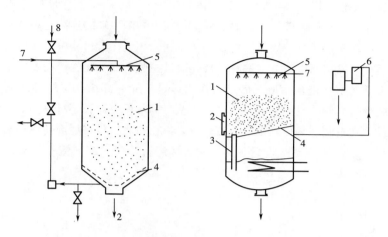

图 5-41　浸提罐

1—物料　2—固体卸出口　3—溶液下降管　4—假底　5—溶剂分配器　6—冷凝器　7—新鲜溶剂进口　8—洗液进口

资料来源：摘自参考文献 [77]。

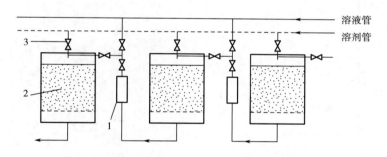

图 5-42　多级逆流固定床浸提系统

1—加热器　2—浸提罐　3—阀门

资料来源：摘自参考文献 [77]。

（二）　移动床浸提器

目前食品工业上大多采用移动床浸提系统，这是一类连续式固-液萃取设备。物料由输送设备连续向前运送，溶剂则由另一端进入，两相逆流传质。根据运送固体物料的形式不同，移动床浸提罐又可分为螺旋输送式、斗篮提升式、转盘下落式、旋转槽式等类型。

1. 螺旋输送式

移动床浸提器结构如图 5-43 所示，整体为一个 U 形浸提管，两侧管高度不同，左侧稍高，右侧稍低。四个进出口的垂直位置由高到低分别为残渣出口、物料进口、溶剂进口、浸提液出口。管内安装螺旋输送器，固体物料在螺旋推送作用下由右侧进入，先径直向下，再水平向左输送一段，然后再沿左侧浸提管垂直提升至残渣出口。溶剂呈反向流动，浸提液出口高度以下的物料均浸泡在溶剂中进行传质萃取，因此又称为浸泡式。溶剂入口与残渣出口之间的一段距离具有沥干残存浸提液的作用。溶剂入口低于物料入口是为了防止溶剂从右侧溢出，高于浸提液出口是为了通过压力差促进浸提液的排出。

2. 斗篮提升式

称动床浸提器结构如图5-44所示,其主体骨架为一台料斗式提升机,垂直安装的环形输送带上有若干个斗篮,斗篮底部均开有渗滤孔。物料由右侧顶端的连续送料器加入,受重力作用落入斗篮中,沿输送带运行一周后,在顶端斗篮翻转倾倒在落料斗中,然后由螺旋输送机排出。而溶剂的运行方向按照以下方式进行:首先通过左侧稍低于输送带高度的输入管进入,对左侧溶质浓度较低的物料进行萃取,借重力作用通过斗篮底部小孔层层渗滤而下形成淡浸提液,在浸提罐底部与后侧浓浸提液混合后,泵送至右侧落料斗篮处,对右侧溶质浓度较高的物料进行浸提,最后在右侧底端得到浓浸提液。所以,在左侧物料与溶剂逆流运行,而右侧物料与溶剂顺流运行。该设备的浸提效率主要与输送带运行速度、溶剂流速、斗篮容积、进料速度、浸提罐温度等有关。

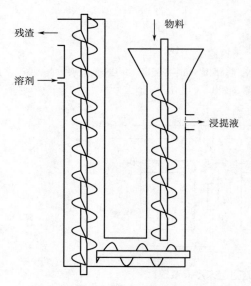

图5-43 螺旋输送式移动床浸提器
资料来源:摘自参考文献[14]。

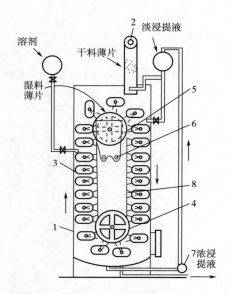

图5-44 斗篮提升式移动床浸提器
1—外壳 2—批量供料器 3—篮斗 4—链轮
5—落料斗 6—螺旋输送机 7—泵 8—链条
资料来源:摘自参考文献[14]。

3. 旋转槽式

移动床浸提器结构如图5-45所示,又称平转式或旋转格室式浸提器,最多应用在油料作物的油脂提取方面。整体为一个内部装有可转动格室的圆柱形浸提罐。浸提罐分为两层,上层为物料浸提层,下层为浸提液收集层。新鲜物料进入格室后,随轴转动一周后,在最后一格落至器底,经螺旋输送器送出残渣。溶剂与物料的运行方向相反,首先在卸料格前一个格室上方喷淋,得到的低浓度浸提液由格室底部的筛网渗入下层格室内,再由泵送至前一个格室上方进行喷淋,形成逆流接触。最后,在新鲜物料格室内浸提后,渗入下层形成高浓度浸提液收集。

(三) 适用范围

在食品工业上,固-液萃取是比液-液萃取应用更为广泛的分离手段。浸提操作可用于分

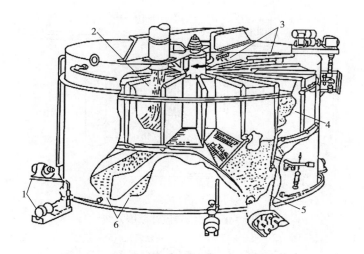

图5-45 旋转槽式移动床浸提器

1—溶剂泵 2—原料入口 3—溶剂喷淋管 4—残渣卸除格室 5—残渣出口 6—浸提液出口

资料来源：摘自参考文献［55］。

离动植物产品固体部分中的纯物质，或者出去其中不需要的物质。以制糖工业甜菜中糖的浸提和油脂工业油料种子中油的浸提最多，在速溶饮料、香料色素、鱼油、玉米淀粉、肉汁、植物蛋白等产品的制造过程中也有所应用。

四、 超临界流体萃取设备

超临界流体萃取（SCFE）是一种新型的萃取分离技术，由于它具有低能耗、无污染、无残留和适宜处理热敏性物料等优势。广泛应用于化学工业、能源、食品和医药等工业。

（一） 超临界流体萃取的特点

超临界流体萃取是通过温度和压力的调节来控制溶质的蒸汽压和亲和性从而实现物质分离的，所以，可以通过压力、温度、流速等参数的准确控制来进行天然物质中有效成分选择性分离的目的，其他方法难以达到的分离效果。超临界流体萃取与一般的液体萃取方法相比，在萃取速度和分离范围两个方面具有更显著的优势。主要特点有以下几点。

（1）在较低的温度和无氧环境中操作，能够分离、精制各种热敏物料和易氧化的物质。

（2）通过温度和压力的控制，能完全去除萃取流体，产品无溶剂污染。

（3）由于超临界流体的特性，能从固体或黏稠的原料中快速萃取有效成分。

（4）通过溶剂选择和工况控制，被分离出的萃取物纯度高、品质好。

（5）溶剂通过回收可重复利用。

（二） 超临界流体萃取设备分类

超临界流体萃取一般为系统操作，主要由五个基本部分组成：溶剂压缩机或高压泵的加压系统，萃取器或压力容器，温度-压力控制系统，分离器与吸附器，辅助设备如阀门、流量计、热量回收器等。图5-46为超临界流体萃取系统。

超临界流体萃取的一般流程为：压缩机通过高压将萃取剂压缩至超临界流体状态后，与在

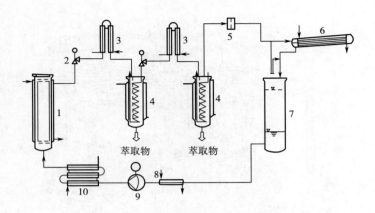

图 5-46　超临界流体萃取系统

1—萃取釜　2—减压阀　3—热交换器　4—分离釜　5—过滤器　6—冷凝器

7—CO_2 贮罐　8—预冷器　9—加压泵　10—预热器

资料来源：摘自参考文献［7］。

萃取容器中的萃取原料混合后密封，通过对温度和压力的工况控制，选择性的萃取原料中所需分离的成分，然后将混合物导入分离器，使萃取剂在超临界区域内或在超临界区域与非超临界区域间变化，使萃取剂与分离物料得到分离。分离后的萃取剂再经降温和压缩后，可在萃取系统中循环使用。

根据萃取剂与分离物料分离方法的不同，可将超临界流体萃取系统分为三类：控温萃取系统、控压萃取系统和吸附萃取系统，如图 5-47 所示。控温萃取系统是指通过热交换器控制的升降温操作，在溶质溶解度最大的温度下进行萃取，而后混合物在溶质溶解度最小的温度下，使超临界流体转变为气态，从而使萃取剂与溶质分离。控压萃取系统是指通过减压阀控制系统各阶段的压力变化，在溶质溶解度最大的压力下进行萃取，然后通过减压阀降低系统压力，在溶质溶解度最小的压力下进行分离，超临界流体在压力降低的情况下，密度减小，黏度下降，可与溶质较彻底分离。吸附萃取系统是指通过合适的吸附材料（如活性炭）将超临界流体萃

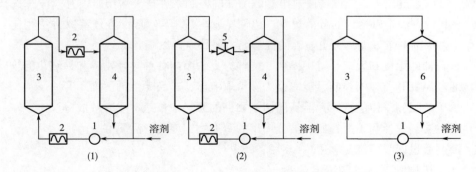

图 5-47　超临界流体萃取流程示意图

（1）控温萃取　（2）控压萃取　（3）吸附萃取

1—压缩机　2—热交换器　3—萃取釜　4—分离器　5—减压阀　6—吸附器

资料来源：摘自参考文献［77］。

取液中的溶质，而后采用适当方式将溶质从吸附材料中分离出来，萃取剂同样可压缩后循环使用。

（三）　超临界流体萃取的应用

超临界流体萃取是一种在食品工业领域获得高品质产品的有效手段，如食品原料处理、有效成分提取、有害成分脱除等。目前应用较为成熟的领域主要有：茶叶、咖啡豆的脱咖啡因，啤酒花制造啤酒花浸膏，动植物油的萃取分离，香料成分的萃取与分离，动植物及鸡蛋、奶油中的脂肪酸、色素提取和去除胆固醇等。

第五节　蒸馏机械与设备

一、概　　述

蒸馏是一种常见的液−液、固−液之间的单元分离操作，与萃取分离的化学分离方法不同，蒸馏属于一类物理分离方法。目前，食品工业上的蒸馏技术可分为传统蒸馏和分子蒸馏两大类。

二、传　统　蒸　馏

（一）　原理

传统蒸馏是指利用热力学原理，根据液体成分的沸点和挥发度的差异，通过将物料液加热，分别对不同成分汽化后的冷凝液进行收集，从而达到分离和提纯目的的传质操作，是蒸发和冷凝两种单元操作的联合。与萃取等其他分离手段相比，蒸馏技术不会引入新的杂质，不涉及外来杂质的脱除过程。

由于自然界中分子存在布朗运动，气体和液体均处于相对平衡和相对稳定的状态。一旦周围环境中的压力和温度发生变化，其分子布朗运动速度也会随之发生改变，且不同结构的分子其布朗运动速度不相同。液体分子由于布朗运动的存在，有从表面溢出的倾向，这种倾向随着温度的升高而增大。不断溢出的液体分子在液面上部形成蒸汽，蒸汽中的分子也不断扩散回到液体中，直至达到动态平衡，该状态时液面上的蒸汽达到饱和，故称为饱和蒸汽，它对液面所施的压力称为饱和蒸汽压。液体的饱和蒸汽压只与温度有关。所以，可以通过改变温度来加快液体分子的运动速度，使混合液中的某组分溢出形成蒸汽，再对蒸汽进行冷凝收集，以达到分离的目的。

（二）　蒸馏设备分类

蒸馏设备按蒸馏方式，可分为简单蒸馏、平衡蒸馏、精馏和特殊精馏；按操作压强，可分为常压蒸馏、加压整理和减压蒸馏；按混合物中组分，可分为双组分蒸馏和多组分蒸馏；按操作方式，可分为间歇式蒸馏和连续式蒸馏；按蒸馏容器的形状，可分为无塔蒸馏和塔式蒸馏。塔式蒸馏是目前工业化传统蒸馏中普遍采用的类型，有板式塔、填料塔等多种形式。

1. 简单蒸馏

简单蒸馏如图 5-48 所示。蒸馏过程较不稳定，根据溶液中各组分沸点的不同，馏出液通常也是按照不同的组成和浓度分阶段分罐收集的。蒸馏设备可作为初步加工手段，适用于组分沸点差别较大而且分离精度要求不高的场合。

2. 平衡蒸馏

平衡蒸馏如图 5-49 所示。与简单蒸馏相比，过程较为稳定，可进行连续操作。原料在加热器中加热至一定温度后，气液两相在恒定温度和压力下达到动态平衡状态时，节流阀突然打开，原料体系压力骤降，平衡状态被破坏，气相馏出液和液相残液在分离器中迅速分开，并分别从顶部 D 口和底部 W 口形成馏出液 y 和残液 x。分离物质纯度比简单分离好，但仍然不高，可用于粗分场合或精馏初产品。

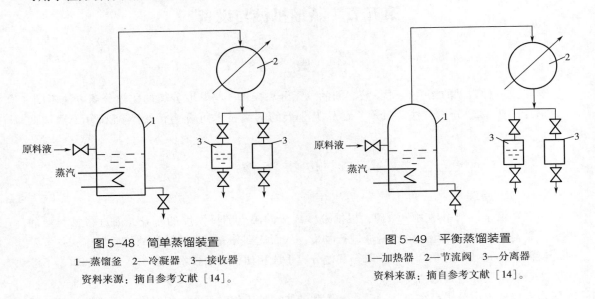

图 5-48　简单蒸馏装置

1—蒸馏釜　2—冷凝器　3—接收器

资料来源：摘自参考文献［14］。

图 5-49　平衡蒸馏装置

1—加热器　2—节流阀　3—分离器

资料来源：摘自参考文献［14］。

3. 精馏

精馏通常在直立圆形的精馏塔中完成，塔内装有若干层塔板或填料。其过程类似于多次平衡蒸馏的组合，多次进行部分气化和部分冷凝，使其分离成所需的高纯度组分。同样，塔顶为高纯度的馏出物组分产品，塔中馏出物浓度由上到下逐级降低。

精馏是目前食品工业中进行高纯度产品蒸馏的重要手段，以下就精馏塔的两种主要形式进行详细介绍。

（三）　典型精馏设备

1. 板式精馏塔

板式精馏塔的结构如图 5-50 所示，主要由塔体、塔板、物料进出口及附属装置构成。塔体呈垂直圆柱形结构，内部装若干块有一定间距的水平塔板。塔板上分布大小、个数、形状不同的气体通道，塔板一角开有溢流通道，相邻两层塔板的溢流通道错位排列。塔身还分别装有进料口、蒸汽入口、残液出口、馏出液出口、回流入口等。此外，附属装置可能包括除沫器、人孔、塔座、平台等。

精馏塔运行时，液体由上向下流动，在每层塔板上停留一段时间后，当液面高度高于溢流通道高度时，便由此通道流到下一层塔板上，以此延长液体在塔内的停留时间。同时当发生部分气化时，料液中挥发度较高的馏出物组分气化溢出，升到上层塔板下表面时，由塔板上的气体通道上升而直接进入上一层料液中，两相充分接触。气相馏出物逐层上升使其溶质浓度逐渐升高，高浓度馏出物呈气体状态逆向流动，且逐渐升高，在塔顶气体出口浓度最高。因此，将原料入口的高度应为馏出物浓度与原料溶质浓度相当的位置，一般位于塔身中间左右。

2. 填料式精馏塔

填料式精馏塔的结构如图5-51所示，主要由支座、塔体、喷淋装置、填料、再分布器、栅板等构成。圆筒形塔体内装入填料，使气液两相通过填料层时达到充分接触，完成气液两相的传质过程。填料塔的结构简单，填料主要由耐腐蚀材料制造而成，适用于小型塔式精馏。喷淋装置位于填料层正上方，如莲蓬头的结构可以使进入塔身的液体均匀分散于填料层表面，可采用喷洒型或溢流型结构。再分布器通常为填料层中间的一个倒锥形空心锥体，称为分配锥，其主要作用是防止液体在流经填料层时的"壁流"现象，避免塔中心的填料不能被湿润而形成干堆。

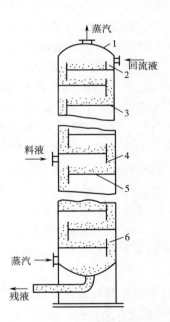

图5-50　板式精馏塔结构
1—塔体　2—进口堰　3—受液盘
4—降液管　5—塔板　6—出口堰

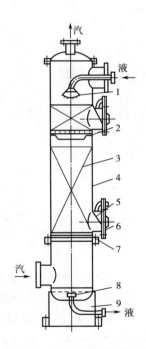

图5-51　填料式精馏塔结构
1—喷淋装置　2—分配锥　3—填料　4—塔体
5—卸料孔　6—栅板　7—支持圈　8—出料装置　9—支座
资料来源：摘自参考文献［14］。

运行时，液体由塔顶进入，经喷淋装置喷出后，均匀洒于填料上，沿填料表面下流，气体由塔底进入塔内并向上流动，气液两相在填料层得到充分接触传质，从而达到萃取的目的。

三、分子蒸馏

分子蒸馏技术是在很高的真空条件下，对物料在极短的时间里加热、气化、分离，以达到提纯的目的，分离的对象都是沸点高，而又不耐高温、受热时易分解的物质。系统压力一般在 0.133~0.33Pa 范围内，物料受热时间最短仅为 0.05s。

（一）原理

分子蒸馏不同于传统蒸馏依靠沸点差分离的原理，而是靠不同物质分子运动平均自由程的差别实现分离。它是在高真空中进行的一种非平衡蒸馏，其蒸发面与冷凝面的距离在蒸馏物料分子的平均自由程之内。所谓自由程，是指一个分子与其他气体分子每连续二次碰撞走过的路程。相当多的不同自由程的平均值，叫作平均自由程。此时，物质分子间的引力很小，自由飞驰的距离较大，这样由蒸发面飞出的分子，可直接落到冷凝面上凝集，从而达到分离的目的。

因此，分子蒸馏最大的特点是蒸发的分子不与其他分子碰撞即可到达冷凝面，高真空可以使得蒸发在低温中进行，这对热敏性差与高分子量的物质蒸馏亦就有了可能。

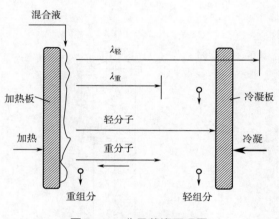

图 5-52 分子蒸馏原理图
资料来源：摘自参考文献 [55]。

分子蒸馏过程如图 5-52 所示。当液体混合物沿加热板流动并被加热，轻、重分子会逸出液面而进入气相，轻、重分子的自由程不同，因此，不同物质的分子从液面逸出后移动距离不同，若能恰当地设置一块冷凝板，则轻分子会达到冷凝板被冷凝排出，而重分子达不到冷凝板沿混合液排出。这样，可达到物质分离的目的。在沸腾的薄膜和冷凝面之间的压差是蒸汽流向的驱动力，微小的压力降低就会引起蒸汽的流动。对于以上分子蒸馏的过程，可分为蒸馏分子的扩散、蒸发、飞射和冷凝这四个步骤。

（1）分子从液相主体向蒸发表面扩散，液相中的扩散速度是控制分子蒸馏速度的主要因素，所以应尽量减薄液层厚度及强化液层的流动。

（2）分子蒸馏分子在液层表面上的自由蒸发速度随着温度的升高而上升，但分离因素有时却随着温度的升高而降低，所以，应以被加工物质的热稳定性为前提，选择经济合理的蒸馏温度。

（3）分子蒸馏分子从蒸发表面向冷凝面飞射蒸气分子从蒸发面向冷凝面飞射的过程中，可能彼此相互碰撞，也可能和残存于两面之间的空气分子发生碰撞。因蒸发分子远重于空气分子，且大都具有相同的运动方向，所以它们自身碰撞对飞射方向和蒸发速度影响不大。残气分子在两面间呈杂乱无章的热运动状态，故残气分子数目的多少是影响飞射方向和蒸发速度的主要因素。

（4）分子蒸馏分子在冷凝面上冷凝只要保证冷热两面间有足够的温度差（一般为 70~100℃），冷凝表面的形式合理且光滑则认为冷凝步骤可以在瞬间完成，所以选择合理冷凝器的形式相当重要。

（二） 技术特点

分子蒸馏技术是一种新型的物理法分离技术，它不仅避免了化学法的污染，而且克服了传统蒸馏技术的缺点，是精细化学品分离和提纯的理想方法。主要有以下特点。

（1）温度低分子蒸馏的分离温度远低于沸点，只要分离物质之间存在温度差就可以实现分离，这是分子蒸馏与传统蒸馏的本质区别。

（2）高真空度可最大限度的降低分子蒸馏所需温度，物料不易氧化受损，适用于热敏性材料的分离操作。

（3）传热效率高分子蒸馏采用液膜传热，液膜薄，传热效率高。

（4）受热时间短在分子蒸馏温度下的停留时间一般为几秒至几十秒之间，受热时间短，减少了物料热分解的机会。

（5）无沸腾鼓泡现象与传统蒸馏技术不同，分子蒸馏是在液层表面上的自由蒸发，液体中无溶解的气体，且温度未达到液体沸点，因此没有鼓泡现象。

（6）无毒、无害、无污染、无残留，操作工艺简单，设备少，能耗小。

（7）设备价格昂贵，加工难度大分子蒸馏设备要求体系压力达到较高的真空度，对材料的耐压和密封性能要求极高；同时要求设备制造精度高，以保证蒸发面与冷凝面的适中距离。

（三） 分子蒸馏设备

从 20 世纪中期开始，分子蒸馏技术及工业化装置得到了迅猛发展，分子整理设备研制的形式也多种多样。发展至今，大部分已被淘汰，目前应用较广的为转子刮膜式（也称降膜式）和离心薄膜式两种。这两种形式的分离装置，也一直在不断改进和完善，特别是针对不同的产品，其装置结构与配套设备要有不同的特点。

1. 转子刮膜式分子蒸馏器

转子刮膜式分子蒸馏器也被称为降膜式分子蒸馏器，其结构如图 5-53 所示。该装置是采取重力使蒸发面上的物料变为液膜降下的方式。将物料加热，蒸发物就可在相对方向的冷凝面上凝缩。该形式装置的要点是如何使物料在蒸发面形成均一的液膜，采用旋转刷等机构或将蒸发面转动，都可促进液膜的均匀化，然后将其在蒸馏中分解的物质及其他杂质去除。但是，即使如此，也很难得到均匀的液膜，同时加热时间也较长。另外，从塔顶到塔底的压力损失相当大，所以，有蒸馏温度变高的缺点。对热不稳定的物质其适用范围也有一定的局限性。一般实验室用的分子蒸馏装置多为降膜式。

2. 离心薄膜式分子蒸馏器

离心薄膜式分子蒸馏器的其中一种形式如图 5-54 所示，主要由蒸发和冷凝装置、料液进出

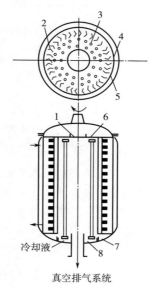

图 5-53 转子刮膜式分子蒸馏器
1—原料液 2—旋转气液分离器 3—冷凝器
（多管或盘管） 4—旋转刷 5—加热夹套
6—溶液旋转分散器 7—残留液 8—馏出液
资料来源：摘自参考文献 ［55］。

装置、热交换装置、驱动装置几部分组成，此外，除了蒸发器主体之外，还需要按照分离物料的性质和规模等选择性地配备相应的附属装置，如脱气机、真空泵、冷阱、冷冻机、耐真空液料泵等。在图 5-54 所示的离心薄膜式分子蒸馏器运行时，物料由进料管送入顶部高速旋转的转盘中央，受到离心作用后在旋转面上扩展成薄层液膜，受蒸发器加热轻液蒸发，蒸汽上升与对面的冷凝器凝结，随后由一端较低的蒸馏液收集槽收集冷凝液。

离心薄膜式与转子刮膜式分子蒸馏器相比，主要优点有：液体的加热时间非常短，可得到极薄的均匀液膜；压力损失绩效；蒸发效率、热效率和分离度较高；较低发泡危险；可处理高黏度液体物料。主要缺点有：高速旋转的蒸发盘需要高真空密封技术，设备制造和维护成本较高；离心式分子蒸馏器的结构在比率放大方面具有一定的局限；蒸发面积小，每单一装置的处理量较少。

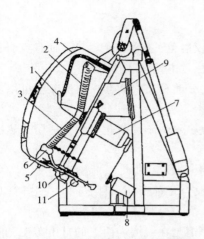

图 5-54 离心薄膜式分子蒸馏器

1—进料管 2—蒸发器 3—加热器 4—冷凝器
5—蒸馏液收集槽 6—残液收集槽 7—密封轴承
8—驱动电动机 9—真空泵
10—蒸馏液出口 11—残液出口
资料来源：摘自参考文献 [57]。

（四） 适用范围

分子蒸馏技术主要应用于高沸点、热敏性物料的分离提纯，已经广泛应用于食品工业、精细化工和医药等行业，可用于各类油脂的分离、精制、脱酸等，如单甘脂的生产、鱼油的精制、油脂脱酸、高碳醇的精制以及维生素 E 的提取等领域。

第六节　其他分离机械与设备

以上就食品工业中使用最为广泛的几种类型的分离机械做了介绍，除此之外，还有其他种类的食品分离机械，也在工业生产中占有一定地位。

一、压榨机械

1. 螺旋式压榨机

螺旋式压榨机的结构如图 5-55 所示，属于连续式操作设备，主要由机架、压榨筒、压榨螺杆、料斗、汁液收集斗、传动装置等构成。压榨筒一般为不锈钢制成的圆筒筛，压榨螺杆位于圆筒筛的几何中心轴位置，可做旋转运动，螺杆末端具有圆环形出渣环，其环形间隙的大小可通过一端的离合手柄和压力调整手轮来进行调节，以此控制最终压榨力和出汁率。运行时，物料从料斗进入压榨筒内，在螺杆的挤压下榨出汁液，汁液经圆筒筛的筛孔流入下方的汁液收集斗，渣滓则通过末端的出渣环排出。通常，在压榨初期先将环形间隙调至最大，减小负荷，运行一段时间后正常加料，可逐渐将螺杆推向出渣方向，缩小环形间隙距离，加大压榨压力，提高出汁率，以达到榨汁工艺要求的压力。

螺旋式压榨机主要用于各种水果、蔬菜的汁液压榨，其结构简单、操作方便、效率较高等优点，但榨出汁液中含有较高的果肉成分，所以不适合澄清度较高的场合使用。

2. 带式压滤机

带式压滤机属于连续式操作设备，在20世纪70年代应用与食品工业中，分为立式和卧式两种结构形式，其中最典型的设备为福乐伟（Flottweg）带式压滤机，结构如图5-56所示，主要由机架、压辊、压榨网带、喂料盒、汁液收集槽、压力控制系统、传动机构等构成。其中，L形压辊和压辊组均安装在机架上，上压榨网带和下

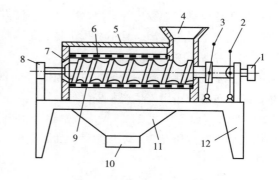

图 5-55 螺旋式压榨机

1—传动机构　2—离合手柄　3—压力调整手轮　4—料斗
5—机盖　6—压榨筛筒　7—环形出渣口　8—轴承
9—压榨螺杆　10—出汁口　11—汁液收集斗　12—机架
资料来源：摘自参考文献［14］。

压榨网带在压辊的驱动下运行，在液压控制系统作用下，从径向给网带施加压力，同时伴随着剪切力作用，使夹在两条网带之间的物料受到挤压而将汁液榨出。

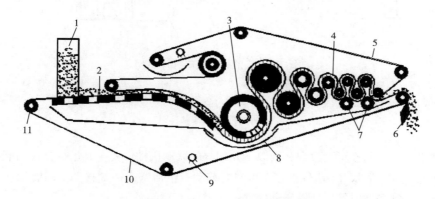

图 5-56 Flottweg 带式压滤机

1—喂料盒　2—筛网　3—L形压辊　4—压辊组　5—上压榨网带　6—果渣刮板　7—增压辊
8—汁液收集槽　9—高压冲洗喷嘴　10—下压榨网带　11—导向辊
资料来源：摘自参考文献［77］。

运行时，待榨物料从喂料盒1连续均匀地送入上压榨网带5和下压榨网带10之间，在两网带的夹带下向楔形区域输送并轻微挤压，完成初榨。当下行到达L形压辊3处时，大量汁液被缓缓榨出并通过收集槽8流出，网带间形成可压榨的滤饼。随后，滤饼随网带运行进入压榨区域，压辊组4中的若干压辊直径递减，使两网间的滤饼所受的表面压力与剪切力递增，保证最佳压榨效果，汁液统一汇集至汁液收集槽8，网带间的滤渣最后由末端的果渣刮板6清除，并由高压冲洗喷嘴9洗掉粘在网带上的凝结物，工作结束后，也是由该系统喷射化学清洗剂和清水清洗网带和机体。为提高榨汁率，可通过张紧机构对网带进行调整，以及通过增压辊7增加线性压力与周边压力。

带式压滤机具有连续出汁、出汁率高、清洗方便等优点，但榨汁过程暴露于空气中，所以对车间环境卫生要求较高，且不适用于易氧化物料的压榨操作。

3. 液力活塞式榨汁机

液力活塞式榨汁机是一种间歇式榨汁设备，又称卧篮式榨汁机或布赫（Bucher）榨汁机，最初是瑞士布赫公司用来生产苹果汁的专用设备。最大加工恩呢管理8~10t/h苹果原料，出汁率82%~84%，设备功率24.7kW，活塞行程1480mm。该榨汁机的基本结构如图5-57所示，主要构成部件有静压盘3、动压盘12、油缸支架11、压榨筒5、榨筒移动油缸7、导柱6和尼龙过滤导液绳4等。

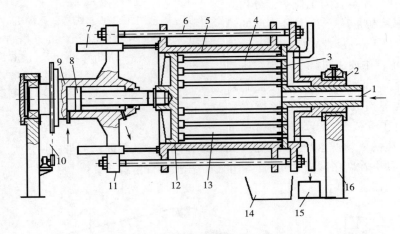

图5-57 液力活塞式榨汁机

1—进料管 2—轴承 3—静压盘 4—尼龙过滤导液绳 5—压榨筒 6—导柱 7—榨筒移动油缸 8—活塞
9—油缸 10—传动链 11—支架 12—动压盘 13—压榨腔 14—集渣斗 15—汁槽 16—机架
资料来源：摘自参考文献［84］。

该榨汁机的主要部件可大致划分为以下几部分的联动机构，其主要运行方式如下：

（1）动压盘12+活塞8 刚性连接，可左右移动产生活塞式往复移动，同时动压盘能相对压榨筒进行顺时针和逆时针周期性转动。

（2）压榨筒5+榨筒移动油缸7 刚性连接，压榨筒可在移动油缸的推动下相对静压盘往复移动，当榨筒移动至动压盘外侧时，榨筒开放，排出渣滓。

（3）静压盘3+导柱6+油缸支架11 静压盘可通过导柱使整个榨机绕自身轴线产生顺时针和逆时针周期性回转。

（4）静压盘3+动压盘12+尼龙辊4 尼龙过滤导液绳表面开有纵向沟槽，外套过滤网套。动静两压盘通过尼龙辊挠性连接，通过动压盘的顺时针和逆时针旋转与静压盘产生相对的角位移，同时尼龙辊也发生相对的正向和反向缠绕。

二、 粉尘分离设备

在食品工业中，出于提高产品质量、回收有价值产品、保证工厂卫生、防止粉尘爆炸及预防环境污染等多方面考虑，对于与粉末状物料有关的气流系统，都必须使用粉尘分离或除尘装置。粉尘分离设备可按照除尘方式分为干式、湿式和静电式三类，可以根据实际情况联合使用。其中，旋风分离器和布袋式除尘器在食品工业中应用较为广泛，均属于干法除尘设备，具有结构简单，操作方便，效率较高等特点。

1. 旋风分离器

在食品工业中，旋风分离器广泛应用于乳粉、蛋粉等干制品加工过程后期的分离，颗粒状原材料、半成品及成品的气流输送，颗粒或粉末状产品的气流干燥等。旋风分离器的结构如图5-58所示，主体为一个下部圆锥形的圆筒结构，气固混合物的进口管位于圆筒上部，与圆柱面切向相接，下部圆锥形底部为粉尘出口，圆筒中央上方的空心圆管为净化后的气体出口管。旋风分离器运行时，含尘气体自进口管沿切线方向进入分离室后，沿圆筒内壁作圆周运动形成旋转向下的外旋流，到达底部的圆锥口后，以相同的旋向折转向上，形成内旋流，直至到达中央气体出口管排出。在整个气体运行路径过程中，其中的粉尘因受离心力作用被抛向分离室内壁上，与其撞击而失去速度，随后在自身重力作用下沿壁落下，从底部粉尘出口排出，剩余净化气体由顶部排出，以此达到粉尘分离的目的。

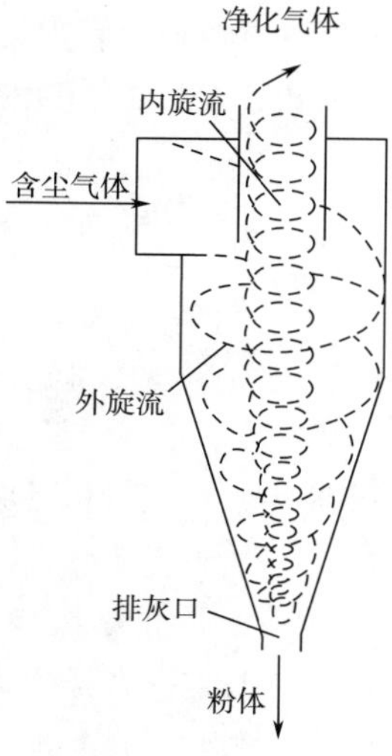

图 5-58 旋风分离器

资料来源：摘自参考文献 [77]。

2. 布袋式除尘器

布袋式除尘器的过滤布袋一般由有机纤维或无机纤维织物制成，材质可根据加工温度、粉尘气体性质等进行选择，一般长 2~3.5m，直径 0.12~0.3m 的圆筒袋。在食品工业中，一般用于喷雾干燥设备末端的粉尘分离，以回收产品并防止空气污染。布袋式除尘器的结构如图5-59所示，主要有壳体和布袋两部分构成。滤袋 6 和隔

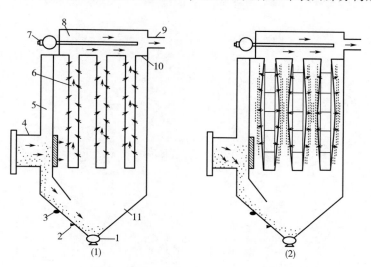

图 5-59 布袋式除尘器工作原理

（1）除尘过程 （2）清灰过程

1—回转阀 2—料位计 3—振打器 4—含尘空气入口 5—箱体 6—滤袋

7—脉冲阀 8—净气室 9—净气出口 10—隔板 11—集尘斗

板 10 将除尘器分为含尘气体区和净化气体区两部分。含尘空气通过空气入口 4 进入箱体 5 后，利用压差作用气体裹挟粉尘向净化空气区输送，粉尘在滤布表面产生黏附和静电作用而附着其表面，净化气体则穿过滤布的孔隙进入净化气体区排出。运行一段时间后，滤布表面因附着过多粉体而使其气体通过阻力增加，效率降低。因此，可采用气体逆向输送、脉冲振动等方式对滤布进行清灰，并配备适当的清灰机构。

🔍 思考题

1. 简述各种离心机械设备的结构特点和工作原理。
2. 举例在一条食品加工生产线上包含至少三种不同类型的分离设备的食品加工过程。
3. 简述板框式压滤机和真空转鼓过滤机的主要结构、原理和操作流程。
4. 论述电渗析的定义，图示说明电渗析器的结构、工作原理和适用场合。
5. 列举三种不同类型的压榨分离设备在食品工业中的应用。
6. 简述过滤分离操作的四个阶段。
7. 说明离心分离原理及离心分离设备的分类方式。
8. 斗篮提升式移动床浸提器的结构特点及固液萃取过程。
9. 图示说明利用简单浸取罐构成半连续多级逆流浸取系统的工作原理。
10. 论述超临界流体萃取的原理和特点。

第六章

食品混合机械与设备

CHAPTER

6

混合是食品加工中重要的单元操作过程之一。狭义的混合指散粒状的固体物料之间相互分散，如五香粉、咖喱粉等混合香料的配制等；广义的混合是指两种或两种以上的组分粒子在外力的作用下，通过运动速度和方向发生改变达到相对均匀状态的过程，如饮料、乳制品、糕点、糖果、调味品、各种面粉和复合饲料的配制等。混合在食品加工中的作用大致有三个方面：①加强扩散，促进浮游在液体内的气、液、固体粒子的溶解；②加强传质，使两种及两种以上不均一食品物料均一化；③加强热交换，促进化学及其他作用的发生。

食品加工中，被混合的物料性质和状态常常是多样的，不同混合物的混合过程与机制不同，常见混合物的类型有固体与固体、固体与液体、液体与液体、气体与液体混合物以及固体-液体-气体三类物料构成的混合物。

（1）液-液相混合　有互溶或乳化等现象。

（2）固-固相混合　纯粹为粉粒体的物理现象。

（3）固-液相混合　当液相多、固相少时，可以形成溶液或悬浮液。当液相少、固相多时，混合的结果仍然是粉粒状或是团粒状。当液相和固相的比例在某一特定的范围内，可能形成黏稠状物料或无定形团块（如面团），这时混合的特定名称可称为"捏和"或"调和"，这是一种很特殊的相变状态。

（4）固-液-气相混合　这是食品生产中特有的混合现象，一部分食品生产中要将空气或惰性气体混入物料以增加物料的体积、减小容重并改善物料的质构流变特性和口感，如蛋液搅拌、充气糖果、碳酸饮料和冰淇淋等。

食品混合机械的分类方式如下。

（1）按被混合物料性质和状态分　搅拌机、捏合（和）机、混合机。

以固体干物料为主的混合作业机械称为混合机；以较低黏度的液体物料为主的混合作业机械叫作搅拌机；以高黏度稠浆料和黏弹性物料为主的混合作业机械称为捏合（和）机。

（2）按搅混合器轴线安装位置分　立式搅拌机与卧式搅拌机。

（3）按搅拌机械的转速分　低速搅拌机、高速搅拌机。

（4）按搅拌机械工作情况分　间歇式搅拌机、连续式搅拌机。

（5）按乳化或破碎微粒的原理分　高压均质机、离心式均质机、立式或卧式胶体磨、超声波均质机、喷射式均质机、高剪切均质机（含高剪切均质泵）等。

食品加工中，将具有粉碎和混合双重功能的作业机械统称为均质机械，根据均质的物料性质、状态及设备工作机制不同，均质设备有高压均质机、胶体磨、高剪切乳化机等类型。

在食品工业上，通常采用搅拌、混合和均质操作实现混合。一般以液体为主的物料均匀分布过程称为搅拌，以干物料为主的固体物料的均匀分布过程称为混合，以液体和固体为主、通过对固体粒子的尺寸减小并实现两相均匀分布的过程称之为均质。

食品混合机械的混合原理：两种及其以上的不同组分的物料在混合机或料罐内。由外力的作用进行混合，从开始时的局部混合，达到整体的均匀混合状态，在某个时刻达到动态平衡后，混合均匀度就不会再提高。离析和混合则反复交替进行。如图6-1所示，整个过程存在三种混合方式。

（1）对流混合［图6-1（1）］ 对流混合也被称为体积混合或移动混合。常用于互不相溶组分的机械混合，依靠搅拌装置的运动部件或重力，使得物料从一处向另一处做相对群体流动，位置发生转移，物料各部分做相对运动。其混合作用的强度主要取决于运动状况，作用区域大，混合速度快，但其混合的均匀程度并不太高，混合精度低，对于粉料和液料都是如此。

（2）剪切混合［图6-1（2）］ 剪切混合用于高黏度物料组分的混合，主要因剪切力的作用，物料组分被拉成越来越薄的料层。使某一种组分原来占有区域的尺寸越来越小。物料群体中由于粒子因对流形成剪切面的滑移，和在此剪切面上的冲撞和嵌入作用，引起的局部混合，称为剪切混合。对于高黏稠度的流变物料，如面团和糖蜜等，主要是依靠剪切混合，一般称为捏和（或调和）。如在捏合机、螺旋挤压机、挤压膨化机和绞肉机等设备中，物料受到强烈的剪切力。剪切混合的作用区域较小，只发生于剪切面上及其附近。混合速度较慢，但混合精度高。

（3）扩散混合［图6-1（3）］ 扩散混合主要是互溶组分（如固体与液体、液体与气体、液体与液体组分等）中存在的以扩散为主的混合现象。混合时，以分子扩散形式向四周做无规则运动。从而增加两个组分间的接触面积，缩短了扩散平均自由程，达到了均匀分布状态。对于互不相溶组分的粉粒子，在混合时以单个粒子为单元向四周移动（类似气体和液体分子的扩散），使各组分的粒子先在局部范围内扩散，达到均匀分布，称为扩散混合。实际上，完全不互溶的组分是不存在的，在混合过程中有一个由对流混合到扩散混合的过渡，主要取决于分散尺度的大小。因而，在粉料的运动中也存在扩散混合。如由于粉粒子带电荷而相吸或相斥引起的粒子之间的相对运动，在旋转容器式混合机中表现得特别明显。扩散混合方式的作用区域较小，混合速度较慢，但混合精度高。

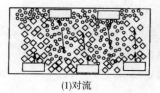 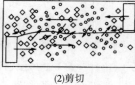 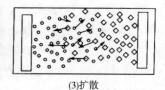

(1)对流　　　　　　　(2)剪切　　　　　　　(3)扩散

图6-1 混合原理示意图

资料来源：摘自参考文献［79］。

　　事实上，物料在各种混合设备中，以上三种混合机制同时并存着，但在不同的混合机种类和物料组分、不同的阶段中，其作用有所不同。常以其中的一种混合机制为主。习惯上，通常以液相为主者称为搅拌设备，以粉粒料为主者称为混合设备，以黏稠团块物料为主者称为捏合设备或调和设备。

第一节　搅拌机械与设备

一、概　述

　　搅拌是指借助于流动中的两种或两种以上物料在彼此之间相互散布的一种操作，通过搅拌可以实现物料的均匀混合、促进溶解、气体吸收和强化热交换等物理及化学变化。如乳液的混合、原料糖浆的制备、糖果生产中的溶糖操作以及蛋制品生产中的打蛋操作等。其目的在于促进物料的传热，使物料温度均匀化；促进物料中各成分混合均匀；促进溶解、结晶、浸出、凝聚、吸附等过程的进行；促进酶反应等生化反应过程的进行。搅拌的对象主要是流体，其种类及特性比较繁杂。按物相分类：有气体、液体、半固体及散粒状固体；按流体力学性质分类：有牛顿流体和非牛顿流体。

　　在食品工业中，许多呈流体状态物料，稀薄的物料如牛乳、果汁、盐水等，黏稠的物料如糖浆、蜂蜜、果酱、蛋黄酱等，有的具有牛顿流体性质，有的具有非牛顿流体性质。

　　通过机械动作完成搅拌的机器称为搅拌机。液体混合常用的设备是搅拌机，液体的混合也称作搅拌。

　　搅拌机（agitator or stirrer）常用来处理较低黏度液体的混合，包括互溶或不互溶的液体与液体的混合，固体悬浮液的制取，以及伴有加速溶解、强化热交换等的搅拌操作。在食品加工中，常采用搅拌机实现各种面浆、混合乳液、原料糖浆的制备等。

　　食品工业中，具有搅拌器的典型设备有发酵罐、酶解罐、冷热缸、溶糖锅、沉淀罐等。这些设备虽然名称不同，但基本构造均属于液体搅拌机。

　　在食品加工方面，搅拌设备的主要目的通常包括以下几方面内容。

　　（1）使受加热或冷却处理的物料内形成对流和混流，促进物料传热，强化热交换过程并避免局部过热，使物料温度均匀。

　　（2）促进料液溶解或分散、结晶、浸出、凝聚、吸附等过程的进行。

　　（3）促进物料间的酶反应以及化学乃至生物反应过程的进行。

　　（4）获得多种物料成分构成的均匀混合物。

二、搅拌机械与设备的分类

　　各种物料的搅拌工艺条件差别很大。从物料的物相分，有液体与液体、液体与固体、固体与固体及伴有充气过程的搅拌。从物料的黏性分，有低黏度液体的搅拌和高黏度流体的搅拌。从流体的属性分，有牛顿流体的搅拌和非牛顿流体的搅拌等。因而，上述搅拌机械的型式各不相同。

搅拌混合操作所采用的设备因物料状态不同而异。对于低黏度液体物料，常用液体搅拌与混合机械设备；对于粉料物料，所用的设备为混合机。介于两种状态之间的物料，既可用搅拌机，也可用混合机，但更经常使用的是混合机。

1. 按被搅拌物料特性分类

可将搅拌机械分为搅拌机、调和机、混合机。

（1）搅拌机　搅拌机以搅拌低、中黏度的液体为主，适合于液-液、固-液、气-液相等的混合。

（2）调和机　调和机又称捏和机、揉和机、和面机等，以搅拌高黏度糊状物料及黏滞性固体物料为主。它适用于液-液相混合及固-液相混合和伴有充气、传热、改性等其他一些过程的搅拌操作。

（3）混合机　混合机以搅拌干燥散粒状固体物料为主，适用于固-固相混合。

2. 按搅拌容器轴线安装位置

可分为立式搅拌机和卧式搅拌机。

3. 按搅拌机械转速

可分为低速搅拌机与高速搅拌机。

4. 按搅拌机械工作情况

可分为间歇式搅拌机和连续式搅拌机。

此外，还有以结构、特点加以分类，不一一详述。目前尚无统一的分类方法，现按搅拌物料的性质分类进行介绍。

三、 搅拌机械与设备的结构

搅拌机械的种类较多，但其常用设备的基本结构是一致的，即主要由搅拌装置、传动装置、搅拌容器、轴封等四大部分组成。其结构如图6-2所示。

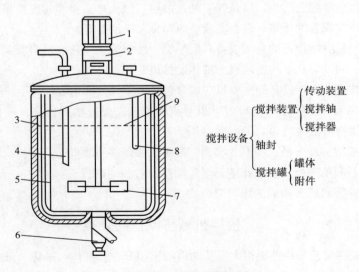

图6-2　搅拌设备结构图

1—电机　2—传动装置　3—罐体　4—料管　5—挡板　6—出料管　7—搅拌器　8—温度计插管　9—液面

资料来源：摘自参考文献［63］。

1. 搅拌装置

搅拌装置包括搅拌器（或搅拌桨）及搅拌轴，是搅拌设备的核心部件。搅拌装置可以通过自身的运动使搅拌容器中的物料按某种特定的方式流动着，以达到搅拌操作所规定的工艺要求。这种特定流动方式（又称流型）是衡量搅拌装置性能最直观的重要指标。搅拌装置型式根据被加工物料的性质和工艺条件决定，它是影响搅拌设备质量的关键部件。

2. 传动装置

传动装置是赋予搅拌装置及其他附件运动的传动件的组合体。其传动装置作用是在满足机器所必须的运动功率及几何参数的前提下，要求传动链短，传动件少，电机功率小，以降低成本，即传动装置越简便，结构越紧凑，成本越低越好。

3. 搅拌容器

搅拌容器（又称搅拌槽、搅拌罐或搅拌缸）其结构形式通常为立式圆筒形，而方形或带棱角的容器在拐角处易形成死角，应避免采用。顶部结构常设计成开放式或密闭式。底部从有利于流线型流动和减小功耗考虑，大多底部做成碟形、椭球形、球形，以避免出现搅拌死角，同时利于料液完全排空。底部一般应避免采用锥形底、平底结构，是因为此结构会促使液流形成停滞区，使悬浮的固体积聚起来，影响搅拌效果，同时也不利于料液的完全排放。搅拌罐的作用是容纳搅拌装置与物料在其内进行操作。对于食品用搅拌容器，除保证具体的工艺条件外，还要必须满足无污染、易清洗、耐腐蚀等食品加工方面特有的专业技术要求。

4. 轴封

轴封是指搅拌轴及搅拌容器转轴处的密封装置，是搅拌设备容易出故障的结构之一。轴封属于动密封，其作用是保证搅拌设备内处于一定的正压或真空状态，防止被搅物料溢出或者杂质的渗入。轴封的型式根据搅拌设备的不同也不尽相同。为了避免食品污染，保证环境卫生，使搅拌机械能正常运行工作，轴封的选择也是不容忽视的重要环节。常用的轴封有液封、填料密封和机械密封。为了避免食品漏染，轴封的选择必须给予重视。

四、 搅拌机械与设备的原理

在食品工业中，许多物料以流体状态呈现，如牛乳、果汁、盐水等稀薄的流体，糖浆、蜂蜜、果酱、蛋黄酱等黏稠的流体，有的仅有牛顿流体性质，有的具有非牛顿流体性质。牛顿流体的搅拌过程远远没有非牛顿流体复杂，非牛顿流体的剪切力与速度梯度不成线性关系，其剪切力与速度梯度之比称为流体的表现黏度，而表现黏度是指在某一速度梯度范围内的黏度值。对于非牛顿型流体如果酱、蛋黄酱、番茄酱等，其表现黏度随着剪切速率的增加而降低，即剪切使流体变稀。这种现象产生的原因与流体分子的物理结构如细胞的破损、大分子链的变形、断裂以及分子的排列等有关。分子沿流动方向排列越完善，表现黏度越低，则流体也越接近牛顿流体性质。搅拌是一个复杂的过程，它涉及流体力学、传热、传质及化学反应等多种原理。搅拌过程从本质上讲是在流场中进行单一的动量传递，或是包括动量、热量、质量的传递及化学反应的综合过程。可以说，整个搅拌过程就是一个克服流体黏度阻力而形成一定流场的过程。在搅拌过程中，搅拌器会引起液体整体运动，使液体产生湍流，从而使液体得到剧烈的搅拌。

（一） 低黏度、 中等黏度物料的混合机制

低、中黏度流体的混合强度取决于流型，即对流体强制程度。所谓强制程度，有两种

形式。

1. 主体对流

主体对流是指搅拌设备在搅拌过程中，搅拌器把动能传给周围的液体，产生一股高速的液流，这股液流推动周围的液体流，逐步使容器内的全部液体在流动起来，这种大范围的循环流动称为"宏观流动"。由此产生的全容器范围的扩散叫作"主体对流扩散"。

2. 涡流对流

涡流对流是指当搅拌产生的高速液流，在静止或运动速度较低的液体中通过时，高速流体与低速流体的分界面上的流体受到强烈的剪切作用。因而，在此处产生大量的漩涡，在漩涡迅速向周围扩散的同时，一方面夹带着更多的液体加入"宏观流动"中，另一方面形成局部范围内物料快速而又紊乱的对流运动，这种运动被称为"涡流对流"。

在实际混合过程中，主体对流扩散只能把不同的物料搅成较大"团块"的混合，而通过"团块"界面之间的涡流，使混合均匀程度迅速提高，提高到涡流本身的大小，但最小涡流也比分子要大得多，因此对流扩散不能达到分子水平上的完全均匀混合，仅是"宏观的混合"。

低黏度、中等黏度的食品混合主要是以对流混合为主。

（二） 高黏度物料的混合机制

高黏度液体常指黏度高于 2.5Pa·s 的液体。对于高黏度物料（包括高浓度物料）的混合，在搅拌过程中黏度往往会变化。根据搅拌过程物料的黏度变化，可分为三类：①搅拌物料由低黏度向高黏度过渡，如溶解、乳化及生化反应等操作；②搅拌物料由高黏度向低黏度过渡；③搅拌物料保持在高黏度下操作。高黏度物料的混合与低、中黏度物料的混合机制有所不同。高黏度物料在搅拌的作用下，既无明显的分子扩散现象，又难以造成良好的湍流以分割组分元素，这种情况下，混合的主要作用力是由搅拌的机械运动所产生的剪切力。剪切力把待混合物料撕成越来越薄的薄层，使得各组分的区域尺寸减少。如图6-3所示是平面间的两种黏性流体。混合开始时主成分以离散的黑色小方块存在并随机分布于混合体中，然后在剪切力的作用下，这些方块被拉长，如果剪切力足够大，对每一薄层的厚度撕到用肉眼难以分辨的程度，我们称为之为"混合"。因此，高黏度物料中，物料的剪切力只能由运动的固体表面形成，而剪切速度取决于固体表面的相对运动及表面之间的距离。所以，高黏度搅拌机的设计时，一般取搅拌器直径与容器内径的比值几乎等于1:1。

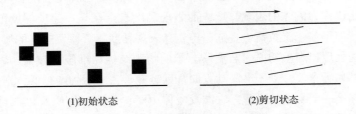

(1)初始状态　　　　　　　　　(2)剪切状态

图6-3　液体剪切的混合作用

资料来源：摘自参考文献［7］。

高黏度的食品混合主要是以剪切混合为主。

五、　搅拌的机械与设备

在食品工业应用中，不同黏度的食品在混合过程中具有不同的混合机制，其混合搅拌机械结构亦有所区别，低、中黏度液体混合设备习惯称搅拌机，高黏度液体混合典型设备为打蛋机。

（一）　低、中黏度液体搅拌机

处理低、中等黏度混合液，最常见的混合器为带机械搅拌的容器。典型的搅拌机结构如图6-2所示，容器大多为圆柱形，其顶部为开放式或密封式，底部多数成碟形或半球形，平底的少见，因为平底结构易造成搅拌时液体死角，影响搅拌效果。容器内盛装流体的深度通常等于容器的直径。在容器内装有搅拌轴，轴一般由容器上方支撑，并由电动机及传动装置带动旋转。传动可由齿轮、涡轮、减速机或由电动机直接带动。轴的下端安装一对或几对不同形状的搅拌器等。搅拌器的主要部件是搅拌桨。搅拌桨叶运动会造成液体的速度具有三个分速度：径向速度、轴向速度和切向速度。通常对混合起主要作用的是径向速度和轴向速度，而搅拌轴中央的搅拌器所产生的切向速度，主要促使液体绕轴转动，形成速度不等的液层，并产生表面下凹的漩涡，这不利于搅拌混合。桨叶的形式可根据流型分为两大类：产生轴向流动的轴流式桨叶和产生径向流动的径流式桨叶。从结构上看，桨叶有四种形式：桨式、涡轮式、推进式和特种形式等。轴封是搅拌轴及搅拌容器转轴处的为防漏和避免食品污染的一个密封装置。传动装置是赋予整个搅拌装置及其他附件运动的传动件组合体。通常典型搅拌设备还设有进出口管路、夹套、人孔、温度计插套以及挡板等附件。

1. 搅拌器

（1）搅拌器的类型　搅拌器是搅拌设备的主要工作部件。搅拌器分类方法很多，主要有以下几类。

①按叶片运转速度分类。通常可分成小面积叶片高速运转搅拌器和大面积叶片低速运转搅拌器。属于前者的搅拌器有涡轮式、旋桨式等，大多用于低黏度的物料；属于后者的搅拌器有框式、垂直螺旋式等，大多用于高黏度的物料。

②按搅拌器的用途分类。搅拌器可分成低黏度流体用搅拌器和高黏度流体用搅拌器。低黏度流体的搅拌器有推进式、桨式、开启涡轮式、圆盘涡轮式、板框桨式、三叶后弯式等；高黏度流体的搅拌器有锚式、框式、锯齿圆盘式、旋桨式、螺带式等。

③按流体流动形态分类。搅拌器可分成轴向流搅拌器和径向流搅拌器，有些搅拌器在运转时，流体既产生轴向流又产生径向流的称为混合流搅拌器。推进式搅拌器是轴流型的代表，平直叶圆盘涡轮搅拌器是径流型的代表，而斜叶涡轮搅拌器是混合型的代表。

④按搅拌叶结构分类。搅拌器可分成平叶、斜（折）叶、弯叶、螺旋叶面式搅拌器。桨式、涡轮式搅拌器都是平叶和斜叶结构；推进式、螺杆式和螺带式搅拌器的桨叶为螺旋面叶结构。根据安装要求又分为整体式和剖分式结构，对于大型搅拌器，往往做成剖分式，便于把搅拌器直接固定在搅拌轴上，而不用拆除联轴器等其他部件。

搅拌操作具有多样性，也使搅拌器存在着多种结构形式。各种形式的搅拌器配合相应的附件装置，使物料在搅拌过程中的流场出现多种状态，以满足不同加工工艺的要求。图6-4是各种典型的搅拌器。

（2）搅拌器的安装形式　搅拌器不同的安装形式会产生不同的流场，使搅拌效果有明显

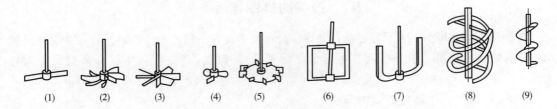

图6-4 典型的搅拌器形式

（1）桨式 （2）弯叶开启涡轮式 （3）折叶开启涡轮式 （4）旋桨式（又称推进式）

（5）平直叶圆盘涡轮式 （6）框式 （7）锚式 （8）螺带式 （9）螺杆式

资料来源：摘自参考文献［77］。

差别。通常搅拌器的安装分为立式中心式搅拌、偏心立式搅拌、倾斜式搅拌、底部式搅拌、旁入式搅拌五种形式，如图6-5所示。

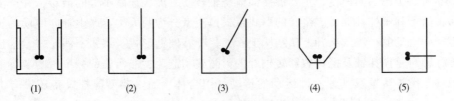

图6-5 搅拌器安装方式

（1）立式中心式 （2）偏心立式 （3）倾斜式 （4）底部式 （5）旁入式

资料来源：摘自参考文献［77］。

①立式中心搅拌安装形式 这是应用最为广泛的一种安装形式，桨叶可以组合成多种结构形式以适应多种用途，如图6-5（1）所示。其特点是搅拌轴与搅拌器配置在搅拌容器的中心线上，呈对称布局。驱动方式一般为皮带或齿轮传动、减速传动或电动机直接驱动。食品工业的搅拌设备中多用小型的搅拌器。转速低于 $100r/min$ 的为低速型，$100\sim400r/min$ 为中速型，大于 $400r/min$ 为高速型。

②偏心式搅拌安装形式 将搅拌器安装在立式容器的偏心位置，这种安装形式能防止液体在搅拌器附近产生涡流回转区域，即防止液体的打漩效应，效果与安装挡板相近似，如图6-5（2）所示。中心线偏离容器轴线的搅拌器，会使液流在各点处压力分布不同，加强了液层间的相对运动，从而增强了液层间的湍动，使搅拌效果得到明显的改善。

③倾斜式搅拌安装形式 将搅拌器直接安装在罐体上部边缘处，用夹板或卡盘与圆筒边缘夹持固定，搅拌轴斜插入容器内进行搅拌，如图6-5（3）所示。这种安装形式能防止产生涡流，常用于比较简单的圆筒形结构或方形敞开立式搅拌设备。采用此类安装形式的搅拌设备比较机动灵活，使用维修方便，结构简单、轻便，一般用于小型需搅拌的设备上，选用功率为 $0.1\sim2.2kW$，使用一层或两层桨叶的搅拌器，转速在 $36\sim300r/min$。

④底部搅拌安装形式 将搅拌器安装在搅拌设备容器底部。这种类型搅拌设备的搅拌器，轴短而细，且无需用中间轴承，可用机械密封结构，有使用维修方便、寿命长等优点，如图6-5（4）所示。此外，搅拌器安装在下部封头处，有利于上部封头处附件的排列与安装，

尤其在上封头带夹套、冷却构件及接管等附件的情况下，更有利于它的整体合理布局。容器底部出料口能得到充分的搅动，使输料管路畅通无阻，有利于排出物料。此类搅拌设备的缺点是桨叶的叶轮下部至轴封处常有固体物料粘积，易变成小团物料混入产品中影响产品质量。

　　⑤旁入式搅拌安装形式　将搅拌器安装在容器罐体的侧壁上，在消耗同等功率的情况下，能得到最好的搅拌效果，如图6-5（5）所示。其搅拌器转速一般在360～450r/min，驱动方式有齿轮传动与带传动两种。这类设备主要缺点是轴封比较困难，在不同旋桨位置产生不同的流动状态，如图6-6所示。图6-6（1）为旋桨轴线与容器径向线夹角 α = 7°～12°时流体的流动状态，图6-6（2）为旋桨轴线与容器径向线夹角大于12°时流体的流动状态，图6-6（3）为旋桨轴线与径向线重叠时流体的流动状态。

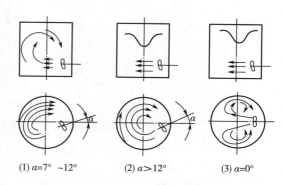

(1) $\alpha = 7° \sim 12°$　　(2) $\alpha > 12°$　　(3) $\alpha = 0°$

图6-6　旁入式搅拌轴与径向的夹角及流型

资料来源：摘自参考文献［77］。

　　除以上五种搅拌器不同安装形式之外，还有其他形式，如卧式容器搅拌器安装形式，是将搅拌器安装在卧式容器的上方，这类布局可降低整台设备的安装高度，提高设备的抗震能力，改善悬浮液的状态，如充气搅拌采用的卧式容器搅拌设备。

　　2. 搅拌器桨叶与流型

　　搅拌器的流型与搅拌效果、搅拌功率关系十分密切。搅拌容器内的流型主要取决于搅拌方式、搅拌器、容器形式、挡板等的几何特征，以及流体性质、转速等因素。一般在搅拌过程中，搅拌器件周围流体的运动方向有三种基本流型，即径向流、轴向流和切向流。这三种流型通常可能同时存在，其中轴向流和径向流对物料混合起作用，而切向流应加以抑制。常用挡板削弱切向流，以增强轴向流和径向流。

　　（1）轴向流型　流体从轴向进入叶片，再从轴向流出，称为轴向流型［图6-7（1）］。如旋桨式叶片，当桨叶旋转时，产生的流动状态不但有水平环流、径向流，而且也有轴向流动，其中以轴向流量最大。这类桨叶称为轴流型桨叶。

　　（2）径向流型　流体由轴向进入叶轮，再从径向流出，称为径向流型［图6-7（2）］。如平直叶的桨叶式、涡轮式叶片，这种高速旋转的小面积桨叶搅拌器所产生的液流方向主要为垂直于罐壁的径向流动，这类桨叶称为径向流型桨叶。

　　尽管某种合适的流动状态与搅拌容器的结构及其他附件有一定的关系，但搅拌器桨叶的结构形状与运转情况可以说是决定容器内流体流动状态最重要的因素。搅拌器桨叶的形状很多，按照搅拌器桨叶的运动方向与桨叶表面的角度，可以将搅拌器分为三大类，即平直叶搅拌器、折叶搅拌器和螺旋面搅拌器。桨式、涡轮式、框式和锚式等桨叶属于平直叶或折叶搅拌器；而旋桨式、螺杆式和螺带式桨叶属于螺旋面桨叶搅拌器。

　　现就几种典型的搅拌器桨叶形状及其产生的流动状态作以下分析、比较。

　　①平直桨叶与流型。图6-8为平直叶圆盘涡轮产生的流动状态图。这类高速旋转的小面积桨叶搅拌器所产生的液流方向主要为垂直于容器壁的径向方向，通常称为径向流型桨叶。由于

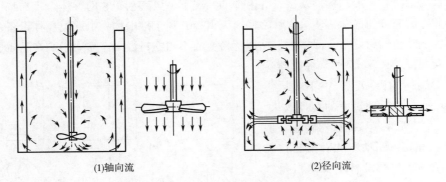

(1)轴向流　　　　　　　　　　　　　(2)径向流

图 6-7　液体流型

资料来源：摘自参考文献［77］

平直叶的运动与液流相对速度方向垂直，当低速运转时，液体主要为环向流，当转速增大时，液体的径向流动就逐渐增大，桨叶转速越高，平直叶排出的径向流动越强烈。

②螺旋面桨叶与流型。图6-9为螺旋面桨叶桨式搅拌器（即旋桨式搅拌器）所产生的流型。这类桨叶类似于通常的推进式螺旋桨形状，又称为推进式桨叶。当桨叶旋转时，此类型桨叶产生的流动状态不但有水平环流、径向流，而且也有轴向流动，其中以轴向流量最大。因此，这种类型桨叶称轴流型桨叶。

③垂直螺杆式桨叶与流型。图6-10为螺杆式桨叶所产生的流动状态图。螺旋面可以看成是许多折叶的组合，这些折叶的角度逐渐变化。所以，此类螺旋面桨叶产生的流型有水平环流、径向流和轴向流，其中以轴向流量最大。

通过以上几种桨叶结构所产生的流型比较可以看出，以主要排液方向为依据，可将桨叶排液的流向特性分为径向流型和轴向流型两种。平直叶式、涡轮式属于径向流型，螺旋面桨叶的螺杆式、旋桨式属于轴向流型，折叶桨则属于二者之间，一般认为折叶式更接近于轴向流型。

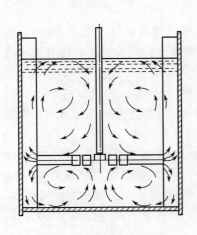

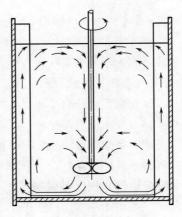

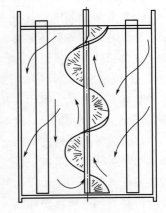

图 6-8　平直叶径向流型　　　　图 6-9　螺旋面桨叶流型　　图 6-10　垂直螺杆式搅拌器流型

资料来源：摘自参考文献［55］。

④搅拌设备的挡板和导流筒。在实际搅拌过程中，当低强度液体在无挡板的情况下运转，

而 Re 数达到较大值时，会使搅拌器中液体的自由面中央区域出现下陷现象，四周隆起液流形成漏斗状的旋涡，如图 6-11 所示。这种液面下陷现象会使搅拌效果明显下降，甚至导致搅拌器桨叶因液面下陷而露出液面。因此，设计时必须加以考虑，以保证液面下陷不至于使搅拌器桨叶露出液面而影响搅拌效果，同时，四周隆起的液流不至于溢出容器外流。从图 6-11 可以看出 $\Delta H_1 = H - H_0$，即自静止液面算起中心液面下陷的深度，$\Delta H_2 = H_2 - H$，即自静止液面算起四周液面隆起的高度，在设计时要控制这两个数值，以保证搅拌器的正常工作。

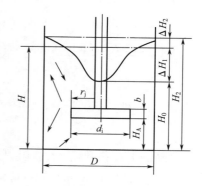

图 6-11 液面下陷

资料来源：摘自参考文献 [55]。

为防止旋涡的发生，常常采用加装挡板的方法来获得良好的流型。加入挡板后使流场中液流的速度分布有了较大的调整，在液流任意点三个方向（径向、周向、轴向）的速度分布起了变化，其中轴向速度增大明显。因此，对于径向流型桨叶在挡板的配合下也可获得较强的轴向流动，使它成为容器内的主流，从而获得有利于搅拌操作的良好流型。图 6-8、图 6-9 与图 6-10 所示的三种搅拌设备都安装了挡板，其流型较理想，搅拌效果好。另外，也通过安装导流筒来改善流动状态，如螺杆式搅拌器内装与罐体同轴的导流筒后，使轴向的流动增强，而水平的回转流减弱，主要流动为上下循环流。轴流型桨叶与径流型桨叶相比，前者可在消耗动力较小的情况下，获得较大的循环流量，以获得良好的搅拌效果。

（3）搅拌器的构造 搅拌器的设计要求必须有：合理的结构（包括制造工艺合理、桨叶与搅拌轴可靠的牢固连接、检修安装方便等）；足够的强度。

搅拌器材质的选用要求需满足强度、刚度和不同介质对材料的腐蚀作用。当前使用的材料大多数是碳钢、不锈钢、铸铁等。此外，也有的选用铜、铝等材料，还有用木材、搪玻璃、衬胶等的。随着塑料工业的发展，高强度、高硬度、优性能的工程塑料也将是选用的优质材料。

下面以钢制桨叶为例，叙述搅拌器的构造。

①桨式搅拌器。桨式搅拌器是一种简单的搅拌器，用以处理低黏度或中等黏度的物料。桨式搅拌器中平桨式最简单，在搅拌轴上安装一对到几对桨叶，以双桨和四桨最普遍，少数平桨做成倾斜式，大多数场合则为垂直式。桨式搅拌器转速较慢，其产生的液流（除斜桨外）主要为径向及切向速度。当液流离开桨叶后，向外趋近器壁，然后向上或向下折流。为更好地搅拌粘度稍大的液体，在平桨上加装垂直桨叶，就成框式搅拌器。当为了满足某种工艺的需要，将桨叶外缘做成与容器内壁形状一致而间隙甚小时，就成锚式搅拌器。桨式搅拌器的形式如图 6-4（1）、（6）和（7）所示。

a. 平桨式搅拌器。平桨式搅拌器的桨叶一般采用不锈钢或扁钢制成。对于小型桨叶常加工成整体焊接的形式，形成不可拆卸结构，如图 6-12（1）所示，此结构制造方便，但强度不大。不能拆换桨叶，常用于小直径容器。图 6-12（2）为螺栓连接方式，依靠桨叶与轴的摩擦力带动桨叶旋转，此结构拆卸方便，但功率大时容易产生打滑现象而不能正常运转，也多用于小功率设备。图 6-12（3）的结构是图 6-12（2）型结构的改进型，把圆轴改成方轴，这样可克服打滑现象，但轴的加工要困难些。图 6-12（4）为键连接方式，它兼有以上几种结构的优点，因此被广泛采用。

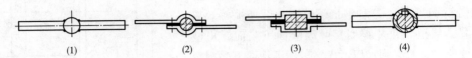

图 6-12　平桨叶与轴的固定方法

资料来源：摘自参考文献 [63]。

　　为改善搅拌效果和减小搅拌阻力，常常把平直桨叶安装成一定的角度。这种安装形式的结构示意图，如图 6-13 所示。倾斜角度 α 一般应小于 90°，较为常用的为 45°左右。与倾斜安装类似的另一种结构是折叶桨，这种结构使桨叶部分扭转而中间连接部分仍保持平直形式，既起到了倾斜桨叶改善搅拌效果的作用，又简化了连接方法，也被广泛采用。折叶桨结构及连接方法如图 6-14 所示。

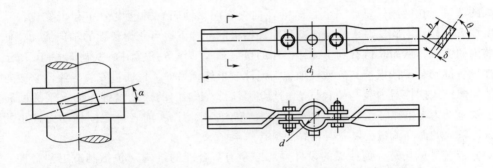

图 6-13　桨叶倾斜安装　　　　　　　　图 6-14　折叶桨结构与连接

资料来源：摘自参考文献 [89]。

　　为了提高桨叶的强度与刚度，加强桨叶根部强度，而又不使整个桨叶尺寸变厚而浪费材料，常常采用加强筋的方法，装有加强筋的平桨结构如图 6-15 所示。

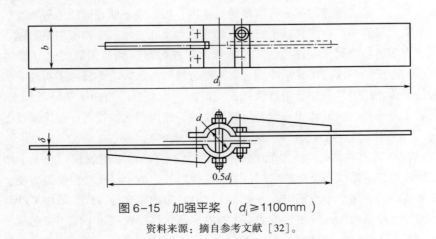

图 6-15　加强平桨（ $d_j \geqslant 1100mm$ ）

资料来源：摘自参考文献 [32]。

　　b. 框式与锚式搅拌器。框式与锚式搅拌器结构相似，如图 6-16 所示，其特点是起搅拌作用的框架能增大搅拌范围，并带走容器壁面上残留的物料液层。这种类型的搅拌器，外形轮廓与容器壁形状相似，底部形状为适应罐底轮廓，多为椭圆或锥形等。为了增大对高黏度物料的适应范围及提高桨叶的刚度，经常在框式与钳式的主体架上增加一些加强筋。框式与锚式搅拌轴的连接方式类似于桨式。锚式搅拌器的结构及连接方法，如图6-17所示。桨叶与轴连接的一端制成半圆形的轴环，然后两片桨叶的圆环用螺栓夹紧在轴上，同时用穿过轴心的螺栓固定桨叶和搅拌轴，如图6-17中的A-A剖面图。锚式结构加上扁钢加强筋的形式，如图6-18所示。以增加桨叶的强度与刚度。这种类型搅拌器外形尺寸较大，为了便于装拆，多数采用螺栓连接，只有小型的采用铸造或焊接。桨叶以扁钢、角钢制造居多，取材和加工都比较方便。

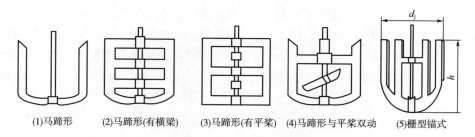

(1)马蹄形 (2)马蹄形(有横梁) (3)马蹄形(有平桨) (4)马蹄形与平桨双动 (5)栅型锚式

图6-16 锚式、框式搅拌器

资料来源：摘自参考文献［63］。

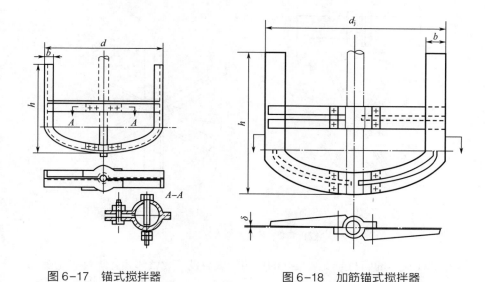

图6-17 锚式搅拌器 图6-18 加筋锚式搅拌器

资料来源：摘自参考文献［55］。

　　桨式搅拌器搅拌的转速较慢，一般为20~150r/min，液流的径向速度较大，而轴向速度甚低。若要加强轴向的混合，减少因切向速度所产生的表面漩涡，常在容器中加装挡板。桨式搅拌器的通用尺寸为：桨宽与桨径之比 $B/d=0.10~0.25:1$，为提高桨叶的强度，而采用的加筋桨叶，加强筋的长度是桨叶的全长或1/2桨长。锚式、框式桨叶的通用尺寸为：桨的高度与桨径之比 $h/d=0.50~1.00:1$，桨的宽度与桨径之比 $b/d=0.007~0.10:1$。

　　桨式搅拌器主要的特点：混合效率较差，局部剪切效应有限，不易发生乳化作用，桨叶易制造和更换，适宜于对桨叶材质有特殊要求的料液。桨式搅拌器适用于处理低黏度或中等黏度的物料。

　　②涡轮式搅拌器。涡轮式搅拌器是应用最广的一种桨叶搅拌器，几乎能有效地完成所有的搅拌操作，并能处理强度范围很广的流体。涡轮式搅拌器与桨式搅拌器相比，转速高，结构比桨式复杂，种类较多，桨叶数量多而短，通常由 4~6 个叶片组成。叶片形式多种多样，有平直的、弯曲的、垂直的和倾斜等多种形式，可制成开式、半封闭式或外周套扩散环式等。常用涡轮式搅拌器的接方式是通过轮毂用键及止动螺钉连接于搅拌轴上，同时在搅拌轴底端用螺钉或轴端螺母压紧，防止轮毂轴向移动。其桨叶直接焊于轮毂上，但折叶涡轮的桨叶则先在轮毂上开槽，桨叶嵌入后施焊，这类结构的可分为开启涡轮式与圆盘涡轮式两种。开启涡轮式桨叶直接焊于轮毂上，其形式如图 6-19 所示。折叶开启涡轮式结构通常是在轮毂上开倾斜槽，将桨叶嵌入后焊牢，如图 6-20 所示。开启涡轮式桨叶可制作成整体铸造形式，也可制作成叶片可拆的形式。有些桨叶设计成沿径向宽度变化的形状，由根部至叶尖逐渐变窄，以减小惯性力并节省材料。开启涡轮式桨叶的通用尺寸为桨宽与桨径的比值（b/d_j）为 0.15~0.3：1，叶轮直径一般为容器直径的 0.2~0.5 倍，桨叶的厚度由强度计算确定。

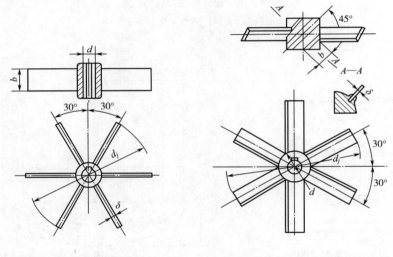

图 6-19　平直叶开启涡轮　　　　　图 6-20　折叶开启涡轮

资料来源：摘自参考文献 [8]。

　　开启涡轮式搅拌器的圆盘起支承桨叶的作用，多数设计成整体式并焊接于轮毂。桨叶与圆盘的连接方式可按桨叶直径分，对小型桨叶（$d_j<400mm$）常采用焊接，桨径大于 500mm 时多采用可拆连接方式，便于装拆与保证装配精度。焊接形式的圆盘涡轮结构如图 6-21 所示；可拆式圆盘涡轮结构如图 6-22 所示。

　　在设计时，圆盘直径一般取桨径的 2/3 或 3/4，圆盘板厚要保证刚性。桨叶厚度可用强度计算确定。桨叶可设计成弯曲形，此形状可以改善搅拌性能并减少动力消耗，叶片弯曲角度常为 45°或 60°，圆盘涡轮尺寸一般取 d_j：e：b = 20：5：4（d_j 为桨径，e 为桨叶长，b 为桨叶宽度）。

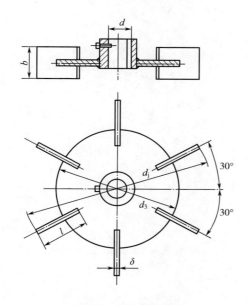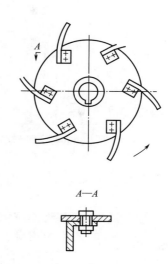

图 6-21　焊接圆盘涡轮　　　　　　图 6-22　可拆式圆盘涡轮

资料来源：摘自参考文献［89］。

　　另外，还有一种圆筒式涡轮搅拌器，在运转时，叶片沿轴线由中心孔进入轮内转动的叶片加速液体，然后高速向周围抛出，常用转速为 400~2000r/min。此类型的搅拌器优点是搅拌效果好，一般用于稀薄的乳浊液、悬浮液等。其缺点是能耗较大，制造加工也比较困难。

　　涡轮式搅拌器属于高速回转径向流动式搅拌器。液体经涡轮叶片沿驱动轴吸入，主要产生的是径向液流，液体以高速向涡轮四周抛出，使液体撞击容器壁而产生折射，各种方向的流动充满整个容器内部，在叶片周围能产生高度湍流的剪切效应。涡轮叶片转速为 400~2000r/min，圆周速度在 8m/s 以内。

　　涡轮式搅拌器的主要特点：适用于搅拌多种物料，尤其对中等黏度液体特别有效；混合生产能力较高，能量消耗较少，搅拌效率较高；有较高的局部剪切效应；容易清洗但造价较高。涡轮式搅拌器的混合效率高，一般用于制备低黏度的乳浊液、悬浮液和固体溶液及溶液的热交换等。在原料糖浆、油水混合等操作过程中常用到该类型的搅拌桨。

　　③旋桨式搅拌器。旋桨式搅拌器的叶形状与常用的推进式螺旋桨相似，叶轮为螺旋桨结构，叶片呈扭曲状。旋桨安装在转轴末端，可以是一个或两个，每个旋桨由 2~3 片桨叶组成，所以又称为推进式搅拌。搅拌器和桨叶常见形式如图 6-23 和图 6-24 所示，属高速搅拌（最大 1500r/min）装置，主要用于两种不相混合的液体混合制备乳浊液（如油和水），不适合高黏度液体搅拌，适用于低黏度液体的高速搅拌。旋桨叶片直径为容器直径的 1/3~1/4；其转速小型的为 1000r/min 以上，大型的为 400~800r/min。

　　旋桨式搅拌器的结构如图 6-23 所示，桨叶 2 由键 4 和螺母 3 固定在轴 1 上，叶片以一定方向转动，由于桨叶的高速回转造成了轴向和切向速度的液体流动，致使液体做螺旋形旋转运动，并受到强烈的切割和剪切作用，同时，桨叶也会使气泡卷入液体中间。因此，在安装时轴多偏离中心线水平，或斜置一定角度安装。液体流动非常激烈，故适合大容器低黏度液体搅拌，如牛乳、果汁和发酵产品。

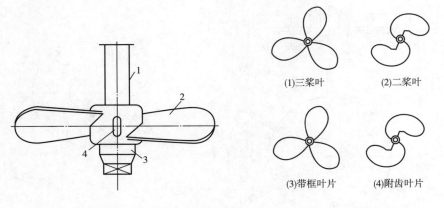

<table>
<tr><td>(1)三桨叶</td><td>(2)二桨叶</td></tr>
<tr><td>(3)带框叶片</td><td>(4)附齿叶片</td></tr>
</table>

图 6-23 旋桨式搅拌器　　　　图 6-24 旋桨式搅拌器叶片种类
1—轴　2—桨叶　3—螺母　4—键

资料来源：摘自参考文献［14］。

　　旋桨式搅拌器安装位置不同，即旋桨与容器中心线的夹角不同时，搅拌液体的流动状态亦不同。

　　旋桨式搅拌器的主要特点有以下几点。生产能力较高，但对互不溶液体，在生产细液滴乳化液而液滴直径范围不大的情况下，生产能力受到限制。其结构简单，维护方便。常常会卷入空气形成气泡与离心漩涡。适用于低强度和中等黏度液体的搅拌，对制备悬浮液和乳浊液等较为理想。

　　④螺带式搅拌器。螺带式搅拌器是由一定宽度的带材或圆柱棒材制作成螺带形状。它适用于中、高黏度料液的搅拌，有较好的上下循环性能力。单条或双条螺带结构。螺带的外廓尺寸常常接近容器内壁，使搅拌操作可遍及整个罐体。由于螺带尺寸较大，与轴有较大的距离，因此要用支撑杆件应使螺带固定在搅拌轴上。每个螺距会设置 2~3 根支撑杆，一端与螺带焊接，另一端夹紧在搅拌轴上，也可以使支撑杆与轴用键连接形式。部分支撑杆采用止动螺钉与轴相对固定，这种结构既保证传递扭矩可靠，还保证装拆方便。如果螺带较长，可设计成分段螺带的形式。再用螺栓连接为一体。如图 6-25 所示为可拆式螺带搅拌器的结构。螺带式的通用尺寸是以桨叶宽度 b 与槽径 D 比 $b/D = 0.1$，螺距 s 与桨径 d_j 比 $s/d_j = 0.5 \sim 1.0 : 1$ 为佳。用圆钢棒材来代替带钢时，常用在较小的螺径上。如 $d_j = 275mm$，可用直径为 10mm 的圆钢；当 $d_j = 425mm$ 时，可用直径为 15mm 的圆钢。

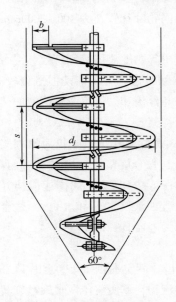

图 6-25 可拆式螺带搅拌器
资料来源：摘自参考文献［55］。

　　⑤螺杆式搅拌器。螺杆式搅拌器结构与螺带式相似，但螺杆式的螺旋面部分直接与搅拌器轴相接触，与常见的

螺带式输送器类似，它保证了中心部分流体的流动。螺带多设计成与轴直接焊接，也可以设计成可拆式结构。螺杆式搅拌器直径 d 与容器内径 D 比常常为 $0.3:1$。螺杆一般与螺带组合在一个搅拌轴上，称为螺带-螺杆式搅拌器，如图 6-26 所示，此时螺杆直径可适的当增加，其比值可达到 $d/D=0.5:1$。螺杆与螺带的螺旋方向相反，螺杆推动液体向下，螺带推动液体向上，造成料液全罐混合均匀。螺杆搅拌器还可以和导流筒组成搅拌系统，如图 6-27 所示。该组合式搅拌器在层流区和过渡流区都有很高的混合效率，常用于随反应的进行物料黏度逐渐增大，由过渡流至层流的溶液聚合等反应。

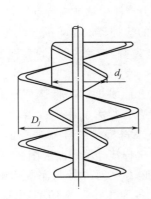

图 6-26　螺带-螺旋式搅拌器

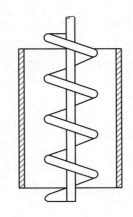

图 6-27　螺杆-导流筒式搅拌器

资料来源：摘自参考文献［55］。

　　⑥行星式搅拌器。这种形式的搅拌器通过公转和自转形成复杂的涡流搅拌，得到很高的传热系数。这类搅拌器如图 6-28 所示，图 6-28（1）为传动系统结构示意图。带轮 1 通过一对圆锥齿轮 6 带动纵向轴Ⅰ旋转，此轴穿过固定齿轮 5 的中心孔成间隙配合，横杆 4 的一头固接在轴Ⅰ上，另一端用套筒与轴Ⅱ相接。轴Ⅱ上端装有行星齿轮 2 与固定齿轮 5 啮合，固定齿轮 5 固定安装不动。轴Ⅱ下端按实际需要装上多组桨叶 3。运转工作时，桨叶一方面绕容器旋转；另一方面，桨叶本身绕轴Ⅱ自转，于是形成了图 6-28（2）所示的运动轨迹。

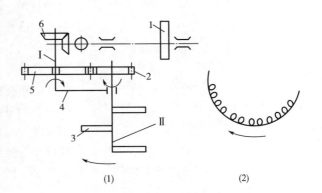

（1）　　　　　　　　　　（2）

图 6-28　行星式搅拌器

1—带轮　2—行星轮　3—桨叶　4—横杆
5—固定齿轮　6—圆锥齿轮

资料来源：摘自参考文献［55］。

当袖Ⅰ顺时针旋转时，则通过横杆带动轴Ⅱ也作顺时针旋转，行星齿轮 2 则反向旋转。这也是桨叶轴自转的方向，由于自转与公转两种动作的联合作用，产生了一种复杂的搅拌，能激起强烈的涡流，产生良好的搅拌效果。在果酱制造和砂糖溶解时常安装在夹层锅上，转速常在 20～

80r/min。

⑦特种搅拌器。除前面几种搅拌器外，还有一些特殊结构形式的搅拌器。如鼠笼式搅拌器，它是一类以本体为一圆筒形结构，在窄长的容器内安装此种搅拌器能获得最大的搅拌效率，其转速为200~700r/min。

（4）搅拌器的选择 搅拌时，由于搅拌物料以及搅拌器性能具有许多共性，因此各种搅拌器的通用性较强，同种搅拌器可用于几种不同的搅拌操作。目前搅拌器的选择与设计常常采用经验类比的方法，在相近的工作条件下进行类比选型。在进行搅拌器选择时，根据物料性质和混合目的选择恰当的搅拌器形式，以最经济的设备费用和最小的动力消耗达到搅拌的目的，主要从介质的黏度高低、容器的大小、转速范围、动力消耗以及结构特点等方面因素进行综合考虑，尽可能选择结构简单、安全可靠、搅拌效率高的搅拌器。也可通过小型试验进行选择。通常可采用经验类比的方法，以某台实际使用的机型为参考，在相近的工件条件下进行类比选型。

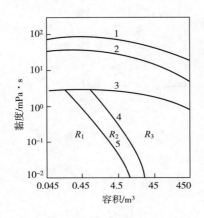

图 6-29 搅拌器选择曲线

1—锚式、螺带式 2—桨式

3—涡轮式 4、5—涡轮式、旋桨式

$R_1 = 1750r/min$ $R_2 = 1150r/min$ $R_3 = 420r/min$

资料来源：摘自参考文献[77]。

①按介质黏度的高低选型。由于物料的黏度对搅拌状态有很大的影响，因此，根据搅拌介质黏度大小来选型是搅拌器选择的一种基本方法。这种方式选择搅拌器的曲线图，如图6-29可以看出，物料的黏度对搅拌状态的影响很大，随着黏度增高，各种搅拌器选用的顺序依次为旋桨式、涡轮式、桨式、锚式和螺带式等。对旋桨式搅拌器指出了在搅拌大容量液体时用低转速，在搅拌小容量液体时用高转速。对于桨式搅拌器由于其结构简单，可以用挡板后改善流型。所以，在低黏度料液搅拌时也应用得较普遍。而涡轮式搅拌器由于其对流循环能力、湍流扩散和剪切力都较强，几乎是应用最为广泛的一种桨型。

②按搅拌过程和目的的选型。此方法是通过搅拌过程和目的，按照搅拌器造成流动状态作出判断来进行选择。低黏度均相液-液混合时，搅拌难较度小，最适选用旋桨式搅拌器，其循环能力强，动力消耗少。平桨式搅拌器结构简单，成本低，适宜于小容量液相混合。涡轮式搅拌器动力消耗大，会增加费用。

对于分散操作时，最适合选用涡轮式搅拌器，其具有高剪切力和较大循环能力。其中应优先选用平直叶涡轮搅拌器，其剪力作用大于折叶和后弯叶。也可在容器内可设置挡板，以加强剪切效果。

对于固粒悬浮液操作时，适合选用涡轮式搅拌器，其使用范围最大，以弯叶开启涡轮式最好。弯叶开启涡轮式无中间圆盘，上下液体流动畅通，排出性能好，桨叶不易磨损。而桨式搅拌器，其速度低，只用于固体粒度小、固液相对密度差小、固相浓度较高、沉降速度低的悬浮液。旋桨式搅拌器的使用范围窄，仅适用于固液相对密度差小或固液比在5%以下的悬浮液。因固体颗粒会沉积在挡板死角内，所以只在固液比很低的情况下才使用挡板，对于有轴向流的搅拌器，可不加挡板。

对于固体溶解操作时，要求搅拌器具有一定的剪切作用和循环能力，所以涡轮式搅拌器最合适。旋桨式循环能力大而剪切作用小，适用于小容量溶解过程。平桨式须借助挡板提高循环能力，多用于易悬浮的溶解操作过程。

对于搅拌过程中有气体吸收的搅拌操作，则用圆盘式涡轮最合适。其剪切力强，圆盘下可存在一些气体，使气体的分散更平衡。不适合用开启式涡轮搅拌器。平桨式及旋桨式仅在少量易吸收的气体要求分散度不高的场合中使用。

对结晶过程的搅拌操作，小直径的快速搅拌如涡轮式搅拌器，适合于微粒结晶；而大直径的慢速搅拌如桨式搅拌器，用于大晶体的结晶。

3. 搅拌容器

搅拌容器包括罐体及焊装在其上的各种附件组成。

（1）罐体　用于低黏度物料搅拌用罐体常用立式圆筒形容器，它有顶盖、筒体和罐底，其底有平底、碟形底和球形底。罐体通过支座安装在基础或平台上，在常压或规定的温度及压力下，为完成物料搅拌过程提供一定的空间。

罐体容积是由装料量决定的，依据罐体容积选择适宜的高径比，确定筒体的直径和高度。选择罐体的高径比还应考虑物料特性对罐体高径比的要求、对搅拌功率的影响以及对传热的影响等因素。如夹套式的罐体容积一般高径比较大。搅拌轴在固定的转速下，搅拌功率与搅拌器桨叶直径的 5 次方成正比，因此罐体直径大，搅拌功率增加。需要有足够的液位高度，就希望高径比大些。依据上述因素及实践经验，当罐内物料为液—固相或液—液相物料时，搅拌罐的高径比为 1~1.3∶1，当罐内物料为气—液相物料时，搅拌管的高径比为 1.2∶1。

搅拌罐有加热或冷却操作时，通常设计为夹层式的。用于蒸汽加热的夹套应当耐压。此时的搅拌罐是压力容器，须由具备生产压力容器许可证的厂商提供。搅拌罐也可采用其他型的换热器，如盘管式等。

（2）挡板　低黏度液体搅拌时，叶片形成的液流有三个分速度，即轴向速度、径向速度和切向速度。其中，轴向速度和径向速度对搅拌混合液体时起着主要作用。在搅拌过程中，所有叶片都对液流形成切向速度，无论是桨式、涡轮式还是推进式叶轮，只要搅拌器是安装在容器中心位置上，而叶轮的旋转速度又足够高，那么，叶片所产生的切线速度会促使液体围绕搅拌轴以圆形轨做回转，形成不同的液流层，同时会产生液面下陷的漩涡［图6-30（1）］。叶片转速越高，漩涡越深，这对搅拌多相系物料的造成的结果不是混合而是分层离散。当漩涡深度随转速增加到一定值后，就会在液体表面的吸气，引起其密度变化与搅拌机振动等现象。为了减少打漩现象，经常用的方法就是在容器壁内加设挡板。挡板有两个作用，一是改变切向流动，二是增大被搅拌液体的湍动程度，从而改善湍动效果［图6-30（2）］。

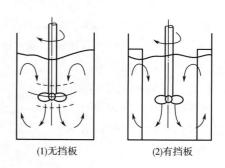

(1)无挡板　　(2)有挡板

图6-30　挡板与流型

资料来源：摘自参考文献［8］。

对于低黏度液体的搅拌，挡板垂直纵向安装在容器内壁上；对于中黏度液体的搅拌，挡板离开壁面安装，以阻止在挡板背后形成停滞区，可防止固体在挡板后聚积，挡板与容器壁的间距约为挡板宽度的 0.1~0.5 倍；对于黏度大于 12Pa·s 的物料，流体的黏度足以抑制打漩，无须安装挡板。当一个容器内安装挡板到一定数量后，无论怎样增加挡板数量也不能进一步改善其搅拌效果时，那么，此容器就被称为充分挡板化的搅拌容器。充分挡板化的条件与挡板数量、宽度及叶轮直径有关。大多数情况下，宽度和容器内径之比为 1：10 时，装四块挡板已够用。挡板的长度，一般要求其下端伸到容器底部，上端露出液面。但无论是平底形或球底形，挡板必须伸到叶轮所在平面以下。

（3）其他附件 在搅拌设备基本结构的基础上，常在搅拌罐体或罐盖上安装各种需要的附件。这也是作为用户在设备选用或订购时依据工艺或操作可提出的具体要求内容。

装在搅拌罐体或罐盖上的常见附件：各种进出料和工作介质的管接口、各种传感器（如温度计、压力表、真空表、液位计、pH 计）的接插件管口、安全阀、内置式加热（冷却）盘管、视镜、灯孔等。

进料管常设在搅拌罐盖部，也有的设在罐体部位。出料管常装在罐底中心或侧面，具体位置要能将所有液体尽可能排尽。各种进出料管的接口形式有螺纹、法兰、快接活接头或软管等多种。对于在搅拌过程中需要将固体物料加入到搅拌容器内的情况，可在罐盖上适当位置设置投料口，如搅拌罐为负压，也可利用真空吸料原理从下面进料。

温度计的插孔管的位置、长度及数量要视罐体大小而定。对于容积较小的罐体，常常只在盖上装一根垂直于液面的长管；对于高、大的罐体，则往往在罐体侧面的不同位置安装多个温度计插管，如果是夹套式，在温度计的插管位置必须避开夹套。

4. 搅拌器的传动装置和轴封

搅拌器传动装置的基本组成：电动机、齿轮传动机构（有的还设计一级皮带轮）、搅拌轴与支架。立式搅拌器分为同轴传动和倾斜安装传动两种方式。

轴封是搅拌轴与罐体、机架之间的密封装置。是否需要轴封，与搅拌容器的压力状态及搅拌轴的安装位置有关。真空搅拌设备与加压搅拌设备均有密封机构。搅拌轴和罐体轴线之间垂直安装的也必须有轴封机构。此外，有无菌要求的搅拌罐也需有相应的轴封措施。

对于食品加工用的搅拌设备，轴封还应满足密封和卫生两方面的要求。一般的轴封有两种形式：填料密封和机械密封。

（二） 高黏度液体搅拌机

高黏度搅拌机的种类很多。按照其工作方式，可以分为间歇式搅拌机和连续式搅拌机；按照容器是否旋转，可分以为固定容器型搅拌机和旋转容器型搅拌机。最典型和常用的高黏度搅拌机是打蛋机。

1. 打蛋机工作原理

打蛋机在食品生产中常常被用来搅打各种蛋白液。其主要加工对象为黏稠性的浆体，如生产软糖、半软糖的糖浆；生产蛋糕、面包的面浆以及花式糕点上装饰的乳酪等。其搅拌器的转速在 70~270r/min 范围之内，故常称为高速调和机。打蛋机在操作时，是通过自身搅拌器的高速旋转，强制搅打，使得被搅拌物料充分接触和剧烈摩擦，以实现对物料的混合、乳化、充气及排除部分水分的作用，从而满足某些食品加工工艺的特殊要求。如生产砂型奶糖时，可通过搅拌使蔗糖分子形成微小的结晶体，俗称"打砂"操作；在生产充气糖果时，将浸泡的干蛋白、蛋白发泡粉、明胶溶液和浓糖浆等混合搅拌后，可得到洁白、多孔性的充气糖浆。

2. 打蛋机结构及主要零部件

打蛋机有立式与卧式两种，最常用的设备为立式打蛋机。

立式打蛋机的结构见图 6-31 所示。它是由搅拌器、容器、传动装置及容器升降机构等组成。其工作过程为：电动机把动力传给传动装置，再传给搅拌器，搅拌器与容器间具有一定规律的相对运动，使物料得到搅拌，搅拌效果的好坏由搅拌器运动规律决定。

（1）搅拌器 立式打蛋机的搅拌器是由搅拌头和搅拌桨两部分组成。

搅拌头的作用是使搅拌桨在搅拌容器内形成一定规律的运动轨迹。有两种形式，一种是搅拌容器不动，搅拌头带动搅拌桨作行星式运动；另一种类型是搅拌容器安装在转盘上并转动，搅拌头偏心安装于靠近容器壁处作固定转动。前者为食品工业上最为常用的形式。行

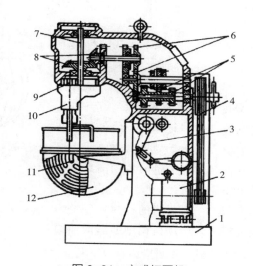

图 6-31　立式打蛋机

1—机座　2—电机　3—钢架及升降机构　4—皮带轮
5—齿轮变速机构　6—斜齿轮　7—主轴　8—锥齿轮
9—行星齿轮　10—搅拌头　11—搅拌桨叶　12—搅拌容器
资料来源：摘自参考文献［63］。

星运动式搅拌头的传动系统如图 6-32（1）所示，其运动轨迹如图 6-32（2）所示。在传动系统中，内齿轮 1 固定于机架上，当转臂 3 转动时，行星齿轮 2 受内齿轮和转臂的共同作用，既随转轴外端轴线旋转，形成公转，同时又与内齿啮合，并绕自身轴线旋转，形成自转。此合成运动实现行星运动，从而满足调和高黏度物料的运动要求。在果酱和砂糖溶解时，一般安装在夹层锅上面，主轴转速 20~80r/min。

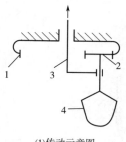
(1)传动示意图

(2)桨运动轨迹示意图

图 6-32　行星运动式搅拌头

1—内齿轮　2—行星齿轮　3—转臂　4—搅拌桨
资料来源：摘自参考文献［63］。

搅拌桨的作用是与被搅拌物料直接接触，并通过自身的运动达到搅拌的目的。搅拌桨结构依据被调和物料的性质和工艺要求不同有多种形式，其中使用最广的有如图 6-33 所示的筐形、拍形、钩形 3 种形式。

筐形搅拌桨如图 6-33（1）所示。它是由不锈钢丝制成的鼓形结构，这类桨叶的强度和刚度都较低，但优点是搅拌时易于造成液体湍动，缺点是桨的强度较低，主要适用于工作阻力小的低黏度物料的搅拌作业。

拍形搅拌桨如图 6-33（2）所示。该桨是由整体铸锻制成的网拍形结构，这类桨叶外缘与容器形状一致，强度比筐形搅拌桨高，作用面积较大，可增加剪切作用。主要适用于中等黏度

物料的混合作业。如糖浆、蛋白浆、饴糖等物料的搅拌。

钩形搅拌桨如图6-33（3）所示。该桨是以整体锻造制成，一侧形状与容器侧壁弧形相同，顶端为钩状。这种搅拌桨的强度比上述两种均高，运转时，能够借助搅拌的回转运动，使各点能在容器内形成复杂运动轨迹，主要适用于高黏度物料和含有少量液体的高黏度食品的混合作业。

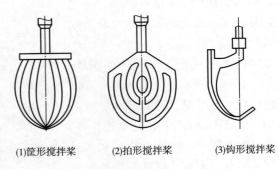

(1)筐形搅拌桨　　(2)拍形搅拌桨　　(3)钩形搅拌桨

图6-33　搅拌桨

资料来源：摘自参考文献［63］。

（2）轴封　打蛋机的轴封主要是为了防止搅拌头内传动机构中的润滑油漏入容器内。一般的轴封措施有以下几点。

①采用高可靠性的密封装置，如机械密封等。

②在设计上采用圆形间隙式结构。

③采用耐高温的食品机械润滑剂。

④采用封闭轴承或含油轴承以减少润滑剂的加入量。

（3）调和容器　立式打蛋机调和容器的结构特征与搅拌机容器相似，为圆柱形桶身，下端接球形底，两体焊接成形或以整体模压成形。容器依据食品工艺的要求分为闭式和开式两种，以开式最为普遍。为满足调制工艺的需要，调和容器一般设有升降和定位机构。常用的升降和定位自锁机构如图6-34所示。

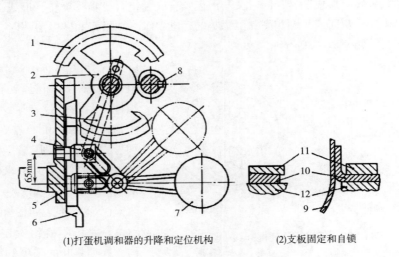

(1)打蛋机调和器的升降和定位机构　　　(2)支板固定和自锁

图6-34　升降和定位机构

1—手轮　2—凸轮　3—连杆　4—滑块　5—支架　6—机座　7—平衡块
8—定位销　9—调和容器　10—支板　11—斜面压板　12—机架

资料来源：摘自参考文献［63］。

图 6-34（1）所示机构的工作过程：在操作时，转动手轮 1 使同轴凸轮 2 带动连杆 3 与滑块 4，使支架 5 沿机座 6 的燕尾导轨作垂直的升降移动。升降的距离由凸轮的偏心距决定，常见的约为 65mm。当手轮顺时针转到凸轮的突出部分并与定位自锁销 8 相碰时，即到达极限位置，此时连杆轴线刚好低于凸轮曲柄轴，这便让支板 10 固定并自锁在上述的极限位置处，如图 6-34（2）所示。平衡块 7 通过滑块销轴产生向上的推动力，目的是减缓升降时容器支架的重力作用。

（4）传动机构　立式打蛋机的传动系统如图 6-35 所示。

传动路线为（传动路线中的数字为齿轮的齿数）：

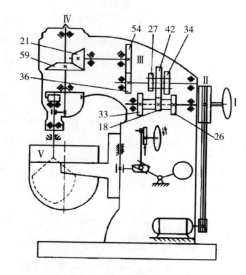

图 6-35　立式打蛋机传动系统

注：图中数字表示齿轮齿数。

资料来源：摘自参考文献 [63]。

$$
电动机 \xrightarrow{\dfrac{D_主}{D_从}} I\ 轴 \rightarrow \left\{ \begin{array}{c} \dfrac{18}{42} \\[4pt] \dfrac{26}{34} \\[4pt] \dfrac{33}{27} \end{array} \right\} \rightarrow II\ 轴 \xrightarrow{\dfrac{36}{54}} III\ 轴 \xrightarrow{\dfrac{21}{54}} IV\ 轴 \rightarrow 行星机构 \rightarrow 搅拌头
$$

由以上传动路线可以看出，传动到达 I 轴后，有三种不同速度比的齿轮组可供选择。此为国产打蛋机较为典型的有级变速机构，能满足一般生产需要。

（5）机座　立式打蛋机的机座需承受搅拌操作的全部负荷。搅拌器高速行星运动，使机座受到交变偏心距与弯扭联合作用，因此，采用薄壁大断面轮廓铸造箱体结构来保证机器的刚度与稳定性。

第二节　混合机械与设备

一、　混合机械与设备概述

混合是指使两种或两种以上不同组分的物质在外力作用下由不均匀状态达到相对均匀状态的过程。经混合操作后得到的物料称为混合物。在混合过程中混合纯粹是粉粒体之间发生的物理现象。

食品加工中，混合操作一般用于原料的配制及产品的制造，如谷物的混合、面粉的混合、粉状食品中添加辅料和添加剂、干制食品中加添加剂、固体饮料的制造、汤粉的制造、调味料粉的制造等。

混合机是指将两种或两种以上的粉料颗粒通过流动作用，使之成为组分和浓度均匀的混合物的机械，主要针对散粒状固体特别是干燥颗粒之间的混合要求而设计的一种搅拌、混合设备。混合机是主要用于固体—固体之间的混合作业的机械，也可以用于添加少量液体的固体—固体之间的混合作业。

混合的方法主要有两种：一种是容器本身旋转，使容器内的混合物料产生翻滚从而达到混合的目的；另一种是利用一只容器和一个或一个以上的旋转混合元件，混合元件把物料从容器底移送到上部，而物料被移送后的空间又能够由上部物料自身的重力降落来补充，因此产生混合。

二、 混合机械与设备分类

混合机按混合操作方式的不同，可以分为间歇操作式和连续操作式。间歇式混合机适应性能强，混合质量较高，但需要停机装卸物料，它在食品加工中使用广泛。

混合机通常按混合容器的运动方式不同，可以分为容器回转型与容器固定型。容器回转型混合机的操作一般为间歇式，即装卸物料时需要停机，常以扩散混合为主要工作方式；而容器固定型混合机常有间歇与连续两种操作形，一般以对流混合为主要工作方式。

容器回转式混合机按容器的运动方式分有一维运动混合机、二维摆动混合机、三维运动混合机，其中一维运动混合机使用较为普遍，在混合物料时靠容器的旋转使物料在自重作用下翻转、运动而混合，速度不快，以免离心沾壁现象出现，包括圆筒型、V型、双锥型、正方体型、斜置转筒型等；容器固定式混合机按混合机主轴的位置可分为水平轴和垂直轴式两种，在混合物料时，靠容器内的搅拌器混合，包括卧式环带式、双轴桨叶式、立式螺旋式、卧式螺旋式、叶片式、双螺旋式等。

混合机在混合固体散料时，其动力消耗普遍不大，属于轻型机械。对固体散粒体混合操作除使用上述设备外，还有很多的方法，可依据具体工艺，也可使用捏合机，还可借助于气流或离心力进行混合操作。

三、 混合机械与设备原理

1. 混合机的混合原理

固体物料混合主要靠机械外力产生流动引起的混合。固体颗粒的流动性是有限的，流动性又与颗粒的大小、形状、相对密度和附着力密切相关。固体物料的混合形式有对流混合、扩散混合和剪切混合。

混合机的操作机制与液体搅拌机的操作类似，即对流、扩散和剪切三种基本方式的混合。混合主要是通过散粒物料的流动得以实现的。此处对流是指颗粒物料的团块从一个位置转移到另一位置的过程。扩散是指由于颗粒在物料所有新生表面上的分布作用而引起个别颗粒的位置分散迁移过程。剪切则指在颗粒物料团块内开辟新的滑移面而产生的混合作用。大多数混合机在运转时，对流、扩散与剪切混合三种形式同时存在，只是在不同的机型、物料性质和不同的混合阶段所表现出的主导混合形式有所不同。在固体混合时，由于固体粒子具有自动分组的特性，混合的同时常常伴随着离析现象的产生。如相对密度差和粒度差大的容易发生离析；混合器内存在速度梯度的部分，因粒子群的移动容易引起离析；干燥的颗粒，由于长时间混合而带电，也容易发生离析。但固体物料混合时，更重要的是防止离析现象的发生。

2. 混合均匀度的表示方法

混合物均匀程度是衡量混合机性能优劣的主要技术指标之一。一般用混合物中定量统计组分含量的变异系数 CV（%）来衡量。变异系数是指混合物中定量统计组分的含量偏离配方的要求含量的程度。假设有黑白两种物料粒子，开始混合前的位置配置状态见图 6-36（1）所示。经充分混合后，达到图 6-36（2）所示黑白相间的理想完全混合状态，此时黑白两种粒子的接触面积最大。而实际混合所呈现的为图 6-36（3）所示，不规则排列的随机完全混合状态。通过充分混合后，混合物为无秩序、不规则排列的随机完全混合状态。此时，在混合物内任意处的随机取样，同一种组分的摩尔分数效应该接近一致。从混合机中取 M 个样品，每个样品中定量统计组分的摩尔分数依次为 x_1、$x_2 \cdots x_n$，定量统计组分摩尔分数的算术平均值用 $\bar{x}$ 表示，当测定次数为有限次数 n 时，定量统计组分摩尔分数的算术平均值如式（6-1）所示。

$$\bar{x} = \frac{x_1 + x_2 + \cdots\cdots + x_n}{n} \tag{6-1}$$

标准偏差如式（6-2）所示：

$$s = \sqrt{\frac{\sum_{i=1}^{n} (x_i - \bar{x})^2}{n-1}} \tag{6-2}$$

则变异系数如式（6-3）所示：

$$CV(\%) = \frac{s}{x} \times 100\% \tag{6-3}$$

混合物的变异系数越大，则混合均匀程度越差。

 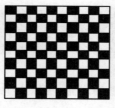 

(1)原始未混合状态　　(2)理想完全混合状态　　(3)随机完全混合状态

图 6-36　黑白两种粒子的混合状态

资料来源：摘自参考文献 [14]。

3. 混合过程

在混合操作中，粉料颗粒随机分布，不规则具有随机性，当混合机作用时，物料就会流动，粉料颗粒的自动分级特性引起性质不同的颗粒之间产生离析。因此，在任何混合操作中，粉粒物料的混合与离析同时进行，当达到某一平衡状态，混合程度也就确定了，如果继续混合操作，混合效果的改变也不明显。如图 6-37 所示，混合过程中混合物的混合均匀度和混合时间的变化关系曲线称为混合特性曲线。由混合特性曲线可知固体物料混合过程分为

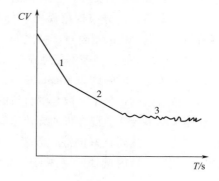

图 6-37　混合特性曲线图

1—混合初始阶段　2—混合均匀阶段　3—平衡阶段

资料来源：摘自参考文献 [7]。

三个阶段，初始阶段是混合刚开始的一段时间，混合物的变异系数在短时间内迅速地下降，此阶段以对流混合为主，离析作用不明显。接着进入混合均匀阶段，混合物的变异系数下降速度慢，此阶段是对流混合和扩散混合共同作用，同时物料有离析作用发生。当混合物的变异系数达到一定数值时，混合进入平衡阶段，此阶段混合物的混合作用与离析作用达到动态平衡，变异系数在一定的范围内上下波动，即使无限地延长混合时间，也无助于混合均匀度的提高。

影响混合的因素主要是物料的特征性质与混合机的搅拌方式。物料的特征性质对物料的混合效果影响较大，其中主要包括物料颗粒的大小、形状与密度。其他因素有物料颗粒的表面粗糙程度、流动特性、附着力、含水量与结块或成团的倾向等也起一定的作用。试验表明，颗粒小的、形状近似圆球形的或密度大的物料容易沉降至容器底部；而附着力大、含水量高的物料颗粒则容易结块或成团，也不易均匀分散。因此，被混物料间的主要物理性质越接近，其分离倾向越小，混合操作越容易，混合效果越佳。当颗粒形状、密度不同的若干散粒状物料混合时，若设备选型和操作不当容易出现自动分级现象，而影响混合的效果。影响混合效果的另一个主要因素是混合机的混合作用方式，以对流混合为主的混合机，混合速度快，但最终达到的混合均匀度相对较差，以扩散混合为主的混合机，混合速度相对较高。

四、 混合的机械与设备

（一） 容器回转式混合机

1. 一维运动混合机

一维运动混合机工作时容器呈旋转状态，容器内没有搅拌工作部件，通过混合容器的自身旋转运动，使被混物料随着容器旋转方向依靠物料自身的重力流动，在器壁或容器内的固定抄板上引起折流，造成上下翻滚及侧向运动，不断进行扩散，从而完成混合。此设备是以扩散混合为主的混合机械设备。

一维运动混合机的基本结构是由旋转容器、驱动转轴、机架、减速传动机构和电动机等组成。混合机最主要的构件是容器。其形状决定了混合操作的效果。一般对容器内表面要求其光滑平整，用来避免或减少容器壁对物料的吸附、摩擦及流动的影响，有时在回转容器内安装几个固定抄板，可促进粉料的翻腾混合，减少混合时间。混合机的驱动转轴一般水平布置。

为了提高混合机的混合效果，混合机的装料量应给予控制。装料量过大，其混合空间少，物料会因重力带来的自动分级现象而出现分离，混合效果不理想，装料量过少，则生产效率低。即容器回转式混合机的混合量，一次混合所投入容器的物料量，根据实践经验，一般取容器体积的30%~50%为好，一般不超过60%。混合机的混合时间与被混物料的性质、混合机形式等有关，大多数操作时间约为10min/次。

一维运动混合机的另一个参数是混合机的转速。混合机在工作时，物料混合与离析作用达到平衡的转速为临界转速。混合机的旋转速度不能太高，工作转速必须低于临界转速，才能使混合操作顺利进行，达到良好的混合效果。否则较大的离心力会使物料紧贴容器内壁固定不动。以物料颗粒在容器内壁处所受离心力与重力平衡时为条件，可以推导出容器的临界转速 n，如式（6-4）所示。

$$n = \frac{30}{\pi}\sqrt{\frac{g}{R}} \approx \frac{30}{\sqrt{R}} = \frac{30\sqrt{R}}{R} \tag{6-4}$$

式中 g——重力加速度；

R——容器半径；

π——圆周率。

由上式可知，容器回转的临界转速主要与容器结构有关。容器的实际转速常常选用临界转速的80%左右。容器回转式混合机最适合用于混合具有相近物理性质的粉粒体物料的混合操作。一维运动容器回转式混合机按容器的结构形式可分为以下类型：圆筒型混合机、双锥型混合机、正方形混合机、V形混合机、正方体型混合机。

（1）圆筒型混合机　圆筒型混合机按其回转轴线位置可分为水平型和倾斜型两种，其结构如图6-38所示。

①水平型圆筒混合机。水平型圆筒混合机如图6-38（1）所示，是最简单、最典型的容器回转式混合设备，其圆筒轴线与回转轴线重合，圆筒端部与驱动轴连接，当驱动轴运转时，最开始位于圆筒底部的物料，因物料间的粘结作用以及物料与圆筒内壁间的摩擦力而随圆筒升起；又因离心力的作用，物料向圆筒壁靠近，并且物料之间以及物料与圆筒内壁间的作用力增大。随着物料上升到一定高度时，在重力的作用下飞落到底部。如此反复地进行循环混合。水平型圆筒混合机的混合机制主要是以径向重力扩散混合为主，轴向对流较小。水平型圆筒混合机在工作时，粉料的流型简单。由于粉粒没有沿水平轴线的横向速度，容器内两端位置又有混合死角，因而容易产生残留，同时卸料不方便，从而使混合效果不理想，混合时间长，一般使用较少。

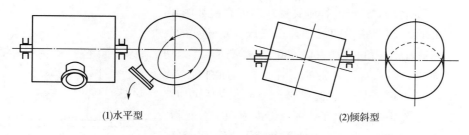

(1)水平型　　　　　　　　　　　(2)倾斜型

图6-38　圆筒形混合机示意图

资料来源：摘自参考文献［7］。

②倾斜型圆筒混合机。倾斜型圆筒混合机如图6-36（2）所示，是将圆筒轴线与回转轴线之间有一定的角度的安装形式的混合机。这类混合机可以补偿水平型圆筒混合机其圆筒内的物料仅在垂直平面内回转，而很少在水平面产生物料间的位置更换的不足。此类混合机在作业过程中，物料受到倾斜的作用力而发生水平方向移动，即产生上、下、左、右的交叉混合，物料的流型复杂，避免了混合死角，加强了混合能力。这种混合机的工作转速在40～100r/min，一般用于混合调味料的操作。倾斜型圆筒混合机的倾斜角度常设置在14°～30°。此外，为了增强混合机的混合效果，可以在设备内安装强制搅拌桨或扩散板，迫使物料在垂直方向运动的同时产生水平方向运动。

（2）轮筒型混合机　轮筒型混合机如图6-39所示，其为水平型圆筒混合机的一类变形。圆筒变为轮筒，消除了混合物流动的死角；轴与水平线存在一定的角度，产生与倾斜型圆筒混合机一样的作用。因此，轮筒型混合机具有前两种混合机的优点。其缺点是容器小，装料少；同时以悬臂轴的形式安装，会产生附加弯矩。一般用于小食品加调味料及包糖衣的操作。

（3）双锥形混合机　双锥形混合机如图6-40所示，它的容器是由两个锥筒和一段短接筒焊接制成。其锥角是根据被混合物料的逆止角来确定的，常用的有90°和60°两种锥角形式。双锥型混合机是以扩散和剪切混合为主的一种容器回转式混合设备，其筒体与驱动轴相连，当传动装置带动驱动轴转动时，筒体随之转动，筒体内的物料在混合室内作上、下翻滚运动。由于筒体两端是锥形结构，使得物料在作径向上、下翻滚运动的同时也产生轴向移动，于是产生纵、横两向的混合，由于流动端面的不断变化，能够产生很好的横流效应。其主要特点是：对流动性好的粉料混合较快，功率消耗较低，转速常用 $5\sim20r/min$，混合时间约为 $5\sim20min$，混合量一般为容器体积的 $50\%\sim60\%$。

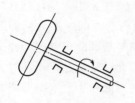
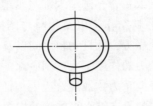

图6-39　轮筒型混合机

资料来源：摘自参考文献［55］。

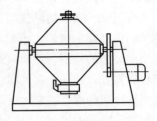

图6-40　双锥形混合机

资料来源：摘自参考文献［7］。

（4）V形混合机　V形混合机又称双联混合机如图6-41所示。它的回转容器是由两段圆筒以互成一定角度的V形连接，两圆筒轴线夹角一般在 $60°\sim90°$，两圆筒连接处切面与回转轴垂直，容器与回转轴非对称布置，加料口在V形的两端，出料口在"V形"的底部，一般采用"O形"圈密封。容器内壁需要进行抛光处理，使内表面十分光滑，以利于粉粒体充分流动，同时也有便于出料和清洗。V形混合机的两个料筒是不等长的，可以有效地扰乱物料在混合室内的运动形态，增大"紊流"程度，使物料的充分混合。

V形混合机的转速一般设置在 $6\sim25r/min$，混合时间约

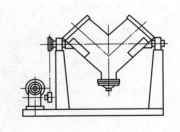

图6-41　V形混合机

资料来源：摘自参考文献［7］。

为4min，粉料混合量一般为容器体积的 $10\%\sim30\%$。V形混合机旋转轴为水平轴，其操作原理与双锥形混合机相似。但由于V形容器的不对称性，使得粉料在回转容器内时而紧聚时而散开，在短时间内使粉料得到充分混合。因此混合效果要优于双锥形混合机，混合速度快，混合效果好。为了适应混合流动性不好的粉料，对一些V形混合机的结构进行改进，在回转容器内装有搅拌桨，并且搅拌桨还可以反向旋转，通过搅拌桨使粉料强制扩散，同时利用搅拌桨的剪切作用还可以破坏吸水量多、易结团的小颗粒粉料的凝聚结构，从而使粉料在短时间内得到充分混合。V形混合机一般用于多种干粉类食品物料的混合。

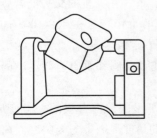

图6-42　正方体形混合机

资料来源：摘自参考文献［7］。

（5）正方体形混合机　正方体形混合机如图6-42所示，

它是由机座、混合容器、动力装置和变速装置等组成。物料混合容器为正方体的回转容器，其两端的转轴安装在机座的轴承架上，由电动机通过变速传动装置驱动混合容器作回转运动。

混合容器的形状为正方体，容器上有进料口和出料口，旋转轴与正方体对角线相连。混合机作业时，最开始时物料位于混合室底部，随着容器的旋转而升起，在离心力的作用下，物料趋向于靠近壁面，使得物料之间以及物料与容器间的作用力增大。当物料上升至一定高度时，在重力作用下落到底部，物料在混合室内上下翻转运动。同时因混合室内底线的角度不断变化，迫使物料在作上下运动的同时产生轴向移动，从而产生上下纵横多方向的混合，物料在混合室内进行交替重复的分离、混合以及相互剪切、滑移、翻转等运动，从而达到混合的目的。因容器沿对角线转动，而没有死角产生，卸料也比较容易。这类混合机很适合混合咖啡等粉料。

2. 二维摆动混合机

二维摆动混合机的混合筒体可同时进行两个方向运动，混合筒体绕其轴线转动的同时并随摆动架的上下摆动。混合筒体内部的物料随筒体转动产生翻转的径向混合运动，同时又随筒体的摆动而发生轴向混合运动，在这两个运动的共同作用下，物料在短时间内得到充分的混合。

二维摆动混合机的基本结构主要由混合筒体、摆动架、机架3大部分构成。混合筒体装在摆动架上，由4个滚轮支撑，并由2个挡轮对其进行轴向定位，在4个支撑滚轮中，有2个传动轮由转动动力系统拖动使转筒产生转动；摆动架由一组曲柄摆杆机构驱动，曲柄摆杆机构装在机架上，摆动架由轴承组件支撑在机架上。二维摆动混合机结构组成如图6-43所示。

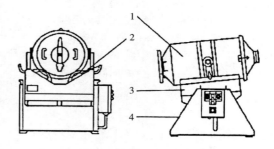

图6-43　二维混合机结构组成示意图
1—混合筒体　2—支撑滚轮　3—摆动架　4—机架
资料来源：摘自参考文献［24］。

二维摆动运动混合机的混合筒体在两个方向运动的共同作用下，物料在短时间内得到充分的混合，提高混合效率。二维摆动运动混合机适合所有粉、粒状物料的混合。

3. 三维运动混合机

三维运动混合机是在立体三维空间上做独特的平移、转动、摇滚运动，使物料在混合筒内处于"旋转流动—平移—颠倒坠落"等复杂的运动状态，既所谓的 TURBULA 状态；三维空间运动使混合物料一直处于有节奏变化的脉动状态。物料在三维空间的轨迹中运动，主要有湍动作用，可以加速物料的扩散和运动，还有翻转运动，可以克服离心力的影响，消除比重偏差引起的离析现象，避免产生物料集聚和团块滞流，并无死角，提高了混合质量和精度，保证混合均匀，获得满意的混合效果。

三维运动式混合机也称摆动式混合机、多向运动混合机如图6-44所示，它是由机座、驱动装置、万向摇臂机构、混合容器及电器控制系统组成的一种高效、高精度的新型混合设备。这种混合机的混合容器在进行自转的同时进行公转，并且有上下左右前后全方位的运动。

三维运动式混合机的主体部分是一个典型的空间6R连杆机构如图6-45所示。其主动轴和从动轴相互平行，其余相邻转动副的轴线则相互正交。当主动轴以等速旋转时，从动轴则以变速向相反方向旋转，从而使混合容器同时具有平稳、自转和可倒置的翻滚运动，致使筒内的物料受到强烈的交替脉冲作用而产生沿筒体环向、径向和轴向的三个方向的复合运动，交替地处于聚集和弥散状态之中，进而实现多种物料的相互流动、扩散、积聚，达到极佳的混合效果。

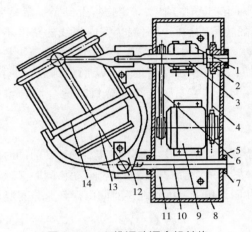

图6-44 三维运动混合机结构

1—电动机 2—链轮 3—主轴 4—链条 5—皮带
6—皮带轮 7—轴承 8—箱体 9—减速机 10—从动轴
11—底板 12—摆叉 13—料筒 14—外摆筒

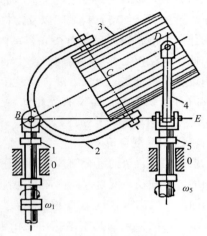

图6-45 6R连扦机构

1—从动轴 2—左摆叉 3—料筒
4—右摆叉 5—主轴

资料来源：摘自参考文献［55］。

三维运动式混合机主要有以下主要特点。

（1）因混合桶体具有多方向的运动，从而使桶体内的物料交叉混合，物料无离心力作用，无密度偏析及分层，积聚现象，各组分可有悬殊的重量比，混合率达99.9%以上，能有效确保混合物料的最佳品质。

（2）三维混合机装料量最高可达85%（普通混合机仅为40%~60%），且混合时间短，效率高。

（3）混合桶体设计独特，内外壁经过精细抛光，混合时无死角，不污染物料，出料方便，清洗容易、操作简单。

（二）容器固定式混合机

容器固定式混合机的容器是固定的，它是借助固定容器中机械搅拌装置的搅拌作用，对容器内的物料进行混合操作的混合设备。此类混合设备的混合过程以对流混合为主，常用于混合物料物理性质差别及配比差别比较大的粉粒散状物料的混合。容器固定式混合机的结构特点即：在工作时容器是固定不动的，内部安装有旋转混合部件。

容器固定式混合机按搅拌机主轴的位置可分为水平轴和垂直轴式两种；按搅拌器的结构型式常分为卧式螺带式、双轴桨叶式、立式螺旋式、行星运动螺旋式等混合机。

1. 卧式螺带式混合机

卧式螺带式混合机结构如图6-46（1）所示，主要由搅拌器、混合容器、传动机构、机架及电机组成。其混合搅拌器为带状螺旋叶片经支杆主轴固定连接安装在混合室内。对于简单的操作，采用一至两条螺旋带，容器上开设一对进、排料口。混合要求较高时，在主轴上装有旋向相反的数条带状螺旋叶片如图 6-46（2）所示，正向带状螺旋叶片使物料往一侧移动，而反向带状螺旋叶片则使物料向相反一侧移动，使得被混合物料不断地重复分散和集聚，从而达到较好的混合效果。带状螺旋叶片在支杆上有单层布置，也可以有双层安装。

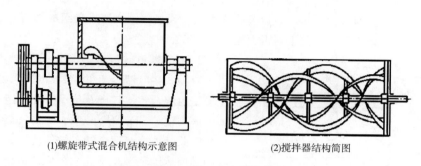

(1)螺旋带式混合机结构示意图　　　　　(2)搅拌器结构简图

图 6-46　卧式螺带式混合机

资料来源：摘自参考文献［63］。

混合机的混合室的横截面形状有 U 型、O 型和 W 型。常用的大型混合机采用 U 型混合室，小型混合机采用 O 型混合室，双轴混合机采用 W 型混合室。

卧式螺带式混合机的螺带长径比一般为 2~10：1，搅拌器的工作转速在 20~60r/min。螺旋带混合机的长度为其宽度的 3~10 倍，混合容量为容器体积的 30%~40%，最大不超过 60%。混合机最大容量可达 30m³，混合周期为 5~20min。

卧式螺带式混合机属于以对流混合作用为主的混合设备。混合速度较快，但最终达到的混合均匀度相对较差。卧式螺带式混合机安装高度低，物料残留少，对被混合物料有一定的打断、磨碎作用及破碎的现象，所以不适用于易破碎物料的混合。适用于混合易离析的物料，对稀浆体和流动性较差的粉体也有较好的混合效果。

2. 倾斜式螺旋带连续混合机

卧式混合机如果使用具有单一旋向的搅拌器，则物料整体的流动存在非循环性的纯位移，如此可将设备适当延长，将出口适当抬高，即成倾斜式连续混合机。

倾斜式螺旋带连续混合机结构如图 6-47 所示，其整体倾斜，进料口设置在混合机低端，出料口设量在高端底部，主轴的进料口端设置螺杆，其余部分设置螺带及沿螺旋线布置桨叶。

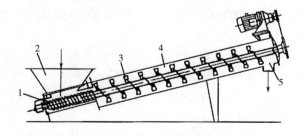

图 6-47　倾斜式螺旋带连续混合机

1—进料螺杆　2—进料斗　3—螺旋带　4—混合室　5—出料口

资料来源：摘自参考文献［14］。

当该混合机工作时，物料由进料口连续送入，在进料段被螺旋推送进入混合段。在混合段内物料被螺带及螺旋轴上的实体桨叶向前推动的同时形成翻滚的径向混合，同时被螺带抄起的物料受自身重力作用下经螺带空隙下滑，返混形成轴向混合。调整主轴的转速即可控制物料在机内的停留时间和返混程度，从而影响混合效果。

该类混合机的返混形成的轴向混合作用较小，同时由于返混的存在会造成物料停留时间分布较大，混合质量相对较差。由于该设备为连续混合设备，因而要求各组成物料均要连续计量喂料。因此，该设备常用于工艺上对混合度要求不高的一些场合。

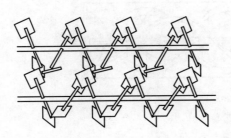

图 6-48　双轴桨叶式混合机示意图

资料来源：摘自参考文献［24］。

3. 双轴桨叶式混合机

双轴式桨叶混合机的结构如图 6-48 所示，它主要是由混合室、转子及传动系统等组成。

该类混合机的混合室为 W 形。转子由主轴、支杆、桨叶构成，两个转子向外反向转动而带动桨叶的圆周运动轨迹相互捏合。传动系统是由电动机通过减速器减速后，采用链带传动使两个转子形成反向转动。

双轴桨叶式混合机的转子上焊有多个不同角度的桨叶，相反旋转的两个转子转动时，桨叶带动物料沿机槽内壁作逆时针旋转，同时带动物料沿轴向作左右翻动。在两转子的桨叶交叉重叠处，会形成一个失重区，在失重区内无论物料的形状、大小、密度如何，在桨叶的作用下物料都会上浮，处于瞬间失重状态，从而使物料在混合室内形成全方位地连续循环翻动，颗粒间相互交错剪切，快速达到良好的混合均匀度。

双轴式桨叶混合机具有混合周期短、速度快、均匀度高的特点。混合不受物料性质的影响，排料迅速，机内残留少，产量弹性大，混合量在额定产量的 40% ~ 140% 范围内均可获得理想的混合效果，此类混合机结构简单紧凑，占地面积及空间均小于其他类型混合机。

4. 立式螺旋式混合机

立式螺旋式混合机的结构如图 6-49 所示，它主要是由混合室和螺旋输送器组成。其主体为圆柱形混合室，混合室上部为圆柱体，下部为圆锥体。在混合室中间垂直安装一螺旋输送器。螺旋输送器高速旋转连续地将易流动的物料从混合室底部提升到混合室上部，再向四周抛撒下落，形成循环混合。常用的料筒高 $H = (2 \sim 5) D$，螺旋直径 $d = (0.25 \sim 0.3) D$，式中 D 为料筒 2 的直径，螺距 $S = (180 \sim 200) mm$，螺旋叶片和内套筒 3 内表面之间的间隙为 10mm，主轴转速为 200 ~ 300r/min。

立式螺旋式混合机工作时，各种物料组分经计量后，加入料斗 1 中，由垂直螺旋 4 向上提升到内套筒 3 的出口时，被甩料板 5 向四周抛撒，物料下落到锥形筒内壁表面和内套筒 3 之间的间隙处，又被垂直螺旋向上提升，如此循环混合，直到混合均匀为止，然后打开卸料门从出料口 6 排料。混合时间一般为 10 ~ 15min。

该混合机属于对流混合、扩散混合兼有的混合设备，其特点是配用动力小，地面积少，混合时间长，料筒内物料残留量较多，产量低。多用于混合质量和残留量要求较低的场合，为小型混合机。不适合处理潮湿或泥浆状粉料。

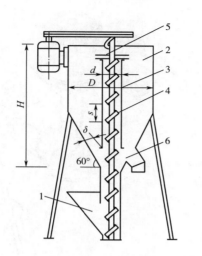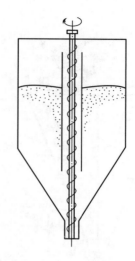

图6-49　立式螺旋式混合机

1—料斗　2—料筒　3—内套筒　4—垂直螺旋　5—甩料板　6—出料口
D—料筒直径　d—内套筒直径　s—螺距　H—料筒高度　δ—间隙大小
资料来源：摘自参考文献［14］。

5. 行星运动螺旋式混合机

行星运动螺旋式混合机又称行星搅龙式混合机，结构如图6-50（1）所示，它是由混合室和行星搅龙及传动系统等组成。

行星运动螺旋式混合机的混合室呈圆锥形，这样设计有利于物料下滑。混合室内的螺旋搅拌器的轴线平行于混合室壁面，上端通过转臂与旋转驱动轴连接。当驱动轴转动时，螺旋搅拌器除自转外，还被转臂带着公转。其自转速度一般在60~90r/min范围内，公转速度一般为2~3r/min。

行星运动螺旋式混合机转臂传动装置的结构如图6-50（2）所示。电动机通过三角皮带带动皮带轮将动力输入水平传动轴，使轴转动，再由此分成两路传动，一路经一对圆柱齿轮2、3，一对蜗轮蜗杆4、5减速，带动与蜗轮连成一体的转臂6旋转，装在转臂上的螺旋搅拌器15随着沿容器内壁公转。另一路是经过三对圆锥齿轮8、9、11~14变换两次方向及减速，使螺旋搅拌器绕本身的轴自转。这样就实现了螺旋搅拌的行星运动。整个机构的传动路线如下所述。

主轴 I
$$\begin{cases} \text{圆柱齿轮2/圆柱齿轮3}\rightarrow\text{蜗杆4/涡轮5}\rightarrow\text{转臂6}\rightarrow\text{螺旋搅拌器公转} \\ \text{圆锥齿轮8/圆锥齿轮9/}\rightarrow\text{圆锥齿轮11/圆锥齿轮12}\rightarrow\text{圆锥齿轮} \\ \text{13/圆锥齿轮14}\rightarrow\text{螺旋搅拌器自传} \end{cases}$$

行星运动螺旋式混合机工作时，螺旋搅拌器的行星运动使物料产生垂直方向的流动的同时又能产生水平方向的位移，而且螺旋搅拌器还能去除靠近容器内壁附近的滞流层。因此，该类混合机的混合速度快、效果好。由于螺旋搅拌器与容器内壁之间的间隙很小，容易磨碎粉料，因此它不适用于易破碎物料的混合操作，而适用于高流动性粉料及黏滞性粉料的混合。行星运

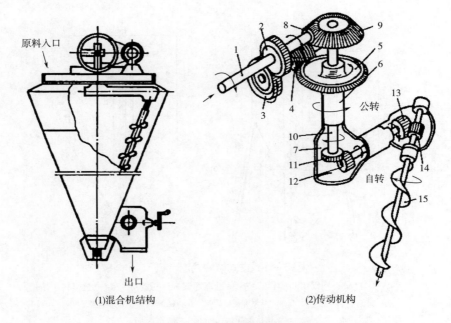

(1)混合机结构　　　　　　　　(2)传动机构

图 6-50　行星运动螺旋式混合机

1—主轴　2~3—圆柱齿轮　4—蜗杆　5—螺1轮　6—转臂　7—转臂体
8~9，11~14—圆锥齿轮　10—转臂轴　15—搅拌器

资料来源：摘自参考文献［63］。

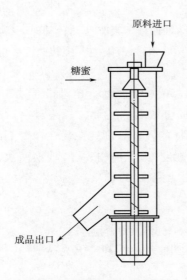

图 6-51　立式桨叶连续混合机

资料来源：摘自参考文献［14］。

动螺旋式混合机的特点是配用动力小，占地面积少，一次装料量多，调批次数少，每批料混合时间长，机内物料残留量较多。食品工业中行星运动螺旋式混合机广泛应用于专用面粉，如营养自发粉、多维粉等粉料的混合操作中。

6. 立式桨叶连续混合机

立式桨叶连续混合机如图 6-51 所示，该混合机的主轴上安装桨叶，具有很强的剪切作用，可用于粉料中蜜糖或营养成分的添加作业。

粉料从顶部进料口进入，而糖蜜从顶部喷入，物料与糖蜜在搅拌叶片的搅拌作用下，由上至下运动，混合后的物料从排料口排出。此类混合机属于单转子高速糖蜜混合机。由于利用重力使物料通过机内，具有功耗低、占地面积小、产量大的优点。但因物料与桨叶接触机会少，易结块。

第三节　均质机械与设备

一、概述

均质（又称匀浆），是指对乳浮液、悬浊液等非均相流体物系进行边破碎、边混合的过程，通过均质可降低分散物尺寸，破碎液滴或颗粒，从而减少沉淀或上浮，提高分散物分布均匀性，改善口感，帮助消化。

狭义的均质仅指利用高压均质机对物料进行处理，然而事实上使用胶体磨等一些常规设备同样可以实现均质目的。人们通过对均质过程的原理进行深入研究，接着又开发出超声波均质机（或称超声波乳化机）、高速剪切搅拌器等同样可以达到均质目的的搅拌混合机械。由此可知，均质设备的多样性还将进一步增加。

均质过程在现代食品工业中的作用正变得越来越重要，它是非均相液态食品生产过程中的重要环节。悬浮液和乳浊液属于热力学不稳定体系，分散质在连续相中的悬浮稳定性与分散相的力度大小及其分布均匀性密切相关，粒度越小、分布越均匀，则稳定性越大。好的均质过程能提高这类食品的贮藏稳定性和增加黏度、改善食品感官品质等附加功能。在一些生物产品的细胞破碎和胞内物摄取工艺中，均质设备也有着广泛的应用。

食品均质机属于食品的精加工机械。它常与物料的混合、搅拌及乳化机械配套使用。目的是将食品原料的浆、汁、液进行细化、混合、均质处理，以提高食品质量和档次。

均质机最早用于乳品生产加工过程中的液体乳生产中，目的是防止脂肪上浮影响产品感官质量。均质可以提高乳状液的稳定性和能够改善食品的感官质量。目前均质操作在食品加工中得到广泛应用，在果汁生产中，均质处理能使料液中残存的果渣小微粒破碎，从而制成液相均匀的混合物，可防止产品出现沉淀现象。在蛋白质饮料生产中，均质处理可以防止产品出现沉淀现象。在冰淇淋生产中，均质处理可以使料液中的牛乳降低表面张力、增加黏度，获得均匀的胶黏混合物，以提高产品质量。在固体饮料加工中，均质处理可以破碎微粒化、混合均匀化获得组织均匀有利于后期喷雾干燥，以保证产品质量的均一性。

二、均质机械与设备的分类

按照使用的能量类型和均质机械的特点，可分为压力型、旋转型均质机两大类。压力型均质设备首先向料液附加高压能，并将静压能转变为动能，使料液中的分散物受到剪切作用、空穴作用或撞击作用而发生碎裂。该类设备常见的有高压均质机、超声波乳化机等。旋转型均质设备一般由转子和定子系统构成，直接将机械动能传递给分散物料，以高剪切为主要作用使其破碎，达到均质目的，该型设备的典型代表为胶体磨。

食品均质机按构造分，有高压、离心、超声波均质机和胶体磨式均质机等几种类型。而食品工业常用的均质机有高压均质机、胶体磨以及高剪切乳化均质机等。

三、均质机械与设备的原理

均质的原理主要有三种学说：撞击、剪切、空穴等学说，如图6-52所示。

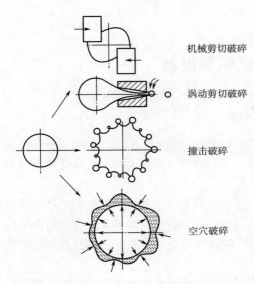

图 6-52 均质原理示意图

资料来源：摘自参考文献 [14]。

机械剪切破碎

涡动剪切破碎

撞击破碎

空穴破碎

1. 剪切学说

流体在高速流动时，在均质机头缝隙处，高速运动的液滴或胶体颗粒通过均质阀细小的缝隙时，液流涡动或机械剪切作用使得液体和颗粒内部形成巨大的速度梯度，液滴和胶体颗粒沿剪切面滑移，受到压延、剪切形成更小的微粒，继而在液流涡动的作用下完成分散。阀门缝隙的高度不超过 0.1mm，通过此缝隙的流速为 150~200m/s。

2. 撞击学说

液滴或胶体颗粒随液流高速撞向固定构件表面时，液滴或胶体颗粒因拉应力发生碎裂，变成细小液滴，又因自身速度而向外围连续相分散。

3. 空穴学说

因高压作用，使液滴或胶体颗粒高速流过均质阀缝隙处时，发生涡流运动，造成相当于高频振动的作用，料液在瞬间产生空穴现象，即此时空穴中的压力很低，使物料中的水迅速汽化，当汽化的水受冷再次液化时，空穴消失使体积发生急剧变化而产生强大的震动，使液滴或胶体颗粒因内部的汽化膨胀使得液膜产生拉应力而破碎并分散。

四、 均质的机械与设备

（一） 高压均质机

高压均质机是利用高压泵使得液料在高压作用下，通过非常狭窄的缝隙（一般<0.1mm），造成高流速（150~200m/s），而受到强大的剪切力，同时，由于液料流中比较粗大的颗粒对金属部件高速冲击而产生强大的撞击力、因静压力突变而产生的空穴爆炸力等综合力的作用，把原先颗粒比较粗大的乳浊液或悬浮液加工成颗粒非常细微的稳定的乳浊液或悬浮液，从而达到均质的目的。该设备工作原理如图 6-53 所示，通过均质将食品原料的浆、汁、液进行破碎、混合，从而大大提高食品的均匀性，防止或减少液状食品物料的分层，改善外观、色泽及香味，提高产品质量。

目前食品企业中采用的均质机一般均采用柱塞泵作为高压泵，生产型一般为三柱塞，瞬时排液量大且较为均匀，实验室用一般为单柱塞。柱塞由曲柄滑块机构驱动做往复运动。如图 6-54 所示，泵体为一长方体结构，用不锈钢块锻造并加工而成，其中开有三个活塞孔，配有三套活塞及阀。活塞为圆柱状，采用填料密封，其材料可用皮革、

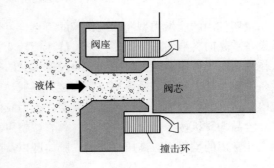

阀座

液体

阀芯

撞击环

图 6-53 高压均质机原理示意图

资料来源：摘自参考文献 [14]。

石棉绳，近来也采用聚四氟乙烯。食品行业常用的高压均质机的柱塞泵对料液施加的压力可达30~60MPa，超高压的柱塞泵可达150MPa以上。在高压泵的料液出口处安装均质阀，即构成高压均质机。

最典型的高压均质机由三柱塞高压泵和两道均质阀组成的三柱塞高压均质机，其工作结构组成如图6-54所示。其中的核心部件为柱塞式高压泵和均质阀两部分构成。它又称高压均质泵，因为它比高压泵多了起均质作用的均质阀。高压均质机有多种形式，不同的高压均质机有不同类型的柱塞泵和不同级数的均质阀及压强控制的方式，但其基本组成相同。

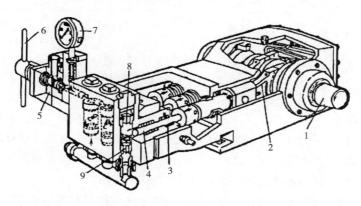

图6-54　高压均质机

1—曲轴　2—连杆　3—活塞环封　4—活塞　5—均质阀　6—调压杆　7—压力表　8—上阀门　9—下阀门

资料来源：摘自参考文献 [14]。

1. 高压泵

高压泵是高压均质机的重要组成部分，是使料液具有足够静压能的关键。一般的料液均质压力为25~40MPa，而对于某些特殊需要的场合，如生物细胞超破碎、液—固（粉末）的超细粉碎等，料液均质压力可达70MPa。

高压泵是一个往复式柱塞泵，结构如图6-55所示。它是一种恒定转速、恒定转矩的单作用容积泵，泵体为长方体，柱塞在泵腔内做往复运动，使物料吸入加压后流向均质阀。柱塞用不锈钢制造，是根据液体不可压缩的原理而设计，目的是防止空气进入均质阀。柱塞往回运动时，吸料阀打开将料液吸入，同时排料阀关上。在向前运动时，吸料阀关上，排料阀打开，这时柱塞通过排料阀将料排出。

柱塞的运动速度是按正弦规律变化的，单个柱塞往复一次，吸入和排出也各一次，所以单动泵的瞬时排出流量是变化的，如图6-56（1）所示。通常采用三柱塞往复泵，使

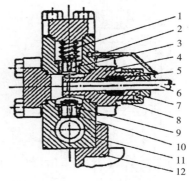

图6-55　高压泵

1—弹簧　2—冷却水排出口　3—排料阀　4—泵缸
5—密封填料　6—柱塞　7—填料盖　8—压紧螺母
9—吸料阀　10—阀座　11—泵体　12—机座
资料来源：摘自参考文献 [14]。

瞬时排出流量比较均匀，如图 6-56（2）所示。

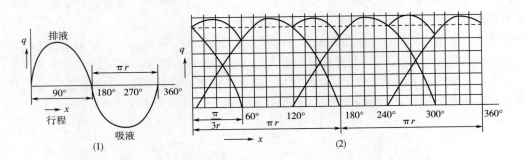

图 6-56　柱塞往复泵排液量图

资料来源：摘自参考文献［14］。

2. 均质阀

均质阀与高压柱塞泵的输出端相连，是对料液产生均质作用、对压强进行调节的部件。它是均质机的关键部件，将由高压泵送来的高压液体，通过均质阀发生复杂的流体力学变化，即利用剪切、撞击、空穴爆破等作用产生微粒破碎实现均质目的。

均质阀有单级和双级两种，如图 6-57 所示。单级均质阀仅在实验规模的均质机上采用。现代工业用均质机中大多都采用双级均质阀。双级均质阀实际上是由两个单级均质阀串联而成的。不论是单级还是双级均质阀，其工作机构组成有阀座、阀芯、均质环等主要部件，均质阀工作机构如图 6-58 所示。

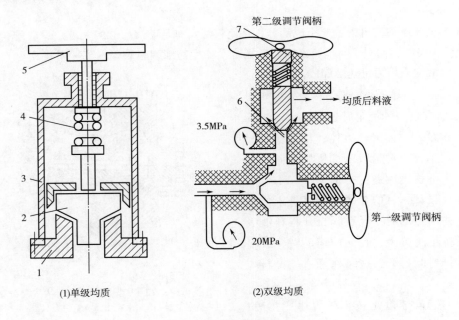

(1)单级均质　　　　　　　　(2)双级均质

图 6-57　均质阀

1—阀座　2—阀芯　3—挡板环　4—弹簧　5—调节手柄　6—第一级均质阀　7—第二级均质阀

资料来源：摘自参考文献［14］。

均质阀的工作机构组成看似简单，但发生的流体力学行为相当复杂。如图 6-59 所示为料液在均质阀内的均质化示意。当流体压入均质阀并冲向阀芯，通过由阀座与芯构成的狭窄的缝隙时，流体由高压、低流速向低压、高流速的能量转化，并产生空穴作用，自缝隙出来的高速流体最后撞在外面的均质环（也称撞击环）上，使已经碎裂的粒子进一步得到分散作用。流体经过均质阀的压强变化情形如图 6-60 所示。

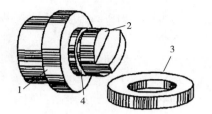

图 6-58　均质阀主要部件

1—阀座　2—阀芯　3—均质环　4—缝隙

资料来源：摘自参考文献［77］。

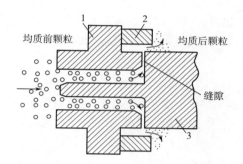

图 6-59　均质阀工作原理

1—阀座　2—阀芯　3—均质环

资料来源：摘自参考文献［77］。

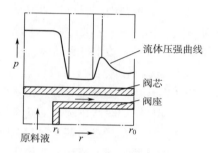

图 6-60　均质阀中流体压强变化

r_i—阀座内径　r_0—阀座外径　p—压强

资料来源：摘自参考文献［77］。

在现代工业用均质机中，一般在均质操作中设有两级均质阀，双级均质阀的工作原理如图 6-57（2）所示，第一级为高压流体，其压力高达 20～25MPa，主要作用是使液滴均匀分散，使乳滴破裂成小直径的乳滴，但起乳化作用的大分子物质未均匀分布在小滴乳液的界面上。这些小滴乳由尚未得到乳化物质的完全覆盖，仍有相互合并成大滴乳的可能，因此需要经第二道均质阀的进一步处理，才能使大分子乳化物质均匀地分布在新形成的两液相的界面上。经过第一级后的流体压力下降至 3.5MPa，第二级的主要作用是使液滴分散，通过进一步混合、分散，则乳化剂能得以有效地分布到液滴界面上，乳液稳定性则能得到大大提高。由于高压物的高速流动，阀座与阀芯（又称阀盘或均质头）的磨损相当严重，一般多用含有钨、铬等元素的耐磨合金钢，并经过精细的研磨加工制造。双级均质阀的结构示意图如图 6-61 所示。

均质压强的大小是靠手轮对弹簧的压缩程度来调节的。弹簧力作用下的阀芯，只有当流体获得足以与弹簧力相抗衡的压力条件下，才能被顶开并让流体通过缝隙而产生均质作用。

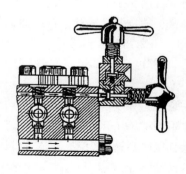

图 6-61　双级均质阀结构示意图

资料来源：摘自参考文献［63］。

实际上，高压均质机工作时，食品的浆、汁、液原料或带有细小颗粒的液体物料，经高压泵的排料阀后被压入均质阀阀座入口处，在压力作用下，阀芯被顶起，阀芯与阀座之间形成了极小的环形间隙（一般小于0.1mm），当物料在高压下流过此极小的间隙时，受到两侧的压力作用，速度增大，在缝隙中心处速度最大，而附在阀座与阀芯表面上的物料速度最小，形成了急剧的速度梯度。由于速度梯度引起的剪切力，物料流过均质阀时的高速（200~300 m/s）撞击，以及高速液料在通过均质阀缝隙时由于压力剧变引起迅速交替的压缩与膨胀作用在瞬间产生的空穴现象，这样物料中脂肪球或软性、半软微粒就在剪切、撞击和空穴的作用下被粉碎得更小，从而达到均质目的。

均质阀所选的材料必须十分坚硬，具有极强的耐磨蚀性，而且须有良好的抗锈蚀性，国外常用钨铬合金，用于牛乳均质时可保持良好的性能无须更换和修复，对于磨蚀性强的液料则使用硬质合金来制造。

高压均质机应用范围广，可以处理流动液态物料，并且在高黏度和低黏度产品之间转换时，无须更换工作部件。主要适用于牛乳、稀奶油、酸乳及其他乳制品、冰淇淋、果汁、番茄制品、调味品、豆浆、布丁等食品加工中。

3. 高压均质机的其他部件及设备

高压均质机从总体上说与一般的柱塞泵相比仅是多了一个均质阀，完整的高压均质机上还必须配有其他部件，如冷却系统（防止泵体过热）、压力表和过滤器等元件。过滤的目的是为了避免将一些物质（如硬度过高的固体物质等）输入高压系统而缩短均质机的寿命，甚至带来意外损伤，常见的过滤系统均装在均质机的进料口处。

此外，高压均质机在应用过程中还应注意以下两个问题。

（1）柱塞泵属于正位移泵，因此要保证进料端有一定正压头，如附加离心泵作为启动泵等，否则易出现断料，带来不稳定高压冲击载荷。

（2）产品均质前应先进行脱气处理，否则会因物料中带有过多气体时同样会引起高压冲击载荷效应。

（二）胶体磨

胶体磨是一种以剪切作用为主的均质设备，将物料磨制胶体或近似胶体物料的超微粉碎设备，通过胶体破碎微粒化实现均质作业，胶体磨又称分散磨。胶体磨具有粉碎、分散、混合、乳化和均质功能，适用于流体、半流体的物体料加工。因常用于湿法粉碎操作，故也可列入微粒化加工机械。胶体磨广泛用于食品、医药、饮料、油漆涂料、石油化工、沥青乳化、日用品等行业。在食品工业中用胶体磨加工的品种有红果酱、胡萝卜酱、橘皮酱、果汁、食用油、花生蛋白、巧克力、牛乳、乳品（再制乳、蔬菜酸乳）、山楂糕、调味酱料、鱼肝油等。另外，胶体磨还广泛用于化学工业、制药工业和化妆品工业中。

1. 胶体磨工作原理

胶体磨的主要工作构件由一个固定磨体（定子）和一个高速旋转的运动磨体（转子）组成。两磨体表面之间有可调节的微小间隙，当物料通过这个间隙时，由于运动磨体的高速旋转，使附着于转子表面的物料速度最大，而附着于固定磨体表面的物料速度为零。这样物料间产生了急剧的速度梯度，从而使物料受到强烈的剪切、摩擦和湍动，而产生了超微粉碎作用，胶体颗粒破碎微粒化，物料完成乳化、均质。

2. 胶体磨的分类

胶体磨按结构和安装方式分立式、卧式两种形式，其中立式胶体磨最为典型和常见。

卧式胶体磨 如图6-62所示为卧式胶体磨的结构图，其转子随水平轴旋转，固定磨体3与运动磨体2之间的间隙通常为50~150μm，依靠转动件的水平位移来调节。料液由旋转中心处进入，流过间隙后从四周卸出。转子的转速范围一般为3000~15000r/min，这种胶体磨适用于粘性相对较低的物料。

立式胶体磨 如图6-63所示为立式胶体磨的结构图，其转动件垂直于水平轴旋转。运动磨体的转速一般为3000~10000r/min，卸料和清洗都很方便，它适用于黏度相对较高的物料。

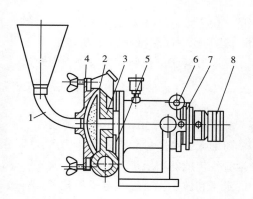

图6-62 胶体磨结构示意图

1—进料口 2—转动件 3—固定件
4—工作面 5—卸料口 6—锁紧装置
7—调节环 8—皮带轮
资料来源：摘自参考文献［55］。

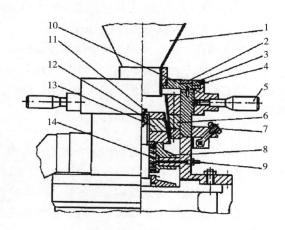

图6-63 立式胶体磨

1—料斗 2—刻度环 3—固定环 4—紧定螺钉 5—调节手柄
6—定子 7—压紧螺帽 8—离心盘 9—溢水嘴 10—调节环
11—中心螺钉 12—对称键 13—转子 14—机械密封
资料来源：摘自参考文献［55］。

3. 胶体磨的结构

常见的胶体磨结构主要由进料斗、外壳、固定磨体（定子）、运动磨体（转子）、电机和底座等部分组成。

（1）固定磨体、运动磨体 工作时，物料通过定子与转子之间的圆环间隙，在转子的高速转动下，物料受其剪切力、摩擦力、撞击力和高频振动等复合力的作用而被粉碎、分散、研磨、细化和均质。

定子和转子均为不锈钢件，热处理后的硬度要求达到HRC70。转子的外形和定子的内腔均为截锥体，锥度约为1：2.5。磨体工作表面有齿，齿纹按物料流动方向由疏到密进行排列，并有一定的倾角。因此，由齿纹的倾角、齿宽、齿间间隙以及物料在空隙中的停留时间等因素决定物料的细化程度。

（2）调节装置 胶体磨细化物料程度根据物料的性质、需要细化的程度和出料等因素进行调节。调节时，动调节手柄由调节环带动定子轴向位移而使空隙改变，若需要大的粒度比，调节定子往下移，定子向上移则为粒度比小。一般调节范围在0.005~1.5mm。为了避免无限度地调节而引起定子、转子相碰，在调节环下方设有限位螺钉，当调节环顶到螺钉时便为调节极限。

由于胶体磨转速很高，为达到理想的均质效果，物料一般要磨多次，因此就需要回流装置。胶体磨的回流装置是在出料管上安装一碟阀。在碟阀的稍前一段管上另接一条管通向入料口（即进料管改成出料管）。当需要循环研磨时，关闭碟阀，物料则会反复回流。当达到要求时，打开碟阀则可排料。对于热敏性材料或粘稠物料的均质、研磨，需要把研磨过程中产生的热量及时排走，以控制其升温，在定子外围开设的冷却液孔中通水冷却。

4. 胶体磨的特点

胶体磨具有以下几个方面的特点。

（1）可在极短时间内实现对悬浮液中的固形物进行超微粉碎作用，同时兼有混合、搅拌、分散和乳化的作用，成品粒径可达 $1\mu m$。

（2）效率和产量高，大约是球磨机和辊磨机的效率的 2 倍以上。

（3）可通过调节两磨体间隙，最小可达到 $1\mu m$ 以下，达到控制成品粒径的目的。

（4）结构简单，操作方便，占地面积小。但是，由于定子和转子磨体间隙极微小，因此加工精度较高。

（三） 高剪切均质机

高剪切均质机是一种以剪切作用为特征的均质设备，其线速度达到 $30\sim40m/s$ 的剪切式均质机。高剪切均质机具有独特的剪切分散机制、低成本、超细化、高质量和高效率等优点，因此在众多的工业领域中得到普遍应用，在某些领域逐渐地替代传统的均质机。

高剪切均质机主要工作部件为一级或多级相互啮合的定子和转子，每级的定子和转子又有数层齿圈。

高剪切均质机的工作原理：转子带着叶片高速旋转产生强大的离心力场，在转子中心形成很强的负压区，因此，料液（液-液或液-固相混合物）从定转子中心被吸入，在离心力的作用下，物料由中心向四周扩散，在扩散的过程中，物料首先受到叶片的搅拌，并在叶片端面与定子齿圈内侧窄小间隙内受到剪切，然后进入内圈转齿与定齿的窄小间隙内，在机械力和流体力学效应的作用下，产生很大的剪切、摩擦、撞击作用以及物料间的相互碰撞和摩擦作用而使分散相颗粒或液滴破碎。随着转齿的线速度由内圈向外圈逐渐增大，粉碎环境不断改善，因而物料在向外圈运动过程中受到越来越强烈地剪切、摩擦、冲击和碰撞等作用而被粉碎得越来越细从而达到均质乳化目的。同时，在转子中心负压区，当压力低于液体的饱和蒸汽压（或空气分离压）时，就会产生大量气泡，气泡随液体流向定转子齿圈中被剪碎或随压力升高而溃灭。溃灭瞬间，在汽泡的中心形成一股微射流，射流速度可达 $100\sim300m/s$，产生的脉冲压力就接近 $200MPa$，这就是空穴效应。强大的压力波可使软性、半软性颗粒被粉碎或硬性团聚的细小颗粒被分散。因此，高剪切均质机的均质乳化机制很复杂，主要是由定子和转子之间相对的高速运动产生的高剪切作用，同时伴随着强大的空穴作用对物料颗粒进行分散、细化、均质。强烈的空穴作用比较合适处理软性、半软性的颗粒状物料，而剪切力和研磨作用能最有效的粉碎纤维，所以高剪切均质机能对物料产生强烈剪切和研磨作用，比较适合处理含纤维较多或较硬的颗粒物料。而高压均质机则主要是靠高压流体产生的强烈、充分的空穴效应和湍流作用使流体分散相中的颗粒破碎达到均质目的，比较适合处理软性、半软性颗粒。

常见的高剪切均质机可根据操作方式分为两种形式。一类是将均质乳化机构作为搅拌器安装于搅拌罐中，如在间歇式生产过程中使用的间歇式高剪切均质机；另一类是将均质乳化机构作为输送泵安装在管线上，如在连续式生产过程中使用的连续式高剪切均质机。

1. 间歇式高剪切均质机

间歇式高剪切均质机的主要工作机构由搅拌罐和搅拌器两部分组成，其结构如图6-64所示。搅拌器由配合紧密的转子和定子组成，转子上有多把刀片与转子高速旋转，最高转速可达每分钟成千上万转，定子固定不动，在它周围开有很多小孔。当转子高速旋转时，物料从转子下方的容器底部大量吸入，并加速使物料向着刀片的边缘运动，迫使它穿过固定的定子开口喷射出去，返回至罐内混合物中，排出去的物料碰到容器壁转向，再次循环到转子区域，这样不断进行循环，直至达到均质乳化目的。

间歇式高剪切均质机是将转子和定子高精密配合起来的均质机，当物料呈高速脉冲喷射出定子开口时，在转子和定子的缝隙中产生，因此每分钟对物料产生成千上万次的机械和水力剪切力，撕裂物料和粉碎固体颗粒，使得待处理的物料很快处于均匀化，工作效率极高。定子头有多种形状，而不同形状的定子头具有不同的均质效果，间歇式高剪切均质机配备了不同型号的定子头，以满足不同工艺的需要。依据不同的物料要求和工艺的需要，选择使用不同类型的定子头及在高速转轴上可安装一个或多个螺旋桨，以便均质、搅拌、混合乳化能达到非常理想的效果。定子头有圆孔定子头、长孔定子头、网孔定子头3种类型。圆孔定子头适合一般的混合或大颗粒的粉碎，这类型定子头上的圆形开孔提供了所有定子中最好的循环，适用于处理较高黏度的物料。长孔定子头适合中等固体颗粒的迅速粉碎及中等黏度液体的混合，长孔为表面剪切提供了最大面积和良好的循环。网孔定子头适合低黏度液体混合，其剪切速率最大，最适宜于乳液的制备及小颗粒在液体中的粉碎、溶解过程。选用不同类型定子头可使均质效果好，颗粒范围更大，乳液稳定性最佳。循环桨叶适用于增加循环及涡流，帮助漂浮粒子进入液体充分混合。

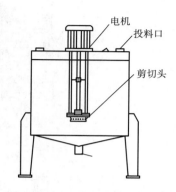

图6-64　间歇式高剪切均质机
资料来源：摘自参考文献［24］。

2. 连续式高剪切均质机

连续式高剪切均质机（又称管线式高剪切均质机），其工作原理与间歇式高剪切均质机基本相同，在高速旋转中产生强大的剪切力从而达到混合、分散、乳化、均质搅拌的目的。

图6-65是一种连续式高剪切均质机，定子3紧固在电动机的壳体上，利用螺母和键13把转子8紧固在轴套的左端，利用键2和螺钉4将轴套的右端紧固在电动机的转轴上，定子的外面利用螺栓联接外套，带有进口的端盖联接在外套的左端，在定子与转子的壁上有通孔，物料经进口进入转子的内腔后经通孔到达定子与外套间的外腔内，再经安装在外套上的出口排出。转子与定子间有很小的间隙，当转子转动时，液体物料经过该间隙由内腔进入外腔的过程中被剪切而达到均质的目的。

按照内部结构的不同可将管线式乳化机分为单级、单级多层、两级、多（三）级均质乳化机，单级均质乳化机工作腔内只有一对转子、定子，二级均质乳化机工作腔内有两对转子、定子，三级均质乳化机工作腔内有三对转子、定子。按层数又可将转子、定子分为二层、四层、六层。

连续式高剪切均质机是一种用于连续性生产或循环生产处理物料的高性能均质乳化设备。

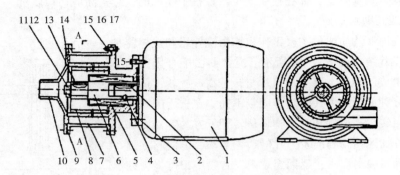

图 6-65　连续式高剪切均质机结构图

1—电机　2—键　3—定子　4—螺钉　5—机械密封　6—轴套　7—外套　8—转子　9—密封口圈
10—端盖　11—螺母　12—垫片　13—键　14—密封圈　15—螺栓　16—垫片　17—螺母

资料来源：摘自参考文献［24］。

连续式高剪切均质机的输送功能良好，可实现连续生产与自动化控制。连续式高剪切均质机处理物料时具有量大，快速，高效节能，无死角等特性，物料 100% 通过剪切，使用简单方便。目前连续式均质机不仅在食品工业中有所应用，而且更广泛用于其他工业领域中。

（四）　超声均质设备

超声波是频率比人耳能听到的声波频率更高的声波，即频率大于 16kHz 的声波。利用声波和超声波在遇到物体时会迅速地交替压缩和膨胀的原理设计的均质机就是超声波均质。物料在超声波的作用下，当处在膨胀的半个周期内，受到拉力，料液呈气泡膨胀；当处于压缩的半个周期内，受到压力，气泡则收缩。当超声波功率足够高时，气泡收缩膨胀的幅度会很大，压力变化幅度也会很大，在压力反复大幅度变化时，就会出现气泡的急剧生成和崩溃，则在料液中会出现"空穴"现象，这种现象的出现又随着振幅的变化和外压的不平衡而消失。在"空穴"出现和消失的过程中，料液的周围引起非常大的压力和温度，产生非常复杂而有力的机械搅拌作用，从而达到均质的目的。同时，对"空穴"产生有密度差的界面上，超声波也会反射，在这些反射声压的界面上也会产生激烈的搅拌作用。

根据上面的原理，超声波均质机是将频率为 20~25kHz 的超声波发生器放入料液中（亦可以使用使料液具有高速流动特性的装置），因超声波在料液中的搅拌作用使料液均质，均质液滴大小可达到 1.2μm。

超声波均质机的核心部件为超声波发生器，按超声波发生器的形式不同可分为机械式、磁控式和压电晶体式等。

1. 机械式超声波均质机

机械式超声波均质机的超声波是由高速液流和高弹性簧片相互作用而产生，如图 6-66所示。其主要工作部件是由喷嘴和簧片组成，簧片处于喷嘴的前方，是一块边缘呈楔形的金属片，被两个及以上的节点夹住。当料液在 0.4~1.4MPa 的泵压下经喷嘴高速射到簧片上时，簧片立即发生振动，其振动频率达到 18~30kHz。这里产生的超声波立即传给料液，使料液即呈现激烈的搅拌状态，实现破碎和混合的功能，而被均质化，均质后的料液从出口排出。

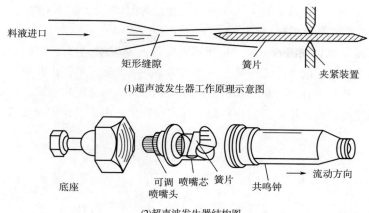

（1）超声波发生器工作原理示意图

（2）超声波发生器结构图

图 6-66 机械式超声均质机原理图

资料来源：摘自参考文献［55］。

该均质机主要适用于牛乳、花生油、乳化油和冰淇淋等食品的加工中。

超声波均质机对安装与使用有一定的要求，主要有以下几点。

（1）安装基础需坚固、平坦，其纵向和横向的水平度允许差为 0.5/1000（mm）。

（2）因均质机冷却要求高，为此冷却措施要得当。

（3）对密封要求高，同时应经常加以检查。

（4）运动部件要保持润滑，要有检查油泵的制度。

（5）均质机要注意灭菌，机器停止工作时应立即拆洗消毒。

2. 其他超声波发生器均质机

机械振荡式均质机的超声波强度有限，而磁控振荡式超声波均质机和压电晶体式超声波均质机中的超声波发生器则完全是由外部能量输入而主动发生的超声波，进而传入料液中，实现均质。

磁控振荡式均质机的超声波发生器利用镍粒铁等的磁振荡而产生超声波，并传入料液实现均质作用。

压电晶体式振荡式均质机的超声波发生器是利用钛酸钡或水晶振荡子实现超声波的发生。

（五） 离心式均质机

1. 工作原理

离心式均质机是一种兼有均质及净化功能的设备。该均质机是以一高速回转鼓使料液在惯性离心力的作用下按密度分为大、中、小三相，使密度大的成分（包括杂质）被甩到四周趋向鼓壁，密度中等的成分顺上方管道排出，密度小的成分被导入上室。上室内有一块带尖齿的圆盘，圆盘转动时使物料以很高的速度围绕该盘旋转并与其产生剧烈的相对运动，局部产生旋涡，使得液滴破裂而达到均质的目的。离心式均质机多用于牛乳均质。由于转鼓的高速旋转，产生很大的离心力，使流入的料液（牛乳）很快分成三部分。密度最大的杂质被甩到四周，脱脂乳从上面排出，稀奶油被引入稀奶油室。

2. 结构

离心式均质机（如图 6-67 所示）主要由转鼓、带齿圆盘及传动机构组成。

（1）转鼓　如图6-67（1）所示，由转轴、碟片等组成。为增加分离能力，一般装有数十块与离心机的碟片形式相似的碟片。

（2）带齿圆盘　结构如图6-67（2）所示。圆盘上有12个左右突出的尖齿，齿的前端边缘呈流线型，后端边缘则削平。工作时，圆盘随转鼓一起回转，料液由转鼓的上方中心处的料液进口进入转鼓，并充满容腔，均质液由进口外侧的出口流出，经带齿圆盘均质后的物料又回到碟片上，边循环边均质，均质后的物料则由其出口排出。由于工作中能使杂质分离，亦称净化均质机。

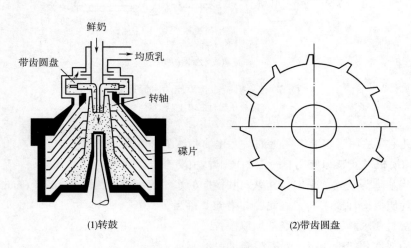

图6-67　离心式均质机

资料来源：摘自参考文献［63］。

3. 特点

离心式均质机具有如下特点。

（1）一台机器可同时完成净化和均质，投资少。

（2）均质度非常均匀。

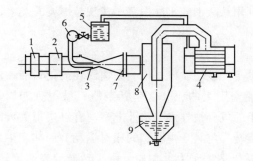

图6-68　喷射式均质机流程图

1—过滤器　2—蒸汽加热器　3—喷嘴　4—预热器

5、9—贮槽　6—泵　7—混合室　8—旋风分离器

资料来源：摘自参考文献［14］。

（3）对机器的材质要求高。材料的要求需要强度高，又重量轻，以提高转速和均质效果。

（4）保养简单，控制方便。

（六）　喷射式均质机

阀式均质机的生产能力具有一定限制，活阀的缝隙易堵塞，均质机的头易磨损，卫生处理不方便。喷射式均质机能改善阀式均质机的缺点。

喷射式均质机如图6-68所示，其操作原理是利用蒸汽或压缩空气流来供给物料均质的能量，借高速运动的物料颗粒间相互碰撞或使颗粒与金属表面高速撞击，使颗粒粉碎成更细小的粒子，从而达到均质的目的。

第四节　其他混合技术与装备

汽液混合机是碳酸饮料生产的关键设备，它是把清洁处理过的液体与二氧化碳气体充分接触混合，并在压力作用下逐渐被水分子吸收形成碳酸水（H_2CO_3）的设备。碳酸饮料是指含有 CO_2 的饮料，当 CO_2 溶于水时，就会有一定数量 CO_2 能和水结合生成 H_2CO_3，故称碳酸饮料。常见饮料中的 CO_2 来源一般有两种：一是发酵产生的，如啤酒；二是充填混合进去的，如汽水、汽酒、小香槟等，这类又称充气饮料。

CO_2 在碳酸饮料中的含量很少，但其作用却相当大，一般为 $1 \sim 5$ 个体积倍数。其作用大致有以下四方面。

（1）清凉作用　碳酸饮料进入人体消化系统后，碳酸受热分解成水和 CO_2 是一个吸热过程，CO_2 气体从体内排出，带走热量。

（2）阻碍微生物生长　延长饮料饮用时间。CO_2 带来的厌氧氛围和饮料中的高压均对微生物有抑制作用。

（3）突出香气　CO_2 逸出时能一起携带一些香味物质，增加饮料的风味弥散。

（4）有舒服的刹口感　这是碳酸饮料所特有的风味感觉。不同品种的碳酸饮料对刹口感的要求也不尽相同。

食品加工中最常见的气液混合设备主要是碳酸饮料生产过程中用于碳酸化操作的。碳酸化过程是指将 CO_2 溶解到饮料中的过程。在一定的压力和温度下，CO_2 在水中的最大溶解量称为溶解度。CO_2 在水中达到最大溶解度时，气体从液体中逃逸的速度与气体进入液体的速度达到平衡。影响 CO_2 的溶解度的主要因素有压力、温度、接触时间、气液两相接触面积以及混入空气量。用于碳酸饮料生产过程的碳酸化气液混合的设备称为碳酸化器。碳酸化器按 CO_2 与水接触形式不同可分成喷射式、喷雾式、薄膜式等。目前国内用得较多的是喷雾式与喷射式。

（一）　喷射式碳酸化器

近几年在进口饮料生产线中使用的混合机，多为喷射式。喷射式碳酸化器的结构，如图6-69所示，它的主要部件是一个文丘氏管，水由泵加压通过水管进入碳酸化器，碳酸化器内部的流体通道之中设有一个喉管，由于喉管的截面逐渐收缩减少，水流速度剧增。随着流速的剧增，水的内

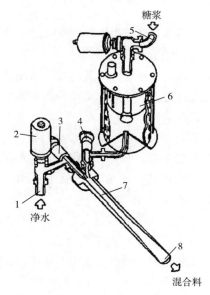

图6-69　喷射式碳酸化器

1—进水口　2—压缩空气阀　3—节流阀　4—调节阀
5—糖浆进口　6—平衡器　7—文丘氏管　8—喷嘴
资料来源：摘自参考文献［7］。

部压力骤降，在喉管的末端形成低压区，从而不断地吸入 CO_2 气体。同时喷嘴出口处的环境压力与水的压力之间形成较大的压力差，使水爆裂成很细小的水滴，又因水与 CO_2 有很大的相对速度，从而使水滴变得更加细微，大大增加了水与 CO_2 之间的接触面积，显著提高了碳酸化的效果。

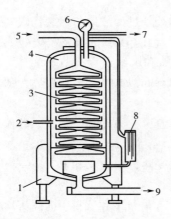

图 6-70　薄膜式碳酸化器

1—机架　2—CO_2 进口　3—吸收圆盘

4—压力容器　5—洁净冷水进口　6—压力表

7—排气管　8—液位显示控制器　9—碳酸水出口

资料来源：摘自参考文献［7］。

喷射式碳酸化器结构简单、工作可靠，适用于预碳酸化、碳酸化或追加碳酸化设备使用。经喷射式碳酸化器处理的料液一般送入碳酸化罐或板式热交换器，以保证气体全部溶解。

（二）　薄膜式碳酸化器

薄膜式碳酸化器结构如图 6-70 所示，它主要是一个装有一组成膜吸收圆盘的密闭压力容器。碳酸化过程是在密闭的压力容器中进行。经过滤处理后的 CO_2 进入密闭的压力容器中，充满整个空间，压力控制在 0.4~0.6MPa（视温度调节压力），经处理的冷却水由泵从容器顶部压入容器内沿成膜圆盘流下，形成均匀的流动水膜。CO_2 与流动水膜充分接触完成碳酸化操作，圆筒内液面最高不超过水管上固定的圆盘组，以免影响混合效果，碳酸水从容器底部排出。

薄膜式碳酸化器由于本身结构的限制，水与 CO_2 的接触面小，作用时间短，因而混合效果差，效率也低，不能满足现代生产的需要。

（三）　喷雾式碳酸化器

喷雾式碳酸化器是针对薄膜式设备缺点而进行结构改良的，由碳酸化罐、泵等组成。主要结构型式有两种。

（1）在罐顶部设有一个可转动的喷头，水经过喷头雾化与罐内 CO_2 大面积接触从而碳酸化，罐底部也可作为贮存罐，喷头可用作清洗，结构如图 6-71 所示。

（2）由泵压入的水通过竖直装在罐内水管顶部的离心式雾化器形成水雾与 CO_2 混合，大大增加了接触面积，提高了 CO_2 在水中的溶解度，缩短了水和 CO_2 的作用时间，提高了效率。其工作原理：管中的水沿切线方向进入雾化器，形成旋转力矩，沿雾化器内圆锥体，边旋转边向前推进。冲出喷口后，水在离心力作用下向四周飞散。由于水与外界气体介质间有较大的相对速度和接触面积，产生较大摩擦

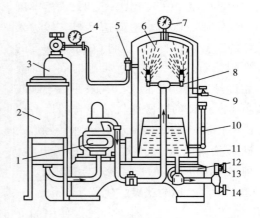

图 6-71　喷雾式碳酸化器

1—活塞泵　2—贮水缸　3—CO_2 贮瓶

4、7—压力表　5—单向阀　6—碳酸化罐　8—喷嘴

9—排气阀　10—液位显示控制器　11—碳酸水

12—安全阀　13—碳酸水排放截止阀　14—排放阀

资料来源：摘自参考文献［7］。

力，因而碎成微珠，达到雾化目的，结构如图 6-72 所示。

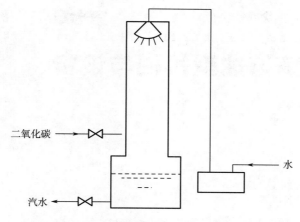

二氧化碳 →

水 →

汽水 →

图 6-72 离心雾化喷雾式汽水混合机

资料来源：摘自参考文献［3］。

🔍 思考题

1. 解释混合机制及其在混合设备中的实现过程。

2. 搅拌器的结构有哪几种形式？各有何特点？

3. 简述打蛋机的主要工作结构与工作过程。常用的桨叶形式种类。立式打蛋机搅拌器的组成及作用。

4. 分析比较容器回转式混合机与固定式混合机的主要区别。容器回转式混合机有哪些主要形式？各具有什么特点？

5. 简述均质机有哪些主要类型？各自具有怎样的工作机制？举例说明均质设备在食品工业中的应用。

6. 简述高压均质机、胶体磨、高剪切乳化机的工作机制、主要工作构件、应用范围。对比分析高压均质机与胶体磨的主要区别。

7. 试结合设备归纳在汽液混合过程中影响最终 CO_2 溶入量的各种因素。

第七章

食品发酵与成型机械与设备

第一节 食品发酵机械与设备

一、 概述

（一） 发酵设备的基本要求

发酵设备是发酵工业中最基本的设备，也是生物技术产品能否实现产业化的关键装置。发酵工业的主要设备包括种子制备设备、主发酵设备、辅助设备、发酵液预处理设备、产品提取和精制设备、废物回收处理设备。其中，最关键的设备是种子罐和发酵罐。

发酵罐（微生物反应器）是为微生物代谢提供一个优化、稳定的物理和化学环境，使细胞能更快更好的生长，获得更多的生物量或者目标代谢产物。微生物反应器必须从动量传递、热量传递和质量传递入手，实现生物细胞生长和形成产物的各种适宜条件，促进生物细胞的新陈代谢，充分实现反应过程。

发酵罐的结构、操作方式、操作方式、操作条件与发酵产品的质量、转化率及能耗等方面密切相关。性能优良的发酵罐应具有良好的传质、传热和混合性能；结构严密以防杂菌污染；可靠的检测与控制仪表；结构尽量简单，维护、检修和清洗方便；能耗低等特点。

（二） 发酵设备的分类

发酵设备根据不同的划分标准分为不同的类型。根据生产菌种生理特性，可分为通风（好氧）发酵设备和嫌气（厌氧）发酵设备。根据发酵培养基状态，可分为固体发酵设备和液体发酵设备。根据发酵工艺的不同可分为分批发酵设备和连续发酵设备。根据发酵过程使用的生物体，可分为微生物反应器、酶反应器和细胞反应器。

本章内容主要介绍通风发酵设备、嫌气发酵设备、固态发酵设备的结构、原理、性能特点及适用范围。

二、 通风发酵设备

通风发酵罐是好氧发酵的核心和基础，工业用通风发酵罐通常采用通风和搅拌两种方式来强化发酵液中的溶氧量，以满足微生物生长产生特定代谢、产生特定产品对氧的需求。谷氨酸、柠檬酸、酶制剂、抗生素、酵母等是采用通风发酵罐生产的。

通风发酵罐分为机械搅拌式、气升式、自吸式等多种类型,其中机械搅拌通风发酵罐一直占据着主导地位。

(一) 机械搅拌通风发酵罐

机械搅拌通风发酵罐靠通入的压缩空气和搅拌叶轮实现发酵液混合、溶氧传质,同时强化热量传递。机械搅拌通风发酵罐在发酵工业中得到广泛的使用,据不完全统计,此类发酵罐占发酵罐总数的70%~80%,故又称为通用式发酵罐。机械搅拌发酵罐适用于放热量大、溶氧需求较高的发酵过程。但是机械搅拌发酵罐内部结构复杂,不易清洗彻底,易造成杂菌污染;机械搅拌动力消耗大;机械搅拌产生的剪切力对丝状菌发酵和培养不利,易造成减产。

通用的机械搅拌通风发酵罐主要部件有罐体、搅拌器、挡板、轴封、空气分布器、传动装置、冷却管(或夹套)、消泡器、人孔、视镜等。下面对发酵罐的主要部件进行说明。图7-1和图7-2所示为小型和大型搅拌式通风发酵罐结构图。

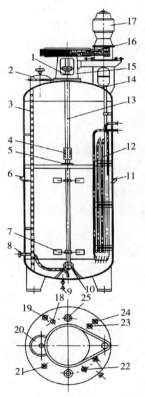

图 7-1 大型搅拌式通风发酵罐结构图

1—轴封 2、20—人孔 3—梯 4—联轴节 5—中间
6—温度计接口 7—搅拌叶轮 8—进风口 9—放料口
10—底轴封 11—热电偶 12—冷却管 13—搅拌轴
14—取样管 15—轴承座 16—传动皮带 17—电机
18—压力表 19—取样口 21—进料口 22—补料口
23—排气口 24—回流口 25—视镜
资料来源:摘自参考文献 [40]。

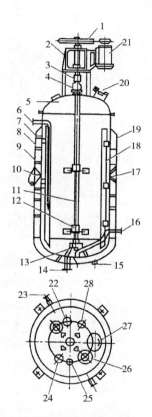

图 7-2 小型搅拌式通风发酵罐结构图

1—三角皮带转轴 2—轴承支柱 3—联轴节 4—轴封
5—窥镜 6—取样口 7—冷却水出口 8—夹套 9—螺旋片
10—温度计 11—轴 12—搅拌器 13—底轴承 14—放料口
15—冷却水进口 16—通风管 17—热电偶接口 18—挡板
19—接压力表 20、27—人孔 21—电动机 22—排气口
23—取样口 24—进料口 25—窥镜 26—补料口 28—清洗口
资料来源:摘自参考文献 [35]。

1. 罐体

小型发酵罐（罐直径1m以下）上封头与罐身用法兰连接，上设手孔方便清洗和配料。中型和大型发酵罐（罐直径大于1m）上封头直接焊接在罐身上，顶端设有，便于进罐检修清洗，罐顶还设有视镜、光照孔灯、进料管、补料管、排气管、接种管和压力表接口等，排气管应尽量靠近罐顶中心位置。罐身上设有冷却水进出管、进空气管及温度、pH、溶氧等检测仪表接口。取样管可设在罐顶或罐侧，视操作而定。罐体上的接管应越少越好，如进料口、补料口和接种口可合为一个接口，放料可以利用通风管压出。罐体内部尽量减少死角，避免灭菌不彻底。

通用式发酵罐的几何尺寸比例：$H/D = 1.7 \sim 3.0$；$d/D = 1/2 \sim 1/3$；$W/D = 1/8 \sim 1/12$；$B/D = 0.8 \sim 1.0$；$S/d = 2 \sim 5$；$S_1/D = 1.0 \sim 2.0$

其中，H 为发酵罐筒高，m；D 为发酵罐内径，m；d 为搅拌器直径，m；W 为挡板宽带，m；S 为两搅拌器间距，m；B 为下搅拌器距罐底间距，m；S_1 为上搅拌器距液面间距，m。H/D 为发酵罐筒高和内径比（高径比），高径比是通用式发酵罐的特征性尺寸参数，其取值既要保证传质效果好、空气利用率好，又要保证综合经济指标合理和使用方便。H/D 依据菌种不同而不同，针对细菌，高径比宜取 $2.2 \sim 2.5 : 1$；针对防线菌，高径比宜取 $1.8 \sim 2.2 : 1$，此外还与厂房的土建造价有关。取高径比较大的细长罐可增加空气气泡在发酵液中的停留时间及溶氧的浓度。

2. 搅拌器和挡板

通风发酵是一个复杂的气、液、固三相传质和传热过程，良好的供氧条件和培养基的混合是保证发酵过程传热和传质的必要条件。通过搅拌，使空气分散成气泡与发酵液充分混合，一获得所需要的溶氧速率，维持适当的气、液、固三相的混合与质量传递，同时强化传热过程。搅拌器可以是发酵液产生轴向和径向流动，通常希望同时兼顾径向流和轴向翻动，因此可以采用组合的形式，根据发酵罐一般是下部通气的特点，下层搅拌器选择径向流搅拌器，上层搅拌器采用轴向流搅拌器。

搅拌式发酵罐的搅拌叶轮多采用涡轮式，可以避免气泡在阻力较小的搅拌器中心部位沿着搅拌轴周边快速上升逸出，且以圆盘涡轮搅拌器为主，常用的平叶式或弯叶式圆盘涡轮搅拌器，涡轮式搅拌器具有结构简单、传递能量高、溶氧速率高等优点，其不足之处是轴向混合较差。此外，还有推进式和莱宁式搅拌叶轮（如图7-3所示）。为了强化轴向混合，可采用涡轮式和推进式叶轮共用的搅拌系统。

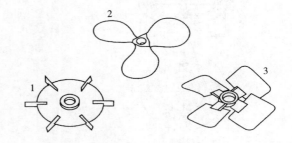

图 7-3 发酵罐搅拌叶轮结构类型

1—六直叶平叶涡轮 2— 推进式叶轮

3—莱宁 A-315 式搅拌叶轮

资料来源：摘自参考文献［40］。

搅拌器的层数可根据高径比来确定，通常为3~4层，其中底层搅拌最重要，占轴功率的40%以上。

为了防止在液面中央产生漩涡以及增加传质和混合效果，发酵罐中都装有挡板。挡板宽带为（0.1~0.2）D（D 为发酵罐直径）一般装设 4~6 层挡板可满足全挡板条件。所谓全挡板条件是指罐内加了挡板使得漩涡基本消失，或者说达到消除液面漩涡的最低挡板条件。

挡板的高度自罐底起至液面高度为止，同时挡板与罐壁留有一定的空隙，其间隙为(1/5~1/8) D，发酵罐热交换用的竖立列管、排管或蛇管也可起到挡板作用。

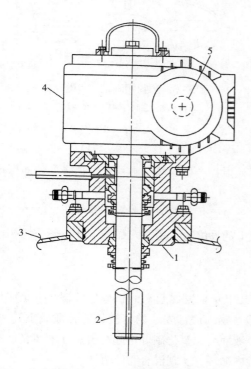

图7-4　双端面机械轴封装置
1—密封环　2—搅拌轴　3—罐体
4—减速箱　5—齿轮箱
资料来源：摘自参考文献［40］。

3. 轴封

轴封用于罐顶或罐底与搅拌轴之间的缝隙的密封，作用是防止发酵液泄露和染菌。目前常用端面轴封，端面轴封是靠弹性元件的压力使垂直于轴线的动环和静环光滑表面紧密地贴合在一起，而且做相对转动，从而密封的特别紧密。端面轴封具有密封可靠、使用时间长、无死角、摩擦功率损耗小、对轴的震动不敏感等优点。上伸轴的发酵罐可以采用单端面密封装置，下伸轴的发酵罐必须采用双端面机械轴封装置，双端面机械轴封装置结构，如图7-4所示。双端面密封装置主要由动环和静环、弹簧加荷装置和辅助密封元件三部分组成。

4. 空气分布器

空气分布器主要有单管式、环形管式和气液流喷射混合搅拌装置三种。发酵过程中的耗氧量较低甚至仅靠气泡翻动就能维持一定溶氧时，可通过空气分布器减少进入培养液中气泡的直径，在一定程度上可提高溶氧量，达到节能和满足供氧的目的。当发酵过程中耗氧较大时，气液接触面的增加更需通过搅拌器对气泡的强制剪切破碎作用来实现，此时多空分布器对氧的传递效果并无明显提高，反而会造成不

必要的阻力损失，且易使物料堵塞小孔，引起灭菌不完全而增加染菌机会，环形管式空气分布器模很少使用。单管式结构简单又实用，管口正对罐底中央，与罐底距离约40mm。

气液流喷射混合搅拌装置由环形布气管和多个切向布置的气液流喷射器组成。该装置使气、液两相混合液产生与机械搅拌器旋转方向一致的径向全循环喷射旋流运动，其气泡直径随着通气量的增加或喷嘴推动力的增加而减少，乳化程度加剧，气、液两相接触面积增加，容量传质系数提高。

5. 消泡装置

发酵液中含有蛋白质等易发泡物质，在强烈通气和搅拌时会产生大量的泡沫，将导致发酵液外溢损失和增加染菌机会。减少发酵液泡沫比较有效的方法是加入消泡剂或采用机械消泡装置。

简单的消泡装置是耙式消泡器，安装于搅拌轴上，齿面略高于液面。耙式消泡器结构如图7-5所示。当发酵罐顶端空间较大时，可在罐顶装半封闭涡轮消泡器（图7-6），高速旋转时，泡沫可直接被涡旋打碎或被涡旋抛出撞击到壁面而破碎，可以达到较好的机械消泡效果。此外，还有旋风离心和叶轮离心式消泡器、碟片式消泡器和刮板式消泡器。

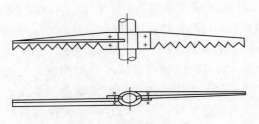

图 7-5　耙式消泡器结构

资料来源：摘自参考文献 ［80］。

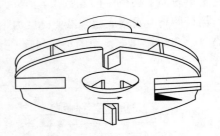

图 7-6　半封闭涡轮消泡器结构

资料来源：摘自参考文献 ［10］。

6. 传热装置

发酵过程中由于生物氧化反应生成的热量和机械搅拌产生的热量必须及时移去，才能保证发酵正常进行。

发酵罐的传热装置有夹套、内蛇管、内列管、外盘管，一般容积为 5m³ 以下的发酵罐（包括种子罐）可采用夹套作为传热装置，大于 5m³ 以上的发酵罐采用立式蛇管、外盘管作为传热装置。

（二）　气升式发酵罐

气升式发酵罐（air-lift fermentor，ALF）是近几十年来发展起来的新型发酵罐，也是应用最为广泛的生物设备之一。空气由罐底进入后，通过罐内底部安装的分散元件分散成小气泡，在向上移动过程中与培养液混合进行供氧，最后经液面与二氧化碳等一起释出。在液体密度差异而产生的压力差推动下，培养液曾湍流状态在罐内循环，实现混合与溶氧传质。

这类发酵罐结构简单、无机械搅拌、不易染菌、溶氧效率高、能耗低、安装维修方便等优点。目前世界上最大型的通风发酵罐是气升环流式发酵罐，体积高达 3000m³。气升式发酵罐常用于单细胞蛋白、酵母、细胞培养、有机酸等生产，还广泛用于废水生化处理。

典型的气升式发酵罐有带升式发酵罐、Le Francois 型空气提升式发酵罐、气升环流发酵罐、塔式发酵罐。带升式发酵罐有内循环带升式和外循环式，其结构图如图 7-7 所示。

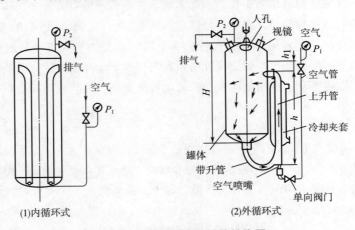

(1)内循环式　　　　(2)外循环式

图 7-7　带升式发酵罐的结构图

资料来源：摘自参考文献 ［27］。

1. 带升式发酵罐

外循环带升式发酵罐的工作原理是在罐外设有上升管，与罐底及罐体上部相连接，构成一个循环系统。上升管的下部有空气喷嘴。在发酵过程中，空气以 250~300m/s 的高速从喷嘴喷入上升管，空气泡被分割细碎，与上升管的发酵液密切接触。由于上升管内的发酵液轻，加上压缩空气的喷流动能，因此使上升管的液体，罐内液体下降而进入上升管，形成反复循环，供给发酵液所需溶氧量，使发酵正常进行。

内循环式的循环管可套管通过采用多层结构，延长气液接触时间；并列设置多个上升管，降低罐体高度及所需空气压力。外循环式罐外置的上升管外侧可增加冷却夹套，在循环的同时对发酵液进行冷却。

带升式发酵罐的性能指标主要有循环周期（发酵液体积/循环速度）、空气提升能力（发酵液循环流量/通入空气）和通风比（通入空气/发酵液体积）。

2. 塔式发酵罐

塔式发酵罐又称空气搅拌高位发酵罐，径高比约为 7∶1。罐内装有若干块筛板，压缩空气由罐底导入，经过筛板逐渐上升，气泡在上升过程中带动发酵液同时上升，上升后的发酵液通过筛板上带有液封作用的降液管下降而形成循环。在降液管下端的水平面与筛板之间的空间为气-液充分混合区。由于筛板对气泡的阻挡作用，使空气在罐内停留时间较长，同时在筛板上大气泡被重新分散，进而提高氧的利用率。这种发酵罐省去了机械搅拌装置，造价较通用式发酵罐低，操作费用也相应降低。如果培养基浓度适宜，且操作得当，在不增加空气流量的情况下，基本上可达到通用式发酵罐的发酵水平。塔式发酵罐适用于多级连续发酵培养，主要用于微生物及水杨酸的生产。

塔式发酵罐的径高比较大，占地面积小，装料系数较大；通风和溶氧系数的值范围较广，几乎可满足所有发酵的要求；液位高，空气的利用率高。但由于塔位较高，塔顶和塔底不易混合均匀，多采用多点调节和补料的方式发酵。多孔筛板的存在不适宜固体颗粒较多的场合，否则固体颗粒大多沉积在下面，导致发酵不均匀；如果微生物是丝状菌，发酵罐的清洗较为困难。

3. 气升环流式发酵罐

气升环流式发酵罐常见的有高位、低位和压力发酵罐，罐内设置旋转推进器，气体从推进器转轴的上部进入，由底部的环形气流分布器喷出，与培养液均匀接触后由上部排出。培养液与气泡充分混合后由推进器上部的液体出口排出，然后向下流动到底部，被旋转的推进器吸入，形成环流。

气升环流式发酵罐的特点为低转速高溶氧，一般用于小型发酵罐。对培养基能充分搅拌，使气体均匀分散，又不具有对细胞造成伤害的剪切力，所以多用于细胞培养。

（三） 自吸式发酵罐

自吸式发酵罐（self-suction fermentor，SSF）是一种不需要空气压缩机提供加压空气，而依靠特设的机械搅拌吸气装置或液体喷射吸气装置吸入空气并同时实现混合搅拌与溶氧传质的发酵罐。自吸式发酵罐关键部件是自吸式搅拌器简称为转子或定子。转子有九叶轮、六叶轮、三叶轮、十字形叶轮等，叶轮均为空心形。自吸式发酵罐主要用于酵母及单细胞蛋白、醋酸、蛋白酶、维生素 C 和利福霉素等产品的生产。

1. 机械搅拌自吸式发酵罐

机械搅拌自吸式发酵罐（图7-8）的主要构件是转子。转子吸气能力的大小主要取决于结构型式、安装方式、搅拌转速和醪液性质等多种因素。当转子以一定速度旋转时，叶片将不断排开周围的液体使叶轮周围高动能的液体压力低于叶轮中心低动能的液体压力，形成空位状态，通过与搅拌器空心漩涡连接的导管吸入外界空气，由空心涡轮的背侧开口不断排出，在涡轮叶片的末端附近以最大的周边速度被液流粉碎，分散成细小的气泡并与醪液充分混合，径向流动至器壁附近，再经挡板折流向液面，在发酵罐内形成均匀的气液混合体系，在此过程中实现溶氧、传热和传质的目的。

2. 喷射自吸式发酵罐

喷射自吸式发酵罐是应用文氏管喷射吸气装置或液体喷射吸气装置进行混合通气的，既不用空压机，也不需要机械搅拌吸气转子。

（1）文氏管自吸式发酵罐　文氏管自吸式发酵罐（图7-9所示）是喷射自吸式发酵罐中典型的一种，其工作原理是先利用泵将发酵液压入文氏管，由于文氏管的收缩段中的液体流速增加，形成负压将无菌空气吸入，并将高速流动的液体打碎，与液体混合均匀，提高发酵液的溶解氧，同时由于上升管中发酵液与空气混合后，密度较罐内发酵液小，加上泵的提升作用，使发酵液在上升管内上升。当发酵液从上升管进入发酵罐后，微生物耗氧同时将代谢产生的二氧化碳和其他气体不断地从发酵液中分离排出，发酵液的密度变大向发酵罐底部循环，待发酵液中的溶解氧即将耗竭时，发酵液又从发酵罐底部被泵打入上升管，开始下一个循环。

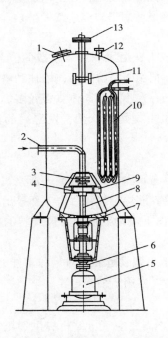

图7-8　机械搅拌自吸式发酵罐

1—人孔　2—进风管　3—轴封　4—转子　5—电机
6—联轴器　7—轴封　8—搅拌轴　9—定子　10—冷却蛇管
11—消泡器　12—排气管　13—消泡转轴
资料来源：摘自参考文献［40］。

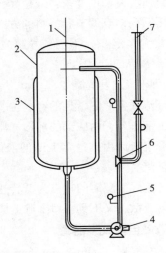

图7-9　文氏管自吸式发酵罐及文氏管结构示意图

1—排气管　2—罐体　3—换热夹套　4—循环泵
5—压力表　6—文氏管　7—吸气管
资料来源：摘自参考文献［40］。

（2）液体喷射自吸式发酵罐 液体喷射自吸式发酵罐的关键部件是液体喷射吸气装置，有梁世中、高孔荣教授研究确定的，其结构如图7-10所示。

3. 溢流喷射自吸式发酵罐

溢流喷射自吸式发酵罐的通气是依靠溢流喷射器，其吸气原理是液体溢流时形成抛射流，由于液体的表面层与其相邻的气体动量动量传递，使边界层的气体有一定速率，从而带动气体的流动形成自吸气作用，溢流管应略高于液面，尾管高1~2m时，吸气速率较大。华南理工大学高孔荣教授和赵汝鹏高工研制的系列溢流喷射自吸式发酵罐，主要用于酵母培养和味精废水处理，效果良好。

Vobu-JZ双层溢流喷射自吸式发酵罐是在单层罐的基础上研发的，其发酵罐体在中部分隔成两层，以提高气液传质速率和降低能耗，其溶氧速率大幅度提高，其结构如图7-11所示。

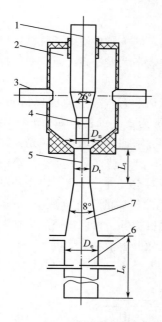

图7-10 液体喷射吸气装置简图

1、3—进风管 2—吸风管 4—喷嘴
5—收缩断 6—导流管 7—扩散管
资料来源：摘自参考文献［40］。

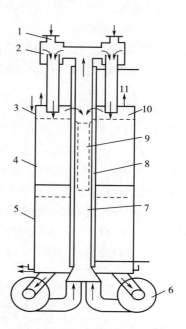

图7-11 Vobu-JZ双层溢流喷射自吸式发酵罐

1—冷却水分配槽 2—罐体 3—排水槽 4—放料口
5—循环泵 6—冷却夹套 7—循环管 8—溢流喷射管
9—进风管 10—气体循环 11—排气口
资料来源：摘自参考文献［79］。

（四） 通风固相发酵设备

通风固相发酵工艺传统的发酵生产工艺，广泛应用于酱油和酿酒生产，以及农副产品产物生产饲料蛋白等。通风固相发酵具有设备简单、投资省等优点。

1. 自然通风好氧固体曲发酵设备

自然通风制曲技术几千年前在我国世界上率先使用，迄今仍被很多酱油生产和酿酒企业广泛使用。自然通风制曲过程中空气是自然循环的，要求空气与固体培养基接触，以供霉菌繁殖和带走所产生的生物合成热。浅盘的材料有竹木制材、铝材或不锈钢材料，浅盘上面敞口，底板开孔或不开孔。浅盘尺寸一般为 37cm×54cm×6cm 或 100cm×10cm×6cm 等。大的曲盘没有底板，只有几根衬条，上铺竹帘、苇条或柳条，或干脆不用木盘，直接把帘子铺在架子上，以扩大固体培养基与空气的接触面，有利于氧传递。物料不能摊得太厚，一般只有数厘米。每个曲架放 6~8 层曲盘，每层高 15~25cm，最底层离地面 50cm，以免地面潮气过重。在通风换气时，只需门窗适时适度关开，就可以满足微生物好氧要求。自然通风曲室要求易于保温、散热、排湿以及清洁消毒等，不开窗或开少量细窗口，四壁用夹层墙体，中间填充保温材料，房顶向两边倾斜，使冷凝的汽水沿顶向两边下流，避免滴落在曲上；为方便散热和排湿，房顶开有天窗。

现代通风固体浅层发酵设备是密闭箱式的，以鼓风方式保证空气流动，并辅以控温控湿的浅层发酵设备，可较大规模生产酶制剂、酒曲、酱油等。其优点是料层薄，发酵过程通入调温调湿的空气，温湿度容易控制，不易污染杂菌；其缺点是占地面积大。

2. 机械通风固体发酵设备

机械通风固体发酵设备与自然通风好氧固体曲发酵设备的不同主要是使用了机械通风即鼓风机，强化了发酵系统的通风，使曲层增加，不仅使制曲生产效率大大提高，而且便于控制曲层发酵温度，提高了曲的质量。

机械通风固体发酵设备如图 7-12 所示，主要由池体、通风装置（空调箱或风机）、搅拌装置三部分组成。曲室多为长方形水泥池，长为 8~10m，宽为 2m，高为 1m。池壁距池底0.2m 处有 0.1m 宽边，上铺筛板，下置假底。筛板上堆放物料，假底为通风道，风道采用 8°~10° 倾斜，便于排水和均匀通风，使横向通入的空气改变方向，使之垂直向上。空调箱的作用是将空气在通入曲池风道之前调节到一定的温度、湿度，同时对空气进行净化，空调箱的进风口风机相连，出风口与风道相连。通常设置回风管来循环利用曲料后的空气（废气）。废气和一定新鲜空气混合，可以调节进入风道空气的温湿度。空气适度循环，可以提高进入曲料空气的二氧化碳浓度，降低霉菌因过度有氧呼吸而造成淀粉原料无效分解消耗。

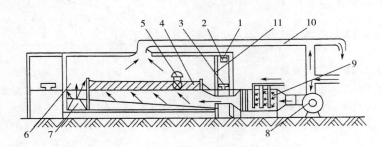

图 7-12 机械通风固体发酵设备

1—输料带 2—高位料斗 3—送料小车 4—曲料室 5—进出料机 6—料斗

7—输送带 8—鼓风机 9—风调室 10—循环风道 11—曲室闸门

资料来源：摘自参考文献 [40]。

3. 机械搅拌通风好氧固体发酵设备

机械搅拌通风好氧固体发酵设备是在传统固体发酵设备的基础上发展起来的一种新型通风固体发酵设备。发酵设备的主体由传动搅拌系统、外夹套、内筒体、加热、灭菌冷却系统等部分组成，具有可在位灭菌、搅拌，以及无菌空气、温度、湿度在线检测与自动控制等功能，较传统固体发酵设备具有污染率低、控制参数多等优点。但也存在着能耗大，进出料不方便等缺点，目前还无法应用到大规模工业化生产中。机械搅拌通风固体发酵设备有转轴式和转筒式两种。

三、 嫌气发酵设备

厌氧发酵也称静止培养，因其不需供氧，所以设备和工艺都较好氧发酵简单。严格的厌氧发酵深层发酵的主要特点是排除发酵罐中的氧或空气，有时需要通入二氧化碳或氮气等惰性气体以保证正罐压，防止染菌以及提高厌氧控制和提高料液循环。酒精、丙酮、丁醇、乳酸、葡萄酒和啤酒等都是采用液体厌氧发酵工艺生产。本部分主要以具有代表性的嫌气（厌氧）发酵设备——酒精发酵罐、啤酒发酵罐和葡萄酒发酵罐为例，对嫌气发酵设备的结构和工艺要求进行介绍。

（一） 酒精发酵设备

厌氧、发酵周期短的酒精发酵罐虽不像需氧量极大、发酵周期较长的青霉素发酵罐那样复杂，但酒精发酵罐也越来越体现其独特性。酒精发酵罐历经百年的发展，罐容已达到$4200m^3$甚至更大。我国近20年来也逐渐发展和普及$500m^3$以上的大型酒精发酵罐。

1. 对酒精发酵罐的要求

（1）能及时移走热量　在酒精发酵过程中，酵母将糖转化为酒精，欲获得较高的转化率，除满足生长和代谢的必要工艺条件外，还需要一定的生化反应时间，在生化反应过程中将释放出一定热量的生物热。若该热量不及时移走，必将直接影响酵母的生长和产物的转化率。

（2）结构要求　有利于发酵液的排出；便于设备的清洗、维修；有利于回收二氧化碳。

2. 锥底酒精发酵罐

（1）罐体　酒精厂所用的发酵罐通常可分为封闭式和开放式两种。封闭式发酵罐的优点是可以防止菌污染，便于保温冷却及控制发酵温度，酒精产量高，损失少，可回收二氧化碳，发酵效率高；缺点是结构较复杂，造价较高。目前，大多数酒精厂都采用封闭式发酵罐。

封闭式发酵罐有锥底和斜底之分。发酵罐罐身一般为圆柱形，罐顶采用锥形或碟形。锥形发酵罐如图7-13所示。罐顶装有人孔，视镜及二氧化碳回收管、进料管、接种管、压力表和测量仪表接口管等。罐底装有排料口和排污口，罐身上部有取样口和温度计接口，伸入罐内。对于大型发酵罐，为了便于维修和清洗，在近罐底也装有人孔。

发酵罐工作时，罐内不同高度的发酵液中二氧化碳有所不同，在发酵液中形成一个二氧化碳梯度。一般罐底二氧化碳气泡密集程度较高，而在罐上部液

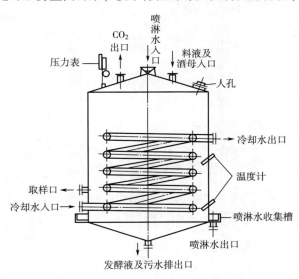

图7-13　锥底酒精发酵罐
资料来源：摘自参考文献［35］。

层二氧化碳密集程度较低。相对密度小的底部发酵液具有上浮的提升力，上升的二氧化碳气泡对周围的液体也具有一种拖拽力，这种拖拽力和提升力相结合就构成了气体搅拌作用，使罐内发酵液不断循环混合和热交换，因此，酒精发酵罐一般不用配制机械搅拌器。但当发酵罐体积较大、罐内产生的二氧化碳气量较少时，发酵罐可配制侧向搅拌器。

（2）冷却装置　中小型发酵，罐通常采用罐顶喷淋水于罐外壁表面进行膜状冷却；对于大型罐，因罐外壁冷却面积不能满足冷却要求，所以，罐内装有冷却蛇管或采用罐内蛇管和罐外壁喷洒联合冷却的方法，也有采用罐外列管式喷淋冷却和循环冷却的方法，此法具有冷却发酵液均匀、冷却效率高等优点。为了回收冷却水，常在罐体底部沿罐外四周装有集水槽。

（3）洗涤装置　酒精发酵罐的洗涤，过去均由人工冲刷，不仅劳动强度大，而且一旦二氧化碳未彻底排除，工人入罐清洗会发生中毒事故。目前，已逐步采用高压强的水力喷射洗涤装置。

水力洗涤装置由一根两头装有喷嘴的，洒水管组成，喷水管两头弯成一定的弧度，喷水管上钻有一定数量的小孔，借活络接头和固定供水管连接，喷水管两头喷嘴以一定速度喷出水形成反作用力，使喷水管自动旋转，达到水力洗涤的目的。对与大于 $20m^3$ 的酒精发酵罐，采用 $\Phi36mm×3mm$ 的喷水管，管上开有 $\Phi4mm$ 小孔 30 个，两头喷嘴直径 9mm。

高压水力喷射洗涤装置由一根直立的喷水管，沿轴向安装于罐的中央，在垂直喷水管上均匀地钻有直径为 4~6mm 的小孔，孔与水平呈 20° 角，上端和供水总管、下端和垂直分配管相连接。水流在 0.6~0.8MPa 的压力下，由水平喷水管喷出，以极大的速度喷射到罐壁中央，而垂直的喷水管也以同样的速度喷射到罐体四壁和罐底。采用这种洗涤设备，大大缩短了洗涤的时间，5min 可完成洗涤作业。若采用废热水作为洗涤水，还可提高洗涤效率。

3. 大型斜底酒精发酵罐

大型斜底酒精发酵罐基本结构如图 7-14 所示。斜底发酵罐的主体结构是圆柱形，罐底斜面与水平面成 5°~20° 角，高径比趋向于 1：1，容积可达 3000~4500m^3，罐外设有冷却水夹层、保温层及发酵料液循环装置，罐内设有 CIP 自动冲洗系统，罐顶为碟形或锥形，上设有料液入口、视镜、二氧化碳排出口等，罐底设有料液入口及侧搅拌装置。设计优良的大型发酵罐外壁设有降温用的水夹层。

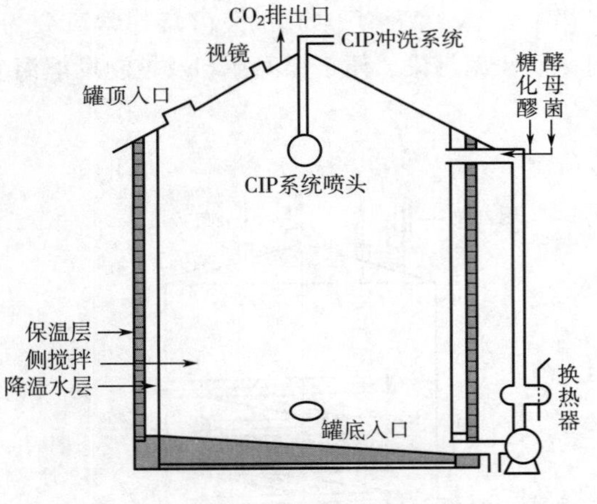

大型斜底发酵罐采用化学灭菌方式。先用清水冲洗管壁，再用低浓度碱水冲洗，然后用低浓度溶液、柠檬酸等冲洗，最后用清水冲洗。

图 7-14　大型斜底发酵罐结构图
资料来源：摘自参考文献［11］。

4. 酒精大型连续发酵罐组

大型连续发酵罐组为密闭连续进料，给酵母的厌氧发酵提供了良好的环境，最大限度地减少了杂菌污染。发酵速度快、发酵彻底、残总糖低、减少了酒精挥发损失，也抑制了酵母的巴斯德效应，减少了乙醛和杂醇油的生成，减少了工艺损失。

在不同的发酵罐中进行前、中、后期连续发酵，发酵稳定、速度快、发酵周期比运行状态良好的间歇发酵工艺缩短 8~10h。同时节约了间歇发酵的洗罐用水、灭菌用蒸汽、用时、人工等消耗，还提高了发酵强度，设备利用率提高了 25%~30%，既提高了酒精总产量，又降低了成本。

图 7-15 为某酿酒厂五罐连续发酵系统。5 个 $500m^3$ 锥形罐串联水平连接，罐与罐之间的发酵料液靠泵输送。罐之间的料液不仅按照顺序输送，每个罐还设计了自体循环，在自体循环中通过螺旋板换热器降温。这种顺序连接发酵罐的方式在实际中发酵效果很好。

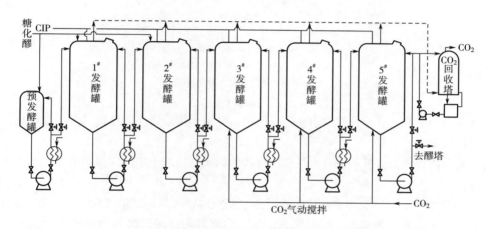

图 7-15　大型斜底发酵罐结构图

资料来源：摘自参考文献 [11]。

（二）　啤酒发酵设备

自 2002 年我国啤酒产量首次超过美国，成为世界第一啤酒生产大国后，啤酒产量保持年均增长 10% 速度向前发展。在国际上，啤酒工业的发展趋势是大型化和自动化，工艺上趋向于缩短生产周期，提高整体生产的经济效益。

啤酒发酵设备逐渐向大型、室外、联合的方向发展，目前使用的大型发酵罐主要是立式罐，如奈坦罐、朝日罐、联合罐，迄今为止，使用的大型发酵罐容量已经达到了 1500t，要求清洗设备也有很大的改进，大多采用 CIP 自动清洗系统。发酵罐大型化使得啤酒质量均一化，同时由于啤酒生产的罐数较多，生产合理化，降低了主要设备的投资。

1. 传统啤酒发酵设备

传统的啤酒发酵为分批式，在 20 世纪 80 年代前被我国啤酒厂普遍采用。传统啤酒发酵设备可根据啤酒发酵工艺分为前发酵设备和后发酵设备，分别在其中完成啤酒前发酵和后发酵。

（1）主发酵设备　传统的主发酵一般是在发酵池内进行，发酵池多为开放式的方形或圆形发酵容器。主发酵池均置于隔热良好、清洁卫生的发酵室内，室内有通风设备，以降低发酵室内的二氧化碳浓度。主发酵池多采用钢筋混凝土制成，以长方形或正方形为主。为了防止啤酒中有机酸的腐蚀作用，主发酵池内要涂布一层特殊材料作为保护层。开放式主发酵池如图7-16 所示。

为了维持发酵池内醪液的低温，在槽内装有冷却蛇管或排管，也需在发酵室内设置冷却排

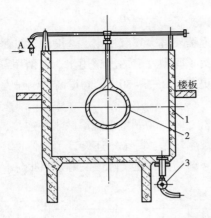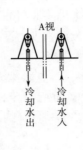

图 7-16　主发酵池

1—池体　2—冷却水管　3—出酒阀

资料来源：摘自参考文献［40］。

管，维持室内一定的低温，发酵室内装置密闭式发酵池，则采用空调设备，实施冷风再循环更有利于冷耗的节约。

由于这类传统的发酵池不适合大规模的现代啤酒生产，近十年新建的啤酒厂已不用这种过时的设备了。

（2）后发酵设备　后发酵槽又称贮酒槽，主要完成嫩啤酒的继续发酵，并饱和二氧化碳，促进啤酒的稳定、澄清和成熟。根据工艺要求，贮酒室内比前发酵室内温度更低，一般要求 $0\sim2℃$，特殊产品要达到 $-2℃$ 左右。后发酵发酵热较少，故贮酒槽内一般无须安装冷却蛇管，发酵热借室内低温带走。因此，贮酒室的建筑结构和保温要求，均不能低于前发酵室，室内低温的维持，是借室内冷却排管或通入冷风循环。

后发酵槽是金属的圆筒形密闭容器，有卧式和立式两种，如图 7-17 所示。大多数工厂采用卧式。发酵过程中需饱和二氧化碳，所以发酵槽应能耐受 $0.1\sim0.2MPa$ 压力。后发酵槽槽身装有人孔、取样阀、进出啤酒接管、排出 CO_2 接管、压缩空气接管、温度计、压力表和安全阀等附属装置。

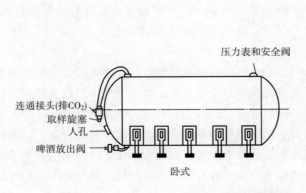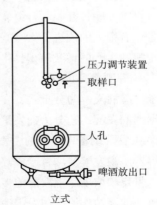

图 7-17　后发酵槽

资料来源：摘自参考文献［35］。

为了改善后酵的操作条件，较先进的啤酒工厂将贮酒槽全部放置在隔热的贮酒室内，维持一定的后酵温度。毗邻贮酒室外建有绝热保暖的操作通道，通道内保持常温，开启发酵液的管道和阀门都接通到通道里，在通道内进行后发酵过程的调节和操作。贮酒室和通道相隔的墙壁上开有一定直径和数量的玻璃观察窗，便于观察后发酵室内部情况。

2. 圆筒形锥底立式发酵罐

圆筒形锥底立式发酵罐（简称锥形罐），已广泛用于发酵啤酒生产。锥形罐可单独用于前发酵或后发酵，还可以将前、后发酵合并在该罐进行（一罐法）。锥形罐的优点是无菌程度高、发酵周期短、易于沉淀收集酵母，减少啤酒及其苦味物质的损失，泡沫稳定性得以改善，对啤酒工业的发展极其有利。目前，国内外啤酒工程使用较多的是锥形罐。如图 7-18 所示。

圆筒形锥形罐可以用不锈钢或碳钢制作，如使用碳钢需要涂保护层。罐顶呈圆弧状，中间为圆柱体，罐底为圆锥形，罐身具有冷却夹套和保温层。罐的上部封头设有人孔、视镜、安全阀、压力表、二氧化碳排出口。如果二氧化碳为背压，为了避免用碱液清洗时形成负压，可以设置真空阀。椎体上部中央设不锈钢可旋转洗涤喷射器，具体位置应设在最有利于使喷射到管壁结垢最严重的地方。

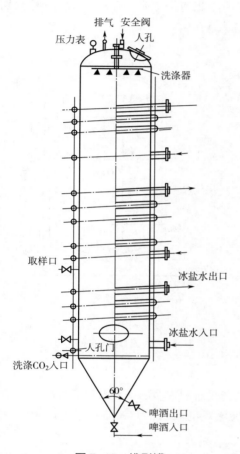

图 7-18　锥形罐

资料来源：摘自参考文献［40］。

以灭菌和新鲜麦芽与酵母由底部进入罐内。发酵最旺盛时，使用全部冷却夹套，维持适宜的发酵温度。冷媒多采用乙二醇或酒精溶液，也可使用氨做冷媒，优点是能耗低，采用的管径小，生产费用可以降低。最终沉积在锥底的酵母，可打开锥底阀门，把酵母排除罐外，部分留作下次待用。CO_2 气体有罐顶排出罐外。为了在啤酒发酵过程中饱和 CO_2，故在罐底装有净化的 CO_2 充气管，CO_2 则从充气管的小孔吹入发酵液中。

影响发酵设备造价的因素是多方面的，主要包括发酵设备大小、形式、操作压力及所需要的冷却工作负荷。容器的形式主要是值单位体积所需的表面积，以 $m^2/100L$ 表示，只是影响造价的主要因素。

采用锥底罐发酵的优点是锥底既可作发酵罐也可作贮酒罐，并且锥形底便于排放回收酵母；也可采用 CO_2 洗涤，除去酒中的生青味，促进啤酒的成熟，缩短生产周期；外层配有冷却夹套，易于控制发酵温度，满足工艺要求；使用 CIP 系统清洗，降低劳动强度，灭菌较彻底；加压密闭发酵，减少酒花苦味质的损失，降低酒花用量 15% 左右；CO_2 溶解好，啤酒保持性好；容易实现自动化控制。

但也存在着酒液澄清慢，发酵时泡沫多，降低罐的利用率等缺点。解决方法：降低麦汁含氧量，减少泡沫形成；控制菌种代数；加压发酵。

3. 联合罐

联合罐（Universal 型）的发酵罐是一种具有较浅锥底的大直径（高径比 1∶1~1∶1.3）发酵罐，能在罐内进行机械搅拌，并具有冷却装置。后在日本推广称为"Uni-Tank"，意为单罐或联合罐。联合罐在发酵生产上的用途与锥形罐相同，既可用于前、后发酵，也能用于多罐法及一罐法生产。适合多方面的需要，故称该类型罐为通用罐。

联合罐结构如图 7-19 所示。主体是一圆柱体，由 7 层 1.2m 宽的钢板组成。联合罐是由带人孔的薄壳垂直圆柱体、拱形顶及有足够斜度以除去酵母的锥底所组成。联合罐基础是一钢筋混凝土圆柱体，其外壁约 3m 高，20cm 厚。圆柱体与罐底之间填入坚固结实的水泥沙浆，在填充料与罐底之间 25.4cm 厚的空心层以绝缘。

罐体采用 15cm 厚的聚尼烷作保温层，外面包盖铝板。为了加强罐内流动，以便提高冷却效率及加速酵母的沉淀，在罐中央内安设一 CO_2 注射圈，高度应恰好在酵母层之上。当 CO_2 在罐中央向上注入时，引起了啤酒的运动，结果是酵母浓集于底部的出口处，同时啤酒中的不良的挥发性组分也被注入的 CO_2 带着逸出。

联合罐可以采用机械搅拌，也可以通过对罐体的精心设计达到同样的搅拌作用。

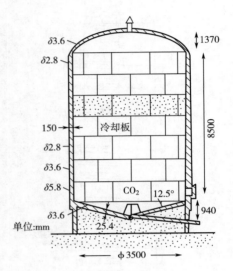

图 7-19 联合罐
资料来源：摘自参考文献 [40]。

4. 朝日罐

朝日罐又称单一酿槽，是 1972 年日本朝日啤酒公司研制成功的前发酵和后发酵合一的室外大型发酵罐。它采用了一种新工艺，解决了沉淀困难的问题，大大缩短了贮藏啤酒的成熟期。

朝日罐是一个罐底倾斜的平底柱形罐（图 7-20），径高为 1∶1~1∶2，外部设有冷却夹套，冷却夹套包围罐身与罐底。外面用泡沫塑料保温。内部设有带转轴的可动排液管，用于排出酒液，并在保持酒液中 CO_2 含量均已的作用。该设备为世界各国广为采用。

朝日罐与锥形罐具有相同的功能，但生产工艺不同。它的特点是利用离心机回收酵母，利用薄板换热器控制发酵温度，利用循环泵把发酵液抽出又送回去。这三种设备相互组合，解决了主、后发酵温度控制和酵母的控制问题，同时也解决了消除发酵液不成熟的风味，加速了啤酒的成熟。使用酵母离心机分离发酵液的酵母，可以解决酵母沉淀慢的缺点，而且还可以利用凝聚性弱的酵母进行发酵，增加酵母与发酵液接触时间，促进发酵液中乙醛和双乙酰的还原，减少其含量。

利用朝日罐进行一罐法生产啤酒的优点：可加速啤酒的成熟，后酵时罐的装量可达 96%，提高了设备利用率，减少了排除酵母时发酵液的损失。缺点是动力消耗大。

5. 连续发酵设备

（1）连续发酵概念及特点　间歇式发酵是指微生物在一个罐内完成生长缓慢期、加速期、

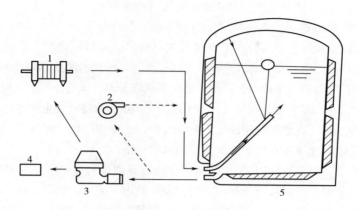

图 7-20　朝日罐生产系统

1—薄板换热器　2—循环泵　3—酵母离心机　4—酵母　5—朝日罐

资料来源：摘自参考文献［40］。

平衡期和衰落期 4 个阶段的培养过程都在同一个罐内完成，发酵周期长，这种方式发酵罐数多，设备利用率低。连续发酵是在发酵罐内不断流加培养液，又不断排出发酵液，使发酵罐中的微生物一直维持在生长加速期，同时又降低代谢产物的积累，这样就缩短了发酵周期，提高了设备利用率。

与间歇式发酵相比，连续发酵的培养液浓度和代谢产物含量相对稳定性较高，保证了产品质量和产量稳定的优点，同时又具有发酵周期短，设备利用率和产量较高，人力和物力以及生产管理稳定，便于自动化生产等优点。

（2）蜜糖制酒精连续设备　蜜糖制酒精连续设备如图 7-21 所示。该流程由 9 个发酵罐组成，其容量视生产能力大小而定。酒母和蜜糖同时连续流加入第一罐内，并依次流经各罐，最后从 9 号罐排出。除了在酒母槽通入空气之外，在 1 号罐内也同样通入适量的空气，或增大酒母接种量，维持 1 号罐内工艺所要求的酵母数。连续发酵周期结束，贮存于每罐的发酵液，先从末罐按逆向顺序依次排出，入蒸馏室蒸馏。而空罐则依次进行清洗灭菌待用，为此，安装管路时，必须注意对各罐的轮换消毒。二氧化碳则由各罐罐顶排入总汇集管，再送往二氧化碳车间，进行综合利用。按流程装置和工艺条件，连续发酵周期可达 20d 左右，甚至更长。

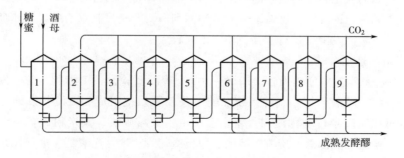

图 7-21　蜜糖制酒精连续发酵流程

资料来源：摘自参考文献［40］。

（3）啤酒连续发酵　啤酒连续发酵流程分为塔式和多罐式。

塔式发酵罐属于单罐连续发酵设备，塔径0.9~2m，径高比为1：7~1：10，在两块筛孔板之间放置酵母颗粒。糖液从底部进入，在上升过程中被发酵，而酵母逐步下沉，并保留在发酵器内。发酵温度通过塔身周围三段夹套或盘管的冷却来控制。塔顶的圆柱体部分死沉降酵母的离析器装置，以减少酵母随啤酒溢流而损失，使酵母浓度在塔身形成沉淀的梯度，以保持恒定的代谢状态。该发酵器缺点是开工阶段时间较长，为了达到所需细胞浓度和稳定操作时间需要2~3周。

多罐式连续发酵其特点是发酵罐内装有搅拌器，由于搅拌作用，酵母悬浮酒液中，连续溢流的酒液将酵母带走，无法使发酵罐内保持较高的酵母浓度。

三罐式啤酒连续发酵流程如图7-22所示。该流程是将经过冷却、杀菌并已加入酒花的麦芽汁，通过柱式供氧器，流向2个带有搅拌器发酵罐的第一罐中。经第一罐发酵的啤酒和酵母混合液，借液位差溢流入第二罐，最后流入第三个酵母分离罐。在罐内被冷却，自然沉降的酵母则定期用泵抽出，而成熟啤酒则由罐上面溢流到贮酒罐中。

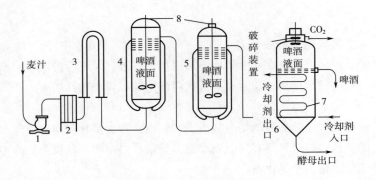

图7-22　三罐式啤酒连续发酵流程

1—泵　2—板式杀菌器　3—柱式供氧器　4——级发酵罐
5—二级发酵罐　6—酵母分离罐　7—蛇罐　8—传动装置

资料来源：摘自参考文献［40］。

多罐式连续发酵除三罐外，还有四罐式，即在发酵罐前增加一个酵母繁殖罐，即为四罐式。

连续发酵啤酒的质量，与间歇啤酒接近；从风味品评看，两者有差别。连续发酵啤酒的风味比较更适宜于制造上面啤酒，制造下面贮藏啤酒则需要严格控制双乙酰含量和啤酒的氧化问题。多罐式连续发酵因发酵罐带有搅拌，动力消耗较大。

6. 啤酒发酵罐选型

（1）HDZS-100型啤酒实验设备　HDZS-100型啤酒实验设备由糖化系统、发酵系统、辅助系统、过滤系统、罐装系统、制冷系统、配电及控制系统组成。该设备设计先进，制造精良，全部过程可以实现半自动化控制。糖化系统由麦芽粉碎机、大米粉碎机、糊化锅、糖化锅、过滤槽、平衡罐、煮沸锅、旋流沉淀槽、薄板冷却管、麦汁充氧器、酵母添加器、外排汽系统及设备底座等组成。

（2）100L发酵系统　100L发酵系统由发酵罐、罐顶组件、设备底座及管路组成。辅助系统有碱罐、酸罐、杀菌剂罐、热水罐、无菌水罐、洗涤剂过滤器、砂棒过滤器、管路等组成。

（3）HDGL-1800 型麦汁压滤器　整套设备有机架、滤板与滤布、液压系统、自控系统、排糟系统以及辅助管路组成。滤板与滤布组成过滤框室，采用具有良好保温性能的增强聚丙烯材料制成，板、框一体化的厢式结构起到过滤作用。

（4）4 万瓶/h 啤酒瓶装生产线由卸箱垛机、卸箱机、洗瓶机、装瓶压盖机、杀菌机、贴签机、装箱机、码箱垛机、洗箱机、无压力输瓶系统、输箱系统、总配电箱等组成。各单机以先进的机械结构装置与 PLC 可编码控制、变频无级调速、工业计算机、人机界面等现代自动控制技术完整的结合，形成机电一体化，从而使整线具有良好的使用性能、先进的技术水平及高生产效率。

（三）葡萄酒发酵设备

葡萄酒是国际性饮料之一，其产量仅次于啤酒，在世界饮料酒中列第二位。由于葡萄酒酒精含量低、营养价值高，是最健康、最卫生的饮料酒，一直是饮料酒中优先发展的品种之一。

品质优良的葡萄酒经发酵后：色泽明亮，色素稳；香气好，味正；单宁酸饱满度好，不涩，有平滑、厚实的口感。

对发酵容器的要求：具有良好的耐腐蚀性，符合卫生要求；利于色素、单宁酸等物质的扩散和均匀；温度、液位可控；取样、入料、出酒、出渣、清洗方便。

1. 红葡萄酒发酵罐

（1）立式红葡萄酒发酵罐

①罐体。立式红葡萄酒发酵罐的结构如图 7-23 所示，一般情况循环管路罐的上部 1/3 部分采用 316L、316L 不锈钢。因为罐顶部及循环管内 SO_2 较为集中，腐蚀性较强，其他部位可采用 304 不锈钢；发酵罐容积为 $10 \sim 200m^3$，高度最高可达 25m，直径<4m。主要考虑罐内物料的均匀性；出料口位置在罐底部 $700 \sim 1000mm$ 处，并安装过滤网。

②过滤网与循环泵的选择。干红葡萄酒需在发酵过程中反复循环喷淋，以利于色素、单宁等物质的扩散，为保证葡萄皮籽不堵塞循环泵，一般有两种措施，一是采用无堵塞泵；二是罐内循环出酒口部位设置过滤装置，常见的有筛筒和筛板两种形式。

③控制柜。控制柜要求液位可显示及报警，温度可显示并可控。当温度升高超过规定值时，冷却阀门自动（手动）打开，冷媒进入，冷却，到达设定温度后关闭。当温度较低发酵困难时，加热阀门自动（手动）打开，热媒进入加热至设定温度后关闭。

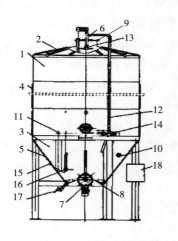

图 7-23　立式红葡萄酒发酵罐结构
1—罐体　2—上风口　3—下风口　4—冷却夹套
5—加热夹套　6—加料口　7—排渣门　8—排渣器
9—人孔　10—液位传感器　11—温度传感器
12—循环管道　13—喷淋器　14—循环泵
15—取样口　16—出汁口　17—排污口　18—控制柜
资料来源：摘自参考文献［54］。

④筛筒。置于罐中央，底部距罐底 $2000 \sim 3500mm$，由筛网支撑架支撑，中央设有 CO_2 排放管或防空筛。其特点是及时排出 CO_2，增加葡萄酒的品质，缺点是过滤面积大时容易堵塞皮渣排出；过滤面积小时，筛网被皮渣黏住，无法循环，并且筛网无法取出，清洗较为困难。

⑤筛板。在发酵罐内部，沿罐壁设置支撑板，使筛板能一一嵌入固定，可根据需要无限扩大过滤面积，筛板可方便拆除清洗。

⑥循环泵的选择。循环泵出酒口位于锥体上部 200mm 以上，罐高的 1/3 以下。对于无筛网的罐，循环管直径应为 DN65，有筛网的罐循环管直径则要求 ≥DN40。对于无筛网循环，一般采用无毒橡胶离心泵，或者高分子圆形泵，目的是减少循环过程中葡萄籽的破碎，一般每小时流量为罐容积的 1/2；对于有筛网过滤的循环泵，可采用一般的离心泵和其他泵，但泵的流量应不大于过滤筛网面积的 4 倍，泵过大则使筛网堵塞，无法循环。

⑦排渣装置。排渣装置主要由排渣门、手动液压控制系统和排渣卸料系统组成，这里简单介绍一下卸料系统的要求，卸料系统由卸料器及动力系统组成。罐底最低点设置排污口，上下人孔及排渣口直径>400mm。

（2）Ganimcde 发酵罐　Ganimcde 发酵罐是新型发酵罐，为柱体锥形发酵罐。其结构特点是在发酵罐中间有一个大的锥台形隔板，连通锥形隔板上下腔有旁通阀。进料时关闭旁通阀，当入罐醪液达到最高液位时，关闭的旁通阀阻止了隔板下腔的空气排到上腔。隔板与罐壁间是空的。液位升高，皮渣浮在表面随着发酵过程葡萄醪汁中的糖转化为乙醇同时，产生大量的 CO_2 积聚在隔板下腔与罐壁间的空间，聚满后 CO_2 只能通过锥台形隔板中心孔升到醪液表面逸出。此时打开旁通阀，大量的 CO_2 气柱冲入发酵醪，发酵醪立即占据原来被 CO_2 充满的空间，同时 CO_2 气柱对顶部果皮形成搅拌作用，防止形成皮盖，液位迅速降低约 1m 左右。这时关闭旁通阀，随着发酵的进行。CO_2 不断重新积聚在隔板下腔，液位升高，再次打开旁通阀，发酵罐内重复以上过程，其结果提高了色泽浸提，使葡萄皮中的色泽和芳香物质柔和充分地提取到酒液内。隔板下部的冷却夹套对管壁处发酵液进行冷却，通过对流热交换作用实现下部温度的均衡，从而获得全面均衡的热量分布和温度控制。

发酵罐内部不设机械装置，结构简单，不需要额外动力，清洗方便。同时 Ganimcde 发酵罐同时还是一个理想的储存罐，能够减少厂家对储酒罐的额外投资。目前，Ganimcde 发酵罐最大容积可达 215t，不仅提高了生产效率，不用额外的机械装置，单位发酵能力造价也大幅降低。

2. 白葡萄酒发酵罐

白葡萄酒发酵罐的结构形式是葡萄酒发酵罐中最简单的，多为立式圆柱体结构。由筒体、罐底、封头、外夹层换热器以及发酵罐所必需的液位计、取样阀、人孔、进料口、浊酒出口、清酒出口等组成。罐底为 2°~5° 的斜底，便于残液流出。

此类发酵罐也适用于红葡萄酒的苹果酸-乳酸发酵以及白葡萄汁发酵前的低温浸渍、澄清。温度测定多为人工取样。

第二节　食品成型机械与设备

一、　概述

在面类和糖果类食品生产中，常将其制成具有一定形状和规格的单个成品或生坯，这一操作过程称为食品成型。用于食品成型操作的所有机械与设备称为食品成型机械与设备。

食品成型机械主要是用来加工以面粉为主要原料的食品，根据食品成型加工的对象不同，可分为饼干成型机、面包成型机、糕点面包成型机、饮食成型机（馒头成型机、水饺成型机、馄饨成型机等）、软糖成型机、巧克力制品成型机等。

根据成型设备的成型原理分类如下所述。

冲印和辊印成型设备：如饼干和桃酥的加工设备，主要有冲印式饼干成型机、辊印式饼干成型机和辊切式饼干成型机等。

辊压切割成型设备：如饼干坯料压片、面条、方便面和软料糕点等的加工成型。代表性的有面片辊压机、面条机、软料糕点钢丝切割成型机。

包馅成型设备：如豆包、馅饼、馄饨和春卷等的制作设备。如豆包机、饺子机、馅饼机、馄饨机和春卷机等，这些设备统称为包馅机械。

搓圆成型设备：如面包、馒头和元宵等的制作成型设备。主要有面包面团搓圆机、馒头机和元宵机。

挤压成型设备：如膨化食品、某些颗粒状食品以及颗粒饲料等的加工设备。典型的有通心粉机、挤压膨化机、环模式压粒机、平模压粒机等，统称为挤压成型机。此部分内容将在第八章介绍。

浇注成型设备：如糕点、糖果和果冻等食品的制作设备。如巧克力注模成型设备和糖果注模成型设备。

食品成型状态，如外观、均匀性、粗细度、致密度以及弹塑性等，会直接影响到食品的质量，食品成型的状态除与成型工艺条件密切相关外，还在相当程度上取决于食品成型设备的构型。在设计食品成型设备时，除要满足食品成型工艺要求外，还必须考虑如何降低操作能耗和降低成本。

二、　冲印、　辊印与辊切成型机械

（一）　冲印成型机械

冲印成型是一种将面团辊轧成连续的面带后，用印模直接将面带冲切成饼坯和余料的成型方法。冲印式饼干成型机适用范围广、优势明显，主要用来加工韧性饼干、梳打饼干和油脂含量较低酥性饼干，也常用于生产半发酵饼干和部分酥性饼干和桃酥等点心。这种机型的缺点是冲击载荷较大，不适宜放在楼层高的厂房内使用，噪声大，产量不及辊印与辊切成型机高。

1. 冲印成型的工作原理

图7-24为常用冲印饼干机结构简图。工作时，首先将调制好的面团由输送带1引入冲印饼干机的压片部分，经过三道轧辊2、3、4的连续辊压，使面团形成均匀、结构致密的面带；然后由帆布输送带送入机器的成型部分6，通过冲印成型，把面带冲印成带有花纹形状的饼干生坯和余料；然后饼干生坯和余料随输送带继续前进，经过捡分机构7使生坯和余料分离，饼坯由输送带8排列整齐地送到烘烤炉内输送带9上进行烘烤；余料则由回头机5送回饼干机前段的料斗内，与新投入的面团一起再次进行辊压制片操作。

2. 冲印饼干机的结构

（1）压片机构　冲印饼干机主要由压片机构、冲印机构、捡分机构和输送机构等组成，采用辊压成型机构压片，通常经三道辊压，即头道辊、二道辊、三道辊，压辊直径和轧距依次减少，转速则依次增大。冲印机构是饼干成型的关键工作部件，它主要包括冲印驱动机构和印

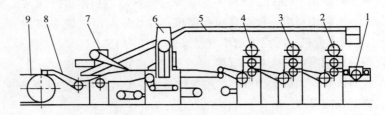

图 7-24　冲印饼干机结构简图

1、8—输送带　2、3、4—轧辊　5—回头机　6—成型部分　7—捡分机构　9—烘烤炉内输送带

资料来源：摘自参考文献［8］。

模组件两部分。

（2）冲印机构　冲印机构是冲印成型机的关键机构，是保证饼干外观质量，提高饼干机生产率的关键环节。冲印成型机构主要由印模组件和冲印驱动机构两部分。

①印模组件。印模组件作为成型部件，其结构如图7-25 所示，由印模支架 5、冲头芯杆 6、切刀 8、印模 11 和余料推板 10 等组成。

工作时，在冲印驱动机构的带动下，印模组件做往复运动。当带有饼干图案的印模 11 推向面带时，即将图案压印在其表面上。然后，印模不动，印模支架 5 继续下行，压缩弹簧 4 强制切刀 8 沿印模外围将面带切断。而后，印模支架回升，切刀首先上提，余料推板 10 将粘在切刀上的余料推下，压缩弹簧复位，印模上升与成型的饼坯分离，一次冲印操作结束。一台饼干机通常配置若干个印模组件。

饼干机根据饼干品种的不同，配有两种印模，一种是生产凹花有针孔韧性饼干的轻型印模；另一种是生产凸花无针孔酥性饼干的重型

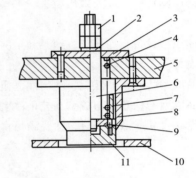

图 7-25　印模组件

1—螺母　2—垫圈　3—固定垫圈　4—弹簧
5—印模支架　6—冲头芯杆　7—限位套筒
8—切刀　9—连接板　10—余料推板　11—印模

资料来源：摘自参考文献［82］。

印模。梳打饼干印模属于轻型，不过通常只有针柱而无花纹。这些结构都是由饼干面团特性所决定的。

韧性饼干面团：具有一定的弹性，烘烤时易于在表面出现气泡，背面洼底。此印模冲头上设有排头针柱，以减少饼坯气泡的形成。

梳打饼干面团：弹性较大，冲印后的花纹保持能力差，所以梳打饼干印模冲头仅有针柱及简单的文字图案。

低油酥性饼干面团：可塑性较好，花纹保持力较强。它的印模冲头即使无针柱也不会使成型后的生坯气泡。

轻型印模冲头上的凸起图案较低，弹簧压力较弱，印制饼坯的花纹较浅，冲印阻力也叫小，操作时比较平稳。重型印模冲头上的凹下图案较深，弹簧压力较强，印模饼坯的花纹清晰，冲印阻力较大。此外两种印模的结构基本相同，都是由若干组冲头、套筒、切刀、弹簧及

推板等组成。

②冲印成型机构。冲印成型机构的作用是印制饼干花纹并切块，完成饼干制坯、成饼的制作。该机构主要由动作执行机构和印模组件两部分组成。根据其运动规律的不同，动作执行机构又可分为间歇式成型机构和连续式成型机构。

早期的冲印成型机构是间歇式的，即在冲印饼干生坯时，印模通过曲柄滑块机构来实现对饼干生坯的直线冲印。面带通过由一组棘轮棘爪机构驱动的帆布输送带间歇供给。冲印时，帆布带的运动处在间歇状态，冲头向下完成一次冲印、分切，然后帆布带再向前移动一段距离，再停下来冲印。这种饼干机冲印速度受到坯料间歇送进的限制，最高冲印速度不超过 70 次/min，生产能力较低。提高输送速度将会产生惯性冲击，引起机身振动，以致使加工的面带厚薄不均、边缘破裂，影响饼干的质量。因此，这种饼干机不适于与连续烘烤炉配套形成生产线，目前已经基本淘汰。常用的为连续式成型机构。

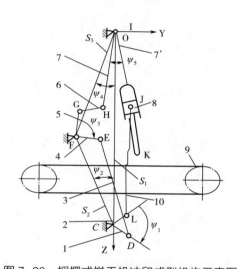

图 7-26　摇摆式饼干机冲印成型机构示意图

1—摇摆曲柄　2—印模曲柄　3、6、10—连杆

4、5、7、7′—摆杆　8—冲头滑块　9—面坯水平输送带

S_1、S_2、S_3—个杆机构机架长度

Ψ_1、Ψ_2、Ψ_3、Ψ_4、Ψ_5—各杆间固定安装角度

C、D、E、F、G、H、I、J、L—个杆铰接点代号　K—冲头顶点

资料来源：摘自参考文献 [87]。

在冲印饼干时，印模随面坯输送带连续运动，完成同步摇摆冲印的动作，故也称摇摆冲印式，此结构如图 7-26 所示。它主要由一组曲柄连杆机构、一组双摇杆机构及一组五杆机构（曲柄摆动滑行机构）组成。机构工作时，印模摇摆曲柄及印模曲柄同时转动，摇摆曲柄借助于连杆 3、6 及摆杆 4、5 使印模摆杆 7 摆动；印模曲柄通过连杆 10 带动印模滑块在摆杆 7′ 的导槽内作直线往复运动。采用摇摆式冲印机构的饼干机，冲印频率可达 120 次/min，该机械具有传动连续平稳、产量高、传动系统封简单、饼干生坯的成型质量较好等优点，且便于与连续式烤炉配套组成饼干生产自动线。

③捡分机构。冲印饼干机的捡分是指将冲印成型机的饼干生坯与余料在面坯输送带尾分离出来的操作。捡分操作主要由余料输送带完成（图 7-27）。在面带通过冲印成型部分以后，头子与饼坯分离，并引上倾角 20° 的斜帆布头子输送带 4，而后经回头机回到第一轧辊再次接受辊轧，实现余料回收。长帆布带下面的支承托辊 2 和鸭嘴形扁铁 3，使可中断的头子能向上微翘，使分离容易进行。

各种冲印饼干机结构形式的主要区别在头子输送带 4 的位置也各有不同。韧性与苏打饼干面带结合力强，捡分操作容易完成，其倾角可在 40° 内；酥性饼干面带结合力很弱，而且余料较窄、极易断裂，倾角通常为 20° 左右。鸭嘴形扁铁 3 在不损坏帆布的条件下要尽量薄，这样有利于头子和饼坯分离。

④余料回收装置。冲印式饼干生产余料回收装置可分为韧性饼干余料回收装置和酥性饼干余料回收装置。

韧性饼干余料回收装置（图7-28），由A、B输送带组成的，B输送带安装在压延辊和摇摆式冲印机上方，一般称为余料"正回头"。

韧性饼干料经过三次压延和冲印成型，余料的延伸性和柔软性更好，在回收提升

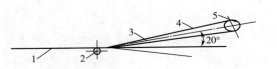

图7-27　捡分机构示意图
1—长帆布带　2—支承托辊　3—鸭嘴形扁铁
4—斜帆布头子输送带　5—木辊筒
资料来源：摘自参考文献［8］。

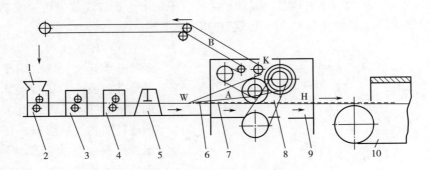

图7-28　韧性饼干余料回收装置
1—料斗　2、3、4—压延辊　5—摇摆式冲印机　6—余料　7—饼干坯　8—传动机构　9—墙面　10—钢带烤炉
资料来源：摘自参考文献［87］。

过程中，经K处时，受到拉伸弯曲作用，也不会出现断条和破碎现象，只要A、B输送带选择合理的速度，就能很好完成余料回收作业。这种余料回收装置结构紧凑，空间得到充分利用，工作可靠，操作简单，在生产中得到广泛的应用。

酥性面团制作过程中，增加了油脂的含量，面粉的吸水率随着含油量增加而减少，湿面筋量也将随着减少，面团松散型增加，进过三次压片和冲印成型，余料的延伸性和韧性变差。如果采用韧性饼干余料回收装置，余料进过K处时，受到拉伸和弯曲作用，出现断条和破裂现象，无法全部过渡到B输送带上，破碎的面片将沿A输送带继续向前运动，落入饼干坯上进入烤炉，影响正常生产。酥性饼干采用侧置式输送带余料回收装置（图7-29），一般称余料为"侧回头"。

其结构是将A输送带的驱动辊延伸到墙板9的外边，同时增设X、Y、Z三条输送带。面片在W处分档，饼干坯沿H输送带进入烤炉中，余料沿A输送带向前运动，经K处落到横向输送带X上，转90°再落到纵向输送带Y上，爬坡后，再转90°落到横向输送带Z上，进入料斗。这种余料回收装置占用空间大的在输送带，传动复杂，调节维修量大，通用性差，造价高。

韧性、酥性饼干余料回收装置（图7-30），在输送带的主动边和被动边中间，各支承一个张紧轮，使C输送带钩层"V"形。面片冲印成型后在W处分档，饼干坯7沿H输送带进入烤炉，而余料6沿A输送带向上运动，经K处落到C输送带上，再向上运动通过mn弧段时，余料6被C、D输送带夹持提升落到D输送带上，C输送带对余料6起托扶作用，而D输送带

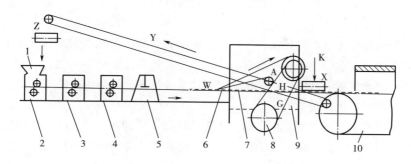

图 7-29　酥性饼干余料回收装置

1—料斗　2、3、4—压延辊　5—摇摆式冲印机　6—余料　7—饼干坯　8—传动机构　9—墙面　10—钢带烤炉

资料来源：摘自参考文献［87］。

起背托作用，两带同向运动，保证余料 6 顺利提升、拐弯通过 mn 弧段，过渡到 D 输送带上，余料再落到 B 输送带上返回料斗循环生产。

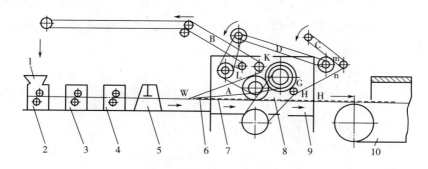

图 7-30　酥性饼干余料回收装置

1—料斗　2、3、4—压延辊　5—摇摆式冲印机　6—余料　7—饼干坯　8—传动机构　9—墙面　10—钢带烤炉

资料来源：摘自参考文献［87］。

此装置传动可靠，无打滑和跑偏现象，结构紧凑，制作简单，使用调整方便，能完成酥、韧性饼干的余料回收作业，扩大了冲印式饼干生产线的通用性和利用率。

（二）　辊印成型机械

辊印成型机械主要适用于加工高油脂酥性饼干。辊印成型机械是将面团不经辊压直接压入印模内成型，其印花、成型、脱模等操作是通过成型脱模机构的辊筒转动而一次完成的，而且不产生边角余料。和冲印式饼干成型机相比，有如下特点。

用冲印成型方法生产高油脂饼干时，因酥性面团韧性差、结合力小，而在面带辊轧额头子分离时产生断裂及黏辊现象；而辊印成型方法无该问题，制得的饼干花纹图案更加清晰，口感更好，尤其是生产桃酥、米饼干等品种更为适宜。

冲印成型中要产生头子，需要专门的头子分离捡收机构，而辊印成型方法没有头子，无须回收头子，从而简化了机械结构，减少了机械制造、维修费用及操作人员。

与冲印成型设备相比，辊印设备占地面积小、产量高、运行平稳、无冲击、振动噪声小、加之省去了余料输送带，使得整机结构简单、紧凑，操作方便，成本较低。印花模辊易更换、便于增加花色品种，尤其适用于带果仁等颗粒添加物的食物生产。目前在中小企业应用非常广泛。

辊印成型的局限性在于对进料面带的厚度、硬度有较为严格的要求，不适合于生产韧性和梳打饼干类的产品。要求印模的材质具有一定的抗黏着能力，否则易粘辊。

常用的辊印成型机有两种形式：一种是钢带式，成型后的饼坯钢带输送入炉；另一种是烘盘式，成型后的饼坯有烘盘载运入炉。

辊印饼干成型机主要由成型脱模机构、生坯输送带、传动系统、机架等。成型脱模机构是辊印饼干机的核心部件。成型脱模机构由喂料辊、印模辊、分离刮刀、橡胶脱模辊、帆布脱模带等组成。

1. 辊印成型原理

辊印成型结构如图7-31所示，辊印成型机的上方为料斗1，工作时，酥性面团2依靠自重落入料斗底部的喂料槽辊15和印花模辊3表面的饼干凹槽中，喂料槽辊15和印花模辊3由齿轮驱动相对回转，带动面料下行，同时位于两辊下面的分离刮刀14将凹模外多余的面料沿印花模辊切线方向刮落到面屑接盘中。印花模辊继续旋转，使含有饼坯的凹模进入脱模阶段。橡胶脱模辊12依靠自身形变，将帆布脱模带6紧压在饼坯底面上，并使其接触面间产生的吸附作用大于凹模光滑内表面与饼坯之间的接触面结合力，从而使饼坯由凹模中脱落，并由帆布带转入生坯输送带上。

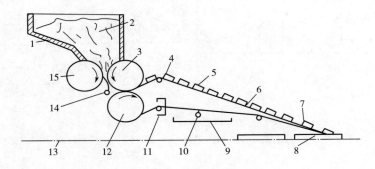

图7-31 辊印饼干成型原理图

1—料斗 2—面团 3—印花模辊 4—帆布带辊 5—饼干生坯 6—帆布脱模带 7—落盘铲刀 8—烤盘或模带
9—残料盘 10—残料铲刀 11—张紧装置 12—橡胶脱模辊 13—送盘链条 14—分离刮刀 15—喂料槽辊

资料来源：摘自参考文献［8］。

2. 影响辊印成型的因素

（1）喂料槽辊与印模辊的间隙 喂料槽辊与印模辊之间的间隙随被加工物料的性质而改变，加工饼干的间隙为3~4mm，加工核桃类糕点时需作适当的放大，否则会出现返料现象。

（2）分离刮刀的位置 分离刮刀的位置直接影响着饼干生坯的重量。当刮刀刃刀位置高时，凹模内切除面屑后的饼坯略高于印模辊表面，从而使得单块饼干重量增加；当刮刀刃口位置较低时，会出现饼干重量减少。

（3）橡胶脱模辊的压力 橡胶脱模辊对印模辊所施压力的轻重对饼干生坯的成型质量有一定影响。若橡胶辊压力过小，则出现坯料粘模现象；若压力过大，又会使成型后的饼坯造成后薄前厚的楔形，严重时还可能在生坯后侧边缘产生薄片状面尾。因此，对橡胶脱模辊调整要以在顺利脱模的前提下，尽量减小压力为原则。

（三）　辊切成型机械

辊切成型机械广泛适用于加工梳打饼干、韧性饼干、酥性饼干等不同的产品。辊切饼干机操作时，速度快、效率高、振动噪声低，是一种较有前途的高效能饼干生产机型，近年来在国内已经得到普遍的推广与使用。

1. 辊切饼干机的结构

辊切饼干机是综合了冲印饼干机和辊印饼干机的优点发展起来的一种饼干成型机。辊切饼干机由压片机构、辊切成型机构、余料拣分机构、传动系统及机架等组成。其中压片机构、拣分机构与冲印饼干机的对应机构大致相同，只是在压片机构末道辊与辊切成型机构间设有一段中间缓冲输送带。

辊切成型机构基本有两种形式，一种是单辊形式，即印花模与切块辊在一个旋转辊上，其结构紧凑、成型准确，但结构复杂，成型辊精度要求高，否则不脱模。另一种是双辊形式，印花模与切块辊在两个旋转轴上，其结构简单，两辊相位需调整，否则出现印花、切块不同位；对面带的厚度要求严格，否则不易脱模。

辊切成型机构如图 7-32 所示，主要由印花辊 4、切块辊 5、橡胶脱模辊 6 及帆布脱模带等组成。印花辊与切块辊的尺寸一致，其直径一般在 200～230mm，二者模型常用聚碳酸酯塑料压铸成型，黏接在辊筒上，使切块模和印花模之间的间均匀和相等隙。辊的长度与配套的烤炉尺寸相关联。

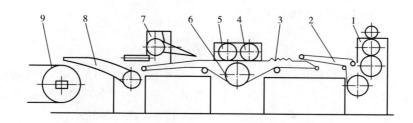

图 7-32　辊切饼干成型机构简图

1—面皮压片压辊机构　2—面皮过渡帆布传送带　3—中间缓冲传送带　4—印花辊
5—切块辊　6—橡胶脱模辊　7—余料回收机　8—进炉帆布带　9—烘烤炉钢网（钢带）
资料来源：摘自参考文献 [14]。

面团经压片机构压延后压成面带，然后由辊切模辊切成型，辊切模在辊切的同时将饼坯周围的面带切断，因此较辊切成型，这种成型方法面带的运动也是连续的。

辊切饼干机（图 7-33）的操作步骤与冲印饼干机相一致，仅是辊切成型操作是通过压辊回转来实现的。这种连续回转使机构工作平稳，因此给整机操作带来许多方便。面片经压片机构压延后，形成光滑、平整、连续均匀的面带。为消除面带内的残余应力，避免成型后的饼干生坯收缩变形，通常在成型机构前设置一段缓冲输送带，适当的过量输送可使此处的面带形成一些均匀的波纹，这样可在面带恢复变形过程中，使其松弛的张力得到吸收。这种短时的滞留过程中，使面带内应力得到部分恢复，即张弛作用。面带经张弛作用后，进入辊切成型机构。

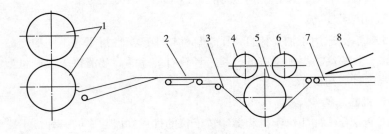

图7-33　辊切成型原理示意图

1—定量辊　2—波纹状面带　3—帆布脱模带　4—印花辊
5—脱模辊　6—切块辊　7—饼干生坯进炉帆布带　8—余料
资料来源：摘自参考文献［14］。

辊切成型与辊印成型区别在于辊切成型的印花和切断是分两步骤完成的，即面带首先经印花辊压印出花纹，随后再经同步转动的切块辊切的饼干出带生坯。

这种辊切成型的技术关键在于应严格保证印花辊与切块辊的转动相位相同，速度同步，且两辊同时驱动，否则切出的生坯的外形与图案分布不吻合。

2. 面条辊刀

面条辊刀为一对带有周向齿槽且相互啮合的辊子，其他结构与压辊相同，在辊刀架上也装有调节机构和清理机构，以调节两辊刀齿槽啮合的深度和清理齿槽内的残面，只是这里所有的不是直线刮刀，而是与辊刀齿型相同的箅齿。

三、辊轧成型机械

辊轧成型又称辊压成型或压延成型，是指利用表面光滑或加工成一定形状的旋转轧辊对原材料进行压延，制得一定形状产品的操作。辊轧操作广泛应用于各种食品成型的前段工序里。如饼干、水饺、馄饨生产中的轧片，糖果拉条，挂面和方便面中的轧片等。

不同产品对辊轧操作的工艺要求不同。在生产饼干时，辊轧的目的是使面团形成厚薄均匀、表面光滑、质地细腻、内聚性与塑性适中的面带；在糖果加工过程中，辊轧的目的是使糖膏成为具有一定形状规格的糖条，又能排除糖条中的气泡，利于操作，且成型后的糖块定量准确。

根据轧辊的运动方式，辊轧机可分为固定辊式和运动辊式。固定辊式是指轧辊轴线在辊轧过程中的位置不变；运动辊式是指轧辊轴线在辊压过程中作平动。根据其工作性质又分为间歇式与连续式辊轧机两种。间歇式一般需由工人送料，辊轧操作在一对轧辊间反复辊轧完成；连续式不需要人工送料，辊轧机常由几对（几道）轧辊组成，面带经几道辊连续辊轧，自动进入下一工序。一般来说，小型食品厂采用间歇式辊轧机，大、中型食品厂，特别是生产苏打饼干进行辊轧夹酥时，宜采用连续式辊轧机。根据轧辊的形式不同，辊轧机可分为对辊式和辊-面式两种形式。对辊式是指辊与辊间的辊压；辊面式指辊与平面之间的辊轧，根据物料通过轧辊时的运动位置不同，可分为卧式辊轧机与立式辊轧机两种。卧式辊轧机是两只轧辊的轴线在垂直平面内相互平行，而面带在辊轧过程中呈直线运动状态。立式辊轧机的轧辊轴线在水平平面内相互平行，而面带在辊轧过程中成竖直直线状态。

辊轧主要参数包括轧辊直径与压力、轧延比、轧片道数。

轧辊直径与压力：开始轧片时，轧辊的直径应选大些。辊径大，喂料角大，容易进料，可以将面片组织压得紧密，不易折断。在轧延阶段，对着面带厚度逐渐减少，轧辊作用于面片的压力应逐渐降低，轧辊直径也要相应较少。

轧延比：辊轧后面片的轧下量与辊轧前物料厚度之比称为轧延比，其大小是评价轧片效果的重要指标。因为对面坯一次过渡的加轧延展，会破坏面带中的面筋网络组织，所以轧延比一般不大于0.5。在多道轧片情况下，轧延比应逐渐减少，轧辊的线速度与之适应，即轧延比大时，轧辊的先速度较低；反之，线速度应较高。

轧片道数：轧片道数少时，轧延比必然要大；轧片道数多，轧延比可以选小些。但道数过多，滚轧过度会使面片组织过密，表面发硬，不但降低轧片质量，而且增加了动力消耗。

（一） 卧式辊轧机

卧式辊轧机主要组成部分包括上下轧辊、轧辊间隙调整装置、撒粉装置、工作台、机架及传动装置等。轧辊呈上下分布安装在机架上，物料呈水平方向传动，可与不同方式的传动装置，形成工艺复杂、工位较多的生产线。该类机械可在轧延过程中方便地调节产品质量，但是占地面积大，连续卧式辊轧机需在各对辊之间设输送带，传动复杂。

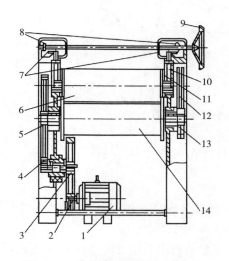

图7-34 间歇卧式辊轧机的结构图

1—电动机 2、3——级皮带轮 4、5——级齿轮
6—上轧辊 7、8—锥齿轮 9—调节手轮 10—升降螺杆
11—轴承座螺母 12、13—齿轮 14—下轧辊
资料来源：摘自参考文献 [8]。

1. 间歇卧式辊轧机

间歇卧式辊轧机的结构如图7-34所示。电动机1通过一级皮带轮2、3一级齿轮4、5实现减速，并将动力传至下轧辊14，再经与之连接的齿轮12、13带动上轧辊6旋转，从而实现上、下轧辊的转动轧片操作。上、下轧辊6和14安装在机架上，工作转速一般在0.8~30r/min。

辊轧之间的空隙通过手轮9可随时任意调整，以适应轧制不同厚度面片的需要。调整时，转动手轮9，经过一对锥齿轮7、8啮合传动，使升降螺杆10旋转，带动上轧辊轴承座螺母11作直线升降运动，从而完成轧辊的调节。通常间距调节范围为0~20mm。

间歇卧式辊轧机工作时，面片的前后移动、折叠及转向均需人工操作。上轧辊6的一侧设有刮刀，以清除黏在辊筒上面少量的面屑。较先进的辊轧机上设置有自动撒粉装置，可以避免面团与轧辊粘连。

2. 连续卧式辊轧机

连续卧式辊轧机是一种高效辊轧机，是饼干起酥生产线中的关键设备。利用此种起酥线生产苏打饼干、西式糕点和起酥类食品。它是一种辊子压力小而生产效率高的食品辊轧机械，由8~12个直径为60mm的做行星旋转的轧辊组成。辊子的自转靠它与面带间的摩擦力带动，没有专门的动力驱动，辊子的循环运动由专门的链子带动。工作原理是模拟手工擀面的动作。面团不需进过发酵，面带经过辊轧机的连续辊轧后，面层可达120层以上，成品层次分明、酥脆可口，外观良好。

起酥线的工作过程主要包括夹酥与辊轧两个步骤。

夹酥（图7-35）：利用共挤成型方法制取夹酥的中空面管8。调和好的面团3顺序经水平输面螺杆4和垂直输面螺杆6输送，由复合挤出嘴7外腔挤出成为空心面管，同时奶油酥经叶片泵输送，沿输面螺杆内孔，由复合嘴内挤出腔挤出而黏附在面管内壁上，面管再经过初级轧延、折叠即成为多层叠起的中间产品1。通过共挤成型的面皮与奶油酥的环面结构连续，厚度均匀一致。

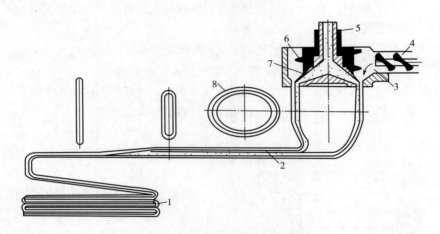

图7-35　起酥线夹酥过程示意图

1—中间产品　2—预轧中的夹酥面带　3—面团　4—水平输面螺杆
5—奶油酥　6—垂直输面螺杆　7—复合挤出嘴　8—夹酥中空面管
资料来源：摘自参考文献［82］。

辊轧：辊轧过程分为夹酥中空面管的预轧制带和轧延成型两个阶段。最终轧延成型是将预轧后折叠成的中间产品，在连续卧式辊轧机上再一次进行轧延操作。

如图7-36所示，连续卧式辊轧机的最终轧延成型机构主要由速度不同的3条输送带及不断运动的上轧辊组构成。输送带的速度沿饼干坯运动方向逐渐加快（$v_1 < v_2 < v_3$）。轧辊组中的各运动辊既有沿饼干坯流向的公转运动，也有逆于饼干坯流向的自转。工作时，中间产品进入由输送带及轧辊组成的楔形通道，随着中间产品的逐渐压缩变形，输送带的速度不断增加，减缓了中间产品与输送件之间的压力。同时饼坯局部不断受到轧辊逆向自转的碾压作用，使得饼坯在变形过程中平稳、均匀、可靠。为使面得以连续地前进并取得一定的张

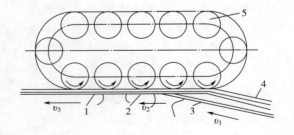

图7-36　连续卧式辊轧机示意图

1、2、3—输送带　4—物料　5——压辊组
资料来源：摘自参考文献［82］。

力，辊子与面带间的摩擦系数越小，对制品质量的提高越好。在实际操作时，为防止辊子与面带表面黏连，应供给它们间的接触面以足够的干面粉。

（二）　立式辊轧机

立式辊轧机的轧辊呈水平配置，可借助于重力进行物料的传送，具有占地面积小、轧制面带层次分明且厚度均匀、工艺范围广、复杂等特点。

1. 两辊轧片机

两辊轧片机是一种简单的轧片机（图7-37）。该轧片机一般用于预轧片，将物料轧成一定厚度（15~45mm）和宽度的坯料，再送至下道轧片机或最终辊轧机。该轧片机由可拆式进料斗和两个旋转的进料辊构成，每个轧辊配有一个刮料器，用于清洁轧辊的工作表面。有些轧片机的进料斗里配有刮料器，用于清洁轧辊的工作表面。有些轧片机的进料斗力配置有。搅拌器，防止物料在轧辊间发生"搭桥"现象。该可

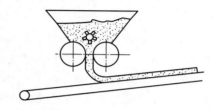

图7-37　两辊轧片机

资料来源：摘自参考文献［79］。

与拉延机、接面盘共同组成面坯制备机组。这种轧片机的生产能力主要取决于轧辊的转速和两辊之间的轧距。

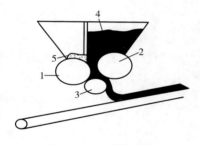

图7-38　三辊轧片机

资料来源：摘自参考文献［79］。

2. 三辊轧片机

三辊轧片机可用作预轧成型机，装有可调节进料的料斗，3个轧辊排列的结构形式如图7-38所示。轧辊1、2的圆柱面上延轴向外有一系列沟槽，轧辊1、2形成第一对轧辊将物料预制成型，轧辊3外表面是光滑柱面，两端面带有凸缘，可以防止辊轧过程中面带在宽度方向上溢出，轧辊2、3形成第二道辊，这三个轧辊均是通过向心推力球轴承支持在机械边框上，每只辊子均附有弹簧钢制成的刮料器，通过调节轧辊2位置来改变轧辊2、3的间隙。轧辊长一般在560~1500mm，轧辊1、2直径约为400mm，轧辊3的直径大概为300mm。

3. 四辊轧片机

四辊轧片机可作为预轧成型机，为位于饼干生产线入口处的轧辊提供半成品原料，其产品更光滑、更细致，最终轧制出来的面带精度更高。

在四辊预轧机（图7-39）中，辊子1、4便面开有轴向沟槽，具有良好的抓取性能。辊1、4和3构成一个三辊后下料式轧片机构，经预轧成型后，由辊3、2将半成品面带至要求的厚度，轧辊4、3之间的轧距一般为5~20mm，可以通过调节结构进行调整。配置有面带位移及传送带张力监测设备，能够实现轧辊速度、传送和轧距的协调控制。

4. 立式辊轧叠层机

叠层机是与饼干成型配套使用的设备。该机是将面

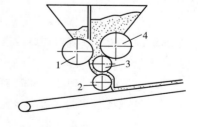

图7-39　四辊预轧成型机

1、4—成型辊　2、3—轧辊

资料来源：摘自参考文献［82］。

团轧皮后再经往复运行，反复叠层，层数不限，配置撒酥设备，将叠层后的面坯送至成型机，经该机生产的饼干层次分明，口感酥化，松脆，是提高饼干质量档次的主要设备，也是生产梳打饼干的必要设备。叠层机生，产效率高，可和饼干生产线中的成型机同步，可对面团进行辊轧、面皮纵横换向、夹酥、复合辊轧、叠层等一系列的工艺操作。

立式辊轧叠层机（图7-40）主要由面斗3、5，轧辊2、6，计量辊1、7、8和折叠器等组成，轧辊呈水平配置，面带依靠重力垂直供送，因而可免去中间输送带，是机器配置简化。计量辊用来控制辊轧成型后的面带厚度均匀一致，一般设为2~3对，计量辊间距可随面带厚度自由调节。经过与制饼方向垂直叠层的面皮具有较高的表面质量，利于饼干的起层、发酵，为生产各种高、中、低档韧性饼干。这种辊轧的轧延效果好，轧制的面带厚度均一；控制系统化，操作方便，轧片厚度及叠层的次数可任意调节。

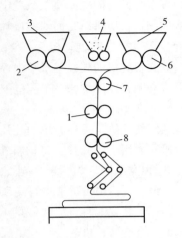

图7-40　立式辊轧叠层机
1、7、8—计量辊　2、6—喂料辊（轧辊）
3、5—面斗　4—油酥料斗
资料来源：摘自参考文献［79］。

四、　包馅成型设备

专门用于生产各种带馅食品的接卸称为包馅成型设备，包馅食品一般由外皮和内馅组成。含馅食品的外皮通常是有面粉或米粉与水、油、糖和蛋液等组成的混合物，内馅种类繁多，有枣泥、果酱、豆沙、五仁、菜、肉制品等。由于填充物料不同以及外皮制作和成型方法不同，其结构形式复杂。

（一）　包馅成型基本原理

按加工对象进行分类，分为饺子成型机、馄饨成型机、汤圆成型机等。按包馅成型过程中面坯和馅料的成型方式及运动规律进行分类，可分为以下几型（图7-41）。

转盘式包馅成型［图7-41（1）］：又称回转式或感应式包馅成型，面坯首先被压制成凹形，将馅料放入后，由一对成型圆盘对其进行搓制。逐渐完成封口与成型。成型过程稳定、柔和、通用性好，通过更换成型圆盘可制作不同规格的产品，适宜于皮料塑性好而馅料质地较硬的球形产品。

注入式包馅成型［图7-41（2）］：馅料经注入嘴挤入面坯心部，然后被封口、切断，适用于馅料流动性较好、皮料较厚的产品。

共挤式包馅成型［图7-41（3）］：又称灌肠式包馅成型，面坯和馅料分别从双层筒中挤出，达到一定长度时被切断，同时封口成型，适用于皮料及馅料塑性及流动性相近的产品。

剪切式包馅成型［图7-41（4）］：压延后的两条面带从两侧连续供送，进入一对同步相向旋转、表面有凹模的辊式成型器，预制称球形的馅料被送至两面带之间的凹模对应处，随着转辊的转动，在两辊的挤压作用下顺序完成封口、成型和切断。适用于馅料塑性低于皮料的产品。

折叠式包馅成型：可模仿各种人工折叠裹包，适用于结构和形状较为复杂的产品。［图7-

41（5）］为对开式折叠模，通过齿轮条传动进行折叠包馅成型。将压延后的面坯冲切出规定形状后，放入馅料，最后经折叠完成封口及成型。这种机械适宜于有封边的产品，如饺子。［图7-41（6）］为辊筒传送折叠式包馅成型机构，滚筒表面开有凹模，分别由分配阀控制与大气或真空相通。馅料落入面坯后，当压延后的面带经一对轧辊送到圆辊凹模 A 处，因凹模与真空系统相通，面坯被吸入凹形，随着圆辊的转动，固定的刮刀将凹模周围的面坯刮起，封住开口处。当转到 B 时，空穴的真空解除，已成型产品落到输送带上送出。

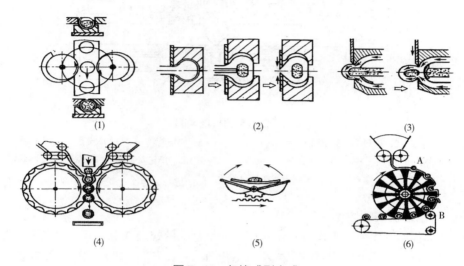

图 7-41 包馅成型方式

（1）转盘式 （2）注入式 （3）共挤式 （4）剪切式 （5）折叠式 （6）折叠式

资料来源：摘自参考文献［82］。

上述各种方法，转盘式和共挤式为间歇式生产。可单独使用，为了提高产品成型质量，也可联合使用。

（二） 包馅机的结构

包馅机由输面结构、输馅机构、成型装置、撒粉装置、传动系统、操作控制系统及机身等组成。如图7-42所示。输面机构包括面斗、两只水平输面绞龙（竖绞龙）。输馅机构包括馅斗、两只水平输馅绞龙及滑片泵。撒粉装置由面粉斗、粉刷、粉针及布粉盘组成。成型装置的主要部分是两只回转成型盘、托盘及复合嘴。传动系统包括电机、皮带无级变速器、双蜗轮箱及齿轮变速箱等。

带馅食品的皮料与馅料呈半流的流变体状态。半流体的流变特性给输送和成型带来很多不便。通常半流体在食品成型机上用绞龙输送，但绞龙的输送能力并不总是随其转速的增加而增加的。单靠绞龙转速来提高半流体物料的输送量不妥，严重时会引起食品物料的变性，影响食品的口感和风味。为了解决这个问题，包馅机分别采用两只直径较大且平行排列的绞龙来输面和输馅，从而在不提高绞龙转速的情况下，提高了面、馅的输送能力。此外，水平与竖直推进挤压操作分别由两个机构进行，中间断开。面料自水平输送绞龙出来后被切割成小块或小片，并被两只压面辊压入竖绞龙。馅料在被推出水平进给绞龙后，进入滑片泵，在输送过程中馅料内的空气被排出，馅料被压实成为棒状，利于准确定量。

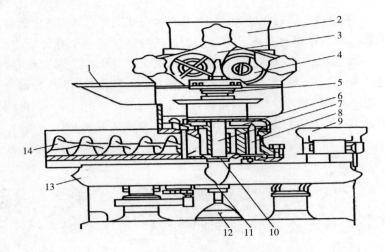

图7-42　包馅机结构图

1—面料斗　2—馅料斗　3—输馅双绞龙　4—滑片泵　5—输馅管　6—输面竖绞龙　7—馅料嘴
8—面料嘴　9—复合料嘴　10—干面斗　11—拨杆　12—托盘　13—成型盘　14—输面双水平绞龙
资料来源：摘自参考文献［14］。

（三）　包馅机成型原理

图7-43为包馅机成型盘操作过程示意图。成型盘上的螺旋线有一条、两条和三条之分。螺旋线的条数不同，制品的球状半成品大小也不相同。一般来说，螺旋线的条数越多，制成的球状半成品体积越小，单位时间生产的产品个数越多。

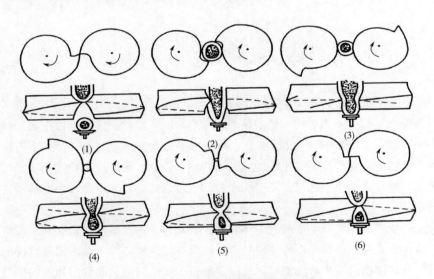

图7-43　包馅机成型盘操作过程示意图

（1）开始接料　（2）开始成型　（3）（4）滚圆切割　（5）切割结束　（6）成型结束
资料来源：摘自参考文献［14］。

1. 棒状成型

如图7-42所示，进行棒状成型时，面料在输面双水平绞龙14的推动下，进入竖绞龙6的螺旋空间,并被继续推进,移向面馅复合料嘴9的出口,此时,面料被挤压成筒状面管。馅料经输馅双绞龙3输送至双滑片泵4叶片旋转,使馅料转向90°并向下运动,进入输馅管5。输馅管装在输面竖绞龙6的内腔,当馅料离开输馅管,在复合料嘴9出口处与面管汇合时,便形成里面是馅,外皮是面的棒状半成品。棒状半成品经压扁、印花及切断可制两端露馅的带馅食品。

2. 球状成型

球状成型是由(图7-42)成型盘13的动作来完成的。由棒状成型后得到的半成品经过一对转向相同的回转成型盘的加工后,成为球状包馅食品。成型盘表面呈螺旋状。成型盘除半径、螺旋状曲线的径向与轴向变化外,螺旋角也是变化的。使成型盘的螺旋面随棒状产品的下降而下降,同时逐渐向中心收口。而且由于螺旋角的变化,使得与螺旋面接触的面料逐渐向中心推移,在切断的同时把切口封闭并搓圆,最后制车球状带馅食品生坯。

(四) 饺子成型机

饺子成型机是一种典型的食品成型机械,借助机械运动完成饺子包制操作过程的设备。其成型要求面皮薄而均匀,皮馅贴合密实,封口可靠,封口处无夹馅现象。饺子机的常见成型方法有折叠成型和共挤成型。共挤辊切式饺子机是早期机械制作饺子的设备,由于设备结构简单、操作方便、成本低、制作的饺子质量好,直至现在仍在广泛采用,基本工作方式为共挤式包馅和辊切成型。

共挤辊切饺子机是由输面机构、输馅机构、辊切成型机构和传动机构等组成。

(1)输面机构 输面机构如图7-44所示,由面盘1、锥形套筒4、输面螺旋5、锁紧螺母6及13、内面嘴7、挤出嘴9、挤出嘴内套10及调节螺母8组成。在靠近输面螺旋5的输出端安置内面嘴7,大端输面管上开有里外两圈各三个沿圆周方向对称均匀交错分布的腰形孔,被输面螺旋推送输出的面团通过内面嘴7时,汇集成较厚的环状面柱。该面柱在后续面柱推动下,从挤出嘴与内套间的环状狭缝中挤出形成所需要厚度的面管。

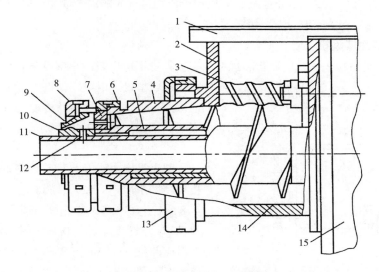

图7-44 输面机构示意图

1—面盘 2—面团料斗 3—稳定辊 4—锥形套筒 5—输面螺旋 6—锁紧螺母 7—内面嘴 8—调节螺母
9—挤出嘴 10—挤出嘴内套 11—馅料填充管 12—定位销 13—面团槽 14—齿轮箱 15—机体
资料来源:摘自参考文献 [8]。

面管厚度决定了饺子皮的厚度，可以通过调节螺母 8，改变输面螺旋 5 与锥形套筒 4 之间额间隙大小来调节面团的流量改变，也可通过改变挤出嘴内套 10 与挤出嘴 9 的间隙来调整。

（2）输馅机构　图 7-45 为叶片泵的输馅机构图，主要由输馅螺旋 2、馅斗 3、叶片泵等组成。

输馅螺旋 2 通常设在叶片泵的入口处，以便将物料压向入料口，使物料充满吸入腔，以弥补由于松散物料流动性差或泵的吸力不足造成充填能力低等问题。通过调节手柄 9 改变定子 7 与馅管 13 相联通部分的截面积，从而调节馅料的流速。

（3）辊切成型机构　辊切成型机构（图 7-46）主要由底辊 1、成型辊 2、粉刷 4 和干面料斗 5 组成，其中成型辊 2 开设有多个饺子凹槽 3，凹槽道口与底辊 1 相切。为了防止饺子生坯与成型辊和低辊之间发生黏连，设有干面料斗 5 和粉 4 刷，可向成型辊和底辊上连续撒粉。含馅面柱进入辊切机构，从成型辊 2 和底辊 1 中间通过时，面柱内的馅料在饺子凹模感应作用下逐渐被推挤到饺子坯中心位置，回转中在成型辊周围刀口与低辊的辊切作用下被切断，成型为单个为 14～20g 的饺子生坯，完成饺子成型过程。在饺子成型机的前面还设有流板，可使饺子散落开来，并将饺子上的干面震落在筛网下。

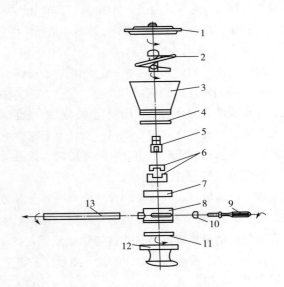

图 7-45　输馅机构示意图

1—斗盖　2—输馅螺旋　3—馅斗　4—上活板
5—转子　6—叶片　7—定子　8—泵体　9—调节手柄
10—垫板　11—底板　12—螺母　13—馅管
资料来源：摘自参考文献［8］。

（五）　馄饨成型机

馄饨成型机是将预先压成的面带和馅料加工成方皮馄饨生坯的小型设备，是一种典型的拟人动作成型机。馄饨成型机主要由制皮机构、供馅机构、折叠成型机构及传动装置等组成。馄饨成型机原理，如图 7-47 所示。

1. 制皮机构

制皮机构主要由上、下浮动平整辊 2、3，导板 4，纵切辊组 5、29，横切辊组 6、7，浮动轧辊 8，加速辊 9 等组成。纵切辊 29 上安装有三把圆盘切刀，各刀间距 90mm。纵切底辊 5 在与切刀对应的位置开设有三条凹槽。横切辊 6 上沿轴向装有一把切刀，刃口处圆周长 80mm。整个制皮机构位置按倾斜直线排布，倾角 30°。

工作时，面带 1 经间隙为 0.8mm 的平整辊组 2、3 进入制皮机构，由纵切辊组 5、29 和横切辊

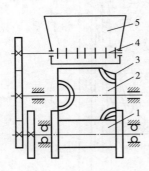

图 7-46　共挤辊切饺子机外形图

1—底辊　2—成型辊　3—饺子凹模
4—粉刷　5—干面料斗
资料来源：摘自参考文献［8］。

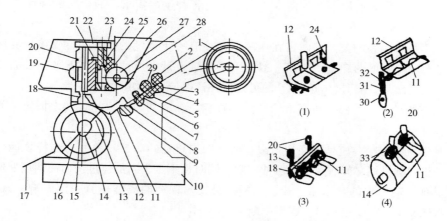

图 7-47　馄饨成型机原理图

1—面带　2—上浮动平整辊　3—下浮动平整辊　4—导板　5—纵向底辊　6—横切辊　7—横切底辊　8—浮动轧辊
9—加速辊　10—机身　11—翻板　12—盲型板　13—浮动盲型顶杆　14—盲型辊筒　15、30—凸轮　16—弹簧
17—刮板　18—盲型导辊　19—齿轮　20—搭角冲杆（齿条）　21—调馅齿条　22—连接板　23—下馅冲杆
24—馅管　25—进馅口　26—馅斗　27—左右螺旋叶片　28—刮刀　29—纵切辊　31、32—齿条　33—馄饨

资料来源：摘自参考文献［8］。

组 6、7 进行切割，将其切成两块 80mm×90mm 的馄饨面皮，而后经加速辊 9 的加速输送，面带被快速输送到盲型板 12 上定位待用。

2. 供馅机构

供馅机构主要由齿轮齿条 19、20，调馅齿条 21，连接板 22，下馅冲杆 23，馅管 24，进馅口 25，馅斗 26，左右螺旋叶片 27，刮刀 28 和简易柱塞气泵等组成。馅斗 26 内由螺旋叶片 27 以与制皮同步的速度（40r/min），在刮刀 28 的配合下压入进馅口 25，继而被压入馅管 24。当馅料进入馅管 24 后，为克服馅料黏滞性所引起的内外黏结现象，由齿轮 19、齿条 20 带动下馅冲杆 23，将定量馅料下压至出馅口，再由柱塞泵产生的压缩空气瞬间喷入馅管 24，将馅料吹落在盲型板 12 上的面皮中，至此完成一次间歇供馅过程。

3. 折叠成型机构

折叠成型机构主要由翻板 11，盲型板 12，浮动盲型顶杆 13，盲型辊筒 14，凸轮 15、30，弹簧 16，刮板 17，盲型导辊 18，齿轮 19，搭角冲杆 20，齿轮齿条 31、32 等组成。凸轮 15 与辊筒 14 安装在同一轴线上。辊筒导槽内的浮动盲型顶杆 13 上装有复位弹簧 16。翻板 11 与齿轮 32 同轴安装，并铰接在盲型板 12 的进料端上。

折叠成型由定位、一次对折、二次对折、U 型（90°）折弯及搭角冲和等五个步骤完成。

4. 传动系统机构

馄饨成型机的整个成型动作可以分解为：纵切辊、横切辊和整体送皮辊的连续带动，下馅冲杆和搭角冲杆的间歇上下运动，翻板的间歇摆动，浮动盲型顶杆的间歇平面运动以及柱塞泵的间歇供气吹馅等。

5. 馄饨成型机选用及设计时的注意事项

（1）面带的供给　可采用卷面带放在面带支架上连续供给，也可由压面机与馄饨成型机组成流水线，以适合大批量生产的需求。为了满足各种生产需求，面带机的速度应是无级可调的。

（2）上下平整辊组的设计　面带在压缩后往往有一定程度的收缩，且收缩量受到前对辊子的压缩量及环境温度的影响。所以一般把上平整辊设计成浮动辊，在下平辊表面加工出网纹，以部分克服面带收缩引起的问题，尽可能保证送面带与纵切的协调一致。

（3）面皮的尺寸　可根据所需馄饨的大小而定，纵横切刀的尺寸也随之而定，其大小并不影响成型过程。

（4）加速辊的直径　应是横切切刀刃口所在圆周直径的 2.5~3.0 倍，这样才能保证连续制皮与下一步间歇供馅之间有足够的缓冲时间，同时也不至于因加速过快而使面坯变形损坏。

（5）其他　馄饨皮的含水量大小、馅料的黏度对馄饨的成型率有一定影响。试验表明，面皮的面水比在 1：0.25 左右时，成型率最高。

（六）　夹馅糕点成型机

夹馅糕点成型机是灌肠式与感应式联合成型设备，广泛用于月饼、汤圆、夹心糕点类食品加工中。

1. 主要构造

夹馅糕点成型机主要由面坯供送机构、面坯皮料成型机构、馅料充填机构、撒粉机构、封口切断装置和传动系统组成。面坯供送机构包括一个面坯料斗、两个水平面坯输送螺旋及一个垂直面坯输送螺旋。馅料供送机构由一个馅料斗、两个水平馅料输送螺旋和两个叶片泵组成。撒粉装置由干粉料斗、粉刷、粉针及布袋盘构成。封口切断成型装置由成型盘和托盘组成。传动系统主要由电动机、皮带无级变速器、双涡轮杆减速器和齿轮变速箱组成。通过变速器和双涡轮蜗杆分别调整面、馅螺旋的转速，用于控制产品的皮与馅的重量及两者的比例。

2. 工作过程

如图 7-48 所示，在加工夹馅糕点时，经捏合机制得的面团放入面坯料斗 1 后，由水平坯输送螺旋 2 将其送出，被切刀 3 切割小块后，再由面坯压辊 4 压向垂直面坯输送螺旋 9，向下推送的挤出口前端，聚集形成皮状皮料。同时，馅料斗 5 中的馅料依次通过水平馅料输送螺旋 6、馅料压辊 7 和馅料输送叶片泵 8，被输送到垂直面坯输送螺旋 9 的中间输馅管 10 内；输送螺旋 9 外围的面坯输送到皮料转嘴 11 处，正好将馅料包裹在里面，形成棒状夹心，完成棒状成型。这些棒状夹心半成品继续向下输送，经过左、右成型盘 17 和 12

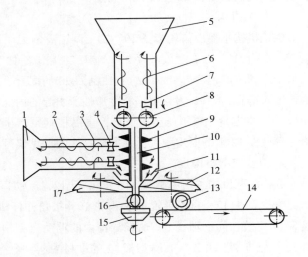

图 7-48　夹馅糕点成型机工作过程简图

1—面坯料斗　2—水平面坯双螺旋　3—切刀　4—面坯压辊

5—馅料斗　6—水平馅料输送螺旋　7—馅料压辊

8—馅料输送叶片泵　9—垂直面坯输送螺旋　10—中间输馅管

11—皮料转嘴　12—右成型盘　13—成型产品　14—输送带

15—回转托盘　16—成型中产品　17—左成型盘

资料来源：摘自参考文献［79］。

时，完成封口、成型、切断操作后，掉落在回转盘 15 上，然后最终成型产品 13 由输送带 14 送出。

五、搓圆成型机械

搓圆成型是指通过物料与那个载体接触并随其运动，在载体揉搓作用作用下逐步形成一定的额外部形状和组织结构操作，常见的如面包、馒头、元宵、糕点、汤丸的搓圆及糖果的搓圆。

在面类食品中比较典型的是面包揉搓成型设备，面包加工过程中面团搓圆是在发酵之后、中间醒发之间进行，搓圆的作用不仅使面团的外形呈球状，更主要的是在搓圆过程中，使面团内部的气孔随揉搓作用细化变小，气体分布均匀，使面团表皮组织在滑动和滚动的揉擦作用下变得细密，面团在醒发时内部气体不易逸出，使气孔在内部均匀膨胀，形成多孔膨松状的内部结构。用于面包搓圆的方法与成型设备主要有伞形搓圆机、碗形搓圆机、桶形搓圆机、水平式搓圆机及网格式搓圆机。

（一）伞形搓圆机

伞形搓圆机是面包生产中广泛应用的搓圆机械，具有效率高、成型好等优点。

1. 主要结构

伞形搓圆机主要结构包括电机、转体、旋转导板、撒粉装置及传动装置等，如图 7-49 所示。搓圆机的转体 17 和螺旋导板 20 是对面团进行搓圆的执行部件。转体安装在主轴 23 上，螺旋导板通过调节螺钉 9、紧固螺钉 10 与支承板 8 固定安装在机架 5 上，从而由导板与转体配合形成面块运动的成型导槽。

由于面包面团含水较多，质地柔软，因此面包搓圆机装有撒粉装置。在转体顶盖 16 上设有偏心孔，与拉杆 15，使撒粉盒 13 的轴心做径向摆动，将盒内的面粉均匀地撒在螺旋形导槽内，防止操作时面团与转体、面团与导板及面团之间黏连。机器停止时，应松开翼形螺栓 12，使控制板 11 封闭出面孔。

伞形搓圆机传动系统简单，动力由电机 V 带及一级涡轮蜗杆减速后，传至主轴，在旋转主轴的带动下，转体随之转动。

2. 工作原理

图 7-50 是伞形搓圆机工作原理简图。来自切块机的面块由转体底部进入螺旋形导槽，由于转体旋转及固定导板

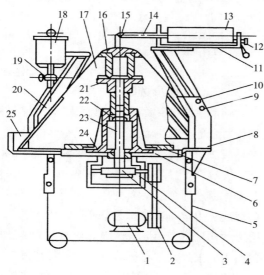

图 7-49　伞形搓圆机的结构图

1—电机　2—皮带轮　3—蜗轮　4—蜗轮箱　5—机架
6—主轴支撑架　7—轴承座　8—支承板　9—调节螺钉
10—紧固螺钉　11—控制板　12—开放式翼形螺栓
13—撒粉盒　14—轴　15—拉杆　16—顶盖　17—转体
18—储液桶　19—放液嘴　20—螺旋导板　21—法兰盘
22—轴承　23—主轴　24—连接板　25—托盘

资料来源：摘自参考文献［14］。

的圆弧形状，使导板与面块、面块与转体伞形表面之间产生摩擦力，以及面块在转体旋转时所受的离心力作用，使面块沿螺旋形导槽由下向上运动。其间面块沿既有公转又有自转，既有滚动又有微量的滑动，从而形成球形［图7-50（1）］。

伞形搓圆机面块的入口设在转体的底部，出口在转体的上部，由于转体上下直径不同，使得面块从底部进入导槽由下向上的运动速度越来越低［图7-50（2）］，这样使得前后面块距离越来越小，有时出现双生面团，即两个面块合为一体离开机体。为了避免双生面团进入醒发机，在正常出口上部装有一横挡，当双生面团通过时，由于其体积大、出口小而不能通过，面团只能继续向前滚动，从大口出来进入回收箱［图7-50（3）］。进过搓圆的球形面包生坯有伞形转体的顶部离开机体，由输送带至醒发工序［图7-50（4）］。在伞形搓圆机中，因面团进口速度快，出口速度慢，所以面团成型较好。

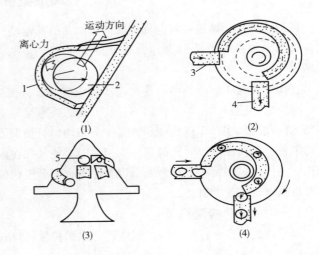

图7-50 伞形搓圆机工作原理
（1）球体的形成 （2）不同圆周速度的形成
（3）进口位置和出口形状 （4）面团在搓圆机内的运动情况
1—导槽 2—面团 3—进口 4—出口 5—双生面团
资料来源：摘自参考文献［79］。

（二）碗形搓圆机

碗形搓圆机又称锥形搓圆机，碗形搓圆机的结构与伞形搓圆机大致相同，只是转体装置，螺旋导板2与回转椎体1构成的螺旋导槽在椎体内部，大端在上，小端在下，呈碗形（图7-51）。其工作原理与伞形搓圆机基本相同。来自切块机的面块，由定向输送器送至锥形转体下部。在复合力的作用下，面块沿螺旋形导槽即公转又自转的由下向上运动，在运动过程中被搓成球形，到达锥体的顶部。搓圆完毕后，面团由帆布输送带送至醒发工序。因转体直径由小变大，所以面块

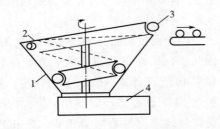

图7-51 碗形面包搓圆工作简图
1—回转锥体 2—螺旋导板 3—面团 4—机架
资料来源：摘自参考文献［18］。

的运动速度由小到大，在离开搓圆机时达到最大，前后面块的距离由小变大，所以不易出现双生面团，但成型质量不如伞形机型，一般用于小型面包的生产。

（三）桶形搓圆机

桶形搓圆机的转体斜度很小，形似圆桶，故称桶形搓圆机。面块离开切块机后，被送至圆桶形转体的下部。随着转体的转动，面块沿螺旋形轨道自下而上运动，同时在自转与公转的复合运动中被搓成球形，面块在该搓圆机上的运动速度基本一致。桶形搓圆机即具有伞形搓圆机进口速度快、出口速度慢、利于成型的优点，同时克服了伞形搓圆机成型效果差的效果，另

外，桶形搓圆机占地面积较小，有利于车间布置。

可用于元宵的成型，结构如图7-52所示，主要有圆盘1、传动机构2、翻动机构3和支架4等组成。工作是，先将一批馅料切块和米粉放入盘中，圆盘旋转时，由于摩擦力的作用，物料将随着圆盘底部向上运动，然后又在重力作用子啊，离开原来的运动轨迹滚落下来，与盘面产生搓动作用。由于离心力的作用，料团被甩到圆盘的边缘，黏附较多的粉料后，又继续上升，反复搓一段时间后，馅料逐渐被粉料裹成一个较大的球形面团，达到要求后，停机并摇动翻转机构3，将成品倒出。在桶形搓圆机的支架横梁上，设有喷水管5和刮刀6，以便使米粉含有一定的水分，保持足够的黏性，并随时将黏结在圆盘内壁上的物料清理下来。

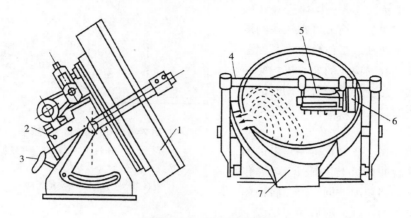

图7-52　桶形搓圆机

1—倾斜圆盘　2—传动机构　3—翻转机构　4—支架　5—喷水管　6—刮刀　7—卸料斗

资料来源：摘自参考文献［79］。

（四）　水平式搓圆机

水平式搓圆机与伞形、碗形及桶形搓圆机结构不同，它没有转体，也没有螺旋形导槽。水平搓圆机由水平帆布输送带和模板组成的，如图7-53所示。水平搓圆机的帆布输送带与多台切块机的出面口相连，组成切块搓圆机。可以4排面团同时搓圆，也有多至6排的，生产效率高。模板安装在输送带上方，与输送带纵向成α角。来自切块机的面块，经输送带模板与帆布带形成的三面封闭槽内。由于α角的存在及导槽模板的曲面形状，使面块在各种力作用下被迫产生自转，并受帆布带的运动方向限制，在输送过程中，自身被搓成球形。

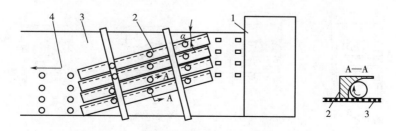

图7-53　水平搓圆机的工作原理图

1—切块机　2—模板　3—帆布输送带　4—至醒发工序

资料来源：摘自参考文献［14］。

模板是水平搓圆机的关键元件，模板的长度、安装角度 α 及模板的曲面几何尺寸对搓圆质量都有很大影响。水平搓圆机的特点：可与多台切块机组合使用，但其搓圆效果不如伞形搓圆机好，表面结实程度稍差，适合小型点心面包生产线使用，面包质量在110g以下。

（五）网格式搓圆机

网格式搓圆机是一次完成切块、揉搓错作的小型间歇式成型机械，如图7-54所示，主要由压头、工作台、模板及传动机构等组成，其中压头中设有压块2、切刀1、围板3及导柱6等。压块安装在围板内，用以压制面片，切刀可在压块间滑动，用于坯料的切断。工作台由中心偏心轴及外缘辅助偏心轴构成的偏心机构驱动进行平行摇动。为减缓工作台平动时的振动冲击，电机通过锥盘式摩擦离心器进行转动。

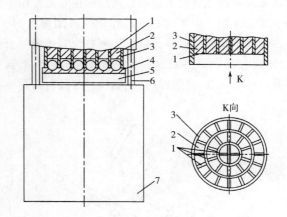

图7-54 网格式面包搓圆机

1—切刀 2—压块 3—围板 4—模板
5—工作台 6—导柱 7—机体
资料来源：摘自参考文献［82］。

工作过程（图7-55）：将一定量的面团挪放于工作台的模板上，围板下降并包围面团后，压块和切刀一同下降，将面团压制成厚度均匀的面片；随后切刀继续下降与模板接触，将面片均匀切割面块，同时压块上升3mm，以留出因切刀而占用的面块空间；压块继续上升，同时切刀及围板微量抬起；摩擦离合器接合后，电机通过回转曲柄带动工作台上的模板做平面回转运动，再通过模板带动各面块在切刀、模板、压块及围板构成的空间内转动，在转动过程中各面块受四壁作用而被滚动揉搓成球形面包生坯。

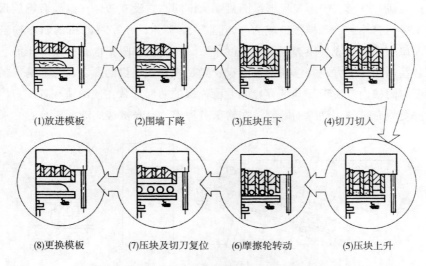

(1)放进模板　(2)围墙下降　(3)压块压下　(4)切刀切入

(8)更换模板　(7)压块及切刀复位　(6)摩擦轮转动　(5)压块上升

图7-55 网格式面包成型机工艺流程示意图

资料来源：摘自参考文献［14］。

六、 浇注成型机械

浇注成型是将具有流动性的流动半成品注入一定形状的模具，并使这种流体在模具内发生相变化或化学变化，使流体固体。这种成型方法可获得较为复杂形状的产品，根据产品形状的复杂程度，采用的模具可分为单体结构或组合结构；根据物料的流动性和生产能力，可采用重力和挤出浇注。

（一） 巧克力注模成型设备

巧克力注模成型是把液态的巧克力浆料注入定量的型盘内，释放一定的热量，使物料温度下降至可可脂的熔点以下，油脂中已经形成的晶型按严格规律排列，形成致密的质构状态，产生明显的体积收缩，变成固态的巧克力，最后从模型内顺利地脱落出来，这个过程是注模成型所要完成的工艺要求。

典型的巧克力注模成型生产线由烘模段、浇注机、振荡段、冷却段、脱模段等构成。烘模段是一个利用热空气加热的模具输送隧道。浇注巧克力的模具须加热到适当温度，才能接受浇注机注入的液态巧克力。

浇注机的浇注头随着传输机上的模具运动，在其工作时模具能够升高，紧靠浇注头，以便接受注入的熔化巧克力或糖心。

浇注机后面的振动输送段，对经过此段的刚注有巧克力浆料的型盘进行机械振动，以排除浆料中可能存在的气泡，使质构紧密，形态完整。振动器的振幅不宜超过5mm，频率约为1000次/min。振动整平后的型盘随后进入冷却段，由循环冷空气迅速将巧克力凝固。在脱模前，先将模具翻转，成型的巧克力掉到传输机上，再前进至包装台。

（二） 糖果浇模成型设备

1. 连续式糖果浇模成型机

连续式糖果浇模成型机用于连续生产可塑性好、透明性高的硬糖或软糖。如图7-56所示，该机由化糖锅、真空熬糖室、连续浇注成型装置等构成的生产线，将传统的糖果生产工艺中的混料、冷却、保温、成型、输送等工艺联合完成。其成型模盘10安装在成型输送带上，成型过程中，首先由润滑剂喷雾器14向空模孔内碰涂用于脱模的润滑剂，将已经熬制并混合、仍

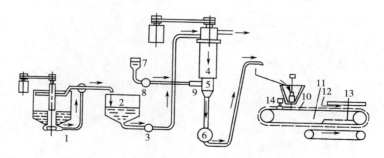

图7-56　连续式糖果浇模成型机

1—化糖锅　2—糖浆贮锅　3—糖浆泵　4—真空熬糖室　5—香料混合室　6—卸料泵　7—酸、香料、色素液容器
8—计量泵　9—吸入头　10—模盘　11—脱模点　12—模盘上方气流　13—模盘下方气流　14—润滑剂喷雾器

资料来源：摘自参考文献［82］。

处于流变状态的糖膏定量注入模孔后，经冷风冷却定型后，在模孔移动到倒置状态的脱模工位上，利用下方冷却气流冷却收缩并脱模，成型产品落到下方输送带上被送往包装机。

这种连续式糖果浇模成型机生产效率高、占地面积小、糖块规格一致性好且卫生质量高，在整个生产过程中，可以方便调节生产量、熬糖温度、真空度、冷却温度和时间等参数。

2. 组合式夹心糖浇模成型机

如图 7-57 所示，该机环形链条携带上模盘 8、上模盘的模孔 10 为喇叭口形，以便于脱模，模孔的大端位于上方。当上模盘 8 被传送至糖料斗 2 前的滚轮处，与另一链条传送来的下模盘 9 相遇并叠合在一起，下模盘设有锥形型芯 11。两模盘叠合后，型芯伸进模孔，形成夹心糖的浇模。糖膏由糖料斗浇入模孔 10 中，随后传送进冷风隧道 3 中，进行冷却。当模板移出冷却隧道到达小滚轮时，上模盘 8 与下模盘 9 分离，冷却后的糖料在上模盘模孔内形成凹形糖壳皮 12。上模盘在转过大滚轮 1 时与传送带 6 复合在一起，用以保持后续作业过程中糖块在模孔内的稳定位置，此时，糖皮壳在夹心料斗下方进行果酱等夹心料的浇注，然后再在料斗 2 下方完成覆盖层糖料的浇注。浇注完毕的夹心糖有环形链再次送入冷却隧道 3 冷却定型。最后夹心糖果由冲杆 5 冲出，落到传送带 6 上并送至接料器 7 处。

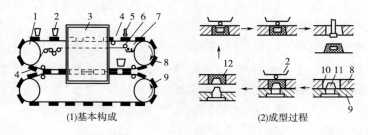

(1)基本构成　　　　　　　(2)成型过程

图 7-57　组合式夹心糖浇模成型机

1—大滚轮　2—料斗　3—冷却隧道　4—小滚轮　5—冲杆　6—传送带
7—接料器　8—上模盘　9—下模盘　10—模孔　11—型芯　12—糖壳皮

资料来源：摘自参考文献［82］。

🔍 思考题

1. 发酵设备的基本要求是什么？
2. 通风发酵设备一般有几种类型？适用于哪些工业生产？
3. 机械通风固体发酵设备与自然通风好氧固体曲发酵设备相比具有什么优势？
4. 酒精发酵时的过程中对发酵罐有哪些要求？
5. 圆筒形锥底立式发酵罐用于啤酒发酵具有什么优点？
6. 食品成型机械是如何分类的？
7. 比较冲印、辊印与辊切成型机械的工作原理有什么不同。
8. 辊切饼干机的结构是什么？
9. 馄饨成型机选用及设计时的注意事项是什么？
10. 伞形搓圆机的工作原理是什么？

第八章

食品挤压与熟制机械与设备

第一节　食品挤压加工机械与设备

一、食品挤压加工设备概述

目前挤压的研究内容主要包括原料经挤压后微观结构及物理化学性质的变化、挤压机性能及原料本身特性对产品质量的影响等，为挤压技术在新领域的开发应用奠定了基础。食品挤压加工技术属于高温高压食品加工技术，特指利用螺杆挤压方式，通过压力、剪切力、摩擦力、加温等作用所形成的对于固体食品原料的破碎、捏和、混炼、熟化、杀菌、预干燥、成型等加工处理，完成高温高压的物理变化及生化反应，最后食品物料在机械作用下强制通过一个专门设计的孔口（模具），便制得一定形状和组织状态的产品。食品挤压设备是一种促进食品原料成型和结构重组的装置，可广泛用于蒸煮、成型、混合、组织化，具有低成本、高效的特点。在生产过程中，食品挤压设备特指螺杆挤压机，它是由一根或两根基本上是阿基米德螺旋线形状的螺杆和其相配的筒体组成，能连续加工某种产品的机械。如图8-1所示。这是典型单螺杆挤压加工系统。

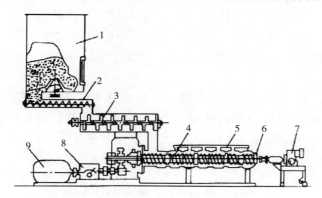

图8-1　典型单螺杆挤压加工系统示意图

1—料箱　2—螺旋式喂料机　3—预调质器　4—螺杆挤压装置　5—蒸汽注入口

6—挤出模具　7—切割装置　8—减速装置　9—电机

资料来源：摘自参考文献［14］。

二、 食品挤压加工设备的分类

挤压机的类型很多，可根据它的螺杆转速、机筒装置结构、安装位置、螺杆数量、功能特点、热力学特点来分类。

（1）根据螺杆的转速分　普通挤压机、高速挤压机和超高速挤压机。普通挤压机，只能采取很低的速度进行挤压，但可在不同的温度下进行；高速挤压机，耐用性能好，故障率降到了最低；超高速挤压机，扭力强、推力大，操作方便，控制界面友好，高速挤出，转速为300~1500r/min。

（2）根据机筒装置结构分　整体式挤压机、可分式挤压机。整体式挤压机，机筒长度大，加工要求高，在加工精度和装配精度上容易得到保证；可分式挤压机，是将机筒分成几段。

（3）根据安装位置分　卧式挤压机和、立式挤压机。卧式正向挤压机是最基本的挤压方法，具有技术最成熟，可以制造和安装大型挤压机的特点，卧式反向挤压机操作较为复杂，间隙时间较正向挤压长。立式挤压机只要挤压机和挤压工具的调整精度符合要求，就可以保证挤压制品的几何尺寸精度。

（4）根据螺杆数量分　单螺杆挤压机、双螺杆挤压机和多螺杆挤压机。单螺杆挤压机是由圆筒形腔体和在其中旋转的螺杆组成，物料是在螺杆和腔体之间的通道中沿着腔体的轴向作螺旋运动。双螺杆挤压机是由呈"∞"字形的腔体和并排放与其中的两根螺杆组成，两根螺杆可以同向旋转也可以反向旋转，可以相互啮合也可以不产生啮合，物料是以从腔体的一侧到另一侧交替轮换的途径，沿着腔体的方向向前流动。多螺杆挤压机，它由一对安放在料筒内的互相啮合的螺杆所组成。

（5）根据功能特点分　高剪切蒸煮挤压机、低剪切蒸煮挤压机、高压成型挤压机、通心粉挤压机和玉米膨化果挤压机等。高剪切蒸煮挤压机一般都具有大的长径比，而且压缩比大，由于机器筒体长，温度可控，因而适应原料较广泛，可生产即食谷物、植物组织蛋白、小吃食品等；低剪切蒸煮挤压机可用来生产软湿食品，特点是低剪切、高压缩；高压成形挤压机主要用来挤压未膨化的谷物半成品，工作特点是压力高，筒体内壁开槽，要求温度不能过高，所以有时需要冷却降温；通心粉（面条）挤压机的挤压螺杆转速低，筒体光滑，剪切作用小，主要用来加工糕点、面条、通心粉等；膨化型挤压机筒体开有防滑槽，螺杆螺槽浅，剪切作用大，在挤压较干的物料时，可在模头处形成高温、高压，使淀粉糊化，故此种机器多用来生产膨化食品。

（6）根据热力学特性分　自热式挤压机、等温式挤压机和多变式挤压机。自热式挤压机，挤压中的热量来自物料和螺杆和物料与机筒间的摩擦，设备转速一般可达500~800r/min；等温式挤压机能减少不均匀性，确保在整个挤压过程中模孔附件变形区金属温度始终保持恒定。

三、 食品挤压设备的结构

食品挤压设备包括食品挤压机（主机）和辅机、控制系统三部分。

（一） 主机

食品挤压机主要由下列4个系统组成，简单的挤压机则没有第四部分，如图8-2所示。

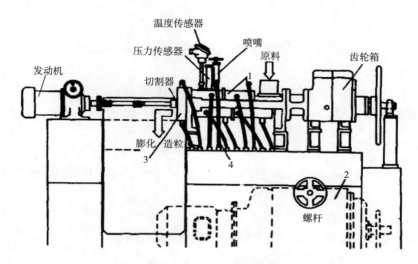

图 8-2　挤压机主体外观图

1—挤压系统　2—传动系统　3—模头系统　4—加热（冷却）系统

资料来源：摘自参考文献 [44]。

1. 挤压系统

此系统主要由螺杆、筒体和机座组成，此系统为挤压机的核心部分。

2. 传动系统

此系统主要用来驱动螺杆转动，它由电动机、减速装置和齿轮箱组成。保证螺杆所需的扭矩和转速。

3. 模头系统

此系统用来保证挤压食品的形状和建立模头前的压力，它由能与机筒连接的模座、分流板和成型模头组成。

4. 加热（冷却）系统

此系统通过在夹层筒体内通蒸汽加热筒体而把热量传递给物料，或通入冷却循环水冷却筒体，也有用电热元件加热筒体的，将螺杆做成中空也可用来加热或冷却。

（二）　辅机

在挤压食品的过程中，根据产品要求使用不同的原料，需要有不同的配套辅机，主要辅机有以下几部分。

1. 原料混合器

有多种原料要均匀混合时采用。

2. 预处理装置

根据工艺要求，需用水或蒸汽调整原料的含水量和温度，便于喂料。

3. 喂料器

保证均匀喂料。

4. 烘干（冷却）装置

食品进一步脱水，再进入烘干机，有的需迅速冷却再进入冷却装置。一般用电加热烘干、风冷。

5. 切割装置

食品原料通过模头连续挤出，然后根据产品形状要求在切割装置中用切刀切断。

6. 调味装置

许多膨化食品要求具有各种风味，需设置调味装置将调味料喷涂在产品表面。

7. 其他辅助设备

包括产品包装机等。

（三）　控制系统

食品挤压机的控制系统主要由测量仪器，显示仪表、电器、执行机构和按键等组成，主要用于完成以下任务。

（1）显示挤压机的工作状态，如显示转速、温度、压力等。

（2）按程序启动，控制主机、辅机的转速和协调他们的运行。

（3）按工艺要求控制喂料量、温度和压力。

（4）采用计算机控制可实现对整条生产线的全自动控制和管理。

四、　食品挤压设备的原理

挤压机有多种型式，它主要由一个机筒和可在机筒内旋转的螺杆等部件组成。食品挤压加工是将食品物料置于挤压机的高温高压状态下，然后突然释放至常温常压，使物料内部结构和性质发生变化的过程。这些物料通常是以谷物原料为主体，添加水、脂肪、蛋白质、微量元素等配料混合而成。挤压加工方法是借助挤压机螺杆的推动力，将物料向前挤压。物料受到混合、搅拌和摩擦以及高剪切力作用，使得淀粉粒解体，同时机腔内温度压力升高，然后从一定形状的模孔瞬间挤出，由高温高压突然降至常温常压，其中游离水分在此压差下急骤汽化，水的体积可膨胀大约 2000 倍。膨化的瞬间，谷物结构发生了变化。如图 8-3 所示，当疏松的食品原料从加料斗进入机筒内时，随着螺杆的转动，沿着螺槽方向向前输送，称为加料输送段。与此同时，由于受到机头的阻力作用，固体物料逐渐压实，又由于物料受到来自机筒的外部加热以及物料在螺杆与机筒的强烈搅拌、混合、剪切等作用，温度升高、开始熔融，直至全部熔融，称为压缩熔融段。由于螺槽逐渐变浅，继续升温升压，食品物料出现淀粉糊化，脂肪、蛋白质变性等一系列复杂的生化反应，组织进一步均化，最后定量、定压地由机头通道均匀挤出，称为计量均化段。上述即为食品挤压加工的三段过程。

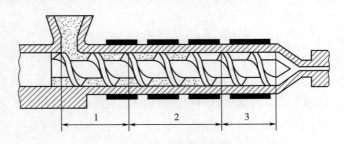

图 8-3　挤压加工过程示意图

1—加料输送段　2—压缩熔融段　3—计量均化段

资料来源：摘自参考文献 [91]。

在食品加工过程中，应用的挤压设备主要有单螺杆挤压机和双螺杆挤压机。

（一） 单螺杆挤压机

单螺杆挤压机在机筒内只有一根螺杆，它是靠螺杆和机筒对物料的摩擦来输送物料和形成一定压力的。一般情况，物料与机筒之间的摩擦系数大于物料与螺杆之间的摩擦系数。否则，物料将包裹在螺杆上一起转动而起不到向前推进的作用。

（二） 双螺杆挤压机

双螺杆挤压机是在单螺杆挤压机的基础上发展起来的，在双螺杆挤压机的机筒中，并排安放两根螺杆，按照两根螺杆的啮合程度可以分为相互啮合型和非啮合型。按照两根螺杆转轴的旋转方向可以分为反向旋转型和同向旋转型，如图8-4所示。

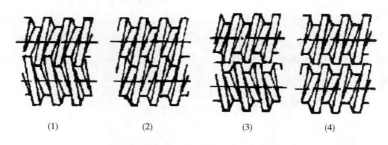

（1）　　　　　　（2）　　　　　　（3）　　　　　　（4）

图8-4 双螺杆的常见配合方式

（1）反向旋转的相互啮合型 （2）同向旋转的相互啮合型 （3）反向旋转的非啮合型 （4）同向旋转的非啮合型
资料来源：摘自参考文献［91］。

1. 啮合型双螺杆

如图8-4（1）、图8-4（2）所示，在螺杆的啮合处，螺杆之一的螺纹部分或全部插入另一螺杆的螺槽中，使连续的螺槽被分成相互间隔的"C"形小室。螺杆旋转时，随着啮合部位的轴向向前移动，"C"形小室也作轴向向前移动，螺杆每转一周，"C"形小室就向前移动一个导程，"C"形小室中的物料，由于受啮合螺纹的推力，使物料抱住螺杆旋转的趋势受到阻碍，从而被螺纹推向前进。由于啮合形的螺杆的啮合处间隙很小，对物料具有强制输送的能力，不易产生倒流、漏流现象，它能在较短的时间内建立起高压，推送物料经过螺杆的各个部位。这种配合方式料流稳定，输送效果较好。

2. 非啮合型双螺杆

如图8-4（3）、图8-4（4）所示，因为非啮合型的双螺杆不完全啮合，其间的间隙较大，不同的"C"形小室中的物料各自混合效果好，但螺杆的输送能力较啮合型的差，易产生漏流、倒流和料流不稳定现象，难于达到强制输送效果。

3. 反向旋转型双螺杆

如图8-4（1）、图8-4（3）所示，在反向旋转型双螺杆中，物料进入挤压螺杆后，首先在两螺杆之间产生压力，此压力易造成两螺杆分离和偏心，因而套筒和螺杆之间易产生摩擦造成设备磨损。因此反向旋转的双螺杆挤压机转速不宜太高，一般控制在50r/min以下。反向旋转的螺杆啮合处，螺纹和螺槽之间存在速度差能够产生一定的剪切速度，旋转过程中会相互剥离黏在螺杆上的物料，使螺杆得到自洁。

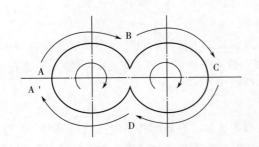

图 8-5 同向旋转的双螺杆挤压机中料流的方向
资料来源：摘自参考文献［91］。

4. 同向旋转的双螺杆

如图 8-4（2）、图 8-4（4）所示，对于同向旋转的螺杆，啮合处螺纹和螺槽间的旋转方向相反，因此被螺纹带入啮合间隙的物料也会受到螺杆和螺槽间的挤压、剪切、研磨作用，同时由于相对速度比反向旋转的大，啮合处物料所受的剪切力也大，更加提高了物料的混合、混炼效果。由于同向旋转的螺杆在啮合处的旋转方向相反，两根螺杆对物料所起的作用也不大相同。一根螺杆要把物料拉入啮合间隙，而另一根螺杆则要把物料从间隙中推出，结果使物料由一根螺杆转移到另一根螺杆，物料呈图 8-5 所示方向前进，即物料从 A→B→C→D→A。运动方向改变了一次，轴向移动前进了一个导程。料流方向的改变，更有助于物料相互间的均匀混合。

五、 性能特点

（一） 应用范围广

食品挤压设备只需改变模头系统和挤压机操作条件即可制作各种各样形状、质地、颜色和外观的产品。如各种膨化和强化食品，即食谷物食品、方便食品、乳制品、肉类制品、水产制品、调味品、糖制品、巧克力制品等。由于挤压设备能改变物料的组织结构、密度和复水性能，因而利用食品挤压设备还可加工出高品质的食品。

（二） 生产效率和自动化程度高

食品工业所使用的挤压设备一般都集破碎、混合、混炼、熟化、挤出成型于一体，一机多能便于操作和管理，可以连续生产。原料经预处理后，即可连续地通过挤压设备，生产出成品或半成品，可提高生产效率。挤压设备与传统单机加工设备相比，生产流程短，避免了单机之间串联所需的传送设备。挤压设备提供了一个连续的高产量工艺加工过程，使其可以实现充分的自动化加工过程。

（三） 能效高、 成本低、 无污染

挤压设备是在较低水分下进行熟化，同时在密闭容器内进行，故在生产过程中，除了开机和停机时需投少许原料做头料和尾料，使设备操作过渡到稳定生产状态和顺利停机外，一般不产生原料浪费现象，又因其自动化程度高，生产过程中无废弃物排出，所以可节约一定的原料费、人工费、设备投资费，同时还不会造成环境污染。

六、 适应范围

单螺杆挤压机结构简单、价格便宜，可用来生产简单的膨化食品、即食谷物食品、膨化饲料、榨油原料处理等，单螺杆挤压机也经常用于试验室研究，以作为工业化生产或双螺杆挤压加工的先导。

与单螺杆挤压机相比，双螺杆食品挤压机突出的优点有：①过程可控性和生产可变性好；②具有加工特殊配方的能力；③产量高，产品质量稳定；④可作为生化反应器使用；⑤具有良好

的自洁性能。

挤压设备可广泛用于多种食品。例如，应用挤压设备可对糖果生产过程中糖的转化，美拉德反应、起泡、胶凝过程中蛋白质的分解、糖的结晶、脂类物质的同素异构现象、酶的反应以及淀粉的胶凝等进行控制，故能有效地控制糖果的营养物理特性成分。常用此来制作糖果类的食品、面点类食品、谷物与肉混合的食品、各种食品汤料、速溶食品等。双螺杆食品挤压机可用于纤维素水解、淀粉水解、蛋白质水解，各种生物聚合物的功能改性，环境友好性的生物聚合物材料的开发和医药生物化工中的应用开发等。

七、　设备选用

单、双螺杆挤压机目前在食品的挤压加工中都有应用，但它们的性能有较大的区别。在单螺杆挤压机中，物料基本上紧密围绕在螺杆的周围，形成连续带状物料，因此，当物料与螺杆的摩擦力大于机筒与物料的摩擦力时，物料将与螺杆一起旋转，会造成物料的输送中断。在模头附近，存在高温高压，压力还易使物料逆流，而且物料的水分、油分越高，这种趋势就越显著。为避免这些问题，可选用双螺杆挤压机，双螺杆挤压机可将内壁做成光滑的表面，避免不必要的摩擦，降低运转所耗能量。同时，可把螺杆与机筒的间隙做成最小，减少物料沿间隙逆向漏流，即使对高水分、高油分的食品物料也能适用。

第二节　食品熟制机械与设备

一、　蒸煮熟制设备

蒸煮熟制设备是以热水或蒸汽作为加热介质，对食品进行熟制，在生产中可作为最终工序，也可作为加工中的预处理工序。蒸煮熟制一般为常压操作，温度较低，应用较为广泛。

（一）　分类

蒸煮熟制设备一般分为间歇式和连续式两大类型。

间歇式有夹层锅、预煮槽和蒸煮釜等。夹层锅又被称为二重锅、双重釜等，属于一种最常见的间歇式通用蒸煮设备。常用于物料的热烫、预煮、调味料的配制及熬煮一些浓缩产品。它结构简单，使用方便，是定型的压力容器。

连续式常见有螺旋式连续预煮机和链带式连续预煮机等。

（二）　夹层锅

1. 结构

夹层锅通常由锅体和支脚组成，锅体是由内外球形锅体组成的双层结构形式，中间夹层通入蒸汽加热。通常的夹层锅呈半球形结构，上部加有一段圆柱形壳体的可倾式夹层锅。按其深度分为浅型、半深型和深型；按操作分为固定式和可倾式。如图8-6所示。

可倾式夹层锅（图8-6）主要由锅体、冷凝水排出管、进汽管、蒸汽压力表、倾覆装置、排料阀等构成。内壁为一个半球形与圆柱形壳体焊接而成的容器，外壁为半球形壳体。内外壁通过焊接形成其间有夹套结构的锅体，外壳内设有保温层。锅体通过两侧的轴颈支撑于两边的

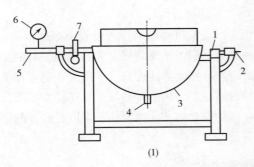
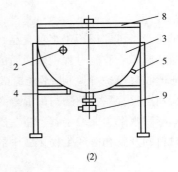

(1)　　　　　　　　　　　　　(2)

图 8-6　夹层锅结构示意图

（1）可倾式

1—填料盒　2—冷凝水排出管　3—锅体　4—排料阀　5—进汽管　6—压力表　7—倾覆装置

（2）固定式

1—填料盒　2—不凝气排出管　3—锅体　4—冷凝水口　5—进气管　6—压力表　7—倾覆装置　8—锅盖　9—排料阀

资料来源：摘自参考文献［14］。

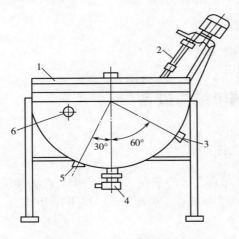

图 8-7　配有搅拌器的夹层锅

1—锅盖　2—搅拌器　3—蒸汽进口　4—物料出口

5—冷凝水出口　6—不凝气体排出口

资料来源：摘自参考文献［14］。

支架上，其中轴颈为空心结构，一端作为蒸汽进管，另一端作为冷凝水排出管。倾覆装置为手轮及蜗轮蜗杆机构，摇动手轮可使锅体倾倒，用于卸料。当锅的容积较大（>500L）或用于黏稠物料时，需要配置搅拌器，一般采用锚式或桨式，转速为 10~20r/min，如图 8-7 所示。

固定式夹层锅由锅体、进汽管、排料阀、冷凝水口等组成如图 8-6（2）所示。固定式夹层锅的进蒸汽管安装在与锅体成 60°的壳体上，出料口在底部，利用落差出料，主要应用于液体物料。

2. 原理

夹层锅是以一定压力的蒸汽为热源，将热蒸汽通入锅的夹层，通过与锅内物料交换热能，从而达到加热目的的一种设备。

3. 性能特点

夹层锅具有受热面积大、热效率高、加热均匀、液料沸腾时间短、加热温度容易控制、外型美观、安装容易、操作方便、安全可靠等特点。

4. 适应范围

常用于物料的漂烫、预煮、调味品的配制及熬煮等。

5. 设备的选用

广泛应用于各类食品的加工，也可用于大型餐厅或食堂熬汤、烧菜、炖肉、熬粥等，是食品加工提高质量、缩短时间、改善劳动条件的良好设备。在面点工艺方面，它常用来制作糖浆和炒至豆沙馅，莲蓉馅及枣泥馅。

（三）　连续预煮机

预煮也称烫漂或漂烫，通常只利用接近沸点的热水对果蔬进行短时间加热的操作，是果蔬保藏加工（如罐藏、冻藏、脱水加工）中的一项重要操作工序。预煮的目的是钝化酶或软化组织。处理时间与物料的大小和热穿透性有关，如豌豆只需加热 1～2min，而玉米只需处理 11min。

1. 结构

根据物料运送方式不同，连续式预煮设备可以分为链带式和螺旋式两种。链带式预煮机又可根据物料需要加装刮板或多孔板料斗，其中以刮板式较为常用。

（1）螺旋式连续预煮机　螺旋式连续预煮机主要由壳体、筛筒、螺旋、进料口、出料转斗等组成（图 8-8）。

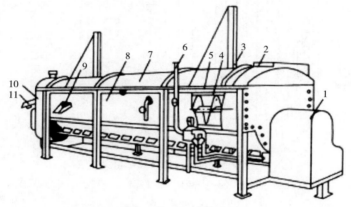

图 8-8　螺旋式连续预煮机

1—变速机构　2—进料口　3—提升装置　4—螺旋　5—筛筒　6—进汽管

7—盖　8—壳体　9—溢水口　10—出料转斗　11—溜槽

资料来源：摘自参考文献［14］。

（2）链带式连续预煮机　这种设备以链带载运物料，链带上可配置料斗或斗槽等载料构件来输送原料，如豆类连续预煮机。

（3）刮板式连续预煮机　如图 8-9 所示为刮板式连续预煮机，它主要由煮槽、刮板、蒸汽吹泡管和链带等组成。刮板上开有小孔，用以降低移动阻力。利用压轮控制链带行进路线，包括水平和倾斜两段，水平段内的压轮和刮板均淹没于贮槽的热水内。蒸汽吹泡管管壁开有小孔，进料端喷孔较密，出料端喷孔较稀，以使进料迅速升温至预煮温度。为避免蒸

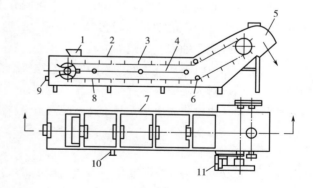

图 8-9　刮板式连续预煮机

1—进料斗　2—槽盖　3—刮板　4—蒸汽吹泡管

5—卸料斗　6—压轮　7—煮槽　8—链带

9—舱口　10—溢流管　11—调速电机

资料来源：摘自参考文献［14］。

汽直接冲击物料，一般在两侧开孔，同时可加快煮水的循环，使水温趋于均匀。

作业时煮水由吹泡管喷出的蒸汽进行加热。物料在刮板的推动下从进料斗随链带移动，并被加热预煮，最后送至末端，由卸料斗排出，链带速度依预煮时间进行调整。

（4）柱式连续粉浆蒸煮设备 主要由加热器、胀缩柱、后热器、分离器、冷凝器等组成。如图8-10所示，蒸煮过程中，预热后的粉浆经泵1送入加热器3被从相反方向喷射出的高压蒸汽进行瞬时高温蒸煮，然后流入缓冲罐。再均匀地流入后面的胀缩柱4和挡板柱5，在后面的后热器6内，料液在一定温度下继续维持一定时间，以保证淀粉糊化更为彻底。

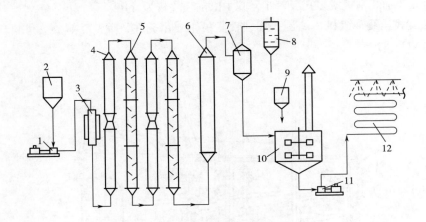

图8-10 柱式连续分浆蒸煮设备

1—往复泵 2—粉浆罐 3—加热器 4—胀缩柱 5—挡板柱 6—后热器

7—分离器 8—冷凝器 9—曲乳罐 10—糖化罐 11—泵 12—喷淋冷却器

资料来源：摘自参考文献［14］。

2. 原理

螺旋式连续预煮机筛筒安装在壳体内，并浸没在水中，以使物料完全浸没在热水中，螺旋安装于筛筒内的中心轴上。蒸汽从进气管通过电磁阀分几路从壳体底部进入机内直接喷入水中对水进行加热。中心轴由电动机通过传动装置驱动，通过调节螺旋转速可获得不同的预煮时间。出料转斗与螺旋同轴安装并同步转动，转斗上设置有6~12个打捞料斗，用于预煮后物料的打捞与卸出。作业时，从流送槽送来的原料暂存于贮存桶内，经斗式提升机输送到螺旋预煮机的进料斗，然后落入筛筒内通过螺旋运转将物料缓慢移至出料转斗，在其间受到加热预煮。出料转斗将物料从水中打捞出来，并于高处倾倒至出料溜槽。从溢流口溢出的水由泵送到贮存槽内，再回流到预煮机内。

3. 性能特点

螺旋式连续煮制机设备结构紧凑、占地面积小、组件少且结构简单，运行平稳，水质、进料、预煮温度和时间均可自动控制。但对于物料的形态和密度的适应能力较差。

刮板式连续预煮机受物料形态及密度的影响较小，可适应多种物料的预煮，且预煮过程中物料机械损伤少。但设备占地面积大，清洗、维护困难。柱式连续粉浆蒸煮设备粉浆在高温、高压、高速下进行蒸煮，汽液接触良好，料液运动激烈，蒸煮时间短，糖分损失少，生产能力大，糊化率高，且柱子横截面积小，柱身长，流速快，易保证料液先进先出，蒸煮较均匀，减少了糊化"过老"或"过生"的现象。设备本身简单，占地面积小，维修方便。但需要稳定充足的高压蒸汽，电力消耗较大，对于配套设备要求较高，加热器容易磨损，需常更换，不适于原料种类繁多的小型工厂使用。

二、烘烤熟制设备

（一）概述

烘烤是通过加热元件产生的高温热气流或辐射作用，使面包、饼干等制品坯料发生一系列化学、物理及生物化学变化，制得所需组织结构、表面状态及色香味俱佳的熟制品的过程。烘烤设备是将成型的饼干坯、面包、糕点等经过高温加热，使产品成熟的设备。当生坯送入烘烤设备后，受到高温加热，淀粉和蛋白质发生一系列理化变化。开始制品表面受到高温作用水分大量蒸发、淀粉糊化、羰氨反应等变化使表皮形成薄薄的焦黄色外壳，然后外部水分逐渐转变为汽态，向坯内渗透，加速生坯熟化，形成疏松状态的产品，并赋予优良的保藏性和运输性。

（二）原理

烘烤是通过加热元件产生的高温热气流或辐射作用，使面包、饼干等制品坯料发生一系列化学、物理及生物化学变化，制得所需组织结构、表面状态及色香味俱佳的熟制品的过程。

（三）分类

烤炉根据热源不同，可分为煤炉、煤气炉、燃油炉和电烤炉，其中电烤炉具有结构紧凑、占地面积小、操作方便、便于控制、生产效率高、烘焙质量好等优点，故电烤炉应用最为广泛。按结构形式可分为箱式烘烤炉（统称烘烤箱）、回转式烘烤炉、隧道式烘烤炉三种。以下将介绍几种常见的烤炉如电烤箱、煤气烤箱、隧道烤箱。

1. 电烤箱

（1）结构　电烤箱是以电能发热的一类烤箱的总称。一般电烤箱的构造比较简单，是由外壳、电炉丝（或红外线管）、热能控制开关、炉膛温度指示器等构件组成。高级的电烤箱可对上、下火分别进行调节，具有喷蒸汽、定时、警报等特殊功能。

（2）原理　电烤炉是通过电能转换为热能、炉膛内热空气的对流热以及炉膛内金属板热传导的方式，使制品上色成熟。底盘固定式的电烤炉内部一般设有2~7层烤架，每层可放数只烤盘。底盘旋转的电烤炉为单层，可同时放数只烤盘，如图8-11所示，它由加热装置、烘烤盘及传动装置等组成。炉壁外层为钢板，中间为保温材料，内壁为抛光铝板或不锈钢板，顶部装有抛光弧形铝板，可增加反射能力，并有排气孔，以排除炉内产生的水汽和其他挥发性气体。炉内还装有控温元件，用以控制炉内的烘烤温度。

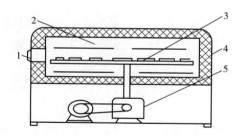

图8-11　水平旋转电烤炉结构

1—炉门　2—加热元件　3—旋转烤盘
4—保温层　5—传动装置

资料来源：摘自参考文献［47］。

（3）性能特点　电烤炉结构简单，不会产生有毒气体，产品干净卫生，温度容易调节，操作方便，劳动强度低，适应性强，生产能力大。缺点是耗电量大，生产成本高。

2. 煤气烤箱

（1）结构　煤气烤箱是以煤气为热源的烤箱，一般为单层结构，底部和两侧有燃烧装置，有自动点火和温度调节功能，炉温可达300℃。

（2）原理　是用煤气燃烧的辐射热、炉膛内空气的对流热和炉内金属传导热的方式，使制品上色成熟。

（3）性能特点　煤气烤箱具有预热快、温度容易控制、生产成本低等优点，但这种烤箱的卫生清扫工作较难。

3. 隧道烤箱

（1）结构　烧烤隧道由链式输送机、烧烤盘、发热装置、温度和速度控制及电控箱等组成。如图8-12所示。

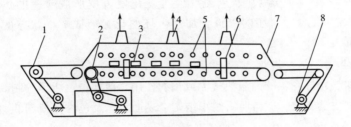

图8-12　隧道烤箱

1—面包坯输送带　2—烤盘输送带　3—面包（听）　4—排气管
5—管状发热元件　6—观察窗　7—机架　8—面包输送带

资料来源：摘自参考文献［26］。

（2）性能特点　烧烤的温度、时间和输送速度都是可以控制的，采用天然气燃烧加热，可以很快提升烧烤温度，最高温度可达200℃以上。隧道内的风循环装置能有效地均衡箱内的温度，并排出湿气，降低能耗。

（3）适应范围　主要用于面包、各类糕点等食品的烘烤，同时可用与某些干果（如瓜子、花生等）的烘制。

（4）设备选用　烧烤隧道是一种现代化的烧烤专用设备，适用于外形较小或已预热加工的肉制品表面烘烤，该设备非常适合大型工厂进行大批量烧烤产品的加工。

三、 油炸熟制设备

（一） 概述

油炸熟制是一种在热油中煎炸食品的操作。在热油中，食品表面的水分迅速汽化形成干燥层，食品表面温度迅速达到油温，随后水分汽化层逐渐向内部迁移，温度慢慢趋向油炸熟制是一种在热油中煎炸食品的操作。在热油中，食品表面的水分迅速汽化形成干燥层，食品表面温度迅速达到油温，随后水分汽化层逐渐向内部迁移，温度慢慢趋向100℃。

（二） 结构

油炸设备的结构一般包括加热元件、盛油槽、油过滤装置、承料构件、温控装置等，可根据加热方式、操作方式等分为多种类型。

（三） 分类

1. 油炸锅

其性能特点在于油炸锅操作时，待炸物料置于炸笼内后放入油中炸制，炸好后连同物料篮一起取出。炸笼只起拦截物料的作用，而无滤油作用。如图 8-13 所示。

电热油炸锅在工作过程中，全部油均处于高温状态，很快氧化变质，黏度升高，重复使用数次即变成褐色，不能食用；积存锅底的食物残渣，不但使油变得污浊，且反复被炸成碳屑，附着于产品表面使其表面劣化，特别是炸制腌肉制品时易产生对人有害的物质；高温长时间煎炸使用的油会生成多种毒性程度不同的油脂聚合物，还会因热氧化反应生成不饱和脂肪酸的过氧化物，妨碍机体对于油脂和蛋白质的吸收。由于这些问题的存在，这种设备不宜用于大规模工业化生产。

2. 连续式油水混合油炸设备

（1）原理及性能特点 连续式油水混合油炸设备由一条在恒温油槽中的不锈钢网格传送带构成，用电加热（或燃气）加热。采用油水混合食品油炸工艺，在炸制食品的过程中，加热只实现对容器上部油层的加温，容器下部的水层在油炸过程中具有滤油和冷却的双重作用。该工艺可减少油脂中食物残渣的含量，具有对炸油的自清功能，降低对油脂发烟温度的影响，从而减缓油脂的酸败。

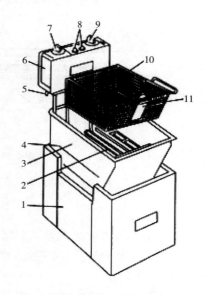

图 8-13　小型台式油炸锅结构图

1—不锈钢底座　2—不锈钢电加热管
3—移动式不锈钢锅　4—油位指示计
5—最高温度设置旋钮　6—移动式控制盘
7—电源开关　8—指示灯　9—温度调节旋钮
10—炸笼　11—篮支架
资料来源：摘自参考文献 [14]。

炸制过程中油总是保持新鲜的状态，所炸出的食品不但色、香、味俱佳，而且外表干净。更为重要的是，所炸食品的耗油量即被食品吸收的油量，正好是需要补充的新油量，具有节油效果。

（2）结构 连续式油水混合油炸设备由一条在恒温油槽中的不锈钢网格传送带构成，用电加热（或燃气）加热。食品被缓慢地定量送入油中，沉到浸泡在油中的传送带上，食品在炸热和炸熟时呈悬浮状，则被压在另一条传送带下，采用倾斜传送带使多余的油流回油槽中。图 8-14 中油水箱由上、下箱体组成，材料采用耐热不锈钢。在油层的下半部设置加热器及温度传感器。

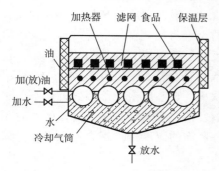

图 8-14　油水混合油炸工艺原理示意图
资料来源：摘自参考文献 [6]。

油水混合油炸机是一种无烟型、多功能、水油混合式油炸设备，油炸机在使用中对油层进行可控式恒温，均匀加热，消除食物中的动物油，并适量供给水分，使炸品细腻、柔软、色、香、味俱佳。油炸所产生的残渣被自动浸入水中，然后通过排污口排出，确保炸油新鲜、不酸化、无废油。采用了国际上先进的水油混合油炸工艺，彻底改变了传统油炸设备的结构，从根本上解决了传统式油炸机的弊端，"油水分离"及"水在工作过程中自然冷却"是其核心技术。如图 8-15 所示。

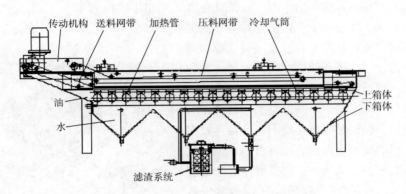

图 8-15 连续式油水混合油炸机结构图

资料来源：摘自参考文献 [6]。

（3）适应范围 在水产品加工领域，鱼糜制成品中类似鱼肉汉堡、鱼豆腐、鱼排饼、鱼丸等大批量生产产品的成形均采用连续式油水混合油炸设备。

3. 低温油炸设备

低温油炸食品设备结构简单、实用、技术先进、操作便利、价格适中的工业化生产设备。低温油炸设备主要有两类，全自动真空低温油炸设备、真空油炸设备。

（1）原理 真空油炸技术将油炸和脱水作用有机地结合在一起，使样品处于负压状态，在这种相对缺氧的条件下进行食品加工，可以减轻甚至避免氧化作用（例如脂肪酸败、酶促褐变和其他氧化变质等）所带来的危害。在真空度为 93310Pa 的负压系统中即绝对压力为 7998Pa，纯水的沸点大约为 40℃，在负压状态，以油作为传热媒介，食品内部的水分（自由水和部分结合水）会急剧蒸发而喷出，使组织形成疏松多孔的结构。

在含水食品的汽化分离操作中，真空是与低温紧密相联的。即在真空状态下的操作，亦必是在低温条件下的操作。从而可有效地避免食品高温处理所带来的一系列问题，如炸油的聚合劣变、食品本身的褐变反应、美拉德反应、营养成分的损失等。但是，食品内部水分还受束缚力、电解质、组织质构、热阻状况、真空度变化等因素的影响，实际水分蒸发情况要复杂得多，具体生产时还应与灭酶所需的温度条件综合起来考虑。如图 8-16 所示。

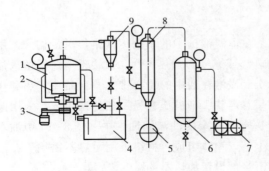

图 8-16 低温油炸设备原理图

1—油炸釜 2—油炸篮 3—变频调速电机
4—油箱 5—冷水泵 6—真空筒
7—真空泵 8—冷凝器 9—油气分离器

资料来源：摘自参考文献 [73]。

（2）结构 低温油炸设备包括真空油炸釜（心脏部分）、真空制造部分、热介质加热供送系统、蒸汽冷凝冷却系统及真空脱油系统等。图8-16是一套低温真空油炸装置的系统简图。油炸釜为密闭器体，上部分与真空系统相连，为了便于脱油操作，内设离心甩油装置，甩油装置由电机3带动，油炸完成后降低油面，使油面低于油炸产品，开动电机进行离甩油，甩油结束后取出产品再进行下一周期的操作。

（3）性能特点　低温油炸设备温度低营养成分损失少；水分蒸发快，干燥时间短；对食品具有膨化装置，提高产品的复水性；油脂的劣化速度慢，油耗少。

（4）适应范围　低温油炸设备广泛应用于面制品、肉类、速冻加工行业、调理食品、休闲食品以及肉、禽、鱼、番茄和素食品。

4. 淋油式油炸机

（1）结构　淋油式油炸机适用于低温油炸的食品，由接油盘、筛片、铺料机、加热管、油箱、排烟罩和机架等组成，如图8-17所示。

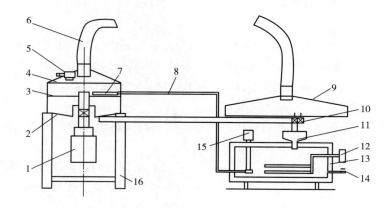

图8-17　淋油式有炸机的结构示意图

1—减速机　2—接油盘　3—筛片　4—排烟罩　5—辅料机　6—排烟筒　7—淋油管　8—油管
9—油箱排烟罩　10—回油管　11—过滤漏斗　12—加热管　13—油箱　14—放油阀　15—油泵　16—机架

资料来源：摘自参考文献［42］。

（2）原理　淋油式油炸机工作时，首先由铺料机将待油炸食品（例如切好的辣椒丁）均匀地铺在筛片上，与此同时经过加热管加热后的炸油在油泵的作用下从油箱中流入油管，在经过淋油管喷射到筛片上。由于筛片在减速机的带动下转动，从而对待油炸食品进行油炸加工。喷射到筛片的炸油经过筛片的小孔流入到接油盘中，再经过回油管和过滤漏斗过滤后流回油箱，如此循环使用。淋油式油炸机使用时油与待油炸食品接触时间短，从而确保待油炸食品不会被炸糊，在筛片的上方和油箱的上方均有排烟设备，从而保证操作人员不会受到伤害。炸完物料的油温会有所降低，但返回油箱加热后可以继续循环使用，节油的同时使得热能得以被充分利用，故淋油式油炸机适用于低温油炸的食品，如炸制辣椒油等。

四、微波加热原理与设备

（一）概述

微波频率极高，外加电场的正负极方向高速变化，导致物质分子的极化方向也高速变化，即作高速摆动。但由于分子本身的热运动和相邻分子间的相互作用，使这些偶极子在随外电场方向的改变而作规则摆动时，受到干扰和阻碍，产生类似摩擦的作用而以热的形式表现出来，也就是微波加热。

微波加热设备主要由直流电源、微波管、连接波导、加热器及冷却系统等几个部分组成。微波管由直流电源提供高压并转换成微波能量。微波能量通过连接波导传输到加热器，对被加热物料进行加热。目前，家用微波炉的微炉频率多为 2450MHz。

微波加热是介质材料自身损耗电场能量而转化为介质的热能，只要材料能够吸收微波，它就能在微波场中被加热，吸收能力越强，升温越快。因大多数食物中都含有大量的水分，通常在 50%~90%，而水对微波的吸收能力又很强，所以从加热的角度来说，大多数食物都可以选用微波来进行加热处理。

微波加热是通过高频电场强迫被加热物质的分子反复振荡发热，使被加热物质的内部和外表面同时进行加热，这样不但加热速度快，而且使被加热物质内、外同时热透，可保持食物原有颜色、形状和营养，不会使食物产生烟气或焦味。微波炉还可迅速化解冷冻食物。

（二） 分类

微波加热器按加热物和微波场的作用形式可分为驻波场谐振腔加热器、行波场波导加热器、辐射型加热器和慢波型加热器等几大类。也可以根据其结构形式，分为箱式、隧道式、平板式、曲波导型和直波导型等几大类。其中，箱式、隧道式和波导型最常用。

1. 箱式微波加热器

箱式微波加热器是在微波加热应用中较为普遍的一种加热器，属于驻波场谐振腔加热器。用于食品烹调的微波炉就是典型的箱式微波加热器。

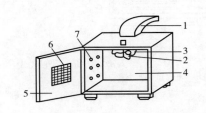

图 8-18　谐振腔加热器结构示意图
1—波导　2—搅拌器　3—反射板　4—腔体
5—门　6—观察窗　7—拌湿孔
资料来源：摘自参考文献 ［99］。

（1）结构　箱式微波加热器由谐振腔、输入波导、反射板和搅拌器等组成，谐振腔为矩形空腔（图 8-18）。若每边长度都大于 $1/2\lambda$ 时，从不同的方向都有波的反射，因此，被加热的食品物料在谐振腔内各个方面都受热。微波在箱壁上损失极小，未被物料吸收掉的能量在谐振腔内穿透介质到达壁后，由于反射而又重新回到介质中形成多次反复的加热过程。这样，微波就有可能全部用于物料的加热。

（2）性能特点　箱式微波加热器由于谐振腔是密闭的，微波能量的泄漏很小，不会危及工作人员的安全。这种微波加热器对加工块状物体较适用，快速加热、快速烹调以及快速消毒等方面。

2. 隧道式加热器

（1）结构　隧道式加热器又称连续式谐振腔加热器，这种加热器可以连续加热物料。被加热的物料通过输送带连续输入，经微波加热后连续输出。由于腔体的两侧有入口和出口，将造成微波能的泄漏，因此，在输送带上安装了金属挡板；或在腔体两侧开口处的波导里安上许多金属链条，形成局部短路，以防止微波能的辐射。由于加热会有水分的蒸发，因此也安装了排湿装置。为了加强连续化的加热操作，设计了多管并联的谐振腔式连续加热器，如图 8-19 所示。

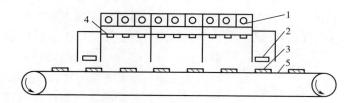

图 8-19　多管并联的谐振腔加热器示意图

1—磁控管振荡源　2—吸收水负载　3—被加热物料　4—辐射器　5—传送带

资料来源：摘自参考文献［99］。

（2）适应范围　隧道式加热器的功率容量较大，在工业生产上的应用比较普遍。为了防止微波能的辐射，在炉体出口及入口处加上了吸收功率的水负载。这类加热器可应用于木材干燥、茶叶加工等方面。

3. 波导型微波加热器

所谓波导型微波加热器即在波导的一端输入微波，在另一端有吸收剩余能量的水负载，这样使微波能在波导内无反射地传输，构成行波场。所以这类加热器又称为行波场波导加热器。这类加热器有以下几种形式。

（1）开槽波导加热器　又称蛇形波导加热器和曲折波导加热器。这种加热器是一种弯曲成蛇形的波导，在波导宽边中间沿传输方向开槽缝。由于槽缝处的场强最大，被加热物料从这里通过时吸收微波功率最多。一般在波导的槽缝中设置可穿过的输送带，将物料放在输送带上随带通过，输送带应采用低介质损耗的材料，这种加热器适用于片状和颗粒状食品的干燥和加热。

（2）V 形波导加热器　V 形波导加热器结构如图 8-20 所示。它由 V 形波导、过渡接头、弯波导和抑制器等组成。V 形波导为加热区，其截面见图 8-20 的 B-B 视图，输送带及物料在里面通过时达到均匀的加热，V 形波导到矩形波导之间有过渡接头，抑制器的作用为防止能量的泄漏。

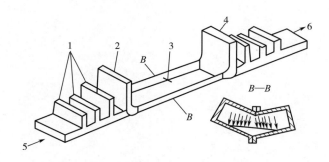

图 8-20　V 形波导加热器示意图

1—抑制器　2—微波输入　3—V 形波导　4—接水负载　5—物料入口　6—物料出口

资料来源：摘自参考文献［99］。

（3）直波导加热器　直波导加热器结构，如图 8-21 所示，它由激励器、抑制器、主波导

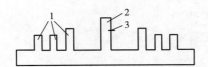

图 8-21　直波导加热器示意图

1—抑制器　2—激励器　3—微波器

资料来源：摘自参考文献 [99]。

及输送带组成。微波管在激励器内建立起高频电场，电磁波由激励器分两路向主波导传输，物料在主波导内得到加热。当用几只微波管同时输入功率时，激励器与激励器之间应相隔适当的距离，以减少各电子管间的相互影响。在波导的两端分别加上由两只 $1/4\lambda$ 的短路器和一只可调短路活塞组成的抑制器，以控制功率的泄漏。输送带在主波导宽边底部穿过波导，其材料也应为低介质损耗材料。为了达到对各种不同物料的加工要求，可设计成各种结构形式的行波型微波加热器。

🔍 思考题

1. 食品挤压设备的主要工作原理是什么？
2. 简述食品熟化的方法及种类。
3. 微波加热设备的基本构成。
4. 单螺杆挤压机与双螺杆挤压机比较，各自有什么优缺点？

第九章

食品浓缩机械与设备

CHAPTER

9

第一节　浓缩基本原理与设备分类

一、　浓缩基本原理

浓缩是指提高料液浓度的操作过程，即利用物理方法从料液中除去部分水分的过程。它广泛应用于食品、化工、医药等工业。在食品生产加工中，一些液态原料或半成品，如鲜乳、果蔬榨取原汁、生物处理液（如蛋白质或多糖的酶解液、微生物发酵液）、植物提取液（如咖啡、茶、中草药等的提取液）等均含有大量水分，为了便于贮藏、运输、后续加工等，往往需要进行浓缩处理。

根据浓缩原理的不同，浓缩设备主要分为三大类，即蒸发浓缩设备、冷冻浓缩设备和膜分离浓缩设备。蒸发浓缩的原理是通过加热物料，使物料的易挥发部分在其沸点温度时由液态变为气态，并将汽化时所产生的二次蒸汽排除，从而使料液的浓度提高；冷冻浓缩是利用冰与水溶液固液相平衡的原理，当溶质浓度低于低共熔浓度时，冷却过程中溶剂会变逐渐变成晶体析出，从而使溶液中的溶质浓度不断提高，含热敏性和挥发性成分料液的浓缩多用这种方法；膜分离浓缩是一种以半透膜为分离介质，膜两侧压力差或电位差作为动力的单元操作，通常在常温下进行，特别适用于热敏性物料的分离。目前，蒸发浓缩在食品工业中应用最为广泛，其原理、工程实践技术最为成熟、可靠，其设备正朝着低温、快速、高效和节能的方向发展。

二、　浓缩设备的分类

食品加工中，由于料液的性质不同，浓缩要求的条件差别很大，因此设备的形式很多，主要分为以下类型。

（1）按蒸发表面上的压力　蒸发浓缩设备可分为常压浓缩设备、真空浓缩设备两大类。常压浓缩设备主要由加热器、蒸发室、冷凝器等构成，真空浓缩设备主要由加热器、蒸发室、冷凝器及抽真空系统等构成。相比于真空浓缩，常压浓缩设备简单，操作方便。但相同传热条件下，真空浓缩的蒸发效率高、料液营养损失少，并可利用低压蒸汽作为热源，有效利用废热资源。

（2）按加热蒸汽被利用的次数　蒸发浓缩设备可分为单效浓缩设备、多效浓缩设备及带有热泵的浓缩设备。单效浓缩设备指用于加热物料的蒸汽仅利用一次，蒸汽耗用量大，热能利用率低；多效浓缩设备热能利用率，可实现蒸汽的多次利用，如前效浓缩所产生的二次蒸汽可用作后效浓缩的热源，但设备投资费用较高；热泵是一种热量提升的节能装置，能从环境介质（水、空气、土壤等）中提取 4~7 倍于所耗电能的能量用以提升料液温度加速蒸发，热泵的性能一般用制冷系数（COP 性能系数）来评价，高制冷系数的热泵技术是发达国家竞相开发和研究的。

（3）按料液的流程　蒸发浓缩设备可分为单程式和循环式两种。单程式是指料液只经过一次浓缩即达到所需浓度。循环式又可分为自然循环与强制循环，自然循环是物料受热后的上升规律进行的循环，用于结构较简单的浓缩设备；强制循环则需借助于搅拌器或刮板的动力，用于结构复杂的浓缩设备。一般来说，循环式比单程式的热利用率高。

（4）按料液蒸发时的状态分类　浓缩设备可分为非膜式和薄膜式。非膜式指料液在浓缩设备内聚集在一起，没有形成薄膜状，如中央循环管式浓缩锅、盘管式浓缩锅；薄膜式指料液在设备内表面被分散成薄膜状，蒸发面大，热利用率高，如升膜式、降膜式、刮板式、离心式薄膜浓缩器等。

（5）按加热器结构形式分类　浓缩设备可分为中央循环管式浓缩锅、盘管式浓缩锅、升膜式浓缩器、降膜式浓缩器、刮板式浓缩器等。

三、 浓缩设备的选择

在进行浓缩操作时，可根据不同的料液特性，按生产需要选择合适的浓缩设备。

1. 热敏性

食品物料多由蛋白质、脂肪、糖类等成分组成，这些物质在高温或长期受热后会发生一些化学或物理变化（如变性、氧化、褐变等），影响产品质量，这一特性即为食品的热敏性。热敏性物料的变化与加热温度及时间有关。为解决这一问题，多采用蒸发温度低、热敏性物料停留时间短的设备，如各种薄膜式或真空度较高的蒸发浓缩器对物料进行浓缩。

2. 结垢性

有些料液在受热后，会在加热面上形成积垢，从而增加热阻，降低传热系数，影响蒸发效能，使设备生产性能下降，甚至造成停产。因此，对容易产生积垢的物料要采取有效的防垢措施，如采用管内流速较大的强制循环型的浓缩器或升膜式蒸发设备，通过减少料液在加热层面的停留时间来防止积垢生成。也可采用电磁防垢、化学防垢等方法解决结垢问题。

3. 发泡性

有些料液在浓缩过程中会产生大量气泡，这些气泡易被二次蒸汽带走，不仅会造成料液的损失，增加产品的损耗；也可能污染其他设备，严重时使设备不能操作。所以在浓缩发泡性料液时，要降低蒸发器内二次蒸汽的流速，防止发泡现象的发生。从蒸发器的结构上考虑消除发泡的可能性，也可在蒸发室上安装捕沫装置。

4. 结晶性

有些料液在浓度增加时，会有晶粒析出，当大量晶粒沉淀于加热面时会影响设备的传热效果，甚至堵塞加热管。在浓缩此类料液时，宜选择带有搅拌功能的蒸发浓缩器、强制循环蒸发浓缩器、刮板式或降膜式蒸发浓缩器等，防止结晶沉积。

5. 黏滞性

有些料液的黏度随着浓度增大而增大，从而导致料液流动性变差，传热系数减小，设备生产能力下降。对黏度较高或经加热后黏度会增大的料液，宜选用强制循环型、刮板式或降膜式浓缩器。

6. 腐蚀性

有些料液对设备材料具有腐蚀性，如柠檬酸液。在蒸发浓缩腐蚀性较强的料液时，宜选用由防腐蚀材料制成的设备，或在结构上采用更换方便的形式，定期检查更换。

7. 挥发性

蒸发浓缩时，有些料液含有的芳香物质和风味物质成分易随蒸汽逸出，影响产品品质。对于此类料液，可采用低温浓缩同时加以回收装置，将损失量降到最低。

除满足以上依据外，设备还应满足以下要求。

（1）满足生产工艺和食品卫生要求。

（2）传热效果好，热能利用率高。

（3）结构合理紧凑，操作、清洗、维修方便，安全可靠。

（4）动力消耗小。

（5）能保证足够的机械强度，节省材料，耐腐败。

第二节　蒸发浓缩机械与设备

一、　常压蒸发浓缩设备

常压蒸发浓缩设备在工作时，会将溶液气化后直接排入大气，蒸发面上为常压，较典型的常压浓缩设备有麦芽汁煮沸锅，夹层锅等。由于工艺用途不同，设备结构往往有很大的差异，不过总体来说具有结构简单、操作维修方便、技术要求较低、投资少等优点。但由于常压浓缩设备蒸发效率低，能耗大，尤其在浓缩后期，料液的许多成分容易在高温条件下焦化、氧化、分解，使产品质量下降，因而在食品工业中的应用已逐步减少。

1. 麦芽汁煮沸锅

麦芽汁煮沸锅如图9-1所示。整体呈球形，多采用紫铜或不锈钢薄板等比较薄的材料制成，具有足够的机械强度和刚度，搅拌功率消耗小，同时清洗方便。小型的蒸沸锅通常采用外凸锅底，并在锅底装置加热夹套。而对于大型的煮沸锅，由于锅的直径与容量较大，若采用整体加热夹套，会导致设备受热面积小、传热系数低，不能满足加热速度的要求，因而多采用内凸锅底，以增大加热面积，促进物料对流循环，改善受力状态，提高锅体刚度。内凸结构可以装置内外两个加热区。其中内加热区的结构强度高，受压能力好，可采用较高压力的蒸汽。每个加热区分别装有进蒸汽管、排冷凝水管和排不凝性气体管。为使进入的蒸汽分布均匀，避免直冲锅底而造成设备损坏，进蒸汽管一般设置在夹层中上部。为便于排净冷凝水，避免因冷凝水的积存而降低传热系数，冷凝水排出管一般设置在最低处。为便于排净不凝性气体，不凝性气体管一般设置在加热区的最高处。

对于大型麦芽汁煮沸锅，近年来也有采用内置中心加热器的自然循环形式，可根据液面高度，自动调控加热蒸汽的温度。此种设备传热系数较高，加热速度快，麦芽汁的成分可充分分解和凝固，有助于提高啤酒质量，但结垢后的清洗较为困难。

2. 夹层锅

夹层锅又名夹层蒸汽锅，通常由内外半球形的锅体和支脚组成，夹层可通入蒸汽加热。夹层外设有进汽管、不凝性气体排放管和冷凝水排放口，在锅底的正中位置开有排料接口。夹层锅在食品工业中多用于各种物料的漂烫处理，亦可用于糖果、糕点、调味品配制、溶糖化糖及肉类、卤味制品熬煮等操作。当夹层锅容积较大或用于黏稠物料的浓缩时，需配置锚式或桨式搅拌装置。

夹层锅具有以下特点：结构和操作简单，适用于多种操作和处理，安全可靠，夹层锅内层锅体多采用耐酸耐热的奥氏体不锈钢制造，配有压力表和安全阀，安装容易，操作方便；不足之处是生产能力有限，操作劳动强度大，工作时会产生大量水汽，需要有排气通风辅助措施。

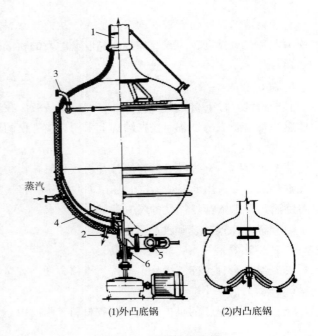

(1)外凸底锅 (2)内凸底锅

图 9-1 麦芽汁煮沸锅

1—排气管 2—冷凝水排出口 3—冷凝液排出管
4—搅拌器 5—浓缩液排出口 6—填料辅材
资料来源：摘自参考文献 [13]。

二、 真空蒸发浓缩设备

真空浓缩设备是用于浓缩食品的主要设备之一。它利用真空蒸发的原理，可在较低温度下除去除食品中的水分，从而达到浓缩的目的。真空蒸发浓缩具有以下优点：可以增大加热蒸汽与沸腾液体之间的温度差，增大传热量，使蒸发过程加快，生产能力提高；可选用低压蒸汽或废热蒸汽作为热源；由于蒸发温度较低，适合处理热敏性物料，从而防止物料受高温影响而使产品质量下降；在较低的温度下进行浓缩，设备与室内的温差小，可减少浓缩设备使用时的热量损失。缺点如下：须有抽真空系统，因而要增加附属设备及动力；由于蒸发潜热随沸点降低而增大，因而热能消耗较大。

（一） 非膜式真空浓缩设备的选用

非膜式真空蒸发浓缩器的料液在蒸发器内聚集，只是翻滚或在管中流动，没有形成薄膜状的大蒸发面。因加热蒸发时的液层较厚，非膜式蒸发器的普遍特点是传热系数小，料液受热蒸发速度慢，加热时间长。常见的非膜式蒸发器形式有夹套式、盘管式、标准式和强制循环式等。

1. 中央循环管式浓缩器

中央循环管式浓缩器是单效真空浓缩设备，如图 9-2 所示，由蒸发浓缩锅、冷凝器及抽真

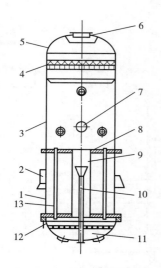

图9-2 中央循环管式蒸发器

1—加热室（汽鼓） 2—进汽口 3—蒸汽室
4—除沫器 5—顶盖 6—二次蒸汽出口
7—视镜 8—罐板 9—降液管 10—出汁管
11—底盖 12—进汁管 13—加热管

资料来源：摘自参考文献［18］。

空装置组合而成。食品料液经过由沸腾加热管及中央循环管所组成的竖式加热管面时受热蒸发，二次蒸汽进入冷凝器冷凝，不凝气体由抽真空装置抽出，从而达到真空蒸发浓缩的目的。

（1）主要结构

①加热器体。加热器体一般由沸腾加热管、中央循环管及上下管板组成。沸腾加热管多采用 $\varphi 25 \sim 75mm$ 的不锈钢或其他耐腐蚀材料制成，长度一般为 $0.6 \sim 2.0m$，管长与管径之比为 $20 \sim 40：1$。中央循环管截面积一般为沸腾加热管束总截面积的 $40\% \sim 100\%$，通常和沸腾加热管束采用胀管法或焊接法固定在上下两个管板上，构成一组竖式加热管束。设备运作时，料液在管内流动，蒸汽在管间流动。为了提高传热效果及冷凝效果，可在管间增设若干挡板或抽去几排加热管，形成蒸汽通道，同时配合不凝结气体排出管的合理分布，有利于加热蒸汽均匀分步。此外，加热器体外侧还装有不凝结气体排出管、加热蒸汽管、冷凝水排出管等。

②蒸发室。蒸发室指料液液面上部的圆筒空间。料液经加热后汽化，要留有一定高度和空间使气液分离。蒸发室的高度一般为加热管长的 $1.1 \sim 1.5$ 倍，主要根据防止料液被二次蒸汽夹带的速度所决定，此外还要方便清洗和维修。蒸发室顶部有捕集器，可分离蒸汽夹带的汁液，保证二次蒸汽的洁净，提高传热效果，减少料液的损失。二次蒸汽排出管位于锅体顶部。蒸发室外壁有视孔、人孔、洗水、照明、仪表、取样等装置。

（2）工作原理 食品料液由料液进口进入管束中，加热蒸汽在管束间流动，由于中央循环管和沸腾管束中料液受热程度不同，传热产生重度差，从而形成了中央循环管中物料下降，沸腾管中上升的自然循环流动。在反复循环过程中，料液中的水分迅速蒸发，从而达到浓缩的目的。

（3）性能特点 中央循环管蒸发器结构简单、操作方便、传热系数大，有"标准蒸发器"之称。但其整体循环速度较低（一般在 $0.5m/s$ 以下），溶液的沸点高，有效温差较小，浓缩黏度较大的料液时循环效果差。此外，设备的清洗和检修也不够方便。

2. 盘管式浓缩器

（1）主要结构 盘管式浓缩器主要由加热盘管、蒸发室、冷凝器、抽真空装置、泡沫捕集器、进出料阀及各种控制仪表组成。

该设备的锅体为立式圆筒密闭结构，外焊加强圈。锅体上部为蒸发室，下部为加热室，加热室底部设有 $3 \sim 5$ 组分层排列的加热盘管，每盘 $1 \sim 3$ 圈，各组盘管分别装有可单独操作的蒸汽进口及冷凝水出口。盘管的进出口排列分为异边进出、同边进出两种，如图9-3所示。因管段较短，盘管中的温度较均匀，可及时排出冷凝水，因而传热面利用率较高。目前盘管截面多采用扁平椭圆形，如图9-4所示，这种截面不仅使料液的自然对流阻力较小，而且便于清洗。

浓缩器的上部外侧安装有离心式泡沫捕集器，用蒸汽管与分离器相连。分离器中心装有立管与水力喷射泵。水力喷射泵配有水力喷射器及水泵，具有抽真空、冷凝两种作用；水力喷射器由喷嘴、吸气室、混合室、扩散管等组成。工作时借泵的压力，将水压入喷嘴，由于喷嘴面积小，可在喷嘴出口处形成真空，吸入的二次蒸汽与冷水混合后一起排出，以保证锅体内的真空度。

（2）工作原理　盘管式浓缩器工作时，料液沿切线方向通过进料管进入锅内。盘管内的加热蒸汽对管外的料液进行加热，在盘管壁面处的料液受热后因体积膨胀、密度减小而上升。而在浓缩盘管中心处的料液，因距加热管较远，受热相对较少，密度较大，呈下降趋势，从而形成了料液沿外层盘管间上升，又沿盘管中心下降的自然循环状态。蒸发产生的二次蒸汽从浓缩锅上部中央排出，沿切线方向进入泡沫捕集器产生旋涡，在离心力的作用下，料液中的物料微粒被分离积聚在一起，下降流回锅中；蒸汽则进入冷凝器，冷凝成水排出。当浓缩锅内的物料浓度经检测达到要求时，即可停止加热，打开锅底出料阀出料。该设备连续进料、间歇出料。操作过程时要注意，不得向露出液面的盘管内通蒸汽，需待料液浸没盘管后方可从下而上将已浸没的蒸汽阀拧开；当液面降低，盘管露出时，应立即从上而下依次关闭蒸汽阀。此外，由于盘管结构尺寸较大，加热蒸汽压力不宜过高，一般为 0.7~1.0MPa。

（3）性能特点　盘管式蒸发器具有以下优点：结构简单，操作稳定，易于控制；管壁温度均匀，传热系数高，蒸发速率快；可根据料液的液面高度，独立控制蒸汽的通断及其压力；通道大，料液流动阻力小，特别适用于黏稠性物料的浓缩。主要缺点：该设备是间歇出料，生产力有限，料液的受热时间较长，在一定程度上影响产品质量；相对传热面积较小，料液循环较差，盘管表面易结垢，清洗较困难。

3. 搅拌式真空浓缩器

搅拌式真空浓缩器又称夹套

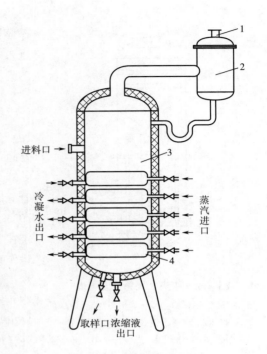

图9-3　盘管式浓缩锅
1—二次蒸汽出口　2—泡沫捕集器
3—汽液分离室　4—盘管
资料来源：摘自参考文献［17］。

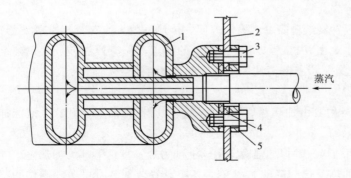

图9-4　扁平椭圆形盘管剖视图
1—盘管　2—浓缩锅壁　3—螺栓　4—填料　5—法兰
资料来源：摘自参考文献［78］。

式蒸发器，属于间歇式中小型浓缩设备，主要由上下锅体、汽液分离器、抽真空装置等组成，其结构如图9-5所示。

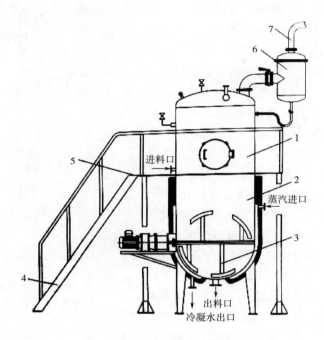

图9-5　夹套带搅拌浓缩锅

1—上筒体　2—下筒体　3—搅拌器　4—人梯　5—平台　6—汽液分离器　7—二次蒸汽出口

资料来源：摘自参考文献［17］。

（1）主要结构　搅拌式真空浓缩器由上锅体与下锅体组成。上锅体设有料孔、视镜、照明、仪表及汽液分离器等装置。下锅体底部为夹套，内通加热蒸汽。锅内装有四桨叶犁刀式搅拌器，转速为10~20r/min，以强化物料的循环，不断更新加热面外的料液。工作时产生的二次蒸汽由水力喷射器或其他真空装置抽出。

（2）工作原理　操作时先通入加热蒸汽赶出锅内的空气，然后启动抽真空系统使锅内形成真空环境。当料液进入锅内并达到容量要求后，开启蒸汽阀门和搅拌器，在搅拌器的强制翻动和高温下，料液形成对流并释放出二次蒸汽，当达到所需浓度时，解除真空即可出料。

（3）性能特点　搅拌式真空浓缩器具有以下优点：结构简单，操作控制容易；强制搅拌加强了料液的流动，减少了加热死角，适于浓缩黏度较大的料液，如果酱、牛乳等。缺点是传热面积小，受热时间长，生产能力低，不能连续生产。

（二）　膜式浓缩设备的选用

膜式浓缩器的料液在蒸发时被分散成薄膜状。膜式浓缩器可分为升膜式、降膜式、升降膜式、板式、离心式和刮板式薄膜蒸发器等。薄膜式蒸发器蒸发面积大、热效率高、水分蒸发快，但结构比非膜式复杂。

1. 单效升膜式浓缩器

（1）主要结构　单效升膜式浓缩器主要由加热器、蒸发分离、循环管等部分构成。结构如图9-6所示。

加热器为一垂直竖立的长形容器，内部两个管板上有许多采用胀管法或焊接法固定的垂直长管。为使加热面供应足够成膜的气流，加热管的直径和长度的选择要适当。管子直径一般采用 30~50mm，管长与管径之比为 100~150：1（长管式的管长 6~8m，短管式管长 3~4m）。蒸发分离室在加热器上部，由进料管相连接。分离室顶部的二次蒸汽出口中央有泡沫捕集器，可以分离料液与二次蒸汽，使二次蒸汽被真空装置抽出。

（2）工作原理 操作时，料液预热到接近沸点状态时进入加热器，自下而上流动。在加热和真空的状态下，部分料液自分离器的线入口处喷出，迅速气化产生二次蒸汽，并带动浓缩液沿管内壁程膜状上升。在加热室顶部，二次蒸汽和已浓缩的料液沿切线方向高速进入分离室，在离心力和泡沫捕集器的作用下气液分离。浓缩液由于重力及位差作用，沿循环管下降到加热器底部，与新进入的料液混匀后一并进入加热管内，再次受热蒸发，如此反复。操作设备时应当注意，进料量必须与出料量及蒸发量相平衡，如果进料量过多，加热蒸汽不足，则管的下部积液过多，形成液柱上升而不能形成液膜，会使传热效果大大降低；如果进料量过少，则会发生管壁结焦现象，不易清洗。

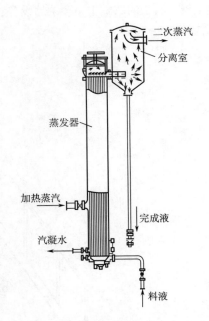

图 9-6 升膜式蒸发器

资料来源：摘自参考文献［18］。

（3）性能特点 单效升膜式浓缩器具有以下优点：结构简单，占地面积小，设备投资少；传热系数高，受热时间段短，适于浓缩热敏性物料；高速二次蒸汽具有良好的破沫作用，适于浓缩起泡性物料；可连续出料，生产能力大。缺点：生产需要连续进行，否则易使加热管内表面结垢，甚至结焦；由于料液上升需克服重力和摩擦阻力，不适宜于浓缩高黏度、易结垢、易结晶；管子较长，清洗较不方便。

2. 单效降膜式浓缩器

（1）主要结构 降膜式与升膜式浓缩器设备的结构相似，都属于自然循环液膜式浓缩设备。主要区别是降膜式浓缩设备的蒸发分离室位于加热室下部。为提高降膜式浓缩设备的蒸发效率，使料液均匀成膜，不发生偏留，一般在管的顶部或管内安装降膜分配器，其结构形式有多种，如图 9-7 所示。

①多孔板。呈多孔平板结构，各孔处于加热

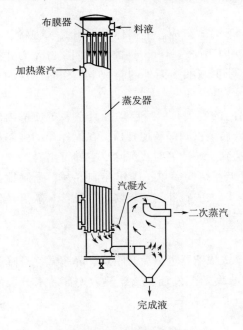

图 9-7 降膜式蒸发器

资料来源：摘自参考文献［18］。

管之间，孔板与管口高度方向留有间隙，料液通过孔后，沿加热管壁成液膜状流下，形成不均匀液膜。适宜于黏度较大的料液使用。

②齿形溢流口。管口周边呈锯齿形，液流被均匀分割成数个小液流，在表面张力作用下形成均匀的环形液膜。

③锥形倒流杆。呈圆锥面，底面内凹，可防止液体再向中央聚集。成膜稳定，但料液中的固体颗粒易造成堵塞。

④螺纹导流杆。呈圆柱形，表面开有数条螺旋形沟槽，可插入管口使用。料液通过沟槽后沿管壁周边旋转流下，不同沟槽内的液流混合成均匀的管形薄膜下降。由于沟槽的流动阻力较大，因此适宜于黏度较小的料液。

⑤旋流导流器。呈圆筒形，进液口沿其切线方向开设。料液由进液口进入后，在离心力的作用下，沿管壁旋转流下形成薄膜。

需要注意的是，虽然降膜分配器对提高物料的传热效果起到很大的作用，但也使管子不易清洗。

（2）工作原理　降膜式浓缩器工作时，料液经降膜分配器进入加热管，形成的液膜在快速流动的二次蒸汽和自身重力的作用下，沿管内壁向下流动。由于单位体积料液的受热面积大，料液很快沸腾汽化；又由于向下加速时克服的流动阻力较小，产生的二次蒸汽可以快速带动料液下降，因此具有良好的传热效果。汽液混合物以切线方向进入蒸发分离室，二次蒸汽经捕集器分离出其中的液滴后，从分离室顶部排出，浓缩液则从底部抽出。

（3）性能特点　单效降膜式浓缩器具有以下优点：物料的受热时间短，适宜于热敏性物料的浓缩；传热系数高，并可避免泡沫的形成。缺点：二次蒸汽夹带的微量液滴，易在加热管外表面生成污垢，影响传热；加热管长度较长，清洗困难，不适宜于高浓度及黏稠性物料的浓缩；不能随意中断生产，否则易结垢或结晶。

3. 升降膜式浓缩器

（1）主要结构　升降膜浓缩器相当于升、降膜式浓缩器的串联。设备安装两组加热管束，一组为升膜式，另一组为降膜式，如图9-8所示。料液先进入升膜加热管，沸腾蒸发后，汽液混合物上升至顶部转入另一组加热管，进行降膜蒸发。

（2）工作原理　升降膜浓缩器符合料液蒸发浓缩规律，即料液刚进入浓缩器时，浓度低、蒸发速度快，在二次蒸汽作用下易于成膜；初步浓缩后，液膜在降膜式蒸发中借助重力沿管壁下降。由于降膜段的料液由升膜段控制，进料均匀，因此有利于降膜段均匀成膜。

（3）性能特点　升降膜式浓缩器具有以下特点：符合物料的要求；有利于液体均布，加速物料的湍动和搅动，提高传热效果；升膜控制降膜的进料分配，有利于操作控制；两过程串联，提高产品的浓缩比，结构紧凑，降低设备高度；但结构复杂，不便于单独控制两组加热管。

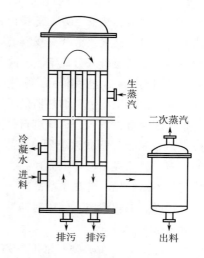

图9-8　升降膜式蒸发器

资料来源：摘自参考文献［17］。

4. 板式浓缩器

（1）主要结构　板式浓缩器是一种较先进的浓缩设备，主要由板式加热器和分离室组成，如图9-9所示。加热器的结构和组合方式与普通板式换热器相近，一般由加热板及垫圈组合而成，其中加热板为厚1~1.5mm的不锈钢板。根据料液与蒸汽在加热板上的流动方向，加热板可分为升膜式和降膜式。

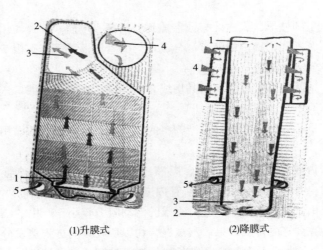

(1)升膜式　　　　　　　　(2)降膜式

图9-9　板式蒸发器的加热板

1—进料　2—浓缩液　3—二次蒸汽　4—加热蒸汽　5—冷凝水

资料来源：摘自参考文献［77］。

（2）工作原理　板式浓缩器也可分为升膜式、降膜式和升降膜式结构。降膜式板式蒸发器工作时，料液从加热器上侧进入，均匀分布在加热片上。加热蒸汽室产生的蒸汽和料液并流。汽液混合物由加热器下方通道排出，进入分离室分离。浓缩液在分离器下方排出，二次蒸汽则从上方排出。升膜式板式蒸发器与降膜式类似，但料液与加热蒸汽为逆流走向，气液混合物由加热器上方通道排入分离室。升降膜式板式蒸发器的加热板由升膜板、降膜板和蒸汽板交替叠成，共同构成一个蒸发单元。蒸发单元数可根据生产的产量进行调整。此设备的料液输入口、汽液混合输出口均位于加热器的下方。料液加热后，部分水分蒸发为二次蒸汽，与浓缩液一起进入底部通道，引入分离室进行分离。

（3）性能特点　板式浓缩器具有以下特点：料液流程短，受热时间很短，适用于热敏性产品的浓缩；料液强制循环，流速高，几乎不产生结焦，可处理较高浓度和黏度的料液；液膜分布均匀，不易结垢；传热系数高。一次通过的浓缩比不高，常需要构成二效或三效的蒸发系统；密封垫圈易老化泄露，使用时需控制压力。

5. 离心薄膜浓缩器

（1）主要结构　离心薄膜浓缩器是一种利用料液自身在高速旋转时的离心力成膜流动的高效蒸发设备，结构如图9-10所示。真空室壁上固定安装原料液分配管、浓缩液引出管、清洗水管和二次蒸汽排出管。真空室内设置一高速旋转的转鼓，转鼓内叠装有锥形空心碟片，碟片间保持有一定的加热蒸发空间，空心夹层内通加热蒸汽，外圆径向开有与外界连接的通孔，供加热蒸汽和冷凝水通过。碟片的下外表面为工作面，故整机具有较大的工作面；外圈开有环形凹槽和轴向通孔，定向叠装后形成浓缩液环形聚集区和连接的轴向通道。转鼓由电动机通过液力联轴器和 V 带传动装置高速旋转，上部为浓缩液聚集槽，插有浓缩液引出管。转鼓轴为空心结构，内部设置有加热蒸汽通道和冷凝水排出管。

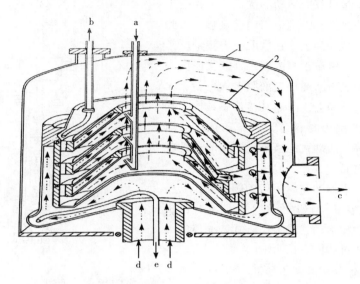

图 9-10　离心薄膜式蒸发器结构示意

1—壳体　2—转鼓

a—稀料液　b—浓缩液　c—二次蒸汽　d—加热蒸汽　e—冷凝水

资料来源：摘自参考文献［77］。

（2）工作原理　温度接近沸点的料液通过分配管喷至各空心碟片下表面内圆处。在空碟片高速旋转所产生的离心力下，料液均匀分布于空心碟片的外表面形成薄膜。加热蒸汽由转鼓空心轴进入转鼓下部空间，并经碟片外缘的径向孔进入碟片夹套，对分布在外表面的液膜进行加热蒸发。蒸发过程中，料液受热时间延续 1~2s，形成厚 0.1mm 的液膜。浓缩液汇集于转鼓上部的外缘内侧的一组圆环内，由浓缩液引出管吸出。二次蒸汽经离心盘中央孔汇集上升，通过二次蒸汽排出口进入冷凝器。料液的蒸发温度由蒸发室的真空度来控制，浓缩液的浓度由调节供料泵的流量来控制。冷凝水在离心力作用下，经碟片径向孔甩到夹套的下边缘周边汇集，由空心轴内的引出管排出。

（3）性能特点　离心薄膜浓缩器具有以下特点：结构紧凑；蒸发面积大；传热效率高，料液受热时间很短，具有很强的蒸发能力，特别适合果汁和其他热敏性液体食品的浓缩。料液流动阻力大，不适于浓缩黏度大、易结晶、易结垢的物料；设备结构比较复杂，造价较高；传动系统的密封易泄漏，影响高真空。

6. 刮板式薄膜浓缩设备

（1）主要结构　刮板式膜浓缩设备主要由转轴、料液分配盘、刮板、轴承、轴封、蒸发室和夹套加热室等组成，如图 9-11 所示。刮板式薄膜浓缩设备有固定刮板式和活动刮板式两种；按安装的形式又可分为立式和卧式，而立式又分降膜式和升膜式。

固定刮板式主要用于不刮壁蒸发，一般不分段。刮板末端与筒内壁有一定的间距（一般为

0.75~2.5mm）。为保证其间距，对刮板和筒体的圆度及安装的垂直高度要求较高。刮板数一般为4~8块，周边速度为5~12m/s。

活动式刮板是指可双向活动的刮板，主要用于刮壁蒸发，一般分数段。因刮板与内壁接触，因此又被称为扫叶片或拭壁刮板。它借助于旋转轴所产生的离心力，将刮板紧贴于筒内壁，其液膜厚度小于固定式刮板；加之不断搅拌使液膜表面更新，保持筒内壁不结晶、难积垢，因而其传热系数比不刮壁的要高。刮壁的刮板材料有聚四氟乙烯、层压板、石墨、木材等。活动式刮板末端的圆周速度较低，一般为1.5~5m/s。

立式刮板式浓缩器的筒体一般为圆柱形，其长径比为3~6∶1。在相同操作条件下，固定式刮板浓缩器的长径比要比活动式得大。卧式浓缩器的筒体一般为圆锥形，锥体的顶角为10°~60°。

筒体的加热室为夹套，为防止局部过热或短路，蒸汽在夹套内要流动均匀。转轴由电机及变速调节器控制。轴多采用空心轴，应有足够的机械强度和刚度。转轴两端装有良好的机械密封，一般采用不透性石墨与不锈钢的端面轴封。

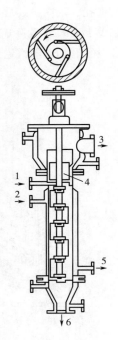

图9-11　活动刮板式薄膜浓缩器
1—料液　2—蒸汽入口　3—二次蒸汽
4—液滴分离器　5—冷凝水出口　6—浓缩液出口
资料来源：摘自参考文献［55］。

（2）工作原理　料液由进料口沿切线方向进入浓缩器内，或经固定在转轴上的料液分配盘均布在内壁四周。在自身重力和离心力的作用下，料液在内壁形成螺旋下降或上升的薄膜（立式），或螺旋向前推进的薄膜（卧式）。料液在加热区停留的时间，随浓缩器的高度和刮板的导向角、转速等因素而变化。二次蒸汽通过顶部（立式）或浓缩液出口端的汽液分离器后，在冷凝器中冷凝排出。

（3）性能特点　刮板式薄膜浓缩设备具有以下特点：料液在浓缩时不断更新，形成液膜状态，总传热系数较高；适合于浓缩高黏度的果汁、蜂蜜或含有悬浮颗粒的料液。动力消耗较大，且随料液黏度的增大而增加；加热室直径较小，清洗不方便。

（三）　多效浓缩设备

在单效真空浓缩系统中，含有大量汽化潜热的二次蒸汽没有被充分利用就直接排出，造成资源浪费。根据低压蒸发原理，在浓缩过程中可以用二次蒸汽再加热低温度的料液，再生二次蒸汽，从而使热得到充分利用。多效蒸发因减少加热蒸汽的消耗量，降低运行费用，浓缩效果好等优点而被食品工厂广泛采用。但在实际生产中，多效蒸发中所采用的效数受到限制，原因如下：实际耗汽量大于理论值；蒸发设备及其附属设备的费用随着效数的增加而成倍的增加；蒸发器有效传热温差有极限，随着效数不断增加，每效分配到的有效温差逐渐减小。

1. 多效蒸发的工作原理

实施多效蒸发的条件：各效蒸发器中加热器蒸汽的温度或压强要高于该效蒸发器中的二次蒸汽的温度或压强。由于在多效蒸发操作中，蒸发温度和操作压力是逐效降低的，因此整个系统中的压力递减分配取决于末效真空度的保持。一般食品多效蒸发中，第一效加热蒸汽的压力为大气压或略高于大气压。

2. 多效真空浓缩的流程

将两个或两个以上浓缩设备相连接，以生蒸汽加热的浓缩设备称为第一效，利用第一效所产生的二次蒸汽作为加热源的浓缩设备称为二效，以此类推。这种装有多个蒸发器，配以冷凝器及抽真空装置等附属装置，称为多效真空浓缩装置。根据原料加入方法的不同，多效真空浓缩装置流程可分为并流法、逆流法、平流法和混流法。

（1）并流法　并流法又称顺流法，如图9-12所示。料液与加热蒸汽的流动方向相同，由第一效顺序至末效，浓缩液由最后一效流出。这种流程的优点在于，由于蒸发室内的压力依效序递减，因此料液不需要泵来输送；料液的沸点依效序也递降，物料进入后一效时，呈过热状态立即蒸发，产生更多的二次蒸汽，增加了浓缩设备的蒸发量。此法有利于热敏性物料的浓缩。缺点为随着料液浓度依效序递增，其黏度增大，流动性变差，传热总系数减小，使末效蒸发增加了困难。

（2）逆流法　料液和蒸汽流动的方向相反，如图9-13所示。即料液由最后一效依次用泵送入前效，最终浓缩液由第一效排出；加热蒸汽从第一效通入，顺序至末效。这种流程的优点在于，随着料液浓度增大，蒸发温度也越来越高，因此各效黏度相差不大，有利于提高传热系数，改善循环条件。缺点为同顺流相比，料液的流动需要用泵来输送，水分蒸发量稍减，热量消耗多，料液在高温操作的浓缩器内的停留时间较长，不利于浓缩热敏性食品。

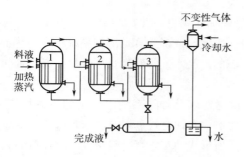

图9-12　并流真空浓缩操作流程图

资料来源：摘自参考文献［8］。

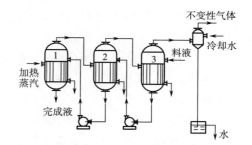

图9-13　逆流真空浓缩操作流程图

资料来源：摘自参考文献［8］。

（3）平流法　料液平行进入各效排出成品，如图9-14所示。溶液在各效的浓度相同，加热蒸汽的流向仍由第一效顺序至末效。此法对结晶操作较易控制，且不用对黏稠晶体悬浮液进行效间泵送。

（4）混流法　对于效数多的蒸发浓缩操作顺流和逆流并用，有些效间用顺流，有些效间用逆流。此法兼具顺流和逆流的优缺点，适用在料液的黏度随浓度而显著增加的场合。

除此还可根据工艺要求，采用其他操作流程。如，在末效采用单效浓缩锅与前几效组成新流程，克服末效溶液黏度大、流动性差的缺点，强化传热效果。

（四）　真空浓缩设备的附属设备

真空蒸发浓缩系统的主要设备是蒸发器，但它必须与适当的附属设备配合，才能在真空状态下得到不同形式的真空蒸发浓缩系统。真空浓缩装置的附属设备主要包括进料缸、泵、汽液分离器、蒸汽冷凝器、真空装置等。

1. 进料缸

进料缸用于液态原料的缓冲暂存。液态原料通过进料管进入缸体，缸内安装的浮球阀可自动控制液位。系统浓缩液的输出一般装有支路，浓度达不到要求的料液由此支路管回流到进料缸，重新与液态原料混合后再次蒸发浓缩。浓缩操作结束后，向进料缸通入清水，还可作为就地清洗的清水缸使用。在能够克服料液流动阻力的情况下，即利用进料缸与蒸发器之间的压差，一般通过管路就可完成进料。加

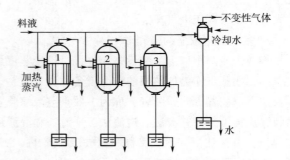

图9-14　平流真空浓缩操作流程图
资料来源：摘自参考文献 [8]。

工过程简单的生产线，尤其是产量不大的间歇式生产线，不需要设进料缸，前道工序的料罐即可充当进料缸使用。

2. 泵

真空蒸发系统中所用的泵有三类：物料泵、冷凝水排放泵和真空泵。

（1）物料泵　真空蒸发浓缩系统处于负压状态，因此进行连续蒸发操作时，浓缩液的输出一般通过物料泵抽吸完成。除了强制循环式蒸发器中的循环泵以外，多效真空浓缩中的逆流操作，效序蒸发器间的料液移动，一般也须用泵输送。

（2）冷凝水排放泵　用于排放负压状态加热器中加热蒸汽产生的冷凝水。由于真空浓缩系统的加热器与真空系统相连，进入加热器的蒸汽（生蒸汽或多效真空浓缩系统中作为热源的二次蒸汽）作为热源与冷料液换热后，成为负压状态的冷凝水。为脱离负压环境，必须通过离心泵抽吸才能排出加热器。

（3）真空泵　真空泵为蒸发系统提供所需的真空度以及排除系统中产生的不凝性气体，一般与再利用二次蒸汽作加热剂的加热器相连。主要形式有往复式真空泵、水环式真空泵、蒸汽喷射泵和水力喷射泵等。除了水力喷射泵以外，其他形式的真空泵一般接在冷凝器后面。

3. 汽液分离器

汽液分离器也称捕集器、捕沫器，一般安装在浓缩装置蒸发分离室的顶端或侧部。其作用是将蒸发过程中产生的细微液滴聚集并与二次蒸汽分离，减少料液的损失，同时防止其污染管道及其他浓缩器的加热面。要求有良好的分离效果，阻力损失尽可能小，保证液体连续地流向蒸发室内。同时应易于拆洗、无死角、结构简单、尺寸小、材料消耗少。一般可分成碰撞型、离心型和过滤型等，如图9-15所示。

（1）碰撞型　如图9-15（1）、（2）所示，碰撞型汽液分离器是在二次蒸汽流经的通道上设置若干个挡板，使夹带液滴的二次蒸汽多次突然改变运动方向与挡板碰撞。由于液滴惯性较大，在突然改变流向时，便从气流中甩出，沿着挡板面留下，从而与气体分离。一般分离器的直径比二次蒸汽入口直径大2.5~3倍。正常操作时效果较好，但阻力损失较大。

（2）离心型　如图9-15（3），带有液滴的二次蒸汽沿分离器的壳壁以切线方向导入，使气流产生回转运动。在离心力作用下液滴被甩到分离器的内壁，并沿壁下流到蒸发室内，二次蒸汽由顶部出口管排出。这种分离器也只有在蒸汽速度很大（真空状态下达60~70m/s，一般

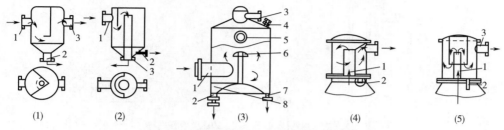

图 9-15 各种汽液分离器的构造示意图

（1）、（2）碰撞型 （3）离心型 （4）、（5）过滤型

1—二次蒸汽进口 2—料液回流口 3—二次蒸汽出口 4—真空解除阀 5—视孔 6—折流板 7—排液口 8—挡板

资料来源：摘自参考文献［55］。

为 20~30m/s）时具有较好的操作性能，因此阻力损失也较大。

（3）过滤型 如图 9-15（4）、（5）所示。二次蒸汽通过多层金属网或磁圈所构成的捕集器，液滴被黏附在其表面，而二次蒸汽则通过。特点是气流速度较小，阻力损失小。但因填料及金属网不易清洗，故在食品工业中应用较少。

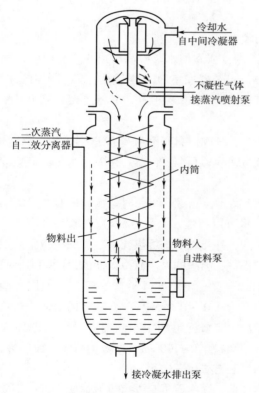

图 9-16 混合式冷凝器

资料来源：摘自参考文献［55］。

4. 蒸汽冷凝器

蒸汽冷凝器的作用是将真空浓缩所产生的二次蒸汽进行冷凝，同时使其中的不凝性气体分离，以减轻后面真空系统的体积负荷，维持系统所要求的真空度。图 9-16 与图 9-17 为几种常见的蒸汽冷凝器。

（1）混合式冷凝器 单效、低位、逆流式冷凝器，特点是体积小，效率高。在其中部装有"隔筒"，物料预热盘管固定在上面。当二次蒸汽进入混合冷凝器时，首先由上而下经"隔筒"外表面和物料预热盘管后冷凝，再从下口上升，与下落的冷却水混合。

（2）大气式冷凝器 二次蒸汽由冷凝器下侧进入，向上通过隔板间隙，与从冷凝器上部进入的冷水逆流接触冷凝后，从气压管排出。不凝结性气体由上端排出，进入汽液分离器，将液滴分离后，再被抽真空装置吸出排入大气。因被抽进真空装置的不凝性气体没有液滴，故也称之为干式高位逆流冷凝器。

（3）表面式冷凝器 由于冷凝器是通过一层管壁间接传热，加上壁垢形成之后，两边温差较大，一般情况下，二次蒸汽的温度与冷却水的温度相差达 10~20℃。除非冷凝液有

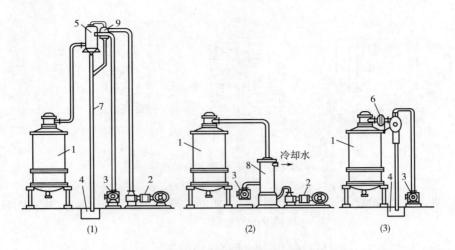

图 9-17　几种冷凝器装置

（1）大气式　（2）表面式　（3）喷射式

1—真空浓缩锅　2—干式真空泵　3—给水泵　4—热水池　5—大气式冷凝器　6—水力喷射器
7—气压式真空腿　8—表面式冷凝器　9—气液分离器

资料来源：摘自参考文献［78］。

回收价值，否则冷却水的使用并不经济，故使用较少。

（4）低水位冷凝器　降低大气式冷凝器的高度，依靠抽水泵排除冷凝水，有时其顶端连接真空泵或蒸汽喷射泵。由于降低了安装高度，故可装置在室内，具有大气式冷凝器的优点，但投资费用增加。此设备要求配置的抽水泵具有较高的允许真空吸头，管路严密，以免发生冷却水倒吸现象。

（5）喷射式冷凝器　它由水力喷射器及离心泵组成，兼有冷凝及抽真空作用。操作时，要求供水泵的压力稳定；操作停止时，必须先破坏锅内的真空度，然后再关闭水泵，避免冷水倒灌。

水力喷射器由喷嘴、吸气室、混合室、扩散室等部分组成。工作时。借助离心水泵的动力将水压入喷嘴，由于喷嘴处的截面积突然变小，水流以高速（15~30m/s）射入混合室和扩散室，在喷嘴出口处形成负压。二次蒸汽不断被吸入，并与冷水进行热交换冷凝，夹带不凝性气体，随冷水一起排出。喷嘴是水力喷射器的关键部件，喷嘴的大小与冷凝器的冷凝能力、吸入冷水的水质有关。一般喷嘴出口直径为 φ16~20mm，以一定角度倾斜，并按 1~3 圈同心圈排列。喉管大小与操作要求的真空度有关，当真空度为 0.08~0.09MPa 时，喉管的截面积与喷嘴出口总截面积之比为 3~4：1。当安装高度较大、排水管尾部用水封时，喉管长度为 50~70mm；安装高度较小、尾管不能水封时，长度一般取为 70~100mm。为防止高速水流的冲击，使水流缓冲和分配均匀，在喷嘴下部的吸气室内安装有流体导向板。

水力喷射器具有以下特点：结构简单，成本较低，喷射器本身没有机械运转部分，不要经常检修；适用于抽水、腐蚀性气体；整个冷凝装置的功率消耗较表面式和大气式小；安装高度低；不能获得很高的真空度，且真空度的大小随水温的高低而变化。

5. 真空装置

真空装置可保证整个浓缩装置处于真空状态，并且降低浓缩锅内压力，从而使料液在低温下沸腾，提高食品的质量。其主要功能是抽取浓缩装置中的不凝结气体，包括溶解在冷却水中的空气、料液受热后分解出来的气体、设备泄漏进来的气体等。常用的真空装置有机械泵和喷射式泵。

（1）往复式真空泵 主要由机身、气缸、活塞、曲轴、连杆、滑块、进排气阀门等组成。一般分湿式与干式两种，其结构如图9-18所示。

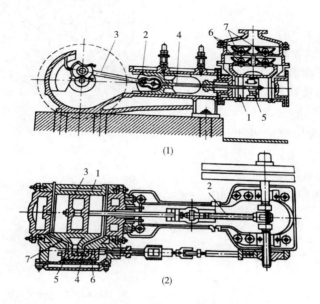

图9-18 往复式真空泵

（1）湿式 （2）干式

1—活塞 2—滑块 3—连杆 4—连接杆 5—汽缸 6—吸入阀门 7—排出阀口
1—汽缸 2—连杆 3—活塞 4—通道 5、7—阀门 6—滑动阀门

资料来源：摘自参考文献［55］。

湿式真空泵常与并流式冷凝器配套使用，通过活塞往复运动把冷凝器内的冷却水及不凝结气体一起同时排出，以保证系统的真空。由于机体笨重、真空度较低、效率差、功率消耗大、维护费高等问题，目前已较少使用。

干式真空泵要与干式逆流冷凝器配套使用，仅把冷凝器中的不凝结气体抽出。设备工作时，在电机的驱动下，通过曲轴连杆作用使气缸内的活塞往复运动。活塞的一端由真空系统吸入气体，并由另一端将吸入气缸内的气体通过气阀箱由排气管排出。在整个吸气及排气循环过程中，活塞起驱动作用，进排气阀片起逆止作用，当活塞往复运动时，真空系统中的气体不断被抽除，而达到所需的真空度。干式效果较湿式效果好，使用较广泛，但占地面积大、维护费用高。

（2）水环式真空泵 如图9-19所示，主要结构是由泵体和泵壳组成的工作室，工作室上有进、排气室，下有放水螺栓，盖上有指示旋转方向的箭头。泵体由一个呈放射状均匀分布的叶轮和轮壳组成。叶轮由铁铸成，12个叶片呈放射状，偏心地安装在工作室内。泵启动前，工作室内灌水至半满，当电动机带动叶轮旋转时，水在离心力的作用下被甩至工作室内壁，形成一个旋转水环，水环上部内表面与轮壳相切。叶轮沿顺时针方向旋转，在前半转中，水环的内表面逐渐离开轮壳，间片空隙逐渐扩大，被抽气体从镰刀形吸气口中被吸入而形成真空；在后半转中，水环的内表面逐渐与轮壳靠近，片间空隙逐渐缩小，被抽气体被压缩并从另一边的镰刀形排气口中排出。叶轮每转一周，叶片间的容积即改变一次，叶片间的水就像活塞一样反复运动，从而连续不断的抽吸和排出气体。

水环式真空泵结构简单紧凑，易于制造，操作可靠，转速较高，可与电动机直联，内部不需要润滑，排气量较均匀。但因转速高，水的冲击易使泵体和泵叶磨损，从而造成真空度降低，因此需要经常更换，此外设备的功率消耗也较大。

（3）蒸汽喷射泵 其主要结构如图9-20所示，主要由喷嘴、混合室和扩散室组

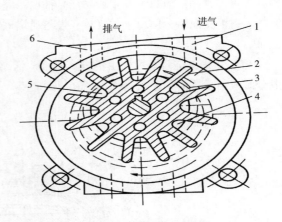

图9-19 水环式真空泵

1—进气管 2—叶轮 3—水环
4—吸气口 5—排气口 6—排气管
资料来源：摘自参考文献［78］。

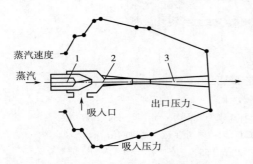

图9-20 蒸汽喷射泵工作原理

1—喷嘴 2—混合室 3—扩散室
资料来源：摘自参考文献［78］。

成，采用较高压力的水蒸气作动力源，喷嘴为不锈钢制成。设备工作时，蒸汽通过喷嘴以超音速喷入混合室，被抽气体与高速气流混合，并从气流中获得部分动能。混合后的气流混合进入扩散室，流速沿轴线流向逐渐降低，而温度与压强沿轴线流向逐渐升高，直至升高到排至大气或下一级泵所需要的压强。由于被抽真空室压强比混合室压强稍高，从而使真空室内的被抽介质可连续不断被送至大气或下一级泵。为了得到更高的真空度，可采用多级串联组合的蒸汽喷射泵；为了提高效率，减少蒸汽耗量，可在各级泵之间配制冷凝器（一般为

混合式冷凝器），以减少后一级泵的负荷。

蒸汽喷射泵具有抽气量大、真空度高、安装运行和维修简便、价格便宜、占地面积小等优点。缺点是要求蒸汽压力较高及蒸汽汽量要稳定；需要较长的时间运转才能达到所需的真空度（约需30min）；排出的气体还有微小压力，只能排在大气中，造成能量浪费。

（五） 典型真空浓缩系统的选用

1. 顺流式双效真空降膜浓缩设备

图9-21为顺流式双效降膜真空浓缩设备流程图。设备主要由一效、二效蒸发器、预热杀菌器、水力喷射器及多个流体泵构成。一效、二效蒸发器内部结构相同，除蒸发管束外，还设有预热盘管。预热杀菌器为列管式换热器。

工作时，料液由进料泵2从平衡槽1中抽出，通过中间混合式冷凝器14时被产自二效蒸发器3的二次蒸汽预热，然后再经二效、一效蒸发器内的盘管加热后，引入预热杀菌器5，被

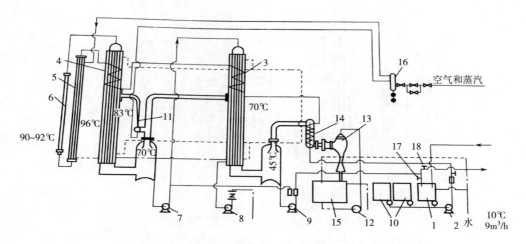

图 9-21　RP$_6$K$_7$ 型顺流式双效降膜真空浓缩设备流程

1—平衡槽　2—进料泵　3—二效蒸发器　4——效蒸发器　5—预热杀菌器　6—保温管　7—料液泵
8—冷凝水泵　9—出料泵　10—酸碱洗涤液贮槽　11—热压泵　12—冷却水泵　13—水力喷射器
14—中间混合式冷凝器　15—水箱　16—加蒸汽分配阀　17—回流阀　18—出料阀
资料来源：摘自参考文献［13］。

加热到 86~92℃，并在保温管 6 内保持 24s；随后进入一效蒸发器（加热温度 83~90℃，蒸发温度 70~75℃）、二效蒸发器（加热温度 68~74℃，蒸发温度 48~52℃），最后被出料泵 9 抽出。生蒸汽（500kPa）经蒸汽分配阀 16 分别向预热杀菌器 5、一效蒸发器及热压泵 11 供汽。一效蒸发器产生的二次蒸汽，一部分导入二效蒸发器作为加热蒸汽，其余部分则通过热压泵进行增温增压，再与生蒸汽混合，作为一效蒸发器的加热蒸汽。二效蒸发器产生的二次蒸汽通过中间混合式冷凝器 14 时一部分变成凝结水，一部分被水力喷射器 13 抽出冷凝。各处加热蒸汽产生的冷凝水由泵 8 排出，贮槽 10 内的酸碱洗涤液用于设备的就地清洗。

顺流式双效降膜真空浓缩设备适用于牛奶、果蔬汁等热敏性料液的浓缩，效果好，质量高，热效率高，冷却水耗量低，配有就地清洗装置，使用操作方便。

2. 混流式三效降膜真空浓缩设备

图 9-22 所示为混流式三效降膜真空浓缩设备。全套设备包括三个降膜式蒸发器及与之配套的分离器、冷凝器、料液平衡罐、热泵及多个流体泵等。三个蒸发器的内部结构相同，除蒸发管束外，还设有预热盘管。

工作时，料液由进料泵 7 从平衡罐 6 中抽出，依次流经三效、二效、一效内部的盘管预热，进入一效蒸发器（蒸发温度 70℃）顶部，通过降膜受热蒸发浓缩，被一效循环泵 15 送入二效蒸发器（蒸发温度 57℃），经二次浓缩后，被二效循环泵 13 送入三效蒸发器（蒸发温度 44℃）进行第三次浓缩，最后由出料泵 11 将浓缩液抽吸排出，若产品不合格将被送回到平衡罐 6。

一效蒸发器的热源是生蒸汽，源自一效分离器的二次蒸汽，一部分导入二效蒸发器作为加热蒸汽，其余部分则通过热泵 16 进行增温增压，与生蒸汽混合，再次作为一效蒸发器的加热蒸汽。二效分离器所产生的二次蒸汽被引入三效蒸发器作为热源，三效分离器处的二次蒸汽导

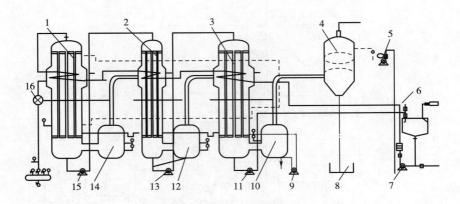

图 9-22　混流式三效降膜真空浓缩设备

1——一效蒸发器　2—二效蒸发器　3—三效蒸发器　4—冷凝器　5—真空泵　6—平衡罐

7—进料泵　8—水箱　9—冷凝水泵　10—三效分离器　11—出料泵　12—二效分离器

13—二效循环泵　14——一效分离器　15——一效循环泵　16—热泵

资料来源：摘自参考文献［53］。

入冷凝器 4，经与冷却水混合冷凝后流入水箱 8。各效蒸发器产生的凝结水经汇集后由冷凝水泵 9 排出。

该套设备适用于牛乳、果蔬汁等热敏性料液的浓缩，料液受热时间短，蒸发温度低，处理量大，蒸汽消耗量低。

3. 混流式四效降膜真空浓缩设备

图 9-23 所示为混流式四效降膜真空浓缩设备。料液先经预热后进行杀菌，然后顺序经由四效、一效、二效和三效蒸发器进行浓缩。其中采用了多个蒸发器夹套内的预热器，并增设闪蒸冷却罐用于牛乳杀菌后的降温，二次蒸汽的冷凝采用效率较高的混合式冷凝器。

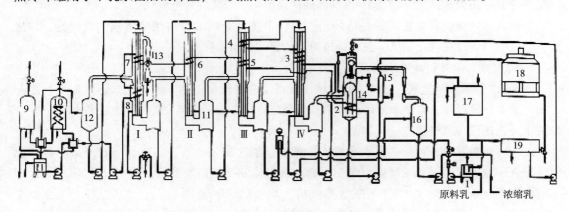

图 9-23　四效降膜式真空浓缩设备流程

1—平衡槽　2~7—预热器　8—直接加热式预热器　9，10—高效加热器　11—高效冷却器　12—闪蒸罐　13—热压泵

14—两段式混合换热冷凝器　15—真空罐　16—浓缩液闪蒸冷却罐　17—冷却水罐　18—冷却塔　19—冷却水泵

资料来源：摘自参考文献［13］。

第三节　冷冻与膜分离浓缩机械与设备

冷冻与膜分离浓缩是需要低温或常温操作时采用的浓缩方法，这两类浓缩方式能够最大程度地保持产品的功能活性，使有效成分损失极少，特别适用于热敏性物质如生物酶制剂、蛋白质、菌剂、抗生素等产品的浓缩。

一、冷冻浓缩机械与设备

冷冻浓缩是利用冰与水溶液之间的固液相平衡原理，将水以固态方式从液相中去除的一种浓缩方法。冷冻浓缩时需注意溶液的浓度：当溶液中溶质浓度高于其他共熔浓度时，过饱和溶液冷却的结果表现为溶质转化为晶体析出，使溶液中溶质浓度降低，不能达到浓缩目的。当溶液中所含溶质浓度低于其共熔浓度时，冷却结果表现为溶剂转化为晶体析出，溶液中的溶质浓度提高，再分离去除溶剂即可达到浓缩的目的。

冷冻浓缩由于是低温操作，特别适用于热敏性物料；工作时，溶液中水分的排除是依靠从溶液到冰晶的相际传递，因此可避免食品物料中挥发性芳香物质的损失，同时对制品的色、香、味也可得到最大程度的保留。冷冻浓缩的缺点是：浓缩比较低，物料最终浓度不超过其低共熔浓度；分离技术要求高，当溶液浓度越高或黏度越大时，分离越困难，冰晶的夹带损失也越大；微生物和酶的活性得不到抑制，成品还要再经热处理或冷冻的方式进行保藏；生产成本高。

冷冻浓缩的操作包括两个步骤：首先是将部分水分从水溶液中结晶析出；其次是将冰晶与浓缩液分离。冷冻浓缩装置主要由冷却结晶设备和分离设备两部分构成。

（一）　冷冻浓缩的结晶装置

结晶设备有两个功能：冷却除去结晶热和进行结晶。冷冻浓缩用的冻结器有直接冷却式和间接冷却式两种。直接冷却式可利用水分部分蒸发的方法，也可利用辅助冷媒（如丁烷）蒸发的方法。间接冷却式是利用间壁将冷媒与被加工料液隔开的方法，又分为内冷式和外冷式两种。

1. 直接冷却式真空结晶器

在绝对压力 266.6Pa 的直接冷却室结晶器中，溶液的沸腾温度约为-3℃。在此情况下，每蒸发 140kg 水分可得 1t 冰晶。直接冷却法的优点是不必设置冷却面，不用昂贵的刮板式换热器；其次，如果能将低压力二次蒸汽压缩，并利用冰晶作为冷却剂来冷凝压缩后的二次蒸汽，可进一步降低能耗。缺点是部分芳香物质将随同蒸汽或惰性气体一起逸出，浓缩液质量较差。

直接冷却法结晶装置已被广泛应用于海水的脱盐。在液体食品加工中，这种结晶器往往吸收器组合起来，以减少芳香物质的损失。如图 9-24 所示为具有芳香物回收的真空结晶装置。料液进入真空结晶器后，在 266.6Pa 的压力下蒸发冷却，部分水分转化为冰晶，从结晶器出来的冰晶悬浮液经分离器后，冰晶被排出，浓缩液则从上部进入吸收器；带芳香物的蒸气先经冷凝器除去水分后，从下部进入吸收器。在吸收器内，浓缩液与含芳香物的惰性气体成逆流流动，芳香物被浓缩液吸收，惰性气体从吸收器顶部排出。为进一步减少芳香物损失，也可在冷凝器温度不过低的情况下，将离开吸收器的部分惰性气体返回冷凝器，作再循环处理。

2. 内冷式结晶器

内冷式结晶器有两种：一是产生固化或近似固化悬浮液的结晶器，二是产生可泵送浆料液的结晶器。前者没有搅拌的液体与冷却壁面相接触，直至水分几乎完全固化，所以在原理上属于层状冻结。由于形成的晶体成片状，可用机械方法去除。该设备的优点是即使稀溶液也可浓缩到40%以上，洗涤简单、方便；缺点是由于冰晶非常薄，浓缩液与冰晶的分离比较困难。第二种结晶器产生可泵送悬浮液，应用比

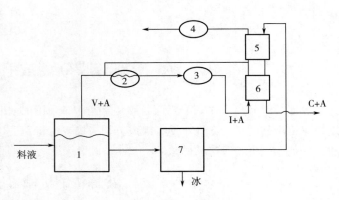

图9-24　具有芳香物回收的真空结晶装置
1—真空结晶器　2—冷凝器　3—干式真空泵　4—湿式真空泵
5—吸收器Ⅰ　6—吸收器Ⅱ　7—冰晶分离器
V—水蒸气　A—芳香物　C—浓缩液　I—惰性气体
资料来源：摘自参考文献［82］。

前者更为广泛。该设备主要包括一个大型内冷却不锈钢转鼓和一个斜槽，转鼓在斜槽内转动，固化晶层被刮刀除去。由于晶体悬浮液停留的时间只有几分钟，故晶体粒度非常小（一般小于$50\mu m$）。刮板式换热器属于这类结晶器的典型。

3. 外冷式结晶器

外冷式结晶器有三种类型。第一种是先使料液预先过冷，过冷度可达-6℃。过冷的无晶体料液在结晶器中释放"冷量"。为了减少冷却器内晶核形成，避免因晶体成长而可能导致的流体流动堵塞，冷却器内壁面必须高度抛光。这种设备可以避免结晶器内的局部过冷现象。从结晶器出来的液体可利用泵循环至换热器，可在泵的吸入管路中安装过滤器将晶体截留在结晶器内。第二种外冷式结晶器的特点是全部悬浮液在结晶器和换热器之间不断循环。晶体在换热器内的停留时间比在结晶器中停留的时间短，所以晶体主要是在结晶器内长大。第三种外冷式结晶器，如图9-25所示。料液先在外部换热器中产生亚临界晶体，部分不含晶体的料液在结晶器与换热器之间循环。刮板式换热器的热通量很大，故晶核形成非常剧烈。由于料液在换热器中停留时间只有几秒钟，所以产生的晶体极小。当小晶体进入结晶器后，在此停留时间至少为0.5h，期间与含有大晶体的悬浮液混合并被熔化。小晶体的熔化热即来自于大晶体的生长。

（二）　冷冻浓缩的分离设备

冷冻浓缩操作的分离设备有压榨机、过滤式离心机和洗涤塔等。

1. 压榨机

通常采用的压榨机有液压活塞压榨机和螺旋压榨机。采用压榨法时，溶质的损失量取决于被压缩冰饼中夹带的溶液量。冰饼经压缩后，夹带的液体被紧紧地吸住，洗涤法无法将它洗净。但在压力高，压缩时间长的条件下，可降低溶液的吸留量。例如当压力达到107Pa左右，压缩时间很长时，每千克冰饼的吸留量可降至0.05kg。由于残留液量高，考虑到溶质损失率，此法只用于前期分离。

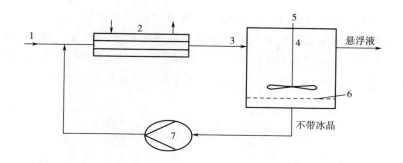

图 9-25　外冷式结晶装置

1—料液　2—刮板式换热器　3—亚临界晶体浆液　4—结晶器　5—搅拌器　6—过滤器　7—循环泵

资料来源：摘自参考文献［55］。

2. 离心机

冷冻浓缩中采用的离心机为过滤式离心机，可以用洗涤水或将冰融化后来洗涤冰饼，分离效果比压榨法好。溶质损失率决定于晶体大小和液体黏度。离心机分离有一个严重的缺点，就是当液体因旋转而被甩出来时，要与大量空气接触，造成挥发性芳香物质的损失。

3. 洗涤塔

在洗涤塔内冰与浓缩液分离比较完全，没有稀释现象。同时，操作时完全密闭且无顶部空隙，可完全避免芳香物质的损失。洗涤塔的分离原理主要利用纯冰融化的水分来排冰晶间残留的浓缩液，可采用连续法或者间歇法。在连续式洗涤塔中，晶体相和液相作逆向移动，进行密切接触，如图 9-26 所示。从结晶器出来的晶体悬浮液从塔的下端进入，浓缩液从同一端经过滤器排出。因冰晶密度小，故逐渐上浮到顶端。塔顶设有融冰器（加热器），使部分冰晶融化成水。熔化后的水分即反行下流，与上浮冰晶逆流接触，

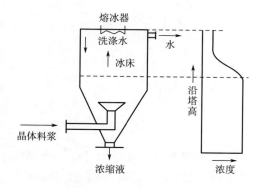

图 9-26　连续式洗涤塔工作原理

资料来源：摘自参考文献［53］。

洗去冰晶间浓缩液。这样沿塔高方向冰晶夹带的溶质浓度逐渐降低，冰晶随浮随洗，夹带的溶质越来越少。间歇法只用于管内或板间生成的晶体进行原地洗涤。

洗涤塔有几种形式，主要区别在于晶体被迫沿塔移动的推动力。按推动力的不同，洗涤塔可分为浮床式、螺旋推送式和活塞推送式三种。

（1）浮床洗涤塔　在浮床洗涤塔中，晶体和液体之间的密度差是冰晶和液体作逆向相对运动的推动力。目前广泛用于海水脱盐工业盐水和冰的分离。

（2）螺旋洗涤塔　螺旋洗涤塔是以螺旋推送为两相相对运动的推动力。如图 9-27 所示，晶体悬浮液进入两个同心圆筒的环隙内部，环隙内有螺旋在旋转。螺旋具有棱镜状断面，除了迫使冰晶塔体移动外，还有搅动晶体的作用。螺旋洗涤塔已广泛用于有机物系统的分离。

（3）活塞床洗涤塔　这种洗涤塔是以活塞的往复运动迫使冰床移动力为推动力，如图 9-

28 所示。晶体悬浮液从塔的下端进入，由于挤压作用使晶体压紧成为结实而多孔的冰床。浓缩液离塔时经过滤器，利用活塞的往复运动，冰床被迫推向塔的顶端，同时与洗涤液逆流接触。在活塞床洗涤塔中，浓缩液未被稀释的床层区域和晶体已被洗净的床层区域之间只有几厘米距离。浓缩时若排冰稳定，分离塔的冰晶熔化液中溶质浓度低于 0.01%。

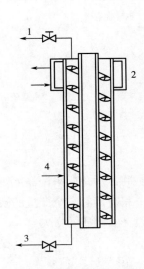

图 9-27　螺旋洗涤塔示意图

1—融化水　2—融冰器

3—浓缩液　4—晶体浆料

资料来源：摘自参考文献 [77]。

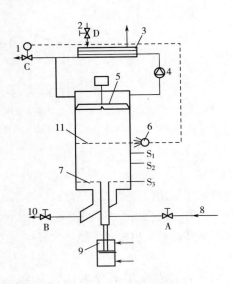

图 9-28　活塞式洗涤塔

1—融化水出口　2—加热蒸汽　3—加热器（融化器）

4—泵　5—刮板装置　6—光电装置　7—多孔活塞

8—从结晶器来的浆料　9—液压缸　10—浓缩液　11—洗涤前沿

资料来源：摘自参考文献 [77]。

（4）压榨机和洗涤塔的组合　将压榨机和洗涤塔组合起来作为冷冻浓缩的分离设备，如图 9-29 所示。晶体悬浮液首先在压榨机中进行部分分离，分离出来还含有大量浓缩液的冰饼在混合器内和料液混合进行稀释后，送入洗涤塔进行完全分离。在洗涤塔中，从混合冰晶悬浮液中分离出纯冰和液体，之后液体进入结晶器中和来自压榨机的循环浓缩液进行混合。

压榨机和洗涤塔相结合具有如下优点：可用比较简单的洗涤塔代替复杂的洗涤塔，降低了成本；进洗涤塔的液体黏度由于浓度降低而显著降低，故洗涤塔的生产能力大大提高；若离开结晶器的晶体悬浮液中晶体平均直径过小，或液体黏度过高，不能满足判

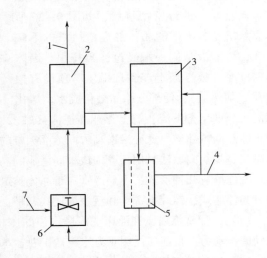

图 9-29　压榨机和洗涤塔的典型组合

1—冰　2—洗涤塔　3—结晶器　4—浓缩液

5—压榨机　6—混合器　7—料液

资料来源：摘自参考文献 [57]。

别式的要求时，采用组合设备仍能获得完全的分离。

（三）　冷冻浓缩装置系统

不同的原料可采用不同的冷冻浓缩装置系统及操作条件。冷冻浓缩装置可分为两类，一类是单级冷冻浓缩，一类是多级冷冻浓缩，后者在制品品质及回收率方面优于前者。

1. 单级冷冻浓缩装置系统

单级冷冻浓缩装置系统一次性使料液中的部分水分结成冰晶，然后对冰晶悬浮液分离，得到冷冻浓缩液。如图9-30所示为采用洗涤塔分离方式的单级冷冻浓缩装置系统示意图。它主要由刮板式结晶器、混合罐、洗涤塔、融冰装置、贮罐、泵等组成。操作时料液由泵进入旋转刮板式结晶器，在冷媒作用下冷却至微小的冰晶析出，再进入带搅拌器的混合罐，在混合罐中，冰晶可继续成长。一部分浓缩液作为成品从成品罐中排出，另一部分浓缩液与进料液混合后再进入旋转刮板式结晶器进行循环冷却结晶，混合的目的是使进入结晶器的料液浓度均匀一致。从混合罐中出来的大冰晶夹带部分浓缩液进入活塞式洗涤塔，洗下来的洗液进入贮罐与原料液混合后再进入结晶器，如此循环结晶。采用单级冷冻浓缩设置可以将浓度为 8~14°Bx 的果汁原料浓缩为 40~60°Bx 的浓缩果汁。

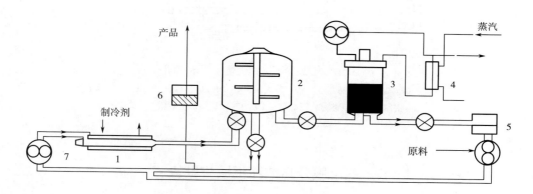

图9-30　单级冷冻浓缩装置系统示意图

1—旋转刮板式结晶器　2—混合罐　3—洗涤塔　4—熔冰装置　5—储罐　6—成品罐　7—泵

资料来源：摘自参考文献［53］。

2. 多级冷冻浓缩装置

多级冷冻浓缩是指将前一级浓缩得到的浓缩液作为下一级的原料，通过更低的温度使部分水结晶，从而再次浓缩。如图9-31所示为二级冷冻浓缩装置流程图。料液进入储料罐后，被泵送至一级结晶器，冰晶和一次浓缩液混合后进入一级分离机进行离心分离，由此得到的浓缩液由管道进入储料罐，再由泵送至二级结晶器，经二级结晶后的冰晶和浓缩液的混合液进入二级分离机进行离心分离，所得浓缩液作为产品从成品管排出。为了减少冰晶夹带浓缩液的损失，需对离心分离机内的冰晶进行洗涤，洗涤下来的稀料液分别通过管道进入储料罐，因此储料罐中的料液浓度实际上低于最初进料液浓度。为了控制冰晶量，结晶器中的进料浓度需维持定值。

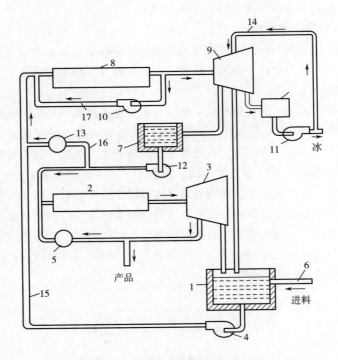

图 9-31　二级冷冻浓缩装置流程示意图

1、7—储料罐　2、8—结晶器　3、9—分离机　4、10、11、12—泵　5、13—调节阀
6—进料管　14—熔冰水进料管　15、17—管　16—浓缩液分支管
资料来源：摘自参考文献［13］。

二、　膜分离浓缩机械与设备

膜分离是一种新兴高效分离浓缩技术，在食品工业中的应用日趋成熟。膜分离是借助于具有选择透过性能的薄膜，在某种外力推动下，利用流体中各组分对膜的渗透速率的差别对混合物进行分离、提纯、浓缩的一种方法。这种薄膜具有使混合物中的一部分通过，部分被截留，且各组分透过膜的迁移率不同的特性。膜可以是固相、液相或气相，其分离对象可以是液体也可以是气体。目前使用的分离膜绝大多数是固相膜。

膜分离技术是高效节能的单元操作，其分离、浓缩过程属于速率控制的传质过程，具有设备简单、可在室温或低温下操作、无相变、处理效率高、节能等优点，适用于反应促进过程（把化学反应或生化反应的产物连续取出，能提高反应速率或产品质量）及热敏性的生物工程产物的分离、浓缩与纯化。目前，膜分离浓缩技术主要用于果蔬汁、医药用品、生物制品如免疫球蛋白、酶制品的浓缩等，如氨基酸口服液的除菌、提纯及浓缩，果蔬汁的澄清、除菌、除果胶及浓缩，单宁发酵液的浓缩，肝素钠的提纯浓缩，中草药的精制浓缩等。例如：在果蔬饮料加工过程中，果蔬汁浓缩可采用膜分离浓缩，普通加热蒸发法浓缩果汁，原果汁所含水溶性芳香物质及维生素等几乎全部被破坏、损失。据 Morgar 等研究，当采用管式反渗透组件在 10MPa 的操作压力下处理橘子和苹果等果汁时，得到固形物损失率小于 1% 的浓缩果汁，浓度达 40%，其芳香物及维生素等得到了很好的保存。在乳制品品加工过程中，乳清蛋白的回收、脱盐和脱脂乳的浓缩可采用膜分离技术，该技术应用的发展十分迅速。将原料乳分离得到酪蛋白，剩余的是干酪乳清，含0.7%的蛋白质、5%的乳糖，进行反渗透浓缩时，浓缩极限可达30%，然后进行干燥作为乳清酪的原料。在脱脂乳粉生产中，采用超滤浓缩脱脂乳，与传统加热蒸发浓缩相比，可减少脱脂乳受热次数和受热时间，降低受热强度，减少了蛋白质变性几率和热敏性物料的损失，更有效的保留了营养成分及其吸收率。

　　膜分离浓缩设备的原理、结构、性能特点、应用等相关内容在食品分离机械与设备章节中已经做了详尽介绍。

🔍 思考题

1. 简述真空浓缩的分类。
2. 真空浓缩设备选型的依据是什么？
3. 盘管式浓缩器的性能特点是什么？
4. 多效真空浓缩的流程有哪些？有什么特点？
5. 降膜式浓缩器的分配器形式有哪些？
6. 简述离心薄膜浓缩器的工作原理。
7. 单效降膜蒸发浓缩的特点有哪些？
8. 简述刮板式薄膜浓缩设备的性能特点。
9. 真空浓缩设备的附属设备有哪些？其功能是什么？
10. 简述冷冻浓缩的特点。

第十章

CHAPTER

10

食品干燥机械与设备

干燥是一项食品工业中最基本的单元操作。食品干燥目的是去除物料中的水分，减少其体积和重量，便于产品的储存和运输；防止微生物在成品中繁殖。例如，果蔬的干制，乳粉和蛋黄粉的制造，味精、柠檬酸、酶制剂的精制，砂糖的干燥等。

干燥是同时发生传热和传质的单元操作。根据热量传递方式，传统上将各种干燥机械设备分成三大类：对流式、传导式和辐射式。对流干燥一般以干热空气为干燥介质，是利用热介质与物料之间相对运动过程的传热传质实现干燥目的。传导干燥又称为接触干燥，它依靠导热体壁面将热量传给与壁面接触的物件，使物料靠传导吸热，蒸发水分。

辐射干燥又称为内部干燥，采用加热器向干燥表面发射电磁波，物料吸收电磁波能量转化为干燥热能，使物料水分获得热量蒸发而实现干燥目的。

食品干燥备按操作压强分类有常压干燥机和真空干燥机。按操作方式分类，可分为连续式干燥机和间歇式干燥机。按被干燥物料的形态分有块状物料、粒状物料、膏状物料、液状或浆状物料干燥器等。按干燥器的结构分有喷雾干燥器、流化床干燥器、气流干燥器、滚筒干燥器、真空耙式干燥器、带式干燥器等。按干燥器的干燥过程分有绝热干燥过程和非绝热干燥过程，前者又可分为小颗粒物料干燥器和块状物料干燥器；后者也可分为真空干燥器、传导传热干燥器以及辐射传热干燥器。

第一节　食品干燥原理与设备选型

一、　物料中水分的性质

物料中所含水分的性质与物料内部的结构有关，且取决于水分与物料的结合方式。根据物料中水分去除的难易程度，可将其分为游离水和结合水分。

游离水分多存在与食品物料的胞外及多孔物料的毛细管内。它与物料的结合力极弱，能够在原料中流动。因物料中游离水含量越多，干燥速率越快。

结合水分主要有渗透水分、结构水分等,它与物料的结合力较强。结合水不能随意流动,它有更高的汽化潜能。在干燥过程中,首先排除的是结合力弱的游离水,其次是结合水。

二、 干燥机制

湿物料的干燥操作中,有两个基本过程同时进行,一是热量由气体传递给湿物料,使其温度升高,二是物料内部的水分向表面扩散,并在表面汽化被气流带走。在干燥过程中,空气即是载热体也是载湿体,干燥速率即与传质速率有关,也与传热速率有关。

对于质量传递过程,通常由两步构成,即水分由物料内部向表面扩散,水分在物料表面汽化并被气流带走。引起内部扩散的推动力是物料内部与表面之间存在着湿度梯度。其扩散阻力与物料的内部结构有关,也与水分和物料的结合方式有关。水分从物料内度扩散至表面后,便在表面汽化,向气流中传递。引起这一过程的推动力是物料表面气膜内的水蒸气分压与气流主体中水蒸气分压的差值。

物料在干燥过程中,水分在物料的内部扩散和表面汽化是同时进行的,但二者的传递速率不相等。对于有些物料,水分在表面的汽化速率小于内部扩散速率,而另一些物料,则水分表面气化速率大于内部扩散速率。显然,干燥速率受其最慢的一步所控制。前一种情形称为表面气化控制,后一种则称为内部扩散控制。

干燥速率为表面气化控制时,物料水分的内部扩散速率大于表面汽化速率。这时提高空气温度,降低空气湿度,改善空气与物料之间的流动和接触状况,均有利于提高干燥速率。在真空干燥条件下,物料表面水分的汽化温度不高于该真空度下水的沸点,这种情况下,提高干燥室的真空度,可降低水分的汽化温度,从而可有效的提高干燥速率。干燥为内部扩散控制时,表面汽化速率大于内部扩散速率,则汽化表面逐渐向内部移动。这种情况下,减小物料颗粒直径,缩短水分在内部的扩散路径,以减少内部扩散阻力,提高干燥温度,以增加水分扩散的自由能,均有利于提高干燥速率。

三、 恒速干燥和降速干燥

干燥操作中,常用干燥速率来描述干燥过程,其定义是单位时间内于单位干燥面积上所能汽化的水分量,数学公式如式(10-1)所示。

$$v = \frac{1}{A}\frac{dm}{dt} = -\frac{1}{A}\frac{dm_1}{dt} = -\frac{m_c}{A}\frac{dc}{dt} \tag{10-1}$$

式中 v——干燥速率,kg/(m²·s);

    m——汽化水分量,kg;

  m_1——湿物料量,kg;

  m_c——湿物料中的绝干物料量,kg;

    A——干燥面积,m²;

    c——湿物料的湿含量(干基),kg/kg 干料;

    t——干燥时间,s。

影响干燥速度的因素很多,通常试验得到物料湿含量 c 与干燥时间 t 的关系曲线,即 c-t 曲线,再根据干燥速度的定义,转化成干燥速率 v 与物料湿含量 c 的关系曲线,即 v-c 曲线。

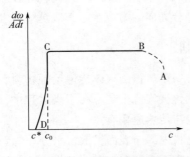

图 10-1 干燥速率曲线

资料来源：摘自参考文献［20］。

或干燥速度 v 与干燥时间 t 的关系曲线，即 $v\text{-}t$ 曲线。干燥速度曲线的形式随被干燥物料的性质而异。恒定干燥条件下典型的干燥度曲线如图 10-1 所示。从图中明显看出，干燥过程分为两个阶段，图中 ABC 段为第一阶段，若不考虑短暂的预热阶段（即 AB 段），则此阶段的干燥速度基本是恒定的，称为恒速干燥阶段。CD 段表示第二阶段。在这一阶段中，随着物料湿含量的减少，干燥速度则不断降低，称为降速干燥阶段。两干燥阶段交点处所对应的湿含量，称为物料的临街湿含量以 C_0 表示。

1. 恒速干燥阶段

这一干燥阶段，干燥条件恒定，空气的温度和湿度不变。空气温度与湿物料表面温度的差值维持不变，传热速率恒定，干燥过程在恒温下进行。另外，在恒定干燥条件下，湿物料表面处的水蒸气压与空气中的水蒸气分压之差维持恒定，传质速率恒定，湿物料中的水分以恒定速率向空中传递。可见，恒速阶段的干燥速度取决于物料外部的干燥条件（空气温度，湿度及流速等），所以恒速干燥阶段又称为表面汽化控制阶段，主要排除游离水分。

2. 降速干燥阶段

物料湿含量降至临界点以后，开始进入降速干燥阶段。在这一阶段中，湿物料表面水分逐渐减少，水分由物料内部向物料表面传递的速率小于湿物料表面水分的汽化速率。物料的湿含量越小，水分由物料内部向表面传递的速率就越慢，干燥速度就越小。另外，在这一个阶段，空气传递给湿物料的热量，一部分用于水分的汽化，而剩余的热量，则使物料的温度升高，因此，干燥在升温下进行。降速干燥阶段的干燥速率主要取决于物料本身的结构，形状及大小等特性，其次是干燥温度，所以降速干燥阶段又称为内部扩散控制阶段，主要排除结合水。

四、 干燥机械选型的原则

干燥机械的选用首先需要确定合理的干燥方法，而适宜干燥设备的选择应以所处理物料的化学物理性质，生物化学性能及其生产工艺为依据。例如，物料的黏稠性、分散性、热敏性、失活性能等。就热敏性而言，食品加工行业常用设备有以下几种类型。

（1）瞬时快速干燥设备，如滚筒干燥设备，喷雾干燥设备，气流干燥设备等，这类设备干燥时间短，气流温度高，但被干燥的物料温度不会太高。

（2）低温干燥设备，如真空干燥设备、冷冻干燥设备，其特点是在真空低温下进行，更适用于高热敏性物料的干燥，但干燥时间较长。另外，还有其他类型的干燥设备，如远红外干燥器、微波干燥器等。

至于选用何种干燥器，一方面可借鉴目前生产采用的设备，另一方面可利用干燥设备的最新发展，选择适合该任务的新设备。如这两方面都无资料，就应在实验的基础上，再经技术经济核算后作出结论，才能保证选用的干燥器在技术上可行，产品质量优良且经济合理。

1. 产品的质量要求

不同的食品对于加工质量要求不尽相同，干燥设备的选型首先应满足产品的质量要求。比如对于一些生物制品都要求保持一定的生物活性，避免高温分解和严重失活，则必须选择真空干燥或冷冻干燥设备。

2. 产品的纯度

对于食品特别是相关生物产品大多要求有一定的纯度，且无杂质或杂菌污染，则干燥设备应能在无菌和密闭的条件下操作，且应具有灭菌设施，以保证产品的微生物指标和纯度要求。

3. 物料的特性

对于不同的物料特性，如颗粒状、滤饼状、浆状、水分的性质等应选择不同的干燥设备。例如，颗粒状物料的干燥可考虑选择气流干燥，结晶状物料则应选择固定床干燥，浆状物料可选择滚筒干燥或喷雾干燥等。

4. 产量及劳动条件

依据产量大小可选择不同的干燥方式和干燥设备。如浆状物料的干燥，产量大且料浆均匀时，可选择喷雾干燥设备，黏稠较难雾化时可采用离心喷雾或气流喷雾干燥设备，产量小时可用滚筒干燥设备。另外，应考虑劳动强度小，连续化，自动化程度高，投资费用小，便于维修、操作等。

五、 选型的步骤

（1）按湿物料的形态，物理特性和对产品形态、水分等要求，初选干燥器的类型。

（2）按投资能力和处理量的大小，确定设备规模、操作方法（连续作业或间歇作业）、自动化程度。

（3）根据物料的干燥特性和对产品品质的要求，确定采用常压干燥或真空干燥，常温区干燥或多温区干燥。

（4）根据热源条件和干燥方法，确定加热装置。

（5）按处理量估算出干燥器的容积。

（6）按原料，设备及作业的费用，估算产品成本。

第二节　喷雾干燥机械与设备

喷雾干燥属于对流干燥，所谓喷雾干燥是指液态物料经喷雾成细微液滴呈分散状态进入热的干燥介质中转化为干粉料的过程。其干燥过程分为预热，恒速和降速三个阶段。喷雾干燥适应的原料是液态物料，包括真溶液、胶体溶液、悬浮液、乳浊液、浆状物、可流动膏体等，食品工业喷雾干燥一般选用干热空气作为介质，喷雾干燥产品的形式有粉状，粒状，聚结成团等干粉料。许多粉状制品，如乳粉、蛋粉、豆乳粉、低聚糖粉、奶油粉、乳清粉、果汁粉、速溶咖啡、速溶茶、蛋白质水解物粉、微生物发酵物等都用喷雾干燥机生产。

一、 工作原理及特点

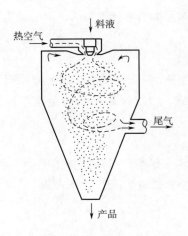

图 10-2　喷雾干燥原理

资料来源：摘自参考文献［79］。

喷雾干燥机的工作原理如图 10-2 所示。在干燥塔顶部导入热风，同时将料液泵送至塔顶，料液通过雾化器得到直径范围在 $10 \sim 100 \mu m$ 的料液雾滴，有巨大表面积的这些雾滴与进入干燥室的热气流接触，可在瞬间发生强烈的热交换和质交换，使其中绝大部分水分迅速蒸发气化并被干燥介质带走。由于水分蒸发会从液滴吸收气化潜热，因而液滴的表面温度一般为空气的湿球温度。只需 $10 \sim 30s$ 便可得到符合要求的干燥产品。产品干燥后由于重力作用，大部分沉降于底部，少量微细粉末随废气进入粉尘回收装置得以回收。热风与液滴接触后温度显著降低，湿度增大，作为废气由排风机抽出，废气中夹带的微粉用分离装置回收。

二、 喷雾干燥的过程阶段

（一） 料液的雾化

料液雾化为雾滴和雾滴与热空气的接触、混合是喷雾干燥独有的特征。雾化的目的是将料液分散为微细的雾滴。雾滴具有很大的表面积，当其于热空气接触时，雾滴中水分迅速汽化而干燥成粉末或颗粒状产品。雾滴的大小和均匀程度对产品质量和技术经济指标影响很大，特别是对热敏性物料的干燥尤为重要。如果喷出的雾滴大小很不均匀，就会出现大颗粒还没达到干燥要求，而小颗粒却已干燥过度而变质。因此料液雾化所用的雾化器是喷雾干燥的关键部件。

（二） 雾滴和空气的接触（混合， 流动， 干燥）

雾滴和空气的接触、混合及流动是同时进行的传热传质过程，即干燥过程。此过程在干燥塔内进行。雾滴和空气的接触方法，混合与流动状态决定于热风分布器的结构形式、雾化器在塔内的安装位置及废气排出方式等。在干燥塔内，雾滴和空气的流向有并流、逆流及混合流。雾滴和空气的接触方式不同，对干燥塔内的温度分布，雾滴（或颗粒）的运动轨迹，颗粒在干燥塔中的停留时间及产品性质等均有很大影响。雾滴的干燥过程也经历着恒速和降速阶段。

（三） 干燥产品与空气分离

喷雾干燥的产品大多数都采用塔底出料，部分细粉夹带在排放的废气中。这些细粉在排放前必须收集下来，以提高产品收率，降低生产成本。排放的废气必须符合环境保护的排放标准，以防止环境污染。

三、 喷雾干燥的主要特点

喷雾干燥的主要优点如下所述。

（1） 干燥过程非常迅速。料液经喷雾后，表面积很大，例如将 1L 料液雾化成直径为 $50 \mu m$ 的液滴，其表面可增大至 $120 m^2$。在热气流中热交换迅速，水分蒸发极快，瞬间可蒸发

95%～98%的水分，完成干燥的时间一般仅需 5～40s。

（2）干燥过程中液滴温度不高，产品质量较好。喷雾干燥使用的温度范围非常广（80～800℃），即使采用高温热风，其排风温度仍不会很高。在干燥初期，物料温度不超过周围热空气的温度 50～60℃，干燥产品质量较好。不容易发生蛋白质变化、维生素损失、氧化等缺点，大大减少了营养物质的损失，如牛乳中热敏性维生素 C 损失 5%左右。因此特别适于易分解、变性的处理热敏性食品加工。对热敏性物料和产品的质量，基本上接近在真空下干燥的标准，防止物料过热变质。

（3）特殊浆料即使湿含量高达 90%，也可不经过浓缩，一次干燥成粉状产品。大部分产品干燥后不需要再经过粉碎和筛选，从而减少了生产工序，简化了生产工艺流程。产品的粒径、松密度、水分等，在一定范围内，可通过改变操作条件进行调整，控制管理都很方便。

（4）喷雾干燥时，可以调节改变干燥条件而调整产品质量指标（如粉末的容积密度、粒大小等）。改变原料的浓度、热风温度等喷雾条件，可获得不同水分和粒度的产品。

（5）产品具有良好的分散性、流动性和溶解性。因为干燥在空气中完成，产品基本能保持与液滴相似的中空球状或疏松的粉末状，具有良好的分散性、流动性和溶解性，并能很好地保持食品原有的色、香、味。

（6）生产过程简化，操作控制方便，制品纯度高。

（7）生产率高。便于实现机械化，自动化生产，适宜于连续化大规模生产。干燥产品经连续排料，在后处理上可结合冷却器和风力输送，组成连续生产作业线。现国内中小型乳粉厂，喷雾干燥设备的蒸发量为 50～500kg/h，大中型乳品厂乳粉生产，每小时可处理 1000～5000kg 鲜乳。

喷雾干燥的主要缺点如下所述。

（1）设备比较复杂，一次性投资较大。因一般干燥室的水分蒸发强度仅能达到 2.5～4kg/m³·h。故设备体积庞大，且雾化器、粉尘回收以及清洗装置等较复杂。

（2）能耗大、热效率不高。一般情况下，热效率为 30%～40%，动力消耗大。另外，因废气中湿含量较高，为降低产品中的水分含量，需耗用较多的空气量，从而增加了鼓风机的电能消耗与粉尘回收装置的负担。

（3）废气夹带的微粉，需要一套高效的分离装置，结构复杂、费用较贵。

（4）喷嘴孔径很小，极易堵塞，不适于高黏度料液，需经常更换。

四、 喷雾干燥的类型

根据喷雾干燥的定义喷雾干燥过程分为雾化、接触、干燥、分离四个过程。喷雾干燥的类型按不同分类角度有多种形式。根据雾化方法不同分为压力式喷雾干燥、离心式喷雾干燥、气流式喷雾干燥；根据物料与干燥介质接触方法不同分为并流式喷雾干燥、逆流式喷雾干燥、混流式喷雾干燥；根据干燥室结构形式不同分为箱式（又称卧式）喷雾干燥和塔式（又称立式）喷雾干燥。高黏度物料可用气流喷雾法。气流喷雾法在化工行业中使用较多，干燥介质大多为惰性气体。

（一） 压力式喷雾干燥

1. 压力式喷雾干燥原理

具有高压的液体进入喷嘴旋转室中，获得旋转运动。根据旋转动量守恒定律旋度与漩涡半径成反比，因此越靠近轴心，旋转速度越大，其静压力越小；结果在喷嘴中央，形成一股压力等于大气压的空气旋流，而液体则变成绕空气旋转的环形液膜。从喷嘴喷出后，在料液物理性质的影响及介质的摩擦作用下，液膜伸长变薄，并撕裂成细丝，最后细丝断裂为液滴。

压力式喷雾干燥要求喷嘴结构具有使流体产生湍流的结构，单体喷嘴小孔不能形成空心锥状膜状雾化，喷雾压力一般在 2~20MPa。

2. 压力式喷雾干燥特点

压力式喷雾干燥设备要求进料具有足够的压力，需要采用高压泵，雾化器结构简单但易磨损，干燥室可分为立式或卧式，立式塔径小，塔高度高，物料与干燥介质接触方式即可顺流亦可逆流。

压力式喷雾设备操作要求进料中干物质浓度不大于 40%，否则易堵塞喷孔，进料流量要求稳定，进料量波动影响雾化效果，干燥过程需要注意进出口温度，同时还需注意喷嘴的磨损情况和高压泵工作压力，干燥结束后管道中有物料残留，清洗工作量大。

压力式喷雾干燥产品颗粒较细分布范围小，难调节，产品颗粒密度大，含空气少，易储藏但溶解度小，冲调性差。

国内喷雾干燥设备中压力式喷雾干燥设备占 76%，美国、日本、丹麦等国家喷雾干燥设备中以压力式喷雾干燥设备居多。

（二） 离心式喷雾干燥

1. 离心式喷雾干燥原理

待干燥液料通过水平方向高速旋转圆盘做高速旋转运，在离心力作用下，由盘中心甩到盘边缘，形成薄膜细丝或液滴，然后由盘边缘沿切线方向抛出，受到周围空气的摩擦、阻碍与撕裂，分散成很微小的雾滴。与热风充分接触后，蒸发干燥成粒状，沉降下落。因喷洒出的颗粒大小不同，飞行的距离不等，所以干燥后落下的微粒形成一个以转轴为中心且对称的圆柱体。其雾化效果受转速、进料速率、物料特性（黏度、表面张力）等因素影响。

2. 离心式喷雾干燥特点

离心式喷雾干燥设备进料无压力要求，采用结构简单，造价低的离心泵供料，雾化器雾化效果好但制造精度高，结构复杂，造价高。干燥室均为立式且塔径大，塔高低，物料与干燥介质接触方法均为顺流，不可逆流。

离心式喷雾干燥设备进料浓度干物质可高达 50%，无堵塞之忧，进料流量在 ±25% 范围内波动均可获得良好雾化效果，干燥过程中控制进口温度，进料浓度，即可控制产品粒度，干燥结束后无残留，清洗工作量小。离心式喷雾干燥产品颗粒一般较粗，分布范围大，产品颗粒密度小，含空气多，难储藏但溶解度大。喷雾干燥中欧洲普遍采用离心式喷雾干燥设备。

五、 喷雾干燥机的基本构成与类型

喷雾干燥系统的基本构成如图 10-3 所示，不同的物料或不同产品的要求，所设计出的喷雾干燥系统也有差别，但构成喷雾干燥系统的几个主要基本单元不变，主要由雾化器、干燥室、粉尘分离器、进风机、空气加热器、排风机等构成。

（1）供料设备 供料设备的作用是为雾化器提供连续稳定的料液，保证雾化工作效果。供料系统设备包括供料设备及管道，过滤器，杀菌器等。常用的供料泵有螺杆泵、计量泵、隔

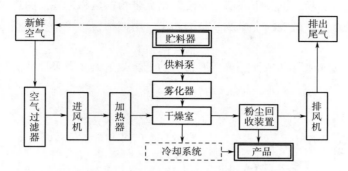

图 10-3 喷雾干燥系统的基本构成如图

资料来源：摘自参考文献 [77]。

膜泵等，对于气流式雾化器，在供料的同时还要提供压缩空气以满足料液雾化所需要的能量，除供料泵外还要配置空气压缩机。

（2）空气加热系统，主要包括空气过滤器、鼓风机、空气加热器、热风分配器等。

（3）雾化系统，包括料液储存器，供料装置，雾化器（压力喷雾器、离心式喷雾器、气流喷雾器等）。

（4）产品收集系统，包括出粉器，储粉装置，产品冷却装置，产品粒度筛分（分级）装置等。

（5）废气排放及微粉回收系统，包括捕粉装置，排风装置等。

（6）系统控制装置及废热回收装置。

六、 物料与干燥介质接触方法

喷雾干燥室内热气流与雾滴的流动方向，直接关系到产品质量以及粉末回收装置的负荷等问题。各型喷雾干燥设备中，热气流与雾滴的流动方向有并流、逆流及混流三类。喷雾干燥设备中一般采用并流运动较多。

1. 并流运动

并流运动是指介质与物料在干燥塔内按相同方向运动。其特点是可采用较高进风温度，不影响产品质量，无焦粉。干燥至最后产品温度取决于排风温度，适用于热敏性物料。并流操作如图 10-4（1）、（2）所示，分为水平式、垂直下降式和垂直上升式三种。水平并流式一般适用于箱式、卧式、压力式喷雾干燥设备。水平并流式和垂直上升并流式仅适用于压力喷雾。它要求干燥塔截面风速要大于干燥物料的悬浮速度，以保证物料能被带走。在干燥室内细粉干燥时间短，粗粒干燥时间长，所以产品具有均匀干燥的特点。但动力消耗大。

并流操作时由于热空气与雾滴以相同的方向运动，与干粉接触时的温度最低在并流系统中，最热的干燥空气与水分含量最大的液滴接触，迅速蒸发，液滴表面温度接近于空气的湿球温度，同时空气的温度也随着降低，因此，从液滴到干燥成品的整个过程中，物料的温度不高，这对于热性物料的干燥是特别有利的。这时，由于蒸发速度快，液滴膨胀甚至破裂，因此并流操作时所得产品常为非球形的多孔颗粒，具有较低的视密度。

垂直下降并流适用于压力喷雾图 10-4（1），也适用于离心喷雾图 10-4（2），热风与料液均自干燥室顶部进入，粉末沉降于底部，而废气则夹带粉末从靠近底部的排风管一起排至集粉装置中。这种设计有利于微粒的干燥及制品的卸出，塔壁粘粉比较少。缺点是加重了回收装置的负担。

在食品工业中，如牛乳、果汁、鸡蛋液物料的干燥，绝大多数采用并流喷雾干燥。

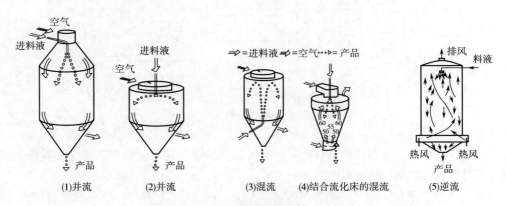

图 10-4　干燥室的物料与热空气流向

资料来源：摘自参考文献 [24]。

2. 混流操作

混流操作如图 10-4（3）、（4）所示，指物料与介质先逆流再经过并流运动。其特点是先逆流加快水分的去除，后顺流保证产品温度不至于过高，影响产品质量。气流与产品较充分接触，并起骚动，脱水效率较高，耗热量较少。但产品有时与湿的热空气流接触，故干燥不均匀。

混流运动形式按照逆流路线长短有两种。

（1）底部进料向上喷雾，顶部进介质，底部排产品，废气。该形式逆流路线长，干燥强度大，适用于耐热性物料。

（2）中上部进料向上喷雾，顶部进介质底部排产品，废气。该形式逆流路线短，前期干燥强度大，后期干燥物料受热强度低，适用于热敏性物料。

3. 逆流操作

如图 10-4（5）所示在喷雾干燥器内，热风与液滴呈反方向流动在高温热风条件下进入干燥器内。热风首先与要干燥的粒子接触，使内部水分含量达到较低的程度，物料在干燥器内悬浮时间长。适于含水量高的物料干燥。设计时应注意气流速度小于成品粉悬浮的速度，以防粉粒被废气夹带。常用于压力喷雾。其特点是热效率高，传热传质的推动力大，物料在干燥室内停留时间长，逆流运动适用于非热敏性物料的喷雾干燥。逆流运动的形式为物料由上向下，而气流由下向上形成垂直逆流运动。逆流运动形式在压力式和离心式喷雾干燥设备中均有运用。

七、　喷雾干燥系统构成

喷雾干燥机的形式较多，大体分类如表 10-1 所示。不同形式喷雾干燥机的主要区别在于雾化器、干燥室和加热介质回收利用程度等方面。

表 10-1 　　　　　　　　　　　　　喷雾干燥机的类型

分类依据	型式
干燥介质利用	开放式、封闭循环式、半闭循环式
雾化器	压力式、离心式、气流式
干燥室	立式、卧式

资料来源：摘自参考文献［79］。

表 10-1 所列的雾化器和干燥室型式，在食品工业中均有使用，下面对雾化器和干燥室简单讨论。

（一）　雾化器

雾化器也称喷雾器。喷雾器是喷雾干燥的主要设备，要求能使物料稳定地喷洒成大小均匀的雾滴，均匀分布在干燥室的有效部分中，并能与热空气良好接触，洒到干燥室壁面，也不能相互碰撞。常见的雾化器形式有三种，即压力式、离心式和气流式雾化器。

1. 压力式雾化器

压力喷雾干燥的含义是指物料的雾化方法是使用压力而得。喷雾头（喷枪）需要与高压泵配合才能工作。一般使用的高压泵为三柱塞泵。系利用高压泵（2~2.5MPa）强制液体从切线方向通过喷嘴的小孔（孔径为 0.5~1.5mm）使之分散成雾滴图 10-5 所示。这时液体的部分静压能将转化为动能，使液体形成强烈的旋转运动。根据旋转动量矩守恒定律，旋转速度与漩涡半径成反比。因此越靠近轴心，旋转速度越大，其静压力越小。结果在喷嘴中央形成一股压力等于大气压的空气旋流。而液体则形成旋转的环形薄膜，液体静压能在喷嘴处转变为向前运动的液膜的动能，从喷嘴喷出。液膜伸长变薄，最后分裂成小雾滴。这样形成的液雾为空心圆锥形，又称空心锥喷雾。雾滴喷入干燥室后，在干燥室中与热空气直接接触，其表面十分迅速蒸发，在很短时间内即被干燥成为球状颗粒。

压力式雾化器的优点主要为结构简单，制造成本低，维修、更换方便；动力消耗较小；改变喷嘴的内部结构，可获得到不同的雾化效果。缺点是生产过程中流量及操作压力无法单独调节，否则影响雾化质量；喷嘴孔径很小，一般在 φ1mm 以下，极易堵塞，不适于高黏度料液；喷嘴易磨损，需经常更换。

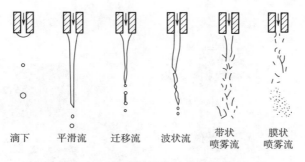

滴下　　平滑流　　迁移流　　波状流　　带状喷雾流　　膜状喷雾流

图 10-5　不同流速的液体雾化状态

资料来源：摘自参考文献［14］。

压力式雾化器的结构形式有多种，常见的有如图 10-6 所示的 M 形、S 形等。M 形喷头的结构如图10-6（1）所示。由于单个压力式喷雾头的流量（生产能力）有限，因此，大型压力式喷雾干燥机通常由多支喷枪一起并联工作。

(1)M形　　　　　　　(2)S形　　　　　　(3)凯尔津形

图 10-6　常见压力式雾化器结构形式

资料来源：摘自参考文献［24］。

（1）M形压力喷雾器　M形压力喷雾器亦称旋转型压力喷嘴。结构由喷嘴、分配孔板（多孔板）、喷嘴座、管接头、旋转室、导流沟槽（环形和切线）组成。喷头孔较大，并用人造宝石制成，孔径为0.8～2mm，其使用寿命可达一年之久，大大超过不锈钢、钨钢制的寿命。

其工作原理是由喷嘴上面套入多孔板，溶液流进入漩涡室时，呈均匀状态通过切线沟槽。小孔进入环形导流沟，再经导流槽使物料切线方向进入旋转室，喷入喷头孔，并自喷孔喷出，从而产生喷雾。此型喷嘴流量大，适用于生产能力较大的设备。

（2）S形压力喷雾器　S形压力喷雾器结构由喷嘴、喷芯、喷嘴座、管接头、旋转室、导流沟槽等组成。喷芯及喷嘴必须用耐磨材料制造。常用的为硬质合金钢，粉末冶金、炭化钨、人造宝石、陶瓷等。在乳品的生产中，现多为不锈钢喷嘴。喷头小孔为0.5～1.4mm。

工作时，液体从任意角度进入喷芯的沟槽。由于沟槽与轴线倾斜成一定角度，液流是螺旋状进入旋室，从而产生离心力的，在喷嘴出口处喷雾。喷芯的沟槽一般为2～6条，喷芯在喷嘴座里不固定，经高压推动力，压紧在喷嘴锥面上，高压液体必须流进沟槽，进入旋室从喷嘴喷出。

2. 离心式雾化器

离心式雾化器由机械驱动或气流驱动装置与喷雾转盘结合而成。利用水平方向上高速旋转（75～150m/s圆周速度）的圆盘上注入料液，液体受离心力的作用被甩成薄膜、细丝或液滴。由于料液雾化过程中，在离心力和重力加速度的作用下和与周围空气的摩擦而产生雾化，故雾化情况与料液的物性、流量、离心圆盘直径、转速有关。当料液流量很少时，料液的雾化主要受离心力的作用。机械式离心雾化器的外形及结构，如图10-7所示。图10-8所示为离心雾化的情形。

 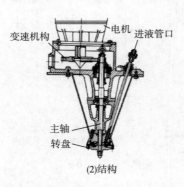 

(1)外形　　　　　　　(2)结构

图 10-7　离心式雾化器　　　　　　　　　图 10-8　离心式雾化的情形

资料来源：摘自参考文献［24］。

　　当离心力大于表面张力时，圆盘周边的球状液滴即被抛出而分裂雾化，液滴中伴有少量大液滴，如图10-9（1）所示，当料液流量增加、转速加快时，球状料液则被拉成丝状射流，被抛出的液丝极不稳定，在离圆盘周边不远处即被分裂雾化成小液滴，如图10-9（2）所示，若料液流量继续增加，则液丝间相互并称成薄膜，抛出的液膜离圆盘周边有一定距离后，被分裂成分布较广的液滴，若料液在圆盘上的滑动能减到最小，则可使液体以高速喷出，在圆盘周边与空气发生摩擦而被雾化，如图10-9（3）所示。为了使料液在圆盘边缘称薄膜状喷出，离心喷雾必须满足以下条件：①圆盘要加工精密，动平衡好，旋转时无振动；②旋转时产生的离心力必须大于物料的重力；③给料必须均匀且圆盘表面均被料液所润湿；④沟槽必须平滑；⑤保证雾化均匀，圆盘的圆周速度应取60m/s以上，一般为90~120m/s。图10-10为各种形式的离心喷雾转盘。

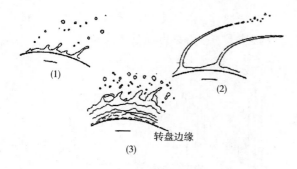

图 10-9　离心雾化器液滴成滴形成
（1）直接分裂成液滴　　（2）丝状割裂成液滴
（3）膜状分裂成液滴
资料来源：摘自参考文献［79］。

图 10-10　各种形式的离心喷雾转盘
资料来源：摘自参考文献［77］。

　　离心喷雾干燥的特点，如下所述。

　　（1）调整转速，可以调整雾化料液的粒径，转速高则液滴细，液相的比表面积就大，从而提高干燥喷雾的传热，传质效率。

　　（2）物料黏度的适应性比压力喷雾干燥广。可以处理低黏度的料液和高黏度浓缩料液。

　　（3）喷雾器的材料要求具有质轻强度高的性能，对材质的要求高。

　　（4）工艺上应用的高速旋转雾化器的转速一般为10000~40000r/min。

　　3. 气流式雾化器

　　气流式雾化器是依靠高速气流工作的雾化器。雾化原理是利用料液在喷嘴出口处与高速运动（一般为200~300m/s）的空气（一般为2.5~6Pa）相遇，由于料液速度小，而气流速度大，二者存在相当大速度差，从而液膜被拉成丝状，然后分裂成细小的雾滴。雾化的微粒与进入干燥室的热空气接触后，被干燥成粉。一般压缩空气从切线方向进入雾化器的外面套管，由于喷头处有螺旋线，因此可形成高速旋转的气流，在喷嘴处成低压区，将料液吸出混合摩擦撕裂成微粒。雾滴大小取决于两相速度差和料液黏度、气液的重量和气体黏度。相对速度差越大，料液黏度越小，则雾滴越细。料液的分散度取决于气体的喷射速度、料液和气体的物理性质、雾化器的几何尺寸以及气料流量之比。图10-11所示为气流式雾化的实际情形。

图 10-11　气流式雾化的实际情形

资料来源：摘自参考文献 [77]。

气流式雾化器的结构有多种，常见的有二流式、三流式、四流式和旋转式，其结构如图10-12所示。气流式雾化器的喷嘴结构简单，磨损小。

气流式雾化器适用范围广，适于低黏度或高黏度料液（包括滤饼在内），特别是含有少量杂质的物料，均可实现雾化；所得雾滴较细；喷嘴操作弹性大；但动力消耗大，为离心式雾化器的 5~8 倍。

4. 三类雾化器比较

三类雾化器各有特点，如表 10-2 所示。在选型时，需考虑生产要求、待处理物料的性质及工厂等诸方面具体情况。

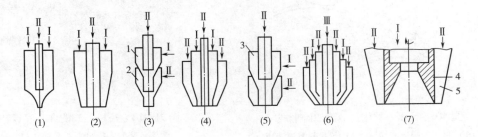

图 10-12　各种气流雾化器形式

（1）二流内混合式　　（2）二流外混合式　　（3）三流内混合式　　（4）三流外混合式

（5）三流内外混合式　　（6）四流式　　（7）旋转气流雾化器

Ⅰ 压缩空气　　Ⅱ 料液　　Ⅲ 加热空气

1—第一混合室　　2—第二混合室　　3—内混合室　　4—旋转杯　　5—气体通道

资料来源：摘自参考文献 [53]。

压力喷雾器（机械式）适用于一般黏度的料液，动力消耗最少，大约每吨溶液所需耗能为 4~10kW·h，其缺点是必须要有高压泵，喷嘴小易堵塞。

气流式的动力消耗最大，每kg料液需 0.4~0.8kg 压缩空气。但其结构简单容易制造，适用于任何黏度或稍有固体的料液。

离心式的动力消耗介于上述两种之间，适用于高黏度或带有固体的料液，而且转盘雾化操作弹性宽，可在设计生产能力的±25%范围内调节产量，而不影响产品的质量。其缺点是机械加工要求高，制造费用大，雾滴较粗，喷嘴较大，因此塔的直径也相应比其他喷雾器的塔大得多。

国内外食品工业大规模生产时都采用压力喷雾和离心喷雾。气流喷雾干燥设备适用于高黏度物料的喷雾干燥。目前，国内食品行业以压力喷雾占多数，如在乳粉和蛋粉生产中，压力喷雾占76%，离心喷雾占24%。国外在欧洲以离心喷雾为主，而在美国、新西兰、澳大利亚、日本等国则以压力喷雾为主。

表 10-2   三种雾化器的比较

参数	压力式	离心式	气流式
处理量的调节	范围小，可用多喷嘴	范围大	范围小
供料速率<3m³/h	适合	适合	适合
供料速率>3m³/h	要有条件	适合	要有条件
干燥室形式	立式、卧式	立式	立式
干燥塔高度	小	大	小
产品粒度	粗粒	微粒	微粒
产品均匀性	较均匀	均匀	不均匀
黏壁现象	可防止	易黏附	小直径时易黏附
功力消耗	最小	小	最大
保养	喷嘴易磨损，高压泵需维护保养	动平衡要求高，相应的保养要求高	容易
价格	便宜	高	便宜

资料来源：摘自参考文献［24］。

（二） 干燥室形式

干燥室是喷雾干燥机的核心。干燥室内部装有雾化器、热风分配器及出料装置等，并开有进、排气口、出料口及人孔、视孔、灯孔等。为了节能和防止（带有雾滴和粉末的）热湿空气在器壁结露和出于节能考虑，喷雾干燥室壁均由双层结构夹保温层构成，并且内层一般为不锈钢板制成。另外，为了尽量避免粉末黏附于器壁上，一般干燥室的壳体上还安装有使黏粉抖落的振动装置。在此经雾化器雾化的物料液滴与由进风机吸送来并经加热器加热的空气接触，迅速受热使水分气化而成为固体粒子，一部分大的落入器底、另一部分则随湿热空气一道进入粉尘回收装置分离成湿空气与粉尘。离开分离器的湿空气或者由排风机直接排入大气，或者部分进行余热回收。干燥机底和分离器分离得到的干燥产品可以直接出料进行包装，也可经过一个粉体冷却器进一步冷却后再出料。

喷雾干燥室分为厢式图 10-13 和塔式图 10-14 两大类，每类干燥室由于处理物料、受热温度、热风进入和出料方式等的不同，结构形式又有多种。

图 10-13 厢式干燥室

图 10-14 塔式干燥室

1. 厢式干燥室

厢式干燥室又称卧式干燥室，用于水平方向的压力喷雾干燥。这种干燥室有平底和斜底两种型式。前者在处理量不大时，可在干燥结束后由人工打开干燥室侧门对器底进行清扫排粉。后者底部安装有一个供出粉用的螺旋输送器。

厢式干燥室用于食品干燥时应内衬不锈钢板，室底一般采用瓷砖或不锈钢板。干燥室的室底应有良好的保温层，以免干粉积露回潮。干燥室壳壁也必须用绝热材料来保温。通常厢式干燥室的后段有净化尾气用的布袋过滤器，并将引风机安装在袋滤器的上方。

因气流方向与重力方向垂直，雾滴在干燥室内行程较短，接触时间也短，且不均一，所以厢式干燥室干燥出来的产品水分含量不均匀；此外，从卧式干燥室底部卸料也较困难，所以新型喷雾干燥设备几乎都采用塔式结构。

2. 塔式干燥室

塔式干燥室常称为干燥塔，新型喷雾干燥设备几乎都用塔式结构。干燥塔的底部有锥形底、平底和斜底三种，食品工业中常采用前者。对于吸湿性较强且有热塑性的物料，往往会造成干粉黏壁成团的现象，且不易回收，必须具有塔壁冷却措施。常用塔壁冷却方法有三种。

（1）由塔的圆柱体下部切线方向进入冷空气扫过塔壁。

（2）设冷却用夹套。冷空气由圆柱体上部夹套进入，并由锥底夹套排出。

（3）沿塔内壁安装旋转空气清扫器，通冷空气进行冷却。

（三） 喷雾干燥系统的其他组成部分

喷雾干燥系统的组成部分除了雾化器和干燥室之外，还有处理干燥介质的空气过滤器和加热器，使干燥介质能均匀分布的热风分配器，输送介质的风机，以及产品收集装置和回收干燥介质中细粉的分离装置。

1. 介质处理设备

介质处理设备包括空气过滤器、空气加热器、空气分配器等。

空气过滤器的作用是通过除尘实现除菌目的，保证介质卫生。空气过滤器的形式一般为油浸式板框过滤器，安装于介质系统进口处。

空气加热器的作用是通过加热使介质符合工艺要求。常见的加热器有蒸汽间接加热器（SRL 散热器）。最高工作温度 $120 \sim 160 ℃$，加热空气比蒸汽低 $10 ℃$ 左右。

空气分配器的作用是引导介质在干燥塔内均匀分布，常见形式有直线气流分配器和旋转气流空气分配器。直线气流空气分配器不易黏壁焦粉，一般适用于压力式喷雾干燥系统中。典型形式有筛板式和垂直导向叶片，旋转气流空气分配器易发生黏壁焦粉，一般适用于压力式喷雾干燥系统中，典型形式有均风板、导向叶片等。

2. 产品收集方式

产品收集方式一般有塔内分离和塔外分离两类。塔内分离利用干燥塔自身结构，依靠重力沉降实现气固分离。塔外分离一般采用气力输送方式将介质与物理颗粒一并送出塔外再行分离。

3. 废气处理设备与回收利用

喷雾干燥系统排放的废气的温度往往远远高于环境温度，从节能的角度希望利用其余热，但废气中湿度较高，很难完全循环使用，喷雾干燥常见的废气处理方式有开放式、封闭式和半封闭式 3 种。喷雾干燥机对加热介质利用的三种情形如图 10-15 所示。开放式是指从干燥室机分离器出来的废气直接排向环境的干燥系统，食品工业用的喷雾干燥系统一般采用这种方式；封闭式是指从分离器出来的废气不直接排向环境而是经去湿处理后循环使用的干燥系统。半封闭式是指部分利用湿热空气进行循环的干燥系统。此外，还有对干燥介质进行灭菌处理的无菌喷雾干燥系统。

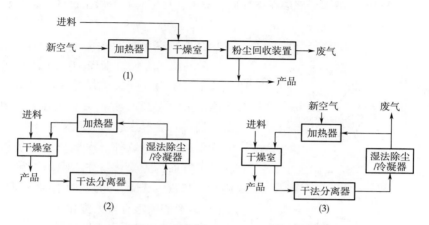

图 10-15　喷雾干燥机干燥介质的利用情形

资料来源：摘自参考文献 [24]。

八、　喷雾干燥装置系统举例

喷雾干燥的流程系统基本是开放式系统，这是国内外普遍使用的装置系统。

1. 压力喷雾干燥机系统

图 10-16 为立式压力喷雾干燥机，主要由空气过滤器、进风机、空气加热器、热风分配器、压力喷雾器、干燥塔、布袋过滤器和排风机等组成。干燥塔体的上部为圆柱形，下部为圆锥形。塔体上下有两个清扫门用于清扫塔壁积粉。布袋过滤器紧靠在干燥室旁边。

该系统采用单喷嘴喷雾，装于塔顶。喷嘴的孔径较大（一般在 2mm 以上），可得到较大粒度的干燥粉粒。与该干燥机配套的供料泵为三柱塞式高压泵。

经空气过滤器过滤的洁净空气，由进风机送入空气加热器加热至高温，通过塔顶的热风分配器进入塔体。热风分配器由呈锥形的均风器和调风管组成，它可使热风均匀地呈并流状以一定速度在喷嘴周围与雾化浓缩液微粒进行热质交换。

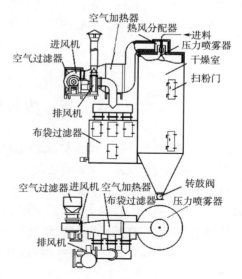

图 10-16　压力喷雾干燥器装置系统

资料来源：摘自参考文献 [77]。

布袋过滤器内部分为三组，每组风管与排风机相连，各组可轮流在关断排风管的同时振动布袋，以振落袋内积粉。布袋过滤器下方有一螺旋输送器，将布袋振动下来的粉末输送至塔体圆锥部分与塔内粉粒混合从塔下转鼓阀排出。通过布袋过滤器回收夹带粉尘后的废气，经由排风机排入大气。

经干燥后的粉粒落到塔体下部的圆锥部分，与布袋过滤器下螺旋输送器送来的细粉混合。不断由塔下转鼓阀卸出。塔体下部装在空气振荡器中，可定时轮流敲击锥体，使积粉松动而沿塔壁滑下。

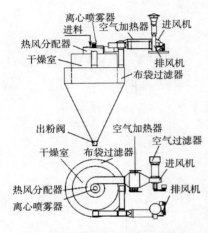

图 10-17　离心喷雾干燥器装置系统

资料来源：摘自参考文献 [77]。

2. 离心喷雾干燥机系统

一种并流式干燥机如图 10-17 所示。其组成及原理基本与压力式喷雾干燥器相似。离心喷雾器的雾化能量来自于离心喷雾头的离心力，因此，为本干燥机供料的泵不必是高压泵。

除了雾化区别以外，本机与压力喷雾干燥机还存在以下方面的差异：首先本系统的热风分配器为蜗旋状；其次，干燥塔的圆柱体部分径高比较大（这主要因离心喷雾有较大雾化半径，从而要求有较高大的塔径）；最后，本干燥器的布袋过滤器装内干燥塔内，它分成两组，可轮流进行清粉和工作。布袋落下的细粉直接进入干燥室锥体。

需要指出的是，不论是压力式还是离心式喷雾干燥机系统，直接从干燥室出来的粉体一般温度较高。普通的做法是使干燥室出来的粉料在一凉粉室内先被冷却，再进行包装。先进的喷雾干燥系统则通常结合流化床技术，使干燥塔出来的粉在此得到进一步流态化干燥，然后进行流态化冷却。

第三节　传导型干燥机械与设备

传导型干燥机要求被干燥物料与加热面间应有尽可能紧密的接触。故传导干燥机较适用于溶液、悬浮液和膏糊状固—液混合物的干燥。

传导干燥机的主要优点：因这种干燥机不需要加热大量的空气，热能利用经济；其次传导干燥可在真空下进行，特别适用于易氧化食品的干燥。

传导型干燥机根据其操作方法分为连续式和间歇式；也可根据其操作压强分为常压和真空。在食品工业中最常见的传导型干燥机有滚筒干燥机、真空干燥箱和带式真空干燥机等。

一、滚筒干燥机

滚筒干燥机（又称为转鼓干燥器，回转干燥机等）是一种接触式内加热传导型的干燥机械，为连续式干燥生产机械。在干燥过程中，热量由滚筒的内壁传到其外壁，穿过附在滚筒外壁面上被干燥的食品物料，把物料上的水分蒸发。

滚筒干燥机的工作过程为：需要干燥处理的料液由高位槽流入滚筒干燥器的受料槽内，由布膜装置使物料薄薄地（膜状）附在滚筒表面，滚筒内通有供热介质，食品工业多采用蒸汽，压力一般在 0.2~6MPa，温度在 120~150℃，滚筒在一个传动周期中完成布膜、汽化、脱水等过程，干燥后的物料由刮刀刮下，经螺旋输送至成品储存槽，最后进行粉碎或直接包装。在传热中蒸发出的水分，视其性质可通过密封罩，引入到相应的处理装置内进行捕集粉尘或排放。

滚筒干燥机具有以下优点。

（1）热效率高　干燥速度快，滚筒内大部分热量用于物料的汽化，热效率达 80%~90%。

（2）干燥速率大　筒壁上湿料膜的传热和传质过程，由里至外，方向一致，温度梯度较大，使料膜表面保持较高的蒸发强度，一般可达 30~70kg/（m² · h）。

（3）产品的干燥质量稳定　筒内温度和间壁的传热速率能保持相对稳定，使料膜处于传热状态下干燥，产品的质量可保证。

但是，滚筒干燥机也存在某些缺点，如滚筒的表面湿度较高，对一些制品会因过热而有损风味或呈不正常的颜色。另外，若使用真空干燥器，成本较高，仅适用于热敏性非常高物料的处理。因此，这类干燥机仅限于液状、胶状或膏糊状物料的干燥，而不适用于含水量低的物料，特别是预糊化食品的干燥，如各种汤粉、淀粉、酵母、婴儿食品、速溶麦片等食品的生产。

（一）　滚筒干燥的原理

滚筒干燥机主要是使料液以膜状形式附于滚筒的表面，然后进行干燥的机器。物料能否附着在滚筒的表面与料液性质（形态、表面张力、黏附力、黏度等）、滚筒的转速、筒壁温度、筒壁材料以及布膜方式等因素有关。

只有黏附力大于料液的表面张力时，才能附于滚筒表面成膜。对于黏度较大的物料，应采用升高温度的方法进而降低料液的黏度。另外，滚筒筒壁温度对黏附力也有影响，温度越低越容易附料，滚筒转速高低也影响吸附力，转速越快，越容易附料。

当物料以膜状形式附于滚筒上后，滚筒对料液进行传热、干燥。干燥过程分为预热、等速和降速三个阶段进行。干燥初期为预热阶段，筒内加热介质对筒外料液的加热，蒸发作用不明显。当料液温度升高，料液中的水分子所具有的动能大到足以克服他们之间的引力和水分子与固态物料之间的引力时，水分子向外扩散，膜表面汽化。料液水分传热和传质方向一致，并维持恒定的汽化速度，这时，干燥过程表现为等速阶段。当膜内扩散速度小于表面汽化速度时，进入降速阶段的干燥。降速阶段的干燥时间为总停留时间的 80%~98%。工程上常用初始和终点时的温度、湿度及滚筒转速等为参数，作为计算干燥器平均传热和传质速率的依据。

（二）　滚筒干燥机的分类

滚筒干燥机的主体是中空金属圆筒。滚筒干燥机按滚筒数可分为单滚筒干燥机和双滚筒干燥机；二者均有常压和真空式之分。按布膜方式可分为进料式、浸液式、喷溅式滚筒干燥机以及顶槽式与喷雾式干燥机。

1. 常压单滚筒干燥机

单滚筒干燥机是指干燥机由一只滚筒完成干燥操作的机械，其组成结构包括下列部分。

（1）滚筒　含筒体，端盖，端轴及轴承。

（2）布膜装置　含料槽，喷淋器，搅拌器，膜厚控制器。

（3）刮料装置　含刮刀支撑架，压力调节器。

（4）传动装置　含电机，减速装置及传动件。

（5）设备支架及抽气罩或密封装置。

（6）产品输送及最后干燥器。

单滚筒干燥机滚筒直径在 0.6~1.6m 范围，长径比（L/D）= 0.8~2∶1。布膜形式可视物料的物性而使用顶部入料或用浸液式、喷溅式上料等方法，附在滚筒上的料膜厚度为 0.5~1.5mm。加热介质大部分采用蒸汽，蒸汽的压力为 200~600kPa，滚筒外壁的温度为 120~150℃。驱动滚筒传动的传动机构为无级调速机构，滚筒的转速一般在 4~10r/min。物料被干燥后，由刮刀装置将其从滚筒刮下，刮刀的位置一般在滚筒断面的 Ⅲ、Ⅳ 象限，与水平轴线交角 30~45°。滚筒内供热介质的进出口采用聚四氟乙烯密封圈密封，滚筒内的冷凝水采用虹吸管并利用滚筒蒸汽的压力与疏水阀之间的压力差，使之连续的排出筒外。

图 10-18（1）所示的单滚筒干燥机采用浸没式加料方式，滚筒部分浸没在稠厚的悬浮液物料中，因滚筒的缓慢转动使物料成薄膜状附着于滚筒的外表面而进行干燥。滚筒回转 3/4~7/8 转时，物料已干燥到预期的程度，即被刮刀刮下，由螺旋输送器送走。

浸没式加料时，料液可能会因热滚筒长时间浸没而过热，为避免这一缺点，可采用洒溅式。滚筒的转速因物料性质及转筒的大小而异，一般为 2~8r/min。滚筒上的薄膜厚度为 0.1~1.0mm。干燥产生的水汽被壳内流过滚筒面的空气带走，流动方向与滚筒的旋转方向相反。

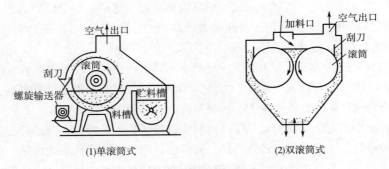

(1)单滚筒式　　　　　　(2)双滚筒式

图 10-18　常压滚筒干燥机

资料来源：摘自参考文献［77］。

2. 常压双滚筒干燥机

图 10-18（2）所示为双滚筒干燥机，由两只滚筒同时完成干燥操作的机械，干燥机的两个滚筒由一套减速传动装置，经相同模数和齿数的一对齿轮啮合，使两组相同直径的滚筒相对传动而操作的。双滚筒干燥机按布料位置的不同，可以分为对滚式和同槽式两类。

采用的是由上面加入湿物料的方法，干物料层的厚度可用调节两滚筒间隙的方法来控制。圆筒随水平轴转动，其内部可由蒸汽、热水或其他载热体加热，圆筒壁即为传热面。

（1）对滚式双滚筒干燥机　对滚式双滚筒干燥机，料液存在两滚筒中部的凹槽区域内，四周设有堰板挡料。两筒的间隙，由一对节筒直径与筒体外径一致或相近的啮合轮控制，一般在 0.5~1mm 范围，不允许料液泄露。对滚的转动方向可根据料液的实际和装置布置的要求确定。滚筒传动时咬入角位于料液端时，料膜的厚度由两筒之间的空隙控制。咬入角若处于反向时，两筒之间的料膜厚度，由设置在筒体长度方向上的堰板与筒体之间的间隙控制。该形式的干燥器，适用于有沉淀的浆状物料或黏度大物料的干燥。

（2）同槽式双滚筒干燥机 同槽式双滚筒干燥机。它的两组滚筒之间的间隙较大，相对齿合的齿轮的节圆直径大于筒外直径。上料时，两筒在同一料槽中浸液布膜，相对传动，互不干扰。适用于溶液、乳浊液等物料干燥。

双滚筒式干燥机的滚筒直径一般为 0.5~2mm；长径比（L/D）= 1.5~2∶1。转速、滚筒内蒸汽压力等操作条件与单滚筒干燥机的设计相同，但传动功率为单滚筒的 2 倍左右。双滚筒式干燥机的进料方式与单滚筒干燥机有所不同。若为上部进料，由料堰控制料膜的厚度的两滚筒干燥器，可在干燥器底部的中间位置，设置一台螺旋输送机，集中出料。下部进料的对滚式双滚筒干燥机，则分别在两组滚筒的侧面单独设置出料装置。

（3）其他形式的双滚筒干燥机 顶槽式双滚筒干燥机如图 10-19 所示。由滚筒和其端部挡板构成供料的顶槽。双滚筒必须同速，其间隙可以调节。贴着每个滚筒外圆装有刮刀。加热蒸汽从滚筒中心轴的一端进入筒内，温度为 150℃。工作时，经杀菌或浓缩后的乳液，先进入顶槽，滚筒转动后，将薄一层液料带出，通过滚筒表面，很快被加热蒸发，并连续不断地将烘干的薄片刮掉，落入输送槽，再进行粉碎；过筛和包装。

喷雾式双滚筒干燥机如图 10-20 所示，其工作的原理和过程与顶槽式基本相同。主要区别是滚筒上装有喷嘴，工作时在滚筒表面上喷洒薄薄一层油料。这种供料方法，加热面的热利用率可达 90%，而顶槽式还不到 70%。

图 10-19 顶槽式双滚筒干燥机工作原理

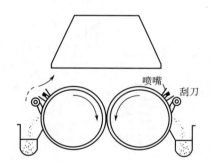

图 10-20 喷雾式双滚筒干燥机工作原理

资料来源：摘自参考文献 ［14］。

3. 真空滚筒干燥机

如图 10-21 所示为真空滚筒干燥机。它是将滚筒全密封在真空室内，采用储斗料封的形式间歇出料的。真空滚筒干燥机的进料、卸料刮刀等的调节必须在真空干燥室外部来操纵。由于干燥过程在真空下进行，可大大提高传热系数；比如滚筒内温度为 121℃（即 0.2MPa 蒸气压），870kPa 的真空条件下操作，传热系数是在常压操作下的 2~2.5 倍。但这类真空滚筒干燥器的结构较复杂，干燥成本较高，一般只用

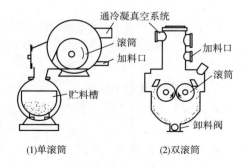

图 10-21 真空滚筒干燥器

资料来源：摘自参考文献 ［77］。

来干燥极为热敏的物料，如果汁、酵母、婴儿食品等的干燥。

二、 真空干燥机

真空干燥机按其操作方法分为连续式和间歇式，其中真空干燥箱是最常用的间歇式真空干燥设备。连续式真空干燥设备可采用带式和耙式，而带式真空干燥机按规模又可分为单层和多层。

（一） 真空干燥箱

真空干燥箱是一种间歇式干燥设备，适用于固体或热敏性、氧敏性液体食品物料。主体是一真空密封的干燥室，结构如图 10-22 所示，箱式真空干燥机的主要工作部分，它由箱体、加热板、门、管道接口和仪表等组成。箱体上端装有真空管接口与获得真空装置相通；还设有压力表、温度表和各种阀门，以控制操作条件。工作时，先将预处理过的物料置于烘盘内，再将烘盘放入箱内加热板上，打开抽气阀，使真空度达到 $1.3 \sim 5.3 \mathrm{kPa}$，然后打开蒸汽阀使箱内达到一定温度，再逐步降温，达干燥要求后，关闭蒸汽阀、抽气阀开启充气阀，打开箱门，卸出产品。

真体可空干燥箱的壳以为方形，也可以为圆筒形，两种形式真空干燥机的外形如图 10-23 所示。

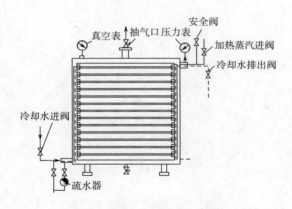

图 10-22　箱式真空干燥器

图 10-23　方形和圆筒形真空干燥箱外形

资料来源：摘自参考文献 ［77］。

这种干燥机中，初期干燥速度很快，但当物料脱水收缩后，则由于物料与干燥盘的接触逐渐变差，传热速率也逐渐下降。操作过程中，加热面温度需要严格控制，以免与干燥盘接触的物料局部过热。

（二） 带式真空干燥机

带式真空干燥机为连续式真空干燥设备，主要用于液状与浆状物料的干燥。它由干燥室、加热与冷却系统、原料供给、输送和抽气系统等部分组成。工作过程是液状或浆状的原料先行预热，经供料泵均匀地置于干燥室内的输送带上，带下有加热和冷却装置，分为蒸汽加热、热水加热和冷却三个区域，加热区域又分为 4 或 5 段，第一、二段用蒸汽加热为恒速干燥段，第三、四段为减速干燥，第五段为制品均质段，都用热水加热。按原料性质和干燥工艺要求，各段的加热温度可以调节。原料在带上边移动边蒸发水分，干燥后形成泡沫片状物品，然后通过冷却区，再进入粉碎机粉碎成颗粒状制品，由排出装置卸出。干燥室内的二次蒸汽用冷凝器凝缩成水排出。

1. 单层带式真空干燥机

图 10-24 所示为单层带式真空干燥机，它由一个连续的不锈钢带、加热滚筒、冷却滚筒、辐射元件、真空系统和加料装置等组成。供料口位于钢带下方，由一供料滚筒不断将浆料涂布在钢带的表面。涂在钢带上的浆料随钢带前移进入干燥器下方的红外线加热区。受热的料层因内部产生的水蒸气而膨松成多孔

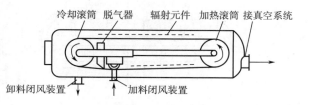

图 10-24　单层式真空干燥机

资料来源：摘自参考文献 [77]。

状态，与加热滚筒接触前已具有膨松骨架。料层随后经过滚筒加热，再进入干燥上方的红外线区进行干燥。干燥至符合水分含量要求的物料在绕过冷却滚筒时受到骤冷作用，料层变脆，再由刮刀刮下排出。干燥室一般为卧式封闭圆筒，内装钢带式输送机械。带式真空干燥机有单层和多层两种形式。

2. 多层带式真空干燥机

一种多层带式真空干燥机如图 10-25、图 10-26 所示。它有三层输送带，沿输送方向采用夹套式换热板，设置了两个加热区和一个冷却区域，分别用蒸汽、热水、冷水进行加热和冷却。根据原料性质和干燥工艺要求，各段的加热温度可以调节。原料在输送带上边移动边蒸发水分，干燥成为泡沫片状物品，冷却后，经粉碎机粉碎成为颗粒状制品，最后由排出装置卸出。干燥产生的二次蒸汽和不凝性气体通过排气口，由冷凝和真空系统排出。

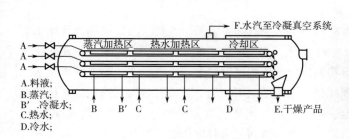

图 10-25　多层带式真空干燥机

资料来源：摘自参考文献 [77]。

图 10-26　多层带式干燥机

（三）　圆筒搅拌型真空干燥器

耙式真空干燥器又称圆筒搅拌型真空干燥机，由卧式圆筒、传动轴、搅拌桨（或称耙齿）等组成。筒壁为夹层，内通蒸汽或热水或热油。搅拌桨是向左和向右的两组耙齿，分别装在传动轴上。传动轴与圆筒壳体间，采用石棉作填料进行密封，如图 10-27 所示。

工作过程是物料由圆筒上部进入，当耙齿正、反转时，使物料先住两边而后又往中间移动，受到均匀搅拌；当物料与筒壁接触时受热，同时由真空装置抽走气化的水蒸气，促进干燥进程。如此耙齿不断地正反转动，当物料达干燥后即由下部卸出。

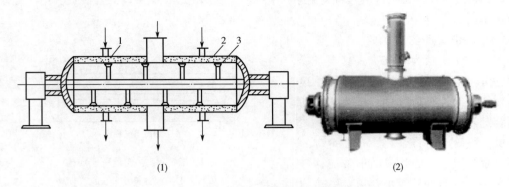

(1)　　　　　　　　　(2)

图 10-27　耙式真空干燥器

1—外壳　2—蒸汽夹套　3—水平搅拌器

资料来源：摘自参考文献 [77]。

干燥过程耙齿不断正反转动，被干燥物料搅拌均匀蒸汽耗量小。特别适用于干燥热敏性物料，在高温下易氧化的物料或干燥时易板结的物料，以及干燥中排出的蒸汽须回收的物料。干燥完毕后物料为粉末状，所以对于成品为粉末状的物料较为适用，干燥完毕后可直接包装，无须粉碎。耙式真空干燥机进料含水率可达 90%，被干燥物料有浆状、膏状、粒状、粉状或纤维状，干燥后物料水分可达 1%，甚至 0.5%。

第四节　流化床干燥设备

流化床干燥机是一类使粉状或颗粒状物料呈沸腾状态干燥的干燥机，因此又称沸腾床干燥机。典型的流化床干燥机系统，如图 10-31 所示。如图所示，流化床干燥机由风机驱使热空气以适当的速度通过床层，与颗粒状的湿物料接触，使物料颗粒保持悬浮状态。热空气既是流化介质，又是干燥介质。被干燥的物料颗粒在热气流中上下翻动，互相混合与碰撞，进行传热和传质，达到干燥的目的。当床层膨胀至一定高度时，因床层空隙率的增大而使气流速度下降，颗粒回落而不致被气流带走。经干燥后的颗粒由床侧面的出料口卸出。废气由顶部排出，并经旋风分离器回收所夹带的粉尘。

流化床干燥器具有以下特点：①物料与热空气接触面积大，搅拌激烈，热传导效果好，干燥速度大，适宜于对热敏性物料的干燥；②装置简单，设备造价低廉，除风机、加料器外，本身无机械装置，维修费用低；③对被干燥物料的颗粒度有一定的限制，一般要求颗粒不小于 30μm，而又不大于 4~6mm；④对易结块物料，因容易产生与设备壁间黏结而不适用。

一、　流化床干燥设备的基本构成

流化床干燥器的基本结构有进料机构，气流分布板、床体、加料器、热风吸入口、介质处理系统和废气处理系统等组成。

进料机构的作用是保证物流流量连续稳定且在气流分布板上均匀分布。对于膏状物采用螺旋挤压式、振动式供料，保证膏状物分散均匀，对于液体应加晶种以喷雾形式造粒。

气流分布板的作用是支撑物料，均匀分配气流，创造良好的流化条件。气流分布板形式最常见的是多孔板，孔眼直径 5~20mm，开孔率 20%，钢丝网、填料层和泡罩式气流分布板亦有使用。介质处理系统与喷雾干燥器系统相似，仅在空气分布器方面有所不同。空气由过滤器→风机→加热器→空气流分布板→床层→废气处理。沸腾干燥设备干燥过程应该保持密封，进出料采用机械密封或料封防止相同漏气。

1. 气流分布板

气流分布板是流化床干燥机的主要部件之一。它的作用是支持物料，均匀分配气体，创造良好的流化条件。分布板在操作时处于受热受力的状态，所以要求其能耐热，且受热后不能变形。实际上多采用金属或陶瓷材料制作。各种型式的气流分布板如图 10-28 所示。

2. 气体预分配器

为使气流能够较为均匀地到达分布板，并使得可在较低阻力下达到均匀布气的目的，流化床干燥机的下方可设置气流预分布器。图 10-29 为两种结构形式的气流预分布器。有些设备，为使气流分布均匀，还直接将整个床体分隔成若干个室。

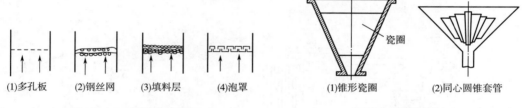

图 10-28 气流分布板

(1)多孔板　(2)钢丝网　(3)填料层　(4)泡罩

资料来源：摘自参考文献［77］。

图 10-29 气流分布器

(1)锥形瓷圈　(2)同心圆锥套管

资料来源：摘自参考文献［77］。

3. 加料器

流化床上用得较多的是旋转加料器。

4. 热风吸入口

为使热风能够均匀的吸入干燥其中，可以设计成图 10-30 所示的形式。

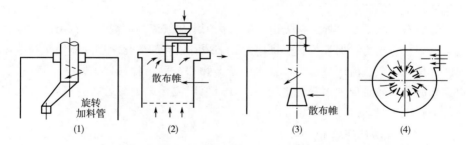

图 10-30 加料器结构和热风吸入口结构示意图

(1)(2)(3) 加料器　　(4) 热风吸入口

资料来源：摘自参考文献［79］。

二、 流化床干燥设备的分类

流化床干燥机的常见形式有卧式和立式流化床，卧式流化床分为单室和多室流化床；立式流化床分为单层和多层流化床。此外，还包括振动型、脉冲型、惰性粒子型流化床等，以及集上述型式的特征结构为一体的复合型的流化床干燥机，如可将振动型与惰性粒子型结合起来构成振动—惰性粒子型的流化床干燥机。

多层流化床干燥器由于控制要求很严格，且流动阻力大，生产中较少使用。单层单室流化床干燥器结构简单，操作方便，但物料在流化床中停留时间差异较大。

（一） 单层圆筒型流化床干燥机

单层圆筒型流化床干燥机如图 10-32 所示。湿物料由螺旋输送机送到加料斗，再经抛料机送入干燥机内。空气经过滤器由鼓风机送入空气加热器加热，热空气进入流化床底后由分布板控制流向，对湿物料进行干燥。物料在分布板上方形成流化床。干燥后的物料经溢流口由卸料管排出，夹带细粉的空气经旋风分离器分离后由抽风机排出。

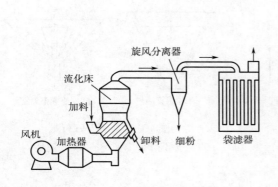

图 10-31　流化床干燥机系统

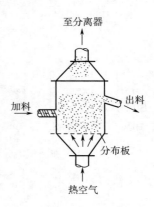

图 10-32　单层圆筒型流化床干燥机

资料来源：摘自参考文献 [77]。

单层流化床干燥适用于床层颗粒静止高度低（300~400mm）、容易干燥、处理量较大且对最终含水量要求不高的产品。

这种干燥机有两大不足之处，首先由于颗粒在床中与气流高度混合，自由度很大，为了限制颗粒过早从出料口出去，保证物料干燥均匀，必须有较高的流化床层才能使颗粒在床内停留足够的时间，从而造成气流压降增大。其次由于湿物料与已干物料处于同一干燥室内，因此，从排料口出来的物料较难保证水分含量均一。针对单层流化床干燥后产品湿度不均匀的缺点，出现了多层流化床干燥器。

（二） 多层沸腾床干燥机

对于要求干燥较均匀或干燥时间较长的产品，一般采用多层流化床干燥机。多层时沸腾干燥机整体为塔形结构，内设多层孔板，通常物料由干燥塔上部的一层加入，物料通过适当方式自上而下转移，干燥物料最后从底层或塔底排出。因此，湿物料与加热空气在流化床干燥机内总体呈逆流向。

多层流化床干燥机中物料从上一层进入下一层的方法有多种，如图 10-33 所示。总体上，根据物料在层间转移方式可分为溢流式和穿流式（即直流式）两种形式。国内目前以溢流管式为多。

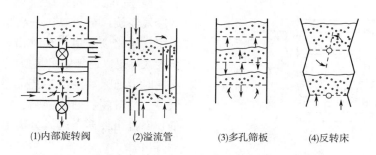

(1)内部旋转阀　　(2)溢流管　　(3)多孔筛板　　(4)反转床

图 10-33　物料层间转移机构示意图

资料来源：摘自参考文献 [77]。

图 10-34（1）所示为溢流式多层流化床干燥机。湿物料颗粒由第一层加入，经初步干燥后由溢流管进入下一层，最后从最底层出料，热空气则从底部进入，自下而上运动而将湿物料沸腾干燥。因颗粒在层与层之间没有混合，仅在每一层内流化时互相混合，且停留时间较长，所以产品能达到很低的含水量且较为均匀，热量利用率也显著提高。

穿流板式流化床干燥机如图 10-34（2）所示。干燥时，物料直接从筛板孔自上而下分散流动，气体则通过筛孔自下而上流动，在每块板上形成流化床。适用物料颗粒的直径一般在 0.8~5mm。为使物料能通过筛板孔流下，筛板孔径应为物料

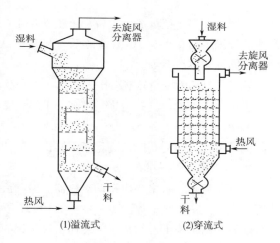

(1)溢流式　　　　(2)穿流式

图 10-34　多层流化床干燥器

资料来源：摘自参考文献 [77]。

粒径的 5~30 倍，筛板开孔率为 30%~40%。物料的流动主要依靠自重作用，气流还能阻止其下落速度过快，大多数情况下，气体的空塔气速与流化速度之比为 1.2~2：1。干燥能力为每平方米床层截面可干燥 1000~10000kg/h 的物料。

（三）　卧式多室流化床干燥机

为了降低压强降，降低床层高度。还可采用卧式多室流化床干燥机，如图 10-35 所示。卧式多室流化床干燥由多孔板、风机、空气预热器、隔板、旋风分离器等组成。在多孔板上按一定间距设置隔板，构成多个干燥室，一般是 4~8 室，底部为多孔筛板，筛板的开孔率一般为 4%~13%，孔径为 1.5~2.0mm，筛板上方设有竖向的挡板，筛板与挡板下沿有一定的间隙，大小可由挡板的上下移动来调节，并以挡板分隔成小室，其下部均有一进气支管，支管上有调节气体流量的阀门。物料从加料口先进入最前一室，借助于多孔板的位差，依次由隔板与多孔

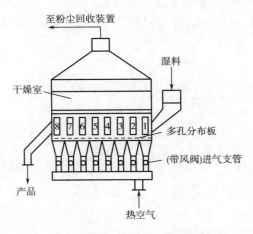

图 10-35　卧式多室沸腾干燥器
资料来源：摘自参考文献［77］。

板间隙中顺序移动，最后从末室的出料口卸出。

空气加热后，统一或通过支管分别进入各干燥室，与物料接触进行干燥。夹带粉末的废气经旋风分离器，分离出的物料重回干燥室，净化废气由顶部排出。其中前段物料湿度大，可以通入较多热空气，而最后一室，必要时可通入冷空气对产品进行冷却。热空气经过与湿物料热交换后，废气经过干燥器的顶部排出，再经旋风分离器或袋滤器分离后排出。

卧式多室流化床干燥机结构简单、制造方便、干燥速度快。适用于各种难以干燥的颗粒状、片状和热敏性物料。但热效率较低，对于多品种小产量物料的适应性较差。对于粉状物料则要先用造粒机造成 4~14 目散状物料。所处理的物料一般初湿度在 10%~30%，而干燥后的终湿度为 0.02%~0.3%。食品工业中，这种形式的干燥机被用于干燥砂糖、干酪素、葡萄糖酸钙及固体饮料等。

（四）　其他型式的流化床干燥机

传统流化床干燥机具有传热强度高，干燥速率快等优点，但对于细小结晶体、浆状、膏浆体就不适用。

其他具有代表性的有振动流化床干燥机、脉冲流化床干燥机、惰性粒子流化床干燥机等。

1. 振动流化床干燥机

振动流化床干燥机主要由振动喂料器、振动流化床、风机、空气加热器、空气过滤器和集尘器等组成。其主体结构如图 10-36、图 10-37 所示，它的机壳安装在弹簧上，由振动电机驱动，分配段和筛选段下面均热空气腔体。流化床的前半段为干燥段，后半段为冷却段，空气经过滤器、用风机送入床内。

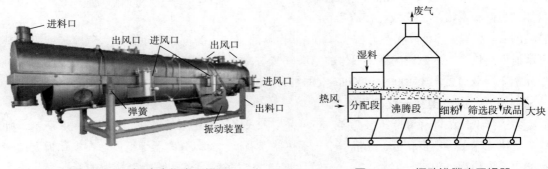

图 10-36　振动流化床干燥器　　　　图 10-37　振动沸腾床干燥器

资料来源：摘自参考文献［57］。

工作时物料从给料器进入流化床前端，通过平板振动和床下气流的作用，使物料以均匀的速度滑床面向前移动到沸腾段，在沸腾段经过干燥后进入分选段。分选段内装有不同规格的筛网，而后卸出产品。带粉尘的气体，经集尘器回收物料并排出废气。

振动流化床干燥机适合于干燥颗粒过粗或过细、易黏结、不易流化的物料，含水量4%~6%的湿砂糖在流化床的沸腾段停留约十几秒就可干燥到含水率0.02%~0.04%。

2. 脉冲流化床干燥机

脉冲流化床干燥机的流化气体按周期性的方式输入。结构如图10-38所示，在干燥机下部周向均布几根热风进管，每根管上装有快开阀门，按一定的频率（如4~16Hz）和顺序启闭，使流化气体周期性脉冲输入。短时间内形成剧烈的局部流化沸腾状态，流化状态又在床内扩散和向上移动，从而使得气体和物料间有强烈的传热传质作用。

脉冲流化床干燥机具有如下优点。①能够流化非球形大颗粒，如直径为20~30mm、厚度为1.5~3.5mm的蔬菜。②粒子间对流混合较充分，无沟流现象。③压降较低，节能效果明显，高达30%。

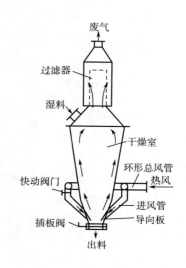

图10-38　脉冲流化床干燥器
资料来源：摘自参考文献［79］。

3. 喷动床干燥机

喷动床干燥机由喷动床、风机、空气加热器、旋风分离器等组成。喷动床下部为圆锥形，上部为圆筒形。工作时，湿物料由螺旋输料器进入喷动床内，如图10-39所示。空气经加热后，以高速从锥底进入，冲开物料并夹带一部分物料向上运动，形成一个中央通道，物料的密度随运动的高度而增加，至床顶部似喷泉一样，从中心喷出，向四周散落，然后因重力向下移动，到锥底后又被上升气流喷射上去，如此循环喷动。达干燥要求后由底部放料阀卸出产品。这种形式的干燥对于粗颗粒和易黏结的物料干燥极为有利。适宜干燥谷物、玉米胚芽等物料。

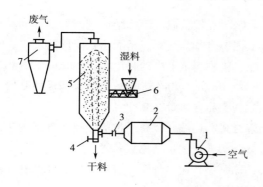

图10-39　喷动床干燥器
1—鼓风机　2—加热炉　3—蝶阀　4—放料阀
5—喷动床　6—螺旋喂料器　7—旋风分离器
资料来源：摘自参考文献［79］。

4. 惰性粒子流化床干燥机

惰性粒子流化干燥适用于溶液、悬浮液、黏性浆状物料等液相物料的干燥，其技术关键是粒子表面对物料的均匀吸附、流化效果和干燥物料的及时脱离。

图10-40所示为一种惰性粒子流化床干燥机的结构示意图。其工作原理是根据不同液相物料的特性在干燥机内加入一定量的惰性粒子，通过加料器将液相物料均匀地喷洒在粒子的表面，在床层气流的作用下，粒子随热气流不断地沸腾、翻滚呈流态化，此时粒子内部储存

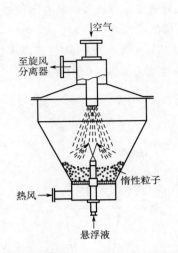

图 10-40　惰性粒子的流化床干燥机
资料来源：摘自参考文献［77］。

的热量瞬时传递给物料，使物料得以干燥。当物料干燥到一定程度以后，物料在粒子翻滚碰撞外力的作用下，从粒子表面剥落，随气流离开流化床。此时惰性粒子表面得以更新，以此完成一个干燥周期。

在干燥过程中惰性粒子的形状、大小、分布、密度及其流动性对流态化质量有较大影响。粒子形状以球形为佳，物料在其表面形成均匀的薄膜。同时，球形可提供较大的碰撞应力和剪切应力，有利于干粉的脱落。较常使用的惰性粒子有玻璃球，陶瓷球，尼龙球等。

惰性粒子流化床干燥设备的特点还表现在：①适用于高水分的浆状物料；②干燥与粉碎同在一处完成，可减少物料损失。

这种干燥机可干燥膏糊状料液、鸡蛋白、蛋黄、动物血、酪蛋白、酵母、大豆蛋白、肉骨汤等；但不宜干燥会形成坚硬的高附着作用的膜层的物料。

第五节　其他干燥机械与设备

一、冷冻干燥机

冷冻干燥，也叫升华干燥，就是将待干燥的湿物料在较低温度下冻结成固态后，在高真空度的环境下，将已冻结了的物料中的水分，直接从固态升华为气态，从而达到干燥的目的。

食品冷冻干燥需要经历三个阶段：①预冻阶段，将物料溶液中的自由水分固化。②升华阶段，此阶段约可除去物料水分的 90%。③解析干燥，解析未被冻结的毛细管壁和极性基团上吸附的部分水分，通过更高的真空度完成，结束后，产品含水量在 0.5%~4%。

冷冻干燥设备按操作方式可分为间歇式、半连续式和连续式设备。按能否在干燥室内进行冻结可分为能预冻和不能预冻设备。按生产量可分为实验用和生产用设备等。

在食品工业中冷冻干燥常用于肉类、水产类、蔬菜类、速溶咖啡、香料等的干燥。在军需食品、远洋食品、宇航食品、登山食品等领域也有应用。

（一）　冷冻干燥设备的系统构成

各种型式的冷冻干燥装置系统均由预冻、供热、蒸汽和不凝结气体排除系统及干燥室等部分构成，如图 10-41 所示。这些系统一般以冷冻干燥室为核心联系在一起，有些部分直接装在冷冻干燥室内，如供热的加热板、供冷的制冷板和水汽凝结器等。预冻过程可以独立于冷冻干燥机完成，此时冷冻干燥箱内不设冷冻板。

冷冻方法应用最多的为鼓风式和接触式冻结法。鼓风式冻结一般在冷冻干燥主机外的速冻

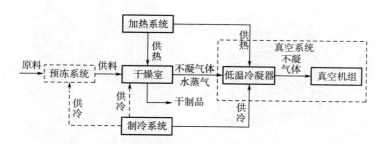

图 10-41 冷冻干燥设备组成示意图

资料来源：摘自参考文献 [24]。

装置中完成。而接触式冻结常在冷冻干燥室的物料搁板上进行。对于液态物料可用真空喷雾冻结法进行预冻。

在冷冻干燥过程中，由供热系统提供冻结物料中的水分以冰晶升华时所需的热量。供给升华热时，要保证冻结层表面达到尽可能高的蒸汽压，又不致使冻结层融化。此外供热系统还间歇性地提供低温凝结器（冷阱）融化积霜所需的熔解热。

冷冻干燥系统中的加热方式主要有传导、辐射和微波加热三种。

传导加热法是将物料放在料盘或输送带上接受传导的热量。有直接加热和间接加热两种。图 10-42 所示为具有热回收系统的冻干机流程。

从物料中升华出的蒸汽，在通过冷阱时大部分以结霜的方式凝结下来，剩下的一小部分蒸汽和不凝结气体则由真空泵抽走。也采用蒸汽喷射泵的真空系统。

直接安装在干燥箱内的冷阱称为内置式冷阱。其结构有列管式、螺旋管式、盘管式、板式等。除了如图 10-43 所示的内置式冷凝器以外，低温冷凝器的外形一般呈圆筒状，具有一大一小两个管口，串联在干燥箱和真空泵之间，图 10-44 所示为几种外置式低温冷凝器的结构示意图。

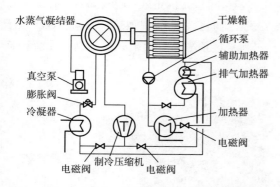

图 10-42 具有热回收系统的冻干机流程示意图

资料来源：摘自参考文献 [24]。

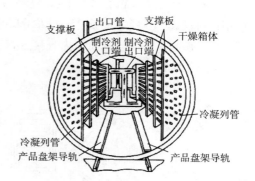

图 10-43 内置列管式低温冷凝器

资料来源：摘自参考文献 [24]。

（二） 常见冷冻干燥装置

冷冻干燥装置按操作的连续性可分为间歇式、连续式和半连续式三类，在食品工业中应用最多的是间歇式和半连续式装置。

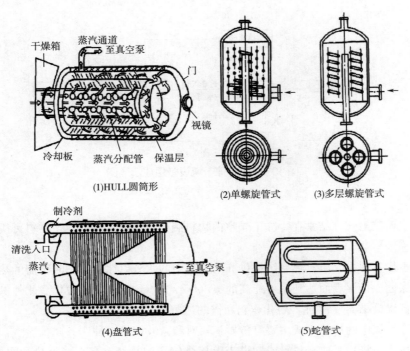

图 10-44　一些低温凝结器的结构示意图

资料来源：摘自参考文献［77］。

1. 间歇式冷冻干燥机

间歇式冷冻干燥装置有许多适合食品生产的特点，因此绝大多数的食品冷冻干燥装置均采用这类装置。

间歇式冷冻干燥机有各种形状，多数为圆筒形。盘架可以是固定式，也可做成小车出入干燥箱，料盘置于各层加热板上。如采用辐射加热方式，则料盘置于辐射加热板之间，物料可于箱外预冻后装入箱内，或在箱内直接进行预冻。若为直接预冻，干燥箱必须与制冷系统相连接，见图 10-45。

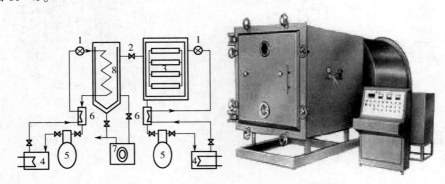

图 10-45　间歇式冷冻干燥装置

1—膨胀阀　2—冷阱进口阀　3—干燥箱　4—冷凝器　5—制冷压缩机　6—热交换器　7—真空泵　8—冷阱

资料来源：摘自参考文献［53］。

间歇式冷冻干燥装置的优点在于：适应多品种小批量的生产。其缺点是：由于装料、卸料、启动等预备操作占用的时间长，设备利用率低；若要满足一定的产量要求，往往需要多台单机，并要配备相应的附属系统。

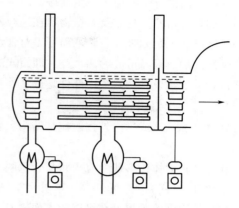

图 10-46　隧道式半连续冷冻干燥装置
资料来源：摘自参考文献 [77]。

2. 半连续式冷冻干燥系统

多箱间歇式设备由一组干燥箱构成，每两箱的操作周期互相交错。可用于同时生产不同的品种，提高了设备操作的灵活性。

半连续隧道式冷冻干燥机如图 10-46 所示。料盘以间歇方式通过隧道一端的大型真空密封门进入箱内，以同样的方式从另一端卸出。升华干燥过程是在大型隧道式真空箱内进行的。

3. 连续式冷冻干燥系统

连续式冻干室可采用水平向输送的钢带输送机，或上下输送的转盘式输送装置。图 10-47 所示为一使用浅盘输送装置的连续冻干系统。

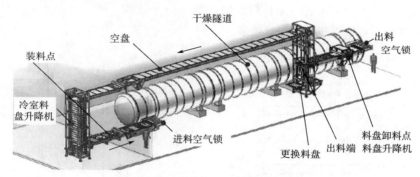

图 10-47　连续式冷冻干燥装置
资料来源：摘自参考文献 [53]。

装有适当厚度预冻制品的料盘从预冻间被送至干燥机入口，通过空气锁进入干燥室内的料盘升降器，每进入一盘，料盘就向上提升一层。等进入的料盘填满升降器盘架后，由水平向推送机构将新装入料盘一次性向前移动一个盘位。出口端升降器以类似方式逐一将料盘下降，再通过出口空气锁送出室外。如此周而复始，实现连续生产。

在室外单体冻结的小颗粒状物料，可以利用闭风阀，送入冻干室。

连续式冷冻干燥装置的优点：①处理能力大，适合单品种生产；②设备利用率高；③便于实现生产的自动化。它的缺点是：①不适合多品种小批量的生产；②在干燥的不同阶段，不能控制不同真空度；③设备复杂，制造精度要求高，投资费用大。

二、　远红外加热设备

远红外加热，当辐射体发出的远红外线到达物体上时，会出现反射，吸收或穿透等现象。若辐射体射出的远红外辐射波长与被照物体吸收波长一致时，该物体就会大量吸收远红外线，这时，物体内部分子和原子发生共振，产生强烈的振动，旋转，而振动旋转使物体温度升高，达到了加热的目的。食品及有机物质在远红外线波长为 $3 \sim 5 \mu m$ 时具有最大的吸收能。水在远红外线区具有大量的吸收带，从而可以对含水物料用远红外线辐射，达到加热和干燥的目的。

远红外加热设备可分为两大类，即箱式的远红外烤炉和隧道式远红外炉。不论是箱式的还是隧道式的加热设备，其关键部件是远红外发热元件。

（一） 远红外辐射元件

远红外加热器或远红外辐射器其结构主要由发热元件、远红外辐射体、紧固件或反射装置等构成。

远红外辐射体按形状分有板状与管状两种；按辐射体材料分主要有以金属为依附的红外涂料、碳化硅元件和 SHQ 元件等。辐射元件一般由热源，基体，涂敷层组成。由热源发出热量，通过基体传递到涂敷层，在涂层的表面辐射出远红外线。

1. 碳化硅红外加热元件

碳化硅在远红外波段及中红外波段，具有很高的辐射率，是一种良好的远红外辐射材料。如图 10-48 所示，碳化硅材料可以做成管状。主要由电热丝及接线件、碳化硅管基体及辐射涂层等构成。因碳化硅不导电，因此不需充填绝缘介质。碳化硅红外元件也可以做成板状，如图 10-49 所示。其基体为碳化硅，表面涂以远红外辐射涂料。碳化硅的远红外辐射器在糕点制作行业应用较多，主要因为其辐射特征和糕点的主要成分（面粉、糖、食用油等）的远红外吸收光谱特性相匹配，可取得很好的加热效果。

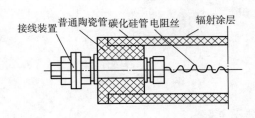

图 10-48 碳化硅管远红外辐射元件结构

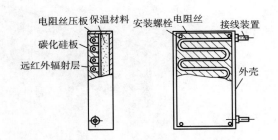

图 10-49 碳化硅板式辐射器

资料来源：摘自参考文献 [53]。

2. 金属氧化镁管

以金属管为基体，管内部的加热丝外围充满电热性能好的氧化镁粉作为绝缘材料。氧化镁可提高远红外区的辐射率。其结构和辐射特性见图 10-50。这种辐射管的机械强度高，使用寿命长，密封性好，拆装方便，在食品行业得到广泛应用。但涂层易脱落，易下垂变形。

3. SHQ 乳白石英远红外加热元件

SHQ 元件由发热丝、乳白石英玻璃管及引出端组成。乳白石英玻璃管起辐射、支承和绝缘作用。由于不需要涂覆远红外涂料。

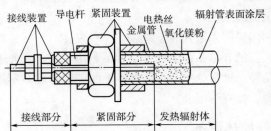

图 10-50 金属氧化镁远红外辐射管结构

资料来源：摘自参考文献 [53]。

所以没有涂层脱落问题，符合食品加工卫生要求，缺点是价格偏高。

（二）　远红外加热干燥器

将辐射元件置于上部或底部，可做成工业上用的远红外加热干燥器，主要有带式和链式两种，①带式炉以钢丝带或履带传送物体，物料可以直接放在带面上，可以是单层或多层带；②链式炉以两条或几条平行的，同轴传动的链条做传动带，物料用盘子装载后放在链上送入炉内。

三、　微波加热设备

微波加热属于一种内部生热的加热方式，微波渗入物料内，使物料极性分子取向随着外电磁场的变化而变化。当施加交流电场时，偶极子随着场方向的交替变化迅速摆动。由于分子的热运动和相邻分子间的相互作用。致使分子急剧摩擦，碰撞，导致物料内各部分在同一瞬间获得大量热量而升温。微波加热在食品加工中的应用已经从最初的食品烹饪和解冻扩展到食品杀菌、消毒、脱水、漂烫、焙烤等。

目前有两个微波频率用于加热应用，即915MHz和2450MHz。微波加热设备如图10-51所示，主要由电源、微波发生器、冷却系统、连接波导和加热器等部分构成。

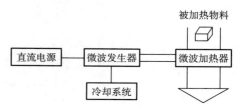

图10-51　微波加热器的构成
资料来源：摘自参考文献［77］。

根据微波场作用方式，可分为驻波场谐振腔加热器，行波场驻波加热器，辐射型加热器和慢波型加热器。驻波按微波炉的结构形式可分为箱式、隧道式、平板式、曲波导式和直波导式等。其中箱式为间歇式，后四者为连续式。

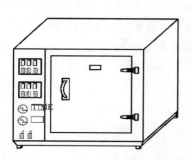

图10-52　微波加热器的构成
资料来源：摘自参考文献［77］。

（一）　箱式微波加热器

箱式微波加热器属于驻波场谐振腔加热器，是应用较为普及的一种微波加热器．如食品烹调用微波炉。其结构如图10-52所示，由波导、谐振腔、反射板和搅拌器等构成。

当微波炉接通电源后，变压器将220V电压升压，然后经过整流，变成直流高压加在磁控管的阳极上，磁控管则将直流电能变成2450MHz的微波能，经波导传输到炉腔内。微谐振腔为矩形空腔，当每一边的长度都大于$\lambda/2$（λ为所用微波波长）时，将从不同方位形成反射，同时穿透物料的剩余微波会被腔壁反射回介质中，形成多次加热过程。由于谐振腔为密闭结构，微波能量泄漏很少，不会危及操作人员的安全。

（二）　隧道式微波加热器

此加热器为一种连续式谐振腔微波加热器。有多种形式，分谐振腔式、波导式、辐射式和慢射式等四种。其中隧道结构的谐振腔式较为简单可用于食品工业加热，杀菌，干燥操作等常用的设备。

隧道式微波加热器可以看做是数个箱式微波加热器打通后相连的形式，所用磁控管大多采用2450MHz频率，也可采用大功率频率915HMHz。通过波导管把微波倒入加热器中，加热器的微波入口可以在加热器的上下部和两个侧边。被加热的物料通过输送带连续进入加热器中，干燥后输出，以实现连续干燥。

如图 10-53 所示为两种形式的谐振腔隧道式连续微波加热器，主要由微波谐振腔体和输送带构成。输送带安装起微波屏蔽作用的金属挡板以防止进出料口处微波能的泄漏［图 10-53（1）］，或在进出料口安装金属链条［图 10-53（2）］。

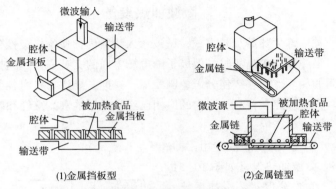

(1)金属挡板型　　　　(2)金属链型

图 10-53　连续式谐振腔加热器

资料来源：摘自参考文献［53］。

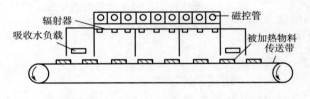

图 10-54　连续式多谐振腔微波加热器

资料来源：摘自参考文献［53］。

隧道上部设置有排湿装置，用于排除加热过程中物料蒸发出的水分。大功率加热器设计采用多管并联谐振腔以强化连续加热操作（图10-54），在隧道的进出料口处设置有专门吸收微波能的水负载以防止微波能的泄漏辐射，可用于奶糕和茶叶的加工。

思考题

1. 请举 3 例对流式干燥机在食品工业中应用的例子。
2. 高黏度浆状物料的可用哪些类型的设备干燥？
3. 简述喷雾干燥机制以及干燥过程。
4. 比较滚筒干燥与流化床干燥设备的特点及用途。
5. 简述压力喷雾干燥与离心喷雾干燥的区别。
6. 简述冷冻干燥机制及特点。
7. 试分析间歇式冷冻干燥机可采用的进料方式。
8. 简述微波干燥的原理。
9. 简述喷雾干燥设备的雾化形式。
10. 简述真空干燥，冷冻干燥的优势与用途。

第十一章

CHAPTER

食品热交换机械与设备

　　热交换机械设备是用来使热量从热流体传递到冷流体，以满足规定的工艺要求的装置，其常用于化工、石油、动力、食品及其他许多工业部门，在实际生产中有着非常重要的地位。在食品生产中热交换机械应用更加广泛，可作为加热器、杀（灭）菌器、浓缩器、干燥器、冷却器、冷凝器等使用。

　　用于食品加工工业的热交换机械设备种类很多，但根据冷、热流体热量交换的原理和方式基本上可分三大类即：间接（间壁）式、直接式和蓄热式热交换机械设备。在三类热交换机械设备中，间接式热交换机械设备在食品加工工业中应用最多，根据传热面的形状和结构可分为管式、板式、釜式热交换机械设备等。

　　食品加工过程中对物料进行预热、冷却、混料、杀（灭）菌、蒸发浓缩、结晶和干燥等均需通过热交换机械设备来完成。就食品加工业而言，热交换机械与设备是其必不可少的加工设备。

　　本章主要介绍用于食品杀（灭）菌工艺中的常用热交换机械与设备，通过本章学习掌握各类热交换机械与设备的基本结构、工作原理、系统配置、性能特点；了解各类热交换机械与设备的类型和应用。热交换目的有以下几点。

　　1. 冷却

　　便于食品原料与半成品的暂时贮存，例如，在乳品工厂生产过程中，原料乳入厂后通过板式或管式热交换机械设备将其快速冷却至4~5℃，防止微生物进一步生长；满足下一步生产工艺操作条件，例如，物料通过杀（灭）菌机械设备杀（灭）菌后，将物料经冷却器快速冷却，满足成品包装及成品品质要求等。

　　2. 预热

　　在固、液体物料混合时通过热交换机械设备进行预热，以方便固体物料更好的溶解。例如，液体物料加入蔗糖前的板式、管式或釜式热交换器的物料预热等。为满足下一步生产工艺操作条件。例如，液体物料均质前以及杀（灭）菌前的板式、管式热交换设备的预热等。

　　3. 予杀菌

　　为下一步食品生产工艺创造条件。例如，在许多乳制品工厂生产加工中，收乳之后不能立即对所有牛乳及时加工处理，为防止变质，利用板式、管式或者釜式热交换设备，采用低于巴氏杀菌温度的杀菌方法对牛乳预杀菌，降低微生物总数数量级，减缓微生物增殖。另外，这种处理方法也对某些芽孢类微生物的后期杀灭，起到积极作用。

4. 杀（灭）菌

杀（灭）物料中所含的致病菌、腐败菌，最大程度破坏食品物料中的酶活性，使食品物料在保持一定风味和组织状态下，在特定的条件下（如密闭的瓶、罐盒、袋内或其他环境中）有一定的保存期。例如，利用板式、管式或者釜式的巴氏杀菌机械设备和超高温灭菌机械设备对液体物料的杀菌及灭菌处理；利用釜式或者喷淋式杀（灭）菌机械设备对固体以及灌装后的液体物料的杀菌及灭菌处理等。

5. 保温

保持一定温度以满足某些工艺条件。例如，在啤酒、发酵乳制品、焙烤类食品等发酵食品生产过程中，利用发酵罐加热并保持物料的发酵温度，以利于发酵微生物的生长繁殖；在冰淇淋等冷冻食品生产中利用冷冻机械设备保持一定低温，以利于凝固和成型等。

6. 蒸发浓缩

液体物料的浓缩是食品加工过程中常用的加工工艺之一，其中加热蒸发浓缩与冷冻浓缩是以热交换的方式来完成的。例如，果酱、炼乳、乳粉等产品生产中，常用单效或多效加热蒸发浓缩设备对液体物料进行加热蒸发浓缩。

7. 干燥

液体与固体物料的干燥是食品加工过程中常用的加工工艺之一，其中加热蒸发干燥与冷冻干燥是以热交换的方式来完成的。例如，果汁粉、乳粉等产品生产中，常利用离心或压力加热喷雾干燥机械设备对液体物料进行喷雾干燥；粮食、肉制品、果干等食品加工过程中，常利用热风干燥机械设备或者冷冻机械设备对固体物料进行干燥处理；焙烤类食品利用熟化设备对物料熟化和干燥等。

8. 热能回收

降低成本，简化设备。例如，在板式或管式杀（灭）菌机械设备对液体物料处理过程中，物料杀（灭）菌之后，需快速降温冷却，其热量可用于设备进口冷物料的预热。

9. 贮存

良好保存食品原料、辅料、半成品以及成品。例如，食品工厂利用冷库通过制冷设备降低贮存温度，对食品原料、辅料、半成品以及成品进行冷藏或者冷冻贮存。

本章节主要介绍冷却、预热、杀（灭）菌、保温等工艺环节中相关的热交换机械设备，浓缩与干燥机械设备将在其他章节中介绍。

第一节　板式热交换机械与设备

板式热交换机械是最典型的间壁式换热机械，板式热交换机械核心部分是板式热交换器，其由许多冲压成型的金属薄板组合而成，它具有换热效率高、热损失小、结构紧凑轻巧、占地面积小、应用广泛、使用寿命长等特点。在食品加工工业中广泛用于乳品、饮料、啤酒等液体食品物料的杀（灭）菌工艺，也可用作液体食品物料的冷却与预热机械设备。

一、板式热交换机械设备的结构与工作原理

1. 板式热交换设备结构

板式热交换机械核心部分是板式热交换器。板式热交换器由夹在框架中的一组不锈钢换热片和密封胶条组成。该框架可以被划分为几个独立的板组、区段和不同的处理阶段，如预热、杀（灭）菌，冷却等均可在此进行。

板式热交换器是以冲压成型的传热板片为传热面的高效间壁（间接）换热器，主要由传热板片、密封垫片、分界板、前支架（固定板）、压紧螺杆、压紧板和框架等组成，如图 4-38 所示。传热板为不锈钢薄板冲压成一定波纹的一组板片，它被悬挂于上导杆下，并以橡胶垫密封。通过压紧螺杆对压紧板的作用，使传热板片叠合在一起，板间的橡胶密封垫圈既保证了两板之间一定的空隙，又保证了板片的密封。传热板的四角开有角孔，根据不同的工艺要求，传热板片间可设必要的中间分配板，在前后支架和中间分配板相对于角孔的位置安装必要的管接头。如图 11-1 所示。

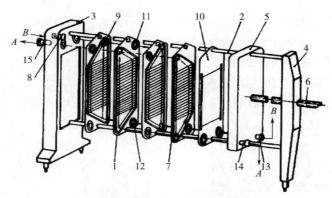

图 11-1　板式热交换器

1—传热板　2—上导杆　3—前支架（固定板）　4—后支架　5—压紧板　6—压紧螺杆　7—板框橡胶垫圈
8—连接管　9—上角孔　10—分界板　11—环形橡胶垫圈　12—下角孔　13、14、15—连接管

资料来源：摘自参考文献［39］。

2. 板式热交换设备工作原理

板式换热器的换热板片组牢固地压紧在框中，金属换热片板上的支撑点保持各换热板片分开，以便在换热片之间形成细小的液体物料通道。板间的橡胶密封垫圈既保证了两板之间一定的空隙，又保证了板片的密封。液体通过换热板片一角的角孔进出通道。改变角孔的开闭，可使液体从一通道按规定的线路进入另一通道。板片周边和角孔周边的垫圈形成了通道的边界，以防向外渗漏与内部液流混合。如图 11-2 所示。

热交换介质（加热或冷却介质）与料液在相邻两换热板片间流动，通过金属换热板片进行热交换。因金属换热板片冲压成特殊形状，且板片与板片的间隙很窄，流动液层很薄，形成液体薄层流动，所以换热效果很好。液体物料根据产品要求的出口温度，热介质可以采用热水、热物料、蒸汽等，冷介质可以采用冷水、冰水、冷物料或丙基乙二醇，板式热交换器可以进行冷热液体物料的热交换。液体物料与热交换介质的流型分为逆流、并流和混流三种形式。板式换热器是液-液、液-汽进行热交换的理想机械设备。

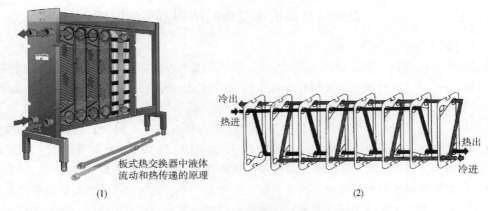

(1)   (2)

图 11-2   板式热交换器工作原理

资料来源：摘自参考文献 [19]。

3. 换热板片类型

换热板片通常设计成传热效果较好的波纹型或者网流型，当流体通过时，多次改变方向造成激烈的湍流，可消除表面滞流层，从而提高板面与流体间的传热效果。为了防止传热板变形，在板的表面每隔一定间隔设置凸缘，当组合压紧时使备板间有许多支点支撑，增加了板的刚性，保证了两板间具有一定的间距。根据板型结构分为球面凸纹的网流板和波纹板等，如图11-3 所示。目前较为常用的波纹板片有水平平直波纹板、人字形波纹板、斜波纹板等波纹板以及网流板等，如图 11-4 所示。

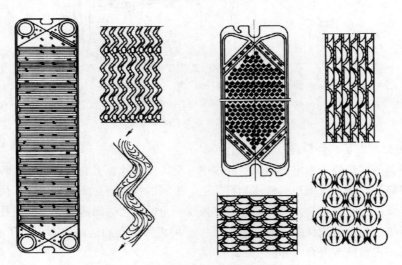

图 11-3   波纹板和网流板

资料来源：摘自参考文献 [84]。

水平平直波纹板，直线波纹呈水平设置，板面设置有大量的圆柱凸台触点，用以支撑以形成板间的间隙而形成均匀的流体流道，使流体能在水平方向形成条状薄膜，并在垂直方向形成波状流动。这种波纹板耐压能力较差，传热系数较小，适宜于加热和冷却。

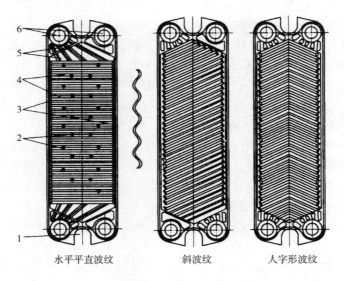

图 11-4　常用波纹板

1—角孔垫圈　2—凸缘　3—大垫圈　4—波纹板面　5—导流槽　6—流体通道

资料来源：摘自参考文献［39］。

人字形波纹板，表面冲压成人字形波纹，流体的流向与人字形波纹呈一定的斜角。具有较高的传热系数，间隙较小，流道窄，流动阻力较大，不适于颗粒或纤维含量较高的液料。人字形波纹板主要用于液体物料的冷却。

斜波纹板，结构性能介于上述二者之间。

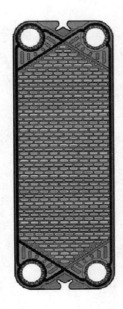

图 11-5　换热板片与密封垫圈

资料来源：摘自参考文献［19］。

网流板，板表面冲压有许多凸凹状花纹，这些突出的花纹，既是促使流体形成急剧湍流的结构，又是板间相互支撑的元件。当流体通过时，不断改变其运动方向，促进流体形成急剧湍流，提高传热效率；同时也是板间支承的部位。由于板间具有较大的距离，适用于黏度较高的物料。网流板传热效果较波纹板更好，特别适宜于蒸汽与液体之间的传热。

4. 密封垫圈在传热板片上的布置

传热板片上垫圈均布置在板的同一侧。垫圈一般采用无毒性、耐高温、耐酸、耐碱、耐油的合成橡胶，用黏结剂固定于板四周的凹槽内。每块板上有四个角孔，构成流体的通道。布置垫圈必须使传热板组合后形成互不连通的冷热流体两个进出通道，其中每一条通道与两个角孔相通，两条通道在各板上依次相间，如图 11-5 所示。传热板片上垫圈布置分为直线型和对角型两种。

（1）直线方向流动布置　直线型分布板间的液体

物料呈直线方向流动，如图11-6所示。在左板上，第一种流体在左上角孔与左下角孔之间流动，两个右角孔则被垫圈密封，不使第二种流体流入左板；在右板上，第二种流体在右上角孔与右下角孔之间流动，两个左角孔则被垫圈封住，不使第一种流体流入右板，这样就形成了直线方向流动的两种流体互不相连的进出通道。这种布置方法的特点是左板和右板的构造完全一样，只需用同一种冲模冲出，周边垫圈的布置也是同样的。组合时，只要简单地将左板旋转180°就成了右板，然后依次相间地悬吊在横梁上。这种布置的另一个特点是同一种液体物料的进出口布置在设备的同一侧，有利于管路的安装。

（2）对角方向流动布置　对角型分布板间的液体物料呈对角线方向流动，如图11-7所示。板间流体流动的方向是沿板的对角线方向，两种流体由密封垫圈密封隔开，互不相混。从流体流速的均匀性、传热效果与流体阻力等方面与直线形比较，二者没有显著差别。

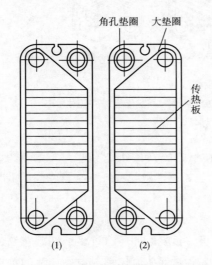

图11-6　呈直线方向流动的垫圈布置
（1）左板　（2）右板
资料来源：摘自参考文献［19］。

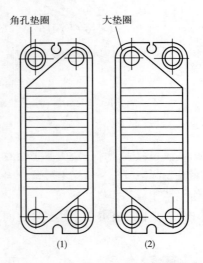

图11-7　呈对角线方向流动的垫圈布置
（1）左板　（2）右板
资料来源：摘自参考文献［19］。

5.传热板片上流体的流道与流程

板式换热器每块传热板上有4个角孔，根据工艺要求，借助不同的垫圈布置可构成不同的流体通道，如图11-8所示。板式换热器的流道构成一般用m-n表示流道，如图11-8（1）中1-1流道，M-N表示流程，如图11-8（1）中1-1程。其中，m表示一种流体每一程的流道数，M表示那种流体改变流动方向的次数，n表示另一种流体每一程的流道数，N表示那种流体改变流动方向的次数。

二、 板式热交换机械设备的性能特点和主要用途

1.板式热交换设备特点

板式热交换设备具有以下优点。

（1）传热效率高　板与板之间的空隙小，流体可获得较高的流速，传热板上轧制有凹凸沟纹，流体形成急剧的湍流现象，因而获得较高的传热系数K。

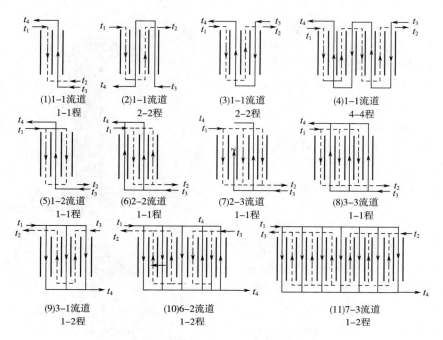

(1)1-1流道　(2)1-1流道　(3)1-1流道　(4)1-1流道
　1-1程　　　2-2程　　　2-2程　　　4-4程

(5)1-2流道　(6)2-2流道　(7)2-3流道　(8)3-3流道
　1-1程　　　1-1程　　　1-1程　　　1-1程

(9)3-1流道　　(10)6-2流道　　　(11)7-3流道
　1-2程　　　　1-2程　　　　　1-2程

图11-8　传热板片上流体的流道与流程

资料来源：摘自参考文献［19］。

（2）结构紧凑　节省材料，设备占地面积较小。

（3）适应范围广　通过改变传热板的片数或改变板间的排列和组合，可适于多种不同工艺的杀菌要求和实现自动化连续生产。

（4）节约热能　生产成本低。由于将加热和冷却组合在一套换热器中，将受热后的物料作为热源，对刚进入的流体进行预热，同时受热后的物料可以冷却，很容易实现热量回收，能够大量节约蒸汽和冷却水，生产成本比其他换热器低。

（5）适宜于热敏性物料的热交换　流体在板式换热器内以高速、薄层湍流流过，加热时间短，不易产生过热现象。

板式换热器缺点：传热板之间是由密封垫圈密封，密封周边长，易泄漏；密封垫圈容易从波纹片上脱落，易变形、老化，需经常更换；工作承载压力较低；使用温度不易过高；处理量小；易堵塞，不适宜黏度过高及含有大量固体颗粒的物料的热处理。

2. 板式热交换器主要用途

在食品生产加工中，板式热交换器是一类广泛使用的热交换方式。主要用于冷却、预热和保温；液体物料的预杀菌、杀（灭）菌处理；亦可用于生产过程中热量的再回收等。例如，原料及半成品的冷却贮存；配料过程中的辅配料的溶解、加热、杀菌、冷却；物料的巴氏杀菌（如低温长时巴氏杀菌、高温短时巴氏杀菌、超巴氏杀菌等）、UHT超高温灭菌，等等。

三、 板式热交换设备类型

板式热交换设备依据其结构和加工处理目的可分为冷排、热排、板式巴氏杀菌机、板式超高温瞬时灭菌机等。在食品加工厂中，用于冷却或加热的一段式或二段式板式热交换器常常称作冷排或热排，例如，用于发酵后物料冷却的冷却器（俗称：冷排）。用于杀菌或灭菌的三段式或五段式板式热交换器常称作板式巴氏杀菌机或超高温瞬时（UHT）灭菌机。

1. 板式热交换器

单组热交换器常用于液体物料的冷却或者预热。例如 BP_2-J 系列板式换热器（图 11-9）。BP_2-J 系列板式换热器主要参数如表 11-1 所示。

2. 板式热交换杀菌机组

板式热交换杀菌机组多数采用三段式热交换器。主要用于饮料、乳制品等液体物料的巴氏杀菌机械设备。例如 BP_2-d 系列板式热交换机组，其结构如图 11-10 与图 11-11 所示。BP_2-d 系列板式热交换机组主要由换热板片、平衡槽、离心式物料泵、热水装置（包括热水器、热水泵）以及仪表控制箱等部件组成。

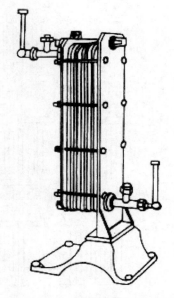

图 11-9　BP_2-J 系列板式换热器

资料来源：摘自参考文献［71］。

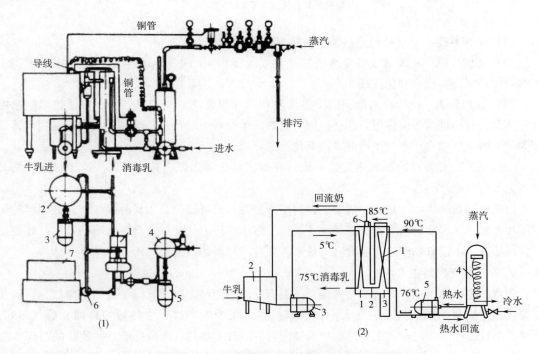

图 11-10　BP_2-d-5 与 BP_2-d-6 板式热交换机组和流程图

（1）组合图　（2）流程图

1—板式换热器　2—平衡槽　3—离心泵（物料）　4—热水桶　5—热水泵　6—温控自动回流阀　7—仪表箱

资料来源：摘自参考文献［19］。

表11-1 BP$_2$-J系列板式换热器主要参数

型号	BP$_2$-J-3	BP$_2$-J-4	BP$_2$-J-5	BP$_2$-J-6	BP$_2$-J-8	BP$_2$-J-10	BP$_2$-J-12	BP$_2$-J-15	BP$_2$-J-20	BP$_2$-J-25
流程	$\frac{1\times7}{1\times7}$	$\frac{2\times5}{2\times5}$	$\frac{1\times12}{1\times12}$	$\frac{1\times15}{1\times15}$	$\frac{2\times10}{2\times10}$	$\frac{1\times25}{1\times25}$	$\frac{2\times15}{2\times15}$	$\frac{1\times37}{1\times37}$	$\frac{5\times10}{5\times10}$	$\frac{2\times16+2\times15}{2\times16+2\times15}$
	$\frac{1\times3+1\times4}{1\times3+1\times4}$	$\frac{2\times3+1\times4}{2\times3+1\times4}$	$\frac{2\times6}{2\times6}$	$\frac{3\times5}{3\times5}$	$\frac{4\times5}{4\times5}$	$\frac{1\times13+1\times12}{1\times13+1\times12}$	$\frac{3\times10}{3\times10}$	$\frac{2\times12+1\times13}{2\times12+1\times13}$	$\frac{2\times13+2\times12}{2\times13+2\times12}$	$\frac{2\times21+1\times20}{2\times21+1\times20}$
	$\frac{7\times1}{7\times1}$	$\frac{5\times2}{5\times2}$	$\frac{4\times3}{4\times3}$	$\frac{5\times3}{5\times3}$	$\frac{4\times3+2\times4}{4\times3+2\times4}$	$\frac{3\times6+1\times7}{3\times6+1\times7}$	$\frac{2\times8+2\times7}{2\times8+2\times7}$	$\frac{3\times9+1\times10}{3\times9+1\times10}$	$\frac{2\times17+1\times16}{2\times17+1\times16}$	$\frac{2\times31}{2\times31}$
						$\frac{5\times4+1\times5}{5\times4+1\times5}$	$\frac{5\times6}{5\times6}$	$\frac{3\times9+1\times10}{3\times9+1\times10}$	$\frac{2\times25}{2\times25}$	$\frac{3\times12+2\times13}{3\times12+2\times13}$
								$\frac{5\times6+1\times7}{5\times6+1\times7}$	$\frac{4\times8+2\times9}{4\times8+2\times9}$	$\frac{4\times10+2\times11}{4\times10+2\times11}$
单台换热面积/m²	3	4	5	6	8	10	12	15	20	25
片数	15	21	25	31	41	51	61	75	101	125
最高工作压力/kPa	500									
最高工作温度/℃	100									
外形尺寸 (长×宽×高)/mm	772×500×1545	802×500×1545	822×500×1545	852×500×1545	1007×384×1545	1007×384×1545	1007×384×1545	1448×474×1545		
净重/kg	298	313	323	338	383	408	434	488	560	625

综合方式 $\frac{3+3+3+3}{3+3+3+3}$（或 $\frac{3\times5}{3\times5}$）

资料来源：摘自参考文献[71]。

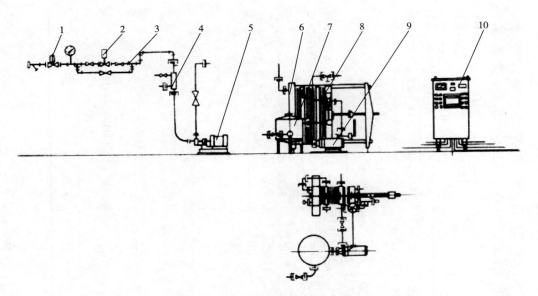

图 11-11　BP₂-d-10 与 BP₂-d-13 板式热交换机组

1—蒸汽减压阀　2—双通电动调节阀　3—管路系统　4—热水器　5—离心式水泵　6—板式换热器主机
7—平衡槽　8—电动回流阀　9—离心泵（物料）　10—仪表箱
资料来源：摘自参考文献［19］。

工作过程：物料进入平衡槽后，由离心式物料泵泵入板式热交换器，经过预热、杀菌、保温各段加热后，达到杀菌温度工艺要求的物料再经过热回收段和回流阀作为合格品送出，如未达到杀菌温度工艺要求的物料由自制回流阀换向，使物料回到平衡槽，与新进物料混合重新进入机组进行杀菌处理。物料杀菌温度及热水温度均由仪表自动控制并进行自动记录。

（1）平衡槽　不锈钢制成的圆桶，容量为 100L。进料口带有浮球阀，可自动控制槽内物料的液位，以保证物料稳定地通过离心物料泵送入板式换热器。

（2）离心物料泵　泵的流量为 3m³/h，扬程为 68.6kPa，电动机功率为 1.5kW。

（3）热水桶　利用蒸汽加热生产热水的装置，产生的热水用作板式换热器的加热介质。外形为一圆筒，内装开口加热盘管及挡板，当蒸汽进入热水桶内的加热盘管时，被管外冷水或回流水冷凝，于管端排出，再与水直接混合，使水温升高。此种结构可避免蒸汽直接冲入桶内而引起的振动和锤击声。

（4）热水泵　将热水桶内的热水泵入板式换热器杀菌段。离心水泵流量 15m³/h，扬程 58.8kPa，电动机功率 1.5kW。

（5）温度自动调节器　由指示记录仪和温度控制器二个仪表组成。指示记录仪记录物料的杀菌温度，并借助电磁阀的作用，控制分流阀的开关，通过分流阀来改变物料的流向；同时调节热水温度，以控制物料杀菌的温度。温度控制器借仪表控制压缩空气进入蒸汽薄膜阀的压力和流量，来调节通过蒸汽薄膜阀的加热蒸汽流量，以控制热水桶内热水的温度。

（6）空气压缩机　双缸单作用式，产生的压缩空气为指示记录仪和温度控制器等调节执行机构执行指令的动力。工作压力 700kPa。电动机功率 0.4kW。

（7）换热板片　换热版片由金属薄板冲压而成，组合方式如表 11-2 所示。

表 11-2　　　　　　　　　　BP₂-d 系列板式热交换器中传热板的组合

型　号	BP$_2$-d-5 型	BP$_2$-d-6 型	BP$_2$-d-10 型	BP$_2$-d-13 型
杀菌段	$\dfrac{2\times4}{5\times1+4\times1}$	$\dfrac{2\times5}{6\times1+5\times1}$	$\dfrac{2\times2}{5\times1}$	$\dfrac{3\times2}{7\times1}$
热回收段	$\dfrac{2\times2}{2\times2}$	$\dfrac{2\times2}{2\times2}$	$\dfrac{2\times8}{2\times8}$	$\dfrac{2\times4+3\times4}{2\times4+3\times4}$
冷却段			$\dfrac{3\times2}{3\times2}$	$\dfrac{2\times3}{3\times1+4\times1}$

资料来源：摘自参考文献［19］。

（8）BP$_2$-d 系列板式热交换机组主要技术参数　BP$_2$-d 系列板式热交换机组主要技术参数如表 11-3 所示。

表 11-3　　　　　　　　　　BP₂-d 系列板式热交换机组主要技术参数

型　号	BP$_2$-d-5 型	BP$_2$-d-6 型	BP$_2$-d-10 型	BP$_2$-d-13 型
生产能力/（L/h）	2000	3000	2000	3000
总热交换面积/m²	5	6	10	13
物料进口温度/℃	5	5	5	5
杀菌温度/℃	85	85	85	85
保温时间/s	15	15	15	15
热水进口温度/℃	90	90	90	90
热回收系数/%	31.2	31.2	85	85
耗用热水倍数	5	5	5	5
物料出口温度/℃	60	60	5	5
冰水进口温度/℃	—	—	1	3
冰水耗用倍数	—	—	1	3
蒸汽消耗量/（kg/h）	220	330	47.7	72.3
杀菌温度控制误差/℃	±2	±2	±2	±2
工作蒸汽压力/kPa	≤500	≤500	≤500	≤500
主机重量/kg	591	601	716	759
成套设备重量/kg	975	986	1097	1140
外形尺寸（长×宽×高）/mm	1409×753×1404	1429×753×1404	1665×753×1534	1745×753×1534

资料来源：摘自参考文献［71］。

3. 板式热交换杀（灭）菌系统

板式热交换杀（灭）菌系统是以四段或者五段热交换器为主体组成的热交换设备，主要用来对液体物料进行灭菌处理，亦可进行巴氏杀菌处理。具有传热快、热效率高、可对液体物料进行超高温灭菌等特点，配合无菌包装系统可得到高保质期的商业无菌产品。板式热交换杀（灭）菌系统在乳制品生产中被经常使用，例如 APV 板式热交换 UHT 系统常用于乳品工厂生产灭菌牛乳，其系统构成和流程如图 11-12 所示。

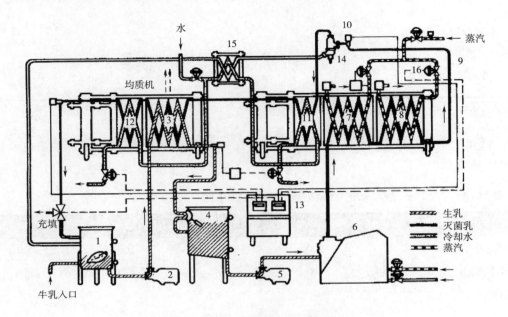

图 11-12　APV 板式 UHT 系统

1—平衡槽　2—物料泵　3—热量回收预热段　4—保持槽　5—物料泵　6—均质机
7—一段加热段　8—二段加热段　9—保持管　10—温度计　11—一段冷却段
12—终端冷却段　13—控制面板　14—分流阀　15—水冷却部　16—蒸汽调节阀
资料来源：摘自参考文献［56］。

APV 板式热交换 UHT 系统设备主要由平衡槽、物料泵、均质机、超高温板式热交换机组控制系统等组成。

（1）工作流程　物料进入平衡槽 1，经物料泵 2 送入热回收段 3，预热到 85℃左右，然后进入保持槽 4 缓冲。物料由物料泵 5 送入均质机 6 中均质，经均质后物料送入一段加热段 7 和二段加热段 8，物料逐段被加热至 135~150℃，在保持管 9 中保温 2~4s 灭菌。经过分流阀 14 达到杀（灭）菌温度的物料送入一段冷却段 11 降温，再经热量回收段 3 再次降温，物料送入最终冷却段 12 被冷水（或冰水）冷却到 5℃或 10~15℃，排出进入暂存罐或灌装机灌装。如果物料未被加热到杀（灭）菌所需温度，物料经分流阀进入水冷部 15 被冷却后再流回平衡槽 1，重新进行加工处理。

（2）物料温度变化　APV 板式热交换 UHT 系统物料时间-温度如图 11-13 所示。

（3）主要机械装置

平衡槽 1：由浮子控制进口阀来调节物料流量，并且保持平衡槽内恒定的液面，保证稳定的物料供给。

物料泵 2：将来自平衡槽的物料供给热交换器，提供一个恒定的压头。

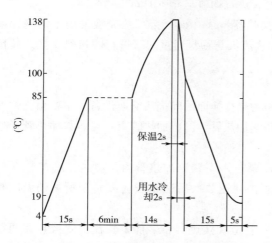

图 11-13　APV 板式热交换 UHT 系统物料时间-温度
资料来源：摘自参考文献［56］。

热量回收预热段 3：预热段，在此段完成新进未灭菌的冷物料与被灭菌处理后的热物料进行热交换，未灭菌物料升温，被灭菌处理后的热物料降温。

保持槽 4：为均质机对物料均质提供较为稳定的进料流量。

物料泵 5：供送物料进入均质机。

均质机 6：对被预热的物料进行均质化处理。

一段加热段 7：加热介质将物料升温至 115~120℃，防止急剧升温带来不利影响。

二段加热段 8：加热介质将物料升温至所需杀（灭）菌温度。

保持管 9：被加热到灭菌温度的物料在此保持灭菌温度并且流动保持一段时间，以达到物料灭菌效果。

温度计 10：测定灭菌物料离开保持管 9 出口时的温度是否为设定灭菌温度。

一段冷却段 11：在此冷水（或冰水）与灭菌后的高温物料完成热交换，物料被降温。

最终冷却段 12：在此热物料与冷水（冰水）完成热交换，物料被降温至灌装温度。

控制面板 13：设备操作者操作、设置、监控系统。

分流阀 14：当灭菌物料离开保持管 9 出口时的温度为正常设定灭菌温度时，分流阀 14 将灭菌物料送入一段冷却段 11；如果未达到正常设定灭菌温度时，则将物料送入平衡槽 1，与新进物料混合重新进行灭菌处理。

水冷却部 15：将冷水（或冰水）分配并送入一段冷却段 11 和最终冷却段 12。

蒸汽调节阀 16：控制调节供入一段加热段 7 和二段加热段 8 的加热介质的温度。

第二节　管式热交换机械与设备

管式热交换机械与设备是一种间接式换热设备，其核心部件是管式热交换器。管式热交换机械是食品企业常用的一种热交换设备，主要用于对液体物料的预热、冷却、杀（灭）菌等。

一、　管式热交换机械设备的结构与工作原理

1. 管式热交换器类型

管式热交换器分为立式和卧式两种；按盘管形式可分为列管式和盘管式热交换器；按加热热源可分为电加热、高温高压热水、蒸汽加热三种。

列管式热交换器多采用多（单）管道式；盘管式热交换器多采用多（单）管道式。

电加热做热源的管式换热器：杀（灭）菌部热交换器采用单层不锈钢管，以管壁和物料

做电阻对物料进行加热。其预热与冷却采用套管进行物料与介质的间接热交换。

高温高压热水或蒸汽加热做热源的管式换热器：杀（灭）菌部热交换采用不锈钢管束或加热套管（单管、多管），高温高压热水或加热蒸汽与物料通过间壁进行间接热交换。其预热与冷却采用套管进行间接热交换。

2. 管式热交换设备结构与工作原理

基本结构：以封闭在壳体中管束的壁面做为热交换面的间接热交换设备，主要由壳体、管板、管束和封头等部分组成。壳体内装有不锈钢加热管，形成加热管束；壳体与加热管通过管板连接。

工作原理：采用间接热交换。物料用高压泵送入不锈钢加热管内，加热（冷却）介质通入壳体空间将管内流动的物料加热，物料在管内往返数次后达到杀（灭）菌所需的温度和保持时间后，经逐段冷却后成产品排出。

管式热交换器的热交换部可分为多（单）管道式换热器和多（单）流道式换热器两种形式。多（单）管道式换热器亦称列管式换热器；多（单）流道式换热器亦称套管式换热器。

多（单）管式换热器，如图 11-14 所示。传热界面为一组平行的波纹管或是光滑管。这些管子焊接在管板的两端，管板与出口的管壳通过一个 O 型环密封。这种设计可以通过旋开末端的螺栓，将物料管道从管壳中取出，这部分是可拆卸的，以便于检查。活动头设计减缓了热膨胀的影响，而且还可将管中的产品管束进行不同的组合，以适应不同的应用场合。物料在一组平行的管束内流动，热交换介质围绕在管束的周围流动，通过管子和壳体上的螺旋波纹，产生紊流，实现强制热交换。

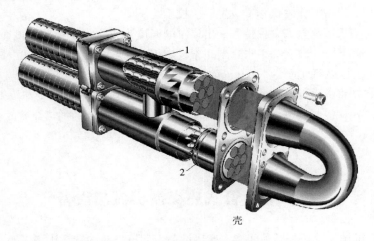

图 11-14 多（单） 管道式

多管道的管式热交换的末端：1—被冷却介质包围的产品管束 2—双 O 型密封

资料来源：摘自参考文献［39］。

多（单）流道式换热器，如图 11-15 所示。由一系列不同直径的不锈钢管组成。这些管子同心放置于顶盖两端的轴线上，不锈钢管由 2 个 O 型密封件密封于顶盖上，通过轴线压紧螺栓将其安装成一个整体。不锈钢管大多采用波纹状构造，保证了两种流体呈现紊流状态，从而得到更高的传热效率。顶盖的两端既是分布器，又是收集器。它将一种介质引入一组通道，并从另一端排出。两种热交换流体通过逆流的方式交替流过同心管的环形通道。物料与热交换介质交替间隔在相邻两个管道间隙内，最外侧的通道流过的是热交换介质。通过间壁传热实现热交换。

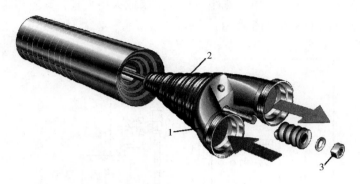

图 11-15　多（单）流道式

多流道管式热交换器的末端：1—顶盖　2—O 型环　3—末端螺母

资料来源：摘自参考文献［39］。

二、 管式热交换机械设备的性能特点和主要用途

1. 管式热交换器特点

管式热交换器优点：

（1）应用条件广泛，适用较大的压力、温度范围和多种介质热交换。

（2）加热器采用无缝不锈钢环行管制造。无密封圈和死角，可以承受较高的压力。

（3）在较高的压力下可产生强烈的湍流，提高了换热效率，降低了热阻，保证了制品的均匀性和具有较长的运行周期。

（4）在密封的情况下操作，可以减少杀（灭）菌产品受污染的可能性。

（5）物料通道内表面光滑，横截面积较板式热交换器大，可以处理含有一定颗粒的物料。

（6）维护费用低，易操作，清洗方便。

管式热交换器缺点：由于管式热交换器的管内外温度不同，以致管束与壳体的热膨胀程度有差别，容易引起不锈钢管产生应力，致使不锈钢管产生弯曲变形。管式热交换器较板式热交换器运行的时间长，传热效率低。

2. 管式热交换设备主要用途

管式热交换设备是食品加工企业常用的一类用于液体物料热交换的热交换设备。相比板式热交换设备来说，其更适用于较高黏度液体以及含有一定固体颗粒的物料的杀（灭）菌处理。主要用于液体物料的预杀菌、杀（灭）菌处理；液体物料的冷却、预热及保温；亦可用于生产过程中热量的再回收等。例如，液体物料配料过程中的副配料的溶解、加热、杀菌、冷却；液体物料的巴氏杀菌（如：低温长时巴氏杀菌、高温短时巴氏杀菌、超巴氏杀菌等）；液体物料的 UHT 超高温灭菌等等。

三、 管式热交换设备类型

管式式热交换设备依据其结构和加工处理目的可分为冷却器、预热器、管式巴氏杀菌机、管式超高温瞬时（UHT）灭菌机等。

1. 管式热交换杀（灭）菌机

管式热交换杀（灭）菌机可用于液体物料的杀菌或灭菌处理，其主体是管式热交换器，以 RP₆L-40 为例，如图 11-16 和图 11-17 所示。

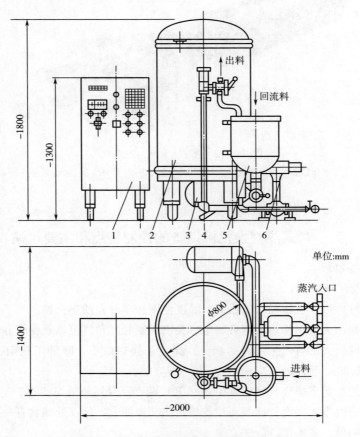

图 11-16　RP₆L-40 型套管式超高温瞬时灭菌机

1—控制柜　2—灭菌器　3—物料泵　4—节流阀　5—平衡槽　6—电动蒸汽阀门

资料来源：摘自参考文献〔71〕。

RP₆L-40 型套管式超高温瞬时杀（灭）菌机采用 $\phi34mm \times 2mm$ 与 $\phi23mm \times 1.5mm$ 的不锈钢管组成同心套管作为热交换段；采用 $\phi23mm \times 1.5mm$ 的不锈钢管安装在加热器内作加热段。

工作流程：4~5℃的料液通过离心式供料泵 1 进入双套盘管 2 预热至 75~80℃，再通过加热器中的单套管加热至 120~135℃，料液离开加热器后在保温区单旋管中保持 4~6s 以上，热料在双盘管内中流动，冷料在外管环隙中流动，进行热交换而被冷却至 60~65℃后经背压阀 4 调节流量排出至下一道工序，如果出加热器后未达到工艺要求的杀（灭）菌温度时，此时立即发出蜂鸣信号。可操作三通旋塞 5 将料液回流至贮槽 6 内并打再三通旋塞 7 重新进入加热进行杀（灭）菌处理。

根据不同物料对杀（灭）菌的要求，蒸汽压力一般为 0.45~0.6MPa，最高不超过 0.8MPa。在选定范围内通过电动阀 9 自动控制进料温度、超高温加热后温度、出料温度（即

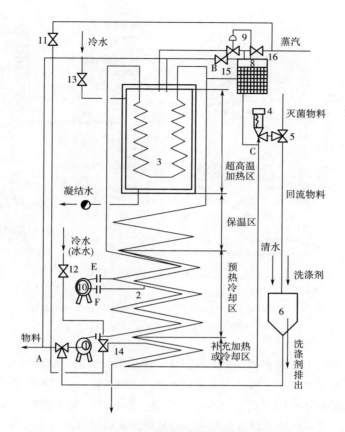

图 11-17 RP$_6$L-40 型套管式超高温瞬时灭菌机流程图

1—供料泵 2—双套盘管 3—加热器 4—背压阀 5—出料三通旋塞 6—贮槽

7—进料三通旋塞 8—温度自动记录仪 9—电动调节阀 10—中间泵 11—蒸汽阀

12—冷水阀 13—进水阀 14—三通旋塞 15—支阀 16—总阀

资料来源：摘自参考文献［71］。

A、B、C 三点），采用多点式自动记录仪 8 显示温度变动状况。B 测点中的铂热电阻由于温度变化引起电阻值的变化，从而使动圈式指示调节仪的输出电流产生相应的变化，电讯号经伺服放大器放大供给电动调节器产生正反旋转，从而控制蒸汽阀的自动调节。背压阀 4 的作用在于提高料液的沸点温度。料液达到较高温度后为了抑制其汽化，在双套盘管的最下部设有可根据下一工序需要的再加热或再冷却的装置可启闭蒸汽阀 11 或冷水阀 12。如果遇到停电等异常情况时，可关闭蒸汽阀打开进水阀 13 使冷水注入加热器，以防管中料液由于停止流动而引起超焦化积垢。

2. 管式热交换杀（灭）菌系统

管式热交换杀（灭）菌系统主要由平衡槽、物料泵、均质机、管式热交换器、控制系统等组成。多（单）管道式换热器：

（1）以多管式热交换器为主体的管式热交换杀（灭）系统，如图 11-18 所示。

工作流程：物料由物料平衡槽 1 经物料泵 2 送入预热段 3a，物料被加热至 75~80℃后送入均质机 4。均质后的物料进入加热段 3c，加热至灭菌温度（通常为 137℃），在保温管 5 中保持

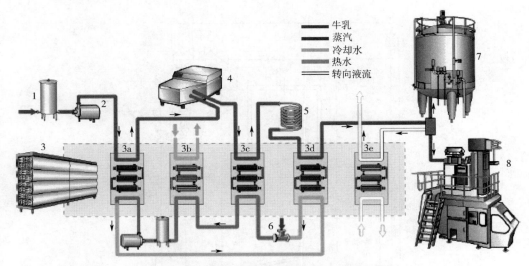

图 11-18　利乐多管式热交换器的 UHT 系统

1—物料平衡槽　2—物料泵　3—管式热交换器　3a—预热段　3b—中间冷却段　3c—加热段　3d—热回收冷却段
3e—启动冷却段　4—非无菌均质机　5—保持管　6—汽水混合器　7—无菌缸　8—无菌灌装

资料来源：摘自参考文献［39］。

4s，之后进入热回收段 3d，物料冷却至灌装温度。达到灭菌温度的物料直接进入无菌灌装机 8 中灌装或送入无菌贮存罐 7 后，再送入无菌灌装机 8 中灌装。未达到灭菌温度的物料沿着 3e 返回平衡槽。加热循环热水的流程：热水经平衡槽、离心泵后进入预热段 3a 和热回收段 3d，由汽水混合器 6 注入蒸汽，调节至灭菌所需的加热介质温度后进入 3c，热水温度通常高于物料温度 5~10℃，之后热水经 3b 冷却返回平衡槽。

（2）以多流道式热交换器为主体的管式热交换杀（灭）系统，如图 11-19 所示。

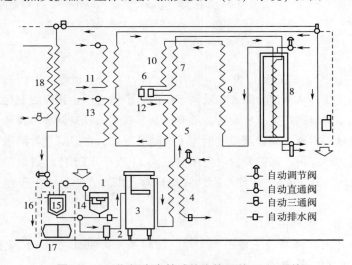

图 11-19　斯托克套管式热交换器的 UHT 系统

1—物料平衡槽　2—物料泵　3—高压泵　4—循环消毒器　5、7—换热器　6、12—均质阀　8—超高温加热器
9—保持管　10、13—冷却段　11—冷却器　14—排水管　15—清洗缸　16—排气管　17—贮缸　18—加热器

资料来源：摘自参考文献［56］。

工作流程：物料由物料泵 2 从物料平衡槽 1 中抽出送到高压泵 3，经循环消毒器 4（物料灭菌作业时不起加热作用），进入换热器 5 预热至 65~75℃，通过均质阀 6 均质（非无菌均质阀）之后，送入换热器 7 物料升温至 120℃，再进入超高温加热器 8，通过加热介质加热至 135~150℃，之后在保持管 9 中保温 2~4s，进入冷却段 10，与进入的冷物料进行热交换，冷却至 65~75℃经均质阀 12 均质（无菌均质阀）后再次冷却，送入冷却段 13 经冷水降温至 15℃左右，如有必要可经冰水冷却器 11 将物料冷却至 5℃左右。灭菌冷却后物料排出送入无菌罐或罐装机罐装。

斯托克管式热交换系统配有 CIP 清洗系统，包括循环消毒器 4、清洗缸 15、排气管 16、贮缸 17、加热器 18、酸碱罐以及自动配比系统等，可进行设备的预消毒、中间清洗和生产结束后的最后清洗。

循环消毒器 4：由不锈钢管弯制的环形套管组成，用于系统的 CIP 清洗和预消毒用水。在对物料灭菌时不加热，仅作管道使用。

预加热段换热器 5 和 7：是循环消毒器引出的套管，同样为弯制成环形。管内为冷物料，管外为热物料，在此完成冷物料与热物料之间的热交换。

超高温加热器 8：是安装螺旋盘管状套管的蒸汽罐。产品在管内流过，加热介质在管外逆向通过，完成物料与加热介质之间的热交换。

冷却段 13 和冷却器 11：为环形套管，在此完成物料与冷水或冰水之间的热交换。

第三节　直接式热交换机械与设备

直接热交换设备与传统间壁式热交换设备不同，其是采用加热介质与物料直接混合，使物料快速加热升温而达到所需热交换效果的一种热交换设备，主要用于对液体物料的杀菌或灭菌处理。直接加热设备主要有蒸汽喷射式和被加热食品注入式直接加热热交换两种形式。喷射式是将蒸汽喷射到被杀菌的料液中进行热交换。注入式是将食品物料注入到热蒸汽中进行热交换。

一、　直接式热交换装置结构与工作原理

1. 蒸汽喷射式直接热交换杀（灭）菌装置

蒸汽喷射杀（灭）菌装置主要包括预热器、蒸汽喷射杀（灭）菌器、真空罐、冷凝器、保温管及泵等。

蒸汽喷射杀（灭）菌装置的关键设备是蒸汽喷射器，如图 11-20 和图 11-21 所示。外形是不对称的 T 形三通，内管管壁四周有许多直径小于 1mm 的细孔（与物料流动方向成直角）。通过这些细孔将蒸汽强制喷射到物料中去，使物料瞬间加热到杀（灭）菌温度，经过一定的保温时间，对物料进行杀（灭）菌的处理。物料在进入喷射器前，物料与蒸汽一般保持在一定压力范围内，以防止物料在喷射器内沸腾。蒸汽必须是高纯度的，不含任何固体颗粒。

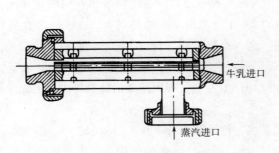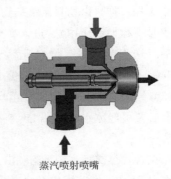

图 11-20 蒸汽喷射器 1
资料来源：摘自参考文献 [39]。

图 11-21 蒸汽喷射器 2
资料来源：摘自参考文献 [39]。

2. 注入式直接热交换杀（灭）菌装置

注入式直接加热杀（灭）菌装置主要包括注入器、预热器、加热器、真空罐、冷却器、真空泵、无菌泵、高压泵等。

注入式直接加热杀（灭）菌装置工作原理如图 11-22 所示，蒸汽由中间喷入，物料由上端注入到蒸汽中，由蒸汽瞬间加热到杀（灭）菌温度，并保温一段时间，以达到对物料杀（灭）菌的目的。

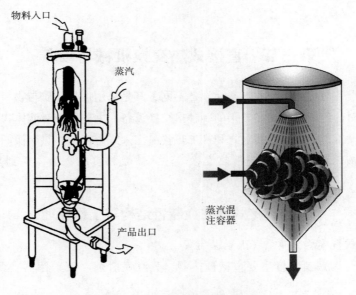

图 11-22 注入式直接加热器
资料来源：摘自参考文献 [84]。

二、 直接式热交换设备性能特点和主要用途

直接式热交换设备采用物料与热交换介质直接混合进行热交换，其特点是有利于迅速传热，加热时间短，接触面积大，热效率高。高温处理在瞬间进行，最大限度地减少对热敏性制

品的影响。但是对加热介质要求十分严格，为了除去蒸汽中的凝结水和杂质，蒸汽必须经过脱氧和过滤。

直接式热交换设备由于热交换迅速，物料升温快，物料受热时间短，可用于果汁、蔬菜汁等热敏性物料的杀菌或灭菌处理。

三、 直接式热交换杀（灭） 菌系统类型

1. 蒸汽喷射直接热交换杀（灭）菌系统

蒸汽喷射式直接热交换杀（灭）菌系统结构与工作流程如图 11-23 所示。

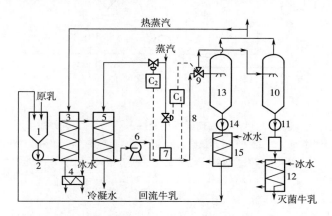

图 11-23　蒸汽喷射式直接热交换杀（灭） 菌系统

1—平衡槽　2—物料泵　3、5—预热器　4、15—冷凝器　6—高压物料泵　7—喷射器
8—保温管　9—转向阀　10、13—真空罐　11、14—无菌泵　12—冷却器
资料来源：摘自参考文献 [56]。

工作流程：液体物料由平衡槽 1 经物料泵 2 送入预热器 3 和 5 中进行预热（预热器 3 由真空罐 10 或 13 来提供加热蒸汽，预热器 5 由生蒸汽供热），通过高压物料泵 6 送入喷射器 7 中与净化后的高压蒸汽混合，将物料加热到设定的杀（灭）菌温度，进入保温管内保持杀（灭）菌温度数秒钟，杀（灭）菌后的物料经转向阀 9 进入真空罐 10 进行蒸发浓缩（调节物料浓度）和快速降温，之后由无菌泵 11 送入冷却器 12 内进行冷却将杀（灭）菌后的物料降温至下一工序所需温度。未达到杀（灭）菌温度的物料由控制系统控制转向阀 9，将其送入真空罐 13 进行蒸发浓缩和降温，经由无菌泵 14 送入冷却器 15 冷却后回流至平衡槽 1 中，与新进物料混合重新进行杀（灭）菌处理。

2. 注入式直接热交换杀（灭）菌系统

注入式直接热交换杀（灭）菌系统结构与工作流程如图 11-24 所示。

工作流程：物料由平衡槽经高压泵 1 送到第一管式预热器器 2，在预热器中物料由来自真空 5 的二次蒸汽加热预热，之后进入第二管式热交换器 3 进一步由来自加热器 4 排出的废蒸汽预热到约 75~80℃，两次预热后的物料注入加热器 4，加热器 4 内充满温度约为 140℃ 的过热蒸汽，并利用调节器 10 保持温度稳定。在加热器 4 内物料以细小液料滴落下，瞬间被加热到杀（灭）菌温度，水蒸气、空气及其他挥发性气体，从加热器 4 顶部排出，并进入第二热交换器 3 预热第一热交换器 2 来的液料。溅落入加热器 4 底部的热液料，在压力作用下，强制喷入

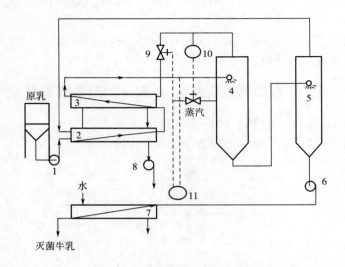

图 11-24　注入式直接热交换杀（灭）菌系统

1—高压物料泵　2—第一管式预热器　3—第二管式预热器　4—加热器　5—真空罐

6—无菌泵　7—冷却器　8—真空泵　9—自动阀　10、11—调节器

资料来源：摘自参考文献［56］。

真空罐 5，并在其中急骤膨胀，瞬间汽化蒸发，由于突然减压，其温度很快地降到 75℃左右。同时，大量蒸汽从真空罐 5 顶部排出，在第一管式热交换器 2 处预热物料并冷凝，从而在真空罐内造成部分真空。用真空泵 8 将加热器 4 和真空罐 5 的不凝性气体抽出，进一步降低两容器内的压力。存集在真空罐 5 底部的灭菌物料用无菌泵 6 抽出，在进行罐装前先在另一管式无菌冷却器 7 中通过冰水冷却到 4~5℃。通过调节器 11 控制自动阀 9 对废蒸汽流速进行调节来实现物料浓度控制。

第四节　釜式热交换机械与设备

釜式热交换设备主要用于物料的杀菌或灭菌处理，所以又称为杀菌锅、杀菌釜、灭菌釜、高压灭菌釜，统称釜式热交换杀（灭）菌设备。釜式热交换杀（灭）菌设备基本工作原理：在放入产品的釜式容器内，通入蒸汽或者热水将产品加热达到设定的杀（灭）菌温度，并保持一段时间，从而达到对产品的杀（灭）菌处理。

在食品工厂中釜式杀（灭）菌设备可用于对固体物料以及已密封包装的固体或液体产品进行杀（灭）菌处理。例如，各类罐头、预包装饮料、肉灌制品、蔬菜类、方便食品等的杀（灭）菌处理。

釜式热交换杀（灭）菌设备分为卧式和立式，常用的为卧式釜式杀（灭）菌设备。按控制方式分为手动控制型、电器半自动控制型、电脑半自动控制型、电脑全自动控制型；按罐体结构分为单罐杀菌釜、双层杀菌釜、双锅并联式杀菌釜、立式杀菌釜、电汽两用杀菌釜和旋转式杀菌釜；按杀菌方式分为蒸汽式杀（灭）菌釜、淋水式杀菌釜、热水循环（全水）式杀（灭）菌釜。

一、立式杀（灭）菌釜

立式釜式杀（灭）菌设备又称为立式杀（灭）菌锅，是一种间歇式杀（灭）菌设备。结构如图 11-25 所示，其主要部件包括锅体、平衡锤、锅盖、盘管、锅底、蒸汽分布管以及排水管等，配套的设备有杀菌篮、电动提升机、空气压缩机等。

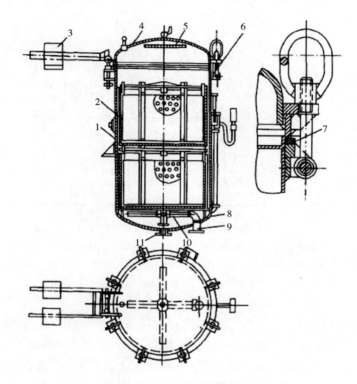

图 11-25　立式杀菌锅

1—锅体　2—杀菌篮　3—平衡锤　4—锅盖　5—盘管　6—螺栓　7—密封垫片
8—锅底　9—蒸汽入口　10—蒸汽分布管　11—排水管
资料来源：摘自参考文献［79］。

该设备是一台具有两个杀菌篮的立式杀菌锅。锅体 1 由厚 6~7mm 的钢板成形后焊接而成圆筒状，球形状锅盖 4 和锅底 8 铰于锅体后部边缘，锅盖周边均布 6~8 个槽孔，锅体的上周边铰接与上盖槽孔相对应的螺栓 6，以密封上盖与锅体，为减少热量损失，可在锅体外表面包上 80mm 厚的石棉层。密封垫片 7 嵌入锅口边缘凹槽内，保证良好密封。锅盖可借助平衡锤 3 开启。加热蒸汽通过蒸汽入口 9 经底部十字形蒸汽分布管 10 送入锅体内，喷汽小孔分布在蒸汽分布管的两侧和底部，以避免蒸汽直接吹向罐头。锅内放置两个杀菌篮 2，杀菌篮用于盛放产品，由电动提升机吊进与吊出。冷却水经置于上盖内的盘管 5 的小孔喷淋，此处小孔也不能直接对着罐头以免冷却时冲击罐头，降低损耗率。锅盖上装有排气阀、安全阀、压力表及温度计等，锅体底部装有排水管 11。

立式杀（灭）菌釜可用于产品的常压或加压杀（灭）菌，是一种间歇式杀（灭）菌设备，处理量小，适于实验室或小型罐头厂使用。

二、 卧式蒸汽式杀（灭）菌釜

1. 卧式杀（灭）菌釜结构与工作原理

卧式杀（灭）菌釜是以蒸汽为热交换介质的杀（灭）菌釜，是一种间歇式杀（灭）菌设备。结构如图图11-26所示。其主要部件包括锅体、水箱、水泵、蒸汽薄膜阀、温度记录仪、安全阀、压力表、控制柜等。

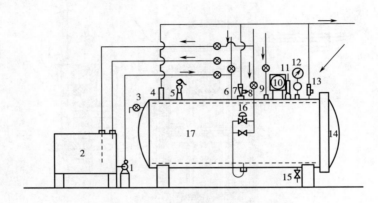

图 11-26　卧式杀菌锅结构

1—水泵　2—水箱　3—溢流管　4、7、13—放空气管　5—安全阀　6—进水管　8—进汽管　9—压缩空气管
10—温度记录仪　11—温度计　12—压力表　14—锅门　15—排水管　16—蒸汽薄膜阀　17—锅体
资料来源：摘自参考文献［56］。

该设备是一个平卧的圆柱形筒体，筒体的前部有一个铰接着的锅盖，末端则焊接了椭圆封头，锅体17与锅门14的闭合方式与立式杀菌锅相似。锅内底部装有两根平行的轨道，供装载产品的杀（灭）菌车进、出用。蒸汽从底部进入到锅内两根平行的开有若干小孔蒸汽分布管，对锅内产品进行加热杀（灭）菌，蒸汽管在导轨下面。当导轨与地平面成水平时，才能使杀菌车顺利地推进推出，故而有一部分锅体处于车间地平面以下。为便于杀（灭）菌釜的排水（每杀菌一次都需要大量排水），需在安装杀菌锅的地方开设地槽。锅体上装有各种仪表与阀门。

卧式杀（灭）菌釜是以蒸汽为热交换介质的杀（灭）菌釜，在操作过程中，因锅内存在着空气，使锅内温度分布不均，产品的杀（灭）菌效果和质量已受到影响。为避免因空气而造成的温度"冷点"，在对产品杀（灭）菌操作过程采用排气的方法，通过安装在锅体顶部的排气阀排放蒸汽来挤出锅内空气和通过增加锅内蒸汽的流动来提高传热杀菌效果来解决。但此过程要浪费大量的热量，一般占全部杀（灭）菌热量的25%～30%。

2. 卧式杀（灭）菌釜性能特点和主要用途

卧式杀（灭）菌釜处理量比较大，适用范围广，杀（灭）菌效果好，适用于各类罐头、预包装饮料、肉灌制品、方便食品等的高温短时杀（灭）菌处理，亦可用于对物料的蒸煮、熟化等工艺操作。

三、淋水式杀菌釜

淋水式杀菌釜是一种利用循环水作为热交换介质的间歇式热交换器。淋水式杀菌釜采用喷嘴或喷淋管将热水喷到产品上，杀菌过程是通过安设在杀菌锅内两侧或顶部的喷嘴喷射出雾状的波浪型热水至产品表面，来加热物料至杀菌温度。温度均匀，升温和冷却速度快，对锅内的产品进行快速、稳定的杀菌处理，适合预包装食品的杀菌。

1. 淋水式杀菌釜结构与工作原理

淋水式杀菌机的结构与原理如图 11-27 和图 11-28 所示。

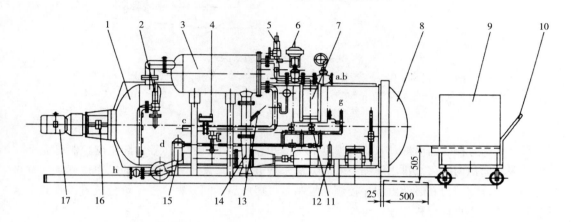

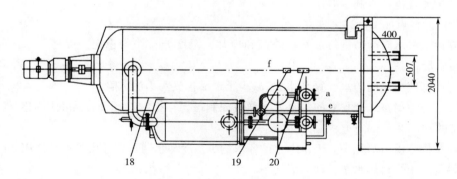

图 11-27　淋水式杀菌釜结构

a— 蒸汽进口　b—冷却水出口　c—冷却水出口　d—冷凝水出口　e—压缩空气进口　f、h—排气口　g—进水口
1—锅体　2—锅体安全阀　3—换热器　4—气动阀　5—换热器安全阀　6—气动薄膜阀　7—控制柜
8—锅门　9—杀菌篮　10—杀菌篮车　11—电磁阀　12—液位计　13—温度计　14—循环泵　15—疏水阀
16—光电传感器　17—传动装置　18—温度传感器　19—压力传感器　20—压力表
资料来源：摘自参考文献［92］。

在整个杀菌过程中，杀菌锅底部贮存有少量水，利用离心泵进行高速循环，循环水即热交换介质，经热交换器进行热交换后，进入杀菌机上部的淋水分配器，均匀喷淋在需要杀菌的产品上。循环水在产品的加热杀菌和冷却过程中依顺序使用。在加热产品时，循环水通过间壁式换热器由蒸汽加热成为加热介质，并且在杀菌过程中由换热器保持一定的温度；在产品冷却

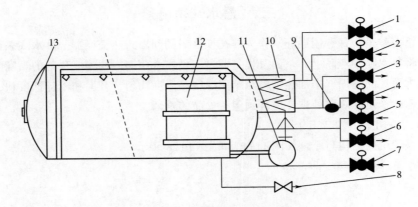

图 11-28　淋水式杀菌锅原理

1—蒸汽阀　2—冷却水阀　3—冷却水出水阀　4—冷凝水阀　5—压缩空气进气阀　6—排气阀

7—补给水阀　8—放水阀　9—疏水器　10—热交换器　11—循环水泵　12—杀菌篮　13—罐门

资料来源：摘自参考文献 [92]。

时，循环水通过换热器由冷却水降低温度成为冷却介质。该机的过压控制和温度控制是完全独立的，采用向锅内注入或排出压缩空气的方法来调节压力。淋水式杀菌机的操作过程是完全自动化的，温度、压力和时间由程序控制器控制。根据产品不同，每一程序可分成若干步骤。这种微处理器与中央计算机相连，可实现集中控制。

2. 淋水式杀菌釜性能特点和主要用途

淋水式杀菌机的特点如下所述。

（1）采用高速喷淋水对产品进行加热、杀菌和冷却，温度分布均匀稳定，提高了杀菌效果，改善了产品质量。

（2）杀菌与冷却使用相同的水（循环水），减少了产品再受污染的风险。

（3）温度和压力控制是完全独立的，容易准确地控制过压；控制过压而注入的压缩空气，不影响温度分布的均匀性。

（4）水消耗量低，动力消耗小。工作中，循环水量小，冷却水通过冷却塔可循环使用。

（5）整套设备配用一台热水泵，动力消耗小。

（6）采用淋水方式热交换，温度变化容易控制，减少了热冲击，尤其适用于玻璃容器，可以避免冷却阶段因热冲击而造成的玻璃容器破碎。

（7）设备结构简单，维修方便，适用范围广。

淋水式杀菌机可用于预包装的果蔬类、肉类、鱼类、饮料和方便食品等的高温杀菌。

四、卧式全水式杀（灭）菌釜

卧式全水回转式杀（灭）菌釜是以高温高压热水为热交换介质的杀（灭）菌釜，是一种间歇式杀（灭）菌设备。

1. 卧式全水回转式杀（灭）菌釜结构

结构如图 11-29 所示。主要包括：贮水锅、杀（灭）菌锅、回转体、杀菌篮、回转架、循环泵、冷水泵、蒸汽管、压缩空气管、压力表、温度记录仪、控制柜等。

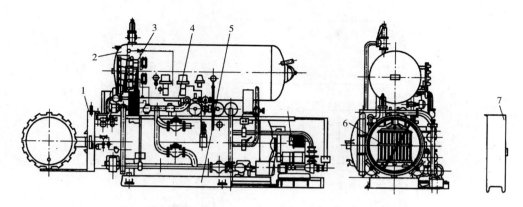

图 11-29　卧式全水回转式杀（灭）菌釜

1—杀菌锅　2—贮水锅　3—控制管路　4—水汽管路　5—底盘　6—杀菌篮　7—控制柜

资料来源：摘自参考文献 [56]。

贮水锅：密闭的卧式贮罐，供应过用做热交换介质的热水和回收热水。为降低蒸汽加热水时的噪声并使锅内水温一致，蒸汽经喷射式混流器后才注入水中。

杀（灭）菌锅：置于贮水锅的下方，由锅体、门盖、回转体和压紧装置、托轮、传动部分组成。杀（灭）菌锅用于产品进行杀（灭）菌处理。

回转体：杀菌锅的回转部件，回转体在传动装置的驱动下携带装满产品的杀（灭）菌篮做回转运动。装满产品的杀（灭）菌篮置于回转体的两根带有滚轮的轨道上，通过压紧装置可将杀（灭）菌篮内的产品压紧。回转体是由四只滚圈和四根角钢组成一个焊接的框架，其中一个滚圈由一对托轮支承，而托轮轴则固定在锅身下部。

杀（灭）菌篮：置于回转体两根带有滚轮的轨道上，通过压紧装置可将杀（灭）菌篮内的产品压紧。

循环泵：使杀（灭）菌锅中的水强制循环，以提高杀（灭）菌效率并使锅内的水温均匀一致。

冷水泵：向贮水锅和杀菌锅注入冷却水。

2. 卧式全水式回转杀（灭）菌釜操作工艺流程

卧式全水式回转杀（灭）菌釜操作工艺流程：制备过热水→向杀（灭）菌锅注水→杀（灭）菌锅升温→杀（灭）菌→热水回收→产品冷却→排水→起锅。如图 11-30 所示。

制备过热水：第一次制备过热水时，由冷水泵供水，当贮水锅的水位到达一定位置时，液位控制器自动开启贮水锅加热阀 V_1，蒸汽直接进入贮水锅，将水加热到预定温度后停止加热。当贮水锅水温低于预定温度时自动供汽，维持预定温度。

向杀（灭）菌锅注水：当杀菌篮装入杀菌锅且门盖完全关好，先向门盖密封腔内通入压缩空气，再向杀菌锅送水。为安全起见，用手按动按钮才能从第一工序转到第二工序。全机进入自动程序操作，连接阀 V_3 立即自动开启，贮水锅内高温高压热水由杀（灭）菌锅底部进入。当杀（灭）菌锅内水位达到液位控制器位置时，连接阀立即关闭。

杀（灭）菌锅升温：由于产品在锅内与高温高压热水进行热交换后，水温会下降，加热蒸汽通过混合加热管将水加热再送入杀（灭）菌锅，当温度升到预定杀（灭）菌温度后，升

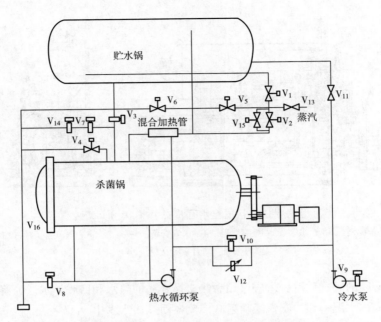

图 11-30 卧式全水式回转杀（灭）菌釜工艺操作流程

V_1—贮水锅加热阀　V_2—杀菌锅加热阀　V_3—连接阀　V_4—溢出阀　V_5—增压阀

V_6—减压阀　V_7—降压阀　V_8—排水阀　V_9—冷水阀　V_{10}—置换阀　V_{11}—上水阀

V_{12}—节流阀　V_{13}—蒸汽总阀　V_{14}—截止阀　V_{15}—小加热阀　V_{16}—安全旋塞

资料来源：摘自参考文献［56］。

温结束。

杀（灭）菌：产品在预定的杀（灭）菌温度下保持一定的时间，开启小加热阀 V_{15}，根据需要自动向杀（灭）菌锅供汽以保持预定的杀菌温度。

热水回收：杀（灭）菌工序结束后，冷水泵即自行启动，冷水经置换阀 V_{10} 进入杀菌锅的水循环系统，将热水（混合水）送回贮水锅。当贮水锅水满时，连接阀 V_3 关闭，加热阀 V_1 开启，送入蒸汽，重新制备高温高压热水。

产品冷却：依据产品特性要求有三种操作方式选择：热水回收后直接进入降压冷却；热水回收后，反压冷却+降压冷却；热水回收后，降压冷却+常压冷却。

排水：产品冷却结束后，开启排水阀 V_8 和溢出阀 V_4，排出锅内冷却水。

起锅：当锅内外压力均衡后，开启锅门盖，将杀（灭）菌后的产品移出。

3. 卧式全水式回转杀（灭）菌釜性能特点和主要用途

卧式全水式回转式杀（灭）菌机是一种高温短时杀（灭）菌方法的间歇式热交换设备。利用高温高压热水作为热交换介质来对产品进行热交换，杀（灭）菌时回转体带着杀（灭）菌篮做回转运动，产品处于回转状态，传热速度快，热效率高，受热均匀，升温时间短。

卧式全水式回转式杀（灭）菌机具有以下特点。

（1）由于回转杀（灭）菌篮回转运动起到搅拌作用，以及热水由泵强制循环，使锅内热水形成强烈的涡流，水温均匀一致，保证了产品杀（灭）菌均匀的效果。

（2）杀（灭）菌篮回转，产品处于回转状态，提高传热效率，缩短了升温时间。尤其是对内容物为流体或半流体的预包装产品，更为显著。

（3）由于产品回转运动，对高黏度、半流体和热敏性的食品，不易产生容器壁过热形成黏结等现象，对产品品质有良好保障；对于减少肉类罐头食品的油脂和胶冻的析出有一定的效果。

（4）由于对产品进行杀（灭）菌处理的高温高压热水可重复利用，减少蒸汽消耗量。

（5）杀（灭）菌与冷却时的压力可以自动调节，可用压缩空气进行反压。减少了压力差对包装容器的影响。

（6）设备结构较为复杂、投资较大。

（7）杀（灭）菌的准备时间较长、杀（灭）菌过程热冲击较大。

（8）杀（灭）菌效果好，处理量大，效率较高，适用范围广。

卧式全水式回转式杀（灭）菌机主要用于对预包装产品的杀（灭）菌处理。例如，肉类罐头、果蔬罐头、瓶装饮料、袋装食品、肉灌制品、方便食品等。

第五节　其他热交换机械与设备

在食品加工工业中，用于食品原料、半成品、成品热交换的设备种类繁多，各类热交换设备具有不同的特性和适用范围，除了上述介绍的板式、管式、釜式间接热交换设备以及直接加热热交换设备，还有很多具有优良特性和独特用途的热交换设备。本节选取一些较为典型的其他类型热交换设备来进行简单介绍。

一、　静水压连续杀（灭）菌设备

静水压连续杀（灭）菌设备称为塔式杀（灭）菌器。其利用蒸汽和水作为热交换介质，常常用于罐头类食品的连续杀（灭）菌处理，亦可用于其他类预包装食品杀（灭）菌处理。

1. 静水压连续杀（灭）菌设备结构与工作原理

静水压连续杀（灭）菌设备是连续进罐和出罐的连续式加压（静水压）杀（灭）菌设备，其结构与工作原理如图 11-31 和图 11-32 所示。其结构主体是三根高达 12~15m 竖直密闭的长方体柱状物，即升温水柱、杀（灭）菌柱和冷却水柱。

静水压连续杀（灭）菌设备工作原理：一定高度的水柱底部具有有一定静压力，水柱越高压力越大。静水压连续杀（灭）菌设备利用水柱的高度形成的静压力去决定饱和蒸汽的压力，饱和蒸汽压力越高温度越高，从而决定了杀（灭）菌所需温度。静水压连续杀（灭）菌设备利用水柱维持杀（灭）菌压力和温度，因此产品进出端不需要机械密封装置，产品可在常压下连续进出，实现对产品的连续杀（灭）菌处理。

静水压连续杀（灭）菌设备工作过程：

供送系统→升温水柱静水压连续杀（灭）菌设备工作原理：一定高度的水柱底部具有一定静压力，水柱越高压力越大。静水压连续杀（灭）菌设备利用水柱的高度形成的静压力去决定饱和蒸汽的压力，水柱越高饱和蒸汽压力越大，饱和蒸汽温度越高，从而决定了产品杀

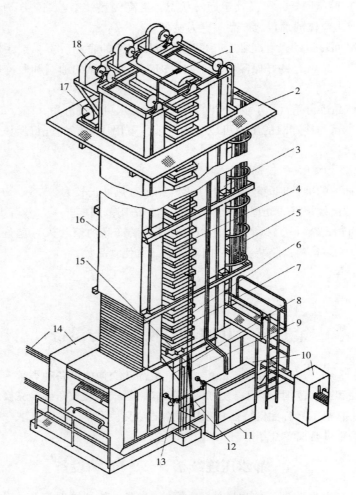

图 11-31 静水压连续杀菌设备结构

1—真空阀 2—平台 3—出罐柱 4—蒸汽室 5—梯子 6—加水水平面控制管路 7—溢流管
8—排气（空气）管 9—出气管 10—出罐箱 11—控制柜 12—冷凝水管路 13—蒸汽管路
14—进罐箱 15—喷淋器管路 16—升温柱 17—无级变速器 18—变速器

资料来源：摘自参考文献［84］。

（灭）菌所需温度。由于静水压连续杀（灭）菌设备利用水柱压力，因此不需要机械密封，产品可在常压下连续进出，实现对产品的连续杀（灭）菌处理。

静水压连续杀（灭）菌设备工作过程：产品→供送系统→升温水柱→杀（灭）菌柱（蒸汽杀菌室）→降温水柱→喷淋冷却柱→冷却水槽→出罐。

2. 静水压连续杀（灭）菌设备性能特点和主要用途

静水压连续杀（灭）菌设备属于连续式高温高压短时杀（灭）菌热交换设备。工作时，产品从升温水柱顶部进入，延升温水柱下降进入蒸汽杀（灭）菌室。升温水柱顶部压力低，温度近似产品的初始温度；升温水柱底部压力高，温度接近蒸汽杀（灭）菌室的温度。因而，产品进入蒸汽杀（灭）菌室之前有一个较为平稳的升温升压的梯度变化。产品进入蒸汽杀

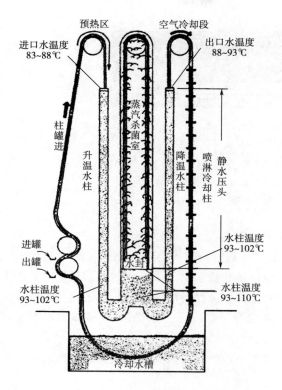

图 11-32　静水压连续杀菌设备工作原理

资料来源：摘自参考文献 ［97］。

（灭）菌室后，饱和蒸汽均匀分布于室内，温度稳定，产品进行恒温恒压杀（灭）菌。产品离开蒸汽杀（灭）菌室后向上升送进入降温水柱上升运动，与升温水柱相反，是一个较为平稳的降温降压的梯度变化，是一个较为理想的产品减压冷却过程。

静水压连续杀（灭）菌设备特点如下所述。

（1）对产品连续杀（灭）菌处理，生产能力大，适应范围广，适合多种包装形式和规格的预包装食品的杀（灭）菌处理。

（2）蒸汽消耗少，冷却水用量少。

（3）产品温度与压力呈较为稳定的梯度变化，热冲击小，较少了产品由于压力与温度剧变而造成的变形和外伤。

（4）产品杀（灭）菌温度较为稳定，有效保证了产品杀（灭）菌的彻底性。

（5）可实现自动化控制，操作简单，人员少，减少运行成本。

（6）设备外形高，需要较高厂房。

（7）体积较大，钢材用量多，设备重。

静水压连续杀（灭）菌设备是连续杀（灭）菌设备，处理量大。适用范围较广，适于大多数预包装食品的杀（灭）菌处理，例如，蔬菜、水果、肉类、鱼类等罐头及软罐头食品；瓶装或罐装的非碳酸果蔬饮料等。

二、 水封式连续杀（灭）菌设备

水封式连续杀（灭）菌设备是利用蒸汽和水作为热交换介质的连续热交换设备，用于罐头类食品的连续杀（灭）菌处理，亦可用于其他类预包装食品杀（灭）菌处理。

1. 水封式连续杀（灭）菌设备结构与工作原理

水封式连续杀（灭）菌设备是连续进罐和出罐的连续式加压杀（灭）菌设备，其结构与工作原理如图 11-33 所示。

静水压连续杀（灭）菌设备利用水柱来维持杀（灭）菌压力和温度，因此产品进出端不需要机械密封装置，而水封式连续杀（灭）菌设备利用水封式鼓形阀（鼓形阀浸没在水中，因此成为水封式鼓形阀）的装置，既可保证产品不断进出杀（灭）菌室，又能保证杀（灭）菌室的密封，从而保证了杀（灭）菌室内压力、水位以及杀（灭）菌温度的稳定。

工作过程：产品由供送装置送入，经过水封式鼓形阀进入杀（灭）菌室；产品在环式传送带的输送下，在杀（灭）菌室内折返数次，被加热到杀（灭）菌温度并保持一段时间，完成杀（灭）菌处理后送入加压冷却室水浴降温；降温后的产品经水封式鼓形阀送入常压带式冷却机进行冷却，将产品中心温度降至预定温度，经产品排出装置排出。

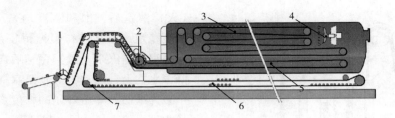

图 11-33 水封式连续杀（灭）菌设备

1—产品供送装置　2—产品同步水封鼓形阀　3—杀（灭）菌室　4—风机
5—冷却室　6—常压带式冷却机　7—产品排出装置
资料来源：摘自参考文献 [19]。

2. 水封式连续杀（灭）菌设备性能特点和主要用途

水封式连续杀（灭）菌设备属于连续式高温高压短时杀（灭）菌热交换设备。连续生产，处理量大，效率高。其与静水压连续杀（灭）菌设备相比，由于采用水封式鼓形阀密封，不需要高塔，设备高度低，体积小。静水压连续杀（灭）菌设备中产品几乎不滚动，而水封式连续杀（灭）菌设备中产品在加热、杀（灭）菌以及冷却过程中可以滚动，尤其是罐装类产品，因而传热快，热交换效率高，受热和冷却时间短。

水封式连续杀（灭）菌设备可用于果蔬、肉类、鱼类等罐头食品以及听装、瓶装的非碳酸饮料等预包装食品的杀（灭）菌处理。

三、刮板式热交换设备

刮板式热交换设备是一种间接式强制热交换设备，常用于流动性差的、黏稠的、成块的液体物料冷却、预热、杀（灭）菌、浓缩，亦可用于物料的结晶处理。

1. 刮板式热交换器结构与工作原理

刮板式热交换器的结构：刮板式热交换器分为卧式和立式两种，图 11-34 为立式旋转刮板式热交换器。刮板式热交换器主要由圆柱形传热筒、转子、刮板、电机、减速器等的组成。

刮板式热交换器的工作原理：料液从底部经泵送至传热筒中，从上部排出。热交换介质从上部进入传热筒外侧的夹套中，从底部排出。物料与热交换介质通过传热筒壁以逆流的方式进行间接热交换。电机通过转子驱动刮板旋转，连续不断地把料液从筒壁上刮除下来，确保热量均匀地传给料液，避免了在传热筒内壁的沉积。刮除下来的料液流向传热筒中心，后续料液继续向传热筒内壁移动，并在传热筒内壁上与热交换介质进行热交换，热交换界面上的料液液膜被不断强制更新，如此反复完成热交换。可以依据具体情况

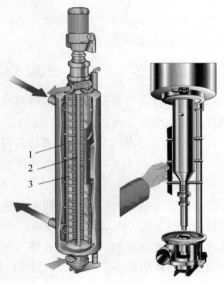

图 11-34 立式旋转刮板式热交换器

1—传热筒　2—转子　3—刮板
资料来源：摘自参考文献 [39]。

调节产品的流量和转子的转速，更换转筒和刮刀。

　　2. 刮板式热交换器性能特点和主要用途

　　刮板式热交换器是一种间接式强制热交换设备，也是一种连续式热交换设备，具有较高的工作压力，同时刮板旋转的强制推动增加了料液的流动性，强制更新热交换界面料液，提高热交换的效率，减少料液在热交换界面上发生过热的现象，因刮板式热交换器适合黏度较高、流动性差、含有固体颗粒、易结晶的液体物料的预热、冷却、浓缩、杀（灭）菌、结晶等工艺操作。例如，果酱、稀奶油、软质干酪的预热、浓缩、杀（灭）菌处理等。

　　3. 刮板式热交换杀（灭）菌系统

　　刮板式热交换器可设计用于物料的杀（灭）菌系统。依据加工能力要求，可以将两个或多个立式刮板式热交换器串联或并联在一起，产生更大的传热面积。如图11-35所示为以立式刮板式热交换器为基础的UHT系统。其主要由产品缸、正位移泵、立式刮板式热交换器、保持管、无菌罐等组成。

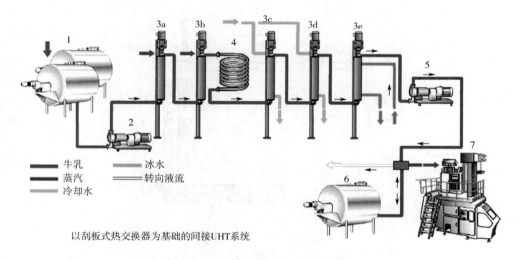

以刮板式热交换器为基础的间接UHT系统

图 11-35　立式刮板式热交换器的 UHT 系统

1—物料罐　2、5—正位移泵　3a—预热段　3b—灭菌加热段　3c—一段冷却段　3d—二段冷却段

3e—冰水冷却段　4—保持管　6—无菌罐　7—无菌灌装机

资料来源：摘自参考文献［39］。

　　工作过程：料液从物料罐1由正位移泵2送入预热段3a预热后，进入灭菌加热段3b加热至灭菌温度，在保持管4内保持灭菌温度一段时间，将物料灭菌；灭菌后的物料送入一段冷却器3c降温，再送入二段冷却器3d进一步降温，最后经冰水冷却段3e冷却至灌装或暂贮所需温度，排出进入无菌罐6暂贮或无菌灌装机7进行灌装。未达到灭菌温度的物料通过回流阀可返回物料罐1重新进行灭菌处理。

　　预热段3a和加热灭菌段3b是以蒸汽为热交换介质；一段冷却器3c和二段冷却器3d是以冷水为热交换介质的冷却段；冰水冷却段3e以冰水为热交换介质的冷却段。

　　立式刮板式热交换器的UHT系统传热效率高，由于刮板的搅拌和强制热交换作用，物料受热时间短，对于黏稠、含有固体颗粒的物料具有良好的灭菌效果。可用于果酱、果泥、稀奶油、起酥油、软质干酪等物料的超高温灭菌处理。

四、 贮槽式热交换设备

贮槽式热交换设备亦称作"冷热缸"，是一种间接式热交换设备。贮槽式热交换设备主要由贮槽和搅拌器组成，贮槽由不锈钢内胆、外壳和夹层组成。夹层与外壳间覆以绝热层，夹层内通入热交换介质（载热体或冷媒）。常用于液体物料的热交换处理。

1. 贮槽式热交换设备的结构与工作原理

贮槽式热交换设备基本结构如图 11-36 所示，主要包括内胆、夹套、外壳、保温层、搅拌器、放料阀等组成。内胆采用不锈钢制造，外壳采用优质碳素钢，外覆以玻璃棉及镀锌铁皮做为保温层。内胆与外壳间为传热夹层。为了达到均匀加热或冷却的目的，内部装有锚式或框式搅拌桨以及挡板，加强物料与器壁的热交换作用。

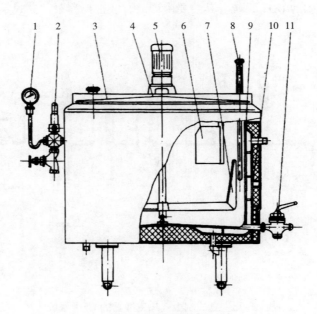

图 11-36 冷热缸

1—压力表 2—安全阀 3—缸盖 4—电机底座 5—电机及减速器 6—挡板
7—锚式搅拌 8—温度计 9—内胆 10—夹套 11—放料旋塞
资料来源：摘自参考文献 [39]。

工作原理：通过在夹层内通入流动的热交换介质（载热体或冷媒），以内胆壁为热交换界面，并利用搅拌器的搅动促进贮槽内的物料强制热交换，热交换界面的料液不断被强制更新，从而达到对料液的加热、冷却、杀菌和保温的目的。

2. 贮槽式热交换设备类型

根据热交换介质在夹层的流动方式，贮槽式热交换设备可以分为压力式、沉浸式、喷淋式。如图 11-37 所示。

压力式：热交换介质通过覆于内胆外壁上的盘管或者采用半球形锅底做成夹层锅的夹层，来完成与物料的热交换。热交换介质通常采用蒸汽或冷水。

沉浸式：热交换介质于缸底通入夹层，并从上端溢流而出，内胆完全浸没在向上流动的热

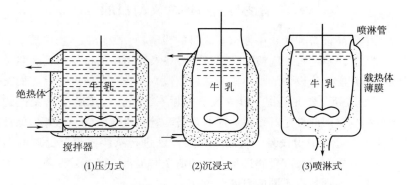

图 11-37 贮槽式热交换设备

资料来源：摘自参考文献 [39]。

交换介质中。传热介质通常采用热水或冷水。

喷淋式：将热交换介质喷在内胆外壁上，形成流动的传热薄膜，流入底部的热交换介质再利用泵通过热交换装置进行热交换后循环使用。传热介质通常采用热水或冷水。

3. 性能特点和主要用途

贮槽式热交换设备性能特点：贮槽式热交换设备是间歇式热交换器，结构简单，操作方便，清洗检修容易，灵活多用，可用于液体物料的热交换处理和保温暂贮等；但其传热系数小，热交换时间长，生产效率低。

贮槽式热交换设备主要用途：在食品生产加工中，其主要用于液体物料的低温长时的巴氏杀菌、高温短时杀菌，液体物料的冷却、预热、保温杀菌，亦可用做配料罐、暂贮槽等。例如：果蔬饮料的配料混合、保温暂贮、杀菌处理；乳及乳制品的配料混合、巴氏杀菌，稀奶油的热处理；发酵食品的发酵剂制备等。

第六节　CIP 清洗系统

食品工厂设备设施与管路清洗与消毒的目的在于清除残留物，较少微生物繁殖场所；清除积垢，保证良好的热交换效率；相应的机械设备、管路、包材的杀菌或灭菌处理，以达到生产工艺的基本要求，从而有效保障产品品质和质量安全。通常大、中型食品工厂设备的清洗采用自动或半自动清洗系统，最常见的就是 CIP 系统。

CIP 是 cleaning in Place（洗涤定位）或 in-Place Cleaning（定位洗涤）的简称。CIP 是指清洗液通过机械设备系统形成一个清洗循环回路，在不用拆开或移动被清洗设备时，即可用高温、高浓度的洗净液，对装置加以强力的作用，将机械设备与食品的接触面洗净的一种方法。CIP 具有以下特点：安全可靠，被清洗设备无须拆卸；清洗效果理想、稳定；清洗成本降低，水、清洗剂、杀菌剂及蒸汽的耗量少；节省劳动力、保证操作安全；节省操作时间、提高效率；自动化水平高。按规定程序运行，有效减少人为失误。

一、 清洗与消毒的含义与目的

食品生产过程中食品设备和管路中保留有大量的残留物，如脂肪、蛋白质、乳糖、钙盐和细菌等，设备使用后如果不进行彻底清洗，残留于设备及管道中的微生物将大量繁殖，影响产品品质和产品安全；其次对于设备的加热段和热回收段，工作一段时间后其表面会形成磷酸钙（和镁）、蛋白质、脂肪等混合沉积物，形成大量的垢石，极大的影响了热交换的效率，并对产品品质带来不良影响，因此在生产结束后应对设备和管路进行清洗。另外为保证产品质量安全，在生产前以及生产过程中对设备、管路及相关设施进行杀菌或灭菌处理的消毒处理。因此，必须采用合适的方式对设备和管路进行良好的清洗与消毒，以有效保障生产的顺利进行和产品质量安全。清洗与消毒具有不同的目的和方法。

清洗是指通过物理和化学的方法去除被清洗表面上可见和不可见杂残留、积垢的过程。

消毒是指通过物理或化学方法杀死或全部杀死可能侵染食品，并毁坏其品质的微生物。

清洗与消毒所要达到的标准是指被清洗表面所要达到的清洁程度，有以下几种表示方法。

1. 物理清洗清洁

清除被清洗表面肉眼可见的全部污垢。物理清洁有时会在被清洗表面上留下化学残留物，目的是为了阻止微生物在被清洗表面上的繁殖。

2. 化学清洗清洁

清除被清洗表面上肉眼可见的污垢，以及微小的、通常为肉眼不可见但可嗅出或尝出的沉积物。

3. 杀菌消毒清洁

通过消毒杀死被清洗表面绝大部分的细菌和病原菌，大多采用加热杀菌的方法。杀菌消毒清洁通常会伴有物理清洗清洁，但不一定伴有化学清洗清洁。

4. 无菌消毒清洁

杀灭被清洗表面上的所有的微生物，通常采用加热灭菌的方法。如在 UHT 和无菌包装生产中，为达到合格产品的要求，在生产产品前采的加热灭菌法的操作。无菌消毒通常伴有物理清洗清洁，但不一定伴有化学清洗清洁。

清洗不仅能够去除被清洗表面的污垢，而且可以杀死大量微生物，但是这并不能良好有效地保证生产所要求的杀菌或灭菌条件，因此，通常在食品生产中，对设备、管路等先用化学洗涤剂进行彻底清洗，然后再进行消毒处理。

二、 设备与管路的清洗

1. 清洗的机制

清洗的作用机制包括以下六个方面。

（1）水的溶解作用 溶解作用与清洗介质的极性有关。食品工厂中常用的清洗介质是水。水是极性化合物，对于油脂性污垢几乎没有溶解作用，对于碳水化食物（如糖）、蛋白质、低级脂肪酸有一定的溶解作用，而对于电解质及有机或无机盐类的溶解作用较强。

（2）热的作用 通过加热来加速污垢的物理与化学反应速度，使在清洗过程中易于脱落，从而提高清洗效果，缩短清洗时间。

（3）机械作用 机械作用是指通过机械部件的运动而产生的作用，例如通过搅拌、喷射清洗液产生的压力和摩擦力来加强清除效果。

（4）界面活性作用　界面是相与相之间的交界面，即两相间的接触表面。这里指的是清洗液与污垢，污垢与被清洗物体（如管道、罐体等），被清洗物体与清洗液之间的交界面。界面活性作用是指这些界面之间有选择的物理或化学作用的总称，包括湿润、乳化、分散、溶解、起泡等，而具有这种界面活性作用的化学物质称为表面活性剂。

（5）化学作用　化学作用是指清洗剂成分与被清洗污垢杂质的化学反应，例如 NaOH 等碱性清洗剂与油脂的皂化反应，与脂肪酸的中和反应，对蛋白质的分解反应等。HNO_3 等酸性清洗剂对无机盐性污垢的溶解反应，以及过氧化物、氯化物类清洗剂对有机性污垢的氧化还原反应，有机螯合剂对金属离子的螯合作用等。

（6）酶的作用　酶的作用是指酶所具有的分解作用，如淀粉酶对淀粉的分解作用等。

2. 清洗的基本步骤

食品工厂设备设施与管路的清洗操作常用于生产操作过程中或者生产操作结束后立即进行。清洗操作的基本步骤如下所述。

（1）物料残留物回收　生产操作结束后，将残余物料从罐壁和管道中，采用刮落、排出、水置换或者用压缩空气排除等方法清除。以较小物料损失，便于清洗，节约一定的废水处理费用。

（2）清水预洗　物料残留物回收后，立即用不超过 60℃温水对设备及管路进行预洗，直至从设备中排出的水干净为止。目的是避免残留物干涸并黏着在设备表面上，减少清洗难度；同时也减少了清洗剂的消耗量。

（3）清洗剂清洗　清水预洗后，采用一定浓度的清洗剂清洗设备和管路。清洗剂清洗的过程要求清洗剂保持一定的浓度、温度、流速、流量和清洗循环时间。

（4）清水冲洗　洗涤剂清洗后，采用一定温度的清水冲洗以除去所有残留的洗涤剂。清水冲洗要求保持一定的温度、流量、流速和冲洗时间。以保证残留的清洗剂被彻底清除。

在生产过程中，有时要进行设备与管路的清洗操作，主要是对设备的加热段和热回收段进行清洗，以减少换热面污垢，保证良好的热交换效率，这一过程就是所谓"中间清洗"。例如在 UHT 产品生产过程中，在加热段和热回收段会产生因加热造成蛋白质变性而产生的垢石，UHT 设备使用一段时间后，垢石大量沉积热交换界面，严重影响热交换效率，易造成 UHT 灭菌温度的不稳定性，不能有效地保持灭菌温度恒定，影响产品的品质和质量安全。这时只需要对 UHT 设备加热段和热回收段，在不破坏 UHT 设备生产工艺操作条件下进行"中间清洗"，以恢复良好的热交换效率。

在某个或全部生产操作结束后，对设备、管路的清洗操作，通常我们称之为"最后清洗"。这时的清洗只需要符合清洗操作要求即可，通常无须考虑生产操作的工艺条件。例如，UHT 生产结束后对 UHT 生产线的清洗；预处理结束后对全部预处理设备、管路的清洗等。

3. 清洗的影响因素

影响清洗效果的主要因素包括清洗剂种类、清洗液浓度、清洗时间、清洗温度以及清洗流量流速。在实际操作中应根据具体的生产工艺和设备、生产的成本和生产效率的需要，从以上几方面综合考虑。

（1）清洗剂　清洗剂种类很多，选用不同的清洗剂所能达到的清洗效果也各不相同。因此，有关清洗剂的特性将在后面作详细介绍。

（2）清洗液浓度　清洗需要合理有效的清洗液浓度。提高清洗液浓度后可适当缩短清洗时间或弥补清洗温度的不足。但是清洗液浓度提高后会造成清洗费用的增加，而且浓度的增高并不一定能有效地提高清洁效果，有时甚至会导致清洗时间的延长，其中有关的作用机制，目前尚不清楚。

清洗需要保证一定的清洗剂浓度，这是保证良好清洗效果的必要条件。在清洗过程中要检查其浓度，如果浓度下降，则需要补充清洗剂。检查和补充清洗剂可通过人工或自动化操作来完成。

（3）清洗时间　清洗需要保证足够长的循环时间。清洗时间受很多因素的影响，如清洗剂种类、清洗液浓度、清洗温度、产品类型、生产管线布置以及设备的设计等。清洗时间意味着人工费用增加，由于停机时间的延长，造成生产效率下降和生产成本提高。但是，如果一味地追求缩短清洗时间，将可能会导致无法达到清洗效果。保证科学而有效的清洗时间也是保证良好清洗效果的必要条件。

（4）清洗温度　清洗过程中需要保持稳定的清洗循环时的清洗液温度，通常在清洗液的回流管线上安装有温度测量装置，以测量清洗液回流温度。清洗温度的升高一般会帮助缩短清洗时间或降低清洗液浓度，但是相应的能量消耗就会增加。

由于食品工厂中的清洗主要是针对加工过程中产生在设备内表面上的垢石，因此对于“最后清洗”，若使用氢氧化钠（NaOH），温度为 $80 \sim 90℃$；若使用硝酸（HNO_3），温度为 $60 \sim 80℃$。对于 UHT 设备的“中间清洗”，清洗温度通常与产品灭菌温度相同，以保证不破坏无菌环境，但循环时间通常要缩短。

（5）清洗流量流速　在清洗操作中，还要保证一定的清洗液循环的流量和流速。以使清洗过程中能够产生一定的机械作用，即通过提高流体的湍动性来提高冲击力，从而取得一定的清洗效果。提高清洗时清洗液流量可以缩短清洗时间，并补偿清洗温度不足所带来的清洗不足。作为一般的清洗原则，清洗液流速至少应符合管路内 1.5m/s、垂直罐中 $200 \sim 250L/（m^2 \cdot h）$、卧式罐中 $250 \sim 300L/（m^2 \cdot h）$ 的要求。对热交换器清洗时的流速应比生产时高10%。

（6）污垢类型　在食品生产过程中，热交换设备的换热界面以及非热交换设备及管道，所形成的污垢是不同的，在热交换设备中，在其热交换界面易形成垢石类污垢，质地致密而坚硬，这类设备的清洗需要采用碱、酸性清洗液共同完成；在非加热设备与物料输送管路部分，其污垢松散、不牢固，通常采用碱性清洗液清洗就足够了，偶尔加以酸性清洗液清洗。除了以上六点影响清洗效果因素外，管路的设计、清洗液的流动方向对清洗效果也会产生一定的影响。

4. 常用的清洗剂

做为食品设备的清洗剂应具有以下特点：从设备表面除去蛋白质、脂肪等有机物质的能力；具有高度的润湿能力，能使洗涤剂渗透沉淀污物的内部；能将沉淀物分解成小颗粒并使其保持分散状态，不再沉淀；具有溶解钙盐沉淀物的能力，并将钙盐保留在溶液中不留下水垢沉淀；具有一定杀菌效果；洗涤剂应是低泡型的；不损害设备表面；符合污染控制和安全要求。性能稳定，不易分解。

（1）碱性清洗液　常用的有氢氧化钠（苛性钠）、硅酸钠、磷酸三钠、碳酸钠（苏打）、碳酸氢钠（小苏打）。

氢氧化钠：食品工厂大多数碱性洗涤剂以氢氧化钠为主，它对有机污物如蛋白质具有良好的溶解作用，在高温下具有良好的乳化性能（把脂肪转化成水溶性的形式），是一种有效的清洗剂。

碳酸钠：对乳化脂肪、溶解蛋白质的能力一般。因会产生 $CaCO_3$ 沉淀，所以不适用于硬水。适用于手工清洗。

磷酸三钠：具有良好的乳化和分散能力，溶解蛋白质的能力一般。于硬水中不会形成水垢。适用于手工清洗。

硅酸钠：可以溶解蛋白质，也可以水解脂肪，在硬水中会产生钙和镁的硅酸盐沉淀。

（2）酸性清洗液　常用的有硝酸、磷酸、氨基磺酸等，有机酸如羟基乙酸、葡萄糖酸、柠檬酸等。

硝酸是食品工厂最常用的酸性清洗剂。酸性强，对去除矿物质盐沉淀非常有效，也可以溶解一些蛋白质，硝酸盐类绝大多数溶于水。

磷酸酸性比硝酸弱。当使用磷酸做为清洗剂时，要注意冲洗一定要彻底，否则 PO_4^{3-} 离子的残留会导致产品出现质量问题，另外磷酸做为清洗剂易产生不溶性磷酸盐沉淀。

（3）螯合剂　防止沉淀的钙盐和镁盐在洗涤剂溶液中形成不溶性化合物。螯合剂能承受高温，能与四价氨基化合物共轭。常用的螯合剂包括三聚磷酸盐、多聚磷酸盐等聚磷酸盐以及较适合作为弱碱性手工清洗液原料的 EDTA（乙二胺四乙酸）及其盐类，葡萄糖酸及其盐类。

（4）表面活性剂　表面活性剂有阴离子型、非离子型的胶体和阳离子型几种类型。阴离子表面活性剂通常是烷基磺酸钠等。阳离子表面活性剂主要是季铵化合物。阴离子表面活性剂与非离子表面活性剂最适合于作洗涤剂，而胶体与阳离子的产物通常用作消毒剂。

（5）酶类　在某些特定场合可选择一些酶类，利用酶选择性作用于某种物质，来分解处理残余物和污垢，如淀粉酶、蛋白酶等。

5. 清洗用水

食品工厂清洗环节需要大量清水，清洗用水的质量影响到清洗效果。

清洗过程中的溶解作用、热作用以及机械作用都需要有水的参与才能完成，否则清洗将无法取得良好的效果。清洗用水应达到国家生活饮用水标准。其中，对清洗用水来说，最重要的是水的理化指标和微生物学指标。

水的 pH、氯含量和硬度水平是主要的清洗用水理化指标，其中水的硬度是影响 CIP 和杀菌效果的重要因素。因为水的硬度是形成垢石的主要原因，随着硬度的增加，垢石呈增加趋势，清洗剂消耗量也随之增加。同时，使用高硬度的水进行清洗后可能会在杀菌设备表面形成 $CaCO_3$ 膜，这将对 HTST、UHT 和其他高温设备生产前的杀菌造成负面影响。

清洗用水最好用软化水，总硬度在 0.1~0.2mmol/L（5~10mg/L $CaCO_3$）是最理想的。

清洗用水微生物学指标包括细菌总数和大肠菌群两项。考虑 CIP 最后水冲洗可能对产品带来的污染，清洗用水必须保证无致病菌的存在，并要定期检查清洗用水细菌总数和大肠菌群数量。一般情况，清洗用水要求细菌数<500CFU/mL，大肠菌群<1CFU/100mL。

三、　设备与管路的消毒

食品设备、管路的消毒简单讲就是一个对设备、管路杀菌或灭菌的过程。单纯的清洗并不能很有效的达到微生物清洁，尤其是无菌清洁，因此对微生物的处理需要在清洗的基础上，配合一定的消毒措施来达到微生物清洁和无菌清洁的目的。食品设备、管路等设施的消毒多采用化学和物理方法。

食品设备、管路的消毒通常在设备使用之前来进行，即所谓的"预杀菌"或"预消毒"。

对于非无菌操作设备来说通常是采用 85~92℃ 的热水来加热设备的，或用化学药剂进行处理，杀死那些可能侵染食品并毁坏食品质量的微生物。

对于 UHT 系统和无菌操作设备则通常需要高温高压热水或蒸汽，也可采用化学方法杀灭所有微生物，以达到无菌状态。

物理消毒常用煮沸、热水、蒸汽来处理微生物。化学消毒常采用酸、卤素、氧化剂、季铵盐化合物等。

1. 物理消毒法

物理消毒法是指通过加热、辐射、照射等物理性的处理手段使微生物致死的过程。食品工厂中常用的处理手段有蒸汽杀（灭）菌、热水杀（灭）菌以及紫外灯照射三种方法。

（1）蒸汽杀菌　设备使用前对设备和管道采用高温蒸汽杀（灭）菌，依据设备和工艺要求不同采用的方法亦不同。例如，对于非无菌操作设备，通常在冷出口温度至少为 76.6℃ 时喷射 15min 以上，或冷出口温度最低 93.3℃ 时喷射 5min；对于某些无菌包装系统来说通常采用加热空气至 280℃ 以上配合双氧水蒸气，保持 20~30min 来完成无菌消毒。

（2）热水杀菌　设备使用前对设备和管道采用循环的高温热水来杀（灭）菌处理。对于非无菌操作，所用循环热水温度应在 82.2℃ 以上，最少要保持 15min 以上的时间。对于无菌操作系统来说，通常采用 120℃ 高温高压热水循环保持 20min 以上。

（3）紫外线灯杀菌　紫外线杀菌法主要用于设备表面及生产环境中空气的杀菌。食品厂加入到原料中的水可用紫外光处理；无菌或非无菌灌装机灌装时包材以外环境部分，可用紫外灯杀菌；无菌包装机包材亦可采用紫外线配合双氧水的方法来对包材进行灭菌消毒。

2. 化学消毒法

化学消毒主要是指采用化学消毒剂来处理设备、管路等设备的消毒方法。食品工厂常用的化学消毒剂主要酸碱（硝酸、盐酸、乳酸、醋酸和苯甲酸）、卤素（漂白粉、次氯酸钠）、氧化剂（过氧乙酸、过氧化氢）、含碘杀菌剂、季铵盐化合物、酸性阴离子表面活性化合物、乙醇等。

四、 CIP 系统组成

食品工厂的清洗通常采用酸、碱、水，其 CIP 主要由碱罐、酸罐、热水罐、浓酸罐、浓碱罐、隔膜泵、清洗泵、板式热交换器、自动阀门、清洗液浓度检测系统、控制柜等组成。如图 11-38 所示。

碱罐和酸罐：用于贮存按清洗要求配制的一定浓度的酸、碱清洗液。

热水罐：用于贮存水洗用的清洗热水

浓酸罐和浓碱罐：贮存用于配制酸、碱清洗液的液态高浓度酸、碱。

隔膜泵：用于将高浓度酸、碱定量输送至碱罐和酸罐中。

清洗泵：用于将配制好的一定浓度清洗液向被清洗设备的输送。

板式热交换器：用于清洗液的升温处理，保证稳定、符合规定要求的清洗液温度。某些 CIP 不使用板式热交换器，而采用具有加热功能的碱罐和酸罐。

自动阀门：按规定的程序要求，完成酸、碱、水清洗液的供给、回收和排出。

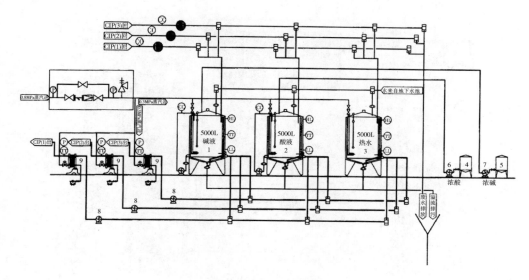

图 11-38　CIP 系统组成

1—碱罐　2—酸罐　3—热水罐　4—浓酸罐　5—浓碱罐　6、7—隔膜泵　8—清洗泵　9—板式热交换器

资料来源：摘自参考文献［39］。

清洗液浓度检测系统：自动检测酸、碱清洗液的浓度，以使系统保持规定的酸、碱清洗液的浓度。

控制柜：CIP 控制部分，控制 CIP 自动完成清洗程序，在此可设定和调整清洗程序的参数，完成对设备的不同清洗要求。

五、　CIP 系统类型

在食品工厂常用的 CIP 系统主要由两种形式：集中式清洗和分散式清洗。

1. 集中式就地清洗系统

集中式 CIP 系统主要用于设备连接线路相对较短的食品车间或工厂，如图 11-39 所示。水与清洗液从中央清洗站的水罐、酸罐、碱罐泵至各个就地清洗线路。清洗液与热水在保温罐中保温，通过清洗站的热交换器加热至规定温度。最终的冲洗水被收集回冲洗水罐中，并作为下次清洗程序中的预洗水。清洗液使用后回流至酸、碱罐中，并补充酸、碱至设定浓度范围。

清洗液经重复使用变脏后必须清理掉，酸、碱罐也必须进行清洗，再注入新的符合规定浓度的清洗液。每隔一定时间排空并清洗就地清洗站的水罐，避免使用污染的冲洗水，造成已经清洗干净的设备或生产线受到污染。

集中式 CIP 系统能够较容易地控制清洗溶液的正确浓度，并对清洗溶液进行重复使用。但是反复使用清洗液会造成清洗不彻底，也加大了设备清洗后再污染的风险。

2. 分散式就地清洗系统

在大型的食品厂中，由于集中安装的就地清洗站和周围的就地清洗线路之间距离太长，对清洗不利，大型的集中式就地清洗站就被一些分散在各组加工设备附近的小型装置所取代。形成分散式 CIP 系统，也称卫星式 CIP 系统。如图 11-40 所示。

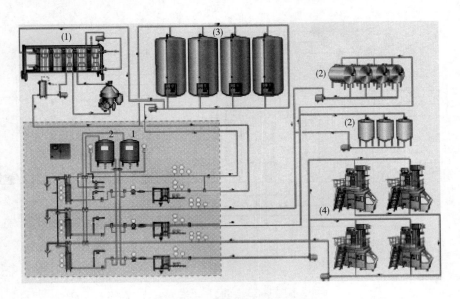

图 11-39　集中式 CIP 系统

中央清洗站（虚线之内的）：1—碱罐　2—酸罐

清洗对象：（1）板式杀菌机　（2）罐组　（3）乳仓　（4）灌装机

资料来源：摘自参考文献［39］。

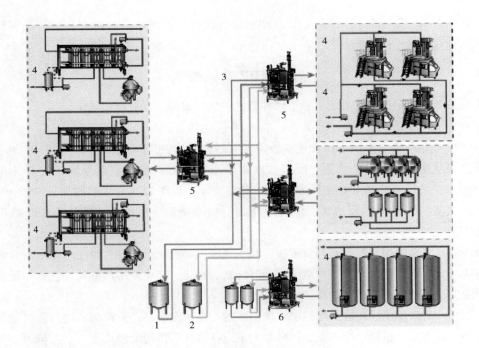

图 11-40　分散式 CIP 系统

1—碱罐　2—酸罐　3—清洗剂的环线　4—被清洗单元

5—分散式 CIP 装置　6—带有自己清洗液贮罐的分散式 CIP 装置

资料来源：摘自参考文献［39］。

分散式 CIP 系统是一个只保留酸、碱清洗液贮存罐的中央清洗站。酸碱清洗液通过主管道分别送至各个 CIP 洗装置中，每个 CIP 洗装置负责一个或几个生产单元的清洗。酸碱清洗液、清洗水的加热、清洗水的提供、酸碱浓度的配比、清洗程序控制与完成都由各个 CIP 洗装置来完成。中央清洗站仅仅提供酸碱液。

分散式 CIP 系统亦可采用无中央清洗站的方式，如图 11-40 中的 6，CIP 洗装置自身带有浓酸、浓碱罐，自动按设定来配比酸碱清洗液浓度，无须中央清洗站来提供酸碱液，即可完成清洗工作。酸碱清洗后的残液不回收，直接排掉，酸碱清洗液只是用一次。

分散式 CIP 系统比集中式 CIP 系统相比，消耗水与蒸汽量要少，清洗效果较好，清洗的安全性有所提高。

六、 CIP 系统的典型清洗程序

在食品工厂中由于生产设备、生产品种、生产工序等方面的差异，对不同的生产设备和生产线在不同工艺时段采用不同的清洗程序。

1. 非加热设备与管路的清洗程序

非加热设备与管路主要包括物料输送管线、原料贮存罐以及其他非加热设备等设备。物料在这类设备和管路中由于未受到加热处理，相对结垢较少，污垢疏松、易清洗。通常只采用碱清洗液的循环清洗，必要时再增加酸循环程序。清洗程序如下所述。

①清水冲洗 3～5min。

②75～80℃热碱性清洗液循环 10～15min，以氢氧化钠清洗液为例，浓度为 0.8%～1.2%。

③清水冲洗 3～5min。

④必要时采用 65～70℃的酸清洗液循环一次，以硝酸清洗液为例，浓度为 0.8%～1.0%。之后水冲洗 4～7min。

⑤90～95℃热水消毒 5min。

⑥逐步冷却 10min。

2. 具有加热的设备与管路的清洗程序

这类设备和管路，主要是指对物料进行加热的设备与管路装置，例如，发酵罐、巴氏杀菌系统、UHT 系统等设备与装置等。

因各段热管路生产工艺目的不同，物料在相应的设备和连接管路中的受热程度也就有所不同，所以要根据具体结垢情况，选择有效的清洗程序。

（1）受热设备的清洗 受热设备是指混料罐、发酵罐以及受热管道等。可采用以下清洗程序。

①清水预冲洗 3～5min。

②75～80℃热碱性洗涤剂循环 15～20min。

③清水冲洗 5～8min。

④65～70℃酸性洗涤剂循环 15～20min（例如，浓度为 0.8%～1.0%的硝酸或 2.0%的磷酸）。

⑤清水冲洗 5min。

⑥生产前一般用 90℃热水循环 15～20min，以便对管路进行杀菌。

（2）巴氏杀菌系统的清洗程序

①清水预冲洗 5~8min。

②75~80℃热碱性洗涤剂循环 15~20min（例如，浓度为 1.2%~1.5%氢氧化钠溶液）。

③温水冲洗 5min。

④65~70℃酸性洗涤剂循环 15~20min（例如，浓度为 0.8%~1.0%硝酸溶液或 2.0%的磷酸溶液）。

⑤清水冲洗 5min。

（3）UHT 系统的最后清洗程序　UHT 系统的最后清洗主要用于物料处理结束后 UHT 系统的清洗。UHT 系统清洗依据不同设备和生产品种有不同的清洗程序，以下面的清洗程序为例。

①温清水冲洗 10min。

②高温碱液循环，温度 137℃，时间 20~30min，氢氧化钠浓度 2.0%~2.5%。

③清水冲洗至中性

④低温碱液循环，温度 105℃，时间 20~30min，氢氧化钠浓度 2.0%~2.5%。

⑤清水冲洗至中性

⑥低温酸液循环，温度 85℃，时间 20~30min，硝酸浓度 1.0%~1.5%。

⑦清水冲洗至中性。

（4）无菌灌装机 CIP 清洗程序

①温水冲洗，温度 50~60℃，时间 5~10min。

②碱液循环，温度 80~85℃，时间 15~20min，氢氧化钠浓度 1.5%~2.0%。

③温水冲洗，温度 50~60℃，时间 10min。

④酸液循环，温度 70~75℃，时间 15~20min，硝酸浓度 1.0%~1.5%。

⑤清水冲洗至中性，时间 10min。

（5）UHT 系统的中间清洗　UHT 生产过程中除了以上的正常清洗程序外，还经常使用中间清洗（Aseptic Intermediate Cleaning，AIC）。AIC 是指生产过程中 UHT 系统在保持无菌状态下，对热交换器进行清洗，而后续的灌装可在无菌罐供乳的情况下正常进行的过程。中间清洗是为了去除加热面上沉积的脂肪、蛋白质等垢层，增强热交换效率，有效延长热交换运转时间。

AIC 清洗程序如下所述。

①清水顶出管道中的产品。

②碱性清洗液（例如，浓度为 2%的氢氧化钠溶液）在 UHT 系统灭菌生产状态下，在管道内循环，循环时要保持正常的生产加工流速和温度，以便保持热交换器及后部管道内的无菌状态。循环时间一般为 10min，清洗标准是热交换器的热交换效率达到清洁状况水平。

③采用清洁的水替代清洗液，将残余碱液清洗彻底，随后转回产品生产。当加工系统重新建立后，调整至正常的加工温度，热交换器可接回加工工序而继续正常生产。

（6）浓缩设备的清洗　浓缩设备一般热交换时间长，物料浓度高，脂肪、蛋白质等受热变性加剧，结垢较严重，通常清洗所用酸、碱液浓度要有所提高。

①温水冲洗，温度 50~60℃，时间 10~15min。

②碱液循环，温度 80~85℃，时间 15~20min，氢氧化钠浓度 2%~2.5%。

③温水冲洗，至中性。

④酸液循环，温度 70~75℃，时间 15~20min，硝酸浓度 1.5%~2%。

⑤温水冲洗，至中性。

以上仅仅是几例典型的 CIP 清洗程序。设备的清洗程序和酸、碱清洗液的浓度并不是固定不变的，要依据不同的设备、不同生产线、不同的生产品种、管路长短、设备使用情况等诸多因素，按实际情况来设定相应的 CIP 清洗程序和酸、碱清洗液的浓度。

🔍 **思考题**

1. 简述板式热交换设备工作原理。
2. 请说明板式热交换机械设备的性能特点和主要用途。
3. 简述 APV 板式热交换 UHT 系统设备的流程。
4. 请说明管式热交换设备结构与工作原理。
5. 管式热交换机械设备的性能特点和主要用途有哪些？
6. 请说明直接式热交换设备的分类、性能特点和主要用途。
7. 淋水式杀菌釜性能特点和主要用途有哪些？
8. 简述刮板式热交换器结构与工作原理。
9. 简述贮槽式热交换设备类型。
10. 简述 CIP 系统组成。

第十二章

食品包装机械与设备

第一节 概 述

包装是食品生产的重要环节，其主要目的是根据被包装食品的特点和性能，选择合适的包装方法保护食品的质量；同时，为食品食用提供方便，突出商品包装外表及标志，从而提高食品的价值。

食品的种类繁多，相应的食品包装也随之千变万化，因此，适用于不同物料的食品包装机械与设备也不同。

1. 根据被包装食品分类

可分为固体物料包装机和液体物料包装机。

2. 根据包装机械功能分类

可分为固体物料充填机械、液体灌装机械、袋装机械、裹包机械、热收缩包装机械、热成型包装机械、封口机械等。

3. 根据可包装产品的种类分类

（1）专用包装机 专门用于包装某一种产品的包装机。

（2）多用包装机 通过调整或更换有关工作部件，可以包装两种或两种以上产品的包装机。

（3）通用包装机 在指定范围内适用于包装两种或两种以上不同类型产品的包装机。

4. 根据包装机械的自动化程度分类

（1）全自动包装机 可自动供送包装材料和内装物，并能自动完成其他包装工序的包装机。

（2）半自动包装机 由人工供送包装材料和内装物，但能自动完成其他包装工序的包装机。

5. 食品包装生产线

由数台包装机和其他辅助设备组成，并能完成一系列包装作业的生产线。

第二节　固体物料充填机械与设备

食品充填是指将固体食品按一定规格质量要求充入到包装容器中的操作，主要包括食品计量和充入，如果充填物料为液体食品，则称为"灌装"。

固体物料充填机械根据充填物料的形态不同可分为粉状和块状（或颗粒状）充填机两种；根据计量方式不同可为容积式、称重式和计数式三种。粉状物料主要采用容积式和称重式充填机，块状（或颗粒状）物料采用计数式充填机。

一、容积式充填机械

容积充填机械是指将食品按预定的容量填充至包装容器内的充填设备。该设备结构简单、造价、计量速度高，但计量精度较低。要求被充填物料的体积质量稳定，否则会产生较大的计量误差，计量精度一般为±（1.0~2.0）%。为了保证物料体积质量稳定，在充填时常采用振动、搅拌、抽真空等方法使被充填物料压实。较适合于价格较低的物料的包装操作。

根据物料容积计量方式不同，容积充填法可分为量杯式、螺杆式、柱塞式、转鼓式等。

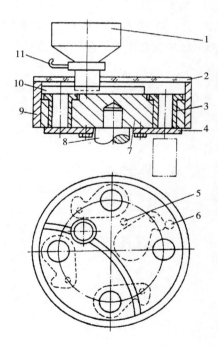

图 12-1　量杯式充填机结构图

1—料斗　2—外罩　3—量杯　4—活门底盖
5—闭合圆销　6—开启圆销　7—圆盘　8—转轴
9—壳体　10—刮板　11—下料闸门
资料来源：摘自参考文献 [74]。

（一）　量杯式充填机

量杯式充填机是采用固定容积的量杯对物料进行定量充填，适用于粉状、粒状、片状等流动性能良好的物料的充填。

量杯式充填机结构如图 12-1 所示，主要由料斗、料盘、量杯、活门底盖等组成。料盘上装有数个量杯（图中为 4 个）和对应的活门底盖，料盘上部装有外罩和刮板。工作时，圆盘开始转动，物料由料斗被送入外罩内，物料靠自重落入量杯内，刮板将量杯顶部多余的物料；当量杯转动到卸料工位时，开启圆销推开对应量杯底部的活门底盖，量杯中物料在自重作用下充填进入包装容器中；当量杯转动到装料工位时，闭合圆销将活门底盖推回原位，重复一下工作循环。

该装置是一种容积固定的计量装置，定量不能调整，若要改变定量，需要更换定量的量杯。适用于密度非常稳定的物料充填。对于密度易发生变化而定量精度要求较高的物料，可采用容积可调的量杯定量机构，结构如图 12-2 所示，可调量杯由直径不同的上、下两个量杯相互配合而成，通过调整上、下量杯的相对位置调整容积大小，但是调整幅度有限。调整方法有手动和自动两种。

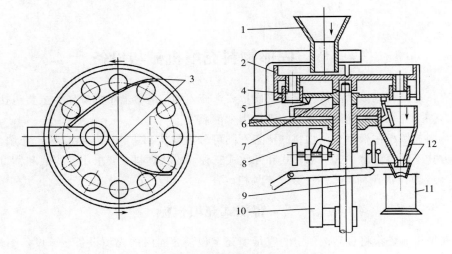

图 12-2　可调容积量杯式充填机结构图

1—料斗　2—圆盘　3—刮板　4—量杯　5—活门底盖　6—导轨　7—托盘
8—量杯调节机构　9—转轴　10—支柱　11—包装容器　12—漏斗
资料来源：摘自参考文献［45］。

　　手动调整方法是根据充填过程中检测其重量变化情况，由人工转动调节螺杆的手轮调整下量杯的升降，从而改变定量容积；自动调整方法是在进料系统中安装电子检测装置，测量各瞬时物料的密度变化，根据测量信号驱动电机调节定量容积。

（二）　螺杆式充填机

　　螺杆式充填机是利用螺杆螺旋槽的容腔（靠螺杆的外径和导管内径的配合间隙）来计量物料，由于螺杆每圈螺旋槽都有固定的理论容积，因此，通过控制螺杆旋转的转数或时间来实现定量充填。为了提高控制精度，可在螺杆上设置转数计数系统。

　　螺杆式充填机结构如图 12-3 所示，主要由螺杆计量装置、物料进给机构、传动系统、控制系统和机架等组成。物料从料仓经过水平螺旋给料器进入垂直料室下部，料室内的搅拌器将物料拌匀，经垂直螺旋给料器将物料挤实到要求的密度，定量落入输出导管内，并充填进入包装容器中。

　　螺杆式充填机主要适用于流动性良好的粉状、小颗粒状物料的充填，如粮食、面粉、大米、食盐、咖啡、味精等的包装；不宜用于易碎的大颗粒物料或密度变化大的物料。

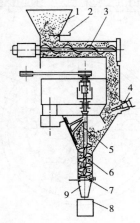

图 12-3　螺杆式充填机结构图

1—料仓　2—插板　3—水平螺旋给料器
4—料位检测器　5—搅拌器　6—垂直螺旋给料器
7—闸门　8—包装容器　9—输出导管
资料来源：摘自参考文献［8］。

（三）　柱塞式充填机

　　柱塞式充填机是利用柱塞的往复运动形成的

一定理论空间容腔来计量物料，通过调节柱塞行程来实现定量充填。主要适用于粉状、粒状固体物料及稠状流体物料的充填。

柱塞式充填机结构如图12-4所示，连杆机构带动柱塞做直线往复运动，当柱塞回程运动时，物料在自重和柱塞回程运动产生的真空作用下由料斗进入柱塞缸内部；当柱塞去程运动时，物料被推动而打开活门，在柱塞的推力和物料自重作用下，物料从漏斗落入包装容器中。

（四） 转鼓式充填机

转鼓式充填机是利用圆柱形或菱柱形转鼓外缘均匀分布的定量容腔来计量物料，容腔形状有槽形、扇形和轮叶形，容积有定容和可调两种。适用于密度稳定、流动性好的粉状或小颗粒状物料的充填。

转鼓式充填机结构如图12-5所示，主要由料斗、转鼓、定量容腔容积调节螺钉、柱塞板和外壳等组成。转鼓由传动轮带动回转，物料在自重作用下由料斗落入定量容腔，并随转鼓回转，在下料口处落入包装容器中。通过调整调节螺钉可改变柱塞板位置，从而调节定量容腔容积，转鼓速度因粉料及定量腔结构的不同，可在0.25~1.00mn/s范围内运转，转速过快会导致定量不准确。

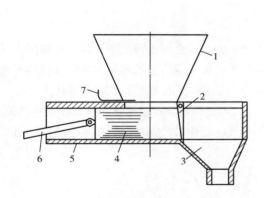

图12-4 柱塞式充填机结构图

1—料斗 2—活门 3—漏斗 4—柱塞
5—柱塞缸 6—连杆机构 7—调节闸门
资料来源：摘自参考文献［77］。

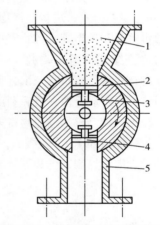

图12-5 转鼓式充填机结构图

1—料斗 2—转鼓 3—调节螺钉
4—柱塞板 5—外壳
资料来源：摘自参考文献［82］。

二、 称重式充填机

称重式充填机是将物料按预定质量充填到包装容器的充填机械，特别适用于流动性差、易吸潮、易结块、密度变化大、粒度不均匀等物料的充填。称重式充填法是一种计量精度较高的充填方法，计量精度一般可达到±0.1%。称重式充填机可分为毛重式、净重式和连续式三种。

（一） 毛重式称重充填机

毛重式称重充填机是指在充填过程中，物料连同包装容器一起称重的充填机械。结构如图12-6所示，工作时，将包装容器放在称重称上进行充填，达到规定质量时即停止进料。这种充填机的计量精度受到包装容器本身的重量影响很大，因此，计量精度不高。但是避免了物料与称重料斗发生黏结而影响计量精度的情况。适用于价格较低的流动性好的物料和有一定黏性的物料的充填。

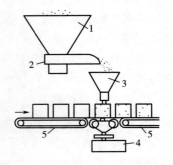

图 12-6 毛重式称重充填机结构图

1—料斗 2—进料器 3—落料斗
4—称重秤 5—输送带

资料来源：摘自参考文献［96］。

（二） 净重式称重充填机

净重式称重充填机是指在充填过程中，先称出预定质量的物料，然后再将该物料充填到包装容器内的充填机械。计量精度不受包装容器本身重量的影响。另外，为了提高计量精度，可采用分级进料，即大部分物料首先高速进入计量斗，剩余小部分以电脑控制微量进料，因此，计量精度高。广泛应用于乳粉、咖啡等包装重量要求精度高、价格较高、能自由流动的物料，也可用于膨化玉米、油炸土豆片和炸虾片等不适用于容积充填计量的物料。

结构如图 12-7 所示，进料器把物料从料斗运送到计量斗中，当计量斗中的物料达到预定质量时，通过落料斗排出进入包装容器中。

（三） 连续式称重充填机

连续式称重充填机是指在充填过程中，对瞬间的物料流重量进行检测，并根据检测信号调节控制物料流为预定质量值，最后利用等分截取装置获得预定质量的物料，并将该物料充填到包装容器的充填机械。根据输送物料方式不同可分为电子皮带秤和螺旋式电子秤两类。

电子皮带秤结构如图 12-8 所示，主要由料斗、可控给料装置、瞬时物料流称重检测装置、物料输送装置、电子控制系统和等分截取装置等组成。工作时，物料由料斗经自动控制闸门落

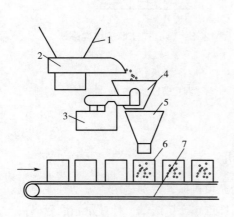

图 12-7 净重式称重充填机结构图

1—料斗 2—进料器 3—称重秤 4—计量斗
5—落料斗 6—包装容器 7—输送带

资料来源：摘自参考文献［77］。

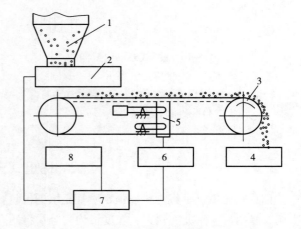

图 12-8 连续式电子皮带秤称重充填机结构图

1—料斗 2—可控给料装置 3—物料输送装置 4—等分格圆盘
5—电子秤 6—检测传感器 7—控制电路 8—重量给定装置

资料来源：摘自参考文献［77］。

到输送带上，输送带将物料连续输送至秤盘时，电子皮带秤对该段皮带上的物料进行连续瞬时称重；当物料质量发生变化时，传感器将该信号传递给控制电路，控制电路根据质量变化输出相应控制信号调节给料装置的阀门开度，从而控制物料流的厚度，保持单位长度的物料质量为固定值；在输送带末端卸料漏斗下方，设置有一个作等速回转的等分格圆盘，圆盘的每个分格在相同时间内可获得质量相同的物料，物料经圆盘分格下部漏斗将物料充填进入包装容器中。只要适当匹配输送带的输送速度与圆盘的回转速度，即可获得不同预定质量的物料。

连续式称重充填机可以从根本上克服间歇式称重充填机因信号输出与执行之间的时间差导致的计量误差问题，同时，还可大幅度提高计量速度，适应高速包装机的需要。

三、　计数式充填机

计数式充填机是将产品按预定数目充填至包装容器内的充填机械。适用于单体之间规格一致的颗粒状、条状、片状和块状产品的计量充填。

根据计数方式不同，可分为单件计数充填机和多件计数充填机，其中，单件计数是对产品逐件计数，常采用的有机械计数、光电计数和扫描计数等；多件计数是以数件产品作为一个计数单元，常采用的有模孔计数、容腔计数和推板式计数等。

（一）　模孔计数充填机

模孔计数充填机适用于长径比小的颗粒物料，如颗粒状的巧克力糖、药片等。根据结构形式不同可分为转盘式、转鼓式和履带式等。

图 12-9 所示为转盘式模孔计数充填机，计数转盘上开设有若干组均匀分布孔眼，孔眼直径和深度稍大于物料粒径，每个孔眼只能容纳一粒物料；转盘下方装有带卸料槽的承托盘，用于承托孔眼内的物料；转盘上方装有扇形盖板，用于刮除未落入孔眼的多余物料。工作时，转盘转动，在料斗位置，依靠转盘与物料之间的搓动及物料自重，物料自动落入孔眼中；当转盘上某组孔眼转动到承托盘卸料槽处时，该组物料失去承托下落，并由卸料槽充填进入包装容器中；当某组孔眼在卸料时，其他组孔眼处于装料状态。随着转盘的连续转动，实现物料的连续自动计数和卸料作业。

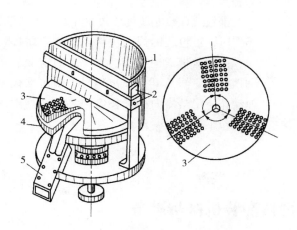

图 12-9　转盘式模孔计数充填机结构图
1—料斗　2—夹板　3—转盘　4—承托盘　5—卸料槽
资料来源：摘自参考文献［96］。

转鼓式模孔计数充填机是在转鼓外圆柱面上按要求等间距开设若干组计数孔眼，随转鼓连续转动实现连续自动计数作业；履带式模孔计数充填机是在履带式结构的输送带上横向分组开设孔眼。

（二）　容腔计数充填机

容腔计数充填机是根据一定数量的产品在容器中所占容积基本为定值的特点，利用容腔的大小实现产品的定量计数。结构如图 12-10 所示，产品整齐地放置在料斗中，在振动器的作用下，产品落入一定容积的计数容腔中；当产品充满计数容腔后，闸板插入料斗与计数容腔之间，关闭产品进入计数容腔的通道；此时，柱塞式冲头开始推动，将计数容腔内的产品推送到包装容器中；推送完成后，冲头和闸板恢复原位，开始下一个计数工作循环。

容腔计数充填机结构简单，计数速度快，但精度低。适用于具有规则形状的棒状产品且计量误差较大的计数场合。

（三）　推板式计数充填机

当具有基本一致尺寸的规则块状产品按一定方向顺序排列时，在其排列方向上

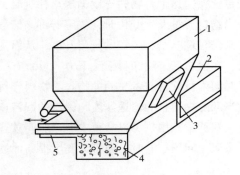

图 12-10　容腔计数充填机结构图

1—料斗　2—冲头　3—振动器　4—计数容器　5—闸板

资料来源：摘自参考文献［77］。

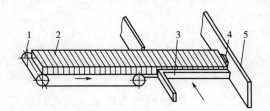

图 12-11　推板式计数充填机结构图

1—输送带　2—被包装产品　3—横向推板
4—触点开关　5—挡板

资料来源：摘自参考文献［82］。

的长度为单个产品的长度尺寸与其件数的乘积，因此，用一定长度的推板推送这些规则排列的块状产品，即可实现产品的定量计数。推板式计数充填机常用于饼干、云片糕等的包装操作，或用于茶叶小盒等的二次包装等场合。

推板式计数充填机结构如图 12-11 所示，工作时，被包装的规则块状产品经定向排列后，由输送带送向挡板；当产品的前端触及到挡板时，触点开关发出信号，横向推板迅速动作，将与横向推板长度相等的产品推送到裹包工位。

第三节　流体物料灌装机械与设备

将流体物料充填到包装容器内的装置称为灌装机械设备，一般流体物料的灌装工艺如下所述。①送入包装容器，将预先清洁好的包装容器输送到灌装工位，要求定位准确，不损坏包装容器。②灌装物料，根据要求灌装物料，要求定量准确。③封口，物料灌装后，尽快封口，将物料密封在包装容器中。④送出包装容器。根据灌装工艺，灌装机主要由包装容器输送机构、包装容器升降机构、定量机构、装料机构、封口机构、控制系统和传动系统等组成。

因流体物料种类繁多，其理化特性各异，所需灌装设备也多种多样。

（1）根据包装容器的输送形式分为旋转型和直线型两种。

旋转型灌装机是指包装容器在灌装操作中绕机器主轴作旋转运动的灌装机械，灌装过程一般采用连续式灌装形式，生产效率高。

直线型灌装机是指包装容器在灌装操作中按直线运动的灌装机械，一般采用间歇式灌装形式，相对旋转型生产效率较低、结构较简单，适合小批量多品种的生产。

（2）根据灌装形式分为常压式、等压式、真空式和机械压力式等。

一、定量机构

定量机构的作用是保证装料量的准确，使装料误差控制在产品允许的误差范围内。定量机构直接影响产品质量。流体物料灌装机一般均采用容积式定量机构，根据流体物料理化特性和包装容器形式的不同，容积式定量机构主要有定量杯式、定量泵式、液位式三种型式。

（一）定量杯式定量机构

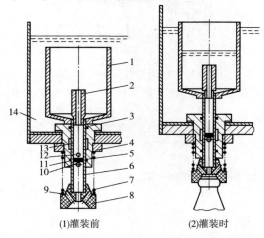

图 12-12 定量杯式定量机构结构图

1—定量杯 2—定量调节管 3—阀体 4—紧固螺母
5—密封圈 6—进液管 7—弹簧 8—灌装头 9—透气孔
10—下孔 11—隔板 12—上孔 13—中间槽 14—贮液箱
资料来源：摘自参考文献［46］。

定量杯式定量机构是利用恒定容积的量杯来定量的方法。定量杯式定量机构如图 12-12 所示，在包装容器进入灌装工位之前，定量杯在弹簧的作用下浸于贮液箱液面之下，物料充满定量杯中；随灌装操作开始，包装容器上升并将灌装头、进液管和定量杯顶起，使定量杯杯口超出贮液箱液面。此时，进液管内隔板及其上下两通孔恰好均位于阀体的中间槽腔之内，使上孔和下孔导通，形成物料通道，定量杯中物料经定量调节管、上孔、槽腔、下孔进入包装容器中，瓶中原有空气由灌装头上的透气孔排出，当定量杯中液面低于定量调节管上口端面时，完成定量灌装。调整定量调节管的相对高度或更换定量杯（大小），可调节灌装量。

定量杯式定量机构结构简单、精确可靠、成本低廉。适用于低黏度流体物料；因定量杯在贮液箱内作上下运动，易产生气泡，影响灌装定量精度，因此，不适用于灌装含气流体物料。

（二）定量泵式定量机构

定量泵式定量机构是利用活塞泵容腔的恒定容积进行定量的方法。结构如图 12-13 所示，活塞由传动机构驱动而做上下往复运动，当活塞向下运动时，料液由贮料箱底部的通道经滑阀的弧形槽进入活塞缸体内；当灌装开始时，包装瓶上升，并将灌装头和滑阀顶起上升，使贮料箱与活塞缸之间的通路被弧形槽隔断，滑阀下料孔与活塞缸接通。同时，活塞向上运动，将活塞缸内料液压入包装瓶中，包装瓶内原有空气经灌装头上的孔隙排出。灌装结束后，包装瓶子下降，滑阀在弹簧作用下下降恢复原位，进入下一次灌装操作。调节活塞的行程，即可调节灌装量。

定量泵式定量机构适用于黏稠性料液的灌装。

（三） 液位式定量机构

液位式定量机构是通过控制包装容器内料液液位进行定量的方法。结构如图 12-14 所示，当灌装开始时，包装瓶上升并将橡皮密封垫与滑套顶起，使灌装头与滑套之间出现空隙，贮液箱内的料液通过灌装头与滑套之间的空隙流入包装瓶中，包装瓶内的空气由排气管排出；当包装瓶内液面上升至排气管管口（A-A 截面）时，瓶内剩余空气不能排出，随料液继续进入，该部分空气被压缩，当空气压力与贮液箱内的静压力达到平衡时，包装瓶内液位停止上升，进入包装瓶内料液沿排气管上升，当上升高度与贮液箱内液面相等时，料液停止进入；此时，包装瓶下降，灌装头与滑套重新封闭，排气管中料液回流入瓶中，灌装工作完成。通过调节排气管插入包装瓶内的位置，即可调节灌装量。

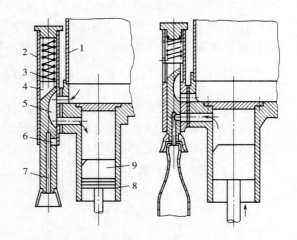

图 12-13　定量泵式定量机构结构图

1—贮料缸　2—阀体　3—弹簧　4—滑阀　5—弧形槽
6—下料孔　7—灌装头　8—活塞缸体　9—活塞
资料来源：摘自参考文献［46］。

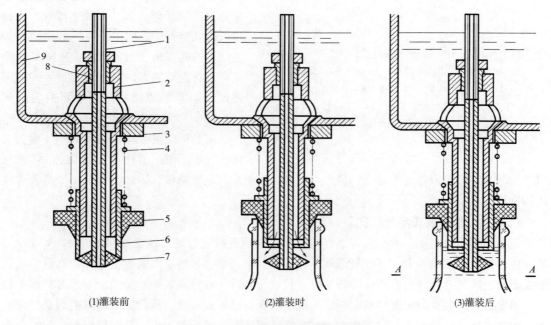

(1)灌装前　　　　　　　(2)灌装时　　　　　　　(3)灌装后

图 12-14　液位式定量机构结构图

1—排气管　2—支架　3—紧固螺母　4—弹簧　5—橡皮垫　6—滑套　7—灌装头　8—调节螺母　9—贮液箱
资料来源：摘自参考文献［45］。

液位式定量机构结构简单，使用方便，辅助设备少。但是，由于该定量机构根据包装瓶内液位高度进行定量，忽略了包装本身几何精度造成的影响，因此，定量精度稍差。

二、灌 装 机 械

（一）　常压灌装机

常压灌装机是指在大气压力下，料液依靠自重流入包装容器内完成灌装操作的灌装设备。常压灌装机主要用于低黏度、不含气、不散发不良气味料液的灌装，如牛乳、矿泉水、酱油、白酒、醋、果汁等。

图 12-15 所示为直通灌装阀的常压灌装机，该机为旋转型灌装机，主要由贮液箱、进瓶拨轮、出瓶拨轮、托瓶盘、灌装阀、主轴和传动系统等组成。待灌装包装瓶由链板式输送带送入灌装机，在变螺距分瓶螺杆作用下，包装瓶被定距分开并送入进瓶拨轮，进瓶拨轮将包装瓶依次拨入升瓶机构的托板上，包装瓶口对准灌装阀，并随灌装回转台作回转运动；在回转过程中，包装瓶在升瓶机构作用下逐渐上升，使瓶口顶压灌装阀口，进行灌装操作；灌装完毕后，包装随升瓶机构下降，并由中间拨轮拨出，随即进入封盖机完成包装瓶封盖操作，然后送出灌装机外。

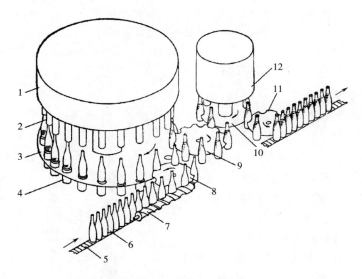

图 12-15　常压灌装机示意图

1—贮液箱　2—灌装阀　3—灌装回转台　4—升瓶机构　5—输瓶机构　6—包装瓶　7—分瓶螺杆
8—进瓶拨轮　9—中间拨轮　10—封盖回转台　11—出瓶拨轮　12—封盖部分
资料来源：摘自参考文献［85］。

（二）　等压灌装机

等压灌装机主要用于苏打水、啤酒、汽酒和香槟酒等含气料液的灌装，也适用于无气或黏度高的料液。为了防止料液中所含气体在灌装过程中损失，罐装操作在高于大气压条件下进行。灌装时，先对包装容器充气，使贮液箱和包装容器内部压力接近相等，料液靠自重流入包装容器内的灌装设备。

图 12-16 所示为一种等压灌装机的灌装过程，灌装工艺流程为充气等压、进液回气、排气卸压、排出余液。灌装阀上设置有排气管、进气管、进液管三条通道。在充气等压阶段，接通

进气管，气室内气体充入包装瓶内，直至贮液箱内压力与包装容器相等；在进液回气阶段，接通进料管和排气管，贮液箱内料液由进料管进入瓶内，瓶内气体由排气管排出，灌装液位有排气管高度控制；在排气卸压阶段，接通进气管道和排气管道，使瓶内被压缩气体沿进气管排回气室；在排出余液阶段，包装瓶下降，密封环境解除，排气管内余液回流入包装瓶内，完成灌装操作。

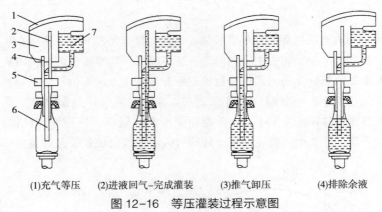

(1)充气等压　　(2)进液回气-完成灌装　　(3)推气卸压　　(4)排除余液

图 12-16　等压灌装过程示意图

1—液室　2—排气管　3—气室　4—进气管　5—灌装阀　6—进液管　7—贮液箱

资料来源：摘自参考文献［77］。

（三）　真空灌装机

真空灌装机是在真空条件下进行灌装操作的灌装设备。灌装形式有两种，一种是包装容器和贮液箱处于相同真空状态，灌装操作在真空等压状态下进行，料液靠自重进入包装容器；另一种是只有包装容器处于真空状态，料液在压差作用下进入包装容器，灌装效率被显著提高。

真空灌装机适用于黏性稍大的料液（如油类、糖浆等）、富含维生素的果蔬汁饮料、乳类饮料等不含气料液的灌装。但是，对于一些带有芳香类物质的料液，会造成香味的损失。如图 12-17 所示为一种单室式真空灌装机，真空室和贮液箱合二为一，灌装机内没有独立的真空室。料液由进液管进入贮液箱，贮液箱内料液液面通过浮子控制进液阀 K 的开启和关闭来实现自动控制；贮液箱顶部通过真空管与真空泵连接，从而使贮液箱内达到预定的真空度；当待灌装包装容器上升压合灌装阀时，瓶内空气由灌装阀的抽气管抽入贮液箱内；当瓶内真空度达到预定值时，贮液箱内料液靠自重流入包装瓶内，当包装瓶内液面上升到抽气管管口

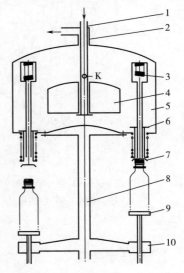

图 12-17　单室式真空灌装机结构示意图

1—进液管　2—真空管　3—气阀

4—浮子　5—贮液箱　6—液阀　7—灌装头

8—主轴　9—托瓶台　10—回转台

资料来源：摘自参考文献［85］。

时，继续进入的多余料液被抽回贮液箱内，从而控制包装瓶内液位；此时，包装瓶下降，灌装阀关闭，灌装操作完成。

单室式真空灌装方法适用于中小型真空灌装机，具有结构简单、清洗方便、对破损包装瓶（不能实现真空状态）不会造成误灌装等优点；但是，贮液箱兼作真空室，料液挥发面积大，对需要保持芳香气味的料液会造成不良影响。另外，工作真空度不宜过高（≤0.053MPa），否则包装瓶口会由于真空吸力过大，难以分离。

三、　包装容器输送机构

灌装机工作时，需要包装容器被准确地送入和送出灌装机的瓶托升降机构，这要求包装容器输送机构对包装容器既能连续输送，又必须保证将包装容器定时送给。一般采用链板式输送机进行包装容器的连续输送，定时送给主要采用螺旋结构和拨轮机构来完成。

（一）　圆盘输送机构

圆盘输送机构如图 12-18 所示，工作时，将包装容器放在回转的圆盘上，在惯性和离心力的作用下，包装容器移向圆盘边缘，在圆盘边缘有挡板防止包装容器掉落，在圆盘一侧装有弧形导板，与挡板形成导槽；包装容器在惯性力作用下沿导槽向前推移，并经螺旋分隔器整理，呈等距排列；再由爪式拨轮拨进灌装机灌装平台。

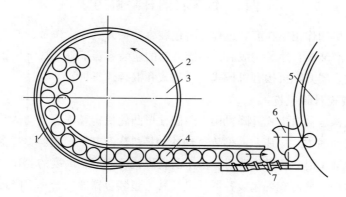

图 12-18　圆盘输送机构结构示意图

1—弧形导板　2—挡板　3—圆盘　4—瓶罐　5—灌装机　6—拨轮　7—螺旋分割器

资料来源：摘自参考文献 [77]。

螺旋分隔器的作用将规则或不规则排列的包装容器按照包装工艺要求，通过螺杆的螺距、直径、螺槽形状与头数的变化完成包装容器的增距、减距、翻身等动作，并将包装容器逐个送到包装工位。

螺旋分隔器如图 12-19 所示，等螺距螺旋分隔器可以用于完成包装容器的等间距顺序供送，变螺距螺旋分隔器可以调整包装容器的输送速度和间距。

（二）　链板、拨轮输送机构

链板、拨轮输送机构如图 12-20 所示，经过清洗机洗净的包装容器，由链板式输送机送入，由四爪拨轮 2 分隔、整理、排列，沿定位板进入灌装机；灌装后的包装容器有四爪拨轮 5 拨出，由链板式输送机送出，完成包装容器输送。

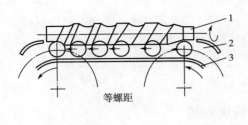

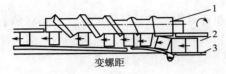

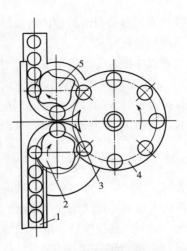

图 12-19　螺旋分隔器示意图

1—螺杆　2—滑板　3—侧向导轨

资料来源：摘自参考文献［90］。

图 12-20　链板、拨轮输送机构示意图

1—链板输送机　2、5—四爪拨轮　3—定位板　4—灌装机

资料来源：摘自参考文献［74］。

四、 包装容器升降机构

包装容器升降机构作用是在灌装过程，将包装容器提升到规定位置，使灌装头与包装容器紧密接触，并开启灌装头；灌装完成后，将灌装后的包装容器下降到规定位置，方便包装容器输出。常用的包装容器升降机构有机械式、气动式和混合式三种。

（一） 机械式升降机构

机械式升降机构也称滑道式升降机构，由圆柱形凸轮机构和偏置直动从动杆机构组成。圆柱凸轮导轨展开图如图 12-21 所示，偏置直动从动杆机构及其上包装容器托盘随灌装回转台回转时，其下端滚动轴承沿凸轮导轨滑行，由于凸轮导轨轮廓形状高度的变化，促使偏置直动从动杆机构作升降运动，从而实现包装容器托盘及其上包装容器的上升和下降运动。

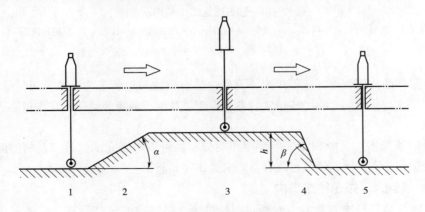

图 12-21　圆柱凸轮导轨展开图

1、5—最低位区段　2—上升行程区段　3—最高位区段　4—下降行程区段

资料来源：摘自参考文献［77］。

机械式升降机构结构简单，但机械磨损大，可靠性差，对包装容器的质量要求较高；当发生故障时，包装容器易被挤坏。主要用于灌装不含气料液的中小型灌装机。

（二）　气动式升降机构

气动式升降机构如图 12-22 所示，包装容器托盘与活塞杆相连，活塞气缸固定在灌装回转台上，并随回转台一起转动。包装容器托盘及其上包装容器的升降由活塞两侧气压差控制，此气压差随回转台相位变化而变化。

气动式升降机构由于可压缩性气体的缓冲作用，避免了托盘升降对包装容器造成的冲击损伤。但是，运行欠平稳，下降时冲击力较大。该机构适用于灌装含气料液的灌装机。

（三）　气动-机械混合式升降机构

气动-机械混合式升降机构如图 12-23 所示，包装容器托盘与活塞杆相连，活塞在气缸内的位置保持固定不变。气缸上的滚轮沿轨道滑行，实现气缸的上升和下降运动，从而实现包装容器托盘及其上包装容器的上升和下降运动。

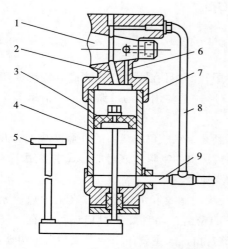

图 12-22　气动式升降机构结构图

1—旋塞　2—进气孔　3—活塞　4—缸体
5—容器托　6—排气孔　7—封头座　8、9—气管
资料来源：摘自参考文献［77］。

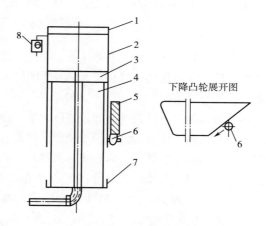

图 12-23　气动-机械混合式升降机构示意图

1—托瓶台　2—气缸　3—密封塞　4—柱塞杆
5—下降轨道　6—滚轮　7—封头　8—减压阀
资料来源：摘自参考文献［77］。

气动-机械混合式升降机构结合了气动式和机械式的优点，在包装容器上升的最后阶段依赖于压缩空气作用，具有自缓冲功能，托升平稳；同时，结合凸轮导轨的作用，使包装容器升降运动迅速、准确以及保证质量。因此，该机构被广泛应用。

五、　瓶罐封口机械设备

瓶罐封口机械设备是指对灌装后的瓶罐类包装容器进行封口的设备。瓶罐种类繁多，不同种类的瓶罐，采用的封口形式及其相关机械设备都不相同。常见的瓶罐及其封口形式如图 12-24 所示。

卷边封口是将罐身翻边与涂有密封填料的罐盖（或罐底）内侧周边互相钩合、卷曲、压

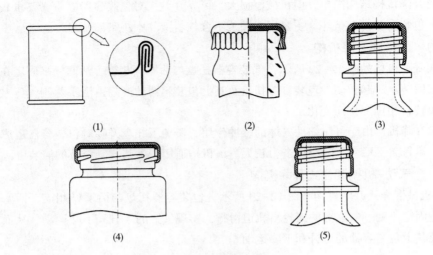

图 12-24 瓶罐封口形式

1—卷边封口 2—压盖封口 3—旋盖封口（防盗盖） 4—旋盖封口（三、四、六旋盖） 5—滚纹封口

资料来源：摘自参考文献〔85〕。

紧，形成紧密的 5 层接缝（罐体 2 层、罐盖或罐底 3 层），并且在罐盖（或罐底）内缘充填弹韧性密封胶，起增强卷边封口气密性的作用。该封口形式主要用于马口铁罐、铝箔罐等金属容器。

压盖封口是将封口盖的外周边挤压内缩，使盖压紧并卡在瓶口或罐口的外侧凸缘上，并在盖内放置密封垫，使密封垫被压缩变形，形成对瓶口或罐口的密封。该封口形式主要用于玻璃瓶与金属盖的组合容器，如啤酒瓶、汽水瓶、广口罐头瓶等。

旋盖封口将带有螺纹或凸牙的盖旋紧在容器口外缘的螺纹和卡口上，并在盖内放置密封垫，通过旋紧使密封垫被压缩变形，形成对容器口的密封，而且旋盖封口还可带有"防盗环"，旋紧后再旋开盖子，"防盗环"会自动断裂。该封口形式主要用于金属或塑料盖与玻璃、陶瓷、塑料、金属的组成容器。

滚纹封口是将未加工螺纹的封口盖与瓶口套合后，通过滚轮沿盖侧壁滚压一周，使盖侧壁形成于与瓶口外缘螺纹紧密相扣的螺纹，并结合盖内密封垫实现密封。该封口形式是一种不可复原的封口形式，具有防盗功能，一般采用铝质圆盖，多用于酒类或饮料的玻璃瓶或塑料瓶包装。

压塞封口是将内塞压入容器口内实现密封，为加强密封性，通常采用塑封、蜡封、旋盖封等辅助密封方法。该封口形式主要用于塑料塞或软木塞与玻璃瓶的组合容器，如酱油瓶、果酒瓶等。

在大型自动化灌装线上，封盖机一般与灌装机作一体化设计，从而减少灌装工位至封盖工位的行程，使生产线结构更加紧凑。

（一）卷边封口机

卷边封口机又称封罐机，专门用于马口铁罐、铝箔罐等金属容器的封口机械设备。卷边封口机的卷封作业过程实际上是在罐盖与罐身之间进行卷合密封的过程，这一过程称为二重卷边作业。其形成过程如图 12-25 所示，图中（1）～（5）是头道卷边作业过程，（6）～（10）

是二道卷边作业过程。

头道卷边作业时，头道卷边滚轮在（1）处与罐身钩边接触，并逐渐向罐体中心作径向移动，在（5）处完成头道卷边作业，形成弯曲卷边；二道卷边作业时，二道卷边滚轮在（6）处与弯曲卷边接触，开始对卷边进行压合，在（10）处完成二道卷边作业。

图 12-26 所示为金属罐卷边式封口示意图，灌装料液后的罐体由推头间歇送入，罐盖贮槽中的罐盖由分盖器逐一拨出，并由推盖板推送并落在送入的罐体口上，然后带盖罐体被送入六槽转盘，并随六槽转盘回转至卷封工位；托罐盘将罐体上推并旋转，罐盖被上压头紧压在罐口上，同时，两个滚轮在封盘旋转带动下，依次进行卷边封口作业；卷封后的罐体由六槽转盘带离卷封工位，并由输罐机构输出。

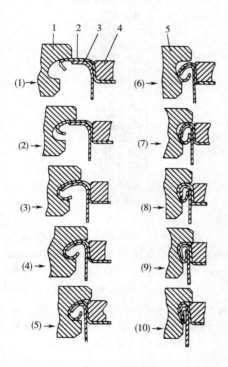

图 12-25　二重卷边形成过程

1—头道卷边滚轮　2—罐盖　3—罐身
4—上压头　5—二道卷边滚轮
（1）～（5）—头道卷边作业过程
（6）～（10）—二道卷边作业过程
资料来源：摘自参考文献［77］。

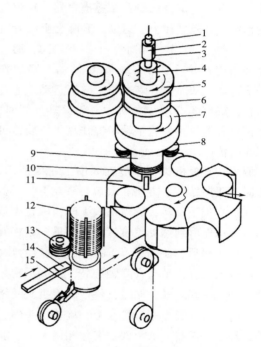

图 12-26　圆形罐封罐机

1—压盖机　2—套筒　3—弹簧　4—上压头固定支座
5，6—齿轮　7—封盘　8—卷边滚轮　9—罐体
10—托罐盘　11—六槽转盘　12—罐盖贮槽
13—分盖器　14—推盖板　15—推头
资料来源：摘自参考文献［90］。

（二）　旋盖封口机

旋盖封口机封口方式主要有夹旋式和直线式两种。夹旋式是通过一个与旋盖紧密接触的滚轮或夹爪旋转，在摩擦力作用下带动旋盖反向旋转，从而使容器封口；直线式是由两条平行等速但方向相反的输送带夹持着旋盖做旋转运动，完成旋合封口。

1. 夹旋式旋盖机

常见旋盖头有两爪式和三爪式。一台旋盖机一般装有数只旋盖头，每个旋盖头绕机头主轴公转，转换工位；同时，实现定位、定时上升和下降，并绕其轴线自传，根据旋盖工艺完成旋盖动作。

（1）两爪式旋盖机头 两爪式旋盖机头结构如图 12-27 所示，旋盖夹头由取盖夹爪和抓盖夹爪组成，小弹簧保证夹盖时有足够的夹紧力。取盖夹爪与升降轴固连，抓盖夹爪与升降套固连。升降轴上设置有定位凸轮和摩擦离合器，在定位凸轮作用下升降轴作上下运动。升降套上设置有上、下挡圈，升降块卡在上、下挡圈之间，通过转盘旁固定凸轮（图中未标出）带动升降块作上、下运动，从而使升降套作上、下运动。通过小齿轮，旋盖机头绕旋盖机中心轴公转，同时，在摩擦离合器与小齿轮轴端摩擦作用下，旋盖机头又作自传运动。

两爪式旋盖机头工作过程如图 12-28 所示，工作时，两夹爪上下错开（取盖夹头在下，抓盖夹头在上）但不旋转，旋盖机头下降，取盖夹爪和抓盖夹爪先后到达捉盖位置，两夹爪一起将旋转盖捉住；然后，旋盖机头前移，与瓶口对中，摩擦离合器压合，带动升降轴旋转，两夹爪持瓶盖随升降轴一起旋转，同时，整个旋盖机头缓缓下降，将旋盖旋紧在瓶口螺纹上，旋盖机头停止转动；最后，抓盖夹爪和取盖夹住相继上升、脱盖、复位，进入下一工作循环。

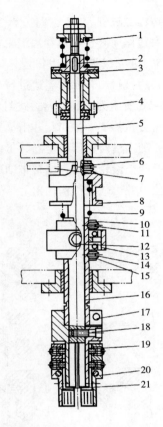

图 12-27 两爪式旋盖机头结构图

1—弹簧 2—定位键 3—摩擦离合器 4—小齿轮
5—升降轴 6，11，14，18—螺钉 7—挡块
8—定位凸轮 9—弹簧 10—上挡圈 12—辊子
13—升降块 15—下挡圈 16—升降套 17—夹紧螺钉
19—小弹簧 20—取盖夹爪 21—抓盖夹爪
资料来源：摘自参考文献［46］。

若旋紧后，两夹爪仍继续旋转，摩擦离合器会因阻力过大而打滑，避免拧坏瓶盖。

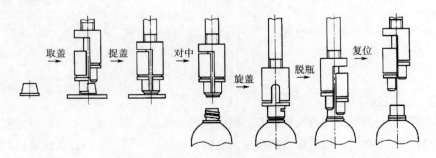

图 12-28 两爪式旋盖机头工作过程示意图

资料来源：摘自参考文献［61］。

（2）三爪式旋盖机头　三爪式旋盖机头结构如图12-29所示，捉盖、持盖操作由3只夹爪完成，3只夹爪同时受弹簧束缚，保证将瓶盖捉住。当旋盖机头与瓶盖对中时，旋盖机头下降，迫使瓶盖推挤夹爪绕销轴摆动，使瓶盖进入3只夹爪之间；然后旋盖机头上升并转换工位，当旋盖机头与瓶口对中时，旋盖机头下降；此时传动轴被驱动旋转，同时旋盖机头在下降过程中，瓶对旋盖机头产生向上作用力，使压缩弹簧受压。在压缩弹簧的作用下，离合器的主从动部分压合，传动轴经摩擦片、球铰带动胶皮头旋转，借助胶皮头与瓶盖间的摩擦作用，将瓶盖旋紧在瓶口螺纹上。旋紧后若旋盖机头仍继续作用，摩擦片便打滑，防止拧坏瓶盖；最后，旋盖机头上升、停转，依靠瓶及其内容物的自重作用而完成脱离，进入下一工作循环。通过螺杆可调节旋盖机头的高度，以适应不同高度包装瓶的旋合封口。

2. 直线式旋盖机

图12-30所示为一种直线式旋开盖真空自动封口机，该机主要由供盖装置、配盖预封装置、拧封装置、电控系统和传动系统组成。

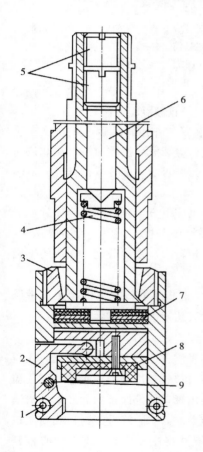

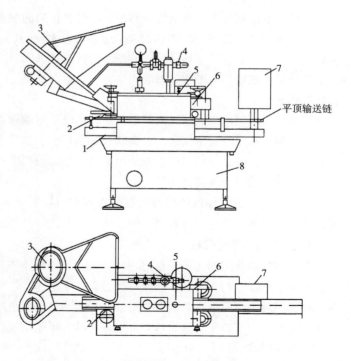

平顶输送链

图12-29　三爪式旋盖机头结构图

1—弹簧　2—夹爪　3—球铰
4—压缩弹簧　5—螺杆　6—传动轴
7—摩擦片　8—胶皮头　9—销轴
资料来源：摘自参考文献［62］。

图12-30　直线式旋开盖真空自动封口机示意图

1—输瓶链带　2—配盖预封装置　3—供盖装置
4—蒸汽管道系统　5—排气室　6—拧封装置
7—电控屏　8—机座
资料来源：摘自参考文献［77］。

（1）供盖装置　供盖装置如图 12-31 所示，由理盖转盘、铲板、溜盖槽等组成。与水平方向呈 30°的贮盖筒底部为理盖转盘，转盘周边均匀分布着若干个钩盖挂钉和斜块组合。旋盖倒入贮盖筒内时是杂乱无章的，当理盖转盘转动时，搅动筒内堆积的旋盖，筒体周边的钩盖挂钉和斜块可以将盖面朝上的旋盖边被钩盖挂钉挂住，并随转盘转动；由于紧靠理盖转盘面的铲板的作用，旋盖被铲离并滑入溜盖槽中，然后沿滑道滑至配盖预封装置的定位座上，等待与进入的包装瓶配对；对于盖面朝下的旋盖通过斜块时，会沿着斜面越过钩盖挂钉，不被钩住，继续在贮盖筒内翻滚。

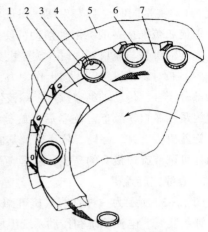

图 12-31　供盖装置结构图
1—溜盖槽　2—铲板　3—斜块　4—钩盖挂钉
5—贮盖筒　6—旋盖　7—理盖转盘
资料来源：摘自参考文献［85］。

为了减少旋盖在贮盖筒内翻滚导致的摩擦损伤，在滑道适当位置安装了电子监控原件。当溜盖槽和滑道内充满旋盖时，发出信号，理盖转盘停止转动；当滑道内旋盖消耗到一定数量时，使理盖转盘转动，恢复供盖。

在滑道下部安装有蒸汽喷管，对进入拧封操作前的旋盖进行预热处理。

（2）配盖预封装置　配盖预封装置如图 12-32 所示，该装置的作用将旋盖准确定位在包装瓶口上，并将旋盖置平和预拧。旋盖由落盖滑道进入槽腔内，继续滑至槽腔前端，在此被左右定位杆阻挡扶定。由于槽腔前端底部有一个半圆缺口，因此，旋盖的一部分露出槽腔，呈倾斜悬置状态。

保持一定间距的包装瓶进入封口机后，由输送链输送通过槽腔下方，瓶口刚好钩住旋盖下缘，并将旋盖从定位杆中拉出，扣合在包装瓶口上；然后在弹性压盖板作用下，旋盖被压平、压紧在瓶口上。同时，压盖板右侧的阻尼板摩擦旋盖产生一个扭转力，使旋盖旋入瓶口的螺旋线，达到预封的目的。

（3）拧封装置　经过预封的包装瓶进入拧封装置下方时，两根不同线速度的宁盖皮带压紧在旋盖顶面各一个半的位置上。由于速度差对旋盖产生的旋转扭矩，旋盖被旋紧。

（三）　压盖封口机

压盖封口的典型的实例是皇冠盖的压封，压盖封口装置多种多样，图 12-33、图 12-34 所示为其中一种压盖封口装置。压盖封口过程如下所述。①待封口包装瓶由星形拨轮输送到压盖封口机的回转工作台上，与钟口罩对准并一起回转。②皇冠盖由理盖器定向排列后经落盖滑道送至配盖头，当压盖头下端缺口对准配盖头时，压缩空气将瓶盖吹入，刚好置于封口膜与瓶口之间。③在回转过程中，压盖头向下行进，使瓶口进入钟口罩并将瓶盖顶起，抵在中心推杆上。④压盖头继续下降，中心推杆将瓶盖紧紧压在瓶口上。同时，封口模下行，对瓶盖的周边波纹进行轧压，迫使它向瓶口凸棱下扣紧，形成机械性勾连，令瓶盖内胶垫产生弹塑性变形，形成密封。⑤完成封口后，压盖头向上运动，而中心推杆迫使瓶盖及瓶口与封口模分离。⑥压盖头继续上升，直至与瓶子完全分离。封口后的瓶子由出瓶星形拨轮送至输送带，从而完成整个封口作业。

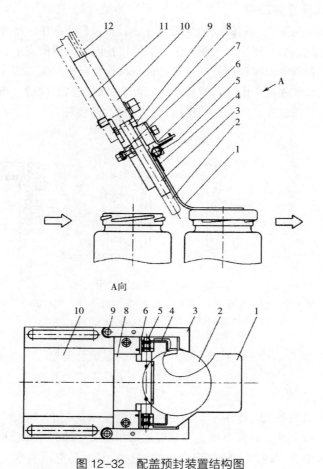

A向

图 12-32 配盖预封装置结构图

1—压盖板 2—旋盖 3—定位杆 4—扭簧 5—销轴 6—扭簧支板 7—拉簧
8—板座 9—销轴 10—槽腔 11—安装架 12—落盖滑道
资料来源：摘自参考文献［85］。

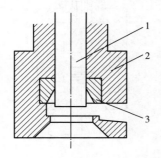

图 12-33 压盖机构

1—中心推杆 2—封口模 3—钟口罩
资料来源：摘自参考文献［77］。

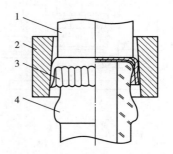

图 12-34 压盖封口示意图

1—中心推杆 2—封口模 3—瓶盖 4—瓶口
资料来源：摘自参考文献［77］。

（四）　滚纹式旋盖封口机

滚纹式旋盖封口机用于无预制螺纹铝盖的封合，封合过程如图12-35所示。①瓶盖经理盖器定向排列后滑落至配着头，然后套于瓶口上。②瓶口托圈被支撑圈支承，滚纹式旋盖机头下降，中心压头压紧瓶盖顶部，使顶部缩颈变形，挤压密封胶层密封瓶口。③螺纹滚轮绕瓶口旋转，并作径向切入运动，使瓶盖沿瓶口螺旋槽形成配合的螺纹沟。同时，折边滚轮也作旋转切入运动，迫使瓶盖底边沿瓶颈凸肩周向旋压钩合，形成"防盗环"。

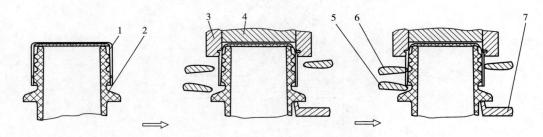

图12-35　滚纹式旋盖封口示意图

1—瓶盖　2—瓶口　3—压模　4—中心压头　5—折边滚轮　6—螺纹滚轮　7—支承圈

资料来源：摘自参考文献［85］。

滚纹式旋盖机头如图12-36所示，主要有中心压头、螺纹滚轮（共3个）和1个折边滚轮组成。各滚轮在旋转运动时作径向切入、分离动作，完成滚纹及折边。

（五）　压塞封口机

压塞封口机结构图如图12-37所示，理塞料斗中的T型塞在垂直振动装置的作用下，沿螺旋轨道被送至抓塞机械手处，机械手将T形塞传递给扣塞头中的夹塞爪；同时，包装瓶在瓶托作用下上升，扣塞头中的密封圈套住瓶肩密封空间；此时，真空泵经真空吸孔对包装瓶抽真空，包装瓶继续上升，扣塞头对准瓶口中心，在机械压力作用下，将T形塞压入包装瓶口内；压塞过程中，弹簧始终压住密封圈，使密封圈与瓶肩总是保持接触密封。

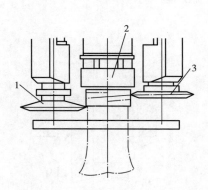

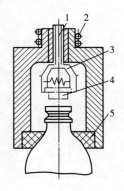

图12-36　滚纹式旋盖机头示意图 　　　　图12-37　T形塞压塞机结构图

1—折边滚轮　2—中心压头　3—螺纹滚轮 　　1—弹簧　2—夹爪　3—球铰　4—压缩弹簧　5—螺杆

资料来源：摘自参考文献［77］。　　　　　资料来源：摘自参考文献［62］。

第四节　袋、盒装食品包装机械与设备

一、袋装食品包装机械与设备

袋装技术是一种适用于固体物料和流体物料的包装技术，制袋包装机是将各种软性材料制成袋作为包装容器的机械设备。

（一）袋装形式

常见的袋装形式如图 12-38 所示，对于不同的袋装形式，对应的包装工艺及其包装机结构也不同。

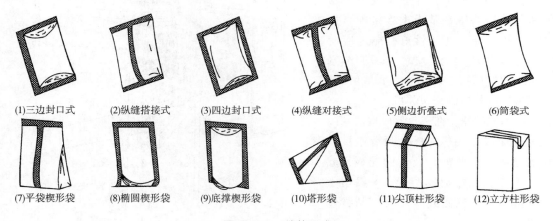

(1)三边封口式　(2)纵缝搭接式　(3)四边封口式　(4)纵缝对接式　(5)侧边折叠式　(6)筒袋式

(7)平袋楔形袋　(8)椭圆楔形袋　(9)底撑楔形袋　(10)塔形袋　(11)尖顶柱形袋　(12)立方柱形袋

图 12-38　袋装形式

资料来源：摘自参考文献［83］。

（二）制袋包装材料

制袋包装材料主要为塑料薄膜和复合薄膜等。根据袋型不同，包装材料可为单层薄膜和筒膜等；根据包装机型不同，包装材料形式主要有单卷薄膜成袋和两卷薄膜成袋两种，其中，单卷应用较多。

（三）制袋工艺

制袋工艺分为制袋式和预制袋式两种。制袋式的包装工序为成袋、充填（或灌装）、封口等，利用包装卷材制袋，然后将定量的物料充填（或灌装）到袋内，还可进行真空（或充气）作业，最后封口并切断，完成包装操作；预制袋式的包装工序为取袋、开袋口、充填、封口等，以现有包装袋为容器，只完成物料充填（或灌装）、封口工艺操作。

（四）制袋式包装机

1. 制袋式包装机结构组成

典型的制袋式包装机如图 12-39 所示，主要由薄膜供送装置、袋成型装置、封合装置、物料定量供给装置、电控检测系统和传动系统组成。

（1）薄膜供送装置 薄膜供送装置由退卷架、导辊等组成。卷筒薄膜安装在退卷架上，在牵引力作用下，薄膜展开经导辊组引导送出。导辊对薄膜起到紧张平整以及纠偏的作用，使薄膜能正确地平展输送。

（2）袋成型装置 袋成型装置的作用是将平面状包装材料折合成所要求的形状，其中制袋成型器是其主要部件，常见的制袋成型器如图12-40所示，主要有三角形、U形、象鼻形、翻领式、缺口导板式等。

三角形成型器：有等腰锐角三角形板与平行导辊在基板上连接配合而成，结构简单，通用性好，能适应制袋尺寸变化较大的需要，只需调节基板上下位置即可，多用于立式或卧式、三面或四面封口制袋包装机。

U形成型器：在三角形成型器基础上改进而成，在三角板上圆滑连接一圆弧导槽（U形板）及侧向导板，成型性能优于三角形成型器，一般用于立式或卧式、三面或四面封口制袋包装机。

翻领成型器：由内、外两管组成，外管呈衣服翻领形，内管横截面根据所制袋型而呈不同形状（圆形、方形、菱形等），并兼有物料加料管的功能。该成型器具有成型质量稳定，包装袋形状精确的优点。但是，成型阻力较大，容易造成薄膜拉伸等塑性变形，故对单层塑料薄膜适应性较差；设计、制造和调试都较复杂；而且每种规格的成型器只能成型一种规格袋宽。常用于立式枕型制袋包装机。

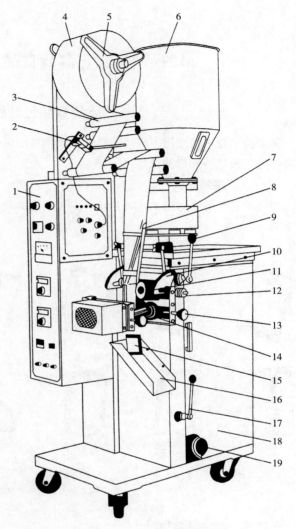

图 12-39　制袋式包装机

1—电控柜　2—光电检测装置　3—导辊
4—卷筒薄膜　5—退卷架　6—料仓　7—定量供料器
8—制袋成型器　9—供料离合手柄
10—成型器安装架　11—纵封滚轮　12—纵封调节旋钮
13—横封调节旋钮　14—横封辊　15—包装成品
16—卸料槽　17—横封离合手柄　18—机箱　19—调速旋钮
资料来源：摘自参考文献［85］。

象鼻形成型器：成型器形状与象鼻相似，薄膜经过该成型器时，薄膜变化较平缓，较翻领成型器成型阻力小，故对单层塑料薄膜适应性较好。但是，每种规格的成型器只能成型一种规格袋宽，结构尺寸较翻领成型器大，薄膜易跑偏。常用于立式连续三面封口制袋包装机和枕形对接制袋包装机。

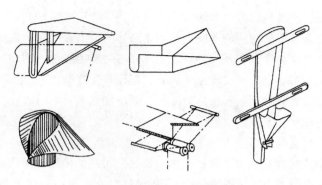

图 12-40　制袋成型器

资料来源：摘自参考文献［24］。

缺口导板成型器：由缺口导板、导辊和双边纵封辊组成，成型器本身能将平张薄膜对开后又对折封口成圆筒形。常用于立式连续联合包装机。

（3）封合装置　包装材料封合方式主要采用热压封合，常见的热压封合装置主要有平板式、滚轮式、带式、滑动夹式和熔断式等几种，如图 12-41 所示。不同的热压封合适用于不同的薄膜材料和制袋工艺，并且通过调整热压封合机的温度、压力和时间等参数，满足不同材料和袋型的封合要求。

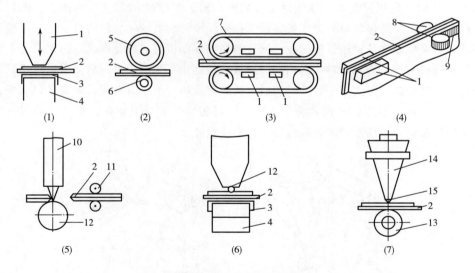

图 12-41　热压封合工艺

1—加热平板　2—薄膜　3—绝热层　4—橡胶缓冲层　5—加热滚轮　6—耐热橡胶滚轮　7—加压带　8—加压滚轮
9—压花　10—加热刀　11—薄膜引出轮　12—镍铬合金线　13—橡胶辊　14—振动头　15—尖端触头

资料来源：摘自参考文献［77］。

①板式。板式封合装置的加热元件为两块矩形截面的板形构件，一般采用电热丝、电热管式加热板保持恒温，两块板合拢对薄膜加热、加压，实现热封合。该法进行间歇运动，结构与运动形式较简单，适用于聚乙烯类薄膜的横封，不适用于遇热易收缩的聚丙烯等薄膜。

②滚轮式。滚轮式封合装置的加热元件为两个回转的滚轮，通过连续回转运动，对其间的

薄膜进行加热、加压，使其热封合。该法可连续热封，一般用于纵封。

③带式。带式封合装置指待封的薄膜夹在两条回转的金属带中间，板式加热器置于金属带两侧，对薄膜进行加热、加压，实现热封合。由于薄膜在热封合过程中被金属带夹持，因此，薄膜不会因加热产生变形。该法可实现连续纵封，但设备较复杂。

④滑动夹式。滑动夹式封合装置指待封薄膜从两块加热平板中间通过，并被加热，然后被两个相对回转的滚轮加压，实现热封合。由于加热时间较短，因此，该法适用于易热变性且变形较大薄膜的封合，可连续操作。

⑤熔断式。熔断式封合装置指薄膜被加热刀或热金属线加热到熔融状态后加压封合，同时将已封合的容器与其余材料部分切断分离。熔断封口封合部位占用包装材料少，故封合强度较低。

⑥脉冲式。脉冲式封合装置是利用脉冲电流封口，在薄膜和压板间放置一扁形镍铬合金电热丝，使其作为加热元件直接与薄膜接触加压，并通以瞬间低压大电流，使薄膜迅速熔合，然后加压冷却。该法封口质量高，热变形小，适合材料范围广泛，但生产率低。

⑦超声波式。超声波式封合装置是利用超声波的高频振荡作用，使封口处薄膜内部摩擦发热熔化而实现封合的，主要工作部件为超声波发生器。该法属于"内部加热"，封口质量好；对热变形较大的薄膜也能良好封合，且瞬间就可热封合。但所需设备投资大。

2. 典型制袋式包装机工作流程

（1）立式扁平袋制袋成型-充填-封口包装机　图12-42所示为立式四面、三面封口扁平袋包装机，卷筒引出的包装薄膜由预松装置牵拉，经导辊松展成包装材料带，由光电检控装置对薄膜材料上商标图文位置进行检测后，通过制袋成型器折合成重叠带，三面封口袋采用三角形成型器将薄膜对折，四面封口袋采用缺口导板成型器将平张薄膜对开后又对折；用纵封装置热封重叠带纵向开口，得到扁平管筒；然后由横封装置热封前端口而成长筒扁平包装袋；物料通过计量装置充填（或灌装）进入袋中；再由横封装置热封合上袋口，并同时形成下一个长筒扁平袋的底部封口；切断装置切断包装袋，完成包装。

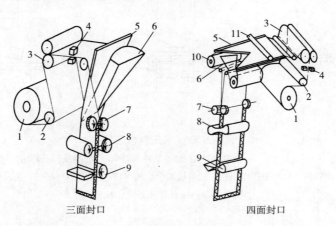

三面封口　　　　　　　　　　　四面封口

图12-42　立式扁平袋制袋成型-充填-封口包装机示意图

1—包装用薄膜卷　2—导辊　3—预松装置　4—光电检控装置　5—制袋成型器　6—计量装置

7—纵封装置　8—横封装置　9—切断装置　10—转向辊　11—压辊

资料来源：摘自参考文献［82］。

（2）立式枕形袋制袋成型–充填–封口包装机　如图 12-43 所示，翻领成型器将包装薄膜对折成中缝搭接的圆筒形，并被纵封滚轮牵引纵封，随后导向板将纵缝封边压平在圆筒表面；然后与纵封面成垂直布置的横封辊将圆筒下端封合（每次横封同时完成上袋下封口和下袋上封口，并切断分离上下包装袋），形成长筒中缝包装袋；物料充填（或灌装后），横封辊封口并切断，形成枕形袋。

（3）立式角形袋制袋成型–充填–封口包装机　如图 12-44 所示，翻领成型器将包装薄膜卷合成圆筒形，并由纵向预封装置对卷合叠合部位进行热封合；然后通过过渡导管到达等边长的方筒导管表面，纵封装置将纵接缝再次封合使之美观，并用烫角器烫出四个棱角，使之成为方形管筒，随后由横封装置封合底口形成长筒袋；物料充填（或灌装后），钳合袋口、排气，封合袋口，形成角形袋。

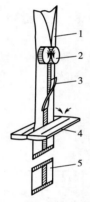

图 12-43　立式枕形袋制袋成型–充填–
　　　　　封口包装机示意图

1—薄膜　2—纵封滚轮　3—导向板
4—横封辊　5—成品袋

资料来源：摘自参考文献［77］。

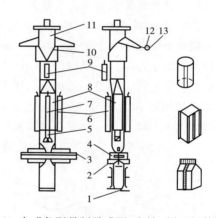

图 12-44　立式角形袋制袋成型–充填–封口包装机示意图

1—折合袋底装置　2—排气钳　3—夹带钳　4—横封装置
5—充填管　6—烫角器　7—纵封装置　8—方筒导管　9—纵向预封装置
10—翻领成型器　11—成型圆筒导管　12—导辊　13—包装薄膜

资料来源：摘自参考文献［82］。

（4）卧式制袋成型–充填–封口包装机　如图 12-45 所示，三角形成型器和折叠辊将包装薄膜折合成 U 形带，纵封装置封合侧边成为开口的袋筒；物料充填（或灌装后），再由横封装置封合顶边，最后经裁切刀切断，形成包装袋。

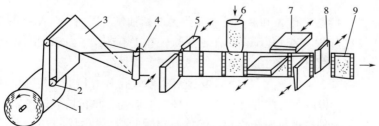

图 12-45　卧式制袋成型–充填–封口包装机示意图

1—卷筒包装材料　2—张力辊　3—三角形成型器　4—折叠辊　5—纵封装置
6—料斗　7—横封装置　8—裁切刀　9—包装件

资料来源：摘自参考文献［67］。

（五） 预制袋式封口包装机

预制袋式封口包装机常见的主要有普通封口机、真空包装机和真空充气包装机。根据操作方式，可以分为间歇式和连续式两种形式。

1. 间歇式预制袋式封口包装机

间歇式普通封口机主要由热封合装置组成，结构简单，不作介绍，本部分主要介绍间歇式真空包装机和真空充气包装机。由于真空包装机还可进行充气包装，因此，真空包装机与真空充气包装机结构基本相同，区别在于是否具有充气功能。

真空充气包装机真空室，如图 12-46 所示，热封杆与真空室盖上的耐热橡胶垫板组成热封装置。热封杆下部嵌入气膜室内，在气膜室和真空室气压差的作用下，热封杆可沿气膜室上部槽隙上下运动；真空室内侧配制充气管嘴，放下真空室盖即打开限位开关接通真空泵及其真空阀，对真空室进行抽真空，真空负压使真空室盖紧压箱体构成密封的真空室。

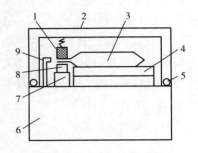

图 12-46　真空室结构图

1—橡胶垫板　2—真空室盖　3—包装袋
4—垫板　5—密封垫圈　6—箱体
7—加压装置　8—热封杆　9—充气管嘴
资料来源：摘自参考文献［77］。

封合过程如图 12-47 所示，首先，包装袋口平铺在热封杆上，真空室盖合上后，袋口处于热封装置之间，开始真空充气封口操作。

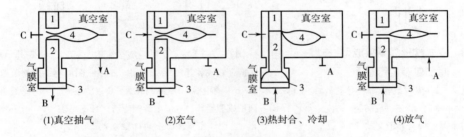

图 12-47　真空充气包装机封合过程示意图

1—封合胶垫　2—热封部件　3—膜片　4—包装袋
A—真空室气孔　B—气膜室气孔　C—充气气孔
资料来源：摘自参考文献［77］。

（1）真空抽气　接通气孔 A 和 B，通过气孔 A 开始抽气，同时，气膜室下部也通过气孔 B 开始抽气，使气膜室和真空室气压平衡，保证热封杆静止不动，室内和袋内空气不抽出。

（2）充气　关闭抽气孔 A 和 B，接通充气气孔 C，惰性气体充入。

（3）热封合、冷却　关闭充气气孔 C，接通气膜室气孔 B 并接通大气环境，在气膜室和真空室气压差的作用下，橡胶膜片胀起并推动热封杆向上运动，将包装袋口压紧；同时，热封杆电源导通发热，对包装袋口进行压合热封；保持一定时间后，热封杆断电，袋口被继续压紧，自然冷却形成牢固的封口。

（4）放气　接通真空室气孔 A 并接通大气环境，空气进入真空室，真空环境被破坏，热封杆恢复原位，包装袋口被松开；打开真空室盖，取出包装袋，完成包装。

间歇式真空包装机如图 12-48 所示，有台式、单室式、双室式、输送带式四中，其中，双室式又有单盖式和双盖式两种。

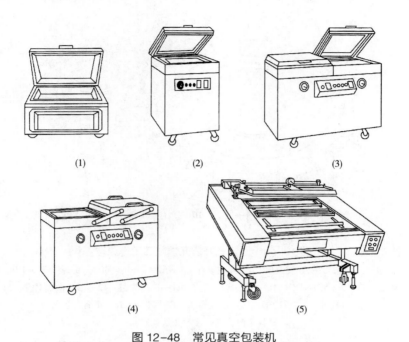

图 12-48　常见真空包装机

（1）台式　　（2）单室式　　（3）双室双盖式　　（4）双室单盖式　　（5）输送带式

资料来源：摘自参考文献［77］。

　　台式和单室式一般只有一根热封杆，且长度有限。因此，生产能力较小，主要用于实验室和小批量生产；双室式的两个真空室共用一套真空充气系统，当一个真空室在抽真空封口时，另一个真空室在装卸包装袋；此外，双室式每个真空室有两根热封杆，只要包装袋长度小于两热封杆间距的一半，每次操作的封袋数量是单室式和台式的 2 倍。因此，双室式的生产效率较单室式和台式高。

　　此外，台式、单室式和双室式的真空室一般为水平布置，对于多汤汁类物料，水平放置封口会导致包装袋内汤汁流出，因此，一般不适用于多汤汁类物料的大规模生产。

　　输送带式是用链带将包装袋逐个送入真空室，并且真空室盖可自动闭合开启，仅需要人工排放包装袋。因此，该型式的真空包装机自动化程度和生产率均大大提高。另外，链带斜面输送，可以避免多汤汁类物料封口时汤汁易流出的情况。

　　间歇式真空充气包装机最低绝对气压为 1~2kPa，生产能力根据热封杆数和长度及操作时间而定，一般每分钟操作次数为 2~4 次。

　　2. 连续式预制袋式封口包装机

　　（1）旋转式真空包装机　旋转式真空包装机工作示意图如图 12-49 所示，由充填和真空包装两个回转工作台组成。充填工作台有 6 个工位，自动完成供袋、打印、张袋、充填固体物料、灌注汤汁、预封口 6 个操作；真空包装工作台有 12 个独立的真空室，每个包装袋在真空室内绕工作台回转一周完成抽真空、热封合、冷却、卸袋操作。两工作台之间装有机械手用于将包装袋从充填工作台转移至真空包装工作台。

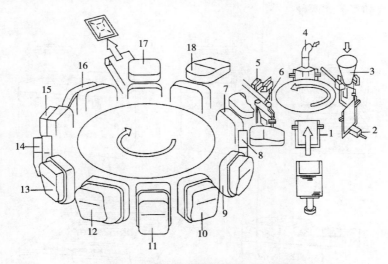

图 12-49　回转式开袋充填封口工作原理

1—取袋　2—打印产品信息　3—开袋充填　4—灌注汤汁　5—预封器　6—机械手送袋　7—打开真空盒盖装袋

8—关闭真空盒盖　9—预抽真空　10—第一次抽真空　11—保持真空　12—第二次抽真空　13—热封

14、15—袋口冷却　16—进气卸压　17—卸袋　18—准备工位

资料来源：摘自参考文献［77］。

旋转式真空包装机生产能力可达 40 袋/min。国外机型配套定量杯式充填装置，预先将固体物料称量放入定量杯中，然后送至充填工作台的充填工位装入包装袋内。

（2）直移式开袋-充填-封口包装机　直移式开袋-充填-封口包装机工作原理如图 12-50 所示，将预先制成的包装袋叠放在贮袋库中，吸嘴从贮袋库最前面取袋，并由空袋输送链将袋转成直立状态，经开袋喷嘴开袋后，进行物料充填（或灌装），然后加热封口，完成包装。

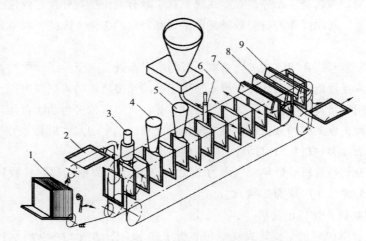

图 12-50　直移式开袋-充填-封口包装机工作原理图

1—贮袋库　2—空袋输送链　3—开袋喷嘴　4、5—加料斗（块粒料）

6—加料管（液体物料）　7、8—封口器　9—冷却器

资料来源：摘自参考文献［50］。

二、　盒装食品包机械与设备

（一）　制盒成型-充填-封口机

制盒成型-充填-封口机是指直接采用卷材或单张片页式盒纸板材料或复合材料，通过成型制盒装置完成包装盒的制作工作，然后实施物料充填、封合、整型等工序的机械设备。根据制盒材料不同，盒成型方式有两种，一种是盒坯片借助成型模具直接制得纸盒；另一种是卷材纸板经成型器制盒，需要在封盒后进行盒成型折翼，进而得到规则的盒包装产品。

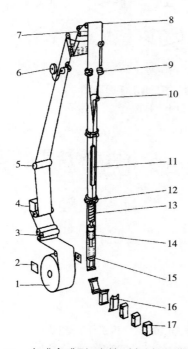

图 12-51　立式盒成型-充填-封口机工作原理图

1—包装卷材　2—光敏电阻　3—压平滚筒

4—打印装置　5、8—导向滚筒　6—黏接密封带

7—挤压滚筒　9、12—成型装置　10—罐装管　11—纵封装置

13—管式加热器　14—液面控制装置

15—横向封合切断装置　16—成型折翼装置　17—包装成品

资料来源：摘自参考文献［50］。

1. 立式盒成型-充填-封口机

立式盒成型-充填-封口机工作原理与制袋式包装机相似，只是需要在封盒后进行成型折翼。该包装机主要用于无菌包装，本文仅介绍盒成型-充填-封合基本过程，不介绍包装材料杀菌和无菌充填等工序。

立式盒成型-充填-封口机工作原理如图 12-51 所示，被牵引的包装材料经压平滚筒平整、打印装置打印产品信息和粘接密封带（用于成筒形时卷材间相贴）后，由导向滚筒、成型装置和纵封装置共同作用下，形成纸筒形；然后罐装管充填物料进入纸筒内，横向封合切断装置热压封合并切断纸筒，同时形成前袋底封和后袋顶封；成型后纸袋由成型折翼将其向内弯折，完成纸盒整形，包装成品由输送带送出。

2. 卧式盒成型-充填-封口机

卧式盒成型-充填-封口机工作原理如图 12-52 所示，纸盒成型借助模芯向下推动已横切压痕的盒片，使盒片通过型模而折角粘搭起来，形成纸盒成品；然后将带翻转盖的空盒推送至充填工位，分步夹持放入规定数量叠放在一起的包装产品。

图 12-53 所示为附加衬袋的卧式盒成型-充填-封口机工作原理图，衬袋卷材经定长切割，以单张供送至成型转台。该台面均布辐射状长方体模芯，借助机械作用将单张衬袋材料折成一端封口的包装袋；然后将送入的已横切压痕的盒片紧裹其外，待盒片成型为底部封口的纸盒后，将其推出转台，并且改为开口向上的竖立状态；纸盒沿水平直线传送路线依次完成充填、物重选别剔除、热压封合衬袋上口、粘搭压平盒盖等操作。

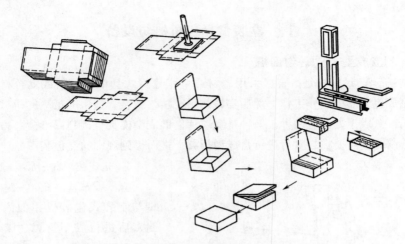

图 12-52　卧式盒成型-充填-封口机工作原理图

资料来源：摘自参考文献 ［46］。

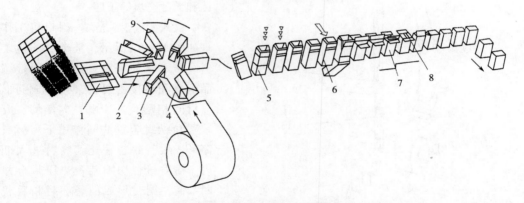

图 12-53　附加衬袋的卧式盒成型-充填-封口机工作原理图

1—模切盒片送入　2—纸盒折叠　3—纸袋成型　4—定长切割纸片　5—物料充填

6—物重选别剔除　7—衬袋封口　8—纸盒封口　9—纸盒裹包封底

资料来源：摘自参考文献 ［50］。

（二）　开盒成型-充填-封口机

开盒成型-充填-封口机是指直接用预成型的折叠盒片进行开盒、充填、封口的机械设备。

开盒成型-充填-封口机工作原理如图 12-54 所示，供盒成型装置将叠合盒片从包装盒盒库中吸出，并撑展成竖立的盒筒，然后送入链条输送机的纸盒托槽内；随后由折封盒底装置折合封底折舌和插接底封盖，形成封闭的盒底；包装物品通过定量充填装置充填入包装盒内，并由折封盒盖装置折合封口折舌和插接封口盖实现包装盒封口，可根据需要进行粘贴封口签，最后从包装机卸出。

图 12-55 所示为开盒-衬袋成型-充填-封口机工作原理图，首先将预制好的折叠盒片撑开成型，衬袋卷材经翻领成型器和模芯制作成中间纵缝、两侧窝边、底面封口的内衬袋；内衬袋由夹袋装置进入纸盒，盒底封合后进行充填；然后依次完成衬袋封口、粘搭压平盒盖操作，完成包装作业，包装件输出。

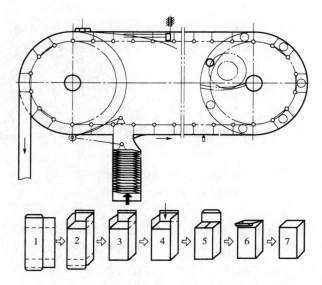

图 12-54　开盒成型-充填-封口机工作原理图

资料来源：摘自参考文献［50］。

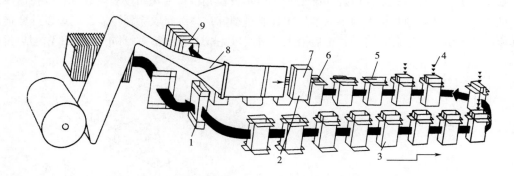

图 12-55　开盒-衬袋成型-充填-封口机工作原理图

1—折叠盒片撑开　2—成型纸袋进盒　3—纸盒封底　4—物料充填　5—衬袋封口

6—纸盒封口　7—衬袋封底　8—衬袋成型　9—包装件输出

资料来源：摘自参考文献［50］。

（三）　裹包式装盒机

1. 半成型盒折叠式裹包机

半成型盒折叠式裹包机有连续式和间歇式两种。

（1）连续式裹包机　连续式裹包机工作原理如图 12-56 所示，首先将已模切压痕的纸盒片折成开口向上的长槽形，并插入链座；当包装物品由水平横向往复运动的推杆推送至纸盒底面上之后，开始各边盖的折叠、黏搭等裹包过程。

该装盒方法适用于大型纸盒包装，装盒机适合的盒体尺寸较大（长为 320~430mm、宽为 200~330mm、高为 100~170mm）。通过该装盒方法有助于将松散的成组物品包得更加紧实，以防止包装物品损坏。

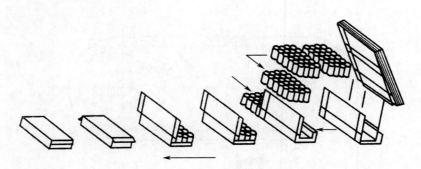

图 12-56　连续式裹包机工作原理图

资料来源：摘自参考文献［46］。

（2）间歇式裹包机　间歇式裹包机工作原理如图 12-57 所示，首先借助上下往复运动的模芯和开槽转盘将已模切压痕的盒片成型为开口向外的半成型盒，以便在转位停歇时，由水平方向推入包装物品，然后在余下的转位过程中完成其他边部折叠、涂胶和紧封操作。该裹包机适用的盒体尺寸较长（长为 80~190mm、宽为 80~130mm、高为 20~65mm）。

2. 纸盒片折叠式裹包机

纸盒片折叠式裹包机工作原理如图 12-58 所示，首先将包装物品按规定数量叠放在已模切压痕纸盒片上；然后通过由上向下的推压使其通过型模，一次完成除翻转盖、侧边以外盒体所有其他部分的折叠、涂胶和封合；最后沿水平折线段完成上盖的粘搭封口，经稳压定型后排出机外。

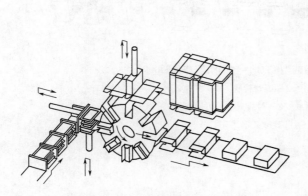

图 12-57　间歇式裹包机工作原理图

资料来源：摘自参考文献［46］。

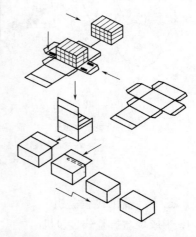

图 12-58　纸盒片折叠式裹包机工作原理图

资料来源：摘自参考文献［46］。

第五节　裹包、热成型包装机械与设备

一、裹包机械与设备

裹包是指采用纸、塑料薄膜、铝箔、复合薄膜等挠性包装材料，通过折叠、扭结、缠绕、粘合、热封等操作，使包装材料全部或局部包覆物品表面的包装方法。常见的裹包形式如图12-59所示。

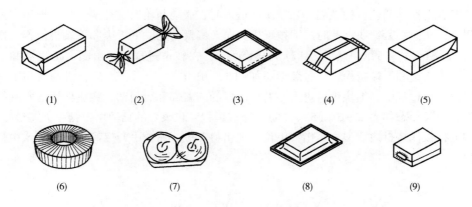

图12-59　常见裹包形式
(1) 折叠式裹包　(2) 扭结式裹包　(3) 覆盖式裹包　(4) 接缝式裹包　(5) 半裹包
(6) 缠绕式裹包　(7) 拉伸式裹包　(8) 贴体裹包　(9) 收缩裹包
资料来源：摘自参考文献[50]。

裹包机械适用于具有一定刚度的块状物品的包装，既可对单件物品进行裹包，又可对若干件物品进行集合裹包。根据不同的裹包形式，裹包机械可以分为折叠式裹包机、扭结式裹包机、接缝式裹包机、覆盖式裹包机、缠绕式裹包机、拉伸式裹包机、贴体式裹包机和收缩裹包机。

（一）折叠式裹包机

折叠式裹包机是将挠性包装材料用搭接方式成筒状，再将末端伸出的裹包材料折叠封闭的机械设备。常用于方糖、巧克力、香烟、香皂和茶叶盒等长方块物品的裹包包装，可用于单件或多件包装。

折叠式裹包机的工作形式主要有三种，第一种是包装件间歇定位，由各工序的折边器按顺序完成折边操作，如回转式折叠裹包机；第二种是包装件在运动中通过特殊几何形状的折边器完成折边操作，如直线移动式折叠裹包机；第三种是两者复合的折叠裹包机。

1. 回转式折叠裹包

图12-60所示为方块糖果折叠裹包机裹包工艺流程图，裹包工序包括推糖入钳（2）、下抄纸与下端折（3）、上折边与上端折（4）、左端折与右端折（5）、（6）。

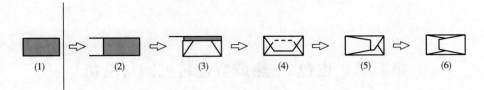

图 12-60　方块糖果折叠裹包工艺流程图

资料来源：摘自参考文献［85］。

　　方块糖果折叠裹包机结构图如图 12-61 所示，裹包机主要由钳糖盘、冲送糖机构、抄纸机构、折边装置和卷纸进给装置等组成。包装卷材经导辊舒展送入，被辊刀裁切成单张包装纸，同时冲送糖机构将到位的糖块和包装纸一起推入钳糖手内，包装形态如图 12-61 （2）所示。钳糖手的开合由摆动凸轮机构控制，当糖块被送入时，摆动凸轮逆时针偏转令钳糖手在弹簧力作用下闭合，从而夹紧糖块；此时，下抄纸机构向上偏摆，完成下折边和下端折操作，使包装形态如图 12-61 （3）所示；然后，钳糖盘开始回转，在转位过程中，由固定折边器和上折端器分别完成上折边和上端折操作，包装形态如图 12-61 （4）所示；然后，钳糖盘在第一次转位和第二次转位过程中，糖块先后进入左右折端器的前斜部和后斜部，完成糖块的左端折和右端折操作，包装形态如图 12-61 （5）、（6），完成裹包；包装好的糖块由钳糖手夹持继续回转，靠固定端面挡板保持折边定型直至出料工位。在出料工位，钳糖手开启卸出糖块，或由打杆把糖块打出。

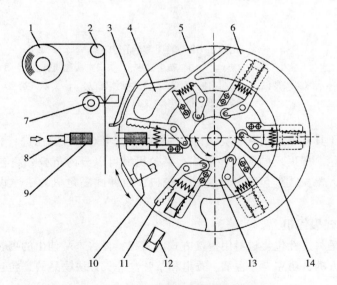

图 12-61　方块糖果折叠裹包机结构图

1—包装卷材　2—导辊　3—固定折边器　4—上折端器　5—左右折端器　6—端面挡板　7—辊刀
8—冲送糖机构　9—糖块　10—下抄纸机构　11—钳糖手　12—包装糖块　13—钳糖盘　14—摆动凸轮

资料来源：摘自参考文献［85］。

2. 直线移动式折叠裹包

　　如图 12-62 所示为一种直线移动式折叠裹包工艺流程图，推料杆将包装件和包装纸一起推入直线滑轨，并且作步进式移动；当包装件运行到（2）工位时，由上下折边器完成上下边折叠；当步进到（3）工位时，左折端器完成左折端操作；然后包装件进入右折端轨道，经固定板弯头而形成（4）形态包装；上下折端板为截面形状不断变化和弧面体或光滑斜面槽，当包装件经过时，上下两端自然折叠成型，包装形态如（5）、（6）。

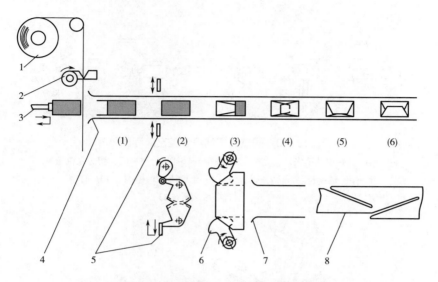

图 12-62　直线移动式折叠裹包工艺流程图

1—包装纸　2—辊刀　3—推料杆　4—折边轨　5—上下折边器　6—左折端器　7—右折端器　8—上下折端板

资料来源：摘自参考文献 [85]。

（二）　扭结式裹包机

扭结式裹包机是指用挠性包装材料裹包产品，将末端伸出的裹包材料扭结封闭的机械设备。可用于球形、圆柱形、方形、椭圆形等，以及几何形状不规则产品的裹包包装。根据裹包形式分为单端和双端扭结裹包机，根据传动方式分为间歇式和连续式扭结裹包机。

1. 间歇式扭结裹包机

间歇式扭结裹包工艺流程和工作原理分别如图 12-63 和图 12-64 所示，裹包工序包括送纸、推糖、钳糖、裹包、扭结等。工序盘作间歇转动，其上均匀分布着 6 对钳糖手，每次转动 1/6 圈。糖块经理塘盘整理后，由输送带送至裹包工位 I，与包装材料一起被送糖杆和接糖杆送入张开的钳糖手中，然后钳糖手闭合，将糖块夹紧，完成对糖块的三面裹包；活动纸板向上摆动将糖块下侧的包装材料向上折叠；此时，工序转盘逆时针回转，在回转过程中，固定折纸板将糖块上侧的包装材料向下折叠，使包装材料成筒状，固定折纸板一直沿圆周方向一直延续到工位 IV；在工位 IV，连续回转的两只扭结手夹持糖果两端的包装材料一起回转，完成扭结裹包。在工位 VI，钳糖手张开，糖块包装成品被打糖杆打出。

2. 连续式扭结裹包机

与间歇式扭结裹包机相比，各个裹包操作工序都在运动过程中连续完成，极大地提高了生产效率。

图 12-65 所示为连续式扭结裹包机工作原理，糖块由料斗落入理糖盘内，并随理糖盘一起

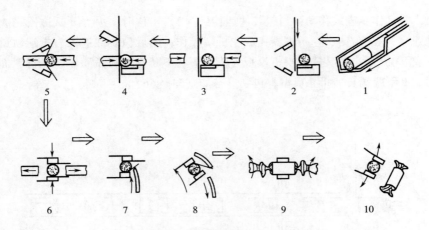

图 12-63　间歇式扭结裹包工艺流程图

1—送糖　2—钳糖手张开、送纸　3—夹糖　4—切纸　5—纸、糖送入钳糖手

6—接、送糖杆离开　7—下折纸　8—上折纸　9—扭结　10—打糖

资料来源：摘自参考文献［83］。

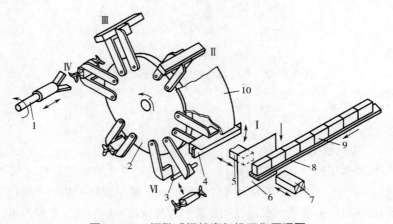

图 12-64　间歇式扭结裹包机工作原理图

1—扭结手　2—工序盘　3—打糖杆　4—活动折纸板　5—接糖杆　6—包装材料

7—送糖杆　8—输送带　9—糖块　10—固定折纸板

资料来源：摘自参考文献［83］。

旋转，在离心力作用下被甩向四周。在理糖盘外侧装有糖孔盘，糖孔盘边缘上均匀分布着 40 个糖孔，因理糖盘和糖孔盘的转速差，糖块落入糖孔内；当糖孔转至出料口时，糖块依次落入截面为 U 形的成型器内，并被链板式输送带上的推糖板等间距向前推送；卷筒包装材料被成型器外侧卷折成 U 形，当糖块被推出成型器时，落入成 U 形的包装材料内，完成对糖块的三面裹包；经固定折纸板将向上伸出的包装材料折叠，使包装材料成筒状，形成对糖块的四面裹包；然后，安装在传动链上的钳糖手夹持四面裹包的糖块包装筒继续向前运动，同时，实现对整个包装材料的牵引；当糖块被送至切纸工位时，由旋转切刀将糖块包装筒切断；随后钳糖手在导向板作用下旋转 90°，使糖块包装筒由水平位置变成垂直位置；然后，糖块包装筒被送至扭手转盘，每个扭手转盘均匀分布 6 个扭结手，两个扭手转盘绕其轴心形成 6 对扭结手，扭结

工位为绕扭手转盘轴线的 180°圆弧。糖块包装筒随输送链与扭手转盘以相同速度一起转动，同时，糖块包装筒两端的包装材料被一对自转的扭结手夹持一起回转，在转动过程中，完成扭结裹包；完成扭结裹包的包装件随连续转动的输送链转出 180°的扭结工位，钳糖手张开，糖块包装成品靠重力及打糖杆下落。

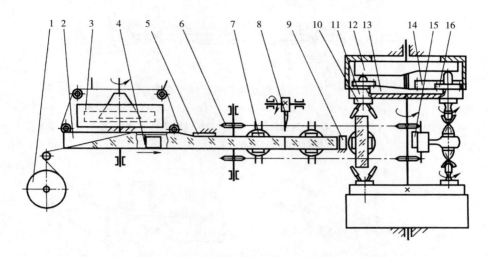

图 12-65　连续式扭结裹包机工作原理图

1—包装材料　2—U 形成型器　3—理糖盘　4—推糖板　5—固定折纸板　6—钳糖手输送链
7—钳糖手　8—旋转切刀　9—导向板　10—扭结手　11—扭手转盘　12—扭手开合凸轮
13—轴移凸轮　14—内齿轮　15—转位轴套　16—扭结齿轮

资料来源：摘自参考文献［50］。

（三）　热熔封缝式裹包机

热熔封缝式裹包机是指用挠性包装材料裹包产品，并对裹包接缝和端口进行热压封合的机械设备。裹包工序包括裹包、充填、封口、切断、成品排出等。根据封口方式不同，可分为接缝式、三面封口式、四面封口式和两端开放套筒式等。

1. 接缝式裹包机

接缝式裹包机又称为枕形裹包机，工作原理如图 12-66 所示。包装材料在成对牵引辊、主传送滚轮和中缝热封滚轮联合牵引下匀速前进，当通过成型器时被折成筒状；供送链推头将包装件推入成型器中的包装材料筒内，包装件随包装材料一起前移；经过中缝热封滚轮完成中缝热封，端封切断器在完成端口热封的同时，将包装材料切断分开，形成前袋的底封和后袋的顶封；裹包成品用毛刷推送至输出皮带输出。

2. 三面封口式裹包机

三面封口式裹包机裹包机根据薄膜对折裹包位置分为卧式和立式两种。工作原理如图 12-67 所示，采用对折薄膜或平张膜对折裹包包装件，L 形热封装置热封后袋开口的两边，同时形成前袋的底封，从而形成三面封口裹包。

3. 四面封口式、两端开放套筒式裹包机

四面封口式裹包机工作原理如图 12-68 所示，上下两卷薄膜由导辊牵引至横封器处被封接，形成前袋的底封和后袋的顶封；最后由带式纵封器完成四面封口。

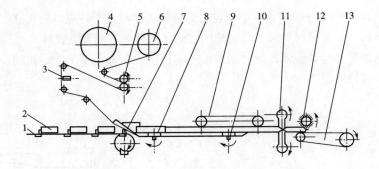

图 12-66　接缝式裹包机工作原理图

1—供送链推头　2—包装件　3—光电传感器　4—备用包装材料　5—牵引辊　6—包装材料　7—成型器
8—主传送滚轮　9—主传送带　10—中缝热封滚轮　11—端封切断器　12—输出毛刷　13—输出皮带
资料来源：摘自参考文献［46］。

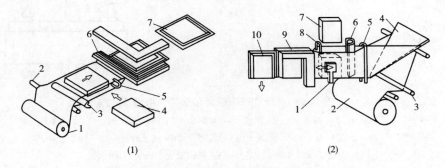

(1)　　　　　　　　　　　　　　(2)

图 12-67　三面封口式裹包机工作原理图

（1）卧式：1—对折薄膜　2—导辊　3—开口导板　4—包装件　5—开口器件　6—L形封切装置　7—成品
（2）立式：1—传送装置　2—薄膜卷筒　3—导辊　4—三角成型器　5—U形件
6—开口导板　7—包装件　8—开口器件　9—L形封切装置　10—成品
资料来源：摘自参考文献［96］。

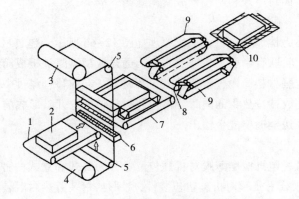

图 12-68　四面封口式裹包机工作原理图

1、7、8—输送带　2—包装件　3、4—薄膜卷筒　5—导辊　6—横封器　9—纵封器　10—成品
资料来源：摘自参考文献［96］。

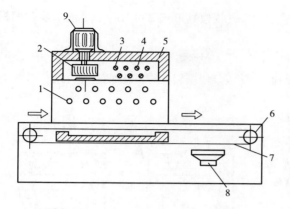

图 12-69　热收缩装置结构图

1—热风吹出口　2—风机　3—加热器
4—测温热电偶　5—加热室　6—输送带轴
7—输送带　8—冷风机　9—减速器
资料来源：摘自参考文献［46］。

两端开放套筒式裹包机与四面封口式裹包机的主要区别在于没有设置纵封器，包装件没有被薄膜完全密封，两端不需要封口。

（四）　收缩式裹包机

收缩式裹包机是指产品采用热收缩薄膜裹包后，再进行加热处理，使薄膜收缩裹紧产品的机械设备。主要由裹包机、热收缩装置和输送装置等组成。

裹包机如前所述，热收缩装置是利用热空气对裹包完毕的包装件进行加热，使薄膜收缩。图 12-69 所示为一种常用的热收缩装置，裹包完毕后的包装件，被放在输送带上送入加热室；在加热室内受到循环热空气的加热，薄膜裹紧在包装件上；包装件离开加热室后，随即由冷风机进行

风冷降温定型，完成收缩裹包。

二、　热成型包装机械与设备

热成型包装是指利用热塑性塑料片材作为原料来制造容器，在装填物料后再以薄膜或片材密封容器的一种包装形式。常见的热成型包装形式如图 12-70 所示，有托盘包装、泡罩包装、贴体包装和软膜预成型包装等。

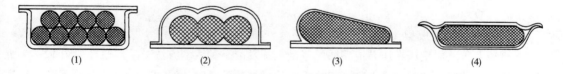

（1）　　　　　　　　（2）　　　　　　　　（3）　　　　　　　　（4）

图 12-70　热成型包装形式

（1）托盘包装　　（2）泡罩包装　　（3）贴体包装　　（4）软膜预成型包装
资料来源：摘自参考文献［84］。

（一）　热成型设备

热成型设备已很成熟，手动、半自动和全自动机型均有。热成型工序主要包括夹持片材、加热、加压抽空、冷却、脱模等。其工作过程为：首先将一定尺寸的塑料片材夹持在成型模板间，并且将该片材加热到弹性状态；然后利用片材两面的气压差或借助机械压力等法，使片材深拉成型并贴近模具型面，获得与模具型面相仿的形状，成型后的片材经冷却定型后脱离模具，即成为包装物品的装填容器。

但是，热成型设备只是制造包装容器的设备，还需要配备充填（或灌装）和封合等设备才能完成整个热成型包装操作。

塑料片材的热成型工序是热成型包装的关键过程，常用的热成型方法有压差成型法、冲模

辅助压差成型法、预拉伸回吸成型法、冲模成型法等；按模具形式又可分为凸模成型法和凹模成型法。

1. 压差成型

压差成型法是利用被加热塑料片材上下两面的气压差使塑料片材变形成型的方法，分为真空吸力成型和空气加压成型两种。

工作原理如图 12-71 所示。塑料片材被夹持送到成型模上方，加热板将片材加热到足够的温度。此时，在片材上下两面形成一定的气压差，气压差可以通过三种方法获得，①通过成型模下方排气孔将模腔内空气抽出，使塑料片材下方的模腔呈负压；②从塑料片材上方通入压缩空气，使塑料片材上方呈正压；③二者兼用。在气压差作用下，片材向成型模弯曲，并与成型模腔贴合，随后经充分冷却后成型。最后压缩空气由成型模底吹入，使成型片材与成型模分离。

真空吸力成型法只适用于较薄的片材成型。与真空吸力成型法相比，空气加压成型法可以用于较厚的片材，并且成型温度更低，效率更高。

压差成型法一般采用单个凹模作为模具，制品成型简单，对模具材料要求不高，这是众多成型方法中最简单的一种成型方法。该法制成的成品具有外形质量好，表面光洁度高，结构鲜明等优点。但是，制品壁厚不太均匀，最后与模壁贴合部位的壁较薄。

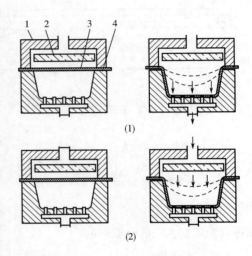

(1)

(2)

图 12-71　压差成型工作原理图

（1）真空吸力成型　（2）空气加压成型

1—加热室　2—加热板　3—片材　4—成型膜

资料来源：摘自参考文献 ［85］。

2. 冲模辅助压差成型

冲模辅助压差成型法在压差成型法的基础上开发的一种成型方法。工作原理如图 12-72 所示。塑料片材被夹持送到模具上方，加热板将片材加热到足够的温度。此时，冲模下降，将片材压入模内使其变形到一定程度，由于片材的张力和气孔封闭致使模腔内的空气反压，使片材接近模底而不与模底接触；然后相关气孔开启，产生真空吸力或空气加压作用，同时，冲模继续下降，直至框边与成型模相扣密封，使片材与成型模面完全贴合；片材成型后，冲模提升复位，成型片材经冷却脱模。

冲模辅助压差成型法在合理确定冲模形状、尺寸以及下降速度的情况下，可以使制品壁厚分布均匀。常应用于杯形容器和其他深拉深加工制品，加工质量较高。

3. 预拉伸回吸成型

预拉伸回吸成型有真空回吸成型和气胀式真空回吸成型两种。

真空回吸成型如图 12-73（1）所示，片材被夹持并加热到一定温度；此时，下模底部抽真空，使片材吸入模腔至预定深度；然后上模下降，直至上、下模框边相互扣合，将片材密封在抽空区内为止；开启上模抽气孔并抽真空，将片材回吸，使片材与上模面贴合成型；最后，成型片材冷却、脱模。

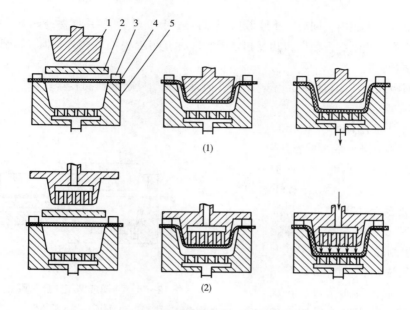

图 12-72 冲模辅助压差成型工作原理图

（1）冲模辅助真空吸力成型 （2）冲模辅助空气加压成型

1—冲模 2—加热板 3—压框 4—片材 5—成型膜

资料来源：摘自参考文献［85］。

气胀式真空回吸成型如图 12-73（2）所示，该法预拉伸采用的是压缩空气。片材被夹持并加热到一定温度后，下模底部通入压缩空气，使片材上胀成泡状；达到一定高度后，上模下

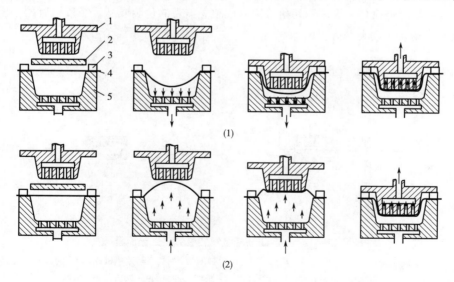

图 12-73 预拉伸回吸成型工作原理图

（1）真空回吸成型 （2）气胀式真空回吸成型

1—上模 2—加热板 3—压框 4—片材 5—下模

资料来源：摘自参考文献［85］。

降，将片材压入下模腔内，同时，下膜腔内仍保持适当的气压，使片材保持贴紧上模；当上模下降至适当位置，使上、下模框边相互扣紧密封时，开启上模抽气孔并抽真空，使片材回吸，并与上模面贴合成型。

预拉伸回吸成型法制得的制品壁厚均匀，而且可成型复杂形状的容器。

4. 冲模成型

冲模成型是采用两个互相扣合的单模（阳模和阴模）成型的方法，工作原理如图 12-74 所示。片材被夹持并加热到一定温度后，阳模下压拉伸片材直至与阴模扣合，将片材挤压成模腔形状的容器，冷却定型后开模取出制品。

冲模成型法制得的制品具有制品尺寸准确稳定，表面字迹、花纹显示效果较好等特点，可成型结构复杂的容器。

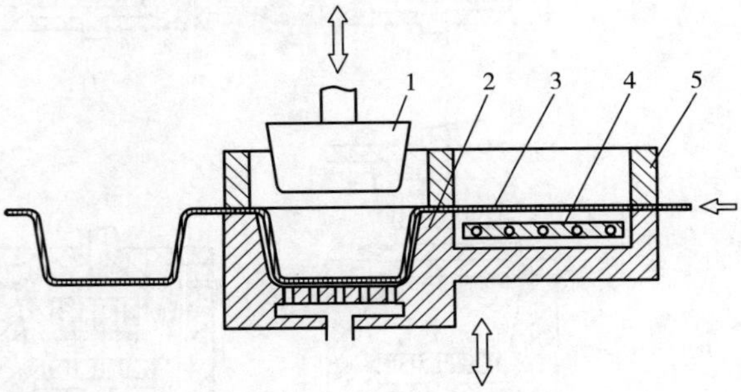

图 12-74 冲模成型工作原理图

1—阳模 2—阴模 3—片材 4—加热板 5—压框

资料来源：摘自参考文献［85］。

（二） 全自动热成型包装机

全自动热成型包装机包装工艺流程图如图 12-75 所示。其中，底膜卷膜经牵引以定距步进的方式进入包装机，经预热区和加热区加热软化后，由热成型设备成型装填容器，然后在装填区填充物料后进入热封区；在热封区，上膜经导辊覆盖在成型容器上，同时，根据包装需要，可进行抽真空或充气处理，然后进行热压封合；最后经横切、纵切和切角修边形成独立美观的包装成品。经裁切后的上模边料由抽吸贮桶或卷扬装置收集、清理。

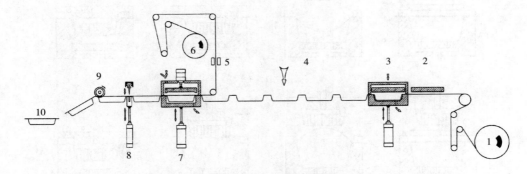

图 12-75 全自动热成型包装机包装工艺流程图

1—底膜 2—预热区 3—热成型区 4—装填区（配套自动装填机或人工装填）

5—打印机 6—上膜 7—封合区 8—横切、冲角 9—纵切 10—成品

资料来源：摘自参考文献［85］。

全自动热成型包装机结构图如图 12-76 所示，包装机由薄膜输送系统、底膜和上膜导引部分、底膜预热区、热成型区、装填区、热封合区、裁切区和控制系统等构成。

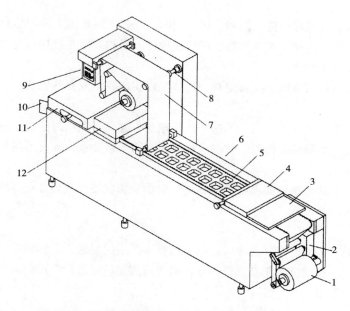

图 12-76　全自动热成型包装机结构图

1—底膜　2—底膜导引装置　3—预热区　4—热成型区　5—输送链　6—装填区
7—上膜　8—上膜导引装置　9—控制屏　10—出料槽　11—裁切区　12—热封区

资料来源：摘自参考文献［85］。

1. 薄膜输送系统

由于热成型包装机一般采用以卷筒膜为原材料的供给方式，因此，需要配备薄膜牵引输送装置。工作时，底膜从预热至封合、分切整个包装过程均受到夹持牵引作用，动力来源为沿包装机纵向两侧配置的传送链条，链条上每一节距装配一个可自动夹住底膜的夹子，传送链条以连续步进的方式将底膜从包装机进口端输送至出口端。链条以两种速度行进，进给时采用高速，在每个步进停止前，链条自动切换成低速运行，使其能准确地停止在每个步进的终止位置，并且可以避免圆形物料或液体由于链条快速启动或急速停止而从成型容器中滚出或溅出。

2. 底膜和上膜导引部分

底膜和上膜分别装在上、下退纸辊上，经牵引松卷，并通过导辊、摇辊或浮辊导引、展开送入包装机。上膜在被牵引输送过程中，由光电定位装置识别其印刷光标，使上模图案准确定位在每个成型容器的上方，实现精确包装。此外，在上膜进入热封区之前，可装配一个打印装置（一般为自带动力的垫墨轮印字机），通过电控实现日期、批号的同步打印。

3. 底膜预热区和热成型区

为了使热成型区升温时间缩短，在热成型区之前设置底膜预热区，使底膜进入热成型区之前已经被加热到一定温度。在热成型区，片材被加热成型。根据薄膜的软硬程度、厚薄和材质的不同，成型温度各不相同。

4. 装填区

底膜热成型加工后进入装填区，该部分根据包装物料不同配备相应的装填装置，或者人工装填。装填区长度根据充填（或灌装）要求设计。

5. 热封合区

已经装填物料的容器底膜进入热封合区，同时，在其上方覆盖上膜。热封区配制有由气缸驱动的热封模板，模板内设置电加热管，热封模板将上膜和容器底盘热压封合。热封温度和时间根据薄膜厚度和材质设定。

根据需要，可在热封合区装配真空和充气装置以实现真空或充气包装。

6. 裁切区

热封后会形成排列整齐的包装，但这些包装连在一起，必须经过横切、纵切等工序才能获得独立的成品包装。根据薄膜薄厚、软硬、材料和裁切形状要求，配备不同的裁切模块。

7. 边料回收装置

裁切过程中剩下的边条薄膜由收集器收集，根据薄膜软硬和裁切方法不同，可采用真空吸出、破碎收集或缠绕等方式。

8. 控制系统

在包装过程中，各组成部分之间的运行关系有极严格的要求，需要相互精确定位、协调衔接。因此，包装机的自动控制非常重要。包装机通过预先设定的程序进行运行，并可根据操作要求及时修改相关参数。

🔍 思考题

1. 固体物料充填机械的种类有哪些？
2. 简述容积式充填机械的种类及其适用范围。
3. 流体物料的灌装形式有哪几种，以及每种的适用范围？
4. 容积式定量机构主要有哪几种，以及各自的特点？
5. 简述常见瓶罐封口机械设备的种类及其适用包装容器。
6. 简述袋装食品包装机械的种类。
7. 简述制袋式包装机中袋成型器的种类及其适用袋型。
8. 简述制盒成型–充填–封口机的种类及其区别。
9. 简述盒装食品包装机械的种类。
10. 简述裹包机械与设备的种类。
11. 简述全自动热成型包装机的组成。

第十三章

CHAPTER

典型食品生产线实例

13

在食品加工生产领域，由于食品原料和成品的多样性，用于食品生产的加工生产线纷繁复杂，多种多样。本章按照食品类别介绍一些典型的食品加工生产线实例，以此来巩固和加强对各类食品加工单元机械与设备的工作原理、性能、作用和用途的理解。

第一节　肉制品加工生产线

一、西式火腿生产线

以荷兰 Langen 火腿生产线为例，其主要加工过程与设备如图 13-1 和图 13-2 所示。

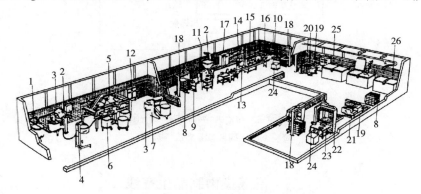

图 13-1　荷兰 Langen 火腿生产线

1—盐水配置设备　2—提升倒料装置　3—标准量肉车　4—盐水计量器　5—真空注射、按摩、嫩化三合一机组

6—肉车　7—提升倒料装置　8—蒸煮架　9—塑料袋安装器　10—火腿肉模　11—真空充填机　12—控制柜 I

13—输送带　14—塑料袋翻提机　15—塑料袋真空封口机　16—加盖装置　17—控制柜 II　18—提升机

19—弹簧顶加压器　20—弹簧顶部件　21—挤压部件安装设备　22—冷却架取卸设备

23—带压缩空气设备的工作台　24—运模盖车　25—蒸煮杀菌柜　26—冷却柜

资料来源：摘自参考文献 [94]。

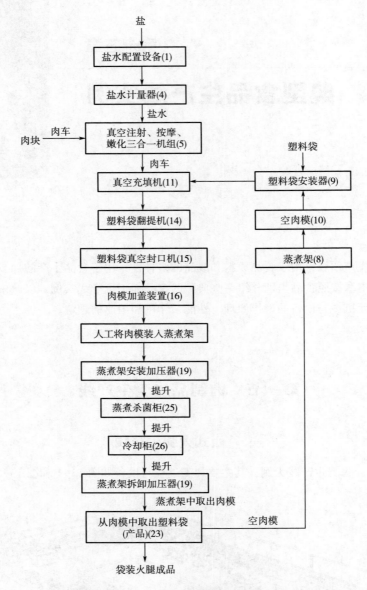

图 13-2 荷兰 Langen 火腿生产线制造工序

资料来源：摘自参考文献［94］。

二、 灌肠类肉制品生产线

1. 热狗生产线

以美国汤森 Sumpenmatic 热狗肠生产线为例，如图 13-3 所示。

2. 灌肠生产线

以克维尼亚食品机械公司灌肠生产线和 ELECSTER 公司香肠生产线为例，如图 13-4 和图 13-5 所示。

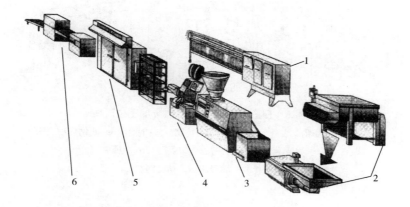

图 13-3　汤森 Sumpenmatic 热狗肠生产线

1—汤森 Sumpenmatic 热狗肠机　2—斯蒂芬真空桨式搅拌机　3—威马格灌装机

4—保利卡打卡机　5—威马格熟化设备　6—VC999 真空包装及热收缩包装系统

资料来源：摘自参考文献［94］。

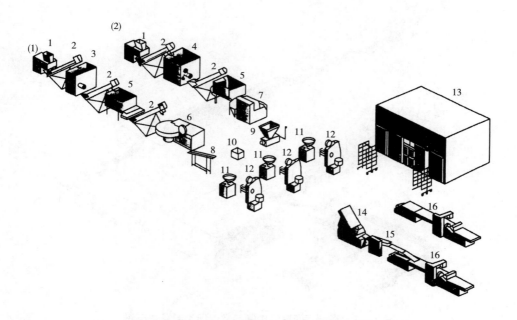

图 13-4　克维尼亚灌肠加工和包装生产线

（1）午香肠或乳化肠产品　　（2）乳化肠产品

1—冻肉破碎机　2—螺杆传送装置　3—混合绞肉一体机　4—全自动绞肉机　5—混合机　6—斩拌机

7—连续式乳化机　8—输送装置　9—泵送系统　10—肉末　11—灌肠机　12—打卡机

13—烟熏设备　14—切片机　15—输送装置　16—连续式真空/充气包装机

资料来源：摘自参考文献［94］。

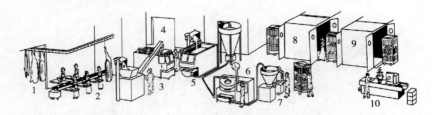

图 13-5　ELECSTER 公司的香肠加工生产线

1—胴体　2—切割、去骨　3—绞碎　4—腌制　5—混合　6—乳化　7—灌肠

8—熟化、烟熏　9—冷却、风干　10—包装

资料来源：摘自参考文献［94］。

三、裹涂肉制品及汉堡类制品生产线

以克维尼亚食品机械公司的裹涂肉制品及汉堡类制品生产线为例，如图 13-6 所示。

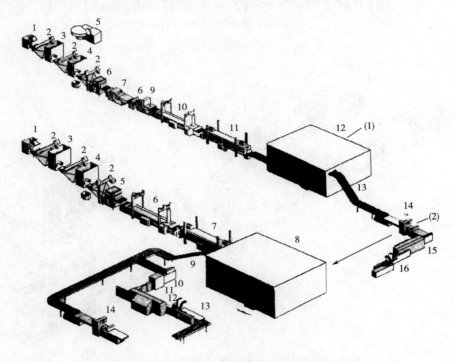

图 13-6　克维尼亚裹涂肉制品及汉堡类制品生产线

（1）裹涂肉制品生产线

1—冻肉破碎机　2—传送装置　3—绞肉机　4—绞肉/混合一体机　5—斩拌机　6—成型机　7—预撒粉机

8—裹浆机　9—包裹面包屑机　10—油炸机　11—热风烘烤隧道　12—螺旋速冻机

13—出料传送装置　14—塑料薄膜包装机　15—纸盒包装机　16—装箱机

（2）汉堡类制品生产线

1—冻肉破碎机　2—传送装置　3—绞肉机　4—绞肉/混合一体机　5—成型机　6—油炸机

7—热风烘烤隧道　8—螺旋速冻机　9—出料传送装置　10—自动码垛机

11—枕式包装机　12—纸盒包装机　13—装箱机　14—塑料薄膜包装机

资料来源：摘自参考文献［94］。

第二节　乳制品加工生产线

一、乳制品生产线总图

以包含巴氏杀菌乳、冰淇淋、雪糕、脱脂乳粉等产品在内的生产线为例，如图 13-7 所示。

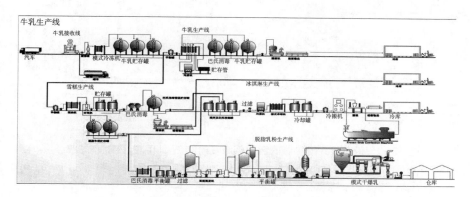

图 13-7　乳制品生产线

二、液态乳制品生产线

1. 巴氏杀菌乳生产线（局部）

图 13-8 所示为具有乳脂肪标准化的巴氏杀菌乳生产线的杀菌部分。

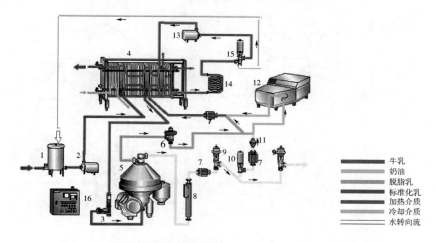

图 13-8　巴氏杀菌乳生产线物料（包含标准化）杀菌部分

1—平衡槽　2—物料泵　3—流量控制器　4—板式热交换器　5—离心分离机　6—稳压阀　7—流量传感器　8—密度传感器
9—调节阀　10—截止阀　11—检查阀　12—均质机　13—增压泵　14—保温管　15—回流阀　16—控制盘

资料来源：摘自参考文献［39］。

2. UHT 灭菌乳生产线（局部）

图 13-9 所示为带有板式热交换器的直接蒸汽喷射加热 UHT 生产线的局部。

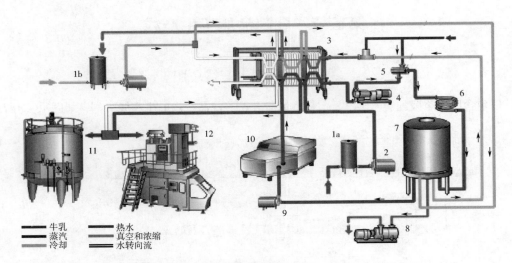

图 13-9　带有板式换热器的直接蒸汽喷射加热 UHT 生产线（局部）

1a—牛乳平衡槽　1b—水平衡槽　2—物料泵　3—板式热交换器　4—泵　5—蒸汽喷射头　6—保温管

7—蒸汽室　8—真空泵　9—离心泵　10—均质机　11—无菌罐　12—无菌灌装机

资料来源：摘自参考文献［39］。

3. 再制乳生产线（局部）

图 13-10 所示为带有脂肪混入混料缸的再制乳生产线局部。

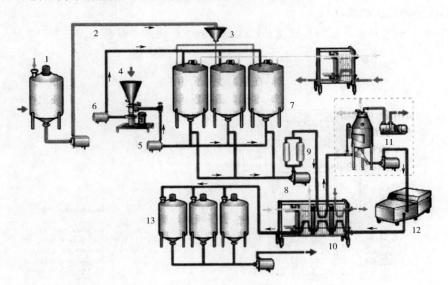

图 13-10　具有脂肪混入混料缸的再制乳生产线（局部）

1—脂肪贮罐　2—脂肪保温管　3—脂肪计量斗　4—水粉混合器　5—循环泵　6—增压泵　7—混料罐

8—排料泵　9—过滤器　10—板式热交换器　11—真空脱气器　12—均质机　13—贮罐

资料来源：摘自参考文献［39］。

三、 酸乳制品生产线

1. 凝固型酸乳生产线（局部）

凝固型酸乳生产线（局部），如图 13-11 所示。

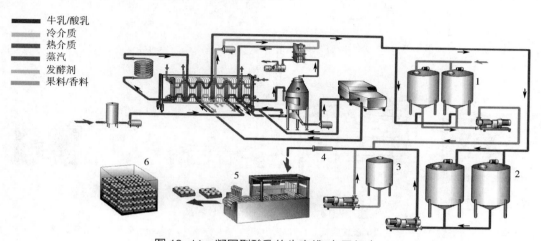

图 13-11　凝固型酸乳的生产线（局部）

1—生产发酵剂罐　2—缓冲罐　3—果料/香料罐　4—管道混合器　5—灌装机　6—发酵箱（间）

资料来源：摘自参考文献 [39]。

2. 搅拌型酸乳生产线

搅拌型酸乳生产线，如图 13-12 所示。

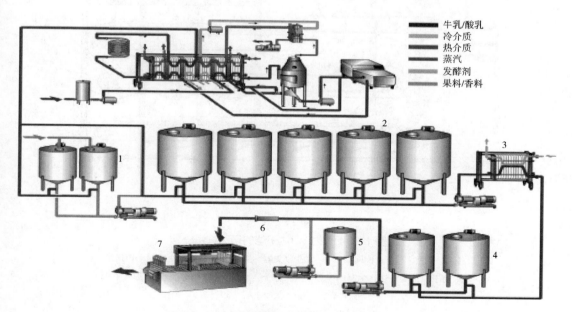

图 13-12　搅拌型酸乳的生产线（局部）

1—生产发酵剂罐　2—发酵罐　3—板式热交换器　4—缓冲罐　5—果料/香料罐　6—管道混合器　7—灌装机

资料来源：摘自参考文献 [39]。

四、干酪制品生产线

1. 切达干酪生产线（局部）

切达干酪生产线（局部），如图 13-13 与图 13-14 所示。

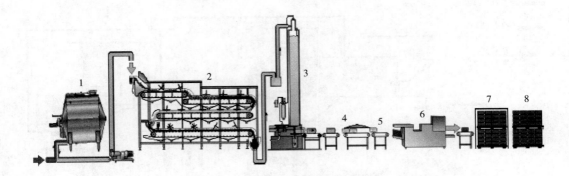

图 13-13 切达干酪生产线（局部）

1—干酪槽 2—切达机 3—坯块成形及装袋机 4—真空包装机 5—称重 6—纸箱包装机 7—排架 8—成熟贮存

资料来源：摘自参考文献［39］。

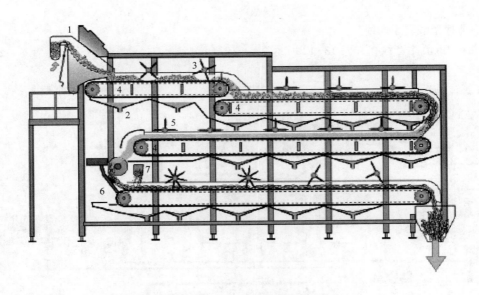

图 13-14 生产切达干酪的切达机系统

1—乳清过滤器（过滤网） 2—乳清收集器 3—搅拌器 4—变速驱动传送带
5—用于搅拌凝块切达生产的搅拌器（可选） 6—切成碎条 7—干盐加入系统

资料来源：摘自参考文献［39］。

2. 农家干酪生产线（局部）

农家干酪生产线（局部），如图 13-15 所示。

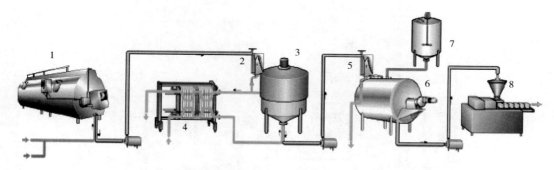

图 13-15 农家干酪生产线（局部）

1—干酪槽 2—乳清过滤器 3—冷却和清洗罐 4—板式热交换器

5—过滤器 6—凝块与稀奶油混合罐 7—稀奶油贮罐 8—灌装机

资料来源：摘自参考文献［39］。

3. 高达干酪生产线（局部）

高达干酪生产线（局部），如图 13-16 所示。

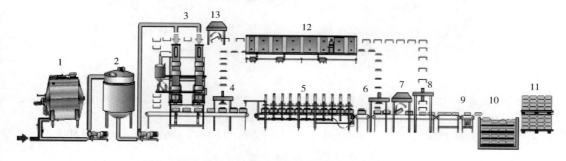

图 13-16 高达干酪机生产线（局部）

1—干酪槽 2—缓冲缸 3—预压机 4—模具加盖装置 5—传送压榨装置 6—脱盖装置

7、13—模具翻转装置 8—脱模装置 9—称重装置 10—盐化系统 11—成熟贮存 12—模具与盖的清洗机

资料来源：摘自参考文献［39］。

4. 夸克干酪生产线（局部）

夸克干酪生产线（局部），如图 13-17 所示。

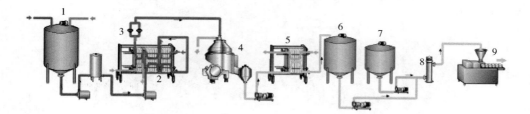

图 13-17 Quark（夸克）生产线（局部）

1—成熟罐 2—用于初次杀菌的板式热交换 3—过滤系统 4—夸克分离机

5—板式热交换器 6—缓冲罐 7—稀奶油罐 8—水力混合器 9—包装机

资料来源：摘自参考文献［39］。

五、 奶油生产线

1. 发酵奶油生产线

发酵奶油生产线，如图 13-18 所示。

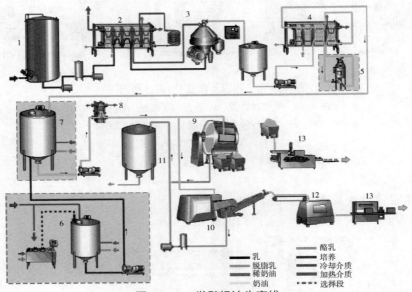

图 13-18　发酵奶油生产线

1—原料贮藏罐　2—巴氏杀菌机（牛乳预热和脱脂乳杀菌）　3—乳脂分离机　4—巴氏杀菌机（稀奶油杀菌）

5—真空脱气（机）　6—发酵剂制备系统　7—稀奶油的成熟和发酵　8—板式热交换器（温度处理）

9—奶油搅拌器　10—连续奶油制造机　11—酪乳暂存罐　12—带传动的奶油仓　13—包装机

资料来源：摘自参考文献［39］。

2. 无水奶油（AMF）生产线（局部）

无水奶油（AMF）生产线（局部），如图 13-19 与图 13-20 所示。

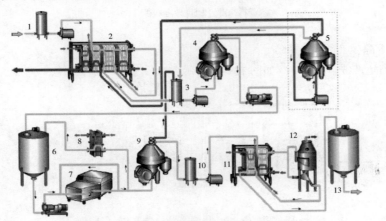

图 13-19　用稀奶油生产 AMF 的生产线

1，3，10—平衡槽　2—板式杀（灭）菌机　4，5，9—碟片式离心机　6—保温罐

7—高压均质机　8，11—板式热交换机　12—真空浓缩机　13—贮藏罐

资料来源：摘自参考文献［39］。

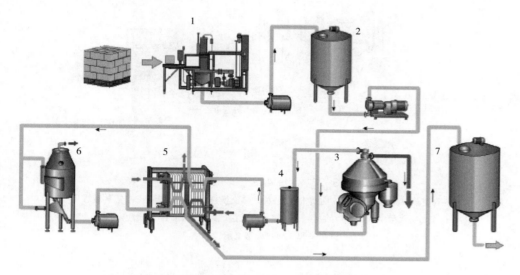

图 13-20　用奶油制作 AMF 的生产线

1—奶油熔化和加热器　2—保温罐　3—分离机浓缩器　4—平衡槽

5—加热/冷却用板式热交换器　6—真空浓缩器　7—贮藏罐

资料来源：摘自参考文献［39］。

六、 炼乳生产线

炼乳生产线，如图 13-21 与图 13-22 所示。

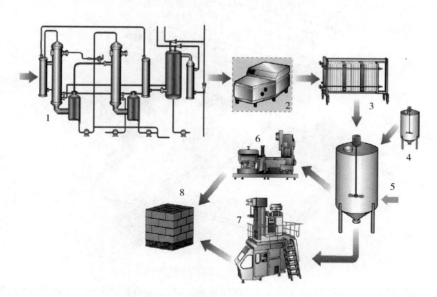

图 13-21　甜炼乳生产线（局部）

1—真空蒸发浓缩系统　2—均质机　3—板式热交换器　4—糖浆罐

5—冷却结晶罐　6—罐装装罐机　7—无菌灌装（纸盒）机　8—堆垛贮存

资料来源：摘自参考文献［39］。

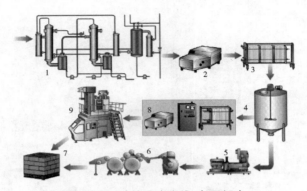

图 13-22　淡炼乳生产线（局部）

1—真空蒸发浓缩系统　2—均质机　3—板式热交换器　4—中间罐　5—罐装装罐机
6—灭菌机　7—堆垛贮存　8—超高温灭菌　9—无菌灌装（纸盒）机

资料来源：摘自参考文献［39］。

七、 冰淇淋与雪糕生产线

冰淇淋与雪糕生产线，如图 13-23 与图 13-24 所示。

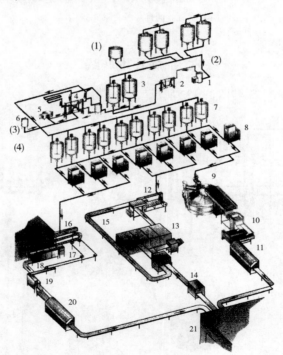

图 13-23　冰淇淋工厂生产线

（1）原料贮存工段　　（2）配料混合工段　　（3）巴氏杀菌、均质、标准化工段　　（4）冰淇淋生产线工段

1—混合机　2—板式热交换器　3—配料罐　4—板式热交换器（巴氏杀菌）　5—均质机　6—奶油、植物油贮罐

7—老化缸　8—连续式凝冻机　9—自动雪糕冻结机　10，19—包装机　11，14，20—装箱机　12—灌装机

13—速冻隧道　15—空杯回送输送带　16—连续挤出冰淇淋机　17—巧克力涂布机　18—冷却隧道　21—冷库

资料来源：摘自参考文献［56］。

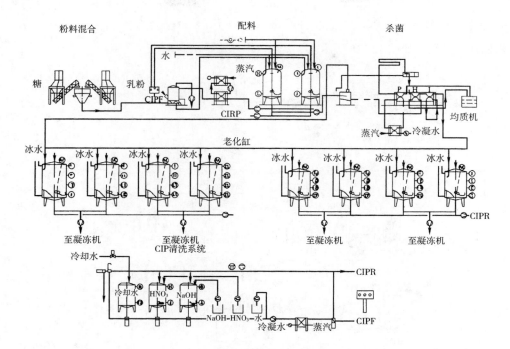

图 13-24　冰淇淋配料系统

资料来源：摘自参考文献 [56]。

第三节　果蔬类食品加工生产线

一、果蔬汁生产线

1. 鲜榨苹果汁生产线

鲜榨苹果汁生产线，如图 13-25 所示。

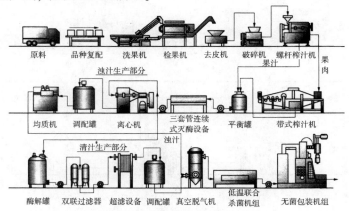

图 13-25　鲜榨苹果汁生产线

资料来源：摘自参考文献 [56]。

2. 柑橘汁生产线

柑橘汁生产线，如图 13-26 所示。

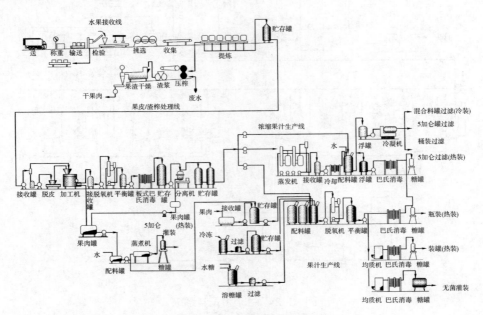

图 13-26　柑橘汁生产线

资料来源：摘自参考文献［94］。

3. 浓缩苹果汁生产线

浓缩苹果汁生产线，如图 13-27 所示。

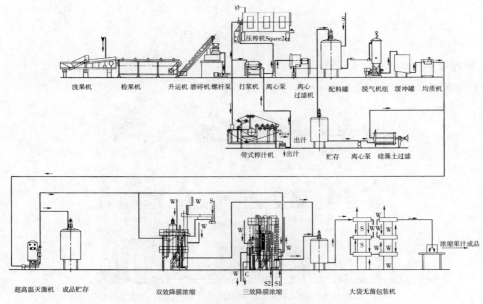

图 13-27　浓缩苹果汁生产线

资料来源：摘自参考文献［94］。

二、 果蔬罐头生产线

果蔬罐头生产线，如图 13-28 所示。

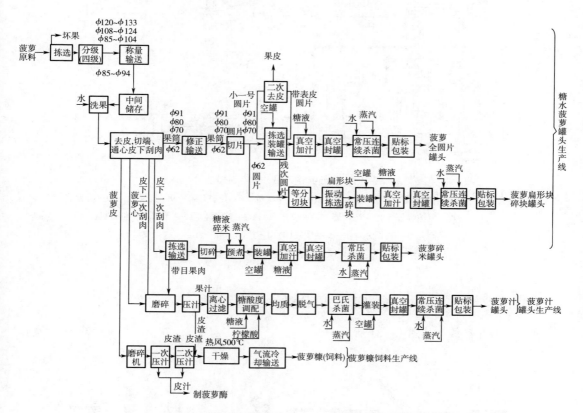

图 13-28 菠萝罐头生产工艺流程框图

资料来源：摘自参考文献 [94]。

三、 番茄酱生产线

番茄酱生产线，如图 13-29 与图 13-30 所示。

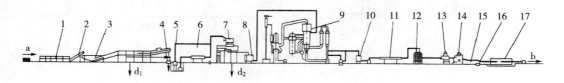

图 13-29 番茄酱生产线（冷制浆法）

1—输送槽 2—升运机 3—浮洗机 4—却籽机 5—贮罐 6—预热器 7—打浆机 8—混合罐
9—双效蒸发浓缩器 10—暂贮罐 11—加热器 12—装罐机 13—预封机 14—封罐机
15—集罐台 16—杀菌篮 17—杀菌锅 a—原料 b—成品 d₁—脏水 d₂—皮渣

资料来源：摘自参考文献 [94]。

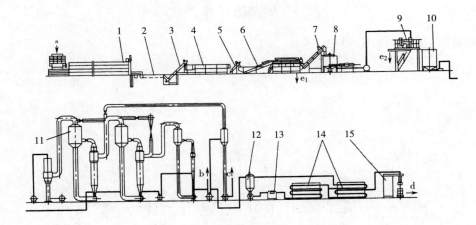

图 13-30　番茄酱生产线（热制浆法）

1—贮存池　2，4—输送槽　3，5，7—升运机　6—浮洗机　8—热破碎器　9—打浆机　10—混合罐
11—三效蒸发浓缩器　12—暂贮罐　13—高压泵　14—杀菌机　15—无菌大袋包装机
a—原料　b—冷凝水　c—不凝性气体　d—产品　e₁—脏水　e₂—皮渣
资料来源：摘自参考文献［94］。

四、 果蔬脆片生产线

果蔬脆片生产线，如图 13-31 所示。

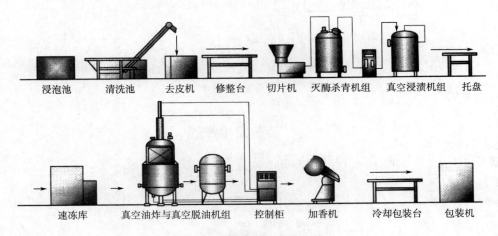

图 13-31　果蔬脆片生产线
资料来源：摘自参考文献［56］。

第四节 谷物类食品加工生产线

一、简易面包生产线

简易面包生产线，如图 13-32 所示。

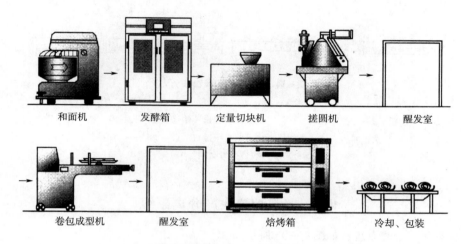

图 13-32 面包生产线（简易）

资料来源：摘自参考文献 [56]。

二、方便面生产线

方便面生产线，如图 13-33 所示。

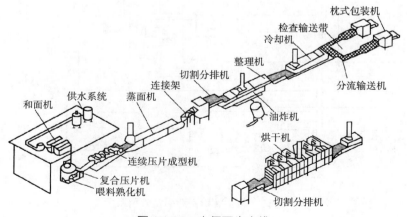

图 13-33 方便面生产线

资料来源：摘自参考文献 [94]。

三、 膨化食品生产线

膨化食品生产线，如图 13-34 所示。

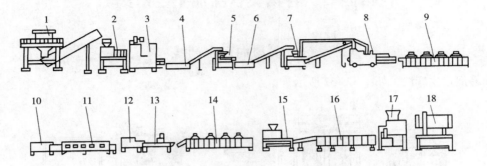

图 13-34　焙烤膨化米饼生产线

1—浸米机　2—制粉机　3—蒸练机　4，6—水冷机　5——次挤压机　7—二次挤压机
8—压延成型机　9——次干燥机　10—二次干燥机　11—焙烤设备　12—整列机　13—撒糖机
14—三次干燥机　15—淋油机　16—四次干燥机　17—调味机　18—包装机

资料来源：摘自参考文献［94］。

四、 薯类淀粉生产分离系统

薯类淀粉生产分离系统，如图 13-35 所示。

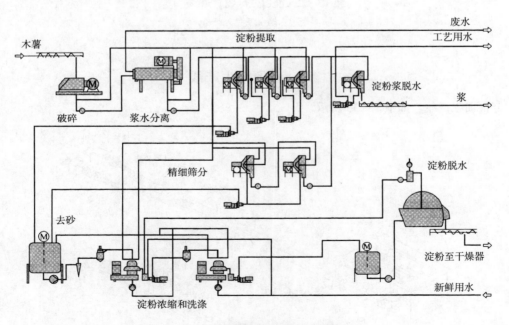

图 13-35　薯类淀粉制造组合分离系统

资料来源：摘自参考文献［94］。

五、 豆乳生产线

豆乳生产线，如图 13-36 所示。

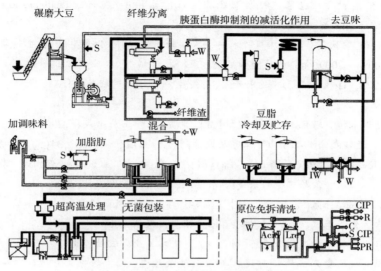

图 13-36　无腥豆乳生产线

S—蒸汽　W—水　IW—冷却水　CIP—原地清洗系统　Acid—酸液　Lre—碱液　R—返回　C—回收　PR—处理

资料来源：摘自参考文献 [94]。

六、 啤酒生产线

啤酒生产线，如图 13-37 所示。

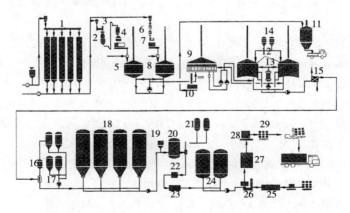

图 13-37　啤酒生产线

1—原料（麦芽、大米）贮仓　2—麦芽筛选机　3—提升机　4—麦芽粉碎机　5—糖化锅　6—大米筛选机
7—大米粉碎机　8—糊化锅　9—过滤槽　10—麦糟输送　11—麦糟贮罐　12—煮沸/回旋槽　13—外加热器
14—酒花添加罐　15—麦汁冷却器　16—空气过滤器　17—酵母培养及添加罐　18—发酵罐
19—啤酒稳定剂添加罐　20—缓冲罐　21—硅藻土添加罐　22—硅藻土过滤机　23—啤酒精滤机
24—清酒罐　25—洗瓶机　26—灌装机　27—啤酒杀菌机　28—贴标机　29—装箱机

资料来源：摘自参考文献 [94]。

参考文献

[1]2015年中国食品和包装机械行业经济运行情况 http://www.chinafpma.org/index.php? m = content&c = index&a = show&catid = 20&id = 14.

[2]P J Fellows,蒙秋霞.食品加工技术——原理与实践[M].北京:中国农业大学出版社,2006.

[3]SB/T 10084—2009,食品机械型号编制方法[S].

[4]Seader,J. D. ,Henley,E. J. 著,朱开宏,吴俊生译.分离过程原理[M].上海:华东理工大学出版社,2007.

[5]蔡建国,周永传.轻化工设备及设计[M].北京:化学工业出版社,2007.

[6]蔡淑君.连续式油水混合油炸工艺及设备[J].渔业现代化,2007,34(5):53-57.

[7]陈斌.食品加工机械与设备(第二版)[M].北京:机械工业出版社.2008.

[8]陈从贵,张国治.食品机械与设备[M].南京:东南大学出版社,2009.

[9]陈福生.食品发酵设备与工艺[M].北京:化学工业出版社,2011

[10]陈国豪.生物工程设备[M].北京:化学工业出版社,2007.

[11]陈洪章.生物过程工程与设备[M].北京:化学工业出版社,2004.

[12]陈晓球.我国食品机械行业现状与未来发展展望[J].企业家天地(下半月).2005,(2):34-36.

[13]崔建云.食品机械[M].北京:化学工业出版社,2007.

[14]崔建云.食品加工机械与设备[M].北京:中国轻工业出版社,2004.

[15]邓洁红,曹乐平.螺杆挤压机在膨化食品生产中的应用[J].包装与食品机械,2004,22(50):30-32.

[16]段开红.生物工程设备[M].北京:科学出版社,2011.

[17]方祖成,李冬生,汪超.食品工厂机械装备[M].北京:中国质检出版社,中国标准出版社,2017.

[18]冯骉,涂国云.食品工程单元操作[M].北京:化学工业出版社,2012.

[19]冯镇.乳品机械与设备[M].北京:中国轻工业出版社,2013.

[20]付国壮.食品机械技术发展趋势研究[J].科协论坛(下半月).2013,(8).

[21]高畅,高树贤,张艳芳.葡萄酒发酵罐分析综述[J].包装与食品机械,2005,23(1):35-39.

[22]高海燕,张军合,曾洁,等.食品加工机械与设备[M].北京:化学工业出版社,2008.

[23]高孔荣.发酵设备[M].北京:中国轻工业出版社,2001.

[24]顾林,陶玉贵.食品机械与设备[M].北京:中国纺织出版社,2016.

[25]韩北忠.发酵工程[M].北京:中国轻工业出版社,2013.

[26]韩青荣.肉制品加工机械设备[M].北京:中国农业出版社,2013.

[27]黄方一,程爱芳.发酵工程[M].武汉:华中师范大学出版社,2013.

[28]黄儒强,李玲.生物发酵技术与设备操作[M].北京:化学工业出版社,2006.

[29]贾国华.探究食品机械设备选型原则及方法[J].湖南农机.2014,(7):103-104.

[30]贾树彪,李盛贤,吴国峰.新编酒精工艺学[M].北京:化学工业出版社,2009.

[31]姜锡瑞,霍兴云,黄继红,等.生物发酵产业技术[M].北京:中国轻工业出版社,2016.

[32]蒋迪清,唐伟强.食品通用机械与设备[M].广州:华南理工大学出版社,1996.

[33]金征宇.挤压食品[M].北京:北京中国轻工业出版社,2005.

[34]景立志.焙烤食品工艺与设备[M].北京:中国财政经济出社,1993.

[35]李国书,张谦.食品加工机械与设备手册[M].北京:科学技术文献出版社,2006.

[36]李佩禹.家用微波炉的原理与维修[M].北京:人民邮电出版社,2000.

[37]李书国,张谦.食品加工机械与设备手册[M].北京:科学技术文献出版社,2006.

[38]李晓东.乳品工艺学[M].北京:科学出版社,2011.

[39]李学如,涂俊铭.发酵工艺原理与技术[M].武汉:华中科技大学出版社,2014.

[40]梁世中.生物工程设备[M].北京:中国轻工业出版社,2014.

[41]刘登勇.肉品加工机械与设备[M].北京:中国农业出版社,2014.

[42]刘洪义,杨旭,吴泽全,等.食品油炸技术及其关键设备的研究[J]农机化研究,2011(6):95-98.

[43]刘江汉.焙烤工业实用手册[M].北京:中国轻工业出版社,2003.

[44]刘天印,陈存社.挤压膨化食品生产工艺与配方[M].北京:中国轻工业出版社,1999.

[45]刘晓杰,王维坚.食品加工机械与设备[M].北京:高等教育出版社,2015.

[46]刘筱霞.包装机械[M].北京:化学工业出版社,2007.

[47]刘一.食品加工机械[M].北京:中国农业出版社,2006.

[48]刘毅,余荣斌,王娜等.我国食品机械产业发展策略研究[J].广东科技.2013,(18):157,161.

[49]刘英.谷物加工工程[M].北京:化学工业出版社.2005.

[50]卢立新.包装机械概论[M].北京:中国轻工业出版社,2011.

[51]卢朋军.探讨新技术在食品机械中的应用[J].科技与企业.2015,(23):205.

[52]陆振曦,陆守道.食品机械原理与设计[M].北京:中国轻工业出版社.1995.

[53]吕长鑫,黄广民,宋洪波.食品机械与设备[M].长沙:中南大学出版社,2015.

[54]吕永茂.立式红葡萄酒发酵罐的设计制造[J].新疆农垦科技,2010,5:40-41.

[55]马海乐.食品机械与设备(第2版)[M].北京:中国农业出版社,2011.

[56]马海乐.食品机械与设备[M].北京:中国农业出版社,2004.

[57]马荣朝,杨晓清.食品机械与设备[M].北京:科学出版社,2012.

[58]邱礼平.食品机械设备维修与保养[M].北京:化学工业出版社,2011.

[59]饶兴利.我国食品机械发展综述[J].湖北农机化.1986,(2):14-16.

[60]阮竞兰,武文斌.粮食机械原理及应用技术[M].北京:中国轻工业出版社.2006.

[61]孙智慧,高德.包装机械[M].北京:中国轻工业出版社,2010.

[62]孙智慧,晏祖根.包装机械概论[M].北京:印刷工业出版社,2012.

[63]唐伟强.食品通用机械与设备[M].广州:华南理工大学出版社,2010.

[64]陶兴无.发酵工艺与设备[M].北京:化学工业出版社,2015.

[65]王国扣,张宏宇,万丽娜,等.食品机械标准化现状与"十三五"发展思路[J].包装与食品机械.2016,(4):52-55.

[66]王洪武.双螺杆食品挤压机的应用与研究进展[J].食品工程技术,2009,(2)131-133.

[67]王志伟.食品包装技术[M].北京:化学工业出版社,2008.

[68]王宗礼,李艳东,陈利.食品真空低温油炸技术应用与发展[A].山东省制冷空调学术年会"格力杯"优秀论文集[C],2006.

[69]无锡轻工业大学,天津轻工业学院编.食品工厂机械与设备[M].北京:中国轻工业出版社,1981.

[70]吴思方.发酵工厂工艺设计概论[M].北京:中国轻工业出版社,2005.

[71]武建新.乳品技术装备[M].北京:中国轻工业出版社,2000.

[72]席会平,田晓玲.食品加工机械与设备[M].北京:中国农业大学出版社,2015.

[73]夏德昭,罗庆丰,刘勤生.低温油炸食品设备[J].农机与食品机械,1995(1):23-25.

[74]肖旭霖.食品机械与设备[M].北京:科学出版社.2006.

[75]肖旭霖.食品加工机械与设备[M].北京:中国轻工业出版社,2000.

[76]许赣荣,胡鹏刚.发酵工程[M].北京:科学出版社,2013.

[77]许学勤.食品工厂机械与设备[M].北京:中国轻工业出版社,2008.

[78]杨春瑜,马岩,石彦国,等.食品机械设备选型原则及方法[J].食品工业科技.2004,(5):113-114,107.

[79]杨公明,程玉来.食品机械与设备[M].北京:中国农业科学技术出版社,2015.

[80]姚汝华.微生物工程工艺原理[M].北京:化学工业出版社,1996.

[81]殷涌光,刘静波,林松毅.食品无菌加工技术与设备[M].北京:化学工业出版社,2006.

[82]殷涌光.食品机械与设备[M].北京:化学工业出版社,2007.

[83]尹章伟,毛中彦.包装机械[M].北京:化学工业出版社,2006.

[84]张佰清,李勇.食品机械与设备[M].郑州:郑州大学出版社.2012.

[85]张聪.自动化食品包装机[M].广州:广东科技出版社,2003.

[86]张根生,韩冰.食品加工单元操作原理[M].北京:科学出版社.2013.

[87]张国治.食品加工机械与设备[M].北京:中国轻工业出版社,2011.

[88]张慧君,王培清.食品加工技术原理[M].武汉:华中科技大学出版社,2013.

[89]张军合.食品机械与设备[M].北京:化学工业出版社,2008.

[90]张露.食品包装[M].北京:化学工业出版社,2007.

[91]张裕中,王景.食品挤压加工技术与应用[M].北京:中国轻工业出版社,1998.

[92]张裕中.食品加工技术装备(第二版)[M].北京:中国轻工业出版社,2007.

[93]张裕中.食品加工技术装备[M].北京:中国轻工业出版社,2000.

[94]张裕中.食品制造成套设备[M].北京:中国轻工业出版社,2010.

[95]张泽庆.食品挤压技术[J].粮油加工,2008,33(2):63-66.

[96]章建浩.食品包装学[M].北京:中国农业出版社,2010.

[97]赵征,张民.食品技术原理[M].北京:中国轻工业出版社,2014.

[98]中国大百科全书总编辑委员会《轻工》编辑委员会,中国大百科全书出版社编辑部编.中国大百科全书轻工[M].北京:中国大百科全书出版社,1991.

[99]钟秋平,周文化,傅力.食品保藏原理[M].北京:中国计量出版社,2010.

[100]钟志慧.面点制作工艺[M].北京:高等教育出版社,2005.

[101]周江,王昕,任丽丽.农产品加工原理及设备[M].北京:化学工业出版社,2015.

[102]纵伟.食品工业新技术[M].哈尔滨:东北林业大学出版社,2006.

[103]邹东恢.生物加工设备选型与应用[M].北京:化学工业出版社,2009.